Ose

Elektrotechnik für Ingenieur:innen

Rainer Ose

Elektrotechnik für Ingenieur:innen

Bauelemente und Grundschaltungen mit MicroCap und LTspice

2., überarbeitete und erweiterte Auflage

HANSER

Über den Autor:
Prof. Dr.-Ing. Rainer Ose, Ostfalia Hochschule für angewandte Wissenschaften, Wolfenbüttel, Fakultät Elektrotechnik

Print-ISBN: 978-3-446-47706-3
E-Book-ISBN: 978-3-446-47926-5

Bibliografische Information der Deutschen Nationalbibliothek:
Die Deutsche Nationalbibliothek verzeichnet diese Publikation in der Deutschen Nationalbibliografie; detaillierte bibliografische Daten sind im Internet unter http://dnb.d-nb.de abrufbar.

Vilshofener Straße 10 | 81679 München | info@hanser.de
www.hanser-fachbuch.de
Lektorat: Dipl.-Ing. Natalia Silakova-Herzberg
Herstellung: Der Buchmacher, Arthur Lenner, Windach
Coverkonzept: Marc Müller-Bremer, www.rebranding.de, München
Covergestaltung: Max Kostopoulos
Titelmotiv: © shutterstock.com/KPixMining
Satz: Eberl & Koesel Studio, Kempten
Druck: Elanders Waiblingen GmbH, Waiblingen
Printed in Germany

Vorwort

Die zweite Auflage des vorliegenden Lehrbuches entstand durch eine vollständige Überarbeitung der ersten Auflage „Bauelemente …“. In der ersten Auflage wurde für die Simulation der elektrischen Eigenschaften von Bauelementen PSpice eingesetzt. Da PSpice seit 2019 nicht mehr zur Verfügung steht, wurden die Beispiele und Übungen auf MicroCap und LTspice umgestellt.

Im Vordergrund steht die Beschreibung des elektrischen Verhaltens von Bauelementen. Ausgehend von den Grundlagen der Elektrotechnik werden typische Eigenschaften elektronischer Bauelemente behandelt und am Beispiel des Einsatzes in einfachen Grundschaltungen erklärt. Die zur Simulation verwendeten Tools sind dabei lediglich Mittel zum Zweck.

Die Lösungen aller Lehr- und Simulationsbeispiele können mit den Demoversionen von MicroCap und LTspice nachvollzogen werden. Alle zur Simulation dieser Beispiele erforderlichen Projekte befinden sich in einem verlinkten Ordner im Internet unter *plus.hanser-fachbuch.de* sowie unter *https://www.ostfalia.de/cms/de/pws/ose/BE_Microcap*. Der Ordner umfasst über 170 Projekte für Simulationen mit MicroCap und ca. 50 Projekte für Simulationen mit LTspice. Die theoretischen Grundlagen dazu werden im Lehrbuch vermittelt und als Simulationsanleitung bereitgestellt.

Der Autor bedankt sich beim Carl Hanser Verlag für die hervorragende Zusammenarbeit sowie bei Herrn Prof. Dr. Vester [15], bei Herrn Prof. Dr. Viehmann [10] und bei Herrn Dipl.-Ing. Rohrmann für die Hinweise zur Optimierung des Manuskriptes.

Wolfenbüttel, im August 2024

Rainer Ose

E-Mail: *r.ose@ostfalia.de*

Hinweise zur Arbeit mit diesem Lehrbuch

Ausgangspunkt sind die Schwerpunkte der Grundlagen der Elektrotechnik [6] und [7]. Diese Themen dienen zur Einarbeitung in die Simulationssoftware MicroCap. Es werden typische Anwendungsfälle aus der Gleichstromlehre, der Wechselstromtechnik und zu den Schaltvorgängen betrachtet. Mit der Kenntnis einer anderen Simulationstechnik (z. B. LTspice) sind diese Aufgaben selbstverständlich auch lösbar. Die eingesetzte Software dient lediglich der Auswertung und der Visualisierung der für ein Bauelement abgeleiteten Eigenschaften.

Zur Beschreibung des elektrischen Verhaltens passiver und aktiver Bauelemente dienen Kennlinien, Kenngrößen und Ersatzschaltbilder, die mit den Simulationsprogrammen MicroCap und LTspice anschaulich dargestellt werden. Die dazu verwendeten Grundschaltungen sollen das Verständnis für die Funktion des jeweiligen Bauelementes fördern. Auf schaltungstechnisch elegante Speziallösungen wurde demzufolge bewusst verzichtet.

Durch die Bereitstellung einer Vielzahl von Lehr- und Simulationsbeispielen werden die interessierten Leser:innen befähigt, praxisbezogene Bauelemente-Anwendungen und einfache Grundschaltungen zu konzipieren und ihre Funktionsfähigkeit nachzuweisen. Die dazu eingesetzten Simulationsprogramme sollen den Studierenden das Nachvollziehen des in der Vorlesung vermittelten Lehrstoffs ermöglichen und zugleich den Studienprozess in angrenzenden Lehrgebieten fördern. Nach einem intensiven Studium der Inhalte dieses Lehrbuches werden die Studierenden in die Lage versetzt (Lernziele):

- das elektrische Verhalten elektronischer Bauelemente zu verstehen und zu erklären,
- die elektrischen Eigenschaften von Bauelementen zu beschreiben und zu simulieren,
- die mit MicroCap und LTspice simulierten Ergebnisse zu interpretieren und kritisch zu bewerten,
- Verständnis für das elektrische Verhalten von Grundschaltungen zu entwickeln,
- elektronische Bauelemente zielgerichtet in der schaltungstechnischen Praxis einzusetzen.

Zur Erreichung dieser Ziele sind vielfältige Übungen erforderlich. Dazu werden Lehrbeispiele (LB) eingesetzt, die in der Regel die grundlegenden Eigenschaften eines Bauelementes mit einer Kennlinie beschreiben. Aus der simulierten Kennlinie werden dann typische Kenngrößen abgeleitet, die z. B. für die Dimensionierung einer schaltungstechnischen Realisierung verwendbar sind. Solche Beispiele werden auch im laufenden Text eingesetzt (K_x.y), um spezielle Sachverhalte besser erklären zu können. Sie werden insbesondere in den Kapiteln 1 und 2 (zur Einarbeitung) zusätzlich verwendet.

Das elektrische Verhalten eines Bauelementes kann beim Einsatz in einer Grundschaltung dargestellt werden. Dazu dienen die Simulationsbeispiele (SB) am Ende jedes Kapitels. Alle Beispiele werden im Buch mit MicroCap bearbeitet und stehen im Internet aus lauffähige Projekte zur Verfügung. Eine Auswahl dieser Beispiele (ca. 25 %) ist zusätzlich als LTspice-Projekt im Internet verfügbar. Dabei handelt es sich um Beispiele aus dem Buch mit der gleichen Aufgabenstellung. An den entsprechenden Stellen des Buches wird das LTspice-Logo mit dem Hinweis auf den Dateinamen eingefügt. Eine Anleitung zur Nutzung dieser Projekte findet man für jedes Beispiel in einer separaten Datei online.

LTspice: LB_1.x

Die Simulationen mit beiden Techniken weisen auf die Vergleichbarkeit der Ergebnisse hin. Spätestens an dieser Stelle erkennt man, dass die zur Simulation verwendeten Tools lediglich Mittel zum Zweck sind. Auf eine wechselseitige Anwendung der beiden Simulationstechniken wurde im Buch bewusst verzichtet. Diese Kombination würde nur Verwirrung stiften.

Das Ergebnis einer Simulation ist wichtig. Es muss fachlich richtig sein und soll zum Verständnis für das elektrische Verhalten der vorgestellten Bauelemente und Grundschaltungen beitragen. Aus den Ergebnissen einer (richtig bewerteten) Simulation kann man dann die erforderlichen Daten für die Dimensionierung weiterführender Beispiele und Anwendungen ableiten. Dabei sollten immer folgende Grundüberlegungen im Vordergrund stehen:

1. Simulationsprogramme arbeiten auf der Grundlage von Modellen. Ein Modell ist aber immer nur ein bedingtes Abbild des Originals. Es ist demzufolge erforderlich, die Ergebnisse einer Simulation richtig zu interpretieren und sehr kritisch zu bewerten.
2. Jedes Simulationsprogramm besitzt Vorteile und auch Nachteile. Nur die Anwender:innen können entscheiden, welches Tool für die Lösung einer aktuellen Aufgabenstellung besser geeignet ist.

In diesem Lehrbuch wird folgende Notation verwendet:

> steil <	Tasten und Schaltflächen
< steil >	Rollmenüs
/ steil /	Registerkarten
‚steil‘	Eingaben
kursiv	Analysen/Menüs/Dialoge
kursiv → *kursiv*	Menüverzweigungen
kursiv-Fenster	Fenster-Bezeichnungen
kursiv-Liste	Listen-Bezeichnungen
| *Analog Primitives* |	Komponenten-Liste: Hauptgruppe
{*Waveform Sources*}	Komponenten-Liste: Gruppe (Untergruppe)
[*Voltage Source*]	Komponenten-Liste: Komponente

Eine einheitliche Umsetzung dieser Notation ist nicht immer möglich, da in Simulationsprogrammen die vorgegebenen Begriffe leider häufig auch für andere Bezeichnungen verwendet werden.

Der Autor wünscht bei der Bearbeitung dieses Lehrbuches viel Erfolg.

Inhalt

1 Grundlagen der Elektrotechnik mit MicroCap

In diesem Kapitel stehen die passiven Zweipole *R*, *L* und *C* im Vordergrund. Ihr elektrisches Verhalten soll mit elementaren Grundschaltungen (bekannt aus den Grundlagen der Elektrotechnik, z. B. [6]) analysiert werden. Dazu dienen die Arbeitspunktanalyse (*Bias Point*), die Gleichstromanalyse (*DC*), die Wechselstromanalyse (*AC*) und die Analyse *Transient*. Zur Variation ausgewählter Parameter werden die aus PSpice oder LTspice bekannten Sweeps (DC- und AC-Sweep) als Main- und als Nested-Sweep eingesetzt.

1.1 Einführung in MC 12

Nach der Installation von MicroCap 12 (MC) ist das Icon auf dem Desktop verfügbar. Mit einem Doppelklick wird die Arbeitsoberfläche geöffnet. Wenn die Schaltplanfläche noch grau unterlegt ist, muss mit *File* → *New* eine neue Datei geöffnet werden. Es meldet sich das *New*-Fenster mit einer Auswahl von Dateitypen. Wir wählen Schematic-File (*.cir für circuit). Damit wird mit dem Abspeichern eine Datei „Name.cir" erstellt. Dieser Name steht dann mit dem Dateipfad über der Arbeitsoberfläche in der Titelleiste (*title bar*). (siehe auch: Vester [15])

1.1.1 Arbeitsoberfläche

Im oberen Bereich der Arbeitsoberfläche befinden sich mehrere Kopfzeilen, die in der Grundeinstellung der gekürzten Anordnung in Bild 1.1 entsprechen.

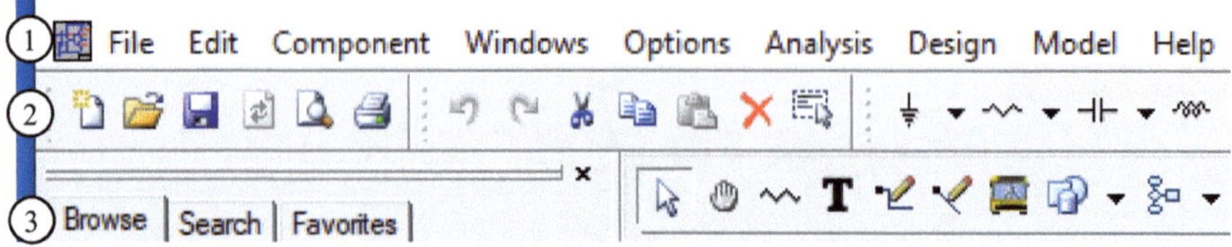

Bild 1.1 Kopfzeilen der Arbeitsoberfläche (Auszug)

In der ersten Zeile sind die verfügbaren Menüs in Textform (*menu bar*) aufgelistet. Es folgen in der zweiten Zeile die grafischen Symbole der zu ① gehörende Untermenüs (hier nur eine Auswahl) und eventuell noch (je nach Einstellung der Arbeitsoberfläche) die Elemente der Editor-Menü-Leiste. Die dritte Zeile zeigt den Rest der Editorleiste in Kombination mit der Komponenten-Spalte. Sie wird links unter ③ als Liste dargestellt.

Diese Komponenten-Liste (unter: Browse - Seach - Favorites) ermöglicht den Zugriff auf alle verfügbaren Bauelemente der MicroCap-Evaluationssoftware. Die Einteilung wird in Hauptgruppen, in Untergruppen und in Komponenten vorgenommen.

Für die weitere Kennzeichnung verwenden wir folgende Schreibweise (z. B. U_q):

- Hauptgruppe: |*Analog Primitives*|,
- Gruppe (Untergruppe): {*Waveform Sources*},
- Komponente: [*Voltage Source*].

Die gewünschte Komponente wird angeklickt (linke Maustaste - LMT) und auf die Arbeitsoberfläche übertragen. Das Vorschaufenster ermöglicht eine Kontrolle der Auswahl. Mit der Taste > Esc < oder mit der Leertaste wird dieser Vorgang beendet.

Die Suche einer Komponente ist mit > Search < möglich. Häufig verwendete Komponenten werden unter > Favorites < angezeigt. Weitere Komponenten findet man auch im Menü *Component*. Hier sind dann die Elemente teilweise um jeweils 90° zueinander verdreht oder auch in einer gespiegelten Darstellung verfügbar.

Die Position der Pins einer Komponente kann man über (Node Numbers) abrufen. Die aktuelle Ausrichtung wird im Bedarfsfall mit (Flip X) oder (Flip Y) verändert.

Im Anhang zu diesem Buch werden die wichtigsten Komponenten beschrieben.

Tabelle 1.1 Elemente der Komponenten-Liste *Components*

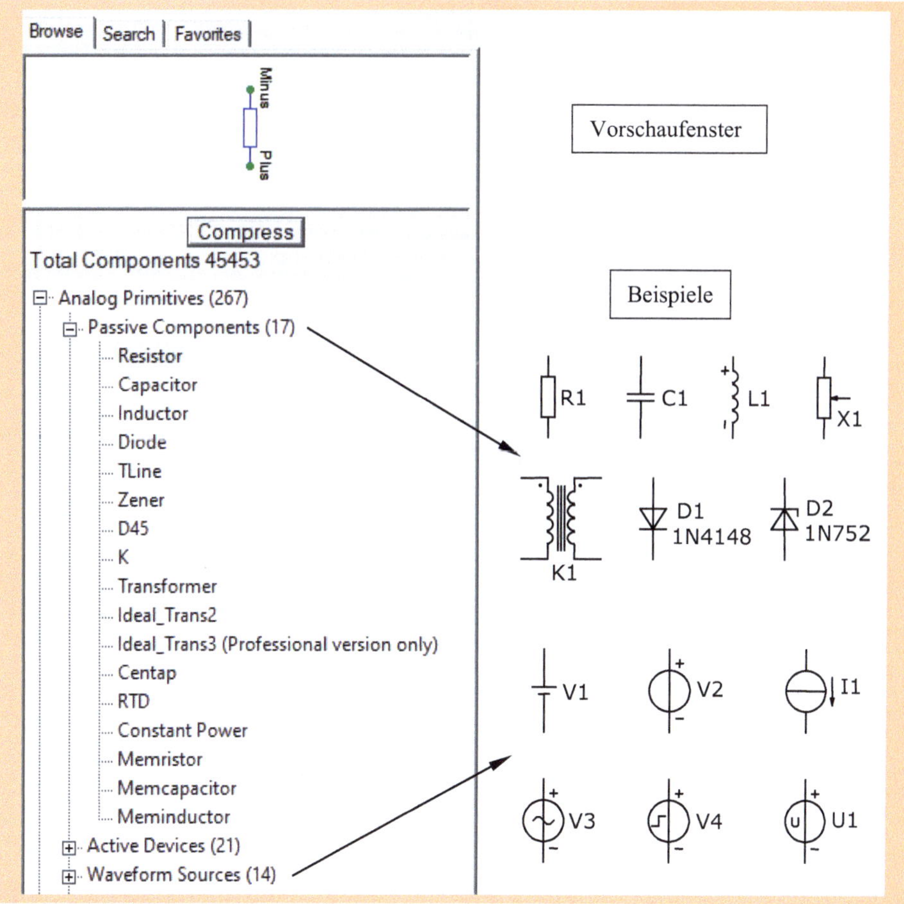

1.1.2 Zeichnen eines Stromkreises

Zum Erstellen eines Schaltplanes für einen Gleichstromkreis wollen wir als Beispiel eine gemischte Schaltung verwenden, die eine Spannungsteilung und eine Stromteilung bewirkt. Für die Aufbauelemente (Bild 1.3) gilt:

U_q = 12 V mit R_1 = 1,6 kΩ, R_2 = 6 kΩ, R_3 = 4 kΩ.

Als Spannungsquelle wird über die Komponentenliste des Paneels (Hauptgruppe: |*Analog Primitives*|) aus der Gruppe {*Waveform Sources*} die Komponente [*Voltage Source*] ausgewählt. Es meldet sich das Fenster [*Voltage Source*]. Diese Universalquelle verfügt über mehrere leistungsfähige Funktionen, die über eine / Registerkarte / festgelegt werden. Für die DC-Quelle / None / werden folgende Einstellungen vorgenommen (vgl. auch Anhang – Abschnitt 9.1):

VALUE: überschreiben mit 12 V und aktivieren der Anzeige mit > Show < ☑

PART: überschreiben von V1 mit U_q und > OK <.

Nun ist die Quelle auf der Arbeitsoberfläche sichtbar. Da keine weiteren Quellen benötigt werden, schließen wir diesen Vorgang mit > Esc < ab. Falls das dargestellte Quellensymbol zu klein ist, können wir diesen Sachverhalt mit > Strg < und > + < (Zehnertastatur), mit dem Zoom -Button oder mit dem Scrollrad und > Strg < unserer Maus korrigieren.

Wir stellen fest, dass für die Quelle kein Zählpfeil angegeben wird. Diese Tatsache müssen wir so akzeptieren, da eine Änderung in der Evaluationssoftware nicht vorgesehen ist. Als Ersatz wird ja die „Polarität" der Quelle mit (+) und (-) angegeben (↓).

Die Reihenfolge und die Position von VALUE und PART kann man nach dem Markieren (Anklicken) durch eine Verschiebung mit dem Mauszeiger korrigieren. Das Ändern dieser Angaben gelingt mit einem Doppelklick auf VALUE oder PART und einer neuen Eingabe.

Für einen Widerstand wird über die Komponentenliste des Paneels (Hauptgruppe: |*Analog Primitives*|) aus der Gruppe {*Passive Components*} die Komponente [*Resistor*] ausgewählt. Es meldet sich das Fenster [*Resistor*]. Dort sind folgende BE-Attribute zu setzen:

VALUE: R1=1.6k (usw.) und aktivieren der Anzeige mit > Show < ☑.

PART: wird automatisch mit ansteigendem Index gesetzt und > OK <.

Nachdem die drei Widerstände positioniert sind, wird der Vorgang mit > Esc < beendet.

Nun verdrahten wir die Anordnung über den Button (wire mode). Dazu wird der Mauszeiger an den Ansatz eines Bauelementes gesetzt. Bei gedrückter Maustaste (LMT) kann nun eine Verbindung gezeichnet werden. Die erste Abwinklung wird nach Vorbild des Verlaufes des Mauszeigers übernommen. Für weitere Abwinklungen muss der Mauszeiger neu gesetzt werden.

Hinweis: Das Verdrahten wird erleichtert, wenn man vor dem Zeichnen des Stromkreises ein Raster über (grid) auswählt. Nach Fertigstellung der Schaltung kann das Raster im Bedarfsfall wieder entfernt werden.

Zum Abschluss muss noch ein Bezugsknoten ⊥ gesetzt werden. Seine Position ist sinnvoll zu wählen. Diesem Punkt ⊥ wird von MC das Bezugspotential $\varphi_{PB} = 0$ V zugewiesen. Alle Potentialaussagen gelten dann relativ zum Potentialbezugspunkt (Masse, Ground). Das dazu verwendete Symbol ⊥ steht als ‚Default' und als ‚Euro' (etwas kürzer) zur Verfügung.

1.1.3 Anpassung der Schaltungsdarstellung

Die fertig gezeichnete Schaltung kann nun noch an die Vorstellungen des Bearbeiters angepasst werden. Dazu wird die gesamte Schaltung markiert (mit dem gedrückten Mauszeiger umfassen) und in eine einheitliche Farbdarstellung gewandelt. Nach Anklicken des markierten Bereiches (RMT) meldet sich ein Kontextmenü. Wir wählen / Color / aus und klicken die gewünschte Farbe (hier: schwarz) an. Nun könnten uns noch die roten Knotenpunkte stören. Zur Änderung wählen wir aus dem gleichen Kontextmenü die Option *Properties*.

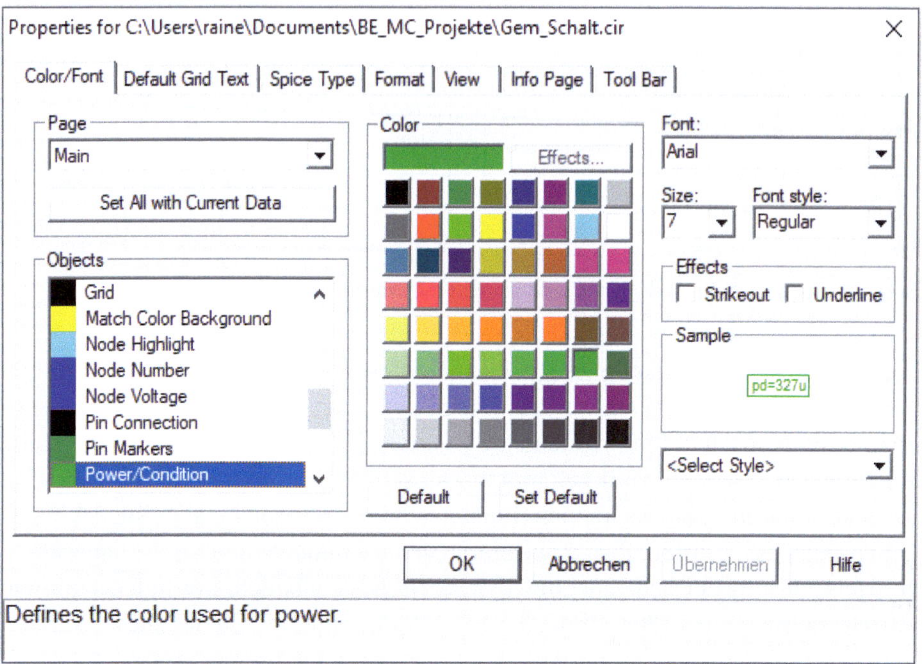

Bild 1.2 Einstellungen unter *Properties*

Hier nehmen wir folgende Einstellungen unter: / Color / und Page: < Main > vor:

- Pin Connection (Knoten) = schwarz
- Node Number (Potentialmarker) = dunkelblau und: Size = 7
- Node Voltage (Potentialangabe) = dunkelblau und: Size = 7
- Power/Condition (Leistungsmarker) = dunkelgrün und: Size = 7
- Current (Strommarker) = rotbraun und: Size = 7

Im Sinne eines Schwarz-Weiß-Druckes sollten dunkle Farben gewählt werden.

Alle anderen Einstellungen bleiben zunächst unverändert. Wenn wir mit unserem Ergebnis zufrieden sind, sollten die Einstellungen mit > Set Default < als vorläufige Standardwerte deklariert werden. Das erspart bei weiteren Projekten den erneuten Einstellungsaufwand.

Bild 1.3 (links) zeigt die fertiggestellte Schaltung. Diese Schaltung kann aus der Arbeitsoberfläche von MC übernommen und zum Zwecke der Archivierung (usw.) in ein Textverarbeitungssystem (z. B. Word) wie folgt eingefügt werden:

MC: *Edit → Copy to Clipboard → Copy ... in EMF-Format*

Word: *Start → Einfügen → Inhalte einfügen → Grafik* oder: > Strg < & > V <

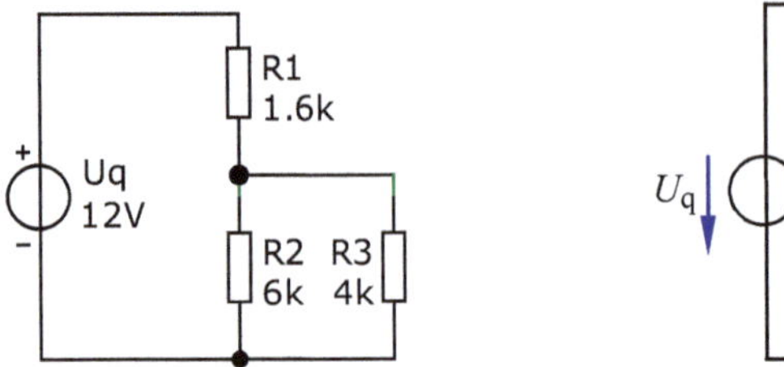

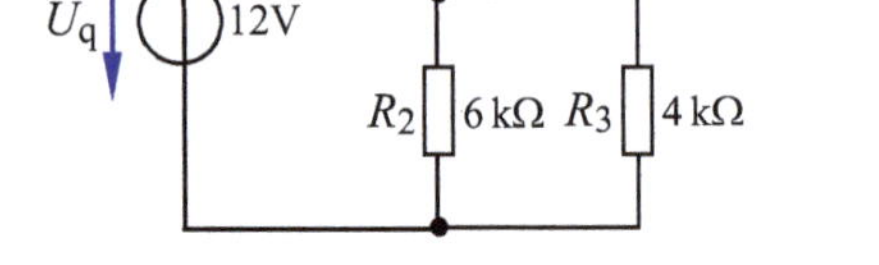

Bild 1.3 Testschaltung in MC (links) und in einer mit Word überarbeiteten Version (rechts)

Wenn eine Schaltungsdarstellung nach DIN erforderlich ist, muss eine Überarbeitung in Word vorgenommen werden. Dazu klickt man die Schaltung mit der RMT an und wählt aus dem Kontextmenü die Position *Bild bearbeiten*. Jetzt erscheint die Schaltung in dem von Word bekannten Zeichenbereich ohne Gruppierung. Nach Korrektur der Strichstärke können nun auch die überdimensionalen Knoten in der Größe angepasst werden. Durch Markieren der gesamten Schaltung ist eine gleichzeitige Änderung der Schriftart und der Schriftgröße möglich. Der Indizes müssen einzeln tiefgestellt werden. Zum Abschluss kann man der Quelle auch noch den üblichen Zählpfeil spendieren (Polaritätsangaben löschen).

In den folgenden Ausführungen wird auf die Überarbeitung einer Schaltung verzichtet, um die aktuelle schaltungstechnische Grundlage einer Simulation im Original anzugeben. Bei grafischen Darstellungen von Simulationsergebnissen ist diese Überarbeitung erforderlich.

Lehrbeispiel 1.1

Erstellen Sie eine Schaltung nach Vorbild des Lehrbeispiels 5.1 aus [6]. Dabei handelt es sich um ein einfaches Netzwerk mit drei Zweigen. Es fließen demzufolge drei Zweigströme. In jedem Zweig ist eine Spannungsquelle zu einem Widerstand in Reihe geschaltet. Messen Sie mit einem verfügbaren Instrument (hier: [*Animated Meter*]) die resultierende Spannung U_{DE} über den drei Zweigen.

Für die Aufbauelemente gilt: $U_A = 24\ V$, $U_B = 12\ V$ und $U_C = 5\ V$ sowie $R_1 = R_2 = R_3 = 1\ k\Omega$.

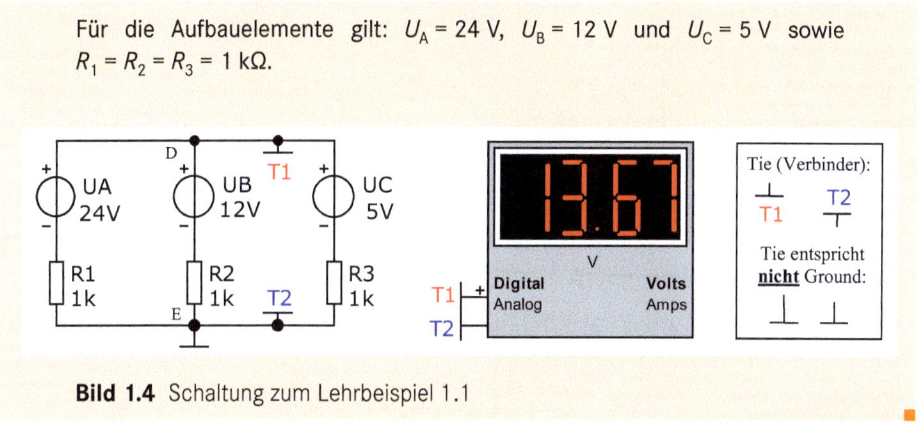

Bild 1.4 Schaltung zum Lehrbeispiel 1.1

1.2 Analyse von Gleichstromkreisen

Zur Beschreibung des elektrischen Verhaltens eines Gleichstromkreises sollte zunächst die Situation in einem fest eingestellten Arbeitspunkt analysiert werden. Diese Situation entsteht z. B. in einer schaltungstechnischen Kombination von Widerständen, die über eine Quelle mit einer konstanten Quellengröße (U_q oder I_q) betrieben wird. Dabei stellt sich für jeden Widerstand R_x ein Arbeitspunkt ein, der mit U_x, I_x und P_x beschrieben werden kann. Diese Analyse wird demzufolge als Arbeitspunktanalyse (*bias point*) bezeichnet.

In vielen Fällen soll ein Gleichstromkreis bei Variation eines Parameters untersucht werden. Damit stellen sich je nach Variation eine Vielzahl unterschiedlicher Arbeitspunkte ein, die in einer grafischen Darstellung visualisiert werden müssen. Diese Situation entsteht, wenn eine Quellengröße (U_q bzw. I_q) oder ein Widerstand R_x einen vorgegebenen Bereich durchläuft. Die Variation wird als DC-Sweep bezeichnet. Solche Sweeps können miteinander kombiniert werden (DC-Main-Sweep und DC-Nested-Sweep). Dann erhält man mehrere Funktionsverläufe in einer gemeinsamen oder in einer getrennten Darstellung.

1.2.1 Arbeitspunktanalyse

Wir wollen uns in einem ersten Schritt eine Übersicht über diese Analyseart verschaffen. Dazu verwenden wir die Schaltung aus Bild 1.3. Für die Arbeitspunktanalyse kann die Analyse *Dynamic-DC* eingesetzt werden:

Analysis → Dynamic-DC … und: > OK <.

Obwohl zur Beschreibung eines Arbeitspunktes (AP) pro Bauelement nur ein Datenpaar (U_{AP}; I_{AP}) ermittelt werden muss, trägt diese Analyse die Bezeichnung ‚Dynamic'. Warum ist das so? Mit dieser Analyseart kann der Anwender bei Bedarf experimentieren. Bei der Änderung eines Parameters (U_q oder R_x) wird das Analyseergebnis automatisch korrigiert.

Wir starten diese Analyse für die Testschaltung in Bild 1.3 und erhalten die Angaben für die Potentiale relativ zum Potentialbezugspunkt ⊥ . Die Spannungen über den jeweiligen Elementen ergeben sich dann aus den Potentialdifferenzen.

Die Ströme in allen Zweigen werden über die Schaltfläche angezeigt. Der angegebene Pfeil ist ein Richtungspfeil für $I_x \geq 0$. Zur Anzeige der Leistungen wird betätigt.

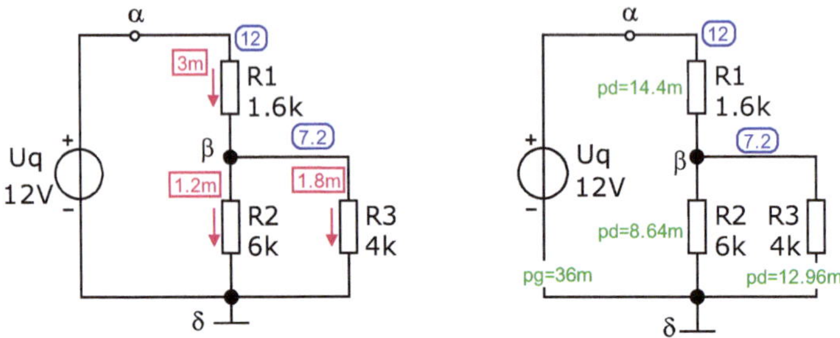

Bild 1.5 Arbeitspunktanalyse (links: Potentiale und Ströme, rechts: Potentiale und Leistungen)

Bild 1.5 zeigt auf der linken Seite die Ergebnisse für die Knotenpotentiale (Rechtecke) und für die Zweigströme (Pfeile). Die Position der Textfenster muss im Bedarfsfall durch Verschieben mit der Maus korrigiert werden. Den Rahmen kann man bei Platzproblemen entfernen.

Der obere Knoten (hier: virtueller Knoten α) besitzt das Potential φ_α = 12 V. Der echte Knoten β weist ein Potential von φ_β = 7,2 V auf. Voraussetzung für diese Zahlenwerte ist die Festlegung des Knotens δ als Bezugsknoten mit $\varphi_{PB} = \varphi_\delta$ = 0 V.

Wir wollen diese Angaben mit der Spannungsteilerregel überprüfen:

$$U_2 = U_3 = U_q \cdot \frac{R_2 \parallel R_3}{R_1 + R_2 \parallel R_3} = 12\,\text{V} \cdot \frac{2,4}{1,6 + 2,4} = 12\,\text{V} \cdot 0,6 = 7,2\,\text{V}$$

Über dem Widerstand R_1 liegt dann die Spannung $U_1 = \varphi_\alpha - \varphi_\beta$ = 4,8 V.

Die Quelle liefert einen Gesamtstrom $I_{ges} = I_1$ = 3 mA. Dieser Strom wird im Knoten β in die Teilströme I_2 = 1,2 mA und I_3 = 1,8 mA aufgeteilt. Diese Angaben können wir mit der Stromteilerregel überprüfen. Der Gesamtstrom ergibt sich über das Ohmsche Gesetz:

$$I_{ges} = I_1 = \frac{U_q}{R_1 + R_2 \parallel R_3} = \frac{12\,\text{V}}{4\,\text{k}\Omega} = 3\,\text{mA}$$

Die Leistungen werden mit pg (pg = power generated) und mit pd (pd = power dissipated) angegeben. Wir werden diese Leistungen im Weiteren mit Quellenleistung P_q und mit Verbraucherleistung P_V bezeichnen. Im vorliegenden Fall gilt dann:

$P_q = 36$ mW und: $P_1 = 14{,}4$ mW; $P_2 = 8{,}64$ mW; $P_3 = 12{,}96$ mW

Probe: $\Sigma P_q = \Sigma P_V$ bzw.: $P_q = (P_1 + P_2 + P_3) = 36$ mW

Dabei werden die Quellenleistungen im Quellen-Zählpfeilsystem (Q-ZPS) und die Verbraucherleistungen im Verbraucher-Zählpfeilsystem (V-ZPS) dargestellt. Den Strom durch eine Quelle stellt MicroCap im V-ZPS dar (I_q in Richtung U_q).

Lehrbeispiel 1.2

LTspice: LB_1.2

Berechnen Sie für das Netzwerk im Lehrbeispiel 1.1 alle Knotenpotentiale und überprüfen Sie diese Ergebnisse mit einer Arbeitspunktanalyse (Analyse *Dynamic-DC*). Es gilt: $R_1 = R_2 = R_3 = R$.

Das Netzwerk verfügt über zwei echte Knoten. Wenn wir den unteren Knoten als Potentialbezugspunkt wählen ($\varphi_{PB} = 0$ V), können wir das Potential des oberen Knotens (Name: α) über das Knotenpotentialverfahren (siehe [6] – Abschnitt 5.4) bestimmen. Es ergibt sich für φ_α nur eine Gleichung:

$$\varphi_\alpha \cdot \left(\frac{1}{R_1} + \frac{1}{R_2} + \frac{1}{R_3} \right) = \frac{U_A}{R_1} + \frac{U_B}{R_2} + \frac{U_C}{R_3}$$

$$\varphi_\alpha \cdot \frac{3}{R} = \frac{U_A + U_B + U_C}{R}$$

$$\varphi_\alpha = \frac{U_A + U_B + U_C}{3} = \frac{41}{3}\text{V} = 13{,}\bar{6}\text{V}$$

Daraus können wir die Potentiale der virtuellen Knoten (das sind hier die Knoten zwischen je einer Quelle und einem Widerstand) bestimmen. Diese Potentiale werden von MicroCap automatisch mit berechnet. Wir bezeichnen diese Knoten mit den Indizes der anliegenden Bauelemente und wenden zur Berechnung den Maschensatz im Uhrzeigersinn an.

Im Bild 1.6 (rechts) wird gezeigt, wie das Potential am Knoten A1 (entspricht: U_1) berechnet werden kann.

$$\varphi_{A1} = U_{\alpha 0} - U_A = -10{,}\bar{3}\text{V}$$

Vergleichbare Maßnahmen führen zu den Potentialen an den Punkten B2 und C3.

$$\varphi_{B2} = U_{\alpha 0} - U_B = +1{,}\bar{6}\text{V}$$

$$\varphi_{C3} = U_{\alpha 0} - U_C = +8{,}\bar{6}\text{V}$$

Nun starten wir die Simulation mit *Analysis* → *Dynamic-DC* ...

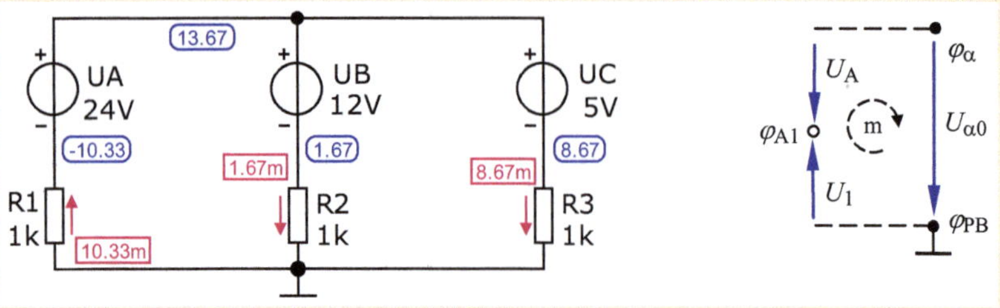

Bild 1.6 Arbeitspunktanalyse zum Lehrbeispiel 1.2 (rechts: Anwendung des Maschensatzes)

Die Analyseergebnisse bestätigen unsere Potentialberechnung. Die Ströme ergeben sich im vorliegenden Fall direkt aus den Potentialen, da alle Widerstände mit $R = 1\ \text{k}\Omega$ den gleichen Wert aufweisen. Der Strom I_1 fließt gegen den Zählpfeil der Quelle A (Quellen-Charakteristik). Die Ströme I_2 und I_3 fließen in Richtung des Zählpfeils der Quellen B bzw. C (Verbraucher-Charakteristik). Das sagt auch die Leistungsanalyse im Bild 1.7 aus.

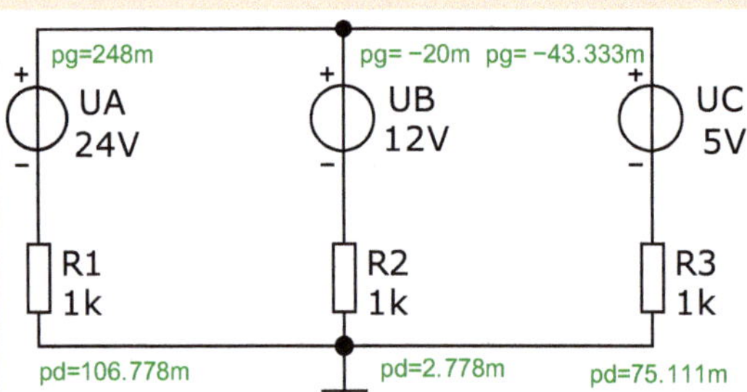

Bild 1.7 Leistungsanalyse zum Lehrbeispiel 1.2

Die Quelle A wirkt als Quelle. Sie gibt eine Leistung $P_A = 248$ mW an die Schaltung ab (+ pg).

Die Quellen B und C wirken als Verbraucher (-pg = + pd).

Sie nehmen Leistung auf: $P_B = -20$ mW und $P_C = -43{,}3$ mW.

1.2.2 DC-Analyse

Bei der Analyse *DC* wird eine Schaltung bei Variation eines Parameters untersucht. Dazu zählt im Gleichstromfall die Variation einer Quellengröße oder eines Widerstandes. Wir entscheiden uns zunächst für die Variation der Quellengröße. Als Beispiel verwenden wir eine Kompensatorschaltung (vgl. [6] - Abschnitt 4.3), mit der ein Vergleich einer unbekannten Spannung U_x mit einer Referenzspannung U_{ref} durchgeführt werden kann.

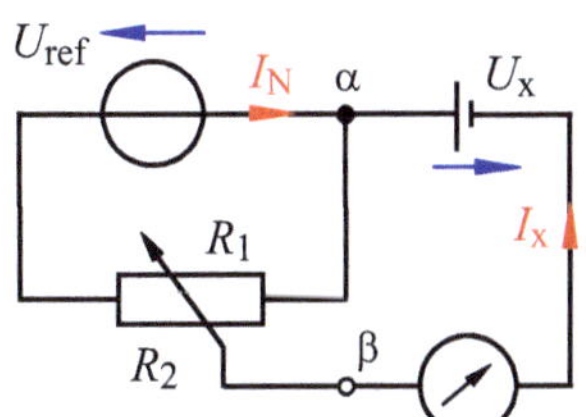

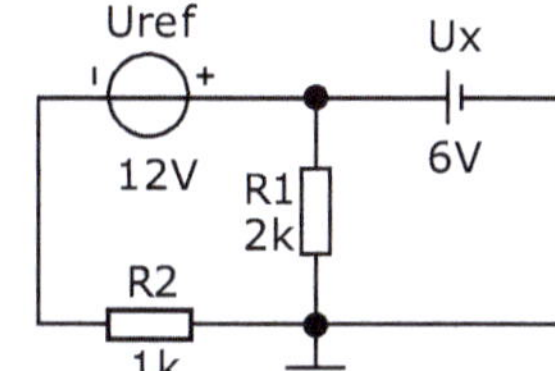

Bild 1.8 Simulation einer Kompensatorschaltung

In der Praxis wird die Schaltung mit dem Stellwiderstand $R_S = R_1 + R_2$ abgeglichen. Der Abgleich ist erreicht, wenn der Strom I_x gleich null ist. Dann ergibt sich der Wert von U_x über die Spannungsteilerregel ([6] - (4.9)):

$$U_x = U_{ref} \cdot \frac{R_1}{R_1 + R_2}$$

Dieser Abgleich kann auch bei einem fest eingestellten Teilerverhältnis über eine Variation der Referenzspannung (das ist ja unser Ziel) erreicht werden. Dazu geben wir uns einfache Werte vor: *Geg.*: $U_x = 6$ V; $R_1 = 2$ kΩ; $R_2 = 1$ kΩ und $U_{ref} = (6 \dots 12$ V).

Zur Orientierung wollen wir zunächst die Situation bei $U_{ref} = 12$ V berechnen. Wenn dazu (wie in MicroCap) die Knotenpotentialanalyse eingesetzt wird, ergibt sich bei $\varphi_\beta = 0$ V (Bezugsknoten) nur eine Gleichung für das Potential φ_α mit $\varphi_\alpha = U_x = 6$ V:

$$\varphi_\alpha \cdot \left(\frac{1}{R_2} + \frac{1}{R_1}\right) = \frac{U_{ref}}{R_2} + I_x \quad \text{bzw.} \quad I_x = \varphi_\alpha \cdot \left(\frac{1}{R_2} + \frac{1}{R_1}\right) - \frac{U_{ref}}{R_2}$$

Bei $U_{ref} = 12$ V fließt ein Strom von $I_x = -3$ mA. Dieser Strom fließt in Richtung des Zählpfeils von U_x. Der Akku x nimmt in diesem Fall Leistung auf (er wird „geladen"). Das muss bei der folgenden Simulation berücksichtigt werden.

Für die zu bestimmende Referenzspannung (Bedingung: I_x = 0) erhalten wir:

$$\varphi_\alpha \cdot \left(\frac{1}{R_2} + \frac{1}{R_1} \right) = \frac{U_{\text{ref}}}{R_2} \quad \text{bzw.} \quad U_x \cdot \frac{R_1 + R_2}{R_1 \cdot R_2} = \frac{U_{\text{ref}}}{R_2}$$

$$U_{\text{ref}} \Big|_{I_x = 0} = U_x \cdot \frac{R_1 + R_2}{R_1} = 6\,\text{V} \cdot \frac{3}{2} = 9\,\text{V}$$

Nun können wir die Analyse mit *Analysis → DC* starten. Es meldet sich das Fenster für die Einstellung des DC-Sweeps: *DC Analysis Limits* (Bild 1.9).

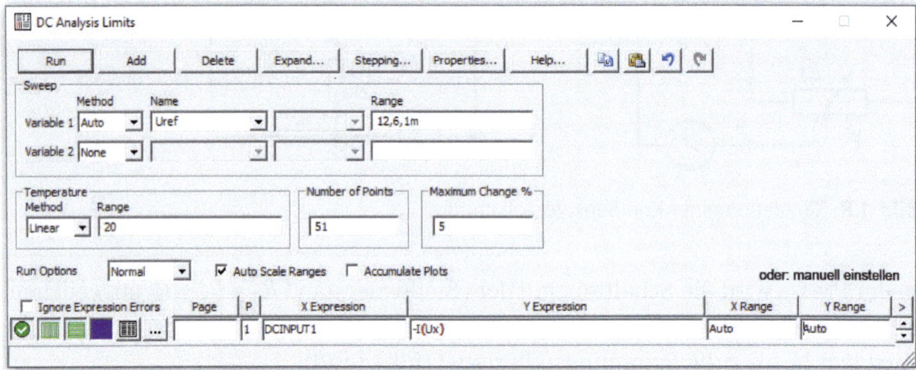

Bild 1.9 Einstellungen im Fenster *DC Analysis Limits*

Hier sind folgende Einstellungen erforderlich:

- Variable 1: Method = Auto Name = Uref Range = 12,6,1m
- Expressions: X Expr. = DCINPUT1 Y Expr. = -I(Ux) Range = Auto

Damit wird die Quellenspannung U_{ref} im Bereich von 6 V bis 12 V variiert. In MicroCap müssen Bereiche von der Obergrenze zur Untergrenze angegeben werden. Es folgt die Schrittweite. Die Angaben werden mit Komma (ohne Leerzeichen) getrennt.

Die Simulation wird mit > Run < gestartet. Es meldet sich das probe-Fenster mit der grafischen Darstellung des Analyseergebnisses: $-I_x = f(U_{\text{ref}})$. Das negative Vorzeichen berücksichtigt der Richtung des in Bild 1.8 festgelegten Stromzählpfeils (↑). Da wir eine Auto-Darstellung gewählt haben, könnte die Skalierung der Achsen noch nicht unseren Vorstellungen entsprechen. Zur Korrektur wird das Fenster *Properties for DC Analysis* mit einem Doppelklick (LMT) geöffnet. In der Registerkarte / Scales and Formats / können diese Angaben mit neuen Werten überschrieben werden. Das geht auch direkt unter ‚Range'.

Die Grafik wird in die Zwischenablage kopiert und in Word (oder in ein anderes Textverarbeitungsprogramm) wieder eingefügt. Nach einigen Schönheitsoperationen (Größe, Farbe, Schriftgröße, Linienart, usw.) erhalten wir das Bild 1.10.

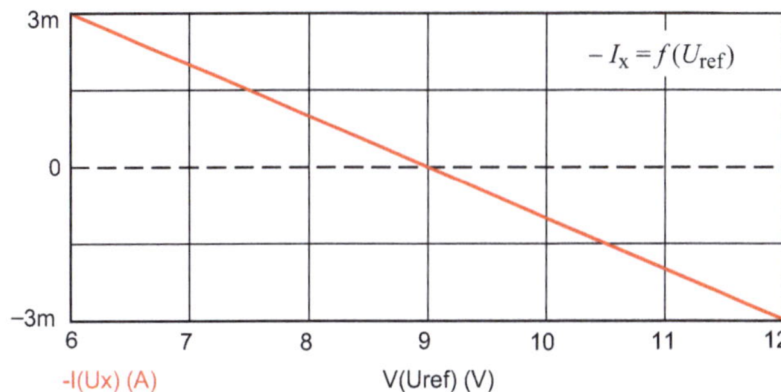

Bild 1.10
Simulationsergebnis zur Kompensatorschaltung

Das Ergebnis sagt aus, dass die Kompensatorschaltung gemäß Bild 1.8 bei U_{ref} = 9 V den abgeglichenen Zustand erreicht (I_x = 0).

Diese Aussage kann man auch über die Analyse *Dynamic-DC* abrufen. Dazu wird diese Analyse mit *Analysis → Dynamic-DC …* gestartet, die uns zunächst den Zustand für die in der Schaltung gesetzten Parameter anzeigt. Mit *Dynamic-DC → Optimize* kann man nun im sich öffnenden Fenster „eine Frage" stellen.

Sie lautet: Bei welcher Referenzspannung U_{ref} wird der Strom I_x gleich null?

- Parameter: Uref (Bereich …)
- That: Equates Expression = I(Ux) To = 0 > Optimize <

Im Ergebnis der Optimierung wird für U_{ref} ein Wert von 9 V angezeigt (oben rechts). Bitte probieren Sie das aus. Diese Analyse ist leistungsfähig und kann sehr hilfreich sein.

Hinweis: *Help → Sample Circuits → Optimizer → Using in … Dynamic-DC*

Nun wollen wir die Variation eines Widerstandes vorstellen. Dazu verwenden wir als klassisches Beispiel den Grundstromkreis mit variabler Last. Er besteht aus einer linearen Spannungsquelle mit U_q = 10 V und R_i = 50 Ω sowie einem variablen Lastwiderstand R_a. Der Hinweis (var) wurde mit dem Texteditor > Text Mode < (Grid Text) zusätzlich eingefügt.

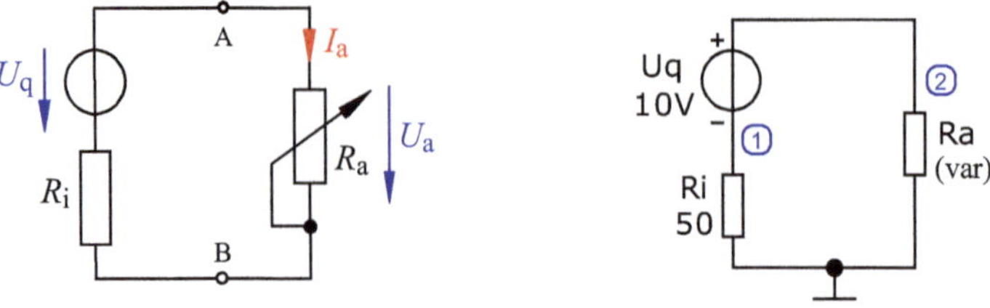

Bild 1.11 Simulation eines Grundstromkreises mit variabler Last

Es besteht die Aufgabe, die Funktionen $U_a = f(R_a)$; $I_a = f(R_a)$ und $P_a = f(R_a)$ in einer geeigneten Form grafisch darzustellen.

Zur Einstellung des DC-Sweeps öffnen wir das Fenster *DC Analysis Limits* (Bild 1.9). Hier sind folgende Einstellungen erforderlich:

- Variable 1: Method = Auto Name = Ra Range = 500,0,10m
- Expressions:

  X Expr. = DCINPUT1 Y Expr. = V(Ra) Range = Auto

  X Expr. = DCINPUT1 Y Expr. = I(Ra) Range = Auto

  X Expr. = DCINPUT1 Y Expr. = Pd(Ra) Range = Auto

Wir geben also gleich alle drei Funktionen ein. Für eine einzelne Darstellung müssen dann die anderen beiden Funktionen deaktiviert werden. Dazu ist der grüne Schaltknopf ✓ in Bild 1.9 auszuschalten.

Die Simulation wird zunächst für V(Ra) mit > Run < gestartet. Das probe-Fenster zeigt den Verlauf der Spannung über dem Lastwiderstand für den Bereich: $0 \leq R_a \leq 500\ \Omega$ an.

Nun wechseln wir zur Darstellung für I(Ra). Dazu muss das probe-Fenster nicht unbedingt ausgeschaltet werden. Eine Änderung ist auch über *DC → Limits ...* möglich. Jetzt zeigt das probe-Fenster den Verlauf des Stromes durch den Lastwiderstand an.

Den Verlauf der Leistung erhalten wir bei Aktivierung der Expression-Funktion Pd(Ra). Die vom Lastwiderstand aufgenommene Leistung durchläuft bei $R_a = R_i$ (Anpassungsfall) ein Maximum. Dann liegt über R_a die halbe Leerlaufspannung. Durch die Schaltung fließt der halbe Kurzschlussstrom.

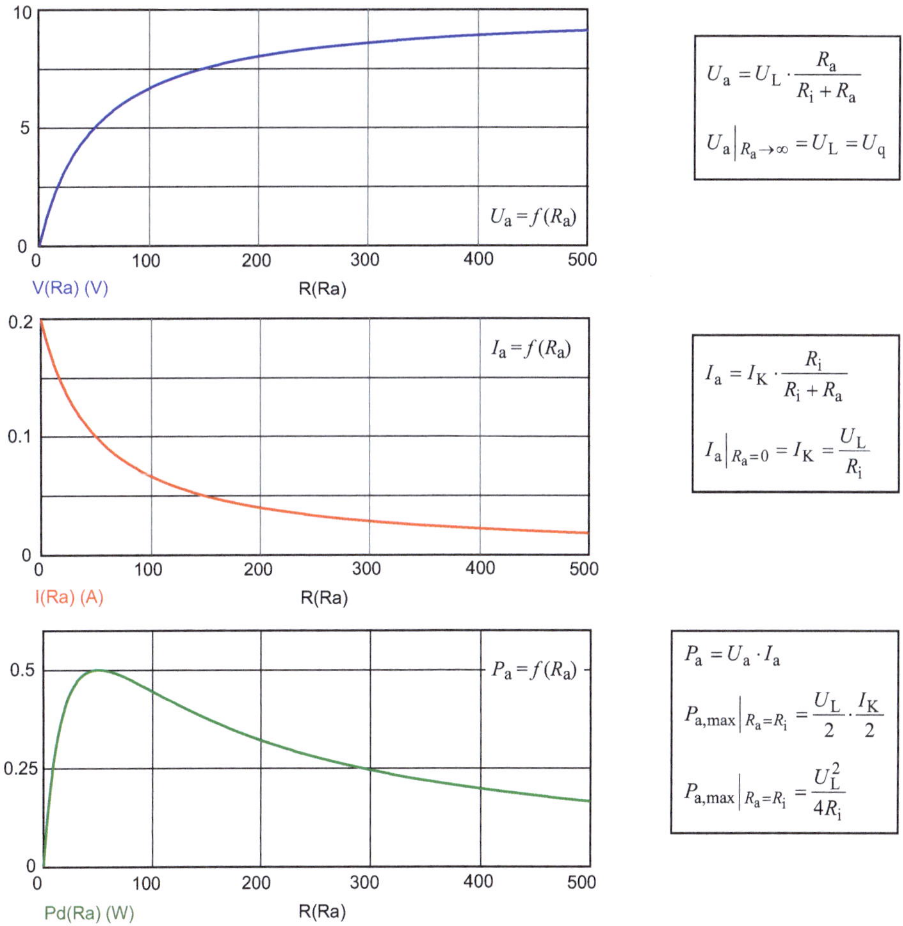

Bild 1.12 Funktionsverläufe für einen Grundstromkreises bei variabler Last

Diesen Sachverhalt erkennt man deutlicher, wenn alle drei Funktionen in einem gemeinsamen Diagramm dargestellt werden. Infolge der unterschiedlichen Skalierung der Ordinatenachse ist das aber in der bisher festgelegten Form nicht möglich. Wir müssen die y-Achse so normieren, dass der jeweilige Funktionswert maximal den Wert eins erreichen kann. Das gelingt durch den Bezug jeder der drei Funktionen auf den maximal möglichen Wert.

Lehrbeispiel 1.3

Stellen Sie die Diagramme aus Bild 1.12 in normierter Form dar. Für die Funktion $U_a = f(R_a)$ wählen wir die Leerlaufspannung U_L als Bezugsgröße. Für die Stromfunktion wird der Kurzschlussstrom verwendet. Den Verlauf der Leistung $P_a = f(R_a)$ beziehen wird auf den Anpassungsfall ($P_{a,max}$).

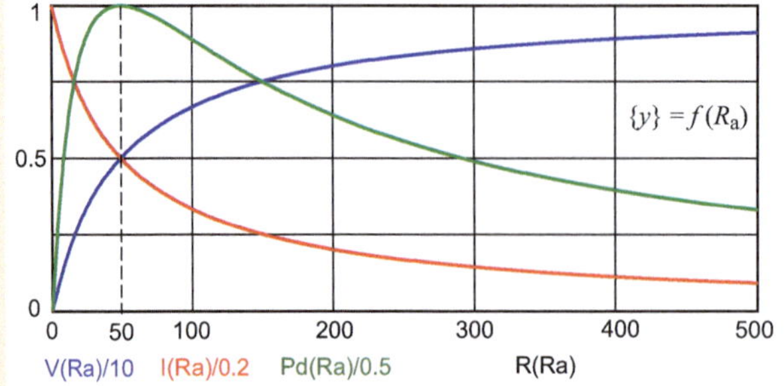

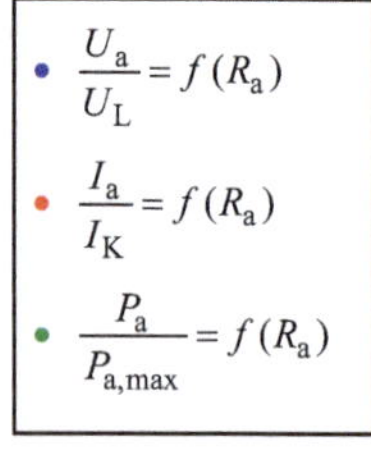

Bild 1.13 Normierte Funktionsverläufe für einen Grundstromkreises bei variabler Last

Jetzt können wir die dargestellten Funktionen direkt miteinander vergleichen. Im Falle der Anpassung lautet die entsprechende Aussage: $P_a = P_{a,max}$ mit $0{,}5 \cdot U_L$ und $0{,}5 \cdot I_K$ bei $R_a = R_i$.

1.2.3 Änderung der *x*-Achsen-Variablen

Die verfügbaren *y*-Achsen-Variablen kann man im Fenster *DC-Analysis-Limits* durch einen Klick mit der linken Maustaste auf Y-Expression abfragen bzw. abrufen. Es meldet sich ein Rollmenü, in dem Variablen, Konstanten, Symbole, Funktionen, (usw.) angezeigt werden können. Zu den Variablen gehören die Spannungen, Ströme und Leistungen:

< Variables > → Node/Device Voltage bzw. Device Current oder Device Power.

Die verfügbaren *x*-Achsen-Variablen bekommt man im gleichen Fenster unter X-Expression angezeigt: DCINPUT1 oder Curve oder Buffers.

Die Variablen von DCINPUT1 werden unter der Variablen 1 (Name) mit ▾ zur Anzeige gebracht. Hier finden wir aber nur die Temperatur sowie die Aufbauelemente der Schaltung und eventuell noch Modellparameter. Es fehlen weitere Größen, die bei einer Simulation als *x*-Achsen-Variable benötigt werden. So könnte z. B. die Aufgabe zu Bild 1.11 auch auf folgende Funktionsdarstellungen ausgerichtet sein: *Ges.*: $P_a = f(U_a)$ oder $P_a = f(I_a)$.

Die x-Achsen-Variable kann man ändern, wenn die betreffende Größe bereits in einer vorhergehenden Simulation erfasst wurde. Bei der in Bild 1.12 dargestellten Simulation haben wir die Funktionsverläufe $U_a = f(R_a)$ und $I_a = f(R_a)$ bereits ermittelt. Jetzt können wir unter X-Expression als Ersatz für DCINPUT1 eine neue Variable [z. B.: V(Ua) oder auch I(Ra)] eintragen und damit die gesuchte Funktionsdarstellung simulieren.

Als Beispiel verwenden wir dazu die Schaltung in Bild 1.11. Das Ziel besteht jetzt darin, die Funktion $P_a = f(U_a)$ grafisch darzustellen. Wir wollen also z. B. wissen, bei welchen Ausgangsspannungen $U_{a,1/2}$ die gleiche Leistung P_a = 400 mW umgesetzt wird. Dazu geben wir folgende Funktionen ein: X-Expression=V(Ra) und Y-Expression=Pd(Ra). In Bild 1.14 ist das Simulationsergebnis für die neue x-Achsenvariable U_a dargestellt.

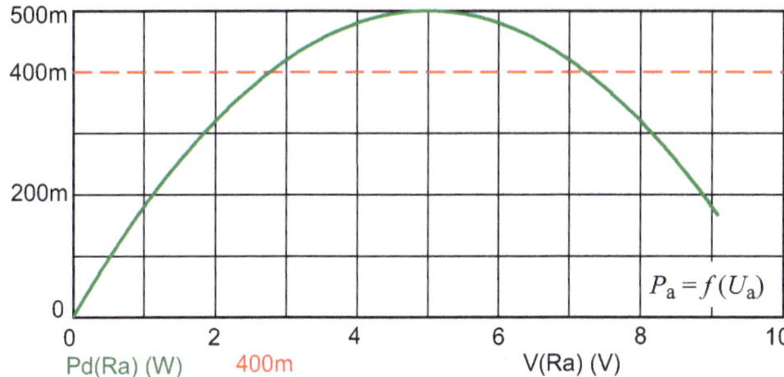

Bild 1.14
Funktionsverlauf $P_a = f(U_a)$

Es waren zwei Lösungen für U_a zu erwarten, da eine Leistung unterhalb von $P_{a,max}$ zu zwei Schnittpunkten längs des Spannungsverlaufes führen muss. Gleiches gilt für die Ströme. Hier ist eine rechnerische Überprüfung wünschenswert. Dazu dient die Cursor-Funktion:

P_a = 400 mW: U_{a1} = 2,77 V und U_{a2} = 7,25 V (aus Bild 1.14)

P_a = 400 mW: R_{a1} = 19,2 Ω und R_{a2} = 131 Ω (aus Bild 1.12 - unten)

Probe: $P_a = \frac{U_{a1}^2}{R_{a1}} = \frac{2{,}77^2}{19{,}2}\ \text{mW} \approx 400\ \text{mW}$ und $P_a = \frac{U_{a2}^2}{R_{a2}} = \frac{7{,}25^2}{131}\ \text{mW} \approx 400\ \text{mW}$.

1.2.4 DC-Analyse mit Parametervariation

Viele Simulationsaufgaben sind dadurch gekennzeichnet, dass man zwei Parameter (oder mehr) gleichzeitig variieren muss. Dazu zählen (z. B.) Untersuchungen zur Einstellung eines belasteten Spannungsteilers oder zum Abgleich einer Brückenschaltung.

Wir wollen uns zunächst den belasteten Spannungsteiler ansehen. Das Ziel der Simulationsaufgabe besteht darin, den Verlauf der Ausgangsspannung bei Variation des Verhältnisses der Teilerwiderstände R_{S1} und R_{S2} zu beschreiben. Der Anwender möchte nun wissen, ob und unter welchen Bedingungen (z. B. bei Veränderung des Lastwiderstandes) der Teiler bei Variation der Schleiferstellung *SS* noch hinreichend linear arbeitet.

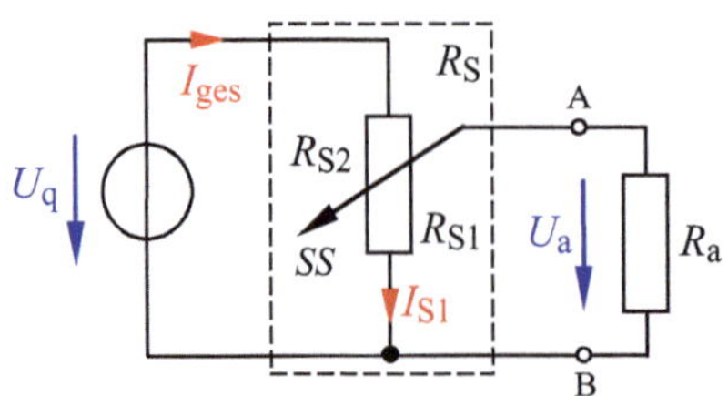

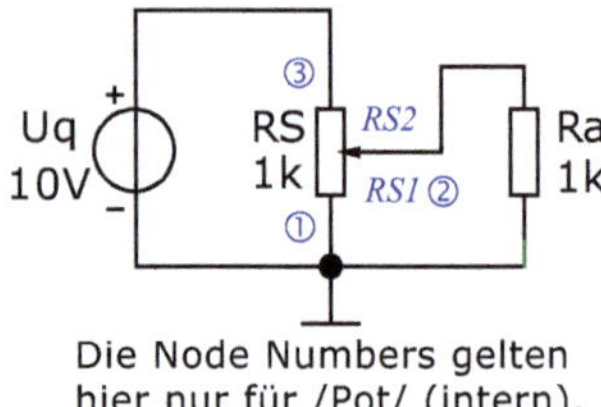

Bild 1.15 Belasteter Spannungsteiler

Zur Simulation benötigen wir einen Stellwiderstand R_S (Potentiometer X).

Dieses Bauelement mit dem Namen / Pot / findet man in der Liste *Components* unter |*Analog Primitives*| → {*Macros*} → [Potentiometers]. Da jedes Element in MicroCap mit (Rotate), (Flip X), (Flip Y) und (Mirror) beliebig in seiner Position verändert werden kann, ist beim Potentiometer eine Festlegung zur Lage der Pins sinnvoll.

Zwischen Pin 1 und Pin 2 liegt der Teilwiderstand R_{S1}. Der Teilwiderstand $R_{S2} = R_S - R_{S1}$ liegt dann zwischen Pin 2 und Pin 3. Auf der rechten Seite von Bild 1.15 wurden diese Bezeichnungen mit dem Texteditor eingefügt. Die originale Schaltung (links) ist an die Indizierung der Simulationsschaltung angepasst.

Man sollte sich demzufolge nach dem Einfügen des Potentiometers (vor dem Verdrahten) die Nummern der Pins mit > Node Numbers < anzeigen lassen.

Wenn wir jetzt das Bauelement nach Vorbild unseres Schaltungsentwurfes ausrichten und am Anschluss 1 den Potentialbezugspunkt (Ground ⊥) positionieren, können wir die Anzeige > Node Numbers < wieder ausschalten. Die Lage von Pin 1 (und der beiden anderen Pins) ist jetzt bekannt.

Nach dem Öffnen des Fensters *DC Analysis Limits* nehmen wir die in Bild 1.16 gezeigten Einstellungen vor. Mit der Variablen 1 (RS.R1) wird der DC-Main-Sweep durchgeführt. Damit durchläuft der Teilwiderstand R_{S1} den Bereich: $0 \le R_{S1} \le R_S$.

Die Variable 2 (Ra) ist für den DC-Nested-Sweep zuständig. Diesen Parameter gibt man in Form einer Liste an. Damit wird die Simulation für drei Lastwiderstände durchgeführt: $R_{a1} = 100\ \Omega$; $R_{a2} = 1\ \mathrm{k}\Omega$ und $R_{a3} = 10\ \mathrm{k}\Omega$ (List = 10k,1k,100).

Bei einer dekadischen Stufung wäre auch eine logarithmische Angabe (Method = Log) unter Range möglich (siehe Bild 1.16 – Variable 2).

- Variable 1: Method = Auto Name = RS.R1 Range = 1000,0,0.1
- Variable 2: Method = List Name = Ra Range = 10k,1k,100
- Expressions:

  X Expr. = DCINPUT1 Y Expr. = V(Ra) Range = 10,0,2.5

  X Expr. = DCINPUT1 Y Expr. = I(RS.R1) Range = 10m,0,2m

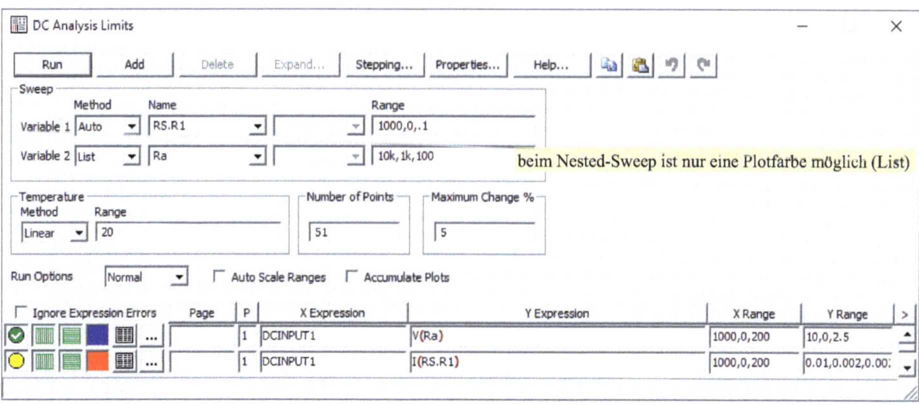

Bild 1.16 Parameter-Einstellungen im Fenster *DC Analysis Limits*

Falls auch noch eine Simulation des Verlaufes des Querstromes gewünscht wird, kann diese Funktion im inaktiven Fenster unter Y-Expression zusätzlich mit angegeben werden. Die jeweilige Funktionsdarstellung wird dann mit dem grünen Schaltknopf ✓ gewählt.

Nun starten wir die Simulation mit > Run <. Bild 1.17 zeigt den Funktionsverlauf der Ausgangsspannung bei Variation der Schleiferstellung $SS = R_{S1} / R_S$ mit R_a als Parameter. Nach den Festlegungen in Bild 1.15 wird der Schleifer von Ground nach oben geschoben. Für die Ausgangsspannung gilt dann:

$$U_a = U_q \cdot \frac{R_{S1} \| R_a}{R_{S2} + R_{S1} \| R_a}$$

Wir erkennen, dass der Lastwiderstand R_a ein nichtlineares Verhalten verursacht. Bei einem kleinen Lastwiderstand ($R_a \ll R_S$) wirkt im Spannungsteiler der Widerstand $R_{S1} \| R_a$. Mit Zunahme des Wertes von R_a gilt: $R_{S1} \| R_a \rightarrow R_{S1}$. Der Spannungsverlauf nähert sich dann an eine Gerade an ($R_{a3} \approx$ lineares Verhalten). Zur Unterscheidung der Funktionen wurden die Farben der Plots manuell geändert, da im Nested-Sweep nur eine Farbe verwendet wird.

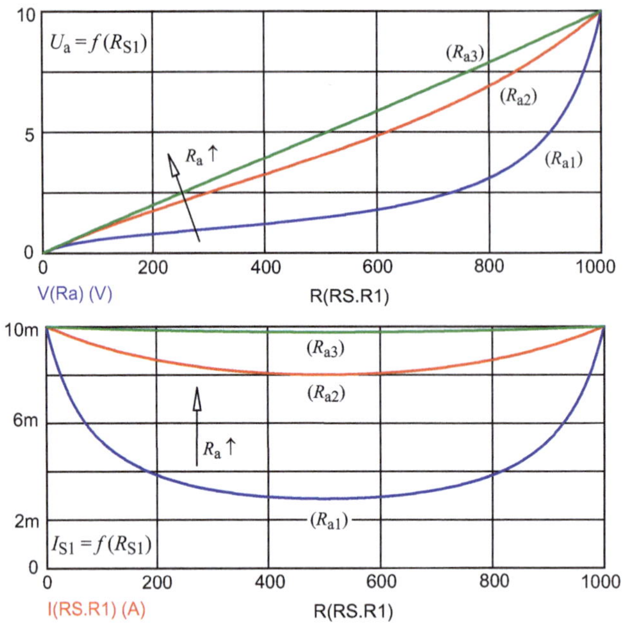

Lineares Verhalten:

$$U_a = U_q \cdot \frac{R_{S1}}{R_{S1} + R_{S2}}$$

Verlauf Querstrom:

$$I_{S1} = I_{ges} \cdot \frac{R_a}{R_{S1} + R_a}$$

LTspice: K_1.2.4

Bild 1.17 Simulationsergebnisse zum belasteten Spannungsteiler

In der Praxis kann man sich (in der Regel) einen Lastwiderstand nicht aussuchen. Er ist vorhanden und soll mit einer Spannung versorgt werden. Wie könnte man dann den Stellwiderstand dimensionieren, um ein möglichst lineares Verhalten des Spannungsteilers zu erreichen? Das Bild 1.17 liefert eine praktikable Lösung.

Der Lastwiderstand sollte mindestens den zehnfachen Wert des Stellwiderstandes besitzen. Bei $R_a \approx 10 \cdot R_S$ verläuft die Ausgangsspannung nahezu linear. Der Querstrom ändert sich dann bei Variation der Schleiferstellung nur noch geringfügig ($I_{S1} \approx I_{ges}$).

Lehrbeispiel 1.4

Berechnen Sie für die Brückenschaltung in Bild 1.18 die erforderlichen Werte von R_{S1} so, dass sich die Brücke für $R_x = 750\ \Omega$ im abgeglichenen Zustand befindet. Es werden zum Vergleich folgende Normalwiderstände eingesetzt: $R_{N1} = 500\ \Omega$; $R_{N2} = 1\ \text{k}\Omega$ und $R_{N3} = 2\ \text{k}\Omega$.

Überprüfen Sie die Ergebnisse Ihrer Berechnung mit einer Analyse *DC*.

Mit dem Normalwiderstand R_N wird ein Grobabgleich (Einstellung des Messbereiches) und mit dem Widerstandsverhältnis R_{S2}/R_{S1} wird ein Feinabgleich (Zahlenwert) durchgeführt. Im abgeglichenen Zustand gilt dann die bekannte Brückengleichung mit den Indizes aus Bild 1.18:

$$R_x = R_N \cdot \frac{R_{S2}}{R_{S1}} = R_N \cdot \frac{R_S - R_{S1}}{R_{S1}} = R_N \cdot \left(\frac{R_S}{R_{S1}} - 1 \right)$$

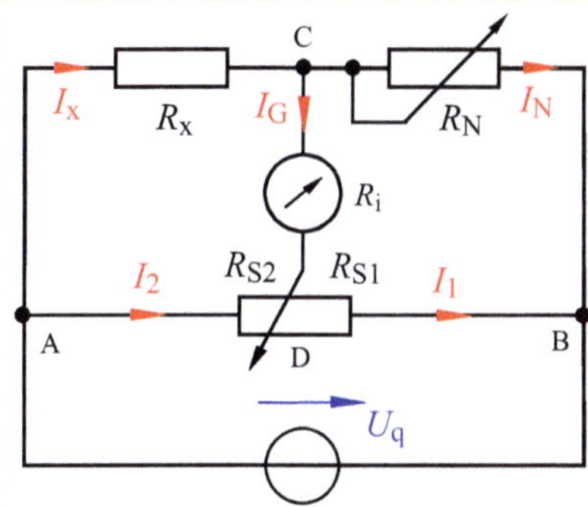

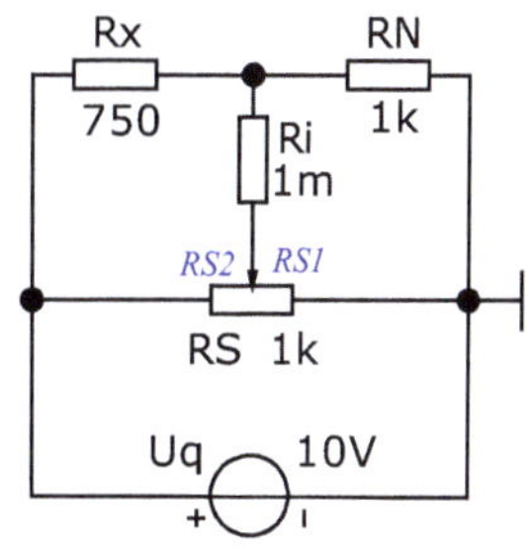

Bild 1.18 Simulation einer Brückenschaltung

Zur Simulation dieses Abgleiches sind demzufolge zwei Variationen erforderlich. Für die Einstellung des Verhältnisses R_{S2}/R_{S1} kann der in Abschnitt 1.2.2 vorgestellte Main-Sweep verwendet werden. Der Vergleich mit den unterschiedlichen Normalwiderständen ist mit dem DC-Nested-Sweep möglich.

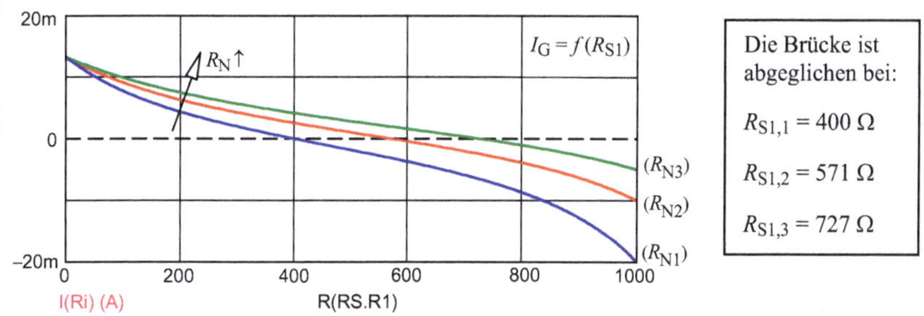

Bild 1.19 Simulationsergebnisse zum Brückenabgleich (Farbgebung manuell geändert)

Wir wollen die ersten beiden Abgleiche überprüfen. In diesen Fällen liegt die Schleiferstellung *SS* zwischen 0,4 und 0,6. Die Brücke lässt sich in diesem Bereich in der Praxis einfach abgleichen.

$$R_x = R_{N1} \cdot \frac{R_{S2,1}}{R_{S1,1}} = 500\Omega \cdot \frac{600}{400} = 750\Omega$$

$$R_x = R_{N2} \cdot \frac{R_{S2,2}}{R_{S1,2}} = 1000\Omega \cdot \frac{429}{571} \approx 750\Omega$$

Die Rechnungen bestätigen das Simulationsergebnis.

1.3 Analyse von Wechselstromkreisen

Wechselstromkreise können im Zeitbereich und im Frequenzbereich betrachtet werden. Zur Simulation im Zeitbereich steht die Analyse *Transient* zur Verfügung. Untersuchungen im Frequenzbereich werden mit der Analyse *AC* (AC-Sweep und *Stepping*) durchgeführt.

Die Analyse *Dynamic-AC* stellt ein weiteres leistungsfähiges Hilfsmittel dar.

1.3.1 Transienten-Analyse

Zur Durchführung von Analysen im Zeitbereich wird eine elektrische Quelle benötigt, die an die Aufgabenstellung angepasst werden muss. Wir entscheiden uns für die Spannungsquelle [*Voltage Source*] aus der Gruppe {*Waveform Sources*}. Dabei handelt es sich um eine Universalquelle, die wir bereits bei der Analyse von Gleichstromkreisen verwendet haben. Beispiele zur Einstellung dieser Quelle finden Sie im Anhang - Abschnitt 9.1.

Analyse im Einphasensystem (Wechselstrom)

Für den Wechselstromkreis ist eine sinusförmige Wechselquelle erforderlich, die bezüglich der Amplitude, der Frequenz, der Offsetspannung und des Nullphasenwinkels einstellbar ist.

Wir wählen als Beispiel eine RL-Reihenschaltung, die an eine sinusförmige Quelle / Sin / angeschlossen wird:

Geg.: $\hat{\underline{U}}_q = 1\,\mathrm{V} \cdot e^{j\,0^\circ} \left(f = 1\,\mathrm{kHz} \right)$ mit: R = 50 Ω und L = 10 mH.

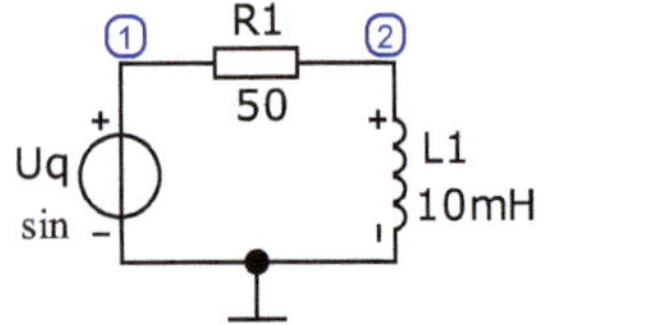

Einstellung der Quelle:
VA=1 / F0=1k / PH=0
VO=0 / TD=0 / DF=0
(„sin" über Texteditor)

Bild 1.20 Simulation eines RL-Wechselstromkreises

Wir wollen die Zeitfunktion der drei Spannungen grafisch darstellen. Dazu öffnen wir das Fenster *Analysis* → *Transient* und nehmen die in Bild 1.21 gezeigten Einstellungen vor.

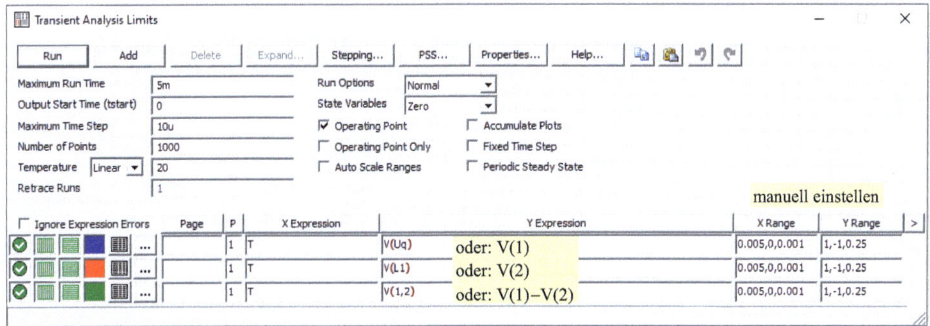

Bild 1.21 Einstellung der Transienten-Analyse (hier: ohne Auto Scale Ranges)

Mit (Maximum Run Time) = 5m wird der Analysezeitraum festgelegt. Bei einer gegebenen Frequenz von $f = 1$ kHz (Periodendauer: $T_0 = 1$ ms) stellen wir damit fünf Perioden dar.

Bild 1.22 zeigt im oberen Bereich die drei Zeitfunktionen $u_q = f(t)$; $u_R = f(t)$ und $u_L = f(t)$. Es ist zu erkennen, dass bei beiden Spannungsabfällen irgendwelche Unregelmäßigkeiten in den ersten beiden Perioden auftreten. Hierbei handelt es sich um Einschwingvorgänge von u_R und u_L, die nach einer bestimmten Zeit ($t > 5 \cdot \tau$) abgeklungen sind.

Bild 1.22 zeigt im unteren Bereich den Verlauf der einzelnen Zeitfunktionen bei gleichem Maßstab der Zeitachse (nur zum Vergleich der Kurvenformen). Jetzt kann man deutlicher erkennen, dass während der ersten Periode(n) ein Einschwingvorgang abläuft.

Wann ist dieser Vorgang beendet? Aus Schaltvorgängen an RC- und RL-Kombinationen ist bekannt ([6] - Abschnitt 16.2 und Abschnitt 19.2), dass sich nach einer Zeit von $t \gg 5 \cdot \tau$ ein statischer Zustand einstellt. Wenn man einen Richtwert mit $t_{Ende} = 5 \cdot \tau$ annimmt, erhält man für die RL-Kombination in Bild 1.20:

$$t_{Ende} = 5 \cdot \tau = 5 \cdot \frac{L}{R} = 5 \cdot 0{,}2\,\text{ms} = 1\,\text{ms}$$

Beim dritten Maximalwert sollte der eingeschwungene Zustand erreicht sein. Die Maximalwerte können im probe-Fenster mit verschiedenen Cursorfunktionen ausgemessen werden. Im vorliegenden Fall bietet sich die Peak-Funktion an. Dazu muss die zu untersuchende Funktion markiert werden. Mit Betätigung des Buttons > Peak < springt dann der Cursor zum ersten Maximalwert. Eine wiederholte Betätigung führt zum nächsten Maximalwert.

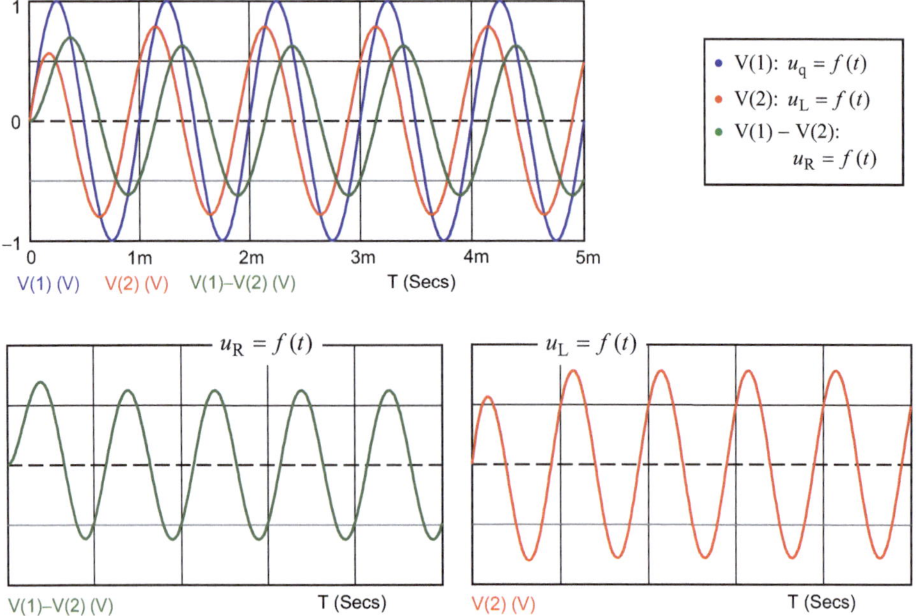

Bild 1.22 Ergebnisse der Analyse *Transient*

Für den dritten Maximalwert werden folgende Ergebnisse $[t_x, \hat{U}_x]$ angezeigt:

V(2): $u_L = f(t)$ [2.142m, 782.555m]

V(1) - V(2): $u_R = f(t)$ [2.392m, 622.544m]

Die mit dem Cursor gemessenen Maximalwerte wollen wir rechnerisch überprüfen. Dazu benötigen wir den komplexen Widerstandszeiger.

$$\underline{Z} = R + j \cdot \omega L = (50 + j \cdot 62{,}8)\Omega = 80{,}3\,\Omega \cdot e^{j\,51{,}5^\circ}$$

$$\hat{\underline{U}}_L = \hat{\underline{U}}_q \cdot \frac{j\omega L}{\underline{Z}} = 1\,V \cdot \frac{62{,}83\ \Omega \cdot e^{j\,90^\circ}}{80{,}3\ \Omega \cdot e^{j\,51{,}5^\circ}} = 782{,}4\ mV \cdot e^{j\,38{,}5^\circ}$$

$$\hat{\underline{U}}_R = \hat{\underline{U}}_q \cdot \frac{R}{\underline{Z}} = 1\,V \cdot \frac{50\ \Omega \cdot e^{j\,0^\circ}}{80{,}3\ \Omega \cdot e^{j\,51{,}5^\circ}} = 622{,}7\ mV \cdot e^{-j\,51{,}5^\circ}$$

Die gemessenen Werte stimmen hinreichend genau mit der gerundeten Rechnung überein. Die Nullphasenwinkel könnte man über die Zeitangabe t_x berechnen. Dazu müsste ein sinnvoller Bezugszeitpunkt bestimmt werden (z. B. der letzte Nulldurchgang der Funktion u_q). Für den Nullphasenwinkel gibt es aber eine einfachere Lösung (siehe Abschnitt 1.3.2).

Analyse im Dreiphasensystem (Drehstrom)

Im Stator eines Drehstromgenerators befinden sich drei voneinander unabhängige Wicklungen, die räumlich mit einem Winkel von 120° zueinander versetzt sind. Bei der Einwirkung eines magnetischen Feldes (Rotor) induziert dieser Generator drei voneinander unabhängige Wechselspannungen mit gleicher Frequenz und einer Phasenverschiebung von jeweils 120° zueinander. Infolge der Symmetrie des Generators haben alle drei Spannungen die gleiche Amplitude und die Quellen besitzen nahezu den gleichen Generator-Innenwiderstand.

Diese drei Wicklungen werden zu einem Generator-Stern M (Mittelpunktleiter) verkettet. Damit stellt der Generator drei Generator-Strangspannungen $\underline{U}_S$ und drei Leiterspannungen $\underline{U}_L$ zur Verfügung. Für die Beträge gilt: $U_L = \sqrt{3} \cdot U_S$.

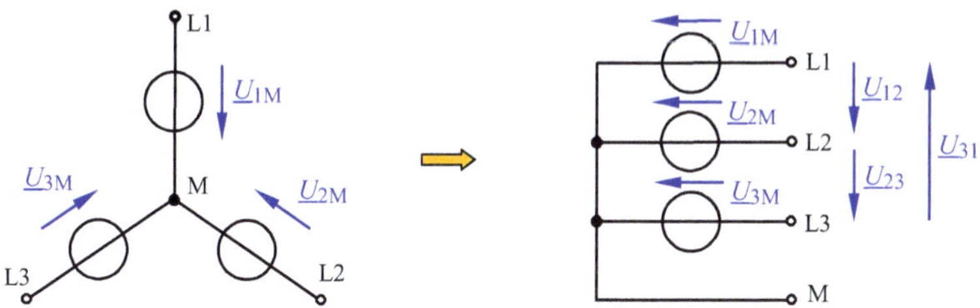

Bild 1.23 Zählpfeile der Spannungen in einem Dreiphasensystem

Zur Simulation eines Dreiphasensystems kombinieren wir drei Quellen / Sin / nach Vorbild des Bildes 1.23 (rechts) miteinander. Zusätzliche Beschriftungen werden mit dem Texteditor vorgenommen. Auf diese zusätzlichen Angaben wird jetzt nicht mehr verwiesen, da sie an der in MicroCap sonst nicht verwendeten Schriftart „Times“ zu erkennen sind.

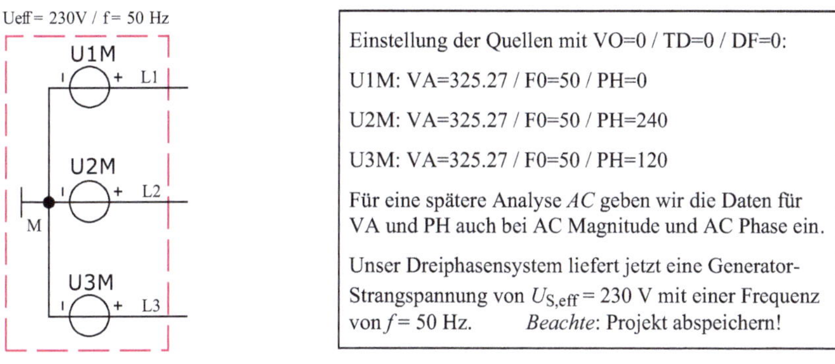

Bild 1.24 Simulationsschaltung eines Dreiphasengenerators

Zur Simulation der Zeitfunktionen ändern wir im Fenster *Analysis* → *Transient* (Bild 1.21) folgende Angaben: (Max. Run Time) = 40m sowie: Y-Expression: V(1) und V(2) und V(3).

Damit stellen wir die Spannungen über zwei Perioden (T_0 = 20 ms) dar. Bild 1.25 zeigt im oberen Teil die Zeitfunktionen der Generator-Strangspannungen und im unteren Teil die Zeitfunktionen der Leiterspannungen.

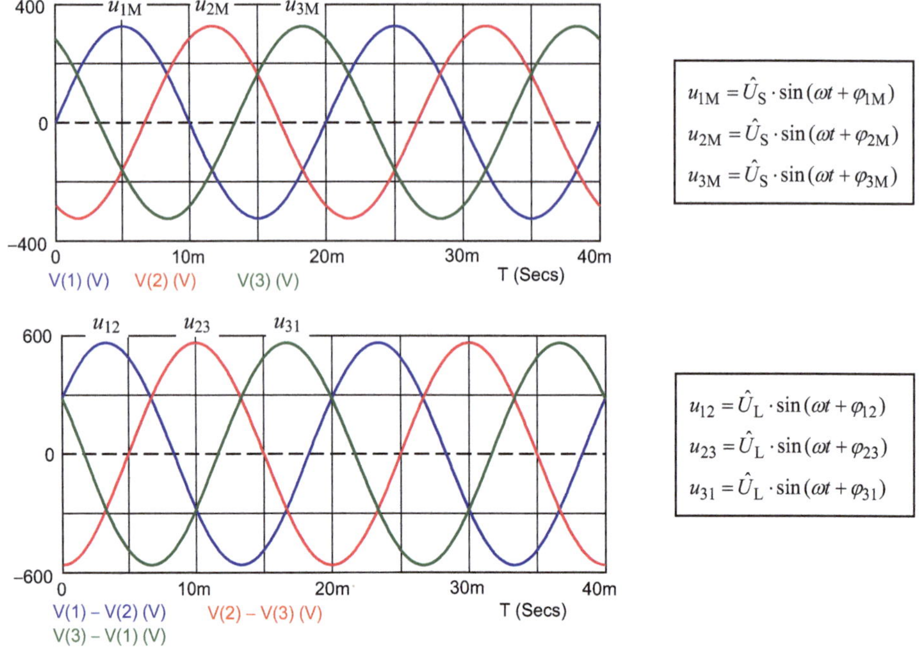

Bild 1.25 Simulation der Zeitfunktionen der Spannungen eines Dreiphasengenerators (oben: Generator-Strangspannungen, unten: Leiterspannungen)

Die Leiterspannungen erhält man durch eine Änderung der Einstellungen im Analysefenster *Analysis* → *Transient*. Durch Anwendung des Maschensatzes gilt:

Expressions: V(1)-V(2) sowie V(2)-V(3) und V(3)-V(1).

Der Zusammenhang zwischen der Generator-Strangspannung U_S und der Leiterspannung U_L (Effektivwert oder Maximalwert) wird über den Verkettungsfaktor beschrieben:

$$U_L = \sqrt{3} \cdot U_S \quad \text{oder:} \quad \hat{U}_L = \sqrt{3} \cdot \hat{U}_S \quad \text{bzw.:} \quad \frac{\hat{U}_L}{\sqrt{2}} = \sqrt{3} \cdot \frac{\hat{U}_S}{\sqrt{2}}$$

Lehrbeispiel 1.5

LTspice: LB_1.5

Gegeben ist ein Dreiphasensystem, das durch eine Verbraucher-Sternschaltung unsymmetrisch belastet wird. Stellen Sie die Zeitfunktionen der Ströme grafisch dar. Es wird der Generator aus Bild 1.24 verwendet. Für die Lastwiderstände gilt: R_1 = 100 Ω und R_2 = 200 Ω sowie R_3 = 150 Ω.

Den Generator aus Bild 1.24 haben wir als eigenes Projekt abgespeichert. Bei einer Änderung der Spannungsebene müsste man die Generator-Strangspannungen neu setzen (hier nicht erforderlich).

Wir zeichnen die Lastwiderstände ein und speichern das neue Projekt. Bei einer Verbraucher-Dreieckschaltung muss der vierte Leiter (Mittelpunktleiter: N - M) berücksichtigt werden. Er wird im vorliegenden Fall als nahezu widerstandslos angenommen und mit R_M = 1 mΩ nachgebildet.

Im Fenster *Analysis* → *Transient* werden die darzustellenden Zeitfunktionen eingegeben: Y-Expression: I(R1) und I(R2) und I(R3) sowie I(RM).

Den Analysezeitraum ändern wir nicht, um einen Vergleich mit den drei Generator-Strangspannungen zu ermöglichen. Nun kann die Simulation mit > Run < gestartet werden.

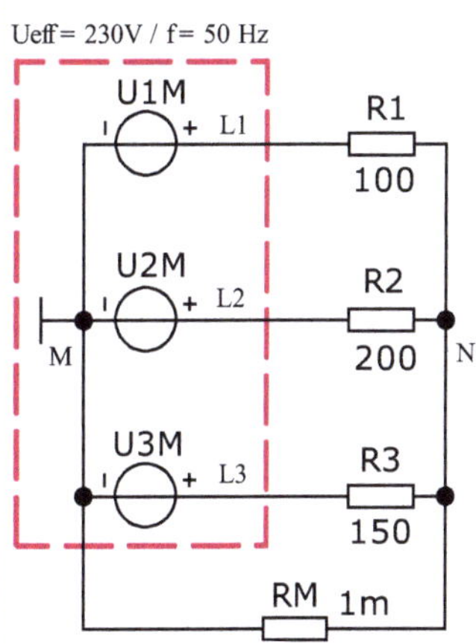

Berechnung der Maximalwertzeiger:

$$\hat{\underline{I}}_1 = \frac{\hat{\underline{U}}_{1M}}{R_1} = \frac{325{,}27\,\text{V} \cdot e^{j0°}}{100\,\Omega} = 3{,}253\,\text{A} \cdot e^{j0°}$$

$$\hat{\underline{I}}_2 = \frac{\hat{\underline{U}}_{2M}}{R_2} = \frac{325{,}27\,\text{V} \cdot e^{-j120°}}{200\,\Omega} = 1{,}626\,\text{A} \cdot e^{-j120°}$$

$$\hat{\underline{I}}_3 = \frac{\hat{\underline{U}}_{3M}}{R_3} = \frac{325{,}27\,\text{V} \cdot e^{j120°}}{150\,\Omega} = 2{,}168\,\text{A} \cdot e^{j120°}$$

Aus diesen drei Strömen wird $\underline{I}_M$ über den Knotenpunktsatz berechnet.

$$\hat{\underline{I}}_M = \hat{\underline{I}}_1 + \hat{\underline{I}}_2 + \hat{\underline{I}}_3$$

$$\hat{\underline{I}}_M = (3{,}253 - 0{,}813 - j1{,}408 - 1{,}084 + j1{,}878)\,\text{A}$$

$$\hat{\underline{I}}_M = (1{,}356 + j0{,}47)\,\text{A} = 1{,}435\,\text{A} \cdot e^{j19{,}1°}$$

Bild 1.26 Simulation der Ströme in einer unsymmetrischen Verbraucher-Sternschaltung

Bild 1.27 zeigt das Analyseergebnis. Die Ströme i_1, i_2 und i_3 haben die Phasenlagen der jeweiligen Generator-Strangspannungen. Der Strom i_M ergibt sich zu jedem Zeitpunkt aus der Summe der drei Leiterströme: $i_M = i_1 + i_2 + i_3$.

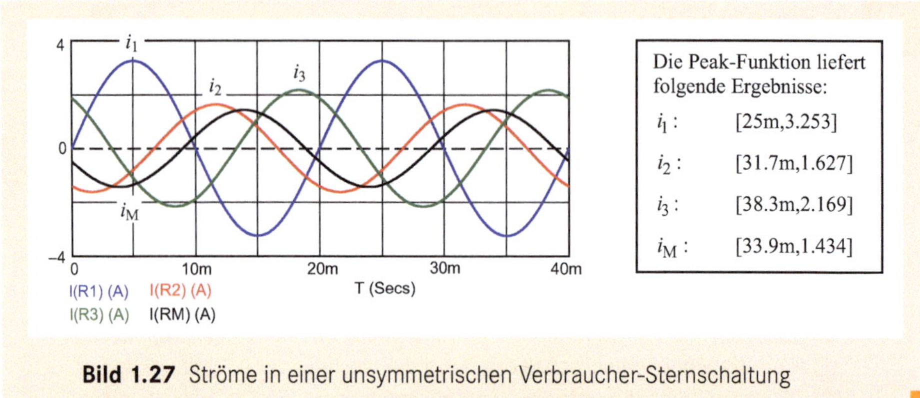

Bild 1.27 Ströme in einer unsymmetrischen Verbraucher-Sternschaltung

Bei einer symmetrischen Sternschaltung wären die Amplituden der drei Leiterströme gleich. Der Strom durch den Mittelpunktleiter ist dann null. Das sollten Sie ausprobieren.

1.3.2 Dynamic-AC-Analyse

Eine Ermittlung der Daten (Amplitude/Phase) aus der Zeitfunktion ist relativ aufwendig. Dazu ist die Analyse *Transient* auch nicht vorgesehen. Sie dient vielmehr der Darstellung der Kurvenform einer Zeitfunktion. Die Analyse *Dynamic-AC* stellt diese Daten direkt in der Schaltung in numerischer Form dar. Sie liefert den Betrag (Amplitude) und den Nullphasenwinkel eines komplexen Maximalwertzeigers bei einer einstellbaren festen Frequenz. In der Anzeige werden beide Angaben (Amplitude und Phase) durch ein Komma getrennt.

Für die Schaltung in Bild 1.20 erhält man im Ergebnis dieser Analyse *Dynamic-AC* die in Bild 1.28 dargestellten Angaben. Die Nachkommastellen wurden unter *Properties* in der Registerkarte / Format / auf 1 Digit reduziert. Diese Einstellung muss für die Anzeige von Voltage und Current getrennt vorgenommen werden.

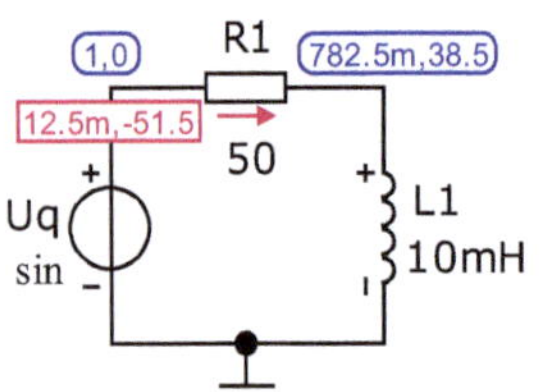

Analyse *Dynamic-AC*:

$\hat{\underline{U}}_L = 782{,}5 \text{ mV} \cdot e^{j\,38{,}5°}$

$\hat{\underline{I}}_R = 12{,}5 \text{ mA} \cdot e^{-j\,51{,}5°}$

$\hat{\underline{U}}_R = \hat{\underline{I}}_R \cdot R_1$

$\hat{\underline{U}}_R = 625 \text{ mV} \cdot e^{-j\,51{,}5°}$

Bild 1.28 Ergebnisse der Analyse *Dynamic-AC* zu Bild 1.20

Die Ergebnisse des Lehrbeispiels 1.5 können im Ergebnis der Analyse *Dynamic-AC* aus den Angaben von Bild 1.29 entnommen werden. Die Nachkommastellen wurden hier nicht reduziert, um die Genauigkeit der Anzeige nicht zu beeinflussen.

Der Nullphasenwinkel φ_{1M} (Angabe im Gradmaß) ist als null zu interpretieren.

Die Ergebnisse der Analyse *Dynamic-AC* stimmen gut mit den aus den Zeitfunktionen von Bild 1.27 ermittelten Daten überein. Die Umrechnung von Zeitangaben in Winkel entfällt.

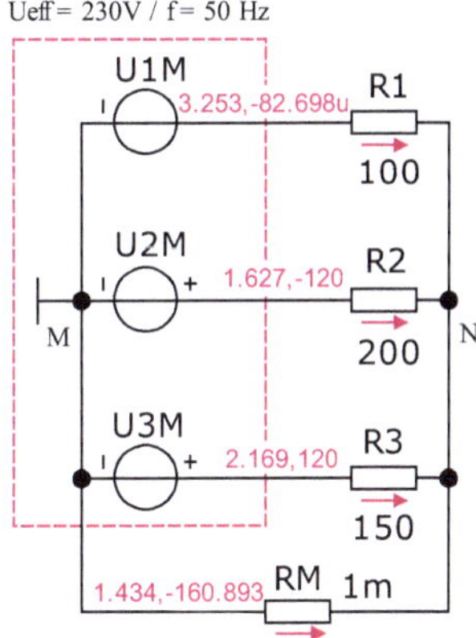

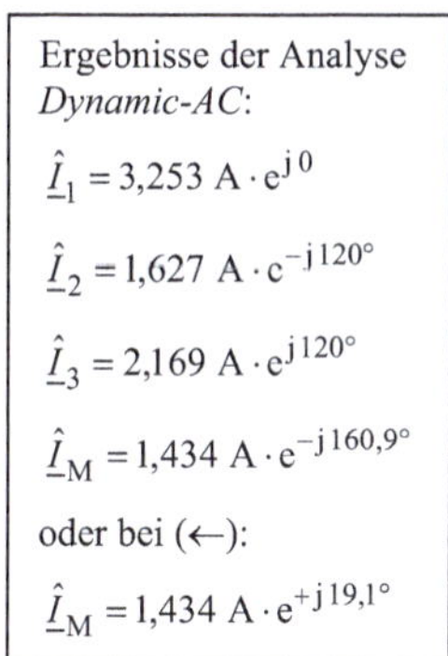

Ergebnisse der Analyse *Dynamic-AC*:

$\hat{\underline{I}}_1 = 3{,}253\ \mathrm{A} \cdot e^{j\,0}$

$\hat{\underline{I}}_2 = 1{,}627\ \mathrm{A} \cdot e^{-j\,120°}$

$\hat{\underline{I}}_3 = 2{,}169\ \mathrm{A} \cdot e^{j\,120°}$

$\hat{\underline{I}}_M = 1{,}434\ \mathrm{A} \cdot e^{-j\,160{,}9°}$

oder bei (←):

$\hat{\underline{I}}_M = 1{,}434\ \mathrm{A} \cdot e^{+j\,19{,}1°}$

Bild 1.29 Ergebnisse der Analyse *Dynamic-AC* zum Lehrbeispiel 1.5

1.3.3 Fourier-Analyse (FFT)

Viele Anwendungsfälle sind dadurch gekennzeichnet, dass die Zeitfunktionen der Spannung und des Stromes nicht mehr sinusförmig verlaufen (z. B. infolge der Übersteuerung eines Verstärkers). Sie setzen sich vielmehr aus der Überlagerung von mehreren harmonischen Schwingungen ungleicher Frequenz zusammen. Das Signal hat dann einen Klirrfaktor $k > 0$.

Der Anwender will nun natürlich wissen, welche Komponenten an der Bildung des resultierenden Signals beteiligt sind. Das gelingt bei einer periodischen Funktion mit der harmonischen Analyse, die in MicroCap in Form der Fourier-Analyse (z. B. auf der Basis einer FFT – Fast Fourier Transform) zur Verfügung steht.

Um diese Analysevariante untersuchen zu können, erzeugen wir uns mit vier sinusförmigen Spannungsquellen eine harmonische Zeitfunktion. Die Grundfrequenz beträgt $f_0 = 1$ kHz.

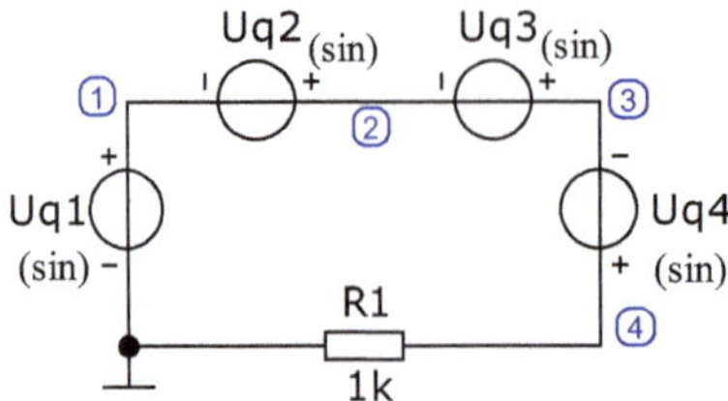

$\underline{\hat{u}}_{q1} = 5\,\text{V} \cdot e^{j(\omega_1 t + 0°)}$	$(f_1 = f_0 = 1\ \text{kHz})$
$\underline{\hat{u}}_{q2} = 3\,\text{V} \cdot e^{j(\omega_2 t + 0°)}$	$(f_2 = 2\,f_0 = 2\ \text{kHz})$
$\underline{\hat{u}}_{q3} = 1\,\text{V} \cdot e^{j(\omega_3 t + 0°)}$	$(f_3 = 3\,f_0 = 3\ \text{kHz})$
$\underline{\hat{u}}_{q4} = 4\,\text{V} \cdot e^{j(\omega_4 t + 0°)}$	$(f_4 = 4\,f_0 = 4\ \text{kHz})$

Bild 1.30 Erzeugung einer harmonischen Zeitfunktion

Da die Quellen gleichsinnig in Reihe geschaltet werden, gilt für das Potential am Knoten 4:

$$u_{R1}(t) = \sum u_q(t) = u_{q1}(t) + u_{q2}(t) + u_{q3}(t) + u_{q4}(t)$$

Nun können wir uns die Zeitfunktion der Spannung über dem Widerstand R_1 (Potential am Pin 4) über die Analyse *Transient* ansehen. Als Analysezeitraum wählen wir t_{max} = 3 ms.

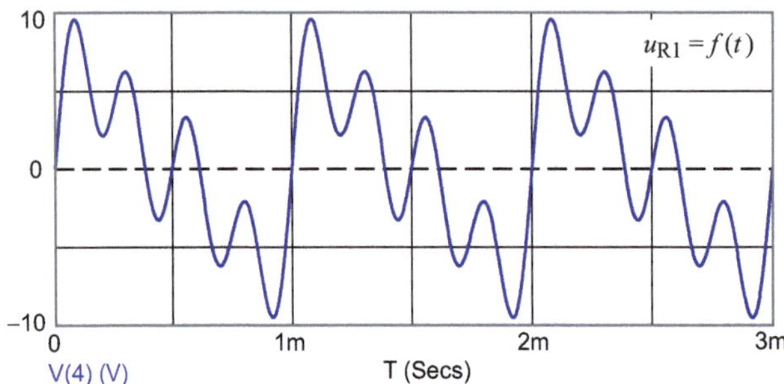

Bild 1.31 Überlagerung sinusförmiger Zeitfunktionen

Zur Durchführung der FFT-Analyse erstellen wir ein Fourier-Fenster über die Menüfolge *Transient* → *Fourier Windows* → *Add Fourier Window*. Es öffnet sich das *Properties*-Fenster (for Fourier). Hier wird die Plot-Funktion aktiviert: ⊙ Harm

Unter ‚Curves' meldet sich die Funktion ☑ Harm(V(4)). Durch Bestätigung über den Button > Übernehmen < wird das derzeit eingestellte Amplitudenspektrum angezeigt. Das müssen wir nun an unsere Vorstellungen anpassen. Dazu wechseln wir von der Registerkarte / Plot / zur Registerkarte / Scales and Formats /. Hier sind zunächst die Aktivierungen ☑ Log und ☑ Auto Scale zu löschen. Die Bereiche (Range X und Y) müssen gemäß der Zielstellung der Analyse eingestellt werden. Im Ergebnis erhält man (z. B.) die Situation aus Bild 1.32.

Durch Betätigung des Buttons > Übernehmen < erhalten wir das Amplitudenspektrum der in Bild 1.31 dargestellten Zeitfunktion. Die Amplituden sind auf 1 V normiert.

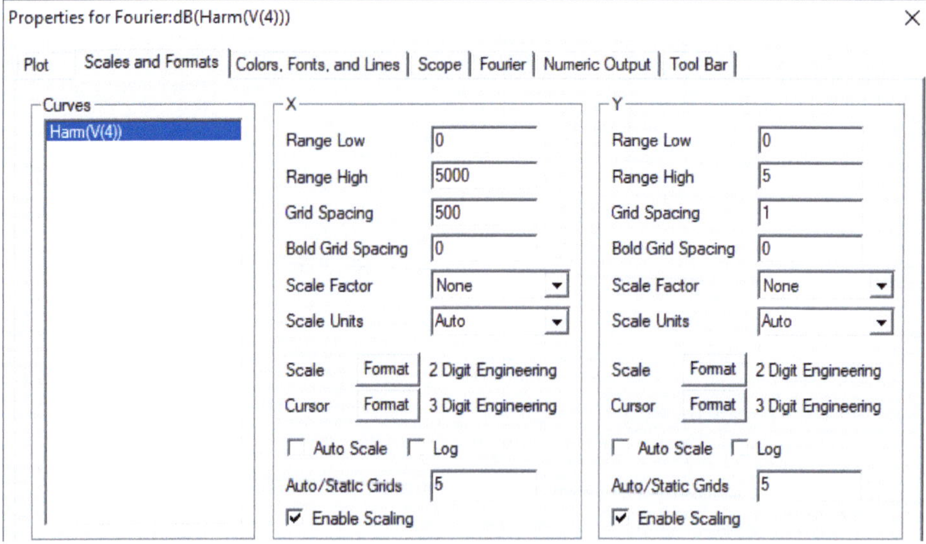

Bild 1.32 Einstellung des Fensters *Properties for Fourier*

Die FFT-Analyse wurde für die ersten zehn Harmonischen ($1 \leq n \leq 10$) durchgeführt. Diese Einstellung kann in der Registerkarte / Fourier / geändert werden.

Das Spektrum in Bild 1.33 zeigt die an der Bildung der Zeitfunktion beteiligten vier Harmonischen. Ihre Amplituden (in V) und ihre spektralen Frequenzen stimmen mit den Werten der Quellen aus Bild 1.30 überein.

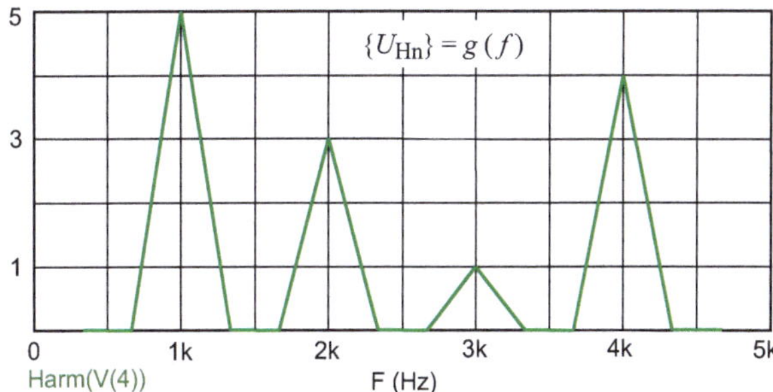

Analyse *Transient*:
Analysezeitraum:
$t_{max} = 3$ ms

Bild 1.33 Amplitudenspektrum

Warum werden nun aber die Spektrallinien nicht als Linienspektrum abgebildet?

Die FFT wird für den Zeitraum der Analyse *Transient* durchgeführt. Dieser Zeitraum ist viel zu kurz (3 Perioden = 3 ms). Damit wird die sog. Fußverbreiterung einer Spektrallinie als Dreieck nachgebildet. Eine Verlängerung des Analysezeitraums auf ≈ 300 Perioden sorgt für eine saubere Abbildung. Das sollte Sie ausprobieren. Bild 1.34 zeigt das Ergebnis.

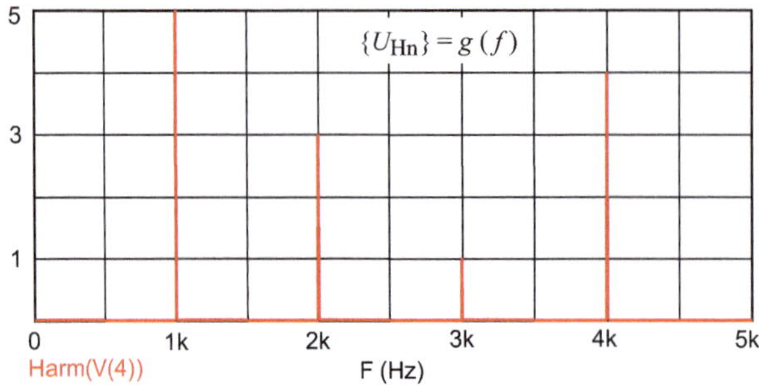

Analyse *Transient*:
Analysezeitraum:
$t_{max} = 300$ ms

Bild 1.34 Linienspektrum

Für den Klirrfaktor im Bild 1.34 gilt:

$$k = \sqrt{\frac{U_2^2 + U_3^2 + U_4^2}{U_1^2 + U_2^2 + U_3^2 + U_4^2}} \qquad \text{mit:} \quad U_{\text{eff}}^2 = \frac{\hat{U}^2}{2}$$

$$k = \sqrt{\frac{(\hat{U}_2^2 + \hat{U}_3^2 + \hat{U}_4^2)/2}{(\hat{U}_1^2 + \hat{U}_2^2 + \hat{U}_3^2 + \hat{U}_4^2)/2}} = \sqrt{\frac{9+1+16}{25+9+1+16}} = \sqrt{\frac{26}{51}} = 0{,}714$$

Nun wird häufig behauptet, dass der von PSpice oder MicroCap (usw.) angegebene Wert THD (Total Harmonic Distortion) mit dem Klirrfaktor *k* übereinstimmt. Diese Aussage ist nicht richtig. Beim Klirrfaktor wird der Effektivwert der Oberwellen auf den Effektivwert des gesamten Signals bezogen. Beim *THD*-Wert ist diese Bezugsgröße der Effektivwert der Grundwelle (erste Harmonische mit: $f = f_0$).

$$THD = \sqrt{\frac{U_2^2 + U_3^2 + U_4^2}{U_1^2}} = \sqrt{\frac{(\hat{U}_2^2 + \hat{U}_3^2 + \hat{U}_4^2)/2}{\hat{U}_1^2/2}} = \sqrt{\frac{26}{25}} = 1{,}0198$$

Genau dieser Wert (in %) wird im probe-Fenster ab $f = 4$ kHz in grafischer Form angezeigt, wenn man im Menü *Properties* → / Plot / statt der Funktion Harm die Funktion THD anwählt. Dort muss bei ‚Reference Frequency' die Grundfrequenz (1k) eingegeben werden.

Der Klirrfaktor kann aus dem *THD*-Wert berechnet werden:

$$k(\%) = THD(\%) \cdot \frac{U_{1,\text{eff}}}{U_{\text{ges,eff}}} = THD(\%) \cdot \frac{\hat{U}_1}{\hat{U}_{\text{ges}}} = THD(\%) \cdot \frac{\hat{U}_1}{\sqrt{\hat{U}_1^2 + \hat{U}_2^2 + \hat{U}_3^2 + \hat{U}_4^2}}$$

$$k(\%) = 101{,}98\,\% \cdot \frac{5}{\sqrt{25+9+1+16}} = 101{,}98\,\% \cdot \frac{5}{\sqrt{51}} = 71{,}4\,\%$$

1.3.4 AC-Analyse (AC-Sweep)

Zur Darstellung der Frequenzabhängigkeit von Spannungen, Strömen und Leistungen sowie von Widerständen und Leitwerten (usw.) muss die Frequenz in einem vorgegebenen Bereich variiert werden. Dazu wird eine Quelle benötigt, die mit einer variablen Frequenz arbeitet. Im Ergebnis einer solchen Analyse erhält der Anwender den Amplitudenfrequenzgang, den Phasenfrequenzgang und die Ortskurve (usw.) des komplexen Frequenzganges.

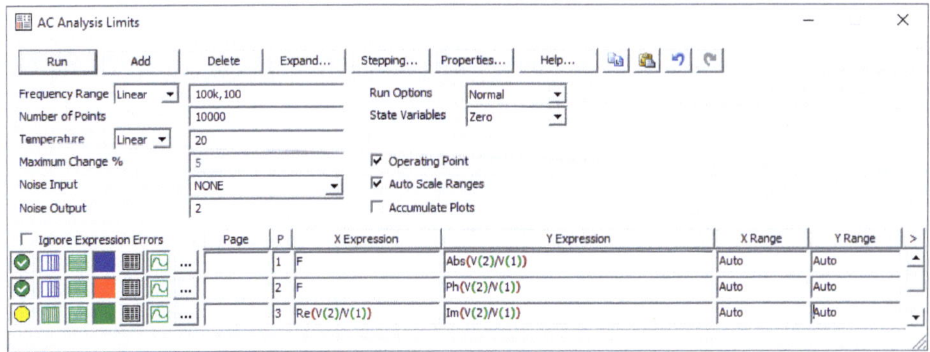

Bild 1.35 Einstellung des Fensters *AC Analysis Limits*

Der AC-Sweep wird nach Vorbild von Bild 1.35 eingestellt. Im vorliegenden Fall durchläuft dann die Frequenz den Bereich: 100 Hz $\leq f \leq$ 100 kHz. Die erste Funktion ruft den Amplitudenfrequenzgang Abs(V(2)/V(1)) auf. Mit der zweiten Funktion Ph(V(2)/V(1)) wird der Phasenfrequenzgang zur Anzeige gebracht. Diese Funktionen werden auf das Verhältnis von der Ausgangsspannung V(2) zur Eingangsspannung V(1) angewendet. Das entspricht der Definition des komplexen Frequenzganges mit $\omega = 2\pi f$:

$$\underline{F}(\mathrm{j}\omega) = \frac{\underline{U}_\mathrm{a}}{\underline{U}_\mathrm{e}} = \frac{\underline{U}_2}{\underline{U}_1}$$

Da es üblich (und sinnvoll) ist, Frequenzgänge in logarithmischer Form darzustellen, wählen wir für die Frequenzachse die logarithmische Skalierung. Das gelingt trotz der linearen Einstellung unter Frequency Range durch einen Wechsel unter Expressions:

umschalten auf:

Wir sehen uns dazu einen RC-Tiefpass an, der mit einer Grenzfrequenz f_g = 1 kHz arbeiten soll. Der erforderliche Widerstandswert wird mit R = 5,1 kΩ gewählt. Der Kapazitätswert kann dann über die Berechnungsvorschrift der Grenzfrequenz bestimmt werden.

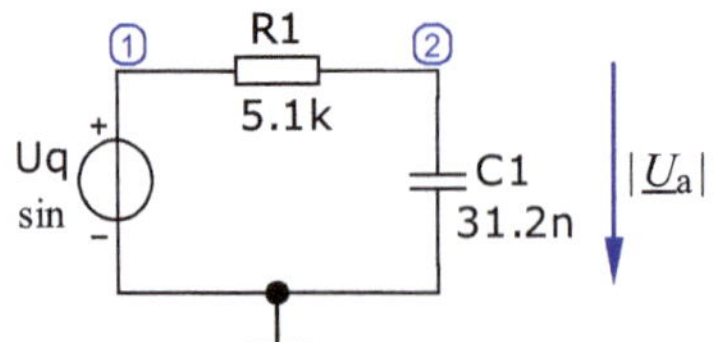

[6] – (10.5): $f_g = \dfrac{1}{2\pi \cdot R \cdot C}$

$$C = \frac{1}{2\pi \cdot R \cdot f_g} = \frac{1}{2\pi \cdot 5{,}1 \cdot 1}\,\mu\text{F} = 31{,}2\,\text{nF}$$

Bild 1.36 RC-Tiefpass für f_g = 1 kHz

Da beide Abszissenachsen gleich sind, ist eine gemeinsame Darstellung möglich. Um beide Diagramme in einem gemeinsamen Bild darzustellen, muss unter P (Present) eine laufende Nummer angegeben werden (hier: P = 1 und P = 2). Bild 1.37 zeigt die Simulationsergebnisse für den Amplitudenfrequenzgang (oben) und für den Phasenfrequenzgang (unten).

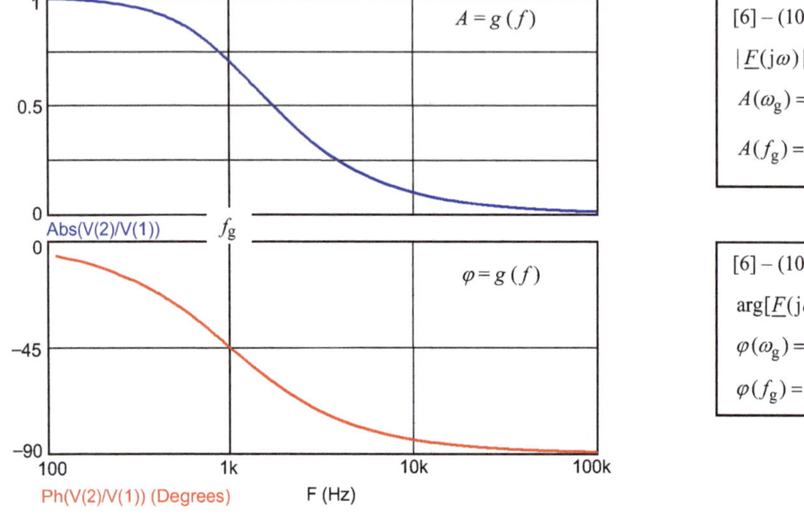

[6] – (10.2):

$|\underline{F}(j\omega)| = A(\omega)$

$A(\omega_g) = A(f_g)$

$A(f_g) = A_0 \cdot \dfrac{1}{\sqrt{2}}$

[6] – (10.3):

$\arg[\underline{F}(j\omega)] = \varphi(\omega)$

$\varphi(\omega_g) = \varphi(f_g)$

$\varphi(f_g) = -45°$

Bild 1.37 Frequenzgänge für den RC-Tiefpass aus Bild 1.36

Der Amplitudenfrequenzgang zeigt, dass tiefe Frequenzen übertragen und hohe Frequenzen gesperrt werden.
Die Grenzfrequenz liegt bei f_g = 1 kHz mit $A(f_g)$ = 0,707.

Der Phasenfrequenzgang durchläuft infolge der kapazitiven Wirkung am Ausgang negative Werte. An der Grenzfrequenz (f_g = 1 kHz) gilt: $\varphi(f_g)$ = –45°.

Zur Darstellung der Ortskurve sind im Fenster *Analysis Limits* folgende Änderungen vorzunehmen:

- Deaktivieren der ersten beiden Funktionsdarstellungen
- Aktivieren der dritten Funktion [X=Re(V(1)/V(2)) und: Y=Im(V(1)/V(2))]
- Beide Achsen auf „linear“ einstellen.

Nun wird der Imaginärteil des komplexen Frequenzganges als Funktion des Realteils angezeigt: $\text{Im}\{\underline{F}(\text{j}\omega)\} = f[\text{Re}\{\underline{F}(\text{j}\omega)\}]$. Die Frequenz ist in dieser Darstellung der Parameter.

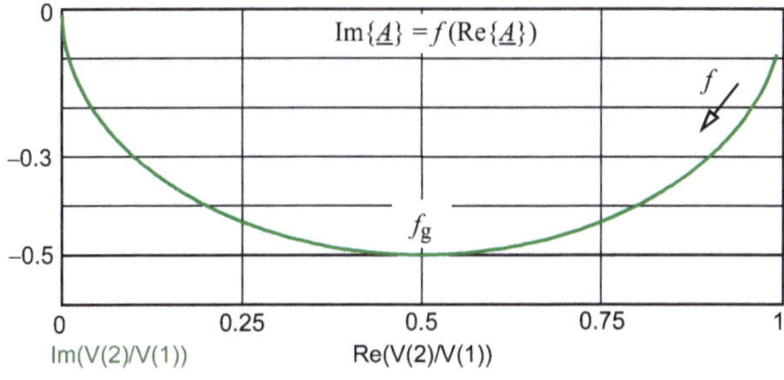

[6] – (10.4):

$\text{Re}(f = 100\,\text{Hz}) \approx 0{,}99$

$\text{Re}(f = 10\,\text{kHz}) \approx 0$

$\text{Im}(f = 100\,\text{Hz}) \approx -99\,\text{mV}$

$\text{Im}(f = 10\,\text{kHz}) \approx -10\,\text{mV}$

$\text{Re}(f_g) = |\,\text{Im}(f_g)\,| = 0{,}5$

Bild 1.38 Ortskurve des RC-Tiefpasses in Bild 1.36

Lehrbeispiel 1.6

Simulieren Sie den Amplitudenfrequenzgang, den Phasenfrequenzgang und die Ortskurve eines RL-Hochpasses. Er soll mit einer Grenzfrequenz f_g = 5 kHz arbeiten. Der erforderliche Widerstandswert wird mit R = 3 kΩ gewählt. Der Induktivitätswert kann dann über die Berechnungsvorschrift der Grenzfrequenz (siehe Übungsbuch [7] - Berechnungsbeispiel 10.2) bestimmt werden. Bild 1.39 zeigt links die beiden Frequenzgänge und rechts die verwendete Simulationsschaltung.

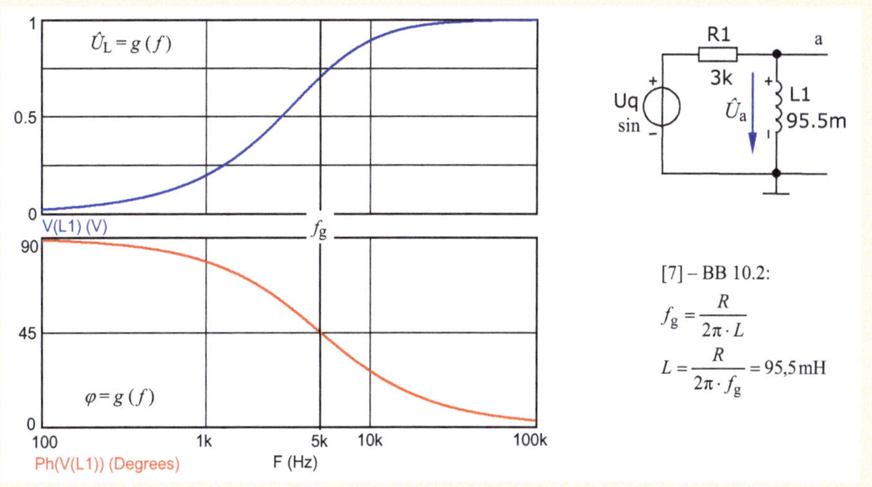

Bild 1.39 Frequenzgänge eines RL-Hochpasses für f_g = 5 kHz und $\hat{U}_q$ = 1 V.

Der Amplitudenfrequenzgang der Ausgangsspannung $\hat{U}_L$ zeigt, dass hohe Frequenzen übertragen und tiefe Frequenzen gesperrt werden. Die Grenzfrequenz liegt bei f_g = 5 kHz mit $\hat{U}_L(f_g)$ = 0,707 V. Der Phasenfrequenzgang durchläuft infolge der induktiven Wirkung am Ausgang positive Werte. An der Grenzfrequenz (f_g = 5 kHz) gilt: $\varphi(f_g) = +45°$.

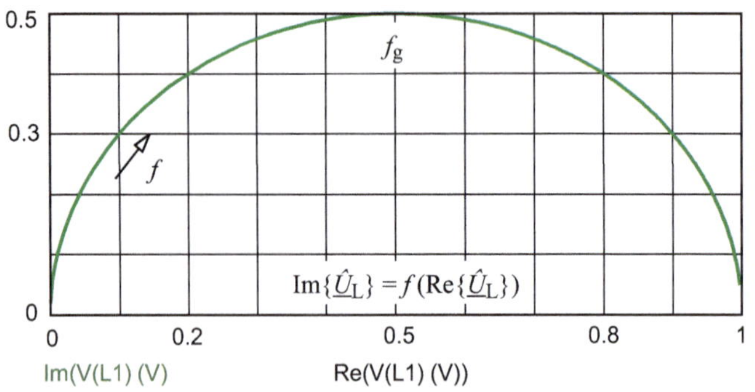

Bild 1.40 Ortskurve des RL-Hochpasses

Die Ortskurve bildet sich (wie beim RC-Tiefpass in Bild 1.38) als Halbkreis aus. Diese Kurve durchläuft jetzt aber infolge des positiven Nullphasenwinkels den ersten Quadranten.

In vielen Anwendungsfällen kommt ein Schwingkreis zum Einsatz. Er soll so dimensioniert werden, dass er mit einer definierten Resonanzfrequenz f_0 arbeitet. Dabei ist der Einfluss des Verlustwiderstandes zu diskutieren.

Bei einem Reihenschwingkreis sind folgende Frequenzgänge von Interesse:

a) Frequenzgang des Stromes $\hat{I} = g(f)$ bei Spannungseinspeisung

b) Frequenzgang des Phasenwinkels $\varphi = g(f)$ mit: $\varphi = \varphi_u - \varphi_i$

c) Frequenzgänge der Spannungen $\hat{U}_R = g(f)$ und $\hat{U}_L = g(f)$ sowie $\hat{U}_C = g(f)$

Zur Simulation einer Testschaltung legen wir folgende Werte der Bauelemente fest:

$R = 40\ \Omega$; $L = 40$ mH und $C = 100$ nF sowie $\hat{U}_q$ = const.

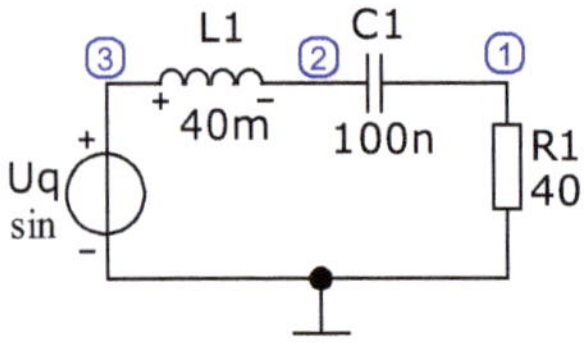

[6] – (8.11): $$f_0 = \frac{1}{2\pi \cdot \sqrt{L \cdot C}}$$

$$f_0 = \frac{1}{2\pi \cdot \sqrt{4000}} \cdot 10^3\ \text{Hz} = 2516\ \text{Hz}$$

Bild 1.41 Reihenschwingkreis für $f_0 \approx 2{,}5$ kHz

Wenn der darzustellende Frequenzbereich nach Vorbild von Bild 1.37 gewählt wird, bildet sich die simulierte Funktion lediglich in einem schmalen Bereich auf der Frequenzachse aus. In diesem Fall ist es sinnvoll, den zu analysierenden Frequenzbereich einzugrenzen.

Wir bleiben bei der logarithmischen Skalierung und wählen lediglich einen Ausschnitt aus der Frequenzachse mit (Frequency Range) = 10k,1k. Bild 1.42 zeigt den Amplitudenfrequenzgang des Stromes im Bereich: 1 kHz $\leq f \leq$ 10 kHz. Das Maximum bildet sich mit $\hat{I}_0 = \hat{U}_q / R$ an der Resonanzfrequenz f_0 aus.

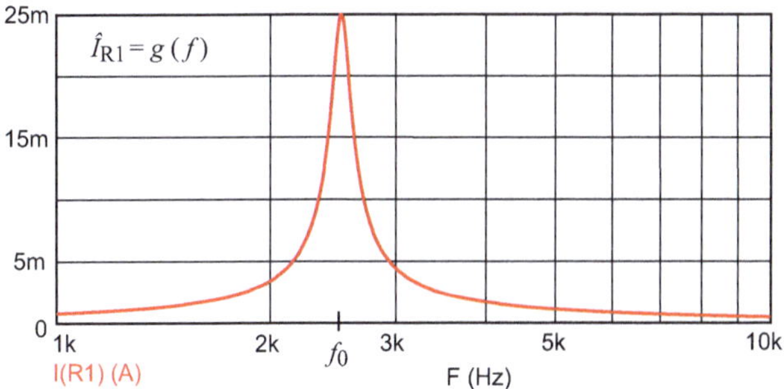

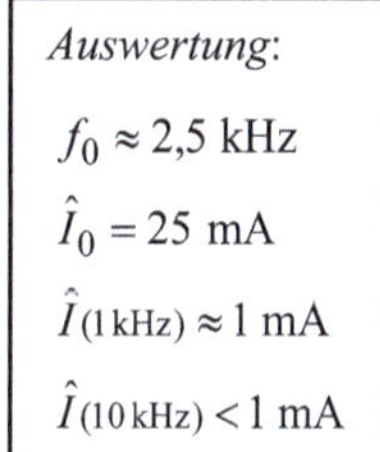

Bild 1.42 Amplitudenfrequenzgang des Stromes

Der Phasenfrequenzgang wird über den Y-Expression-Ausdruck Ph(Z(Uq)) ermittelt. Mit $\varphi = \varphi_u - \varphi_i$ gilt :

$$\underline{Z} = \frac{\hat{\underline{U}}_q}{\hat{\underline{I}}} = \frac{|\underline{U}_q| \cdot e^{j\varphi_u}}{|\underline{I}| \cdot e^{j\varphi_i}} = |\underline{Z}| \cdot e^{j(\varphi_u - \varphi_i)} = |\underline{Z}| \cdot e^{j\varphi}$$

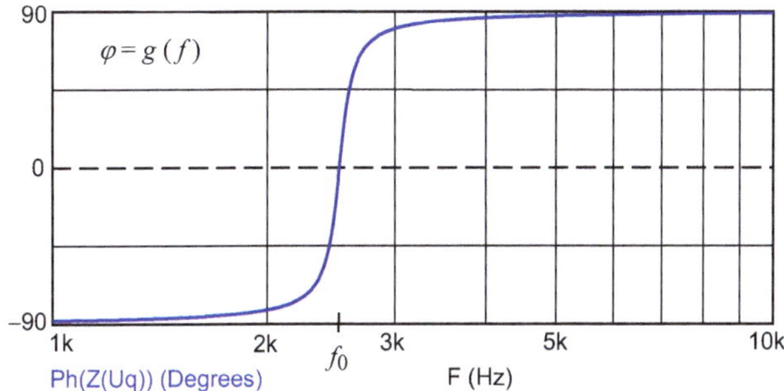

Bild 1.43 Phasenfrequenzgang des Stromes im Reihenschwingkreis von Bild 1.41

Bild 1.44 zeigt die Amplitudenfrequenzgänge der drei Teilspannungen. Wir erkennen, dass die Spannungen über L und C in der näheren Umgebung der Resonanzfrequenz relativ große Werte im Vergleich zu $\hat{U}_q$ = 1 V annehmen.

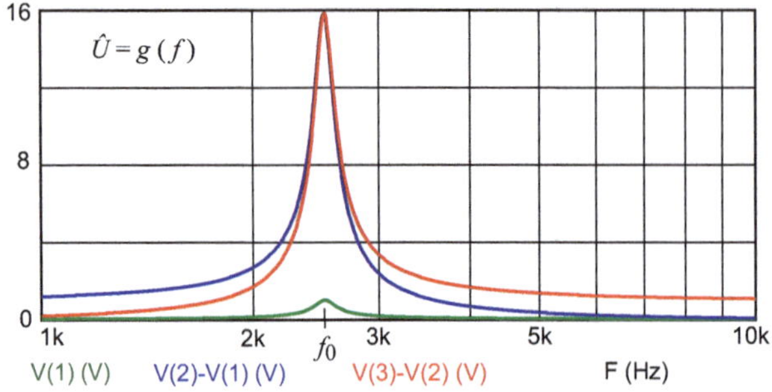

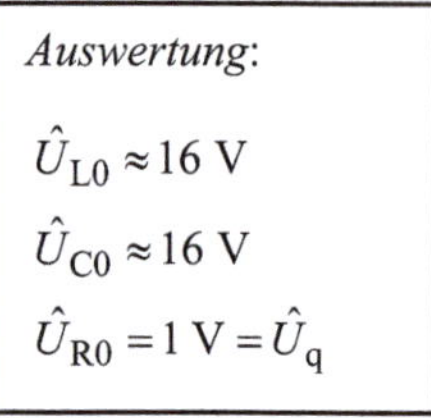

Bild 1.44 Amplitudenfrequenzgänge der Teilspannungen im Reihenschwingkreis von Bild 1.41

Dieser Effekt wird beim Reihenschwingkreis als Spannungsüberhöhung bezeichnet. Nach [6] - (10.15) gilt: $|\underline{U}_{L0}| = |\underline{U}_{C0}| = Q \cdot U_q$

Danach sind im Resonanzfall die Beträge der Spannungen über L und C um den Faktor der Güte Q größer als die von außen angelegte Gesamtspannung. Für die Güte erhält man nach [6] - (10.8):

$$Q_S = \frac{Z_0}{R_S} = \frac{1}{R_S} \cdot \sqrt{\frac{L}{C}}$$

Lehrbeispiel 1.7

Werten Sie die komplexe Übertragungsfunktion eines Reihenschwingkreises (A, φ und Ortskurve) aus, wenn der Schwingkreis als Übertragungsvierpol arbeitet. Die Ausgangsspannung $\hat{U}_a$ wird über dem Kondensator abgegriffen. *Geg.*: $\hat{U}_q$ = 1 V sowie R_S = 200 Ω; L = 4 mH und C = 100 nF.

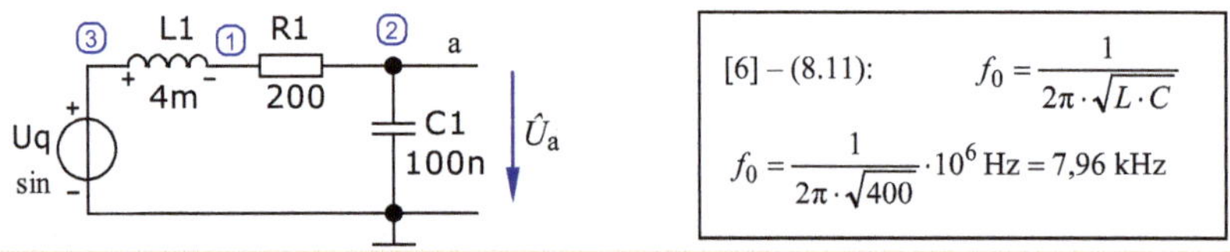

Bild 1.45 Reihenschwingkreis zum Lehrbeispiel 1.7

Der Amplitudenfrequenzgang weist eine Tiefpass-Charakteristik auf. Bei $f \approx 6$ kHz ist eine leichte Überhöhung zu beobachten. Sie hängt offensichtlich mit dem Resonanzeffekt zusammen.

Warum tritt dann aber diese Überhöhung nicht an der Resonanzfrequenz ($f_0 \approx 8$ kHz) auf? Welche Grenzfrequenz besitzt der Tiefpass? Wie ändert sich die Charakteristik bei einer Erhöhung der Güte?

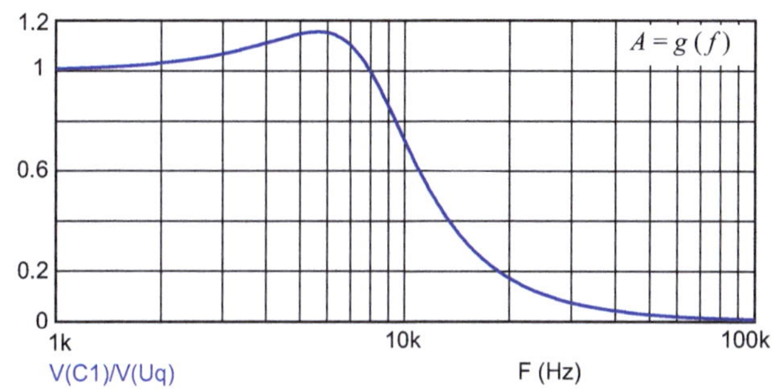

Bild 1.46 Amplitudenfrequenzgang eines Reihenschwingkreises bei $U_a = U_C$

Zur Beantwortung dieser Fragen sind weitere Analysen erforderlich. Eine erste Antwort erhalten wir über den Phasenfrequenzgang. Er durchläuft negative Winkel im Bereich: $0 < \varphi_a > -180°$ (RSK). Das negative Vorzeichen weist auf den Nullphasenwinkel des Spannungszeigers $\underline{U}_a = \underline{U}_C$ hin.

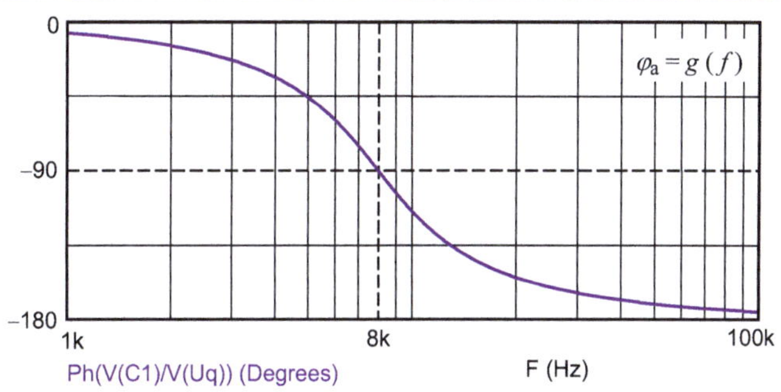

Bild 1.47 Phasenfrequenzgang der Ausgangsspannung im Lehrbeispiel 1.7

Der Nullphasenwinkel besitzt bei der Resonanzfrequenz den Wert $\varphi_a = -90°$. In diesem Fall durchläuft der Amplitudenfrequenzgang den Wert eins. Diese Aussagen kann man auch aus der Betrachtung des komplexen Zeigers $\underline{U}_C$ ableiten. Dazu stellen wir die Ortskurve sowie den Frequenzgang des Realteils und des Imaginärteils dieses Zeigers (auf die Spannung $\underline{U}_q$ normiert) dar.

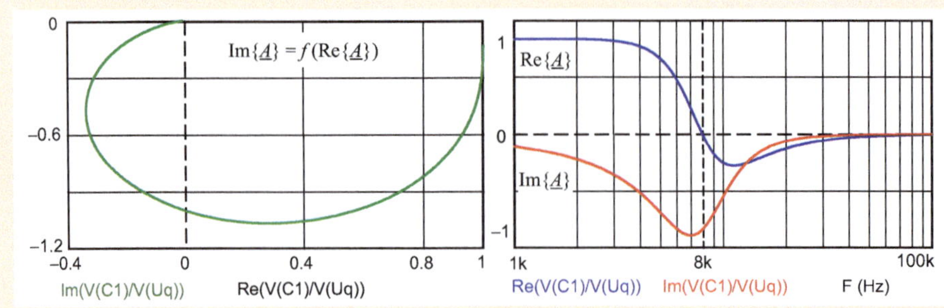

Bild 1.48 Ortskurve und Zeigeranteile der Ausgangsspannung

Nun kann man deutlich erkennen, wie sich die Resonanzfrequenz in den einzelnen Frequenzgängen abbildet bzw. in Erscheinung tritt. Bei $f_0 \approx 8$ kHz gilt $A\,(f_0) = 1$; $\varphi\,(f_0) = -90°$; $Re\,(f_0) = 0$ und $Im\,(f_0) = -1$.

Die Überhöhung ist über die Differenz von Realteil und Imaginärteil (Bild 1.48 - rechts) erklärbar: Bei ca. 6 kHz ist der Betrag des Imaginärteils größer als der Realteil. Die Überhöhung bildet diesen Unterschied ab.

Die Grenzfrequenz ist offensichtlich von der Güte des Schwingkreises abhängig. Dieser Sachverhalt wird in [6] - Abschnitt 10.3 - Lehrbeispiel 10.3 ausführlich erklärt. Wir werden uns diese noch offene Frage in Abschnitt 1.3.5 (Lehrbeispiel 1.8) ansehen. Dazu benötigen wir aber eine zusätzliche Möglichkeit zur Variation der Güte.

1.3.5 AC-Analyse (Stepping)

Die Analyse-Variante *Stepping* erinnert uns an den Parametric-Sweep von PSpice. Diese Analyse steht für die Analyse *Transient* sowie für die Analysen *DC/AC* zur Verfügung. Dabei geht es um die Beschreibung der Änderung eines bereits simulierten Verhaltens bei schrittweiser Variation eines Parameterwertes.

Wir haben in Abschnitt 1.3.4 die Frequenzgänge eines Tiefpasses und eines Reihenschwingkreises untersucht. Dabei konnte jeweils nur ein Funktionsverlauf für jede betrachtete Größe dargestellt werden. Im Lehrbeispiel 1.7 tauchte dann die Frage nach dem Einfluss der Güte auf. Da die Güte eines Schwingkreises vom Verlustwiderstand abhängig ist, kann man durch die Variation des Verlustwiderstandes eine Kurvenschar erzeugen. Die Güte wirkt dann als Parameter.

In Bild 1.42 wurde der Amplitudenfrequenzgang des Stromes simuliert. Bei festen Werten der Bauelemente erhält man eine Aussage zum Verhalten des Schwingkreises, wenn er mit diesen Bauelementewerten realisiert wird. Wenn wir mit *Stepping* einen ausgewählten Wert (oder mehrere) schrittweise verändern, erhalten wir für jeden Schritt eine Aussage zum Verhalten dieses Schwingkreises unter der mit ‚Step What' festgelegten Randbedingung.

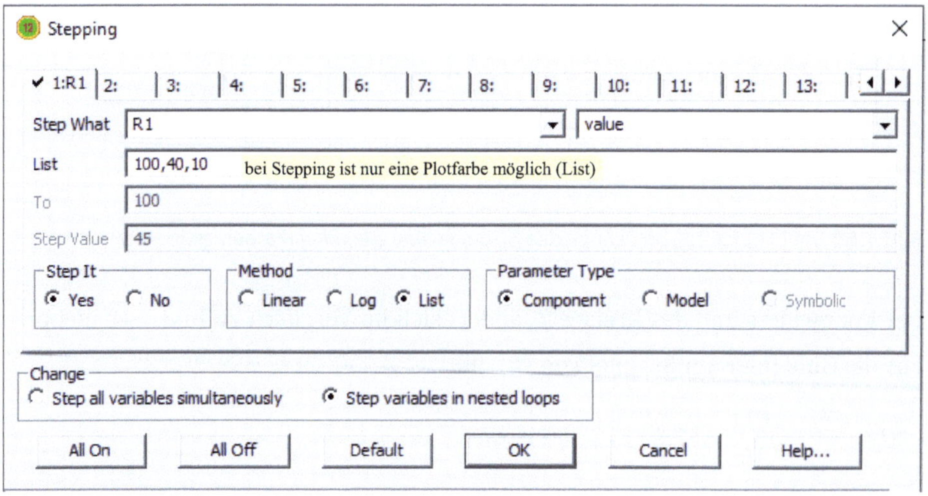

Bild 1.49 Einstellung des Fensters *Stepping*

Im Eingabefenster ‚Step What' wird der zu variierende Parameter (hier: R1) eingegeben. Unter ‚Method' ist dann eine Variationsmethode durch Anklicken einer Check-Box ⊙ auszuwählen. Bei Linear / Log wird ein Bereich (From – To – Step) festgelegt. Bei ‚List' muss eine Liste (Werte – durch Komma getrennt) definiert werden. Die Freigabe von *Stepping* erfolgt unter ‚Step It' über die Check-Box ⊙.

Wir wollen diese Variation am Beispiel von Bild 1.42 (Schaltung in Bild 1.41) mit den Einstellungen von Bild 1.49 durchführen. Bei drei Widerstandswerten sind drei unterschiedliche Amplitudenfrequenzgänge für den Strom $\hat{I}_{R1}$ zu erwarten. Der jeweilige Wert des Widerstandes ist als Parameter (hier: Maß für die aktuelle Güte) zu interpretieren.

Bild 1.50 zeigt das Simulationsergebnis. Die Frequenzgänge unterscheiden sich infolge der verschiedenen Güten Q (mit: $R_1 = R_{1,1}$; $R_{1,2}$; $R_{1,3}$) im Resonanzfall deutlich voneinander.

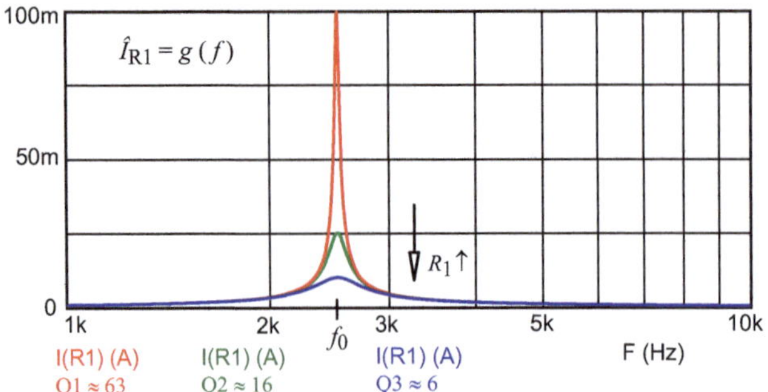

Auswertung:

$f_0 \approx 2{,}5$ kHz

$Z_0 = 632\ \Omega$

$\hat{I}_{R1,1} = 100$ mA $(10\ \Omega)$

$\hat{I}_{R1,2} = 25$ mA $(40\ \Omega)$

$\hat{I}_{R1,3} = 10$ mA $(100\ \Omega)$

Bild 1.50 Amplitudenfrequenzgänge des Stromes über *Stepping* (Farben geändert)

Der Kennwiderstand des Kreises Z_0 ändert sich im Vergleich zu Bild 1.42 nicht.

Für die Güte (hier am Beispiel von Q_1) gilt:

$$Q_1 = \frac{Z_0}{R_{1,1}} = \frac{632}{10} = 63{,}2$$

Die Güte ist von der Resonanzfrequenz und von der Bandbreite abhängig. Zur Bestimmung der Bandbreite werden (z. B.) die Grenzfrequenzen benötigt. Nach [6] – Abschnitt 10.3 gilt:

$$B = f_{\mathrm{go}} - f_{\mathrm{gu}} = \frac{f_0}{Q}$$

Wie soll man aber in dem schmalen Band von Bild 1.50 die Grenzfrequenzen ablesen?

Dazu ist zunächst eine Normierung der drei Frequenzgänge auf den maximalen Wert im Resonanzfall erforderlich. Das gelingt in recht einfacher Form durch eine Darstellung des normierten Stromes über die Spannung U_R. Jetzt durchlaufen die Frequenzgänge bei f_0 den Wert eins und die Funktionen sind besser miteinander vergleichbar.

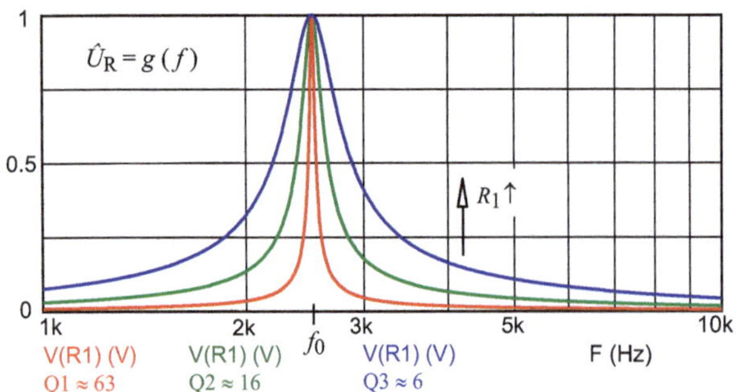

Normierung:

$$\frac{\hat{I}_{R1}}{\hat{I}_0} = \frac{\dfrac{\hat{U}_R}{R_1}}{\dfrac{\hat{U}_q}{R_1}} = \frac{\hat{U}_R}{\hat{U}_q}$$

$$\hat{U}_R = \hat{U}_q \cdot \frac{\hat{I}_{R1}}{\hat{I}_0}$$

Bild 1.51 Normierte Amplitudenfrequenzgänge des Stromes (RSK) – dargestellt über $U_R = g(f)$

Für eine grafische Lösung sind die Bänder aber immer noch zu schmal. Wir müssen noch die eigentliche Grafik verändern und die logarithmische Skalierung aufheben. Durch eine Begrenzung des darzustellenden Frequenzbereiches auf 2,3 kHz $\leq f \leq$ 2,8 kHz erhalten wir den in Bild 1.52 gezeigten Bildausschnitt.

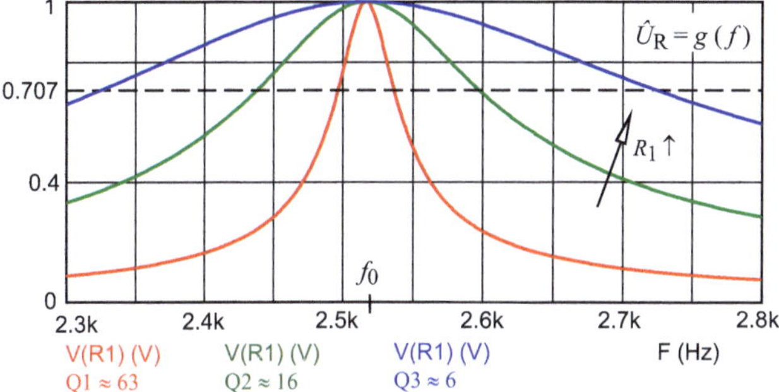

Auswertung (Cursor):

$$B = f_{go} - f_{gu}$$

$$B_1 = (2537 - 2496)\,\text{Hz}$$

$$B_2 = (2598 - 2438)\,\text{Hz}$$

$$B_3 = (2723 - 2325)\,\text{Hz}$$

Bild 1.52 Normierte Amplitudenfrequenzgänge im Frequenzbereich 2,3 kHz $\leq f \leq$ 2,8 kHz

Nun können wir mit den gemessenen Grenzfrequenzen die Güten nach [6] - (10.12) über die Bandbreiten berechnen. Für die Resonanzfrequenz gilt: f_0 = 2516 Hz.

Es ergeben sich folgende Güten:

Q_1 = 61,4; Q_2 = 15,7 und Q_3 = 6,3.

Diese Ergebnisse stimmen mit den Daten von Bild 1.50 gut überein.

Lehrbeispiel 1.8

Wiederholen Sie die Simulation des Schwingkreises im Lehrbeispiels 1.7 mit einer Variation der Güte. Dazu soll der Widerstand R_S wie folgt variiert werden: $R_{1,1}$ = 50 Ω; $R_{1,2}$ = 100 Ω und $R_{1,3}$ = 400 Ω.

Wir verwenden *Stepping* mit folgender Einstellung: List ⊙ mit 400,100,50.

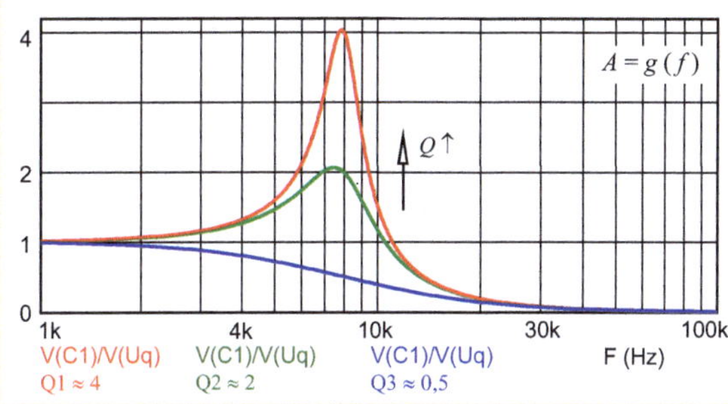

Auswertung (Güte):

$$Z_0 = \sqrt{\frac{L}{C}} = 200\,\Omega$$

$$Q_1 = \frac{Z_0}{R_{S1}} = \frac{200}{50} = 4$$

$$Q_2 = \frac{Z_0}{R_{S2}} = \frac{200}{100} = 2$$

$$Q_3 = \frac{Z_0}{R_{S3}} = \frac{200}{400} = 0{,}5$$

Bild 1.53 Amplitudenfrequenzgänge bei Variation der Güte

Das Simulationsergebnis zeigt, dass sich der Amplitudenfrequenzgang von $A \sim \hat{U}_C$ mit abnehmendem Verlustwiderstand (Güte steigt ↑) von einer Tiefpass-Charakteristik zu einer Bandpass-Charakteristik verändert. Das Maximum bildet sich immer deutlicher aus und verschiebt sich in Richtung von f_0. Dieses Maximum von $A \sim \hat{U}_C$ ist etwas größer als die berechnete Güte und bildet sich etwas links vom Schnittpunkt ($f = f_0$) aus. Aber die Güte ist ja über den Schnittpunkt der Amplitudenfrequenzgänge von $|\underline{U}_C|$ und $|\underline{U}_L|$ definiert.

Damit sind wir auch schon bei der Beantwortung der noch offenen Frage aus dem Lehrbeispiel 1.7. Eine Diskussion über die Ortskurven (Bild 1.54) bringt uns nicht weiter, da in einem solchen Bild die jeweilige Frequenz (Parameter) nicht mit angezeigt wird. Am Bildschirm würde uns da die Funktion des Cursors zur Verfügung stehen.

Wir können aber die Amplitudenfrequenzgänge von $|\underline{U}_C|$ und $|\underline{U}_L|$ in einem gemeinsamen Diagramm darstellen und *Stepping* anwenden. Damit erhalten wir eine etwas unübersichtliche Grafik (siehe Bild 1.55), die aber einen Vergleich von $|\underline{U}_C|$ und $|\underline{U}_L|$ (auf $\hat{U}_q$ = 1 V normiert) ermöglich. Das Maximum von $|\underline{U}_C|$ bildet sich etwas links vom Schnittpunkt ($f = f_0$) aus. Das Maximum von $|\underline{U}_L|$ ist rechts vom Schnittpunkt ($f = f_0$) positioniert.

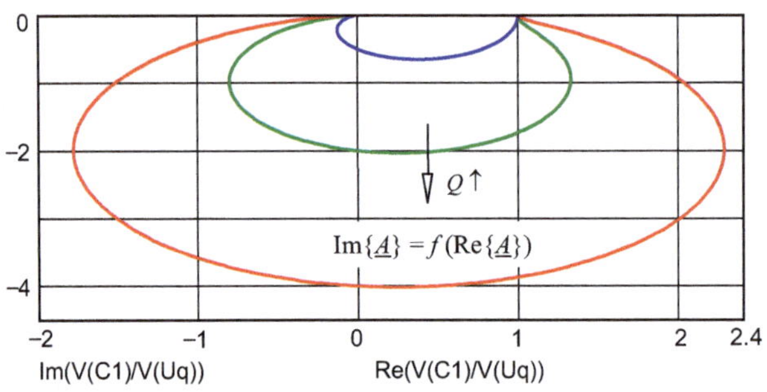

Bild 1.54 Ortskurven bei Variation der Güte

Bei Güten $Q > 1$ (hier z. B. $Q_1 = 4$) bildet sich eine Bandpass-Charakteristik aus, die sich mit zunehmenden Güten immer stärker ausprägt. Bei einer Güte $Q = 1$ (hier nicht dargestellt - siehe Bild 1.46) ist noch eine leichte Höckerbildung zu beobachten ($A \approx 1{,}15$). Solche Höcker (vgl. Bild 1.53) werden auch als Tschebyscheff-Charakteristik bezeichnet ([2] - Abschnitt 11.9 und [10] - Abschnitt 9.2).

Wenn die Güte auf Werte $Q < 1$ absinkt (hier z. B. $Q_3 = 0{,}5$), arbeitet das Übertragungsglied als Tiefpass. Bei einer Güte $Q = 1/\sqrt{2}$ kann die Grenzfrequenz über die Resonanzfrequenz berechnet werden. Die Steilheit der Flanke beim Übergang in den Sperrbereich ([6] - Gleich. (10.20)) wird mit abnehmender Güte immer geringer. Die Grenzfrequenz nimmt dann kleinere Werte an.

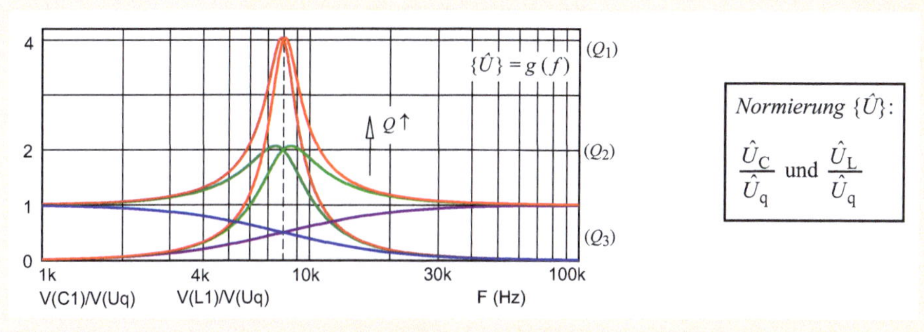

Bild 1.55 Amplitudenfrequenzgänge von $|U_C|$ und $|U_L|$ bei Variation der Güte

Ab einer Güte $Q \geq 4$ kann man das Verhalten des Übertragungsvierpols als Bandpass-Charakteristik auffassen. Der Vierpol sperrt dann allerdings tiefe Frequenzen nicht vollständig. Im vorliegenden Fall werden Frequenzen unterhalb f = 1 kHz mit dem Faktor eins übertragen. Die Grenzfrequenzen werden gemäß [6] - Gleich. (10.13) und (10.14) berechnet.

1.4 Analyse von Schaltvorgängen

Zur Analyse von Schaltvorgängen im Gleichstromkreis werden eine Quelle und ein Schalter benötigt. Beide Komponenten kann man durch Anwendung einer Pulsquelle miteinander kombinieren. Die Quelle schaltet nach einer Verzögerungszeit t_d von V1 auf V2 (ein) oder von V2 auf V1 (aus) und hält diesen Zustand über die Zeit t_w. Wenn man sich dieses Projekt als eigenständige Datei abspeichert, steht diese Spezialquelle auch für weitere Anwendungen zur Verfügung.

1.4.1 Schalten von RC-Kombinationen

Ein typisches Beispiel ist das Aufladen sowie das Entladen eines Kondensators über einen Widerstand. Wir wählen folgende Daten: U_p = 10 V sowie R = 10 kΩ und C = 10 µF.

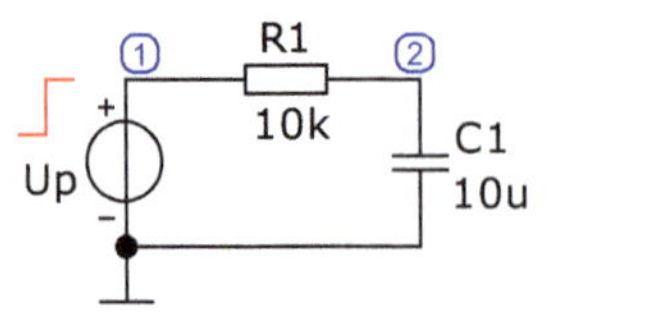

- Einstellung der Quelle / Pulse /:

V1=0 / V2=10 / TD=50m
TR=TF=10n / PW=PER=1000 ($t \to \infty$)

- Analysezeitraum:

(Max. Run Time)=600m (t_{max})

Bild 1.56 Aufladen eines Kondensators

Wie kann man den Analysezeitraum abschätzen (berechnen)? Der Kondensator wird nach einer e-Funktion aufgeladen. Nach [6] - Gleich. (16.18) gilt:

$$u_{CA} = U_q \cdot \left(1 - e^{-\frac{t}{\tau}}\right)$$

Eine wichtige Kenngröße ist dabei die Zeitkonstante $\tau = R \cdot C$. Man kann leicht nachweisen, dass der Vorgang des Aufladens und des Entladens nach ca. 5τ nahezu abgeschlossen ist.

Für unser Beispiel erhalten wir: $\tau = 10\,\text{k}\Omega \cdot 10\,\mu\text{F} = 100$ ms bzw. für den Analysezeitraum $t_{max} \approx 5\tau \approx 500$ ms. Wie Bild 1.57 zeigt, ist der Kondensator dann auf über $99\,\% \cdot U_q$ aufgeladen. Der Strom wird null.

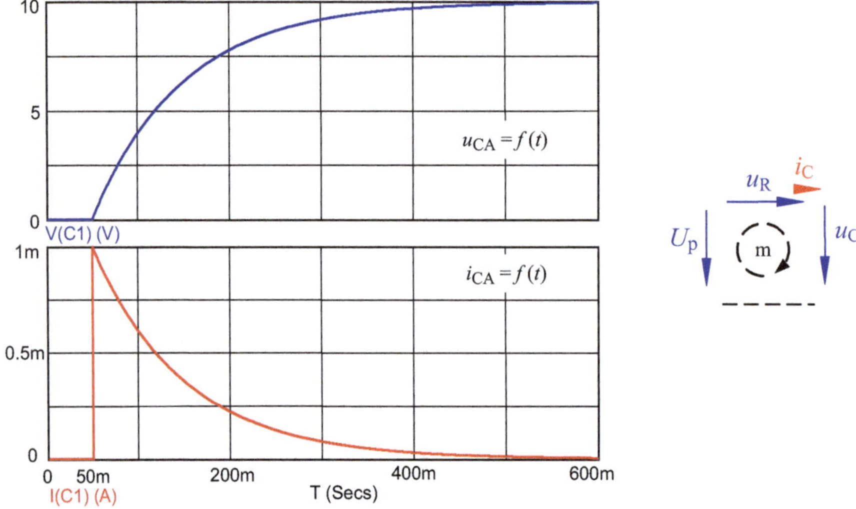

Bild 1.57 Spannungs- und Stromverlauf beim Aufladen eines Kondensators

Zur Simulation des Entladens eines Kondensators müssen lediglich die Daten der Quelle V1 und V2 verändert werden. Wir gehen davon aus, dass der Kondensator in Bild 1.56 vollständig auf 10 V aufgeladen wurde und ab $t_{aus} = t_d = 100$ ms wieder entladen wird. Wenn das nicht der Fall sein sollte, muss die aktuelle Vorladespannung (*Initial Voltage*) gesetzt werden. Die dazu erforderliche Maßnahme sehen wir uns in Abschnitt 1.4.3 an.

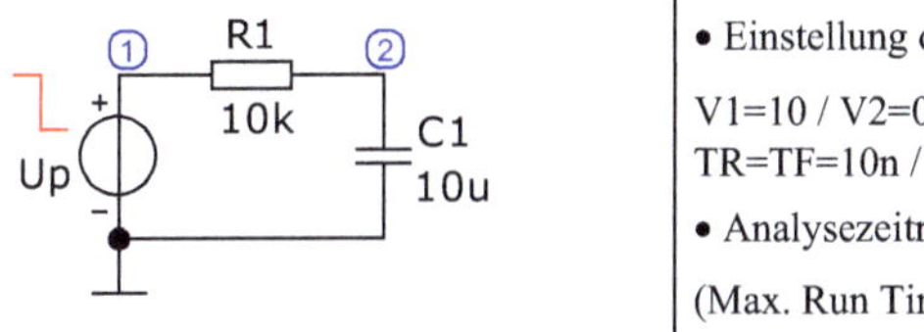

- Einstellung der Quelle / Pulse /:

V1=10 / V2=0 / TD=100m
TR=TF=10n / PW=PER=1000 ($t \to \infty$)

- Analysezeitraum:

(Max. Run Time)=600m (t_{max})

Bild 1.58 Entladen eines Kondensators

Wie Bild 1.59 zeigt, ist der Kondensator nach 5τ auf kleiner als $1\,\% \cdot U_q$ entladen. Der Strom geht dann gegen null.

Während der Schaltmomente verhält sich der Kondensator wird ein Kurzschluss. Der Strom springt bei t_{ein} auf den maximalen Wert $+I_0 = U_p / R$ und bei t_{aus} auf $-I_0$.

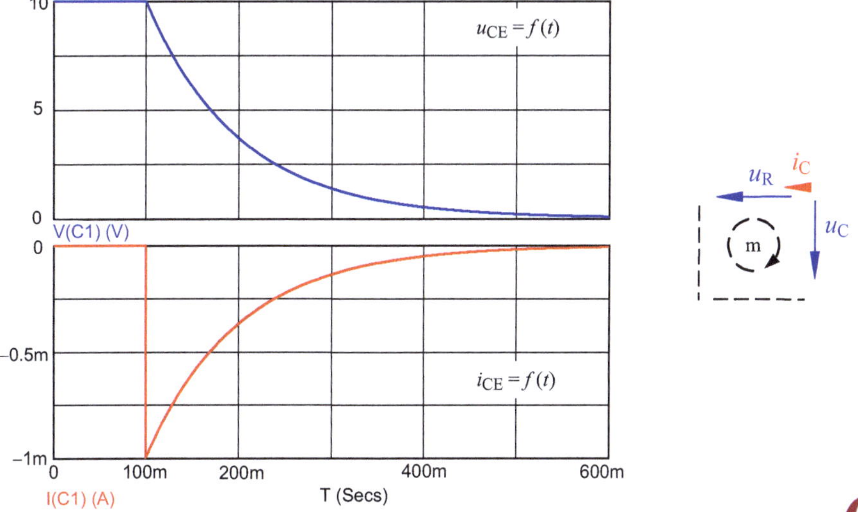

LTspice: K_1.4.1

Bild 1.59 Spannungs- und Stromverlauf beim Entladen eines Kondensators

Während des Ladevorganges speichert der Kondensator die ihm zugeführte Energie. Am Kondensator gilt das Verbraucher-Zählpfeilsystem (Bild 1.57 – rechts).

Während des Entladevorganges gibt der Kondensator die gespeicherte Energie wieder ab. Am Kondensator gilt jetzt das Quellen-Zählpfeilsystem (Bild 1.59 – rechts).

1.4.2 Umschalten vorgeladener Kondensatoren

Wie Bild 1.57 und Bild 1.59 zeigen, benötigt die RC-Kombination eine bestimmte Zeit (5τ) zur vollständigen Aufladung bzw. Entladung des Kondensators. In Bild 1.60 ist der Grenzfall nach jeweils $t \approx 600$ ms näherungsweise dargestellt.

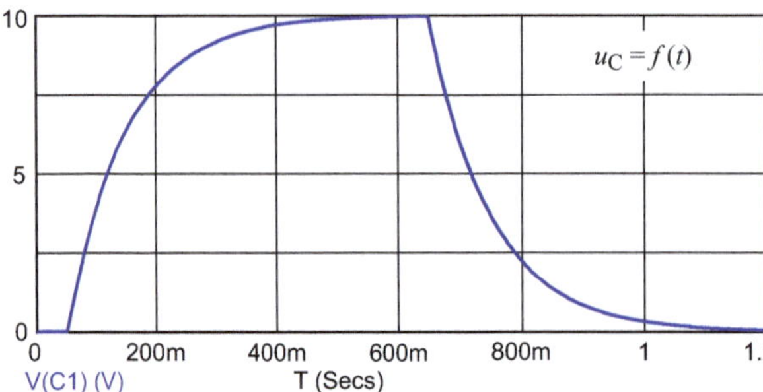

Bild 1.60 Spannungsverlauf beim Auf- und Entladen eines Kondensators

Wird diese Zeit weiter verkürzt, kann sich der Kondensator nur teilweise auf- bzw. entladen.

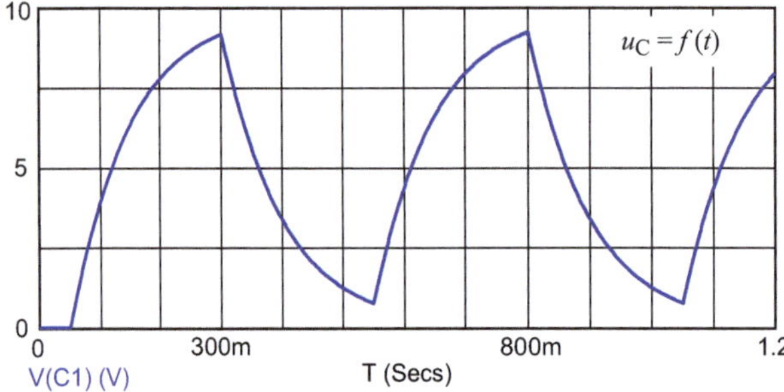

Bild 1.61 Spannungsverlauf beim teilweisen Auf- und Entladen eines Kondensators

In Bild 1.61 wurde die Spannungsquelle / Pulse / mit einer Periodendauer von T = 500 ms und einer Pulsweite t_w = 250 ms zur Simulation eingesetzt. Das Verhältnis von Pulsweite zur Periodendauer wird über das Tastverhältnis beschrieben. Nach [6] - Lehrbeispiel 19.2 und nach [7] - Berechnungsbeispiel 7.3 gilt:

$$T_V = \frac{t_i}{T} = \frac{t_w}{T}$$

In Bild 1.61 wurde demzufolge mit einem Tastverhältnis T_V = 0,5 gearbeitet. Dann verläuft die Spannungsfunktion im eingeschwungenen Zustand symmetrisch zu $0{,}5 \cdot U_q$. Das Tastverhältnis bestimmt somit den arithmetischen Mittelwert des Funktionsverlaufes.

Lehrbeispiel 1.9

Simulieren Sie den in Bild 1.61 dargestellten Spannungsverlauf mit:

a) einem Tastverhältnis von $T_{V,a}$ = 1 / 3

b) einem Tastverhältnis von $T_{V,b}$ = 2 / 3

Es wird die Schaltung von Bild 1.56 mit folgenden Einstellungen der Quelle verwendet:

a) TD = 100m / PW=100m / PER=300m

b) TD = 100m / PW=200m / PER=300m

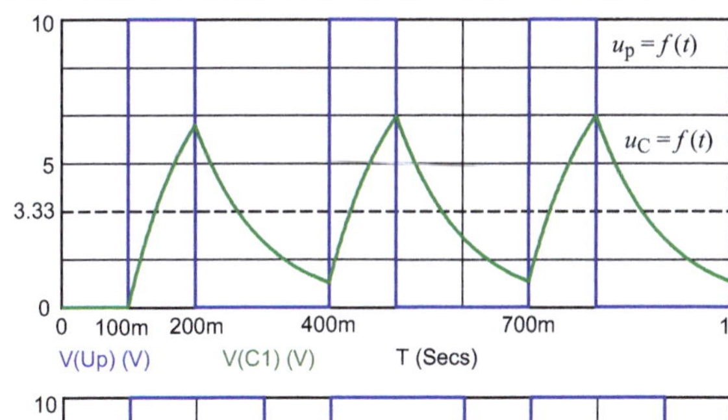

$$T_{V,a} = \frac{t_{w,a}}{T} = \frac{1}{3} = 0,\bar{3}$$

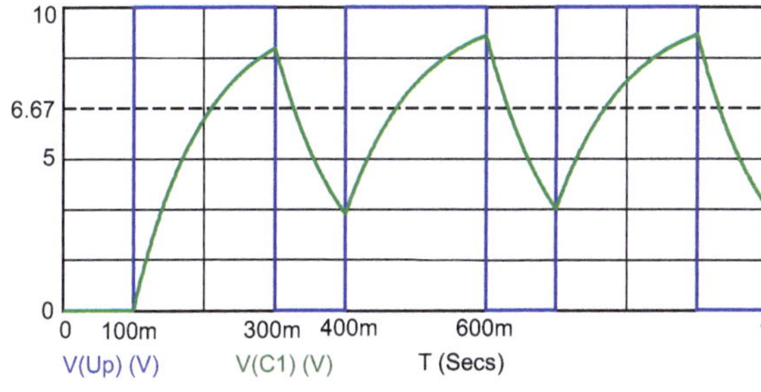

$$T_{V,b} = \frac{t_{w,b}}{T} = \frac{2}{3} = 0,\bar{6}$$

Bild 1.62 Spannungsverlauf zum Lehrbeispiel 1.9

Im Fall a) schwingt sich die Kondensatorspannung nach 5τ auf einen Mittelwert $U_{Cm,a}$ = 3,33 V ein. Im Fall b) ist dieser Zustand nach 5τ mit einem Mittelwert $U_{Cm,b}$ = 6,67 V erreicht.

Weitere Hinweise zu diesem Sachverhalt finden Sie im Simulationsbeispiel 1.9.

1.4.3 Simulation von Ausgleichsvorgängen

Ausgleichsvorgänge finden in RC-Netzen immer dann statt, wenn z. B. zu einer bereits vorgeladenen Kondensatorschaltung zusätzliche Elemente (Kondensatoren, Widerstände oder Quellen) eingeschaltet bzw. bereits vorhandene Bauelemente durch Schaltvorgänge in ihrer schaltungstechnischen Position verändert werden.

Zur Erklärung solcher Vorgänge verwenden wir eine einfache Testschaltung. Sie besteht aus einer Reihenschaltung von zwei Kondensatoren und einem Widerstand. Die Kondensatoren sind zunächst vollständig entladen ($U_{x0} = U_{y0} = 0$ V).

Beim Anlegen einer Quellenspannung U_q laden sich die Kondensatoren nach den bekannten Regeln der Spannungsteilung in einer Reihenschaltung (siehe Bild 1.63 - rechts) auf. Wenn die Punkte D und E kurzgeschlossen werden ($U_q = 0$ V), entladen sich die Kondensatoren wieder vollständig. In der Schaltung verbleibt keine Restladung.

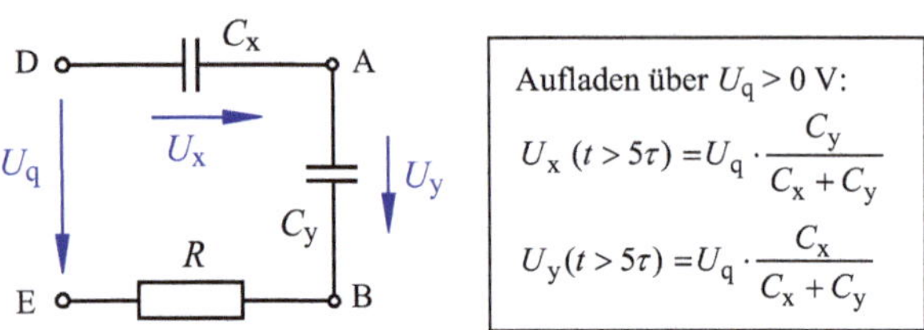

Bild 1.63 Testschaltung ohne Vorladung

Nun sollen vorgeladene Kondensatoren betrachtet werden. Die Vorladung wird über externe Quellen U_{x0} und U_{y0} mit beliebigen Werten eingebracht. Jetzt ist die Schaltungsart nicht mehr exakt definiert, da die Ladungen der beiden Kondensatoren nicht gleich sind (Zufälle werden ausgeschlossen). Die Spannungsteilerregel gilt nicht mehr. Das wollen wir uns am Beispiel von Bild 1.64 ansehen: $C_x = 1$ µF ($U_{x0} = 10$ V) und $C_y = 4$ µF ($U_{y0} = 20$ V). Die offenen Zählpfeile beschreiben den Vorladezustand bei $t = 0$ (Index 0).

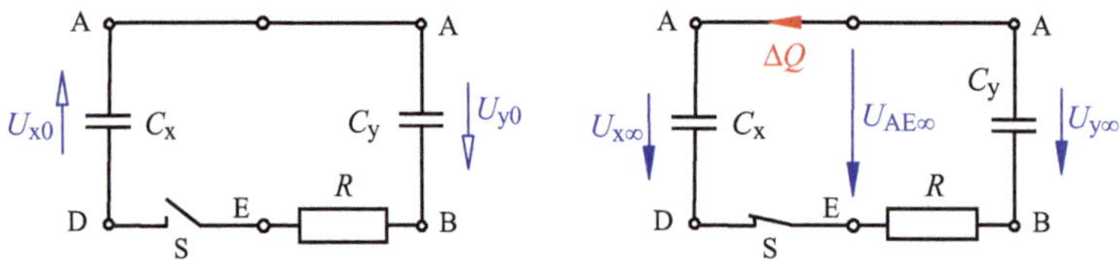

Bild 1.64 Ladungsausgleich in der Testschaltung

Bei offenem Schalter (also vor dem Ausgleichsvorgang) gilt für die Ladungen:

$$Q_{x0} = C_x \cdot U_{x0} = 1\,\mu F \cdot 10\,V = 10\,\mu A \cdot s$$

$$Q_{y0} = C_y \cdot U_{y0} = 4\,\mu F \cdot 20\,V = 80\,\mu A \cdot s$$

Jetzt werden die Punkte D und E kurzgeschlossen und es kommt zu einem Ladungsausgleich. Während dieses Vorganges ($t_0 < t < \infty$) fließt ein Ausgleichsstrom von A in Richtung D – E – B. Dieser Strom verschiebt die Ladung ΔQ und führt zur Umladung von C_x und zur teilweisen Entladung von C_y. Da nur ein Strom fließt, kann man die Schaltung während dieses Vorganges als Reihenschaltung auffassen.

Mit Erreichen des statischen Endzustandes liegt an beiden Kondensatoren die Spannung $U_{AE\infty}$. Die Schaltung verhält sich jetzt wie eine Parallelschaltung. Durch den Widerstand R wird lediglich die Zeitkonstante während des Ladungsausgleichs beeinflusst. Für die Spannung $U_{AE\infty} = U_{y\infty}$ gilt nach [6] – Gleich. (16.28):

$$U_{AE\infty} = \frac{C_y \cdot U_{y0} - C_x \cdot U_{x0}}{C_x + C_y} = \frac{4\ \mu F \cdot 20\ V - 1\ \mu F \cdot 10\ V}{5\ \mu F} = 14\ V$$

MicroCap bietet die Möglichkeit, jedem Kondensator eines kapazitiven Netzes durch das Setzen eines IC-Wertes (Initial Condition) in der *PartName*-Liste eine Vorladung zuzuweisen. Damit sind wir in der Lage, solche Vorgänge zu simulieren. Die dazu erforderlichen Maßnahmen sollen am Beispiel der Testschaltung (Bild 1.65) erläutert werden.

In der *PartName*-Liste der Kondensatoren werden die Vorladespannungen wie folgt gesetzt: Cx: CAPACITANCE=1u,IC=-10 und: Cy: CAPACITANCE=4u,IC=20

Das entspricht einer Vorladung von $Q_{x0} = C_x \cdot |U_{x0}| = 10\ \mu A{\cdot}s$ bzw.
$Q_{y0} = C_y \cdot |U_{y0}| = 80\ \mu A{\cdot}s$.

Nun sind die Kondensatoren auf die Anfangswerte $U_{x0} = 10$ V und $U_{y0} = 20$ V vorgeladen. Das negative Vorzeichen bei IC (Cx) berücksichtigt den in Bild 1.64 vorgegebenen Zählpfeil in Kombination mit der Positionierung von Ground (↑).

Als Schalter verwenden wir [*Switch*] aus der Gruppe {*Special Purpose*}. Dabei handelt es sich um einen zeitgesteuerten Schalter, der im Anhang (Abschnitt 9.2) ausführlich erklärt wird. Da der Übergang vom Vorladezustand zum statischen Endzustand des Ladungsausgleichs simuliert werden soll, setzen wir die Analyse *Transient* ein. Die unter IC= gesetzte Vorladung ist nur aktiv, wenn im Fenster *Transient* die Check-Box ‚Operating Point' ausgeschaltet wird.

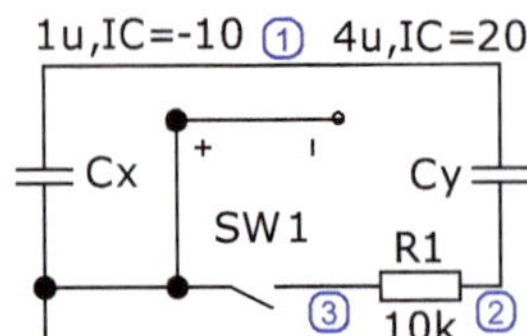

Einstellung von SW1:
VALUE: (allg.)
T,XA,XB,RON,ROFF
VALUE: (Bild 1.65)
T,1m,1,1m,1G

Bild 1.65 Simulation des Ladungsausgleichs mit der Testschaltung

Der Ausgleichsvorgang wird nach t_d = 1 ms gestartet. Zwischen $t = 0$ und t_d erkennt man die Spannungen des Vorladezustandes (Bild 1.66). Da der Schalter in diesem Zeitraum noch nicht geschlossen ist, liegt die Summe der beiden Kondensatorspannungen mit verändertem Vorzeichen über dem Widerstand. Für die Zeitfunktionen aller Spannungen gilt zu jedem Zeitpunkt der Maschensatz: $u_x + u_y + u_{R1} = 0$ oder $u_x + u_y = -u_{R1}$. Im statischen Endzustand, der bei 30 ms sicher noch nicht erreicht ist, gilt dann: $U_{x\infty} = -14$ V und $U_{y\infty} = +14$ V.

Der Kondensator C_y wird infolge $Q_{y0} > Q_{x0}$ teilweise entladen. Er gibt einen Teil seiner Vorladung an C_x ab. Die Spannung über dem Kondensator C_x wechselt im Ergebnis des Ladungsausgleichs ($U_{R1\infty} = 0$ V → $I_{R1} = 0$) ihre Polarität. Der Kondensator C_x wird somit umgeladen. Das erkennt man auch an den nicht ausgefüllten Zählpfeilen für den Anfangszustand der Schaltung in Bild 1.64.

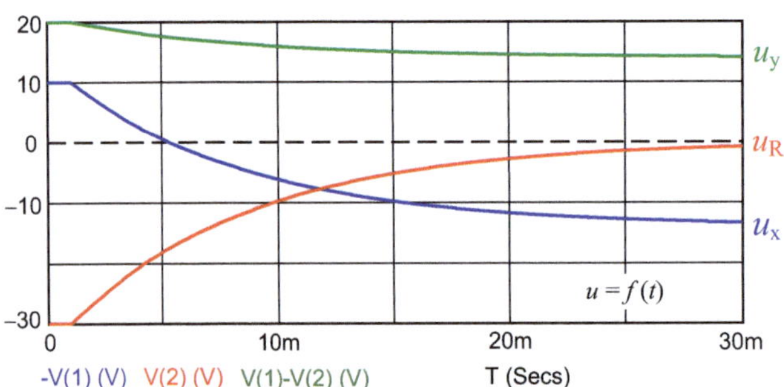

Bild 1.66 Zeitfunktionen der Spannungen beim Ladungsausgleich

In Bild 1.67 ist der Verlauf des Ausgleichsstromes dargestellt. Dieser Strom fließt gemäß Bild 1.64 mit einem positiven Vorzeichen vom Punkt A in Richtung D - E - B bzw. in Bild 1.65 vom Pin 3 über Pin 2 und Pin 1 in Richtung Ground (⊥).

Das Simulationsergebnis sagt mit der Richtungsfestlegung von MicroCap aus, dass der Ausgleichsstrom **nicht** (negativer Funktionsverlauf) vom Pin 2 zum Pin 3 (also in der entgegengesetzten Richtung) fließt.

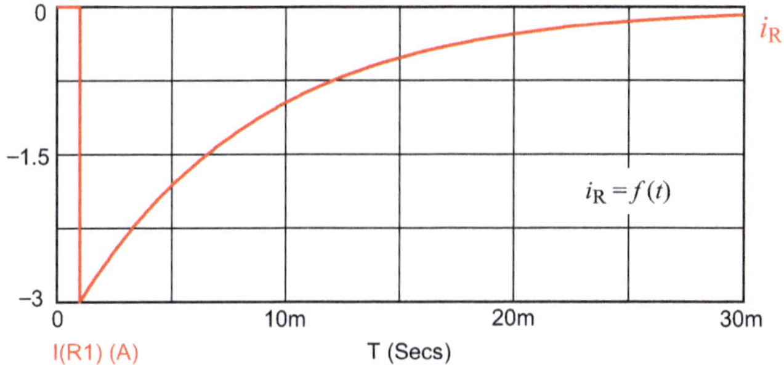

Bild 1.67 Zeitfunktion des Ausgleichsstromes in Bild 1.65

Lehrbeispiel 1.10

Simulieren Sie den Vorgang des Ladungsausgleichs nach Bild 1.65 unter Einbeziehung einer Gleichspannungsquelle. Das entspricht der Aufgabenstellung des Lehrbeispiels 16.5 aus [6]. Als Ergebnis der Simulation sind die Verläufe aller Spannungen und des Ausgleichsstromes anzugeben.

Bild 1.68 zeigt die Schaltung. Alle Zählpfeile gelten für die Vorladespannungen und für den statischen Endzustand. Die Werte der Bauelemente werden von der Testschaltung (Bild 1.64) übernommen. Für die Quellenspannung wird ein Wert von U_q = 60 V gewählt.

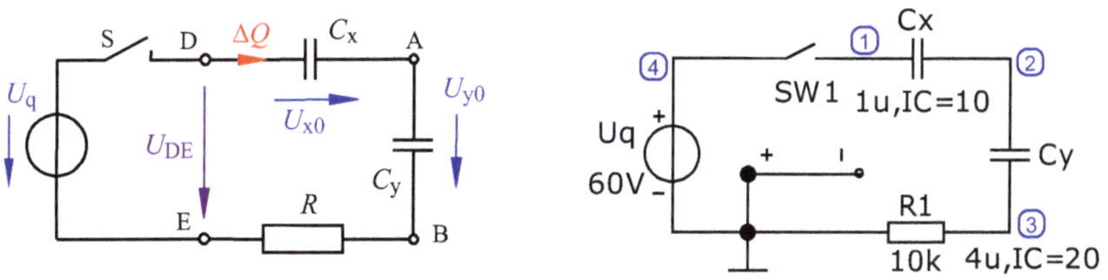

Bild 1.68 Simulation des Ladungsausgleichs im Lehrbeispiel 1.10

Im Ergebnis des Schaltvorganges (ab $t = t_d$) mus die Spannung U_{DE} gleich der Quellenspannung U_q sein. Während des gesamten Vorgangs gilt dann ab t_d zu jedem Zeitpunkt:

$$U_q = U_{DE}(\downarrow) = u_x(\rightarrow) + u_y(\downarrow) + u_{R1}(\leftarrow)$$

Im statischen Endzustand erreichen die Spannungen über den Kondensatoren (siehe [6] - Gleich. (16.29) und (16.30)) folgende Werte:

$$U_{x\infty} = \frac{C_x \cdot U_{x0} + C_y \cdot (U_q - U_{y0})}{C_x + C_y} = \frac{1\ \mu\text{F} \cdot 10\ \text{V} + 4\ \mu\text{F} \cdot (60\ \text{V} - 20\ \text{V})}{5\ \mu\text{F}} = 34\ \text{V}$$

$$U_{y\infty} = \frac{C_y \cdot U_{y0} + C_x \cdot (U_q - U_{x0})}{C_x + C_y} = \frac{4\ \mu F \cdot 20\ V + 1\ \mu F \cdot (60\ V - 10\ V)}{5\ \mu F} = 26\ V$$

In Bild 1.69 sind die Verläufe der Spannungen $u_x(t)$, $u_y(t)$ und $u_{R1}(t)$ dargestellt. Das Bild sagt aus, dass vor dem Einschalten die Spannung U_{DE0} = 30 V an den Punkten D und E liegt. Für $t_0 \le t \le t_d$ gilt:

$$U_{DE0} = U_{x0} + U_{y0}$$

Nach dem Schließen des Schalters gilt fur $t_d \le t \le t_\infty$:

$$u_{DE} = U_q = U_{DE\infty}$$

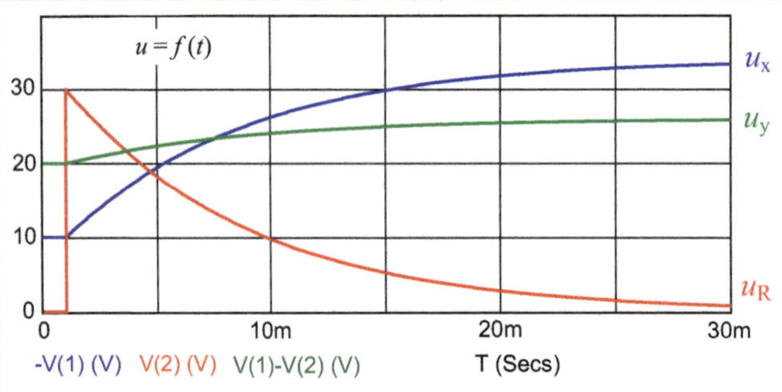

Bild 1.69 Spannungsverläufe zum Lehrbeispiel 1.10

Die Spannung u_{R1} springt im Schaltmoment t_d auf den Wert $U_{R1}(t_d) = \varphi_B$ = +30 V, da nach dem Maschensatz die Summe aller Spannungen ab t_d immer gleich null sein muss. Im Ergebnis des Vorgangs des Ladungsausgleichs, der nach einer Überlagerung von e-Funktionen verläuft, erreichen die beiden Kondensatorspannungen bei U_{R1} = 0 V die berechneten Werte: $U_{x\infty}$ = 34 V und $U_{y\infty}$ = 26 V.

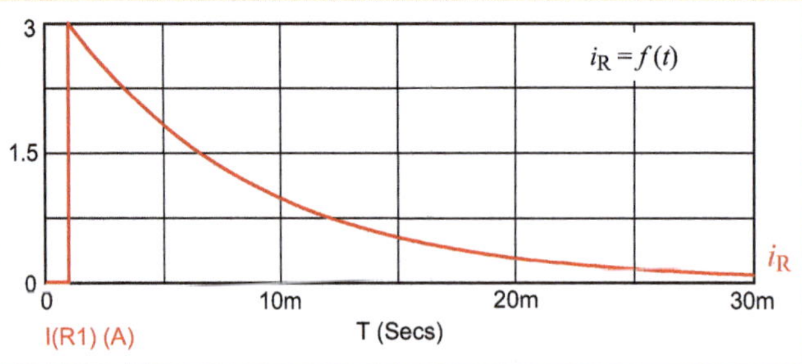

Bild 1.70 Stromverlauf zum Lehrbeispiel 1.10

Bild 1.70 zeigt den Verlauf des Ausgleichsstromes $i_R(t)$. Er fließt mit einem positiven Vorzeichen vom Punkt B durch R_1 in Richtung des Punktes E. Dieser Strom springt im Einschaltmoment auf den Extremwert $I_{R1}(t_d)$. Wir wenden in Bild 1.68 den Maschensatz im Uhrzeigersinn an:

$$U_{x0} + U_{y0} + I_{R1} \cdot R_1 - U_q = 0$$

$$I_{R1}(t_d) = \frac{U_q - U_{x0} - U_{y0}}{R_1} = \frac{+30\,\text{V}}{1\,\text{k}\Omega} = +3\,\text{mA}$$

Der Ausgleichsstrom nähert sich im Ergebnis des Ausgleichsvorgangs nach einer e-Funktion dem Wert null. Er fließt in Richtung der Zählpfeile von U_{x0} und U_{y0}. Dabei werden beide Kondensatoren nachgeladen. Sie nehmen Leistung von der Quelle auf (Verbraucher-Zählpfeilsystem).

Wenn die Quellenspannung auf einen Wert $U_q^* < (U_{x0} + U_{y0})$ verändert wird, entladen sich die beiden Kondensatoren über die Quelle. Während dieses Vorgangs nimmt die Quelle Leistung auf, da der Strom durch die Quelle dann in Richtung des Zählpfeils der Quellenspannung zeigt (V-ZPS).

1.4.4 Schalten von RL-Kombinationen

In Abschnitt 1.4.1 haben wir uns die Schaltvorgänge bei einer RC-Kombination angesehen. Zum Schalten wurde eine Flanke der Rechteckquelle / Pulse / verwendet. Nun wollen wir den Schalter [*Switch*] (vgl. Abschnitt 1.4.3) einsetzen. Bild 1.71 zeigt die Schaltung mit Ground am negativen Anschluss von L1. Wenn man Ground am negativen Anschluss der Quelle positionieren würde, fällt im „Aus"-Zustand bei Verwendung von V(1) eine scheinbare Spannung über der Induktivität ab. Das ist dann aber die Spannung U_q, die über dem offenen Schalter SW1 abfällt. Bei Verwendung von V(L1) wird dieses Problem umgangen.

Wir wählen folgende Daten: U_q = 10 V sowie R = 10 Ω und L = 100 mH.

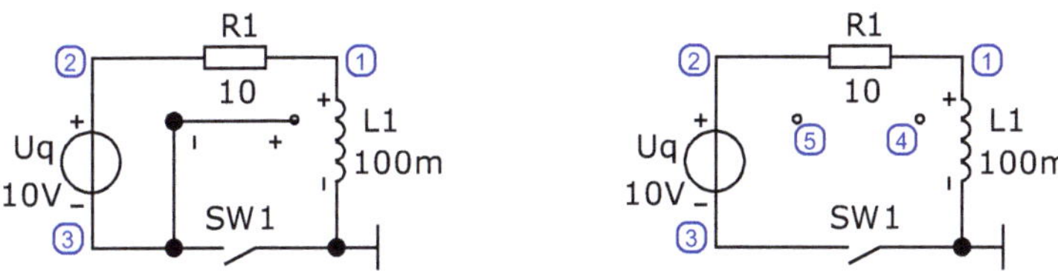

Bild 1.71 Simulation von Schaltvorgängen in einer RL-Kombination

Die Schaltung in Bild 1.71 (links) kann noch etwas vereinfacht werden. Wie Bild 1.65 und Bild 1.68 bereits zeigten, stören die Steueranschlüsse von SW1 das Gesamterscheinungsbild der Schaltung. In [14] wird darauf hingewiesen, dass die Steueranschlüsse eines zeitgesteuerten Schalters auf Ground gelegt werden. In Bild 1.71 (rechts) wurde darauf im vorliegende Fall erfolgreich verzichtet. Mit den dann eingeblendeten Node Numbers kann man sogar die störenden Vorzeichen verdecken, die ansonsten nur Verwirrung stiften.

Die Induktivität wird nach der Exponentialfunktion auf- bzw. entmagnetisiert. Eine wichtige Kenngröße ist die Zeitkonstante $\tau = L / R$. Die Aussage aus Abschnitt 1.4.1 hat auch für RL-Kombinationen Gültigkeit. Der Vorgang des Auf- und des Entmagnetisierens ist nach ca. 5τ nahezu abgeschlossen. Nach [6] - Gleich. (19.14) gilt für den Strom:

$$i_{\mathrm{LA}} = I_{\infty} \cdot \left(1 - \mathrm{e}^{-\frac{t}{\tau}}\right)$$

Nun können wir die Simulation im Fenster *Transient* starten. In Bild 1.72 ist der zeitliche Verlauf des Spulenstromes beim Aufmagnetisieren dargestellt.

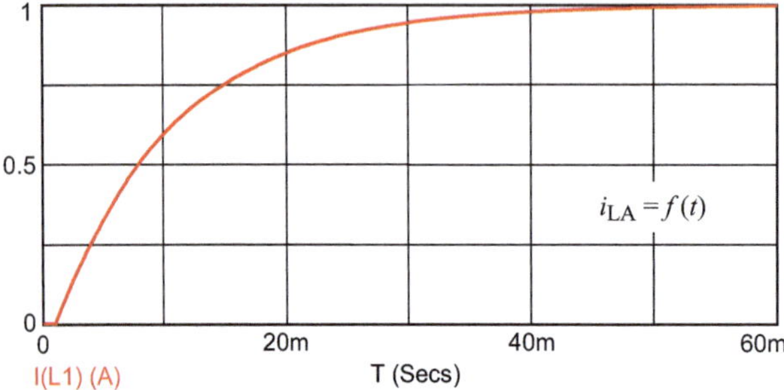

Bild 1.72 Strom beim Einschalten einer RL-Kombination

Für die Zeitfunktion der Spannung gilt das Induktionsgesetz nach [6] - Gleich. (18.5_a). Bild 1.73 zeigt die Zeitfunktion der Spannung über der Induktivität. Die Richtungspfeile von Strom und Spannung an der Induktivität weisen darauf hin, dass hier eine Verbraucher-Charakteristik vorliegt. Die Induktivität nimmt Energie auf (Aufmagnetisieren). Dieser Vorgang ist im vorliegenden Fall nach ca. $5\tau \approx 50$ ms nahezu abgeschlossen.

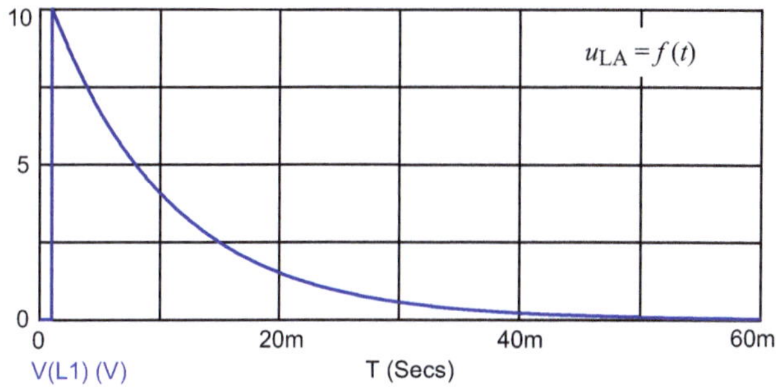

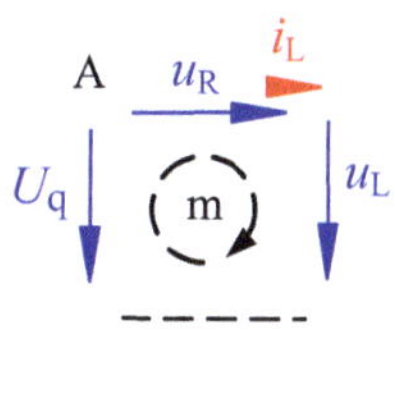

Bild 1.73 Einschaltvorgang in einer RL-Kombination (Spannungsverlauf über der Induktivität)

Lehrbeispiel 1.11

Simulieren Sie den Ausschaltvorgang einer RL-Kombination (Entmagnetisieren). Zum Zeitpunkt des Ausschaltens fließt ein Spulenstrom I_{L0} = 800 mA. Es gelten die Bauelementewerte aus Bild 1.71.

Wir verwenden die Schaltung in Bild 1.71 ohne die Quelle. Auf den Schalter wollen wir verzichten, da beim offenen Schalter kein Strom fließt. Diesen Strom haben wir aber mit IC=0.8 für $t < 0$ laut Aufgabenstellung gesetzt (siehe Bild 1.74 - unten links).

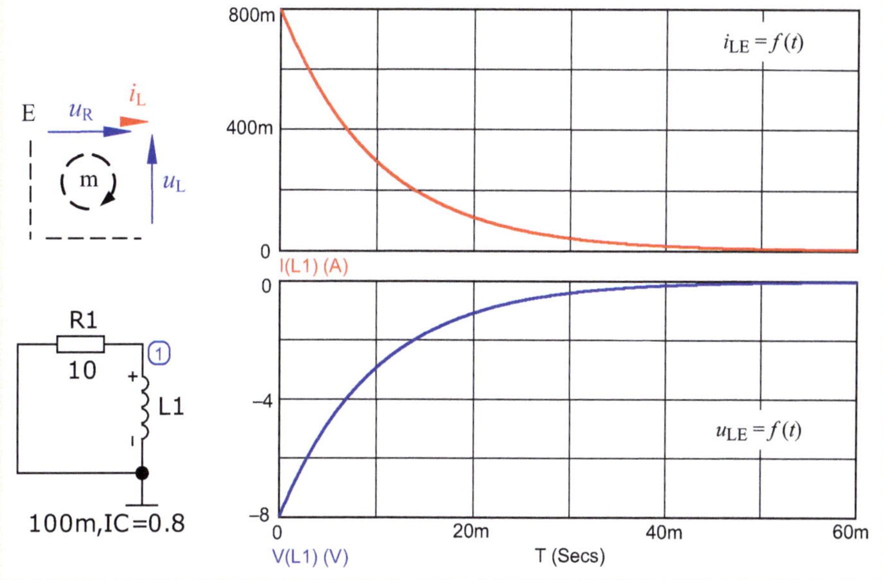

Bild 1.74 Ausschaltvorgang einer vormagnetisierten RL-Kombination

Der Spulenstrom beginnt bei t = 0 mit I_{L0} = 800 mA (wie bei IC=0.8 gesetzt). Er nimmt nach einer e-Funktion ab und erreicht nach $5\tau \approx 50$ ms näherungsweise den Wert null. Der IC-Wert (Initial Condition - nicht verwechseln mit dem Strom durch einen Kondensator) beschreibt hier über L und I_L indirekt den gesetzten magnetischen Fluss $\psi = L \cdot I_{L0} = 100\,\text{mH} \cdot 0{,}8\,\text{A} = 80\,\text{mV} \cdot \text{s}$.

Für die Zeitfunktion der Spannung gilt das Induktionsgesetz nach [6] - Gleich. (18.5). Die Spannung über der Induktivität springt bei t = 0 auf einen negativen Wert $U_{L0} = -I_{L0} \cdot \text{R} = -8\,\text{V}$. Das negative Vorzeichen weist auf eine Quellen-Charakteristik hin. Das erkennt man auch an der entgegengesetzten Richtung der Zählpfeile an der Induktivität (Bild 1.74 - links oben). Die Induktivität gibt ihre (im magnetischen Feld gespeicherte) Energie an den Widerstand ab.

1.4.5 Schalten von Schwingkreisen

Ein Schwingkreis besteht aus den zwei Energiespeichern C und L. Im elektrischen Feld des Kondensators wird elektrische Energie W_{el} gespeichert. Die Spule speichert magnetische Energie W_m, wenn sich infolge eines Erregerstromes ein magnetisches Feld aufbaut. Diese Energien werden im jeweiligen Feld gespeichert. Nach [6] Gleich. (15.24) und (17.17) gilt:

$$W_{el} = \frac{C}{2} \cdot U_C^2 = \frac{Q \cdot U_C}{2}$$

$$W_m = \frac{L}{2} \cdot I_L^2 = \frac{\Psi \cdot I_L}{2}$$

Die Energiespeicher C und L. reagieren auf Schaltvorgänge in unterschiedlicher Art und Weise. Beim Aufschalten einer Gleichspannung verhält sich die Kapazität C im Schaltmoment wie ein Kurzschluss. Der Strom durch die RC-Kombination springt auf den maximal möglichen Wert. Mit zunehmender Ladespannung sinkt der Strom nach einer e-Funktion auf null. Eine Induktivität verhält sich im Schaltmoment wie ein Leerlauf. Die Spannung über der Induktivität springt auf den maximal möglichen Wert. Mit zunehmendem Erregerstrom sinkt diese Spannung nach einer e-Funktion bis auf den Wert null.

Die schaltungstechnische Kombination von beiden Elementen muss demzufolge (wie z. B. bei einem Fadenpendel) zu einem ständigen Wechsel der Erscheinungsform der Energie führen, wenn das System von außen angeregt wird.

Wir wollen uns diesen Vorgang am Beispiel eines Reihenschwingkreises ansehen. Dazu schalten wir die Anstiegsflanke eines Rechteckimpulses mit U_p = 1 V und t_d = 10 ms auf den in Bild 1.75 (links) dargestellten Schwingkreis.

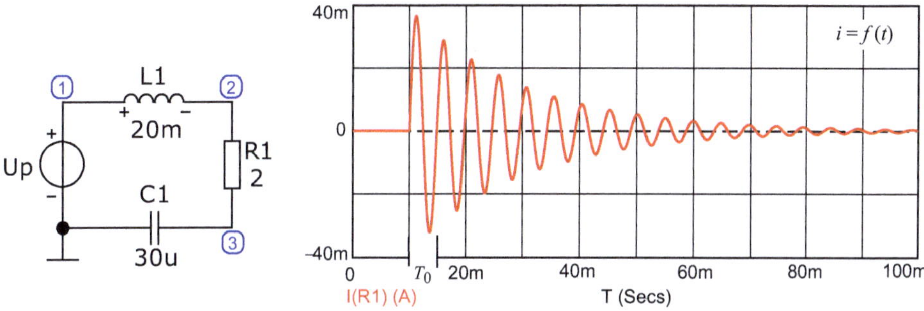

Bild 1.75 Stromverlauf in einem Reihenschwingkreis beim Aufschalten einer Gleichspannung

Der Stromverlauf in Bild 1.75 zeigt, dass die Schaltung eine freie gedämpfte Schwingung ausführt. Dabei wechselt die Erscheinungsform der Energie: $W_m \leftrightarrow W_{el}$. Dieser Vorgang wird in Abschnitt 1.4.6 ausführlicher diskutiert. Die Frequenz der Schwingung wird durch die Resonanzfrequenz f_0 des Kreises bestimmt.

Nach [6] gilt die Thomsonsche Schwingungsgleichung (8.11).

Mit den gewählten Werten L = 20 mH und C = 30 µF erhalten wir:

$$f_0 = \frac{1}{2\pi \cdot \sqrt{20 \cdot 30 \cdot 10^{-9}}} \text{ Hz} \approx 205 \text{ Hz}$$

Das entspricht einer Periodendauer von $T_0 \approx 4{,}88$ ms (vgl. Bild 1.75).

Die Schwingung wird durch die ohmschen Verluste ($R_1 = R_S$) bedämpft. Dazu sehen wir uns noch einmal das Bild 1.75 ohne Verzögerungszeit t_d an. Bild 1.76 zeigt, dass die Zeitfunktion des Stromes $i = f\,(t)$ von einer abfallenden e-Funktion eingehüllt wird. Der Verlauf dieser Hüllkurve $f_H(t)$ ist vom Anfangswert I_0 und von der Dämpfungskonstanten δ abhängig:

$$f_H(t) = I_0 \cdot e^{-\delta \cdot t}$$

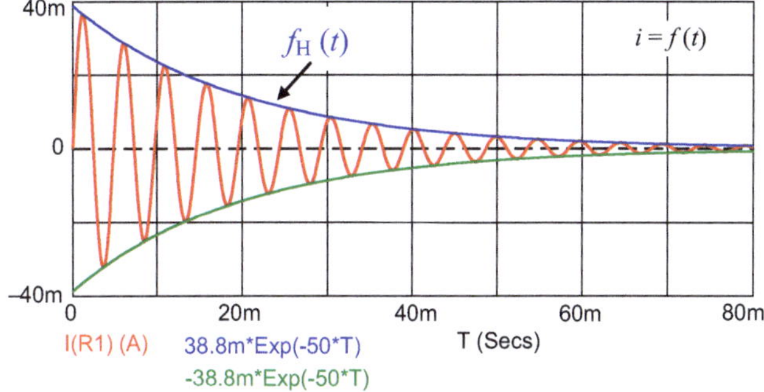

Bild 1.76 Stromverlauf mit Dämpfungsfunktion

Im Schaltmoment stellt der Kondensator einen Kurzschluss dar. Dann fließt zunächst ein Strom, der die Induktivität aufmagnetisiert (Zeitraum: $t = 0$ bis $T_0/4$). Dieses erste Strommaximum bestimmt den Anfangswert I_0. Für unser Beispiel gilt:

$$I_0 = \frac{U_\mathrm{P}}{\omega_0 L} = \frac{1}{2\pi \cdot 205 \cdot 20 \cdot 10^{-3}}\ \mathrm{A} = 38{,}8\ \mathrm{mA}$$

Die Berechnungsvorschrift für die Dämpfungskonstante kann man über den Maschensatz bestimmen (vgl. Bild 1.75 – links). Mit $R_1 = R_\mathrm{S} = R$ erhalten wir:

$$U_\mathrm{P} = u_\mathrm{L} + u_\mathrm{R} + u_\mathrm{C} = L \cdot \frac{\mathrm{d}i}{\mathrm{d}t} + R \cdot i + \frac{1}{C} \cdot \int i \cdot \mathrm{d}t$$

(1. Ableitung bilden und Lösungsbeziehung anwenden)

$$0 = L \cdot \frac{\mathrm{d}^2 i}{\mathrm{d}t^2} + R \cdot \frac{\mathrm{d}i}{\mathrm{d}t} + \frac{1}{C} \cdot i = \frac{\mathrm{d}^2 i}{\mathrm{d}t^2} + \frac{R}{L} \cdot \frac{\mathrm{d}i}{\mathrm{d}t} + \frac{1}{LC} \cdot i$$

$$x_{1/2} = -\frac{R}{2L} \pm \sqrt{\left(\frac{R}{2L}\right)^2 - \frac{1}{LC}} = -\delta \pm \sqrt{\delta^2 - \omega_0^2} \quad \Rightarrow \quad \delta = \frac{R_\mathrm{S}}{2L}$$

Für unser Beispiel gilt dann:

$$\delta = \frac{R_\mathrm{S}}{2L} = \frac{2\Omega}{40\,\mathrm{mH}} = 50\,\mathrm{s}^{-1}$$

Lehrbeispiel 1.12

Simulieren Sie das Verhalten eines Parallelschwingkreises bei einer periodischen Anregung durch eine Gleichstromquelle. *Geg.*: $I_\mathrm{p} = 100$ mA sowie $R = R_\mathrm{p} = 400\ \Omega$, $L = 20$ mH und $C = 30\ \mu$F.

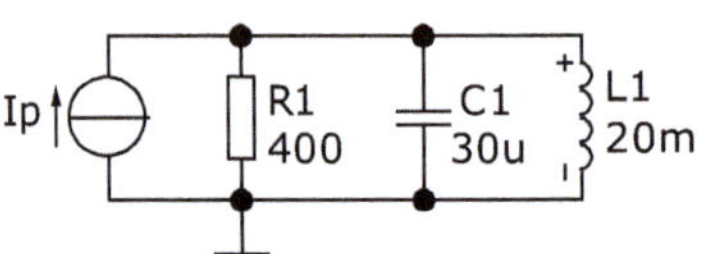

Einstellung von Ip:
I1=0 / I2=100m
TD=10m / TR=TF=10n
PW=100m / PER=200m

Bild 1.77 Simulation eines Schaltvorgangs im Parallelschwingkreis

Die Quelle I_p schaltet einen Stromimpuls nach $t_\mathrm{d} = 10$ ms ein. Der Schwingkreis wird angeregt und führt eine erste freie gedämpfte Schwingung aus. Nach einer Pulsdauer von $t_\mathrm{w} = 100$ ms schaltet die Quelle den Strom wieder aus (abfallende Schaltflanke). Der Schwingkreis reagiert mit einer weiteren Schwingung, die jetzt mit der negativen Halbwelle beginnt (Induktionsgesetz).

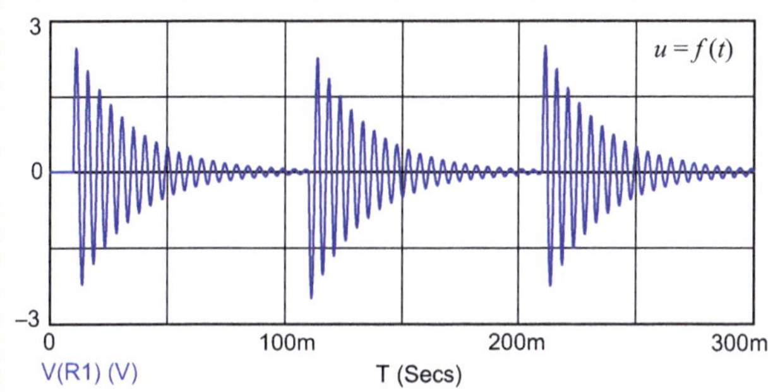

Bild 1.78 Spannungsverlauf in einem Parallelschwingkreis beim Aufprägen eines Gleichstromes

Zur Berechnung der Dämpfungsfunktion $f_{\mathrm{H}}(t) = U_0 \cdot \mathrm{e}^{-\delta \cdot t}$ benötigen wir jetzt den Anfangswert U_0 und den neuen Dämpfungsfaktor. An der Resonanzfrequenz hat sich ja im Vergleich zu Bild 1.76 nichts geändert. Hier gilt:

$$U_0 = I_{\mathrm{P}} \cdot \omega_0 L = 100\ \mathrm{mA} \cdot 2\pi \cdot 205 \cdot 20\ \mathrm{mH} \approx 2{,}58\ \mathrm{V}$$

$$\delta = \frac{1}{2R_{\mathrm{p}} \cdot C} = 41{,}\bar{6}\ \mathrm{s}^{-1}$$

Wie wird der neue Dämpfungsfaktor für den Parallelschwingkreis berechnet? Wir müssen jetzt den Knotenpunktsatz in Bild 1.77 für I_{P} aufstellen, differenzieren und wieder die Lösungsbeziehung anwenden:

$$I_{\mathrm{P}} = i_{\mathrm{R}} + i_{\mathrm{C}} + i_{\mathrm{L}} = \frac{u}{R} + C \cdot \frac{\mathrm{d}u}{\mathrm{d}t} + \frac{1}{L} \cdot \int u \cdot \mathrm{d}t$$

■

1.4.6 Schalten einer Wechselquelle

Durch das Zu- oder Abschalten von Spannungen/Strömen können Schaltüberspannungen entstehen. Der Betriebszustand eines elektrischen Netzes ändert sich dann schlagartig. Ein typisches Beispiel ist das Abschalten einer Drosselspule (z. B. Wicklung eines leerlaufenden Transformators [3]).

Die Ersatzschaltung besteht aus einer realen Spule, zu der die Wicklungskapazität parallel geschaltet ist. Wenn der Strom durch diese Ersatzschaltung abgeschaltet wird, können große Überspannungen entstehen. Der Spulenstrom i_{L} fließt nach dem Abschaltvorgang so lange weiter, bis die magnetische Energie W_{m} im elektrischen Feld als W_{el} gespeichert ist. Danach entlädt sich der Kondensator und gibt seine gespeicherte Energie wieder an die Spule ab (usw.). Es entsteht eine freie gedämpfte Schwingung (Abschnitt 1.4.5), die bei einem großen Kennwiderstand Z_0 Werte annehmen kann, die weit über der Betriebsspannung liegen.

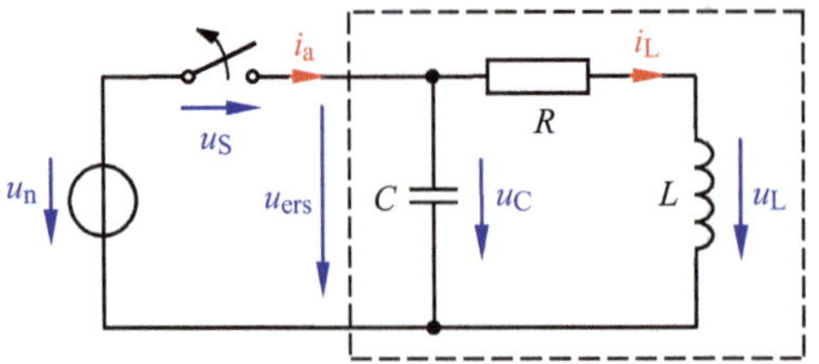

Bild 1.79
Abschalten einer realen Spule

Diesen Abschaltvorgang wollen wir simulieren. Dazu wählen wir folgende Werte:

$\hat{U}_n$ = 325 V (f_n = 50 Hz), R = 50 Ω, L = 1 H und C = 100 nF.

Der Kapazitätswert ist (wenn damit die Wicklungskapazität gemeint ist) praxisfremd. Wir benötigen aber eine Schwingung mit einer Resonanzfrequenz, die in der Grafik bzw. auf dem Bildschirm noch erkennbar und auch auswertbar ist. Hier geht es also lediglich um eine Simulation des Grundprinzips eines Abschaltvorgangs. Bild 1.80 zeigt die Schaltung für die Simulation des Entstehens einer Überspannung bei solchen Schaltvorgängen.

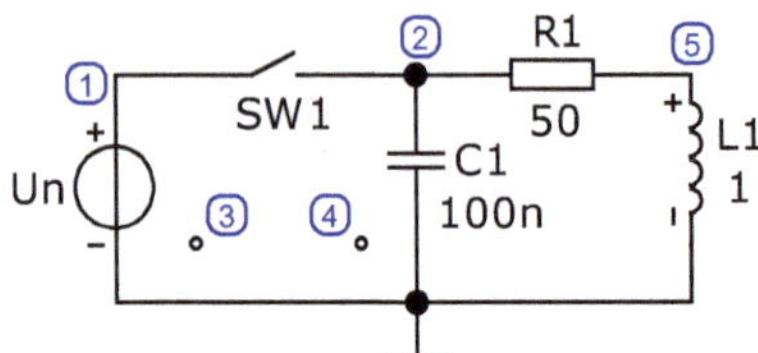

Bild 1.80
Schaltung zur Simulation einer Überspannung

Zunächst taucht die Frage auf, wann der Schaltvorgang erfolgen soll. Wir entscheiden uns für den Nulldurchgang der Netzspannung $u_n(t)$. Bild 1.81 zeigt den Verlauf der Spannung u_{ers} beim Abschalten der realen Spule im Nulldurchgang der Netzspannung. Der Schalter wird zum Zeitpunkt t_a = 20 ms geöffnet. Diese Zeit entspricht einer Periode der Netzspannung (f_n = 50 Hz). Die Netzspannung zeigt bis $t < t_a$ einen ungestörten Verlauf.

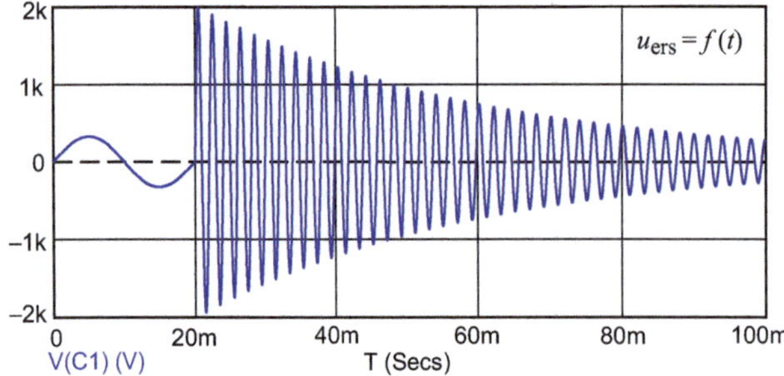

Einstellung von SW1:
VALUE:
T,0,20m,1m,1G
Einstellung *Trans*:
Max. Run Time:
100m

Bild 1.81 Abschalten einer realen Spule im Nulldurchgang der Spulenspannung

Im Schaltvorgang entsteht ein erster Maximalwert der Überspannung mit ca. 2 kV bei einer Betriebsspannung von $\hat{U}_n$ = 325 V. Die Überspannung beträgt also ca. das 6-fache der Betriebsspannung. Wie die linke Masche in Bild 1.79 aussagt, überlagert sich diese Spannung u_{ers} an der Schaltstrecke (u_S) mit der Netzspannung u_n (Frequenz f_n). Über dem Schalter liegt jetzt eine Spannung $u_S = u_n - u_{ers} \approx 1675$ V. Bei dieser Größe ist die Zündung eines Lichtbogens im Schalter zu erwarten.

Wodurch kommt diese Überspannung zustande?

Die LC-Kombination bewirkt einen Schwingungsvorgang mit der Resonanzfrequenz f_0. Bei einer kleinen Kapazität (z.B. Wicklungskapazität einer Spule) können über diesem C hohe Spannungen auftreten. Die Spannung über L bzw. C des Schwingkreises kann man für einen beliebigen Schaltmoment t_a aus der Energiebetrachtung ($W_{el} = W_m$) ableiten:

$$\frac{L}{2} \cdot i_L^2 = \frac{C}{2} \cdot u_C^2 \quad \text{bzw.:} \quad Z_0 = \frac{u_C}{i_L} = \frac{\hat{U}_C}{\hat{I}_L} = \sqrt{\frac{L}{C}}$$

Für die Resonanzfrequenz f_0 und den Kennwiderstand Z_0 gilt nach [6] für unser Beispiel mit f_0 = 503 Hz und Z_0 = 3162 Ω.

Bei den weiteren Betrachtungen gehen wir von der Annahme aus, dass der Strom durch die Kapazität vernachlässigt werden kann. Dann ist der abzuschaltende Strom i_a in Bild 1.79 gleich dem Strom durch die Induktivität i_L. Für die Spannung an der Kapazität gilt dann:

$$\hat{U}_C = Z_0 \cdot \hat{I}_{a,max}$$

$$Z_0 = \sqrt{\frac{L}{C} \cdot \frac{L}{L}} = \frac{L}{\sqrt{LC}} = \omega_0 L = 2\pi \cdot f_0 \cdot L$$

Für das Strommaximum erhalten wir:

$$\hat{I}_{a,max} = \hat{I}_L = \frac{\hat{U}_n}{\omega L} = \frac{\hat{U}_n}{2\pi f \cdot L}$$

Durch Einsetzen von $\hat{I}_{a,max}$ und von Z_0 in $\hat{U}_C$ können wir die entstehende Überspannung (mit R = 0) im Schaltmoment ermitteln:

$$\hat{U}_C = \hat{I}_L \cdot Z_0 = \frac{\hat{U}_n}{\omega_n L} \cdot Z_0 = \frac{\hat{U}_n}{2\pi f_n \cdot L} \cdot Z_0 = \frac{\hat{U}_n}{2\pi f_n \cdot L} \cdot 2\pi f_0 \cdot L = \hat{U}_n \cdot \frac{f_0}{f_n}$$

Die Überspannung überschreitet die Netzspannung um den Faktor f_0 / f_n.

In unserem Beispiel hat dieser Faktor etwa den Wert zehn. Bei dem in Bild 1.81 vorgestellten Simulationsergebnis erhält man aber „nur“ den Wert 6,15.

Was ist die Ursache für diese Abweichung?

Bei unserer Berechnung sind wir vom Strommaximum ausgegangen. Das trifft für die ideale Induktivität auch zu. Hier haben wir aber eine reale Spule (mit ihrer Wicklungskapazität) simuliert. Der Phasenwinkel zwischen Spannung und Strom ist kleiner als 90°. Außerdem haben wir den Schaltvorgang nach der ersten Periode (20 ms) der Netzspannung eingeleitet. Nach dieser Zeit ist das simulierte System ganz sicher noch nicht eingeschwungen.

Wir wiederholen die Simulation im eingeschwungenen Zustand der Schaltung (t_a = 200 ms). In Bild 1.82 ist der korrigierte Verlauf der Spannung u_{ers} dargestellt.

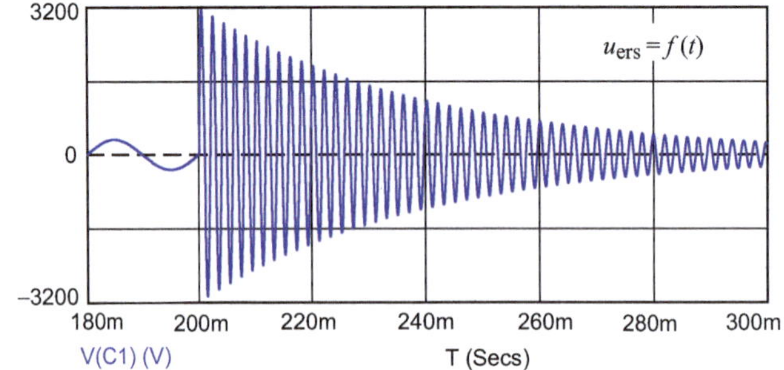

Einstellung von SW1:
VALUE:
T,0,200m,1m,1G
Einstellung *Trans*:
Max. Run Time:
300m

Bild 1.82 Abschalten im Nulldurchgang der Spannung (eingeschwungener Zustand)

Jetzt hat die Überspannung einen Wert von ca. 3200 V. Dieser Wert stimmt nun auch mit unserer Berechnung näherungsweise überein:

$$\hat{U}_{ers} = \hat{U}_C = \hat{U}_n \cdot \frac{f_0}{f_n} = 325\,\mathrm{V} \cdot \frac{503}{50} = 3270\,\mathrm{V}$$

Dabei haben wir den Phasenwinkel zwischen Spannung und Strom, der ja etwas kleiner als 90° sein sollte, noch nicht berücksichtigt (siehe Lehrbeispiel 1.13).

Bild 1.82 zeigt den Ausschaltvorgang in einem ungünstigen Augenblick. Im vorliegenden Beispiel ist es die ca. 10-fache Amplitude der Netzspannung.

Wenn der Strom im Schaltmoment exakt seinen Maximalwert durchläuft (Stromabriss), tritt die größte Überspannung auf. Mit Kenntnis dieses Maximalwertes kann man die Überspannung auch über den Kennwiderstand Z_0 berechnen. Mit dem Ergebnis des nachfolgenden Lehrbeispiels 1.13 ($\hat{I}_a$ = 1,013 A) erhalten wir:

$$\hat{U}_{ers} = \hat{U}_C = \hat{I}_a \cdot Z_0 = 1{,}013\,\mathrm{A} \cdot 3162\,\Omega = 3203\,\mathrm{V}$$

In allen anderen Schaltmomenten ist die Überspannung kleiner.

Bei einem Ausschaltvorgang in günstigsten Augenblick durchläuft der Strom seinen Nulldurchgang. Diesen Sachverhalt wollen wir uns im folgenden Lehrbeispiel ansehen.

Lehrbeispiel 1.13

Simulieren Sie den Spannungsverlauf von Bild 1.79, wenn die Spule im Nulldurchgang des Stromes abgeschaltet wird. Weisen Sie nach, dass in diesem Fall der günstigste Schaltmoment verwendet wird.

Um den geforderten Nachweis erbringen zu können, benötigen wir den exakten Zeitpunkt des Nulldurchganges des Stromes im eingeschwungenen Zustand (nach t_d = 200 ms). Dazu berechnen wir den Stromzeiger $\underline{\hat{I}}_a$ und bestimmen über den Nullphasenwinkel den Zeitversatz Δt relativ zu (t_d + T_n / 4):

$$\underline{\hat{I}}_a = \underline{\hat{I}}_C + \underline{\hat{I}}_L = \underline{\hat{U}}_n \cdot j\omega C + \frac{\underline{\hat{U}}_n}{R + j\omega L} = \underline{\hat{U}}_n \cdot (j\omega C + \frac{1}{R + j\omega L})$$

$$\underline{\hat{I}}_a = 325\,\text{V} \cdot (j\,31{,}4 \cdot 10^{-6} + \frac{1}{50 + j\,314{,}2})\text{S}$$

$$= 325 \cdot (31{,}4 \cdot 10^{-6} \cdot e^{j\,90^\circ} + 3{,}14\ 10^{-3} \cdot e^{-j\,81^\circ})\text{A}$$

$$\underline{\hat{I}}_a = (j\,10{,}2 \cdot 10^{-3} + 0{,}16 - j\,1.01)\text{A} \approx (0{,}16 - j\,1)\text{A} \approx 1{,}013\,\text{A} \cdot e^{-j\,80{,}9^\circ}$$

Der Nullphasenwinkel des Stromes weicht um ca. 9° vom Strom einer idealen Induktivität ab. Die ideale Induktivität würde nach t_d = 200 ms zum Zeitpunkt (t_d + T_n / 4) = 205 ms ihren nächsten Nulldurchgang aufweisen.

Die hier betrachtete Zeitfunktion hat ihren nächsten Nulldurchgang bei (t_d + Δt). Den zeitlichen Versatz erhalten wir über den Nullphasenwinkel φ_i:

$$\frac{\Delta t}{0{,}25 \cdot T_n} = \frac{|\varphi_i|}{90^\circ} \quad \Rightarrow \quad \Delta t = 0{,}25 \cdot T_n \cdot \frac{|\varphi_i|}{90^\circ} = 5\,\text{ms} \cdot \frac{81^\circ}{90^\circ} = 4{,}5\,\text{ms}$$

Bild 1.83 zeigt das Ergebnis der Simulation für den berechneten Schaltzeitpunkt: t_a = t_d + 4,5 ms.

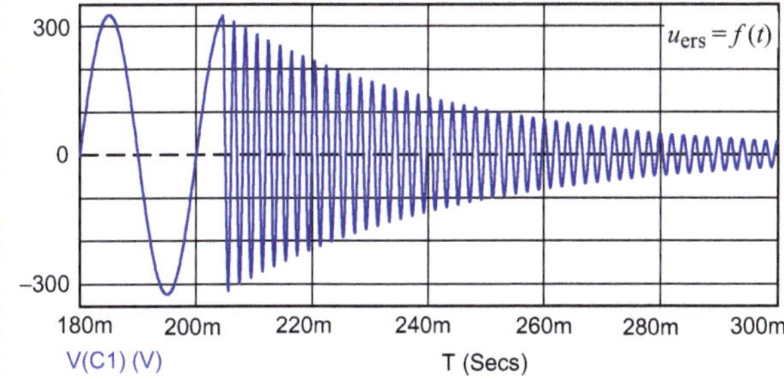

Einstellung von SW1:
VALUE:
T,0,204.5m,1m,1G
Einstellung *Trans*:
Max. Run Time:
300m

Bild 1.83 Abschalten einer realen Spule im Nulldurchgang des Stromes

Die Netzspannung erreicht im Schaltmoment ihren positiven Maximalwert. Beim Abschalten der realen Spule schwingt die LC-Kombination, ausgehend vom Maximalwert der Netzspannung, mit ihrer Resonanzfrequenz f_0. Jetzt entsteht keine Überspannung, weil der induktive Strom nicht abrupt unterbrochen wird. Die nicht vermeidbaren Verluste (R) führen zur Dämpfung der Spannungsfunktion über der Zeit. Nach ca. (t_a + 250 ms) wird die Spannung u_{ers} näherungsweise null.

1.5 Simulationsbeispiele

Simulationsbeispiel 1.1: Netzwerkberechnung

Berechnen Sie für das Netzwerk in Bild 1.84 (vgl. [7] - Berechnungsbeispiel 5.19):

a) den Spannungsabfall über R_6 mit der Zweipoltheorie (Stromquellen-Ersatzschaltbild) und

b) die Potentiale aller echten Knoten mit der Knotenanalyse.

c) Führen Sie eine Gleichstrom-Simulation durch.

d) Stellen Sie mit den Werten von c) die vollständige Leistungsbilanz auf.

Geg.: U_A = 15 V; U_B = 10 V; I_C = 160 mA; alle R = 100 Ω

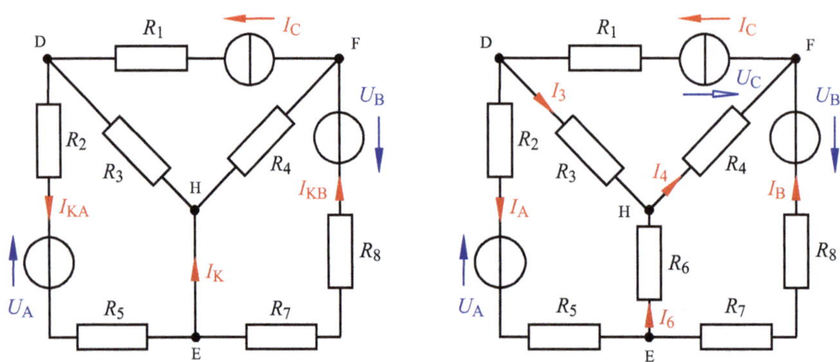

Bild 1.84 Netzwerk des Simulationsbeispiels 1.1 (links: Zweipoltheorie und rechts: Knotenanalyse)

Zu a) Als Lastwiderstand wird R_6 herausgetrennt. Dann ergibt sich der Innenwiderstand wie folgt:

$$R_i = (R_3 + R_2 + R_5) \,||\, (R_4 + R_8 + R_7) = 3R \,||\, 3R = 1{,}5R = 150\,\Omega$$

Der Beitrag der Quelle C zum Kurzschlussstrom ist im vorliegenden Fall gleich null. Da alle Widerstände gleich groß sind, ist bei alleiniger Wirkung der Quelle C das Potential des Punktes H gleich dem Potential des Punktes E. Durch den Kurzschlusszweig E – H fließt in diesem Fall kein Strom.

$$I_K = \frac{U_A}{R_5 + R_3 + R_2} - \frac{U_B}{R_4 + R_7 + R_8} = \frac{U_A - U_B}{3R} = 16{,}\bar{6}\ \text{mA}$$

$$U_a = U_6 = I_K \cdot R_i \parallel R_a = \frac{U_A - U_B}{3R} \cdot 0{,}6R = \frac{U_A - U_B}{5} = 1\ \text{V}$$

Zu b) Knotenanalyse mit (k – 1) = 3 Gleichungen

Als Bezugsknoten wird der Knoten H gewählt (vgl. Bild 1.84 – rechts). Somit ist das Potential des Knotens E aus der Lösung der Teilaufgabe a) mit $\varphi_E = U_6 = 1$ V bereits bekannt. Bei der Aufstellung des Koeffizientenschemas ist zu beachten, dass der zur idealen Stromquelle C in Reihe geschaltete Widerstand R_1 keine strombegrenzende Funktion ausübt und somit nicht als Knoten- bzw. Koppelleitwert wirksam ist. Die Zweige mit U_A und (R_2 + R_5) sowie mit U_B und (R_7 + R_8) werden als reale Spannungsquellen aufgefasst und in Ersatz-Stromquellen umgerechnet (siehe Tabelle 1.2). Die zweite Gleichung im Koeffizientenschema wird hier zur Berechnung der Knotenpotentiale nicht benötigt. Ohne das Ergebnis der Teilaufgabe a) würde diese Gleichung zur Bestimmung von φ_E dienen.

Tabelle 1.2 Koeffizientenschema für die Knotenanalyse im Simulationsbeispiel 1.1

φ_D	$\varphi_E = +U_6$	φ_F	Abs.
$\frac{1}{R_3} + \frac{1}{R_2 + R_5}$	$-\frac{1}{R_2 + R_5}$	0	$I_C - \frac{U_A}{R_2 + R_5}$
$-\frac{1}{R_2 + R_5}$	$\frac{1}{R_2 + R_5} + \frac{1}{R_6} + \frac{1}{R_7 + R_8}$	$-\frac{1}{R_7 + R_8}$	$\frac{U_A}{R_2 + R_5} - \frac{U_B}{R_7 + R_8}$
0	$-\frac{1}{R_7 + R_8}$	$\frac{1}{R_4} + \frac{1}{R_7 + R_8}$	$\frac{U_B}{R_7 + R_8} - I_C$

Die unbekannten Knotenpotentiale werden mit der ersten und der dritten Gleichung bestimmt. Beide Gleichungen sind voneinander unabhängig und können einzeln berechnet werden.

$$\frac{3}{2R} \cdot \varphi_D = I_C - \frac{U_A}{2R} + \frac{U_6}{2R} \quad \Rightarrow \quad \varphi_D = \frac{I_C \cdot 2R - U_A + U_6}{3} = \frac{32\ \text{V} - 15\ \text{V} + 1\ \text{V}}{3} = 6\ \text{V}$$

$$\frac{3}{2R} \cdot \varphi_F = \frac{U_B}{2R} - I_C + \frac{U_6}{2R} \quad \Rightarrow \quad \varphi_F = \frac{U_B - I_C \cdot 2R + U_6}{3} = \frac{10\ \text{V} - 32\ \text{V} + 1\ \text{V}}{3} = -7\ \text{V}$$

Mit diesen Potentialen kann man die Zweigströme I_3 und I_4 bestimmen. Über den Knotenpunktsatz erhalten wir daraus die Zweigströme I_A und I_B. Der Strom I_C ist gegeben. I_6 ist ja bereits aus der Teilaufgabe a) bekannt. Die Richtungen der Zweigströme entsprechen den Zählpfeilen in Bild 1.84.

$$I_3 = \frac{\varphi_D}{R_3} = 60 \text{ mA}$$

$$I_4 = \frac{-\varphi_F}{R_4} = 70 \text{ mA}$$

$$I_A = I_C - I_3 = 100 \text{ mA}$$

$$I_B = I_C - I_4 = 90 \text{ mA}$$

$$U_C(\rightarrow) = U_1 + U_{DF} = I_C \cdot R_1 + \varphi_D - \varphi_F = 16 \text{ V} + 6 \text{ V} - (-7 \text{ V}) = 29 \text{ V}$$

Zu c) Bild 1.85 zeigt die beiden Simulationsschaltungen gemäß Bild 1.84 mit den Ergebnissen der Analyse *Dynamic-DC*. Zur Bestimmung des Kurzschlussstromes wird R_6 durch einen Hilfswiderstand $R_H \rightarrow 0$ ersetzt (Bild 1.85 - links).

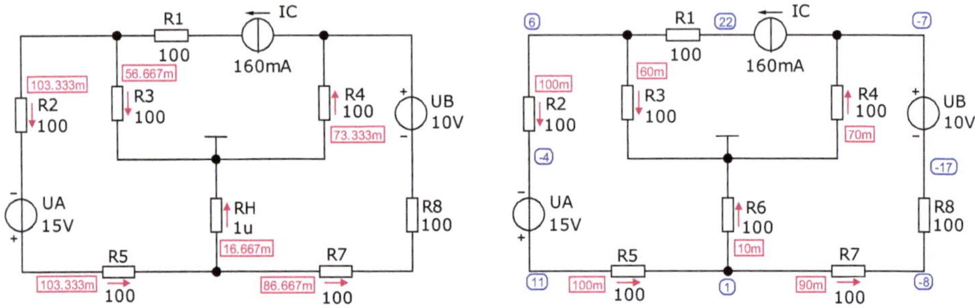

Bild 1.85 Ergebnisse zum Simulationsbeispiel 1.1: links: Kurzschlussstrom (E → H), rechts: Knotenpotentiale und Zweigströme

Zu d) Die zur Aufstellung der vollständigen Leistungsbilanz benötigten Zweigströme werden aus Bild 1.85 (rechts) abgelesen. Für die Quellenspannung der Stromquelle C gilt: $U_C = U_1 + U_{DF} = +\ 29$ V.

Alle nachfolgend aufgelisteten Leistungen werden im Verbraucher-Zählpfeilsystem dargestellt (vgl. auch [6] - Abschnitt 2.3 und Abschnitt 5.4). Die Summe aller Leistungen muss gleich null sein.

$P_1 = I_C^2 \cdot R = 2{,}56$ W	$P_5 = I_A^2 \cdot R = 1{,}0$ W	$P_A = U_A \cdot I_A = -1{,}5$ W
$P_2 = I_A^2 \cdot R = 1{,}0$ W	$P_6 = (I_A - I_B)^2 \cdot R = 0{,}01$ W	$P_B = U_B \cdot I_B = -0{,}9$ W
$P_3 = (I_C - I_A)^2 \cdot R = 0{,}36$ W	$P_7 = I_B^2 \cdot R = 0{,}81$ W	$P_C = U_C \cdot I_C = -4{,}64$ W
$P_4 = (I_C - I_B)^2 \cdot R = 0{,}49$ W	$P_8 = I_B^2 \cdot R = 0{,}81$ W	
	$\Sigma P_V = +7{,}04$ W	$\Sigma P_Q = -7{,}04$ W

Simulationsbeispiel 1.2: RC-Phasenkette

Simulieren Sie die Arbeitsweise einer RC-Phasenkette nach [6] – Lehrbeispiel 9.7 und [7] – Berechnungsbeispiel 9.10. Diese Schaltung besteht aus zwei in Kette geschalteten RC-Kombinationen und soll zwischen der Ausgangsspannung $\underline{U}_a = \underline{U}_{C2}$ und der Eingangsspannung $\underline{U}_e$ eine Phasenverschiebung erzeugen von:

a) $\varphi_{xa} = -90°$ b) $\varphi_{xb} = -45°$

Die Dimensionierungsregeln werden in [6] und in [7] ausführlich hergeleitet.

Für die Schaltung werden folgende Daten gewählt: $\hat{U}_e = 1\text{ V}$ (f = 1 kHz) und C = 100 nF. Für a) mit R_a und k_1 bzw. b) mit R_b und k_2 gilt:

$$R_a = \frac{1}{\omega C} = 1{,}59\text{ k}\Omega$$

$$k_1 = \frac{|\underline{U}_a|}{|\underline{U}_e|} = 0{,}33 \quad\Rightarrow\quad \hat{U}_a(\text{a}) = k_1 \cdot \hat{U}_e = 333\,\text{mV}$$

$$R_b = \frac{0{,}303}{\omega C} = 482\ \Omega$$

$$k_2 = \frac{|\underline{U}_a|}{|\underline{U}_e|} \approx 0{,}78 \quad\Rightarrow\quad \hat{U}_a(\text{b}) = k_2 \cdot \hat{U}_e \approx 780\text{ mV}$$

Zur Simulation wenden wir die Analyse *Dynamic-AC* an. Diese Analyse zeigt den Betrag und den Nullphasenwinkel eines komplexen Zeigers an. Die Nachkommastellen können über Properties eingestellt werden. Aus Platzgründen sollte (insbesondere beim Winkel) ein Digit ausreichen. Bild 1.86 zeigt die Simulationsschaltungen mit den Ergebnissen der Analyse *Dynamic-AC*.

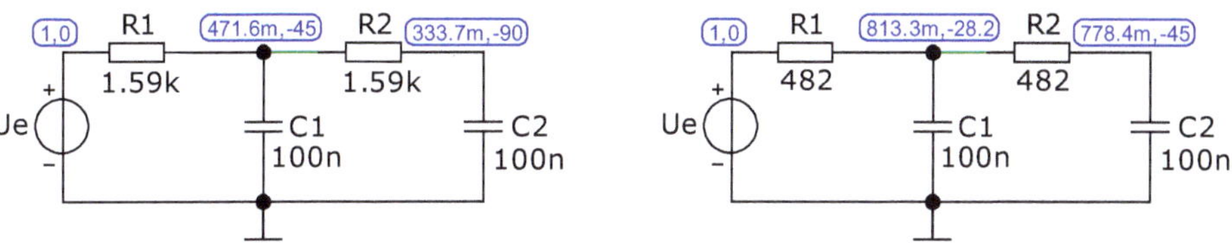

Bild 1.86 RC-Phasenkette für $\varphi_{xa} = -90°$ (links) und für $\varphi_{xb} = -45°$ (rechts)

Die Simulationsergebnisse stimmen gut mit der Berechnung überein.

Simulationsbeispiel 1.3: Netzwerk im Wechselstromkreis

Bestimmen Sie für das Netzwerk in Bild 1.87 den Strom $\underline{I}_3$ und die Spannung $\underline{U}_2$. Dieses Netzwerk wird in [6] - Abschnitt 9.6 und in [7] - Berechnungsbeispiel 9.21 bis 9.23 ausführlich berechnet. Dazu werden alle üblichen Verfahren zur Netzwerkberechnung eingesetzt.

Für die Simulation des Netzwerkes müssen die Beträge von $\underline{Z}_2$ und $\underline{Z}_3$ in die Werte C_2 und L_3 umgerechnet werden: C_2 = 530,5 nF und L_3 = 31,83 mH.

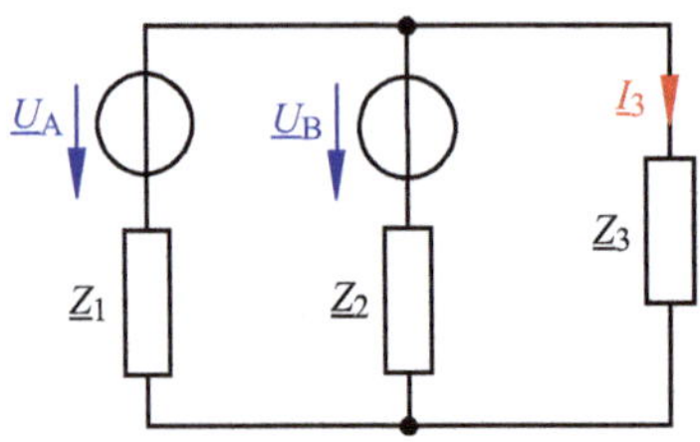

Geg. (Simulationsbeispiel 1.3):

$\underline{U}_A = 10\ \text{V} \cdot e^{j0}$

$\underline{U}_B = 10\ \text{V} \cdot e^{j90°}$

$f = 1\ \text{kHz}$

$\underline{Z}_1 = 100\ \Omega$

$\underline{Z}_2 = -j\,300\ \Omega$

$\underline{Z}_3 = 100\ \Omega + j\,200\ \Omega$

Bild 1.87 Allgemeines Wechselstrom-Netzwerk nach [6]

Bei Anwendung der Analyse *Dynamic-AC* erhalten wir die Komponenten der gesuchten komplexen Zeiger (Maximalwert, Nullphasenwinkel) für die in dieser Analyse angegebenen Frequenz (Freq. List). Wenn die Spannungen der Quellen in / Sin / (Amplitude) als Effektivwerte eingegeben werden, wird in der Analyse *Dynamic-AC* auch der Effektivwert der jeweiligen Größe angezeigt.

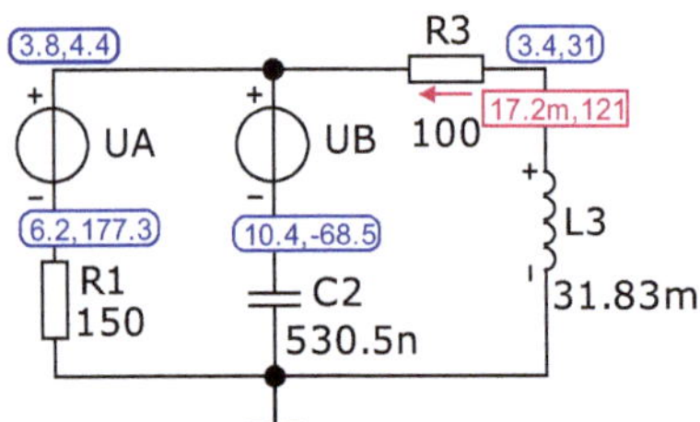

Ergebnisse:

$\underline{I}_3(\leftarrow) = 17{,}2\,\text{mA} \cdot e^{j121°}$

$\underline{I}_3(\rightarrow) = 17{,}2\,\text{mA} \cdot e^{-j59°}$

$\underline{U}_2(\downarrow) = 10{,}4\,\text{V} \cdot e^{-j68{,}5°}$

Bild 1.88 Simulationsergebnisse zum Netzwerk in Bild 1.87

Diese Ergebnisse wollen wir mit einer kurzen Rechnung überprüfen. Nach [6] - Gleich (9.39) und für das Bild 1.88 gilt:

$$\underline{I}_3 = \frac{\underline{U}_A \cdot \underline{Z}_2 + \underline{U}_B \cdot \underline{Z}_1}{\underline{Z}_1 \cdot \underline{Z}_2 + \underline{Z}_1 \cdot \underline{Z}_3 + \underline{Z}_2 \cdot \underline{Z}_3}$$

$$\underline{I}_3(\rightarrow) = \frac{10 \cdot (-j300) + j10 \cdot 150}{150 \cdot (-j300) + 150 \cdot (100 + j200) - j300 \cdot (100 + j200)}\,\text{A} = \frac{-j\,1{,}5}{75 - j45}\,\text{A}$$

$$\underline{I}_3(\rightarrow) = \frac{1{,}5 \cdot e^{-j\,90°}}{87{,}64 \cdot e^{-j\,31°}} A = 17{,}12\,A \cdot e^{-j\,59°}$$

Hierbei ist zu beachten, dass MicroCap in Dynamic-Analysen immer Richtungspfeile angibt. Dieser Pfeil gilt nur für eine Größe, die im Ergebnis einer Berechnung ein positives Vorzeichen besitzt. Bei einem negativen Vorzeichen wird von MicroCap der Pfeil gedreht oder bei AC der Winkel über 180° umgerechnet. Für manuelle Berechnungen ist diese Maßnahme nicht zu empfehlen!

Die gesuchte Spannung $\underline{U}_2$ kann man mit dem Maschensatz überprüfen (z. B. linke Masche im UZS):

$$-\underline{U}_1(\downarrow) - \underline{U}_A(\downarrow) + \underline{U}_B(\downarrow) + \underline{U}_2(\downarrow) = 0$$

$$\underline{U}_2 = \underline{U}_1 + \underline{U}_A - \underline{U}_B$$

$$\underline{U}_2(\downarrow) = 6{,}2\,V \cdot e^{j177{,}3°} + 10\,V \cdot e^{j0} - 10\,V \cdot e^{j90°} = 10{,}4\,V \cdot e^{-j68{,}5°}$$

Simulationsbeispiel 1.4: RC-Tiefpass mit Dämpfung

Simulieren Sie das Übertragungsverhalten eines RC-Tiefpasses gemäß Bild 1.89. Bestimmen Sie aus dem komplexen Frequenzgang den Amplituden- und den Phasenfrequenzgang sowie die Ortskurve.

Der komplexe Frequenzgang beschreibt die Abhängigkeit des Verhältnisses der komplexen Ausgangsgröße eines Übertragungssystems zur komplexen Eingangsgröße unter Verwendung der imaginären Frequenz $j\omega$ (vgl. [6] - Abschnitt 10.1 und [7] - Kapitel 10).

Allgemein gilt: $\underline{F}(j\omega) = \frac{\underline{U}_2(j\omega)}{\underline{U}_1(j\omega)}$

Das Übertragungsverhalten elektrischer Systeme wird häufig mit Frequenzgängen beschrieben. Zu ihrer Bestimmung dient der Betrag oder das Argument des komplexen Frequenzganges. Betrag und Winkel sind reell und hängen nur von ω ab.

- Der Betrag $|\underline{F}(j\omega)| = F(\omega) = A(\omega)$ beschreibt den Amplitudenfrequenzgang.
- Das Argument $\arg[\underline{F}(j\omega)] = \varphi(\omega)$ beschreibt den Phasenfrequenzgang.
- Der Zusammenhang $\mathrm{Im}\{\underline{F}(j\omega)\} = f\ [\mathrm{Re}\ \{\underline{F}(j\omega)\}]$ wird als Ortskurve [*Im* = *f* (*Re*)] dargestellt.

Bild 1.89 zeigt die Schaltung des Simulationsbeispiels 1.4 mit einer sinusförmigen Einspeisung.

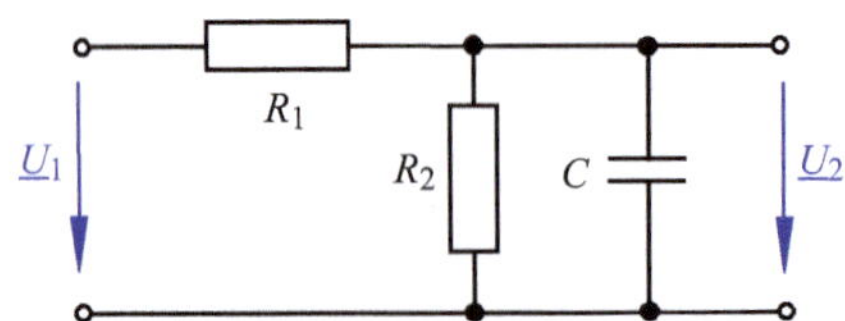

Geg.: $\hat{U}_1 = \hat{U}_e = 1$ V
$R_1 = 100\ \Omega$
$R_2 = 900\ \Omega$
$C = 1\ \mu$F

Bild 1.89 Schaltung zum Simulationsbeispiel 1.4

Der komplexe Frequenzgang dieses Tiefpasses wird wie folgt berechnet:

$$\underline{F}(\mathrm{j}\omega) = \frac{\underline{U}_2(\mathrm{j}\omega)}{\underline{U}_1(\mathrm{j}\omega)} = \frac{R_2 \,||\, \frac{1}{\mathrm{j}\omega C}}{R_1 + R_2 \,||\, \frac{1}{\mathrm{j}\omega C}} = \frac{R_2}{R_1 + R_2 + R_1 R_2 \cdot \mathrm{j}\omega C}$$

$$= \frac{R_2}{R_1 + R_2} \cdot \frac{1}{1 + \mathrm{j}\omega \cdot R_1 \,||\, R_2 \cdot C}$$

Mit der Vereinfachung $T_{12} = R_1 || R_2 \cdot C$ erhält man:

$$\underline{F}(\mathrm{j}\omega) = \frac{R_2}{R_1 + R_2} \cdot \frac{1}{1 + \mathrm{j}\omega T_{12}}$$

Daraus kann der Amplituden- und der Phasenfrequenzgang bestimmt werden:

$$A(\omega) = |\,\underline{F}(\mathrm{j}\omega)\,| = \frac{R_2}{R_1 + R_2} \cdot \frac{1}{\sqrt{1 + \omega^2 T_{12}^2}}$$

Grenzwerte: $A(0) = A_0 = \dfrac{R_2}{R_1 + R_2}$ und $A(\infty) = 0$

$$\varphi(\omega) = -\arctan \omega \cdot T_{12}$$

Grenzwerte: $\varphi(0) = 0°$ und $\varphi(\infty) = -90°$.

Zur Bestimmung der Ortskurve muss der komplexe Frequenzgang konjugiert komplex erweitert werden. Dadurch entsteht die kartesische Form:

$$\underline{F}(\mathrm{j}\omega) = \mathrm{Re}\{\underline{F}(\mathrm{j}\omega)\} + \mathrm{j}\,\mathrm{Im}\{\underline{F}(\mathrm{j}\omega)\}$$

$$\underline{F}(\mathrm{j}\omega) = A_0 \cdot \frac{1}{1 + \mathrm{j}\omega T_{12}} \cdot \frac{1 - \mathrm{j}\omega T_{12}}{1 - \mathrm{j}\omega T_{12}} = A_0 \cdot \frac{1 - \mathrm{j}\omega T_{12}}{1 + \omega^2 T_{12}^2} = A_0 \cdot \frac{1}{1 + \omega^2 T_{12}^2} - \mathrm{j}\,A_0 \cdot \frac{\mathrm{j}\omega T_{12}}{1 + \omega^2 T_{12}^2}$$

Bild 1.90 zeigt die zur Simulation verwendete Schaltung. Der AC-Sweep wird für einen Frequenzbereich von 100 Hz bis 100 kHz eingestellt.

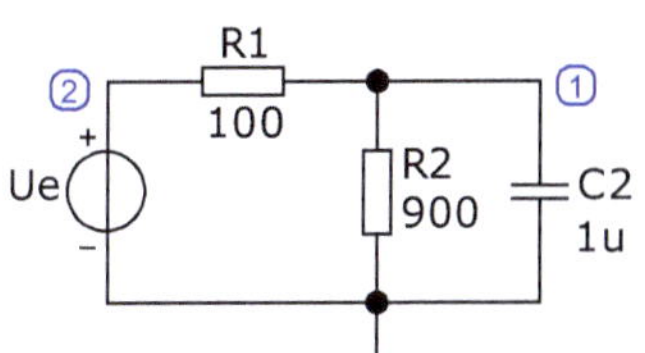

Grunddämpfung:

$\underline{U}_2 / \underline{U}_1 \ (f = 0) = A_0 = 0{,}9$

Grenzfrequenz (nach [7] – BB_10.4):

$$f_g = \frac{1}{A_0} \cdot \frac{1}{2\pi \cdot C \cdot R_1} = 1768\,\text{Hz}$$

Bild 1.90 Simulationsschaltung zum gedämpften RC-Tiefpass

In Bild 1.91 ist das Simulationsergebnis für den Amplitudenfrequenzgang dargestellt. Es liegt ein Tiefpassverhalten mit einer Grunddämpfung von 10 % vor. Das bedeutet, dass der Vierpol nur 90 % der Eingangsspannung an den Ausgang übertragen kann. Die Dämpfung ergibt sich aus dem Teiler $R_2 / (R_1 + R_2)$ bei $f = 0$.

Für dic Skalierung der Ordinatenachse gilt $\hat{U}_2 / \hat{U}_1 = \hat{U}_2 / 1\text{V} = \{\hat{U}_2\}$:

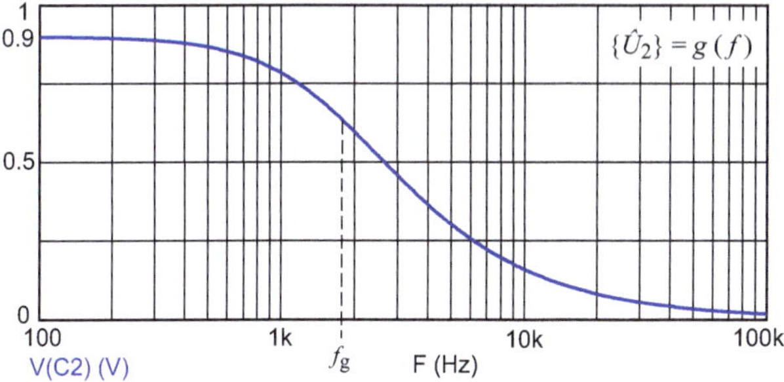

Bild 1.91 Amplitudenfrequenzgang zum Simulationsbeispiel 1.4

Die Grenzfrequenz liegt bei $f_g \approx 1770$ Hz. Dann gilt für die Amplitude der Ausgangsspannung: $\hat{U}_2 = A_0 \cdot 0{,}707 \cdot \hat{U}_1 = 0{,}9 \cdot 0{,}707 \cdot 1\,\text{V} = 0{,}636\,\text{V}$

Der Phasenfrequenzgang in Bild 1.92 durchläuft infolge des kapazitiven Verhaltens am Ausgang des Vierpols negative Winkel. Es gilt: $0° \le \varphi_u(\underline{U}_2) \le -90°$. An der Grenzfrequenz f_g wird ein Winkel von $\varphi_u(\underline{U}_2) = -45°$ erreicht.

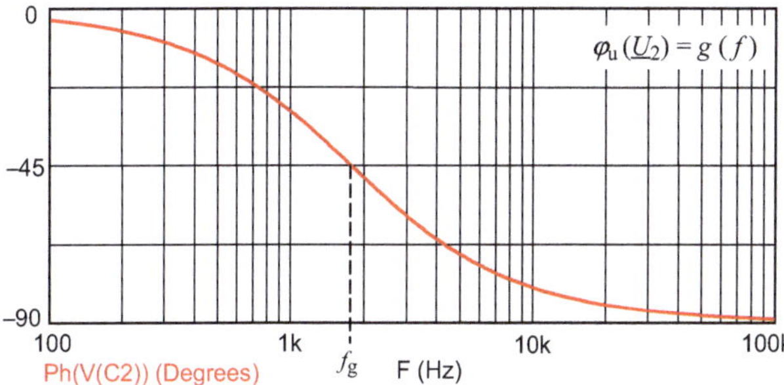

Bild 1.92 Phasenfrequenzgang des Tiefpasses im Simulationsbeispiel 1.4

In der Ortskurve werden die Informationen über den Imaginärteil und den Realteil zu einer resultierenden grafischen Darstellung $Im = f\ (Re)$ über $0 < f < \infty$ zusammengefasst. Die Ortskurve beginnt bei $f = 0$ mit $Re = 0{,}9$ und $Im = 0$. In dieser Darstellung ist die Frequenz als Parameter wirksam (siehe Verlaufspfeil in Bild 1.93). Jeder Pixel dieser Kurve repräsentiert somit die Position der resultierenden Zeigerspitze (bei $f = f_{var}$) in einem entsprechenden Zeigerbild.

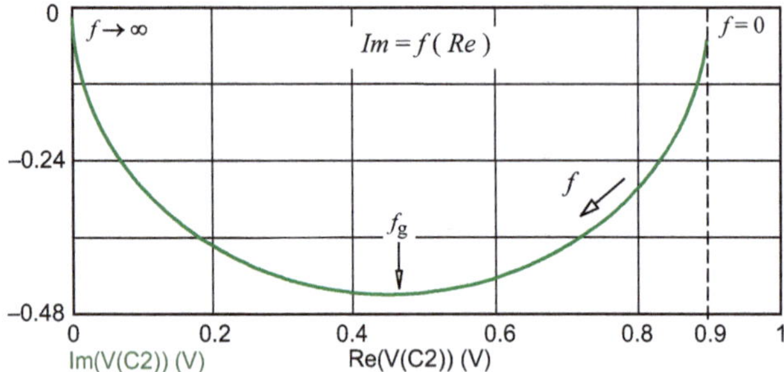

Bild 1.93 Verlauf der Ortskurve

Bild 1.94 soll die Komponenten der Ortskurve erklären. Diese beiden Funktionen *Re* und *Im* bilden in einer gemeinsamen Darstellung die resultierende Ortskurve als Funktion der Frequenz ab.

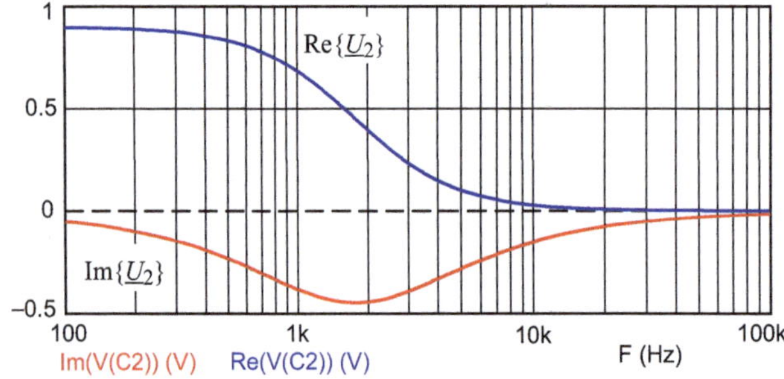

Bild 1.94 Real- und Imaginärteil

Der Imaginärteil durchläuft negative Werte und weist an der Grenzfrequenz ein negatives Maximum auf. Bei dieser Grenzfrequenz sind die Beträge von Realteil und Imaginärteil gleich. Infolge der Grunddämpfung von $A_0 = 0{,}9$ gilt im vorliegenden Fall: $Re = |\ Im\ | = 0{,}45$.

Simulationsbeispiel 1.5 Leistung im Wechselstromkreis

Weisen Sie mit einer geeigneten Simulation nach, dass die Zeitfunktion der Leistung mit der doppelten Frequenz der eingespeisten Quellengröße schwingt. Bestimmen Sie die Wirkleistung eines ohmschen Verbrauchers (R) und die komplexe Leistung eines induktiven Verbrauchers ($R + \mathrm{j}\omega L$).

Für die Darstellung der Zeitfunktion der Wirkleistung benötigt man lediglich eine Sinusquelle / Sin / (z.B.: $\hat{U}_q$ = 325 V mit f = 50 Hz) und einen dazu in Reihe geschalteten Widerstand mit z.B. R = 150 Ω. Bild 1.95 zeigt die Schaltung, auf die eine Analyse *Transient* (t_{max} = 40 ms) angewendet wird.

Das Fenster *Transient Analysis* wurde auf drei getrennte Darstellungen eingestellt. Damit ist ein direkter Vergleich der drei Zeitfunktionen möglich. Die Zeitfunktion der Leistung (Bild 1.95 - unten) schwingt mit der doppelten Frequenz um einen Mittelwert, der die Wirkleistung P repräsentiert. Für den Maximalwert der Leistungsfunktion kann man einen Wert von ca. 700 W ablesen.

$$\hat{P} = \hat{U} \cdot \hat{I} = 325\,\mathrm{V} \cdot 2{,}1\overline{6}\,\mathrm{A} = 704{,}2\,\mathrm{W}$$

$$P_{\mathrm{eff}} \approx 230\,\mathrm{V} \cdot 1{,}53\,\mathrm{A} \approx 352\,\mathrm{W}$$

Die doppelte Frequenz entsteht durch die Multiplikation der beiden Zeitfunktionen u_R und i_R.

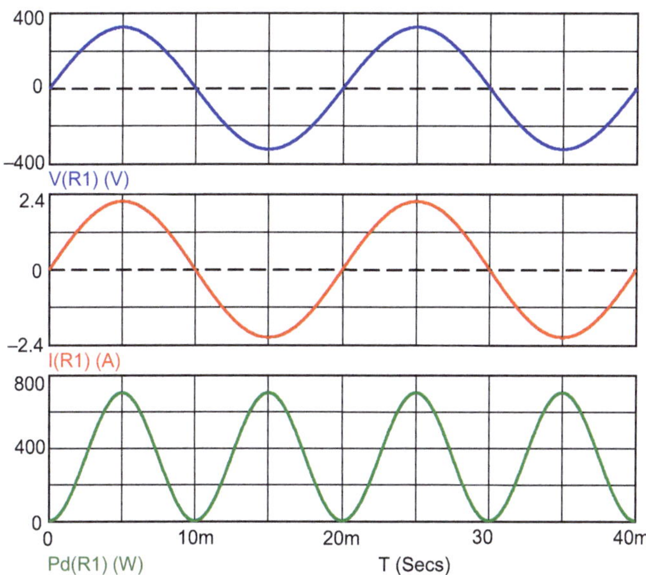

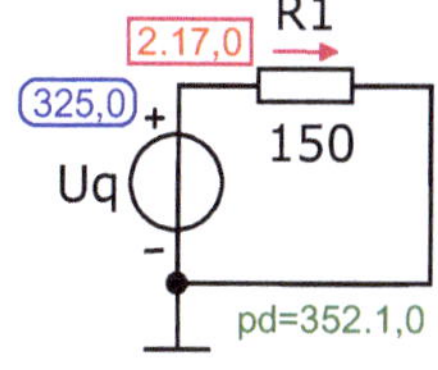

Bild 1.95 Zeitfunktion der Leistung

Für die Simulation der Leistung ist die Analyse *Dynamic-AC* gut geeignet. In Bild 1.95 (rechts) ist das Ergebnis für die Wirkleistung dargestellt. Wir stellen fest, dass für die Spannung und den Strom der Maximalwert angezeigt wird. Für die Leistungsangabe (pd) wird aber der Effektivwert verwendet.

Für die Simulation der komplexen Leistung wählen wir eine Induktivität von L = 1 H. Der ohmsche Widerstand soll seinen Wert beibehalten. Es kommt die Analyse *Dynamic-AC* zum Einsatz. Bild 1.96 zeigt die Simulationsschaltung, die mit einem AC-Sweep (feste Frequenz: 50 Hz) arbeitet. Die Marker zeigen die Potentiale der Knoten (Maximalwerte) und den Maximalwert des Stromes an. Im unteren Bereich finden wir die Leistungsangaben Pd (Power dissipated) und Ps (Power stored). Dabei handelt es sich um die Effektivwerte von P (pd) und von Q_L (ps) im Ergebnis der Analyse *Dynamic-AC*.

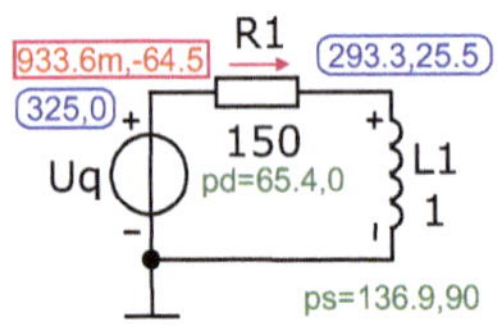

Ergebnisse:

$\hat{\underline{I}}_R(\rightarrow) = \hat{\underline{I}} = 933{,}6\,\text{mA} \cdot e^{-j64{,}5°}$

$\hat{\underline{U}}_L(\downarrow) = 293{,}3\,\text{V} \cdot e^{j25{,}5°}$

$\underline{S} = P + jQ = 65{,}4\,\text{W} + j136{,}9\,\text{var}$

Bild 1.96 Simulation der komplexen Leistung eines induktiven Verbrauchers $\underline{Z}_a = R + j\omega L$

Nun werden aus den Maximalwertzeigern die Effektivwertzeiger (in der Exponentialform) berechnet:

$$\underline{I}_{\text{eff}} = \underline{I} = \frac{\hat{\underline{I}}}{\sqrt{2}} = \frac{933{,}6\,\text{mA}}{\sqrt{2}} \cdot e^{-j64{,}5°} = 660{,}2\,\text{mA} \cdot e^{-j64{,}5°}$$

$$\underline{U}_{\text{R,eff}} = \underline{U}_\text{R} = \frac{\hat{\underline{I}} \cdot R}{\sqrt{2}} = 99\,\text{V} \cdot e^{-j64{,}5°}$$

$$\underline{U}_{\text{L,eff}} = \underline{U}_\text{L} = \frac{\hat{\underline{U}}_\text{L}}{\sqrt{2}} = \frac{293{,}3\,\text{V}}{\sqrt{2}} \cdot e^{+j25{,}5°} = 207{,}4\,\text{V} \cdot e^{+j25{,}5°}$$

Damit wird der Effektivwert der komplexen Leistung $\underline{S} = \underline{U}_q\,\underline{I}^*$ berechnet:

$$\underline{S} = 230\,\text{V} \cdot e^{j0} \cdot 660{,}2\,\text{mA} \cdot e^{+j64{,}5°} = 151{,}85\,\text{V} \cdot \text{A} \cdot e^{+j64{,}5°} = 65{,}37\,\text{W} + j137{,}05\,\text{var}$$

Den Gesamtstrom kann man in einen Wirkanteil und in einen Blindanteil (kartesische Form) zerlegen:

$$\underline{I} = 659{,}7\,\text{mA} \cdot e^{-j64{,}5°} = 284\,\text{mA} - j595\,\text{mA} \quad \Rightarrow \quad \cos\varphi = \frac{\text{Re}\{\underline{I}\}}{|\underline{I}|} = \frac{284\,\text{mA}}{660\,\text{mA}} = 0{,}43$$

Durch eine Reduzierung des Blindanteils wird der Betrag des Gesamtstromes kleiner. Der Betrag des Winkels nähert sich dann dem Wert null an. Somit erhöht sich der Leistungsfaktor. Diese Maßnahme der Blindstromkompensation (vgl. Blindleistungskompensation in [6] - Abschnitt 11.4) soll noch mit einer zusätzlichen Simulation demonstriert werden (vgl. auch [7] - BB_11.2 - Gleich. (11.18)). Für den Kompensationskondensator wird ein Wert von $C_K = 7\ \mu F$ gewählt.

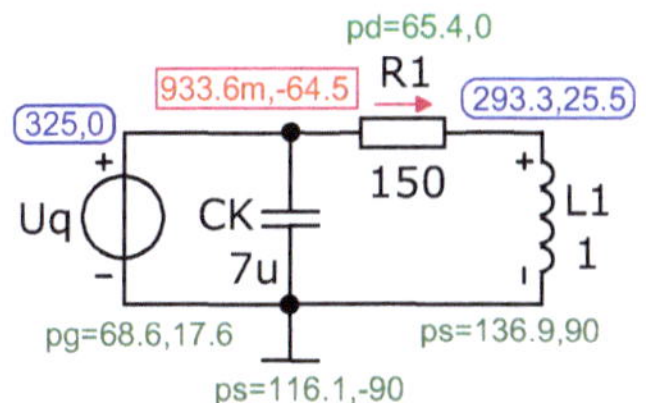

Ergebnisse:

$\underline{S}_K = 68{,}6\,\mathrm{V}\cdot\mathrm{A}\cdot e^{j17{,}6°}$

$\underline{S}_K = P + jQ_K = 65{,}4\,\mathrm{W} + j20{,}8\,\mathrm{var}$

$\cos\varphi_K = \dfrac{65{,}4\,\mathrm{W}}{68{,}6\,\mathrm{VA}} = 0{,}953$

Bild 1.97 Simulation der Blindstromkompensation eines induktiven Verbrauchers mit C_K

Der Strom durch den induktiven Verbraucher und die Wirkleistung ändern sich nicht. Der Blindanteil des Gesamtstromes wird deutlich reduziert. Die Blindleistung wird von $Q_L \approx 137$ var auf einen Wert nach der Kompensation von $Q_K \approx 21$ var abgesenkt. Damit steigt der Leistungsfaktor erkennbar an.

Simulationsbeispiel 1.6: Leistungsanpassung im Wechselstromkreis

Eine reale Wechselspannungsquelle mit einem nicht vernachlässigbaren ohmschen Innenwiderstand R_i und einer Quellenspannung $\underline{U}_q$ wird mit einem komplexen Widerstand $\underline{Z}_{a1} = R_{a1} + jX_a$ belastet. Der Betrag des Blindwiderstandes X_a ist konstant. Bestimmen Sie den erforderlichen Wirkwiderstand $R_a = f\ (R_i;\ X_a)$ für einen maximalen Wirkleistungsumsatz $P_{a,max}$ im Lastwiderstand R_a.

Simulieren Sie den Leistungsverlauf $P_a = f\,(R_a)$ mit X_a als Parameter.

Zunächst wird allgemein die Wirkleistung berechnet. Durch Setzen der ersten Ableitung dP_a / dR_a auf den Wert null (Maximum) kann der gesuchte Wirkwiderstand R_a (für $P_{a,max}$) bestimmt werden.

$$P_a = I^2 \cdot R_a = \frac{U_q^2 \cdot R_a}{(R_i + R_a)^2 + X_a^2}$$

$$\frac{dP_a}{dR_a} = \frac{U_q^2 \cdot [(R_i + R_a)^2 + X_a^2] - U_q^2 \cdot R_a \cdot 2 \cdot (R_i + R_a)}{Nenner^2} = 0$$

$$U_q^2 \cdot [(R_i + R_a)^2 + X_a^2] = U_q^2 \cdot R_a \cdot 2 \cdot (R_i + R_a)$$

$$R_i^2 + 2 \cdot R_a \cdot R_i + R_a{}^2 + X_a^2 = 2 \cdot R_a \cdot R_i + 2 \cdot R_a^2 \quad \Rightarrow \quad R_a = \sqrt{R_i^2 + X_a^2}$$

Nach dieser Herleitung liegt das Maximum der Wirkleistung nicht mehr bei $R_a = R_i$ (vgl. Bild 1.13). Zur Simulation dieses Sachverhaltes kann die Analyse *Dynamic-AC* verwendet werden. Als Quelle wird die Wechselspannungsquelle / Sin / eingesetzt. Die Einspeisung erfolgt mit einem Maximalwert $\hat{U}_q = 141$ V bei $f = 50$ Hz (Effektivwert = 100 V). Der Innenwiderstand soll einen Wert $R_i = 50\ \Omega$ haben. Der Blindwiderstand sei kapazitiv und liegt in der Größenordnung: $R_i \leq |X_a| \leq 2 \cdot R_i$. Das entspricht einem Kapazitätsbereich von $30\ \mu F \leq C_a \leq 60\ \mu F$.

Zur Simulation der Aufgabenstellung werden drei verschiedene Blindwiderstände mit folgenden Werten eingesetzt: $|X_{a0}| = 0$ ($C_{a0} \rightarrow \infty$), $|X_{a1}| \approx 53\ \Omega$ ($C_{a1} = 60\ \mu F$) und $|X_{a2}| \approx 106\ \Omega$ ($C_{a2} = 30\ \mu F$). Der Kapazitätswert C_a wird bei jeder Simulation neu gesetzt. Die Kapazität C_{a0} muss durch einen Kurzschluss nachgebildet werden.

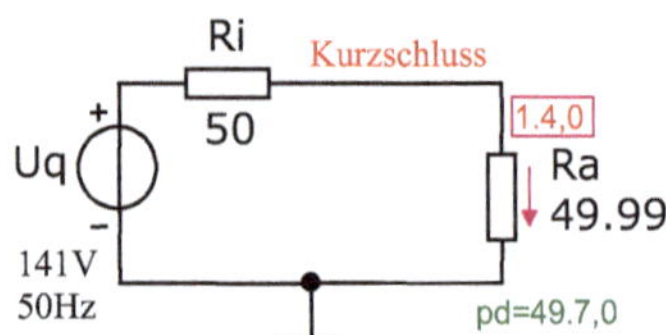

Ergebnisse:

$\hat{\underline{I}}_a = \hat{I} = 1{,}4\,\text{A} \cdot e^{j0}$

$R_{a0} = 50\,\Omega$

$P_{a0} = 49{,}7\,\text{W}$

Bild 1.98 Simulationsergebnis für C_{a0}

Bild 1.98 zeigt das Analyseergebnis für $\underline{Z}_a = R_a$ (mit $X_a = 0$). Für die Wirkleistung $P_{a,\text{eff}}$ gilt:

$$P_a = U_{a,\text{eff}} \cdot I_{a,\text{eff}} = \frac{\hat{U}_a}{\sqrt{2}} \cdot \frac{\hat{I}_a}{\sqrt{2}} = \frac{\hat{U}_a \cdot \hat{I}_a}{2}$$

Das Maximum der Wirkleistung liegt hier bei $R_a = R_i = 50\ \Omega$.

Dieses Ergebnis erhält man durch die Kombination der Analyse *Dynamic-AC* mit einer zusätzlichen Analyse *Optimize*, die einen definierten Wert sucht und zur Anzeige bringt. Das Fenster *Dynamic-AC Optimize* wird über das Menü *Dynamic-AC* geöffnet. Dort werden folgende Einstellungen vorgenommen:

Find: Parameter=Ra Bereich: Low=20 High=200

Damit wird der Widerstand R_a im Bereich $20\ \Omega \leq R_a \leq 200\ \Omega$ so optimiert, dass die unter „That“ festgelegte Eigenschaft erfüllt ist.

That: Maximizes Expression=pd(Ra) → > Optimize <

Nun wird das Maximum von P_a im vorgegebenen Bereich gesucht. Das Ergebnis findet man in der Zeile Ra und in der Zeile pd(Ra) unter ‚Optimized‘. Eine eventuelle Fehlermeldung (… for Equates) kann ignoriert werden. Wir suchen ja das Maximum von P_a. Das gefundene Ergebnis kann mit der Schaltfläche > Apply < auch in der Schaltung zur Anzeige gebracht werden. Die Genauigkeit wird mit

> Format < unter ‚Digits' eingestellt. Bild 1.99 zeigt das Analyseergebnis bei einer komplexen Last mit $\underline{Z}_{a1} = R_{a1} + \mathrm{j}X_{a1}$ (C_{a1} = 60 µF).

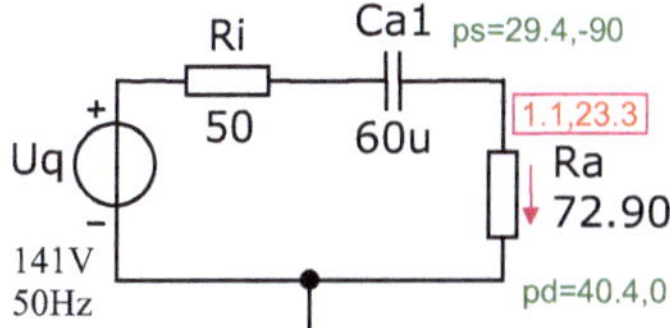

Ergebnisse:

$\hat{\underline{I}}_a = 1{,}1\,\mathrm{A} \cdot e^{\mathrm{j}23{,}3°}$

$R_{a1} = 72{,}9\,\Omega$

$P_{a1} = 40{,}4\,\mathrm{W}$

Bild 1.99 Simulationsergebnis für C_{a1}

Das Maximum der Wirkleistung liegt nicht mehr bei $R_a = R_i$. Gemäß der oben dargestellten Herleitung gilt:

$$R_{a1} = \sqrt{R_i^2 + X_{a1}^2} = \sqrt{50^2 + 106^2}\ \Omega \approx 72{,}9\ \Omega$$

Bild 1.100 zeigt das Analyseergebnis bei einer komplexen Last mit $\underline{Z}_{a2} = R_{a2} + \mathrm{j}X_{a2}$ (C_{a2} = 30 µF). Auch hier liegt das Maximum nicht mehr bei $R_a = R_i$.

$$R_{a2} = \sqrt{R_i^2 + X_{a2}^2} = \sqrt{50^2 + 106^2}\ \Omega \approx 117{,}2\ \Omega$$

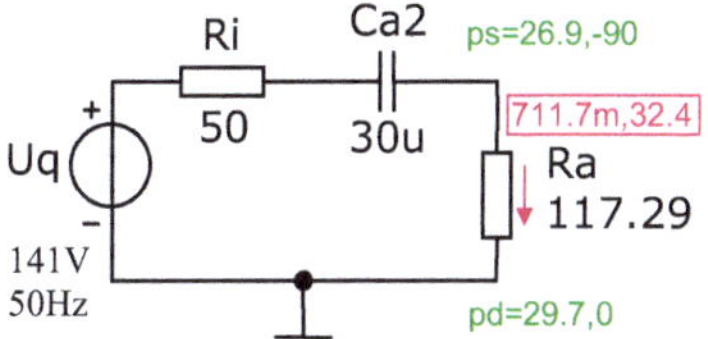

Ergebnisse:

$\hat{\underline{I}}_a \approx 0{,}712\,\mathrm{A} \cdot e^{\mathrm{j}32{,}4°}$

$R_{a2} = 117{,}3\,\Omega$

$P_{a2} = 29{,}7\,\mathrm{W}$

Bild 1.100 Simulationsergebnis für C_{a2}

Nun wäre es ja wünschenswert, die drei Ergebnisse in einem gemeinsamen Diagramm darzustellen. Dann erkennt man die Ausbildung der unterschiedlichen Maxima längs der *x*-Achse besser.

Dazu benötigen wir die Funktion $P_a = f\,(R_a)$ mit X_a als Parameter. Die einfachste Lösung ist die Verwendung der Analyse *DC*, obwohl wir eine Schaltung im Wechselstromkreis betrachten. Da wir nur die Beträge benötigen, entfällt die komplexe Berechnung. Diese Beträge müssen wir aber berechnen und in die jeweilige Y-Expression-Zeile eintragen. Ausgangspunkt ist der komplexe Widerstand $\underline{Z}_{ges}$:

$$\underline{Z}_{ges} = R_i + R_a + \mathrm{j}X_a$$

$$|\,\underline{Z}_{ges}\,| = \sqrt{(R_i + R_a)^2 + X_a^2}$$

Das Statement {.DEFINE_Variable_Berechnung} kann Expression-Ausdrücke vereinfachen. Damit wird der Variablen ein Wert/eine Berechnung zugewiesen. Der Unterstrich steht für ein Leerzeichen. Da wir drei verschiedene kapazitive Blindwiderstände verwenden wollen, werden drei Anweisungen verwendet (Bild 1.101). Bekannte Zahlenwerte kann man direkt eintragen.

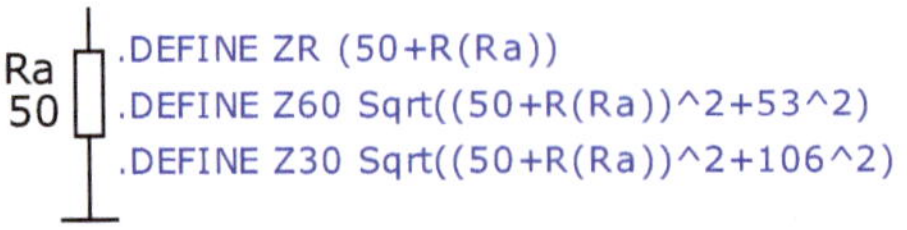

Ra 50

```
.DEFINE ZR (50+R(Ra))
.DEFINE Z60 Sqrt((50+R(Ra))^2+53^2)
.DEFINE Z30 Sqrt((50+R(Ra))^2+106^2)
```

Z für $P_{a,max}$:

$Z_{a0} = Z_R = 100\,\Omega$

$Z_{a1} = Z_{60} = 133{,}8\,\Omega$

$Z_{a2} = Z_{30} = 198{,}1\,\Omega$

Bild 1.101 DC-Analyse zur Bestimmung der Funktionsverläufe im Simulationsbeispiel 1.6

Für die Variable Ra (180,20,0.1) wird ein linearer DC-Sweep eingesetzt. Die Parameterdarstellung entsteht dann durch die Abarbeitung von drei Y-Expression-Zeilen in einem gemeinsamen Diagramm.

Jetzt ist ein Vergleich der Lage der Maxima in Kombination mit den Werten der Maxima möglich. Da wir als Quellenspannung eine Gleichspannung mit U_q = 100 V (entspricht $U_{q,eff}$ = 100 V) verwendet haben, entfällt das Arbeiten mit Maximalwerten. Wir erhalten den Effektivwert der Wirkleistung:

$$P_a = R_a \cdot I^2 = R_{var} \cdot \left(\frac{U_{q,eff}}{Z_{ges}} \right)^2$$

Mit Zunahme des Betrages von X_a (0 / 53 Ω / 106 Ω) verschiebt sich das Maximum der Wirkleistung in Richtung größerer Wirkwiderstände R_a. Die Leistungskurve $P_a = f(R_a)$ wird flacher, da der Gesamtstrom kleinere Beträge annimmt.

Bild 1.102 zeigt das Ergebnis dieser Simulation.

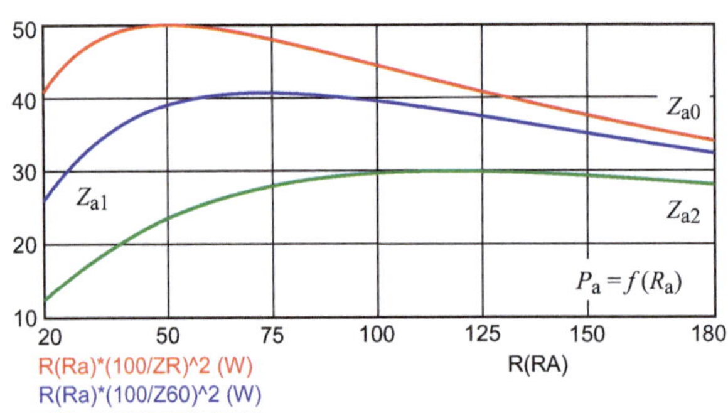

Wirkleistungen ($P_a = f(R_a)$):

$$P_{a0} = R_{var} \cdot \left(\frac{U_{q,eff}}{Z_R} \right)^2 \approx 50\,\text{W}$$

$$P_{a1} = R_{var} \cdot \left(\frac{U_{q,eff}}{Z_{60}} \right)^2 \approx 41\,\text{W}$$

$$P_{a2} = R_{var} \cdot \left(\frac{U_{q,eff}}{Z_{30}} \right)^2 \approx 30\,\text{W}$$

Bild 1.102 Leistungsverlauf bei Variation des Lastwiderstandes (Parameter: X_a)

Die Intensität des Leistungsmaximums nimmt demzufolge mit steigendem X_a ab. Bei einem Kapazitätswert von z. B. 10 µF ($X_{a3} \approx 318\ \Omega$) ergibt sich ein Leistungsmaximum von $P_{a3} \approx 13{,}4$ W bei einem Wirkwiderstand von $R_{a3} \approx 322\ \Omega$. In einer gemeinsamen Darstellung (wie in Bild 1.102) könnte sich ein Maximum mit diesem kleinen Betrag nicht mehr erkennbar ausbilden.

Simulationsbeispiel 1.7: Dreiphasensystem

Gegeben ist ein symmetrischer Drehstromgenerator, der mit einer unsymmetrischen Verbraucher-Dreieckschaltung belastet wird. Simulieren Sie die in dieser Schaltung fließenden Ströme und bestimmen Sie die komplexen Leiterströme und die komplexen Verbraucher-Strangströme (Effektivwertzeiger).

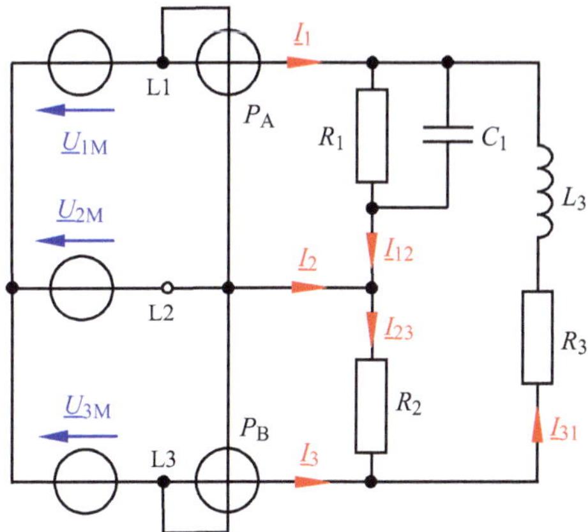

Bild 1.103 Dreiphasensystem zum Simulationsbeispiel 1.7

a) Berechnen Sie mit diesen Strömen die Wirkleistungen, die eine Aron-Schaltung anzeigen würde.

b) Ermitteln Sie die komplexen Leistungen der drei Verbraucherstränge.

c) Welche komplexen Leistungen bringen die drei Generatorstränge auf?

d) Führen Sie mit den Ergebnissen von b) und von c) eine Probe für a) durch!

Geg.: $U_S = 230$ V ($f = 50$ Hz), alle $R = 200\ \Omega$, alle $X = 200\ \Omega$

Verwendete Werte zur Simulation: $\hat{U}_S = 325$ V; $C_1 = 15{,}92$ µF und $L_3 = 636{,}6$ mH.

Bild 1.104 zeigt das Simulationsergebnis für alle Ströme (2 Digits) über die Analyse *Dynamic-AC*. Für die Anzeige der Leiterströme wurden drei Ersatz-Innenwiderstände mit $R_i = 1$ mΩ eingefügt.

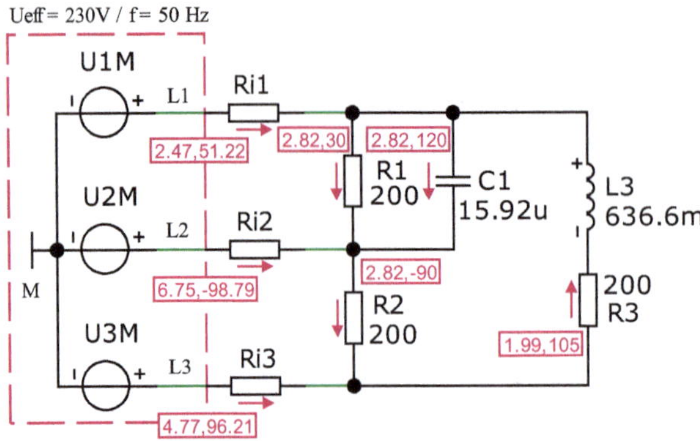

Bild 1.104 Ströme im Simulationsbeispiel 1.7

Wir bestimmen zunächst die Effektivwerte der drei Leiterströme aus den von MicroCap angezeigten Maximalwerten.

$$I_1 = \frac{\hat{I}_1}{\sqrt{2}} = \frac{2{,}47\ \text{A}}{\sqrt{2}} = 1{,}75\ \text{A}$$

$$I_2 = \frac{\hat{I}_2}{\sqrt{2}} = \frac{6{,}75\ \text{A}}{\sqrt{2}} = 4{,}77\ \text{A}$$

$$I_3 = \frac{\hat{I}_3}{\sqrt{2}} = \frac{4{,}77\ \text{A}}{\sqrt{2}} = 3{,}37\ \text{A}$$

a) Für die Berechnung der Leistungen über die Aron-Schaltung gilt nach [6] - Abschnitt 12.4:

$$P_\text{A} = U_{12} \cdot I_1 \cdot \cos\angle(\underline{U}_{12};\underline{I}_1) = 398{,}4\,\text{V} \cdot 1{,}75\,\text{A} \cdot \cos(30° - 51{,}2°) = 650{,}0\,\text{W}$$

$$P_\text{B} = U_{32} \cdot I_3 \cdot \cos\angle(\underline{U}_{32};\underline{I}_3) = 398{,}4\,\text{V} \cdot 3{,}37\,\text{A} \cdot \cos(90° - 96{,}3°) = 1334{,}5\,\text{W}$$

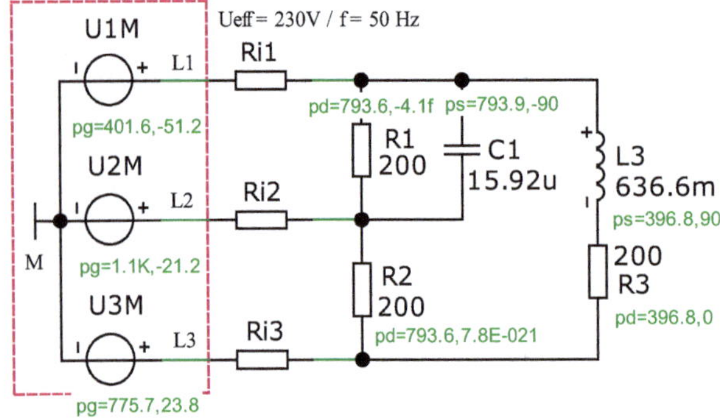

Bild 1.105 Leistungen im Simulationsbeispiel 1.7

Die beiden Einzelwerte P_A und P_B können wir im Ergebnis einer Simulation (Bild 1.105) nicht direkt zur Anzeige bringen. Die Summe dieser Leistungen muss aber gleich der Summe der Wirkleistungen der Verbraucher sein. Dann erhalten wir: $\Sigma P_{(Aron)} = 1984{,}2\ W$ und: $\Sigma P_{(pd)} = 1984{,}5\ W$.

b) Für die komplexen Leistungen der drei Verbraucherstränge werden die Verbraucher-Strangströme benötigt. Die Effektivwerte ermitteln wir aus Bild 1.104. Der Strom $\underline{I}_{12}$ wird über den Knotenpunktsatz berechnet.

$$I_{12} = \frac{\hat{I}_{12}}{\sqrt{2}} = \frac{3{,}99\ A}{\sqrt{2}} = 2{,}82\ A$$

$$I_{23} = \frac{\hat{I}_{23}}{\sqrt{2}} = \frac{2{,}82\ A}{\sqrt{2}} = 1{,}99\ A$$

$$I_{31} = \frac{\hat{I}_{31}}{\sqrt{2}} = \frac{1{,}99\ A}{\sqrt{2}} = 1{,}41\ A$$

Für die komplexen Leistungen der Verbraucherstränge gilt nach [6] - Gleich. (12.25) bis (12.27):

$$\underline{S}_{12} = 398{,}4\,V \cdot e^{j30°} \cdot 2{,}82\,A \cdot e^{-j75°} = 1123{,}5\,V \cdot A \cdot e^{-j45°} = 794{,}4\,W - j\ 794{,}4\,var$$

$$\underline{S}_{23} = \underline{U}_{23} \cdot \underline{I}_{23}^{*} = 398{,}4\,V \cdot e^{-j90°} \cdot 1{,}99\,A \cdot e^{j90°} = 792{,}8\,V \cdot A \cdot e^{j0°} = 792{,}8\,W$$

$$\underline{S}_{31} = 398{,}4\,V \cdot e^{j50°} \cdot 1{,}41\,A \cdot e^{-j105°} = 561{,}7\,V \cdot A \cdot e^{j45°} = 397{,}2\,W - j\ 397{,}2\,var$$

c) Für die komplexen Leistungen der Generatorstränge gilt nach [6] - Gleich. (12.22) bis (12.24):

$$\underline{S}_{1M} = 230\,V \cdot e^{j0°} \cdot 1{,}75\,A \cdot e^{-j51{,}2°} = 402{,}5\,V \cdot A \cdot e^{-j51{,}2°} = 252{,}2\,W - j\ 313{,}7\,var$$

$$\underline{S}_{2M} = 230\,V \cdot e^{-j120°} \cdot 4{,}77\,A \cdot e^{j98{,}8°} = 1097{,}1\,V \cdot A \cdot e^{-j21{,}2°} = 1022{,}9\,W - j\ 396{,}7\,var$$

$$\underline{S}_{3M} = 230\,V \cdot e^{j120°} \cdot 3{,}37\,A \cdot e^{-j96{,}3°} = 775{,}1\,V \cdot A \cdot e^{j23{,}7°} = 709{,}7\,W - j\ 311{,}5\,var$$

d) Probe über die Wirkleistungen aus den Teilaufgaben a) bis c):

Probe a) $P_{ges} = P_A + P_B = 650\,W + 1334{,}5\,W = 1984{,}2\,W$

Probe b) $P_{ges} = P_{12} + P_{23} + P_{31} = 794{,}4\,W + 792{,}8\,W + 397{,}2\,W = 1984{,}4\,W$

Probe c) $P_{ges} = P_{1M} + P_{2M} + P_{3M} = 252{,}2\,W + 1022{,}9\,W + 709{,}7\,W = 1984{,}8\,W$

Die Summe der Wirkleistungen ist allen drei Fällen gleich groß: $P_{ges} \approx 1984\ W$.

Die geringen Abweichungen entstehen durch Rundungen (insbesondere bei den Nullphasenwinkeln). Die Simulation der Leistungen (Bild 1.105) bestätigt diese Ergebnisse: $P_{ges} = \Sigma P_{(pd)} = 1984{,}5\ W$.

Nun wollen wir die Ströme noch als Zeitfunktionen (Analyse *Transient*) darstellen. Die Bild 1.106 und Bild 1.107 zeigen den Verlauf der Verbraucher-Strangströme und der Leiterströme.

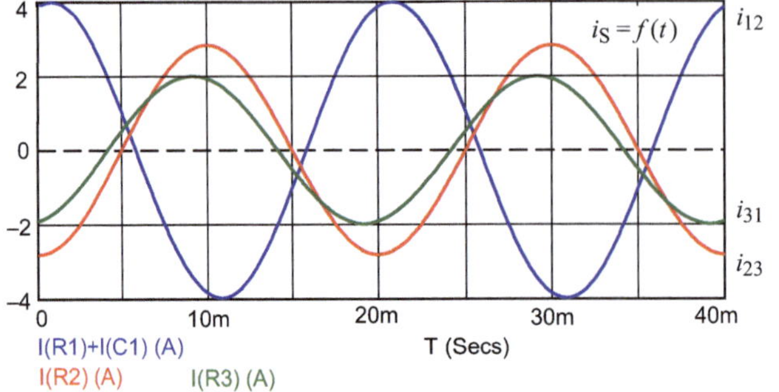

Bild 1.106
Zeitfunktionen der Verbraucher-Strangströme

Bild 1.107 zeigt, dass MicroCap die Ströme der Quellen im Verbraucher-Zählpfeilsystem darstellt. Um mit der Analyse *Transient* eine Anzeige der Ströme im Quellen-Zählpfeilsystem zu erhalten, müsste in der jeweiligen Y-Expression-Zeile [I(UxM)] ein negatives Vorzeichen angegeben werden.

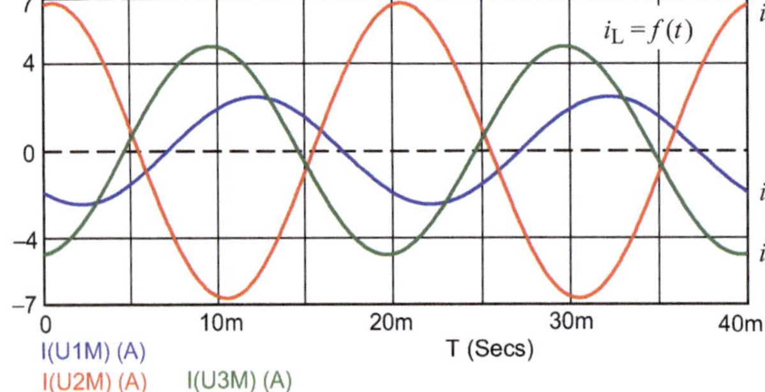

Bild 1.107
Zeitfunktionen der Leiterströme (V-ZPS)

Eine Anzeige der Ströme im Quellen-Zählpfeilsystem gelingt natürlich auch, wenn die Leiterströme direkt über die Ströme durch die Ersatz-Innenwiderstände aufgerufen werden (Bild 1.108).

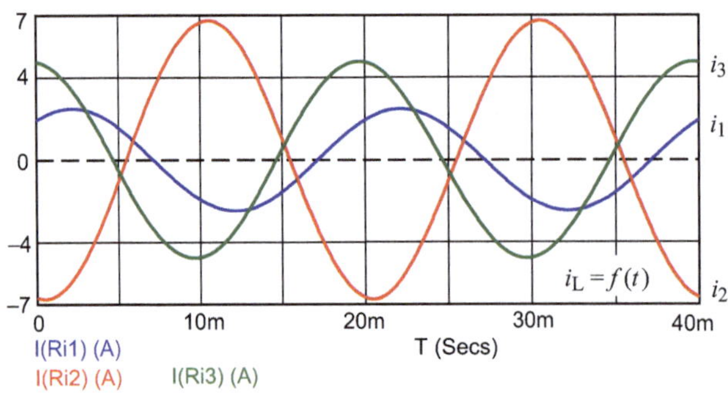

Bild 1.108
Zeitfunktionen der Leiterströme (Q-ZPS)

Simulationsbeispiel 1.8: Umschalten vorgeladener Kondensatoren

Diskutieren Sie den Einfluss ausgewählter Parameter auf das Einschwingverhalten einer RC-Kombination. Die Funktionsverläufe des Lehrbeispiels 1.9 zeigen, dass sich eine RC-Kombination erst einschwingen muss. Von welchen Parametern wird die Einschwingzeit bestimmt? Auf welchen mittleren Wert schwingen sich die Funktionen ein? Welche Rolle spielen dabei die Daten der Quelle / Pulse /?

Zur Beantwortung dieser Fragen wollen wir einige Experimente durchführen, in denen ausgewählte Parameter, die als Einflussgrößen infrage kommen, zu verändern sind.

Welche Parameter könnte man dabei variieren?

a) Die Zeitkonstante τ durch Variation der Werte der Bauelemente C und/oder R.

b) Das Tastverhältnis T_V durch Variation der Periodendauer T der Quelle / Pulse /.

c) Das Tastverhältnis T_V durch Variation der Impulsdauer t_i der Quelle / Pulse /.

Es wäre jedoch nicht sinnvoll, alle Parameter gleichzeitig zu verändern, um nicht die Übersicht über die jeweils verantwortliche Einflussgröße zu verlieren. Außerdem ist eine Normierung der Funktionsdarstellungen sinnvoll, da man aus Absolutwerten nur schwer allgemeingültige Aussagen ableiten kann. Zunächst werden die Standard-Einstellungen des folgenden Beispiels verwendet.

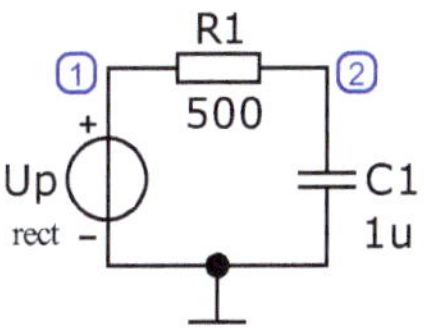

$U_p = U_{pH} - U_{pL} = 10$ V
$R_{1S} = 500\ \Omega$, $C_{1S} = 1\ \mu$F
$\Rightarrow \tau_S = R_{1S} \cdot C_{1S} = 0{,}5$ ms
$t_{iS} = 0{,}5$ ms, $T_S = 1$ ms
$\Rightarrow T_{VS} = t_{iS} / T_S = 1 : 2$

Bild 1.109 Simulationsschaltung mit Standard-Werten

Zur Normierung verwenden wir typische Festwerte. Dazu wird die Spannung u_C auf den Spannungshub der Pulsquelle $U_p = U_{pH} - U_{pL}$ bezogen. Dann befindet sich die Schaltung im eingeschwungenen Zustand (eZ), wenn der normierte Spannungsverlauf symmetrisch um den Ordinatenwert $y = 0{,}5$ verläuft. Bei einer Einstellung der Quelle mit V1=0 / V2=10 erhalten wir den Bezugswert $U_p = 10$ V. Die Analyse *Transient* wird vorerst auf fünf Perioden ($t_{max} = 5 \cdot T_S = 5$ ms) eingestellt.

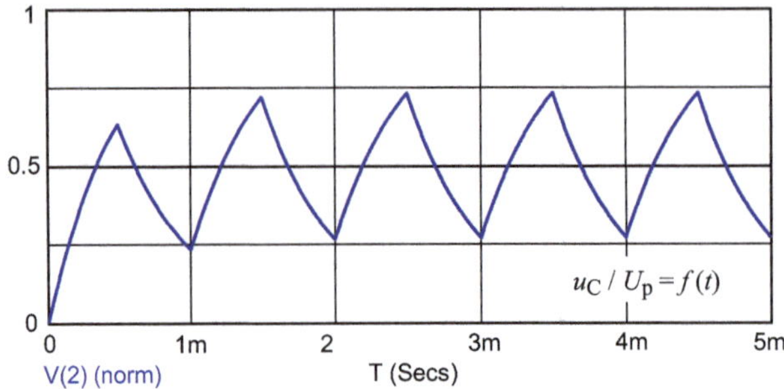

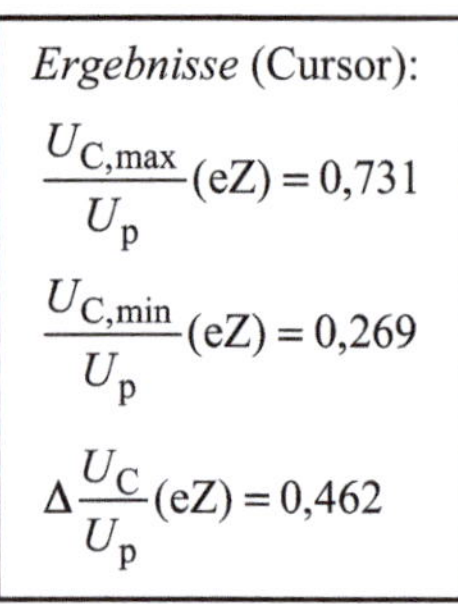

Bild 1.110 Zeitfunktion der normierten Spannung mit Standard-Werten

Zur Normierung des Stromes i_C verwenden wir den Strom im Einschaltmoment $I_0 = U_p / R_1 = 20$ mA.

Dann befindet sich die Schaltung im eingeschwungenen Zustand (eZ), wenn der normierte Stromverlauf symmetrisch um den Ordinatenwert $y = 0$ verläuft.

In Bild 1.111 ist der normierte Verlauf des Stromes dargestellt.

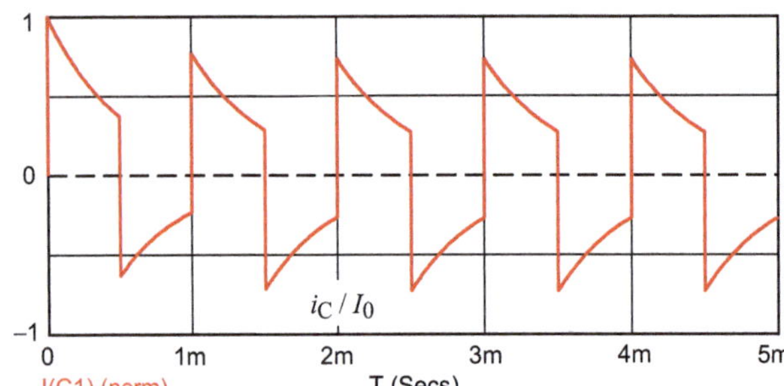

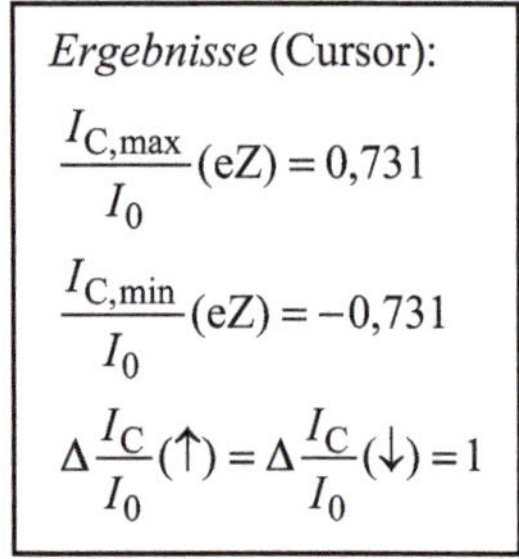

Bild 1.111 Zeitfunktion des normierten Stromes mit Standard-Werten

Die Zeitfunktion des Stromes „springt" bei jeder Schaltflanke mit dem normierten Wert eins. Dieser Schaltsprung entspricht dem Betrag von $I_0 = U_p / R_1$.

Simulationsbeispiel 1.9: Variation des Tastverhältnisses

Untersuchen Sie den Einfluss der Zeitkonstanten und des Tastverhältnisses auf das Einschwingverhalten einer RC-Kombination auf der Grundlage des Simulationsbeispiels 1.8.

a) Änderung der Zeitkonstanten: $\tau_a = R_{1S} \cdot C_{1a}$ oder: $\tau_a = R_{1a} \cdot C_{1S}$

Wir entscheiden uns für eine Veränderung der Kapazität auf $C_{1a} = 3\ \mu$F. Das entspricht einer Zeitkonstanten $\tau_a = 1{,}5$ ms. Der Analysezeitraum muss jetzt auf zehn Perioden ($t_{max} = 10 \cdot T_S = 10$ ms) verändert werden. Bild 1.112 zeigt das Simulationsergebnis.

Der Einschwingvorgang läuft jetzt langsamer ab. Die Funktionen erreichen nach $t_{eZ} \approx 7{,}5$ ms den eingeschwungenen Zustand. Die Spannung nähert sich mit einem nahezu dreieckförmigen Verlauf dem Mittelwert 0,5. Der normierte Strom schwingt sich auf die Nulllinie ein.

Nun wollen wir die Daten der Quelle variieren. Bild 1.113 zeigt die in diesem Simulationsbeispiel für die Fälle a), b) und c) eingesetzten Zeitfunktionen der Quelle / Pulse / (vgl. auch Anhang - Abschnitt 9.1).

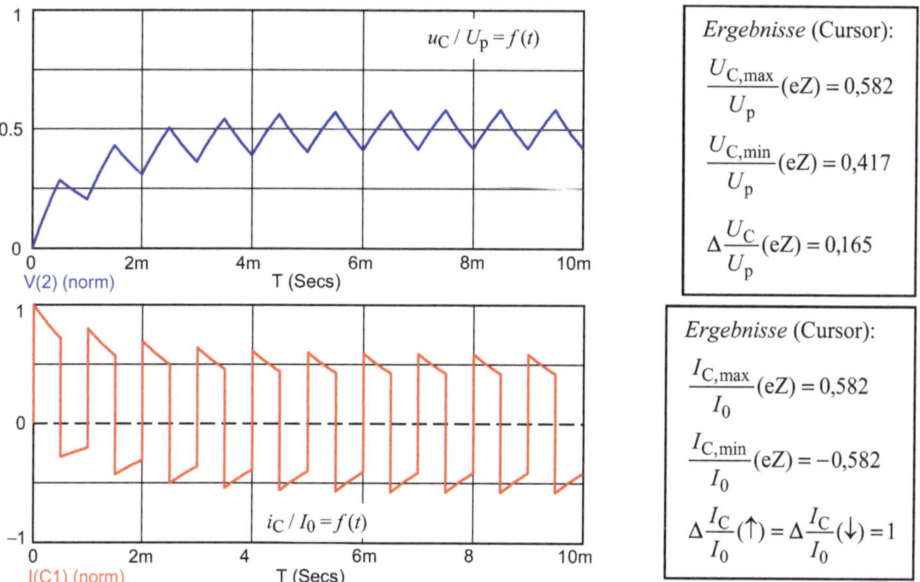

Bild 1.112 Normierte Funktionsverläufe (Variation der Zeitkonstanten)

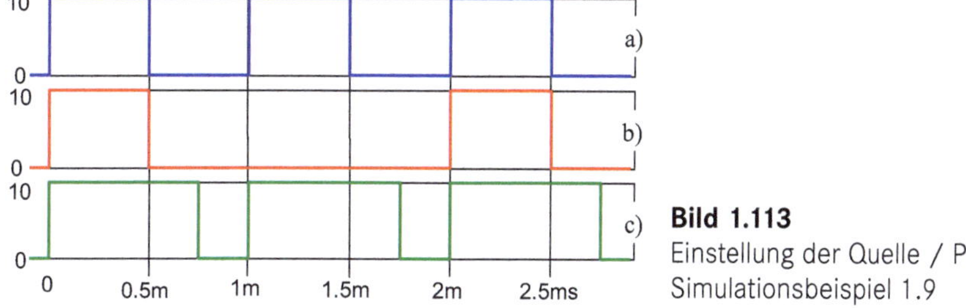

Bild 1.113 Einstellung der Quelle / Pulse / im Simulationsbeispiel 1.9

Durch diese Unterschiede im zeitlichen Verlauf der Quellenspannung reagiert die RC-Kombination mit verschiedenen Funktionsverläufen. Da sich die Einschwingzeiten ($t > 5 \cdot \tau$) verändern, muss in der Analyse *Transient* der Analysezeitraum angepasst werden ($t_{max} > t_{eZ}$).

b) Veränderung des Tastverhältnisses T_V durch Variation der Periodendauer T

Zunächst wird die Periodendauer auf T_b = 2 ms erhöht. Die Impulsbreite behält ihren Standardwert. Auch die Bauelemente-Werte werden auf den ursprünglichen Wert R_S bzw. C_S zurückgesetzt. Es gilt: τ_S = 0,5 ms, t_{iS} = 0,5 ms, T_b = 2 ms und für das Tastverhältnis $T_{Vb} = \frac{t_{iS}}{T_b} = \frac{1}{4}$.

Der Kondensator hat jetzt weniger Zeit zum Aufladen und mehr Zeit zum Entladen. Die Einschwingzeit beträgt $t_{eZ} \approx 2{,}5$ ms. Sie verändert sich im Vergleich zu Bild 1.109 nicht, da mit den Standardeinstellungen $\tau_S = R_{1S} \cdot C_{1S}$ = 0,5 ms gearbeitet wurde. Bild 1.114 zeigt das Simulationsergebnis.

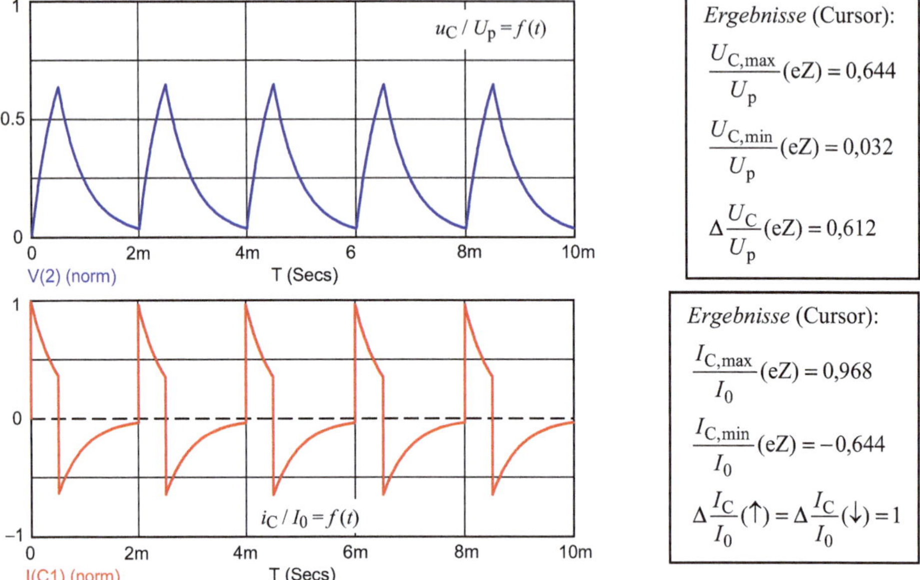

Bild 1.114 Normierte Funktionsverläufe (Variation der Periodendauer)

Die Verringerung des Tastverhältnisses von $T_{VS} = \frac{t_{iS}}{T_S} = \frac{2}{4}$ auf $T_{Vb} = \frac{t_{iS}}{T_b} = \frac{1}{4}$ hat einen Einfluss auf den zeitlichen Verlauf der beiden Funktionsverläufe. Zur Beurteilung der Art dieser Beeinflussung dient das Experiment des Falles c).

c) Veränderung des Tastverhältnisses T_V durch Variation der Impulsdauer t_i

Nun wird die Impulsbreite auf t_{ic} = 0,75 ms erhöht und die Periodendauer auf ihren Standardwert T_S zurückgesetzt. Es gilt: τ_S = 0,5 ms, t_{ic} = 0,75 ms und T_S = 1 ms.

Damit vergrößert sich das Tastverhältnis vom Standardwert $T_{VS} = \frac{t_{iS}}{T_S} = \frac{2}{4}$ auf $T_{Vc} = \frac{t_{ic}}{T_S} = \frac{3}{4}$.

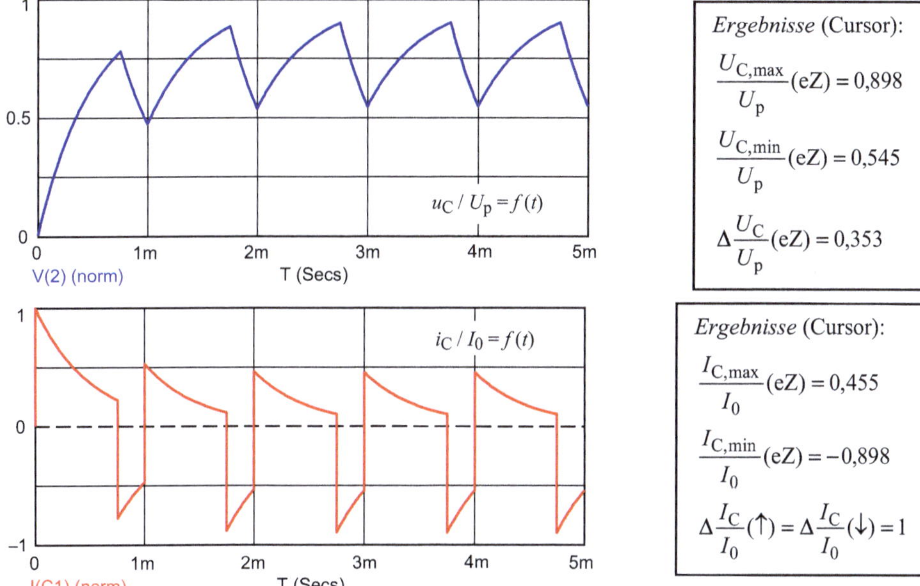

Bild 1.115 Normierte Funktionsverläufe (Variation der Impulsdauer)

Nun hat der Kondensator mehr Zeit zum Aufladen und weniger Zeit zum Entladen. Die Einschwingzeit beträgt wieder $t_{eZ} \approx 2{,}5$ ms. Der Sprung des Stromes i_C ist in allen Fällen [a) bis c)] gleich, da sich der Kondensator in einem Schaltmoment wie ein Kurzschluss verhält. Da wir den Widerstand R_1 nicht verändert haben, bleibt auch der Wert von I_0 gleich.

Schlussfolgerungen:

1) Die Einschwingzeit wird durch die Zeitkonstante der RC-Kombination bestimmt: $t_{eZ} \approx 5 \cdot \tau$.

2) Eine Verringerung des Tastverhältnisses bewirkt eine Absenkung des Mittelwertes, um den die Zeitfunktion der Kondensatorspannung u_C schwankt. Dabei werden die Extremwerte der Stromfunktion in Richtung positiver Werte angehoben.

3) Eine Vergrößerung des Tastverhältnisses führt zu einer Anhebung des Mittelwertes, um den die Zeitfunktion der Kondensatorspannung u_C schwankt. Dabei werden die Extremwerte der Stromfunktion in Richtung negativer Werte abgesenkt.

4) Allgemein gilt im eingeschwungenen Zustand: $\overline{U_c} = (U_{pH} + U_{pL}) \cdot T_V = U_p \cdot T_V$.

Der mittlere Verlauf der Stromfunktion ändert sich bei einer oberflächlichen Betrachtung der Funktion $i_C = f\,(t)$ mit einem scheinbaren Versatz zur Linie $i_C = 0$. Der arithmetische Mittelwert (Summe aller vorzeichenbehaften Flächenanteile, die die Funktion gegen die Zeitachse einschließt) wird aber null.

Bei einem „Tastverhältnis" $T_V = 1$ wäre die Impulsdauer t_i gleich der Periodendauer T. Die Quelle wirkt dann wie eine Gleichspannungsquelle. Der Kondensator lädt sich nach einer e-Funktion auf die Quellenspannung U_{pH} auf.

Simulationsbeispiel 1.10: Spannungsverdoppler

Das Prinzip eines Spannungsverdopplers beruht auf den im Simulationsbeispiel 1.9 dargestellten Vorgängen. Ein Kondensator C_2 lädt sich nach mehreren Schaltvorgängen über den Kondensator C_1 und den Vorwiderstand R_V auf die nahezu doppelte Spannung der angeschalteten Quelle auf. Zur Erklärung der hier ablaufenden Vorgänge dient die Ersatzschaltung in Bild 1.116.

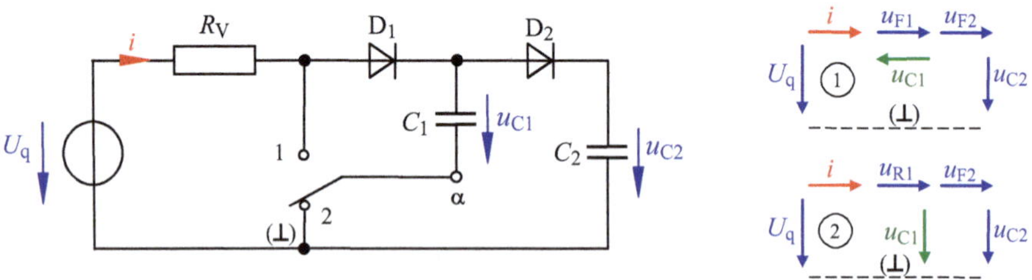

Bild 1.116 Prinzip eines Spannungsverdopplers (Ladungspumpe)

In der Startsituation (Schalter in Stellung 2) sind beide Dioden in Durchlassrichtung geschaltet. Über ihnen fällt die Flussspannung u_F ab. Damit wird der Kondensator C_2 über R_V sowie D_1 und D_2 auf den Wert U_{C2} (t_0) vorgeladen. Der Kondensator C_1 wird den Wert U_{C1} (t_0) vorgeladen.

Beim ersten Umschalten in die Schalterstellung 1 wird die Diode D1 in Sperrrichtung geschaltet. Über ihr liegt damit die Sperrspannung u_{R1}. Der Pump-Kondensator C_1 gibt jetzt seine Ladung an C_2 ab. Damit vergrößert sich die Spannung U_{C2} (t_1). Beim Wiederholen der Schaltvorgänge wird C_2 immer weiter nachgeladen. Nach hinreichend vielen Schaltvorgängen gilt: $U_{C2\infty} = 2U_q - 2U_S$ (D).

Bild 1.117 zeigt die zur Simulation verwendete Schaltung.

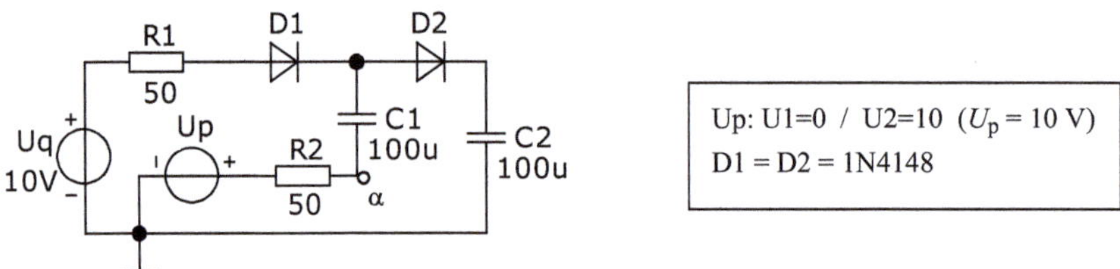

Bild 1.117 Schaltung zur Simulation eines Spannungsverdopplers

Als Ersatz für den Wechselschalter aus Bild 1.116 wurde die Rechteck-Quelle / Pulse / eingesetzt. Diese Quelle bildet im „Ein"-Zustand die Situation aus Bild 1.116 in der Schalterstellung 1 nach.

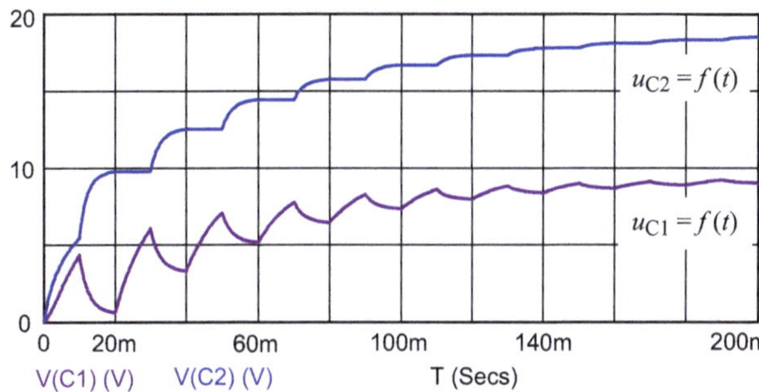

Bild 1.118 Spannungsverläufe

Am virtuellen Knoten α liegt eine reale Quelle mit der Spannung $U_q = U_{pH} = 10$ V und einem Innenwiderstand $R_V = R_1 = R_2$. Im „Aus"-Zustand legt diese Quelle den Knoten α mit $U_{pL} = 0$ V über den Widerstand R_2 auf Masse (⊥). Die zusätzliche Wirkung von R_2 beeinflusst lediglich die Zeitkonstante, wenn der Pump-Kondensator C_1 seine Ladung an C_2 abgibt.

Wir erkennen, dass die Ausgangsspannung u_{C2} nach ca. 10 Schaltvorgängen eine Spannung von $U_{C2\infty} = 2U_q - 2U_S(D) \approx 20\text{ V} - 1{,}2\text{ V} \approx 18{,}8$ V erreicht.

Simulationsbeispiel 1.11: Selbstinduktion

Simulieren Sie mit einer geeigneten schaltungstechnischen Anordnung den Vorgang der Selbstinduktion. Berechnen Sie die induzierten Spannungen für unterschiedliche Kurvenformen der Quelle.

Als Simulationsschaltung wird eine RL-Kombination gewählt, die von verschiedenen Stromquellen gespeist wird (Bild 1.119). Da diese Quellen parallel geschaltet sind, überlagern sich die Ströme nach dem Knotenpunktsatz. Durch einen zeitlichen Versatz (eingestellt über t_d) kommen die Quellen in der Analyse *Transient* nacheinander zum Einsatz:

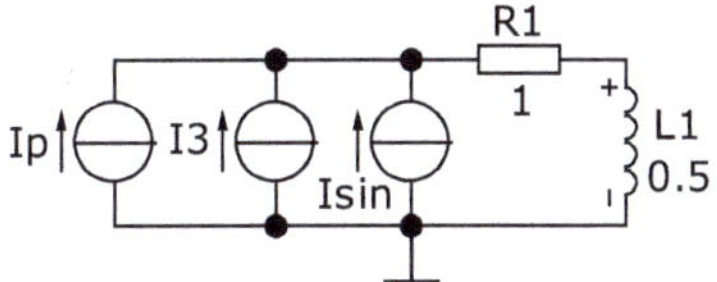

a) Ip: Trapez ($0 \le t < 100$ ms)
b) I3: Dreieck ($100\text{ ms} \le t < 200$ ms)
c) Isin: Sinus ($200\text{ ms} \le t \le 300$ ms)

Bild 1.119 Simulationsschaltung zur Selbstinduktion

Bild 1.120 zeigt die Simulationsergebnisse für alle drei Fälle.

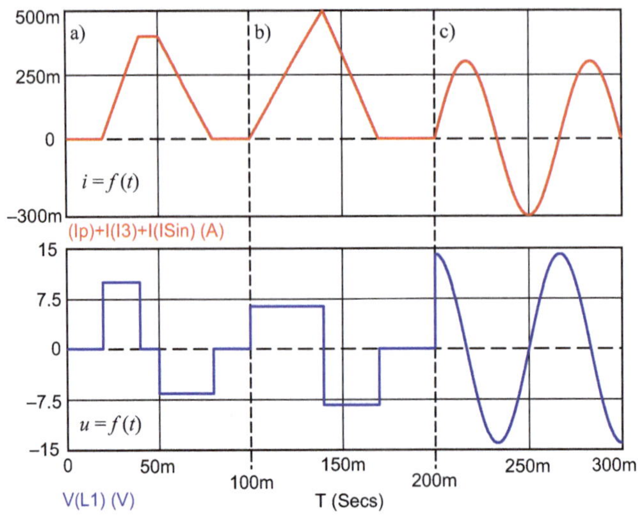

Bild 1.120 Spannungen und Ströme im Simulationsbeispiel 1.11

Nach dem Induktionsgesetz ist die induzierte Spannung über einer konstanten Induktivität von der Änderungsgeschwindigkeit des Stromes abhängig.

Mit zunehmender Flankensteilheit eines Stromimpulses $\mathrm{d}i_\mathrm{P}/\mathrm{d}t$ steigt die induzierte Spannung an. Bei einer Anstiegsflanke nimmt die Induktivität Energie auf. Es wird eine positive Spannung induziert (Verbraucher-Zählpfeilsystem). Bei einer Abfallflanke gibt die Induktivität die Energie wieder ab. Es wird eine negative Spannung induziert (Quellen-Zählpfeilsystem).

Zu a) Daten der Trapez-Quelle: I_pL = 0 mA und I_pH = 400 mA → I_p = 400 mA

t_d = 20 ms; t_r = 20 ms; t_f = 30 ms; t_w = 10 ms und T = 500 ms

Anstiegs- und Abfallflanke:

$$\frac{\mathrm{d}\,i_{\mathrm{La}\uparrow}}{\mathrm{d}t} = \frac{400\,\mathrm{mA}}{20\ \mathrm{ms}} = 20\ \frac{\mathrm{A}}{\mathrm{s}}$$

$$\frac{\mathrm{d}\,i_{\mathrm{La}\downarrow}}{\mathrm{d}t} = \frac{400\,\mathrm{mA}}{30\,\mathrm{ms}} = 13{,}\bar{3}\ \frac{\mathrm{A}}{\mathrm{s}}$$

Während der Anstiegsflanke wird eine Spannung von 10 V induziert. Längs der Abfallflanke beträgt diese Spannung - 6,67 V.

Zu b) Daten der Dreieck-Quelle: I_pL = 0 mA und I_pH = 500 mA → I_p = 500 mA

t_d = 100 ms; t_r = 40 ms; t_f = 30 ms; t_w = 0 und T = 500 ms

Anstiegs- und Abfallflanke:

$$\frac{\mathrm{d}\,i_{\mathrm{Lb}\uparrow}}{\mathrm{d}t} = \frac{500\,\mathrm{mA}}{40\ \mathrm{ms}} = 12{,}5\ \frac{\mathrm{A}}{\mathrm{s}}$$

$$\frac{\mathrm{d}\,i_{\mathrm{Lb}\downarrow}}{\mathrm{d}t} = \frac{500\,\mathrm{mA}}{30\,\mathrm{ms}} = 16{,}\bar{6}\ \frac{\mathrm{A}}{\mathrm{s}}$$

Während der Anstiegsflanke wird eine Spannung von 6,25 V induziert. Längs der Abfallflanke beträgt diese Spannung - 8,33 V.

Zu c) Daten der Sinus-Quelle: $\hat{I}$ = 300 mA; f = 15 Hz und T = 500 ms

$$u_{\mathrm{Lc}} = L \cdot \frac{\mathrm{d}\,i_{\mathrm{Lc}}}{\mathrm{d}t} = \omega L \cdot \hat{I}_{\mathrm{Lc}} \cdot \cos \omega t$$

$$u_{\mathrm{Lc}} = 0{,}5\,\mathrm{H} \cdot 94{,}25\,\mathrm{s}^{-1} \cdot 300\,\mathrm{mA} \cdot \cos \omega t = 14{,}14\,\mathrm{V} \cdot \cos \omega t$$

Die unter a) bis c) durchgeführten Berechnungen bestätigen die Ergebnisse des Bildes 1.120.

Simulationsbeispiel 1.12: Induktivitätsbestimmung

Bestimmen Sie mit einer geeigneten Simulationsanordnung die Ersatzinduktivität L_{ers} des linearen Transformators [*Transformer*] bei einer:

a) gleichsinnigen Reihenschaltung von Primär- und Sekundärinduktivität

b) gegensinnigen Reihenschaltung von Primär- und Sekundärinduktivität.

Die Simulationsanordnung soll von der Quelle / Sin / mit einem Maximalwert von $\hat{U}_{\mathrm{q}} = 10\,\mathrm{V}$ und der Messfrequenz f = 1 kHz gespeist werden. Als Vorwiderstand wird ein ohmscher Widerstand R_1 = 5 kΩ gewählt. Der Kopplungsfaktor beträgt k = 1. Mit L_1 = 400 mH und L_2 = 100 mH erhält man bei k = 1 eine Gegeninduktivität $M = k \cdot \sqrt{L_1 \cdot L_2} = 200$ mH. Die Ersatzinduktivität der miteinander verkoppelten Induktivitäten wird über die Analyse *Dynamic-AC* bestimmt.

Mit den Messwerten an der Primärseite ergibt sich die Ersatzinduktivität:

$$X_{\mathrm{L,ers}} = 2\pi \cdot f \cdot L_{\mathrm{ers}} = \frac{\hat{U}_{\mathrm{L}}}{\hat{I}} \quad \Rightarrow \quad L_{\mathrm{ers}} = \frac{\hat{U}_{\mathrm{L}}}{2\pi \cdot f \cdot \hat{I}} = \frac{\hat{U}_{\mathrm{L}}}{2000 \cdot \pi \cdot \hat{I}}$$

Zu a) Gleichsinnige Reihenschaltung von Primär- und Sekundärinduktivität

Bild 1.121 zeigt die für diese und die nachfolgenden Simulationen verwendete Schaltung. Für den Fall b) wird dann lediglich die Verbindung zwischen Primär- und Sekundärinduktivität neu gelegt. Die Anzeigen der Spannungen und Ströme wurde aus Platzgründen auf 2 Digits begrenzt. Der Nullphasenwinkel dient nur zum Vergleich. Er wird in den weiteren Berechnungen nicht benötigt.

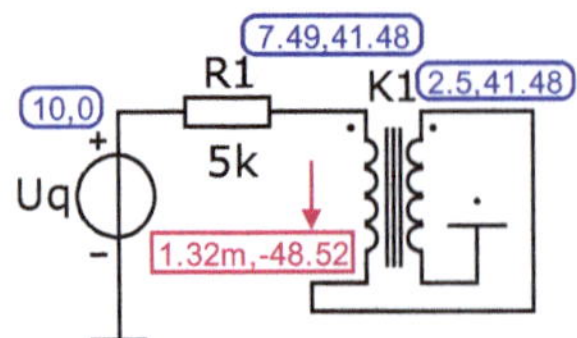

Bild 1.121
Schaltung und Messwerte zur gleichsinnigen Reihenschaltung

Bestimmung von $L_{ers,a}$ über die Messwerte des Bildes 1.121:

$$L_{ers,a} = \frac{7{,}49\ \text{V}}{2000 \cdot \pi \cdot 1{,}32\ \text{mA}} = 903\ \text{mH}$$

Die Ersatzinduktivität einer gleichsinnigen Reihenschaltung miteinander verkoppelter Induktivitäten kann nach [6] - Abschnitt 19.1.2 - Gleich. (19.3) als Probe wie folgt berechnet werden:

$$L_{ers,a} = L_1 + L_2 + 2M = 400\,\text{mH} + 100\,\text{mH} + 2 \cdot 200\,\text{mH} = 900\,\text{mH}$$

Zu b) Gegensinnige Reihenschaltung von Primär- und Sekundärinduktivität

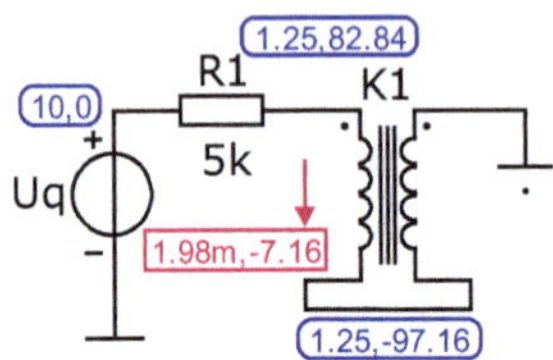

Bild 1.122
Schaltung und Messwerte zur gegensinnigen Reihenschaltung

Bestimmung von $L_{ers,b}$ über die Messwerte des Bildes 1.122:

$$L_{ers,b} = \frac{1{,}25\ \text{V}}{2000 \cdot \pi \cdot 1{,}98\ \text{mA}} = 100{,}5\ \text{mH}$$

Die Ersatzinduktivität einer gegensinnigen Reihenschaltung miteinander verkoppelter Induktivitäten wird nach [6] - Abschnitt 19.1.2 - Gleich. (19.3) als Probe wie folgt berechnet:

$$L_{ers,b} = L_1 + L_2 - 2M = 400\,\text{mH} + 100\,\text{mH} - 2 \cdot 200\,\text{mH} = 100\,\text{mH}$$

1.6 Zusammenfassung zur Einführung in MicroCap

Wir haben uns in Kapitel 1 eine Übersicht über die Einsatzmöglichkeiten von MicroCap im Bereich „Grundlagen ET" geschaffen. Für die Lösung von Simulationsaufgaben haben wir bisher folgende Analysen angewendet (vgl. auch: Zusatzanalysen mit LTspice):

1. Analyse von Gleichstromkreisen:
   a) Arbeitspunktanalyse *Dynamic-DC*
      - Bestimmung der Daten eines Arbeitspunktes (φ_x; I_x und P_x)

   b) DC-Main-Sweep für $y = f(x)$ oder $y = f(\vartheta)$

   c) DC-Nested-Sweep für $y = f(x)$ oder $y = f(\vartheta)$
2. Analyse von Wechselstromkreisen:
   d) Analyse *Transient*
      - Darstellung von Zeitfunktionen $y = f(t)$
      - kombinierbar mit der Fourier-Analyse (FFT)

   e) Arbeitspunktanalyse *Dynamic-AC*
      - Daten eines Arbeitspunktes ($\underline{U}_x$; $\underline{I}_x$ und $\underline{S}_x$) in KF oder EF

   f) Analyse *AC*
      - Darstellung des Verlaufes von Frequenzgängen $y = g(f)$
3. Analyse von Schaltvorgängen:
   g) Analyse *Transient*

   h) Arbeitspunktanalyse *Dynamic-DC* (für stat. Endzustand)
4. Zusatzanalysen:
   i) *Stepping* und *Optimize*
      - kombinierbar mit den anderen Analysen

Sie sollten jetzt in der Lage sein, einfache Simulationen selbstständig durchzuführen und die Ergebnisse fachgerecht zu interpretieren sowie kritisch zu bewerten.

2 Passive Bauelemente

2.1 Klassifikationskriterien

Bauelemente der Elektrotechnik/Elektronik sind schaltungstechnische Grundglieder, die aus der Sicht ihrer Funktion nicht weiter zerlegt werden können.

Nach DIN EN 60617-4 wird jedem Bauelement ein genormtes Schaltzeichen zugeordnet. Eine Einteilung ist nach verschiedenen Klassifikationskriterien möglich, die auf allgemein gültige Bauelemente-Eigenschaften ausgerichtet sind. Dazu zählen:

- der Kennlinienverlauf
- der Energiefluss
- die Grundstruktur
- die Art der Signalwandlung
- der verwendete Werkstoff
- das bevorzugte Einsatzgebiet (u. a.).

Bauelemente können entweder eine lineare oder eine nichtlineare Strom-Spannungs-Kennlinie bzw. ein lineares oder ein nichtlineares Übertragungsverhalten aufweisen.

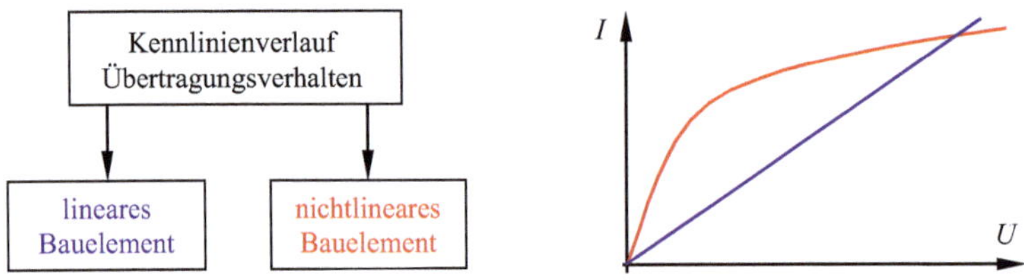

Bild 2.1 Einteilung nach dem Kennlinienverlauf

Die in Kapitel 1 verwendeten Bauelemente R, L und C haben lineare Eigenschaften. Ein Transformator XFRM_LINEAR besitzt auch noch ein lineares Übertragungsverhalten. Die in der schaltungstechnischen Praxis eingesetzten Halbleiter-Bauelemente weisen aber in der Regel ein nichtlineares Verhalten auf. Zur Beschreibung dieser Eigenschaften dient die Strom-Spannungs-Kennlinie.

Bei einem Bauelement mit einer nichtlinearen Strom-Spannungs-Kennlinie wird zwischen dem Gleichstromwiderstand und dem differenziellen Widerstand (vgl. Bild 2.2) unterschieden. Beide Widerstände sind vom jeweils eingestellten Arbeitspunkt (AP) abhängig.

Der Gleichstromwiderstand wird in der Strom-Spannungs-Kennlinie $I = f(U)$ aus dem Kehrwert des Anstieges der Verbindungsgeraden vom Koordinatenursprung zum eingestellten Arbeitspunkt ermittelt.

$$R_{-} = \frac{U_{\mathrm{AP}}}{I_{\mathrm{AP}}} \tag{2.1}$$

Der differenzielle Widerstand beschreibt den Kehrwert des Anstieges der Strom-Spannungs-Kennlinie $I = f(U)$ im jeweiligen Arbeitspunkt (Tangente in Bild 2.2).

$$r = \frac{\mathrm{d}U}{\mathrm{d}I}\Big|_{\mathrm{AP}} \tag{2.2}$$

Bei linearen Widerständen sind der Gleichstromwiderstand und der differenzielle Widerstand identisch. Beide Geraden verlaufen deckungsgleich.

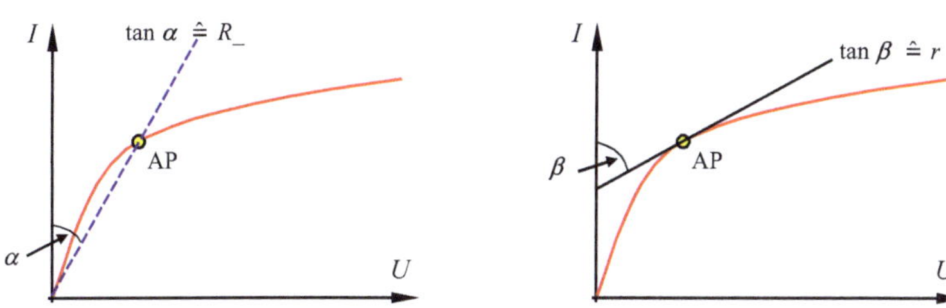

Bild 2.2 Gleichstromwiderstand und differenzieller Widerstand

Bauelemente mit einer nichtlinearen Strom-Spannungs-Kennlinie haben einen vom Gleichstromwiderstand verschiedenen differenziellen Widerstand. Je nach Krümmung und Verlauf des Kennlinienbereiches, in dem der Arbeitspunkt liegt, weichen sie vom Gleichstromwiderstand ab. Sie können auch ein negatives Vorzeichen besitzen (fallender Kennlinienteil).

Bauelemente können den Informationsfluss, der ja zugleich auch ein Energiefluss ist, steuern oder wandeln. Bei einem passiven Bauelement führt der Informationsfluss zu einer Energiereduzierung oder zu einer Energiespeicherung. Die Funktion aktiver Bauelemente ist dadurch gekennzeichnet, dass der Informationsfluss zu einer Energieverstärkung führt.

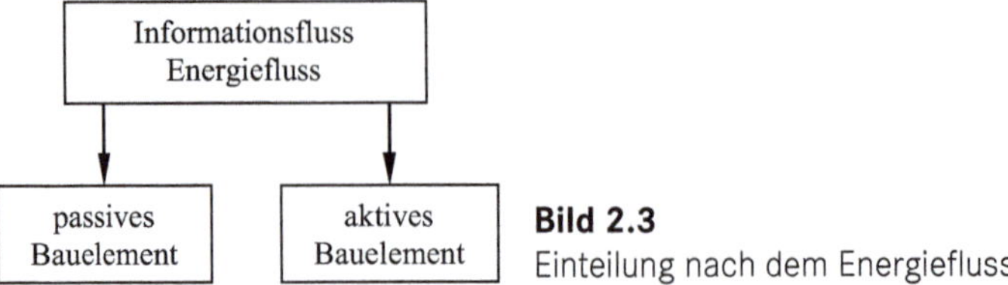

Bild 2.3
Einteilung nach dem Energiefluss

Die angestrebte Funktion eines Bauelementes bestimmt auch seine Struktur. Nach dieser Auffassung steht die Funktion eines Bauelementes im Vordergrund.

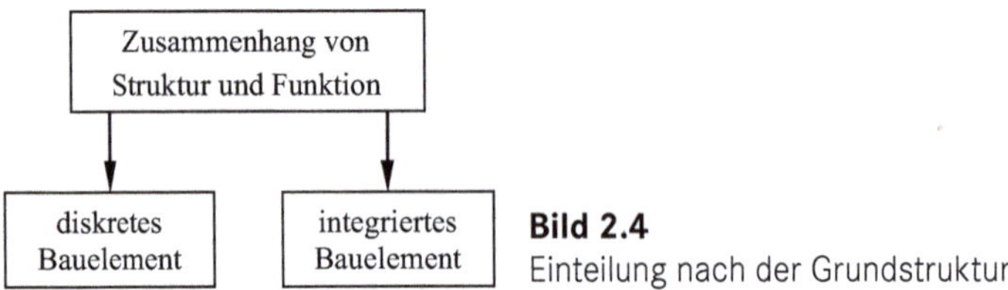

Bild 2.4
Einteilung nach der Grundstruktur

Wenn die Struktur des Elementes so beschaffen ist, dass damit nur eine Grundfunktion ausgeführt wird, dann spricht man von einem diskreten Bauelement. Werden dagegen mehrere Funktionselemente zu einer komplexen Funktionseinheit verknüpft, handelt es sich um ein integriertes Bauelement.

Bauelemente können ein nichtelektrisches Signal in ein elektrisches Signal wandeln und umgekehrt. Am Beispiel der Temperatur wird deutlich, dass diese Eigenschaft eigentlich alle Bauelemente der Elektronik aufweisen. Bei optoelektronischen Bauelementen (Kapitel 7) unterscheidet man zwischen ihrer Empfindlichkeit und Emissionsfähigkeit.

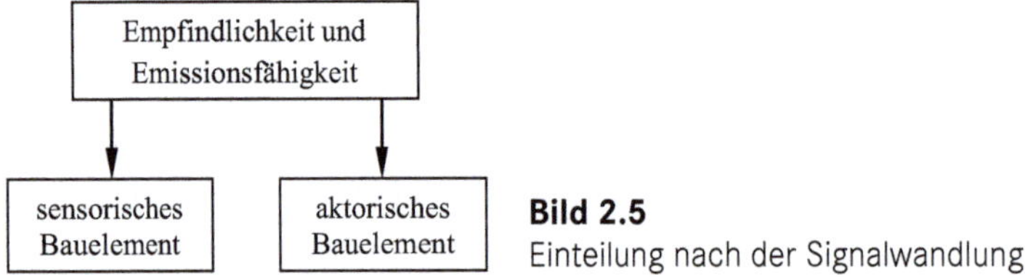

Bild 2.5
Einteilung nach der Signalwandlung

Bauelemente können eine unterschiedliche Anzahl n von Signalanschlüssen aufweisen. Aus dieser Sicht unterscheidet man zwischen Zweipolen ($n = 2$), Dreipolen ($n = 3$) und Vierpolen ($n = 4$) oder allgemein n-Polen.

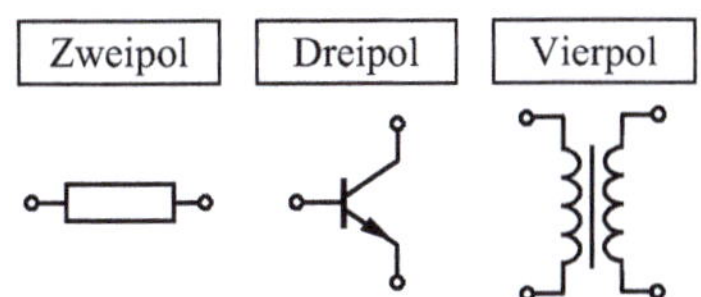

Bild 2.6
Einteilung nach den Signalanschlüssen

Ein Dreipol (z. B. Bild 2.6 – Mitte) wird häufig als Vierpol aufgefasst. Dazu verwendet man einen Dreipol-Anschluss als gemeinsamen Bezugspunkt am Eingang und am Ausgang des neuen Vierpols.

Der für ein Bauelement verwendete Werkstoff wird bei den Grundbauelementen R, C und L über die Werkstoff-Kenngrößen κ, ε und μ (siehe [6] – Kapitel 1, 15 und 17) beschrieben. Halbleiterbauelemente werden mit vielfältigen Halbleitermaterialien realisiert, die im Weiteren am Beispiel des jeweiligen Bauelementes erklärt werden. Dabei wird keine Trennung nach dem bevorzugten Einsatzgebiet in die Bauelemente der Leistungselektronik und in die Bauelemente der Informationselektronik vorgenommen.

Zur Simulation der Kennlinie eines Bauelementes mit MicroCap kann man den DC-Sweep verwenden. Die Kennlinie wird je nach Bauelement mit einer Spannungseinspeisung (U_q) oder mit einer Stromeinspeisung (I_q) ermittelt. Dazu muss in der *PartName*-Liste der Quelle das Attribut Value= auf einen beliebigen Wert (z. B. DC=1 V oder DC=10mA) innerhalb des Sweep-Bereiches gesetzt werden. Nach Einstellung des DC-Sweeps wird die Simulation mit > Run < gestartet. Die Einstellungen haben wir in Kapitel 1 geübt.

Lehrbeispiel 2.1

LTspice: LB_2.1

Simulieren Sie das elektrische Verhalten eines nichtlinearen passiven Bauelementes.

Als Simulationsobjekt wird eine Glühlampe gewählt. Da dieses Element in der Komponentenliste von MicroCap nicht vorkommt, ist eine Nachbildung erforderlich. Dazu kann man einen Widerstand R (RESISTOR) verwenden. Dieser ohmsche Widerstand ist in seiner Charakteristik variierbar (vgl. auch Anhang). Zur Simulation dieser Charakteristik wird eine entsprechende Berechnungsvorschrift in die Y-Expression-Zeile als Formel eingegeben.

Die nichtlineare Kennlinie einer Glühlampe (Kaltleiter) kann über eine Gerade im doppelt logarithmischen Maßstab berechnet werden. Der Anstieg der Geraden wird durch den Exponenten y bestimmt.

Bei einem Exponenten y = 0,3 hat die Gerade eine Steigung von 30 %.

$$I = I_{\text{Bezug}} \cdot \left| \frac{U}{U_{\text{Bezug}}} \right|^{y} \qquad (2.3)$$

Als *U*-*I*-Bezugspunkt dient hier folgendes Wertepaar: $U_{Bezug} = 1\,V$ und $I_{Bezug} = 100\,mA$. Formel 2.3 ist wie folgt in die Y-Expression-Zeile einzugeben: 100m*Abs(V(1)/1V)^0.3. Zur Darstellung der Kennlinie wird ein DC-Sweep der Quelle U_q ($0 \leq U_q \leq 10\,V$) durchgeführt. Bild 2.7 zeigt die zur Simulation verwendete Schaltung und die entsprechende Kennlinie.

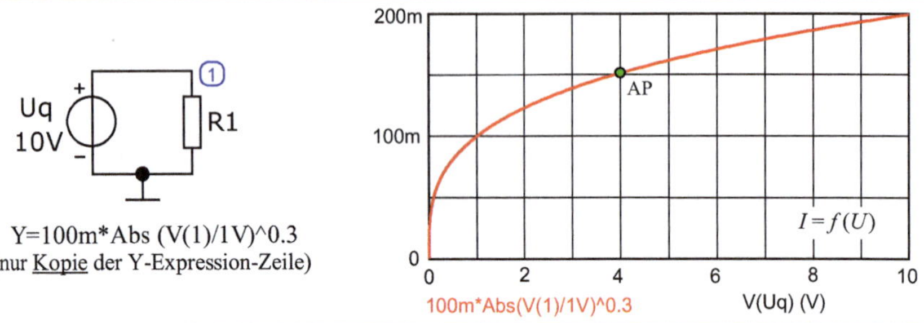

Bild 2.7 Simulation einer Glühlampe
(links: Schaltung und rechts: *I*-*U*-Kennlinie)

Die Funktion Abs(V(1)/1V)^0.3 entspricht der Operation $(\mathrm{Abs}(x))^y$ und bildet vom Betrag von *x* die Potenzfunktion $|\, x \,|^y$. Die Glühlampe hat eine nichtlineare Strom-Spannungs-Kennlinie. Ihr Anstieg wird bei größeren Spannungswerten immer geringer. Der Gleichstromwiderstand steigt somit an.

Für einen angenommenen Arbeitspunkt AP mit (4 V/150 mA) erhält man folgende Aussagen:

$$R_{-} \approx \frac{4}{0{,}15}\Omega \approx 27\Omega$$

$$r \approx \frac{2}{0{,}025}\Omega \approx 88\Omega$$

Zur Darstellung des Gleichstromwiderstandes und des differenziellen Widerstandes müssen die Berechnungsvorschriften von Formel 2.1 und Formel 2.2 umgesetzt werden. Bei beiden Widerständen ist auf die Klammerregeln im Nenner zu achten. Der differenzielle Widerstand kann mit der Analyse *DC* über die Operation Dd(y) bestimmt werden. Damit erzeugt man die erste Ableitung des *y*-Ausdruckes nach der *x*-Achsenvariablen. Der Kehrwert führt dann zum differenziellen Widerstand.

Bild 2.8 zeigt das Simulationsergebnis.

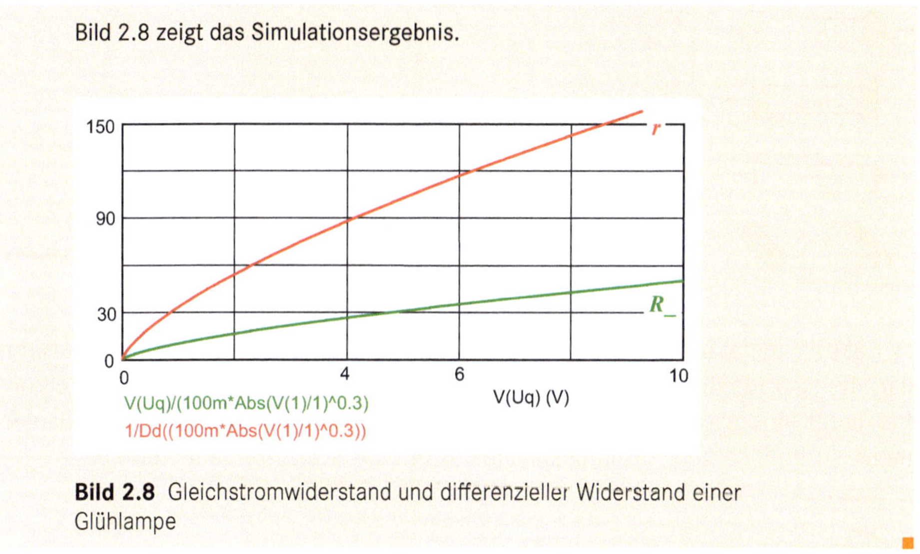

Bild 2.8 Gleichstromwiderstand und differenzieller Widerstand einer Glühlampe

2.2 Grundbauelemente

Unter dem Begriff „Grundbauelement" sollen in den weiteren Ausführungen die passiven Bauelemente Widerstand, Kondensator und Spule eingeordnet werden. Diese elementaren Zweipole sind diskrete Bauelemente. Ihre Funktion ist mit dem Verlust und/oder der Speicherung von Signalenergie verknüpft. Grundbauelemente können ein lineares Verhalten oder ein nichtlineares Verhalten aufweisen. In definierten Arbeitsbereichen (z. B. Kennlinienabschnitt, Frequenzbereich, Temperaturbereich) kann man ein nichtlineares Verhalten unter bestimmten Bedingungen als linear auffassen.

2.2.1 Widerstände

Aus der Sicht des verfügbaren Bauelementesortimentes unterscheidet man zwischen Festwiderständen und einstellbaren Widerständen (Einstellwiderstände). Ein Festwiderstand kann ein lineares oder ein nichtlineares Verhalten aufweisen. Dieses Verhalten wird mit der Strom-Spannungs-Kennlinie beschrieben. Lineare Widerstände werden als Drahtwiderstand (z. B. aus Konstantandraht), als Schichtwiderstand (z. B. Kohleschicht, Metallschicht) oder als Massewiderstand hergestellt.

Bild 2.9
Bauformen von Festwiderständen

Der SMD-Widerstand (Surface Mounted Device) stellt eine drahtlose Chip-Variante dar, die sich für die Oberflächenmontage auf Leiterplatten besonders gut eignet. Bei dieser Montageform ist die Lötseite zugleich die Bestückungsseite. Das Bauelement wird mit seinen Anschlussflächen direkt auf der Leiterbahn verlötet.

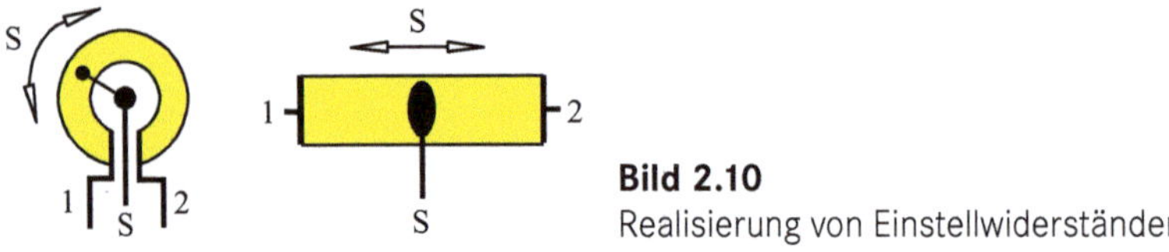

Bild 2.10
Realisierung von Einstellwiderständen

Nichtlineare Widerstände (Heißleiter, Kaltleiter, Varistor, Fotowiderstand, usw.) bestehen aus einem Halbleitermaterial. Ihr Widerstandswert wird durch eine physikalische Größe (z.B. Temperatur, Spannung, Beleuchtungsstärke) beeinflusst. Diese Halbleiterwiderstände werden in Abschnitt 2.3 und in Kapitel 7 gesondert behandelt.

Einstellwiderstände ändern ihren Widerstandswert R_{1S} oder R_{2S} bei Veränderung der Position eines Schleifkontaktes S längs einer geraden (Bild 2.10 - rechts) oder kreisförmigen Widerstandsbahn (Bild 2.10 - links). Diese Widerstandsbahn kann aus Drahtwindungen (Drahtpotentiometer) oder aus einer Widerstandsschicht (Schichtpotentiometer) bestehen. Der gewünschte Widerstandswert wird dann mit einem geeigneten Schleifkontakt (S) von der Widerstandsbahn (1–2) linear oder logarithmisch abgegriffen.

Ein typischer Vertreter der Festwiderstände ist der ohmsche Widerstand. Er besitzt eine lineare Strom-Spannungs-Kennlinie. Der Anstieg dieser Geraden ist ein Maß für den Widerstand R.

$$R = \frac{U}{I} = \text{const.} \tag{2.4}$$

Ohmsche Widerstände sind lineare passive Bauelemente, die eine strombegrenzende Funktion erfüllen und dabei Wirkleistung aufnehmen.

Ohmsche Festwiderstände werden in unterschiedlichen Größen, Abmessungen und Bauformen angeboten. Ihre Widerstandswerte sind nach einer geometrischen Reihe (E-Reihe) gestuft und werden durch einen Code aus Buchstaben und Zahlen oder durch einen Farbcode gekennzeichnet. Es existieren verschiedene E-Reihen mit einer unterschiedlichen Anzahl von Werteabstufungen. Aus der Bezeichnung (Name) der jeweiligen Reihe ist die Toleranz (zulässige prozentuale Abweichung des Bauelementewertes vom Nennwert) erkennbar.

Tabelle 2.1 zeigt eine Liste der E-Reihen. Die E-24-Reihe wird in der Praxis häufig eingesetzt. Ihre Widerstandsabstufung ist aus Tabelle 2.2 ersichtlich.

Tabelle 2.1 Toleranzen der E-Reihen

Name	E-48	E-24	E-12	E-6
Anzahl	48	24	12	6
Toleranz	± 2%	± 5%	± 10%	± 20%

Tabelle 2.2 Abstufung der E-24-Reihe

R_{x1}	R_{x2}	R_{x3}	R_{x4}	R_{x5}
1,0	1,1	1,2	1,3	1,5
1,6	1,8	2,0	2,2	2,4
2,7	3,0	3,3	3,6	3,9
4,3	4,7	5,1	5,6	6,2
6,8	7,5	8,2	9,1	10,0

Der letzte Wert in der Tabelle 2.2 setzt die E-24-Reihe mit der gleichen Ziffernfolge fort. Jeder Zahlenwert muss jetzt mit einer um ‚1' erhöhten Zehnerpotenz multipliziert werden.

Tabelle 2.3 zeigt typische Codierungen mit einer Buchstaben-Zahlen-Kombination. Die Position des ersten Buchstabens gibt die Lage der Kommastelle im Zahlenwert an und codiert zugleich die Zehnerpotenz des Widerstandswertes. Der nachfolgende Buchstabe beschreibt die Toleranz. Ein fehlender zweiter Buchstabe weist auf eine Toleranz von ±20% hin.

Tabelle 2.3 Buchstaben-Zahlen-Codierung

1. Buchstabe	R	K	M
Einheit	Ω	kΩ	MΩ
2. Buchstabe	G	J	K
Toleranz	±2%	±5%	±10%

In Tabelle 2.4 ist der häufig verwendete Farbcode dargestellt. Die ersten beiden Farbringe geben die Ziffernfolge des Widerstandswertes an. Bei der E-48-Reihe folgt ein dritter Ring für die Codierung der dritten Ziffer.

Ansonsten ist im dritten Farbring der Exponent der Zehnerpotenz und in der Farbe des vierten Ringes die Toleranz des Nennwertes codiert.

Tabelle 2.4 Farbcodierung

Farbe	Ziffer	Zehnerpotenz	Toleranz
Ohne	-	-	±20 %
Silber	-	-2	±10 %
Gold	-	-1	±5 %
Schwarz	0	0	-
Braun	1	1	±1 %
Rot	2	2	±2 %
Orange	3	3	-
Gelb	4	4	-
Grün	5	5	±0,5 %
Blau	6	6	±0,25 %
Violett	7	7	±0,1 %
Grau	8	8	±0,05 %
Weiß	9	9	-

SMD-Widerstände werden mit einer dreistelligen (±5 % bzw. ±2 % Toleranz) oder mit einer vierstelligen (±1 % Toleranz) Kombination gekennzeichnet (Tabelle 2.3).

Lehrbeispiel 2.2

Ordnen Sie die angegebenen Codierungen für Widerstände den entsprechenden Bauelementeangaben (siehe auch Bild 2.9) zu:

a) 51 R Lösung: 51 Ω / ±20 %
b) 3K6 K Lösung: 3,6 kΩ / ±10 %
c) Grün-Braun-Schwarz-Silber Lösung: 51 Ω / ±10 %
d) Orange-Blau-Rot-Gold Lösung: 3,6 kΩ / ±5 %
e) SMD_562 Lösung: 5,6 kΩ / ±2 %

Temperaturabhängigkeit

Jedes Bauelement ist in einer spezifischen Weise temperaturabhängig. Der Temperaturkoeffizient 1. Ordnung *TK* oder α (Einheit: K^{-1}) beschreibt diese Abhängigkeit über eine lineare Näherung. Für einen ohmschen Widerstand gilt bei 20 °C:

$$TK_R = \frac{dR}{dT} \cdot \frac{1}{R_{20}} \approx \frac{\Delta R}{\Delta T} \cdot \frac{1}{R_{20}} \tag{2.5}$$

Der Temperaturkoeffizient ist vorzeichenbehaftet. So weisen z. B. Kohleschichtwiderstände einen negativen und Metallschichtwiderstände einen positiven Temperaturkoeffizienten auf. Ein Widerstand hat bei der Bezugstemperatur ϑ_{20} = 20 °C (also T_{20} = 293 K) einen Widerstandswert R_{20}. Durch Veränderung der Temperatur um die Temperaturdifferenz ΔT wird der Widerstandswert gemäß des aktuellen Temperaturkoeffizientens größer bzw. kleiner. Der Temperaturkoeffizient selbst ist auch von der Temperatur abhängig und wird in Werkstofftabellen für die Bezugstemperatur T_{20} angegeben.

Formel 2.5 und Formel 2.6 gelten bei α (*TK* 1. Ordnung) nur näherungsweise und nur für kleine Temperaturänderungen ΔT.

$$R_{Tx} \approx R_{20} \cdot (1 + TK_R \cdot \Delta T) \tag{2.6}$$

Zur Simulation der Temperaturabhängigkeit eines Widerstandes muss zunächst der Temperaturkoeffizient TC1 (1. Ordnung) angegeben werden. Das ist in einfacher Form durch die Angabe TC1= hinter dem Value-Wert von RESISTANCE=1k möglich. Auf eine weitere Angabe zu TC2 (2. Ordnung) wollen wir vorerst verzichten.

Im Fenster *DC-Analysis-Limits* wird für die Variable 1 die Temperatur TEMP im Bereich (Range=100,-20,0.1) festgelegt. Für die Funktionsdarstellung $R = f(\vartheta)$ gilt:

X-Expression=DCINPUT1   und   Y-Expression=V(R1)/I(R1)

Der Temperatur-Sweep durchläuft jetzt in der °C-Skala einen Bereich von ϑ_{min} = -20 °C in Schritten von 0,1° bis zu einem Endwert von ϑ_{max} = +100 °C. Das entspricht in der Kelvin-Skala einem Bereich von: ΔT = 373 K - 253 K = 120 K.

Nun müssen wir noch (falls das nicht schon in einem Beispiel zum Kapitel 1 erledigt wurde) die Bezugstemperatur einstellen. MicroCap arbeitet in der Grundeinstellung (Default) mit einer Bezugstemperatur von 27 °C (300 K). Eine Änderung ist wie folgt möglich: *Options* → *Global Settings* → TNOM=20

Bild 2.11 zeigt die Simulationsschaltung. Die ermittelte Widerstands-Temperatur-Kennlinie gilt für Kupfer ($TK_1 = 3{,}82 \cdot 10^{-3}\,K^{-1}$).

Der Widerstand R_1 besitzt bei ϑ_{20} einen Wert von R_{20} = 1 kΩ. Im Temperaturbereich von ($-20\,°C \le \vartheta \le +100\,°C$) ändert sich der Widerstandswert wie folgt: $847{,}2\,\Omega \le R \le 1306\,\Omega$.

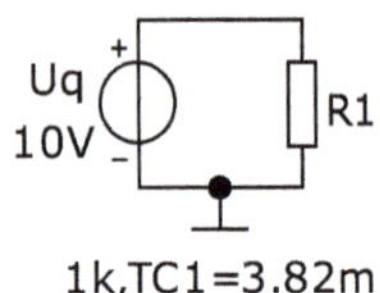

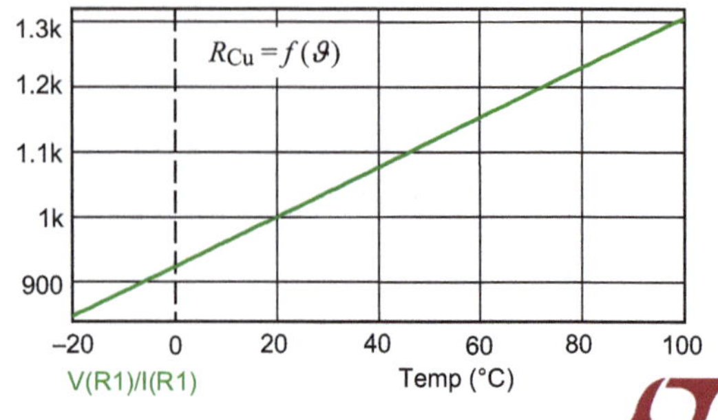

Bild 2.11 Simulation der Widerstands-Temperatur-Kennlinie für Kupfer

LTspice: K_2.2.1

Weitere Hinweise zum Temperaturkoeffizienten finden Sie im Simulationsbeispiel 2.2 und im Übungsbuch [7] – Berechnungsbeispiel 1.5.

Lehrbeispiel 2.3

LTspice: LB_2.3

Simulieren Sie das elektrische Verhalten von ohmschen Widerständen mit unterschiedlichen Temperaturkoeffizienten. Stellen Sie diese Funktionen $R = f(\vartheta)$ in einem gemeinsamen Diagramm dar. Für den Temperaturbereich gilt: $-20\,°C \leq \vartheta \leq +100\,°C$. Der Nennwert beträgt $R_{20} = 1\ k\Omega$.

Bild 2.12 zeigt eine reduzierte Simulationsschaltung. Für diese einfache Temperaturanalyse reicht der zu simulierende Widerstand mit der Angabe (R,TC1=) aus. Die Variation von TC1 wird *Stepping* durchgeführt. Im Fenster für *Stepping* sind dann folgende Angaben erforderlich:

(Step What)=R1   und rechts daneben im Rollmenü: (value.tc1)

List=-0.6m,-0.03m,0.2m   >OK<

Der vorher gesetzte TC1-Wert für Kupfer wird jetzt ignoriert. Dafür gelten die Werte in Bild 2.12, die über List für den Temperaturkoeffizienten TC1 eingegeben wurden.

R1
1k,TC1=3.82m

Kohle:	$TK_{1,1} = -0{,}6 \cdot 10^{-3}\ K^{-1}$
Konstantan:	$TK_{1,2} = -0{,}03 \cdot 10^{-3}\ K^{-1}$
Nickelin:	$TK_{1,3} = +0{,}2 \cdot 10^{-3}\ K^{-1}$

Bild 2.12 Simulationsanordnung für den Temperatur-Sweep

Bild 2.13 zeigt das Simulationsergebnis. Alle Geraden schneiden sich bei einem Wert $R = 1\ k\Omega$ und einer Temperatur von $\vartheta_{Bezug} = 20\ °C$. Die Änderungen sind im Vergleich zum Leiterwerkstoff Kupfer im betrachteten Temperaturbereich geringer.

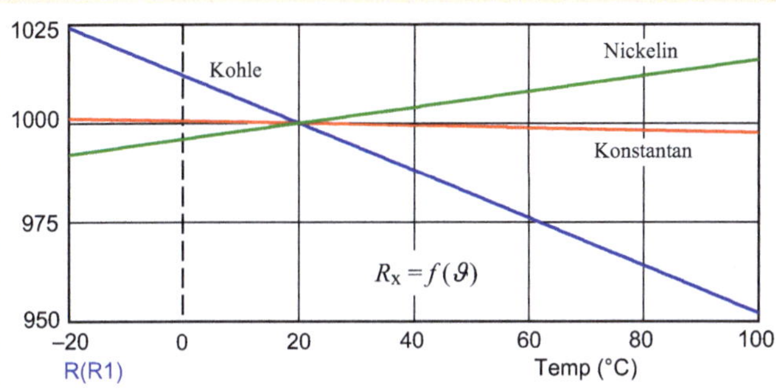

Bild 2.13 Kennlinien $R = f(\vartheta)$ für Kohle, Konstantan und Nickelin

Das simulierte Temperaturverhalten weist jetzt auf Temperaturkoeffizienten mit unterschiedlichen Vorzeichen hin. Kohle und Konstantan haben einen negativen und Nickelin hat einen positiven Temperaturkoeffizienten. Bei Konstantan ändert sich der Widerstandswert kaum. Konstantan (oder auch Manganin) sind demzufolge für Messwiderstände, die ihren Widerstandswert möglichst unabhängig von Temperaturänderungen beibehalten sollen, gut geeignet.

Für spezielle Einsatzfälle (z. B. in einer Temperaturmessbrücke) bevorzugt man dagegen Widerstandswerkstoffe mit einem betragsmäßig großen *TK*-Wert, um bereits bei kleinen Temperaturänderungen eine auswertbare Widerstandsänderung zu erreichen.

Verhalten im Wechselstromkreis

Ein von einem Strom durchflossener Widerstand bewirkt die Existenz eines magnetischen Feldes (induktive Wirkung). Gleichzeitig entsteht durch die Potentialdifferenz zwischen den beiden Anschlüssen ein elektrisches Feld (vgl. Verschiebungsstrom I_V). Zur vollständigen Beschreibung des elektrischen Verhaltens dieses Bauelementes (insbesondere bei höheren Betriebsfrequenzen ab ca. 1 MHz) ist demzufolge ein geeignetes Wechselstrom-Ersatzschaltbild erforderlich. Wie Bild 2.14 zeigt, kann man die induktive Wirkung ($\underline{U}_L$) mit einer Ersatzinduktivität und die kapazitive Wirkung ($\underline{I}_C$) mit einer Ersatzkapazität nachbilden.

Zur Nachbildung des elektrischen Verhaltens eines Widerstandes sind zwei verschiedene Ersatzschaltungen denkbar. Ihre Eigenschaften werden in den Simulationsbeispielen 2.3 und 2.4 ausführlich untersucht.

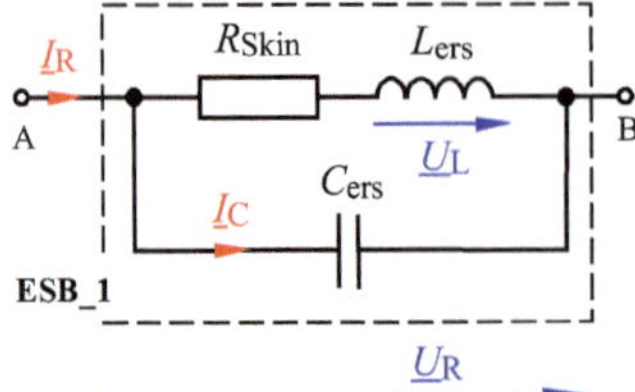

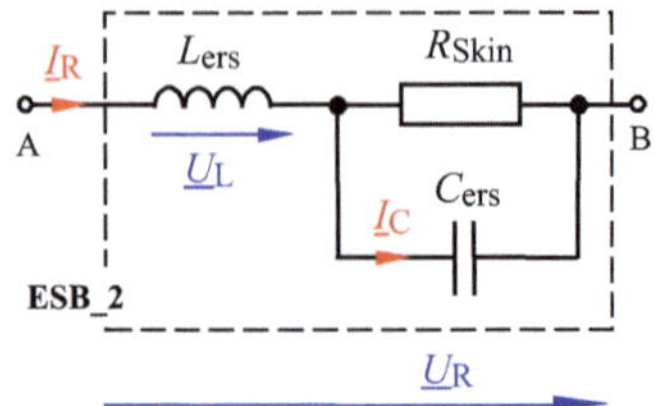

Bild 2.14 Wechselstrom-Ersatzschaltbilder eines ohmschen Widerstandes

Zur Vermeidung der induktiven Wirkung werden bei Drahtwiderständen spezielle Wickeltechniken angewendet. Bei einer bifilaren Wicklung wird der Widerstandsdraht als eine ausgangsseitig kurzgeschlossene Doppelleitung verlegt. Der stromdurchflossene Leiter der Rückleitung reduziert dann das von der „Hinleitung" verursachte magnetische Feld.

Der ohmsche Anteil R_{Skin} in Bild 2.14 ist zusätzlich von der Frequenz abhängig. Dieser Sachverhalt ist über den Skin-Effekt interpretierbar. Mit zunehmender Frequenz nimmt die Stromdichte von der Leiteroberfläche zur Mitte des Leiters ab. Damit steht nicht mehr der volle Leiterquerschnitt für den Ladungstransport zur Verfügung - der Widerstandswert steigt an. Für die Berechnung des Widerstandes wird ein Korrekturfaktor $k(x)$ eingeführt:

$$R_{Skin} = R_{\_} \cdot k(x)$$

Die Hilfsvariable x ist vom Leiterradius r_0, von der spezifischen elektrischen Leitfähigkeit κ und der Permeabilität μ des Leitermaterials ($\mu \approx \mu_0$) sowie von der Frequenz f abhängig.

$$x = \frac{r_0}{2} \cdot \sqrt{\pi \cdot f \cdot \kappa \cdot \mu} \tag{2.7}$$

Die Berechnung des Korrekturfaktors $k(x)$ gelingt mit der Hilfsvariablen x:

$$k(x \leq 1) = 1 + 0{,}3 \cdot x^4 \tag{2.8}$$

$$k(x > 1) = 0{,}25 + x + \frac{3}{64x} \tag{2.9}$$

Bei $x = 1$ schneiden sich die Funktionsverläufe der Formel 2.8 und Formel 2.9. Dann nimmt der Korrekturfaktor den Wert $k(1) = 1{,}3$ an und der Widerstand R_{Skin} tritt mit einer Erhöhung von 30 % im Vergleich zum Gleichstromwiderstand in Erscheinung.

Lehrbeispiel 2.4

Ein ohmscher Widerstand soll mit Konstantandraht (κ = 2 S · m/mm) realisiert werden. Simulieren Sie den Verlauf der Hilfsvariablen x bei Variation der Frequenz. Berechnen Sie daraus die Werte R_{Skin} für 1 MHz und 10 MHz. Bei welcher Frequenz muss im vorliegenden Fall der Wechsel zwischen Formel 2.8 und Formel 2.9 vorgenommen werden?

Zunächst soll der Gleichstromwiderstand bestimmt werden. Der Radius des Drahtes wurde mit einem großen Wert r_0 = 0,5 mm gewählt, um die Widerstandserhöhung bereits bei ca. 1 MHz darstellen zu können. Damit ergibt sich eine relativ große Länge des Widerstandsdrahtes. Wenn man einen Präzisionswiderstand mit $R\_$ = 1 Ω wählt, ergibt sich folgende Drahtlänge:

$$R\_ = \frac{l}{\kappa \cdot A} \quad \Rightarrow \quad l = R\_ \cdot \kappa \cdot \pi r_0^2 \approx 1{,}57\,\text{m}$$

Die gegebenen Größen fassen wir zu einer Ersatzgröße für Formel 2.7 zusammen. Alle ermittelten Werte gelten dann aber nur für x^* bei r_0 = 0,5 mm und κ = 2 S · m/mm² sowie μ = 0,4π · 10⁻⁶ Vs/Am.

$$x^* = \frac{0{,}5}{2} \cdot 10^{-3} \cdot \sqrt{\pi \cdot f \cdot 2 \cdot 0{,}4\pi} = 0{,}7 \cdot 10^{-3} \cdot \sqrt{f}$$

Bild 2.15 zeigt die mit MicroCap simulierte Funktion $x = g(f)$. Dazu wurde Formel 2.7 mit der Ersatzgröße als Y-Expression eines AC-Sweeps eingegeben und auf $R\_$ = 1 Ω angewendet.

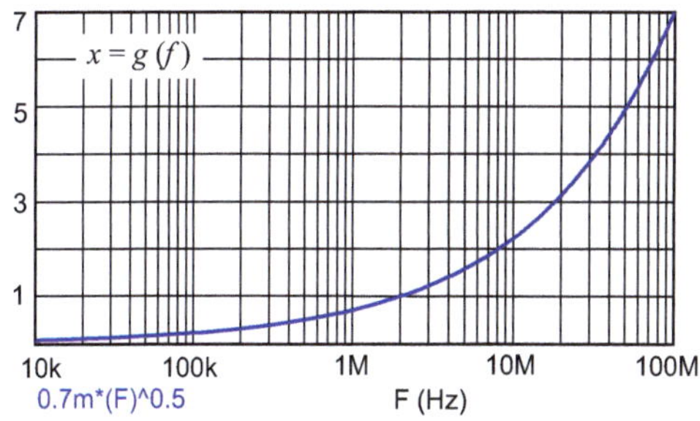

Bild 2.15 Frequenzgang der Hilfsvariablen x

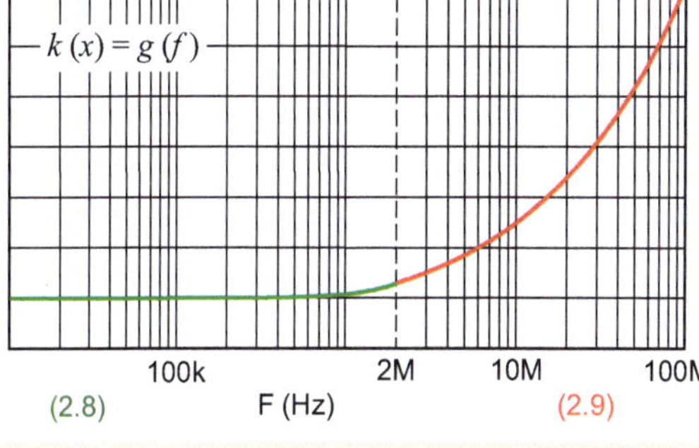

Bild 2.16 Frequenzgang von $k(x)$

Für diesen Widerstand gilt bei 1 MHz:

$$x_{1M} = \frac{0,5}{2} \cdot 10^{-3} \cdot \sqrt{\pi \cdot 10^6 \cdot 2 \cdot 0,4\pi} \approx 0,702 < 1$$

$$k(x_{1M}) = 1,073 \quad \Rightarrow \quad R_{Skin}(1M) \approx 1,073\,\Omega$$

Für den Widerstand bei 10 MHz gilt:

$$x_{10M} = \frac{0,5}{2} \cdot 10^{-3} \cdot \sqrt{\pi \cdot 10^7 \cdot 2 \cdot 0,4\pi} \approx 2,221 > 1$$

$$k(x_{10M}) = 2,493 \quad \Rightarrow \quad R_{Skin}(10M) \approx 2,49\,\Omega$$

Der Widerstand wird über der hier betrachteten Frequenzdekade mit dem Faktor 2,32 angehoben. Ein Wechsel von Formel 2.8 zu Formel 2.9 ist bei folgender Frequenz erforderlich:

$$f_{x=1} = \frac{4}{\pi \cdot r_0^2 \cdot \kappa \cdot \mu} \approx 2\,\text{MHz}$$

Der Widerstand $R_{Skin} = R_{-} \cdot k(x)$ ändert sich bis ca. 1 MHz nur geringfügig (Formel 2.8). Dann steigt er gemäß Formel 2.9 an. Dabei nähert sich die Funktion $k(x)$ an die Funktion x an. Bei $x > 1$ unterscheiden sich x und $k(x)$ wie folgt: $k(x) \approx x + 0,3$ (gilt als Näherung bei Abschätzungen).

2.2.2 Kondensatoren

Der prinzipielle Aufbau und die elektrischen Eigenschaften des Kondensators wurden in [6] (Kapitel 15) bereits ausführlich behandelt. In diesem Abschnitt sollen nur noch einmal kurz die typischen Bauformen und die wichtigsten Kenngrößen dargestellt werden.

Kondensatoren sind Bauelemente zur Speicherung elektrischer Energie. Im Wechselstromkreis verursachen sie Blindleistung.

Das Speichervermögen eines Kondensators ist von seiner Kapazität abhängig. Die Kapazität beschreibt die auf die Spannung bezogene speicherbare Ladung (Ladungsgesetz):

$$C = \frac{Q}{U} \tag{2.10}$$

Die Kapazität wird von den konstruktiven Daten (Fläche der räumlich ausgebildeten Elektroden und Elektrodenabstand) sowie vom verwendeten Dielektrikum mit der Permittivität $\varepsilon = \varepsilon_0 \cdot \varepsilon_r$ beeinflusst. Bei einem Plattenkondensator gilt:

$$C = \varepsilon \cdot \frac{A}{d}$$

Der Kapazitätswert ist temperaturabhängig und stellt eine wichtige Kenngröße von Kondensatoren dar. Die Temperaturabhängigkeit beschreibt man über den Temperaturkoeffizienten.

$$TK_C = \frac{dC}{dT} \cdot \frac{1}{C} \tag{2.11}$$

Ein Kondensator mit der Kapazität C speichert elektrische Energie W_{el}, wenn er auf eine Spannung U aufgeladen wird.

$$W_{el} = \int_U Q \cdot dU = \frac{C}{2} \cdot U^2 \tag{2.12}$$

Eine weitere wichtige Kenngröße von Kondensatoren ist die Spannungsfestigkeit. Sie wird als Nennspannung U_D angegeben und definiert die zulässige Spannung über den Elektroden im Dauerbetrieb ohne Schädigung des Kondensators.

Da das verwendete Dielektrikum keine idealen Isoliereigenschaften aufweist, kann der Kondensator seine Energie nicht unendlich lange speichern. Bedingt durch die Existenz weniger frei beweglicher Ladungsträger fließt im Dielektrikum ein Leckstrom, der den Kondensator über der Zeit entlädt.

Im Wechselstromkreis entstehen zusätzliche dielektrische Verluste (z. B. durch Polarisation; vgl. [6] – Abschnitt 15.5.4). Der Verlustfaktor d_C ist ein Maß für die Güte Q_C eines Kondensators. Er ist von der Temperatur und von der Frequenz abhängig

$$d_C = \frac{1}{Q_C} = \frac{1}{\omega \cdot C \cdot R_C} \tag{2.13}$$

Die Abmessungen eines Kondensators werden von der Kapazität, der Spannungsfestigkeit und von seiner Bauform bestimmt. Zu den wichtigsten Herstellerangaben gehört neben der Nennkapazität (mit ihrer Toleranz) die Nennspannung U_D. Man unterscheidet zwischen Kondensatoren mit fester und veränderbarer Kapazität.

Festkondensatoren werden in vielfältigen Bauformen angeboten (Bild 2.17).

Der Temperaturkoeffizient TK_C wird bei Scheiben- und Rohrkondensatoren über die Farbe der Scheibenkappe bzw. über die Farbe des Punktes auf dem Anschluss des Innenbelages angegeben. Der Außenbelag ist bei Rohr- und Wickelkondensatoren am eingerückten Anschluss bzw. an einem Ring/Strich am Anschluss zu erkennen. Wenn man in hochohmigen Kreisen den Außenbelag auf Bezugspotential

(⊥) legt, wirkt dieser Belag als Abschirmung gegen äußere elektrische Störfelder. Bei Elektrolyt-Kondensatoren wird die Position des Anodenanschlusses durch eine Einschnürung am Gehäuse gekennzeichnet.

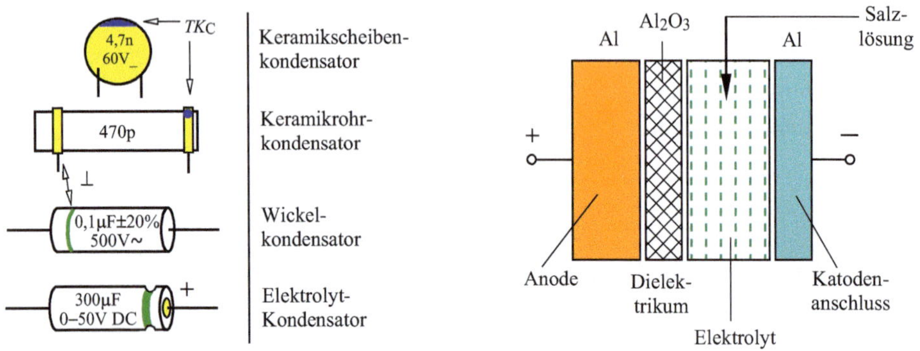

Bild 2.17 Festkondensatoren (links: Bauformen und rechts: prinzipieller Aufbau eines Elko)

Ein Kondensator besteht prinzipiell aus zwei leitfähigen Elektroden (auch Beläge genannt), die durch einen Isolierstoff (Dielektrikum) voneinander getrennt werden. Aus der Sicht der Struktur wird zwischen einer MIM-Struktur (Metall-Isolator-Metall) und einer MIE-Struktur (Metall-Isolator-Elektrolyt) unterschieden. Bei der Verwendung von Metallelektroden entsteht eine MIM-Struktur. Diese Schichtenfolge kann einmalig oder in wiederholter Form zur Anwendung kommen.

Keramikkondensatoren werden als Rohr- oder Scheibenkondensatoren gefertigt. Die Schichtenfolge MIM tritt nur einmal auf. Bei Keramikkondensatoren erreicht man hohe Spannungsfestigkeiten bei Kapazitätswerten von einigen 100 nF.

In Schichtkondensatoren tritt die MIM-Folge wiederholt auf. Als Dielektrikum wird bevorzugt Glimmer verwendet. Solche Kondensatoren haben einen stabilen Kapazitätswert (hohe zeitliche Konstanz) und arbeiten praktisch verlustlos. Sie sind als Kapazitätsnormal einsetzbar und erreichen Kapazitätswerte bis zu 1 µF.

Folienkondensatoren stellen eine gewickelte MIM-Struktur dar. Zwischen zwei Metallfolien liegt jeweils eine Ölpapier- oder Kunststofffolie (Wickelkondensator). Papierkondensatoren sind Folienkondensatoren. Sie werden in einem Gehäuse vergossen und als Becherkondensatoren bezeichnet. Man erreicht Kapazitätswerte in der Größenordnung von 10 µF.

Metallpapier-Kondensatoren (MP) stellen eine Sonderausführung von Papierkondensatoren dar. Die Elektroden werden auf das Dielektrikum (Papier) aufgedampft. Im Fall eines Durchschlages verdampft der dünne Metallbelag und „heilt“ so die Durchschlagstelle. Es sind Kapazitätswerte in der Größenordnung 100 µF realisierbar.

SMD-Kondensatoren (Surface Mounted Device) sind spezielle Bauelemente für eine Leiterplattenfertigung. Sie werden als Folien-, Keramik-, Elektrolyt- oder Trimmkondensatoren hergestellt. Da keine zusätzlichen Anschlussleitungen erforderlich sind, eignen sich diese Bauelemente insbesondere für den Einsatz im HF-Bereich.

Bei der Verwendung eines Elektrolyten anstelle einer Metallelektrode entsteht eine MIE-Struktur. Man bezeichnet diese Bauelemente als Elektrolyt-Kondensatoren (Abk.: Elko). Hierbei handelt es sich (in der Regel) um gepolte Kondensatoren, die nur in der angegebenen Polarität betrieben werden dürfen. Man unterscheidet zwischen „nassen" (flüssiger Elektrolyt) und „trockenen" (fester Elektrolyt) Elkos. Je nach verwendetem Elektrodenmaterial entsteht ein Aluminium-Elko (das Dielektrikum ist Al_2O_3) oder ein Tantal-Elko (das Dielektrikum ist Ta_2O_5).

Nasse Elektrolyt-Kondensatoren mit Aluminium-Elektroden finden die häufigste Anwendung. Sie werden so aufgebaut, dass zwischen zwei Al-Folien eine Schicht Spezialpapier liegt. Dieses Papier wird mit dem Elektrolyten getränkt. Nun muss der Elektrolyt-Kondensator „formiert" werden, indem man eine äußere Spannung anlegt.

Der jetzt kurzzeitig fließende Strom führt im Elektrolyten zu einer Sauerstoffabscheidung, die sich als gut isolierende Oxidschicht an der positiven Elektrode (Anode) anlagert und das Dielektrikum bildet (siehe Bild 2.17 – rechts). Der Katodenanschluss ist häufig mit dem Gehäuse verbunden. Mit dem Formieren liegt zugleich die Polarität der Anordnung fest. Durch eine entgegengesetzte Polung würde es jetzt zur Zerstörung des Kondensators kommen, da der Übergang vom Metall zum Oxid wie eine in Sperrrichtung geschaltete Diode wirkt. Die von außen angelegte Spannung führt in diesem Fall zum Durchbruch.

Aluminium-Elektrolyt-Kondensatoren benötigen im Gehäuse eine Öffnung zum Ausgleich des im Inneren entstehenden Druckes. Tantal-Elektrolyt-Kondensatoren haben einen geringen Leckstrom und sind fest verschlossen. Sie reagieren aber empfindlich auf Überspannungen. Mit Elektrolyt-Kondensatoren erreicht man Kapazitätswerte von ca. 10^3 bis 10^4 µF.

Der Kapazitätswert veränderbarer Kondensatoren kann durch eine mechanische Verstellung der Elektroden zueinander variiert werden. Solche Kondensatoren werden als Trimmer bezeichnet, wenn die mechanische Beeinflussung mit einer Stellschraube o. ä. vorgenommen wird. Trimmer sind in der Regel für die Bestückung von Leiterplatten vorgesehen und werden immer dann eingesetzt, wenn die Kapazität einmal einzustellen ist und dann nur noch selten nachgestellt werden muss. Es sind Kapazitäten bis ca. 500 pF mit einem vertretbaren Aufwand realisierbar.

Für die wiederholte Veränderung des Kapazitätswertes kommen Drehkondensatoren zum Einsatz. Als Dielektrikum wird in der Regel Luft verwendet. Durch das Drehen des Rotor-Plattenpaketes relativ zum Stator-Plattenpaket verändert sich die wirksame Plattenfläche und damit die Kapazität. Mit Drehkondensatoren erreicht man in der Normalausführung Kapazitätswerte bis zu 1000 pF.

Ersatzschaltbilder des Kondensators

Zur vollständigen Beschreibung des elektrischen Verhaltens eines Kondensators werden unterschiedliche Ersatzschaltungen verwendet. Bild 2.18 zeigt auf der linken Seite das NF-Ersatzschaltbild und auf der rechten Seite das übliche HF-Ersatzschaltbild.

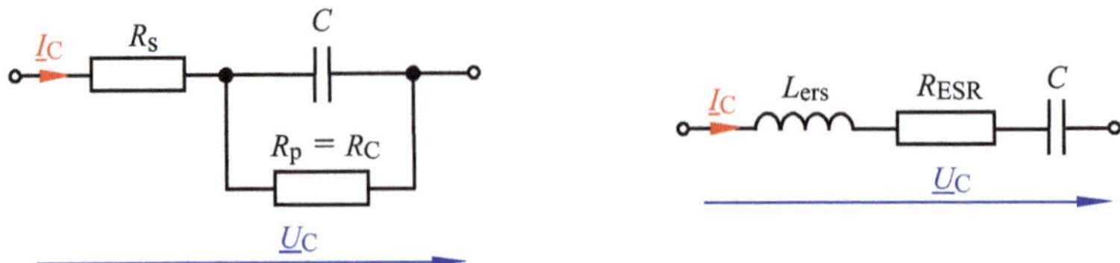

Bild 2.18 Ersatzschaltbilder des Kondensators (links: NF und rechts: HF)

Das NF-Ersatzschaltbild berücksichtigt den Leitungswiderstand R_s (bei Elektrolyt-Kondensatoren: $R_s \approx 0{,}01\ \Omega$ bis $1\ \Omega$) und die unvollkommenen Isolationseigenschaften des Dielektrikums mit R_p (bei Elektrolyt-Kondensatoren: $R_p \approx 10\ \text{k}\Omega$ bis $10\ \text{M}\Omega$). Es beschreibt die Betriebseigenschaften des Kondensators im Gleichspannungs- und Niederfrequenzbereich.

Für höhere Frequenzen gilt das HF-Ersatzschaltbild (Bild 2.18 - rechts). Dazu rechnet man den Parallelwiderstand $R_p = R_C$ in einen Reihenwiderstand $R_{p \to s}$ um und fasst ihn mit R_s zu einem resultierenden Reihenwiderstand ESR (Equivalent Series Resistor) zusammen Dann gilt: $R_{ESR} = R_s + R_{p \to s}$.

Außerdem berücksichtigt man die induktive Wirkung mit einer Ersatzinduktivität L_{ers}. Alle Ersatzelemente sind von der Frequenz und von der Temperatur abhängig.

Lehrbeispiel 2.5

Simulieren Sie den Frequenzgang der Impedanz eines realen Kondensators im HF-Bereich. Die Temperaturabhängigkeiten werden nicht berücksichtigt.

Es wird ein Folienkondensator mit folgenden Kenngrößen und Ersatzelementen gewählt: C = 100 nF mit R_{ESR} = 0,1 Ω und L_{ers} = 20 nH.

Bild 2.19 zeigt die Simulationsschaltung.

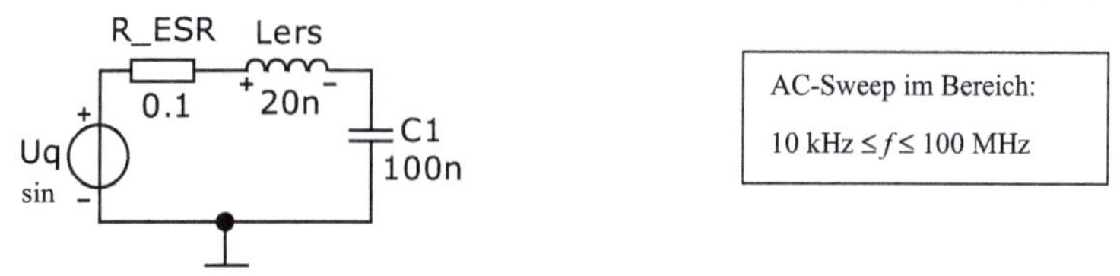

Bild 2.19 Schaltung zur Simulation des HF-Ersatzschaltbildes

Wir ermitteln den Frequenzgang des Betrages der Impedanz im Bereich 10 kHz ≤ *f* ≤ 100 MHz.

Bild 2.20 zeigt das Simulationsergebnis in einer doppelt-logarithmischen Darstellung. Auf die Abstufungen längs der *y*-Achse wurde aus Gründen der Übersichtlichkeit verzichtet.

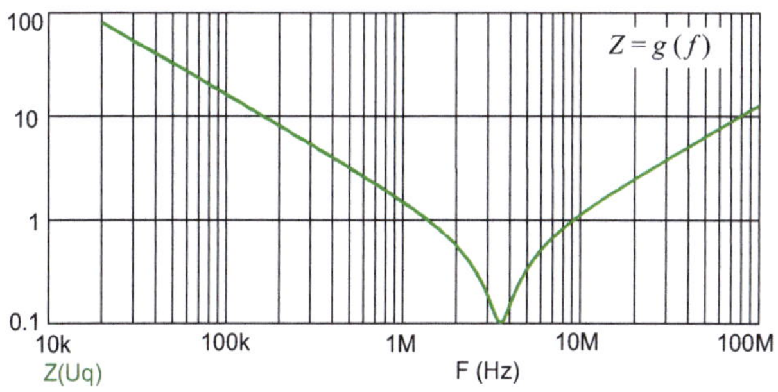

Bild 2.20 Frequenzgang der Impedanz des HF-Ersatzschaltbildes

Für eine beliebige Frequenz gilt:

$$Z = \sqrt{R_{\mathrm{ESR}}^2 + \left(\omega L_{\mathrm{ers}} - \frac{1}{\omega C}\right)^2}$$

Bei einer Frequenz von ca. 3,6 MHz wird der Betrag der Impedanz minimal und hat den Wert R_{ESR}. Hier zeigt der Ersatz-Kondensator Resonanzeigenschaften, die sich aus dem Zusammenwirken von C und L_{ers} ergeben. Das war auch zu erwarten, da die HF-Ersatzschaltung nach Vorbild eines Reihenschwingkreises aufgebaut ist. Für die Resonanzfrequenz in Bild 2.20 gilt:

$$f_0 = \frac{1}{2\pi \cdot \sqrt{LC}} = \frac{10^8}{2\pi \cdot \sqrt{20}}\ \mathrm{Hz} \approx 3{,}56\ \mathrm{MHz}$$

2.2.3 Spulen

Der prinzipielle Aufbau und die elektrischen Eigenschaften der Spule wurden bereits in [6] (Kapitel 17 und 19) ausführlich behandelt. In diesem Abschnitt sollen demzufolge nur noch einmal kurz die typischen Bauformen und die wichtigsten Kenngrößen dargestellt werden.

Spulen sind Bauelemente zur Speicherung magnetischer Energie. Im Wechselstromkreis verursachen sie Blindleistung.

Das Speichervermögen einer Spule ist von ihrer Induktivität L abhängig. Die Definitionsgleichung für eine Induktivität mit der Windungszahl N lautet:

$$L = \frac{\Psi}{I} = \frac{N \cdot \Phi}{I} \tag{2.14}$$

Die Induktivität einer Spule wird neben der Windungszahl von den konstruktiven Daten und vom verwendeten Magnetwerkstoff beeinflusst. Die konstruktiven Größen s (mittlere Länge der magnetischen Flusslinien) und A (vom magnetischen Fluss durchsetzte Fläche) sowie die Materialkenngröße (Permeabilität μ) bestimmen den Wert des magnetischen Widerstandes R_m und damit die Induktivität (siehe [6] - Abschnitt 17.3.2).

$$L = \frac{N^2}{R_m} \tag{2.15}$$

mit: $R_m = \frac{s}{\mu \cdot A}$.

Wenn ein Strom I durch die N Windungen einer Spule fließt, speichert sie eine magnetische Energie W_m. Der Spulenstrom geht quadratisch in die gespeicherte Energie ein. Bei Spulen mit einem ferromagnetischen Kern bleibt ein Teil dieser Energie als Restmagnetismus im Kern erhalten.

$$W_m = \int_I \Psi \cdot \mathrm{d}\, I = \frac{L}{2} \cdot I^2 \tag{2.16}$$

Da der für die Wicklung verwendete Leiterwerkstoff keine idealen Eigenschaften aufweist, entstehen ohmsche Verluste (Wicklungsverluste). Im Wechselstromkreis treten zusätzliche Eisenverluste in ferromagnetischen Kernen auf (Ummagnetisierungsverluste sowie Wirbelstromverluste).

Der Verlustfaktor d_L ist ein Maß für die Güte Q_L einer Spule. Jede Spule besitzt einen nicht vermeidbaren frequenz- und temperaturabhängigen Verlustwiderstand R_L.

Nach [6] - Abschnitt 8.2.1 gilt:

$$d_L = \frac{1}{Q_L} = \frac{R_L}{\omega \cdot L} \tag{2.17}$$

Man unterscheidet zwischen Spulen mit konstanter Permeabilität und arbeitspunktabhängiger Permeabilität. Die Funktionsverläufe $\mu = f\ (H)$ in Bild 2.21 sind mit unterschiedlichen Größenordnungen der μ-Achse dargestellt.

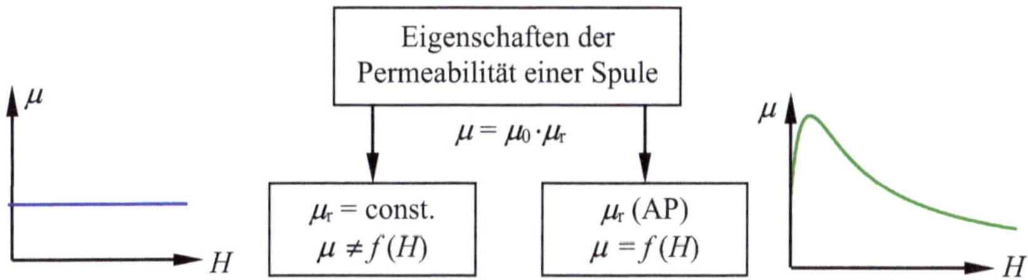

Bild 2.21 Einteilung von Spulen nach den Eigenschaften der Permeabilität

Bei Spulen mit Kernen aus nichtferromagnetischen Materialien ist die Permeabilität nicht vom eingestellten Arbeitspunkt abhängig und damit eine konstante Größe. Ein typischer Vertreter von Spulen mit konstanter Permeabilität ist die Luftspule. Mit einer Luftspule können infolge $\mu \approx \mu_0$ nur Spulen mit relativ kleinen (aber dafür arbeitspunktunabhängigen) Induktivitäten realisiert werden. Für etwas größere Induktivitätswerte steigt die erforderliche Windungszahl nach Formel 2.14 sehr stark an. Damit erhöhen sich die Wicklungsverluste sowie Masse und Volumen (und auch die Kosten) des Bauelementes.

Beim Einsatz von Kernen mit paramagnetischen Eigenschaften oder von Kunststoffkernen, die mit Eisenpulver versetzt sind (z. B. Carbonyl - wasserstoffreduziertes Eisen), erhält man relative Permeabilitäten in der Größenordnung von $\mu_r \approx 10$ bis 30. Damit können Induktivitätswerte erreicht werden, die gegenüber einer Luftspule gleicher Bauform um den Faktor μ_r größer und nahezu arbeitspunktunabhängig sind.

Bild 2.22 zeigt links den linearen Verlauf der Magnetisierungskennlinie eines Magnetwerkstoffes mit konstanter Permeabilität (nichtferromagnetischer Stoff).

Bei Spulen mit Kernen aus ferromagnetischen Materialien ist die Permeabilität vom eingestellten Arbeitspunkt (AP) abhängig und damit eine Funktion der magnetischen Feldstärke. Es gilt: $\mu = f\ (H)$. Bild 2.22 (rechts) zeigt den Verlauf der Magnetisierungskennlinie von Elektroblech. Für einen Kern ohne Luftspalt erhält man den Arbeitspunkt (hier: AP_2) bei einer magnetischen Feldstärke $H_E{}^*$ über die vertikale Projektion von H^* auf die Kennlinie.

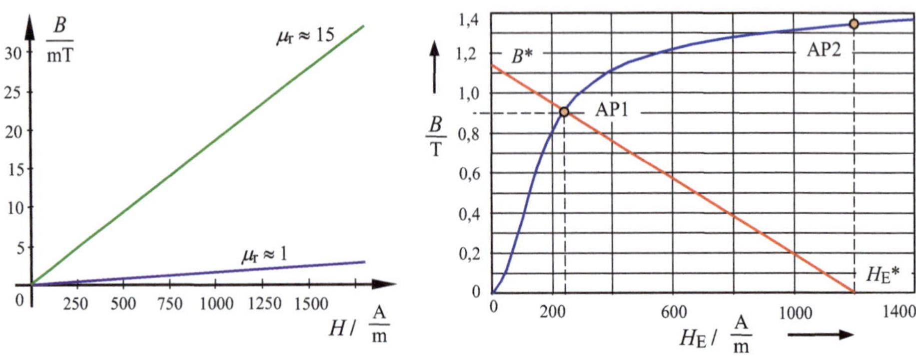

Bild 2.22 Vergleich von Magnetisierungskennlinien (links: nichtferromagnetischer Stoff und rechts: Magnetisierungskennlinie von Elektroblech)

Bei einem Kern mit Luftspalt wird der Arbeitspunkt (hier: AP_1) durch den Schnittpunkt der sog. Luftspaltgeraden (LSG) mit der Kennlinie bestimmt. Der Anstieg dieser Geraden kann bei einem vorgegebenen H_E* mit der Länge des Luftspaltes δ eingestellt werden. Die beiden Schnittpunkte mit der *B*-Achse (*B**) bzw. mit der *H*-Achse (H_E*) werden nach [6] - Abschnitt 17.3.3 wie folgt ermittelt:

$$B^* = I \cdot N \cdot \frac{\mu_0}{\delta}$$

$$H^* = \frac{I \cdot N}{s_E}$$

Durch eine Änderung des Erregerstromes oder der Windungszahl erfährt die Luftspaltgerade eine Parallelverschiebung. Eine Veränderung der Länge des Luftspaltes δ beeinflusst den Anstieg der Luftspaltgeraden.

Die Bauform einer Spule wird vorrangig durch ihr Einsatzgebiet bestimmt. Dieses Anwendungsgebiet legt zugleich das einzusetzende Kernmaterial fest.

Bei ferromagnetischen Kernen ist der Wert der relativen Permeabilität sehr groß. So können Spulen mit großen Induktivitäten realisiert werden. Die Kerne stellen zylinderförmige, ringförmige, rechteckförmige oder topfähnliche Anordnungen dar. Es existiert eine Vielfalt an unterschiedlichen Bauformen und technischen Realisierungsvarianten (unverzweigte sowie verzweigte ferromagnetische Kreise ohne und mit Luftspalt - vgl. [7] - Kapitel 17).

Zu den einfachsten Bauformen zählen Zylinder- und Ringspulen. Sie werden als Luftspulen und als Kernspulen mit einer einlagigen oder mit einer mehrlagigen Wicklung realisiert.

Bild 2.23 zeigt den Aufbau einer einlagigen (eng bewickelten) Zylinderspule, die infolge ihrer kleinen Eigenkapazität im HF-Bereich angewendet wird. Bei einer Kernspule werden spezielle Ferromagnetika eingesetzt. Die Wicklung einer Luftspule wird häufig auf einen magnetisch neutralen Trägerkörper mit $\mu \approx \mu_0$ über der Länge a eng bewickelt aufgebracht. Ein kleiner Hilfskern kann bei einer stehenden Bauform zum Feinabgleich des Wertes der Induktivität genutzt werden.

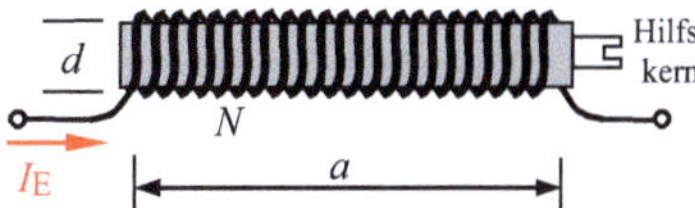

Bild 2.23
Aufbau einer Zylinderspule (Solenoid)

Wenn der Spulenkörper gleichmäßig dicht bewickelt und der Zylinderdurchmesser d viel kleiner als die Spulenlänge a ist, bildet sich im Inneren des Zylinders ein nahezu homogenes magnetisches Feld aus. Das inhomogene Feld außerhalb des Zylinders hat dann eine sehr geringe Dichte und kann näherungsweise vernachlässigt werden. Dann gilt:

$$H_{\text{innen}} \approx \frac{I \cdot N}{a}$$

Mit Formel 2.15 kann man für diesen Sachverhalt die Induktivität ermitteln.

$$R_{\text{m}} \approx \frac{a}{\mu_0 \cdot \mu_{\text{r}} \cdot A} \approx \frac{4a}{\mu_0 \cdot \mu_{\text{r}} \cdot \pi \cdot d^2} \quad \Rightarrow \quad L \approx \frac{N^2 \cdot \mu_0 \cdot \mu_{\text{r}} \cdot A}{a} \approx \frac{N^2 \cdot \mu_0 \cdot \mu_{\text{r}} \cdot \pi \cdot d^2}{4a}$$

Die Ringspule weist wegen der Form des Kernes sehr positive Eigenschaften auf. Wenn man die Wicklung gleichmäßig und eng gewickelt über dem Kernumfang aufbringt, können streuarme Induktivitäten realisiert werden. Die Spule schirmt sich weitgehend selbst ab, da sich die magnetischen Flusslinien im Inneren des Kernes (A) konzentrieren (Bild 2.24). Es werden Kerne mit mittleren Durchmessern D_{m} von wenigen Millimetern bis zu über 100 mm angeboten.

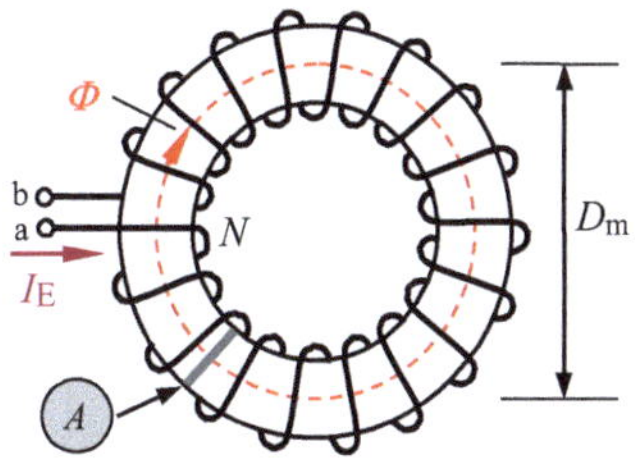

Bild 2.24
Aufbau einer Ringspule (Toroid)

Die Induktivität kann man über die konstruktiven Daten ermitteln. Dazu muss der Wert der Permeabilität aus der Magnetisierungskennlinie für den angestrebten Arbeitspunkt bestimmt werden. Wenn der Arbeitspunkt im steilen Bereich der Magnetisierungskennlinie liegt, kann die Kennlinie in diesem Bereich näherungsweise als Gerade aufgefasst werden. Für diesen Kennlinienabschnitt gilt dann: $\mu_{\text{r}} \approx \text{const.}$

Die Formel 2.15 wird mit der Annahme verwendet, dass sich der gesamte magnetische Fluss im Mittelpunkt der Kernquerschnittsfläche A konzentriert, obwohl dieser Fluss Φ die gesamte Fläche gleichmäßig durchsetzt.

$$L \approx \frac{N^2 \cdot \mu_0 \cdot \mu_r \cdot A}{\pi \cdot D_m} \approx \frac{N^2 \cdot \mu_0 \cdot \mu_r \cdot d^2}{4D_m}$$

Vom Hersteller wird häufig ein A_L-Wert angegeben. Er ist ein Maß für den magnetischen Leitwert Λ und berücksichtigt neben der Permeabilität des Kernmaterials die konstruktiven Daten D_m und A des Kernes ([6] - Abschnitt 17.3.2).

Der eigentliche Wert wird bei Schalenkernen (Bild 2.30) als Zahlenwert ohne Einheit $\{A_L\}$ auf eine Schale gedruckt und gibt den A_L-Wert in der Regel in nH an: $A_L = \{A_L\} \cdot 1$ nH. Mit diesem Wert kann die Induktivität über die Windungszahl (oder die erforderliche Windungszahl für eine gewünschte Induktivität) berechnet werden:

$$L = N^2 \cdot \Lambda = N^2 \cdot A_L \tag{2.18}$$

Lehrbeispiel 2.6

Simulieren Sie den Verlauf der Magnetisierungskennlinie einer Ringspule mit Eisenkern (Material: 3C85) und stellen Sie die Abhängigkeit der Permeabilität von der magnetischen Feldstärke grafisch dar.

Jetzt muss eine nichtlineare Induktivität betrachtet werden. MicroCap verfügt über ein CORE-Modell (K = Mutual Inductance/Nonlinear Magnetics Core Model). Dieses Modell wird als Spule mit der Induktivität L_1 auffasst, wenn das Symbol in Kombination mit L_1 auf der Arbeitsoberfläche platziert wird. Dann sind für K folgende Einstellungen erforderlich:

Inductors=L1 Coupling=0.999 Model=3C85

Die Wicklung der Spule verhält sich jetzt so, dass sie auf dem CORE-Kern aufgebracht ist. Es gelten die für das jeweilige K-Modell angegebenen Modellparameter.

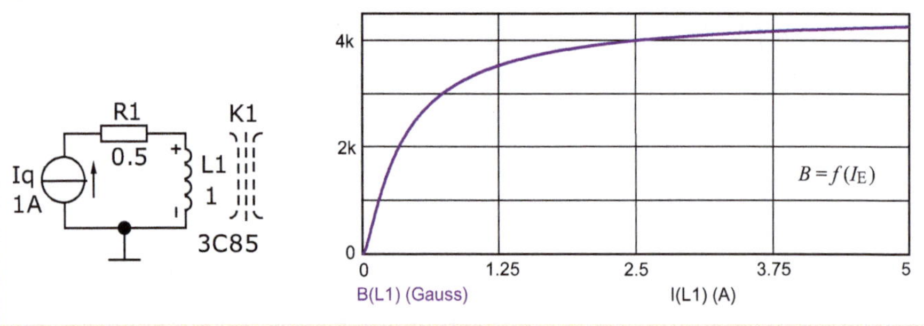

Bild 2.25 Simulation der Magnetisierungskennlinie (links: Schaltung und rechts: $B = f(I_E)$)

Zur Darstellung der Magnetisierungskennlinie ist zunächst eine Einspeisung mit dem Erregerstrom I_E erforderlich. Dazu dient eine Gleichstromquelle / None / mit I_q, auf die ein DC-Sweep (Iq=5,0,1m) wirkt. In der Zeile ‚Y-Expression' wird die Funktion B(L1) eingegeben.

Bild 2.25 zeigt die Simulationsschaltung mit dem vorläufigen Simulationsergebnis $B = f(I_E)$. Die dargestellte Funktion entspricht aber nicht der Aufgabenstellung. Außerdem ist zu beobachten, dass die Größenordnung der *B*-Werte keinerlei Praxisbezug aufweist. Woran liegt das?

MicroCap arbeitet mit Einheiten, die nach DIN nicht mehr oder nur bedingt zulässig sind.

Die magnetische Flussdichte hat die Einheit $[B]$ = 1 T. MicroCap benutzt die Einheit Gauss. Es gilt die Umrechnung: 1 T = 10^4 G.
Die magnetische Feldstärke hat die Einheit $[H]$ = 1 A/m. MicroCap benutzt die Einheit Oerstedt. Es gilt die Umrechnung: 1 A/m = $4\pi \cdot 10^{-3}$ Oe.
Diese Umrechnungsfaktoren muss man demzufolge mit in die Expression-Zeilen eingeben. Dann gilt:

[B(T) = 0.1m*B(L1)] als Funktion von: [H(A/m) = H(L1)/12.566m]

Zur Darstellung der Funktion $B = f(H)$ ist nun noch die Variable der *x*-Achse festzulegen. Wir geben in die X-Expression-Zeile ein: H(L1)/12.566m und erhalten die Magnetisierungskennlinie. Sie geht bei einer magnetischen Feldstärke von ca. 250 A/m in die Sättigung und erreicht dort Werte der magnetischen Flussdichte von ca. 0,4 T.

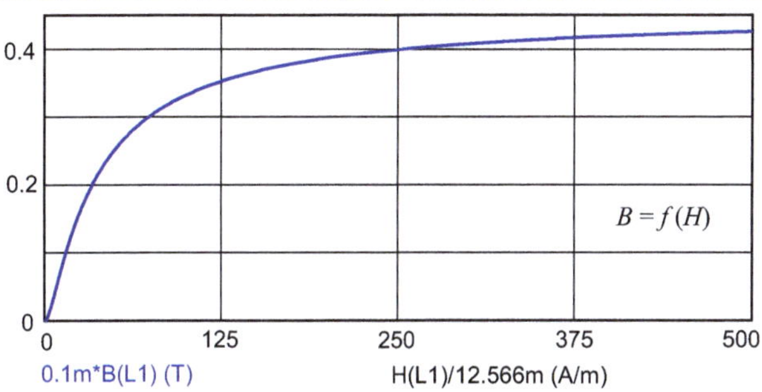

Bild 2.26 Simulierte Magnetisierungskennlinie für das Magnetics Core Model 3C85

Zur Darstellung der Abhängigkeit der relativen Permeabilität von der magnetischen Feldstärke gilt in jedem Arbeitspunkt mit den genannten Umrechnungen die folgende Überlegung:

$$B = \mu_0 \cdot \mu_r \cdot H$$

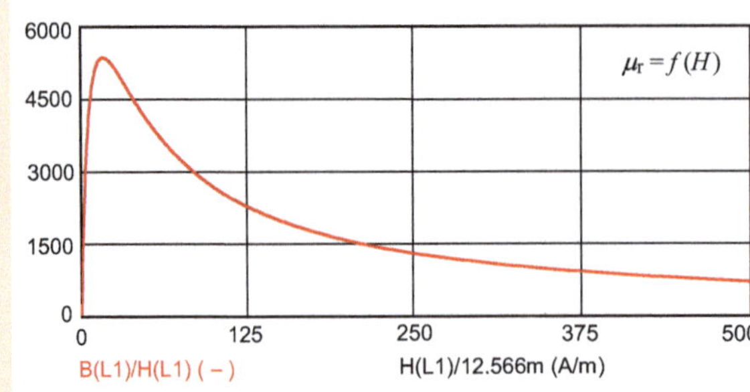

$$\mu_r = \frac{B}{\mu_0 \cdot H}$$

$$\mu_r = \frac{10^{-4} B(\mathrm{G})}{\{\mu_0\} \cdot \frac{10^3}{4\pi} H(\mathrm{Oe})}$$

$$\mu_r = \frac{B}{H} \cdot \frac{\mathrm{G}}{\mathrm{Oe}}$$

Bild 2.27 Verlauf der relativen Permeabilität für die Magnetisierungskennlinie in Bild 2.26

Man erhält den Verlauf der relativen Permeabilität (dimensionslos) über die folgende Angabe in der Y-Expression-Zeile: B(L1)/H(L1). Bild 2.27 zeigt das Simulationsergebnis. Die relative Permeabilität hat im Bereich des starken Anstieges der Magnetisierungskennlinie ein Maximum von $\mu_{r,max} \approx 5300$.

Nun wollen wir für diesen Kern noch die Hystereseschleife darstellen. An der Schaltung sowie an den Variablen ändert sich nichts. Die Gleichstromquelle muss nur von / None / auf / Sin / (IA=1 und F0=1) umgeschaltet werden. Wir wenden jetzt die Analyse *Transient* im Zeitraum $0 \leq t \leq 1{,}5$ s mit $f = 1$ Hz an.

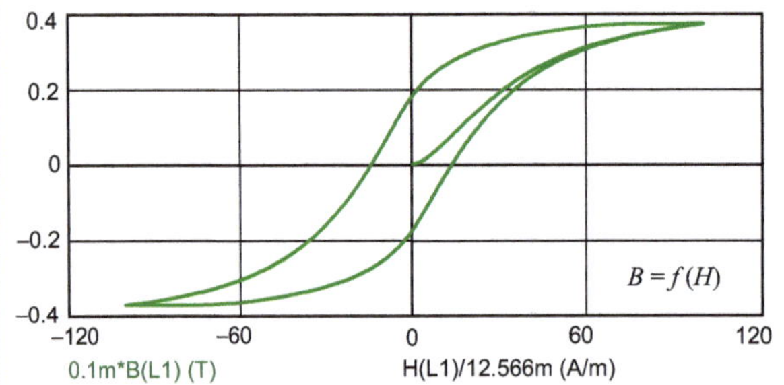

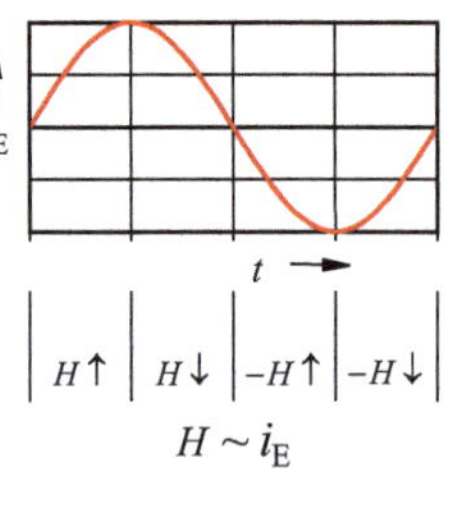

Bild 2.28 Hystereseschleife (Magnetics Core Model 3C85)

Wir erkennen, dass während der ersten halben Periode (i_E ↑) die Neukurve (Magnetisierungskennlinie, vgl. Bild 2.26) durchlaufen wird. Nun ist der Kern vormagnetisiert und besitzt einen Restmagnetismus. In der nächsten halben Periode (i_E ↓) wird die magnetische Feldstärke wieder auf null reduziert. Der Arbeitspunkt läuft jetzt aber nicht wieder auf der Neukurve zurück. Es verbleibt eine Remanenzflussdichte ($H = 0$: $+B_r \approx 0{,}2$ T), die als Maß für die im Kern gespeicherte Energie aufgefasst werden kann. Während der negativen Halbwelle des Erregerstromes wiederholt sich der Vorgang mit veränderten Vorzeichen. Die Schnittpunkte der Schleife bei $B = 0$ bezeichnet man auch als Koerzitivfeldstärke H_c. Die Schnittpunkte der Schleife bei $H = 0$ tragen die Bezeichnung Remanenzflussdichte B_r.

Für den Einsatz im NF-Bereich werden bevorzugt Kerne aus Trafoblechen (Blechpakete) verwendet. Bild 2.29 zeigt solche Kernschnitte, die in vielfältigen Baugrößen angeboten werden.

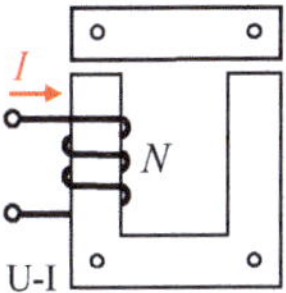

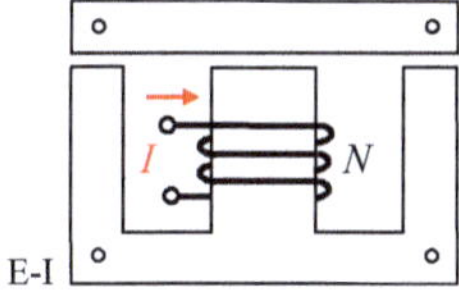

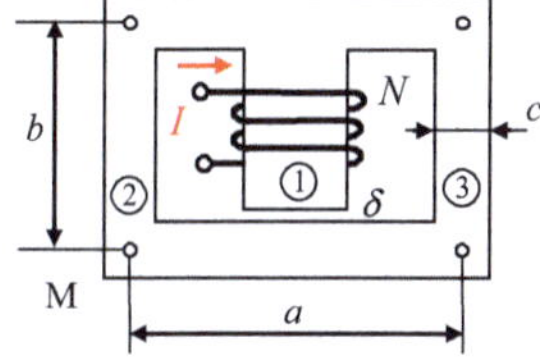

Bild 2.29 Prinzipdarstellung von Kernschnitten

Die Trafobleche haben verschiedenartige Schnitte (z. B. U-I-Schnitt, E-I-Schnitt, M-Schnitt), die man zu Kernen zusammenfügt und verschraubt oder vernietet. Durch eine Blätterung des Kernes werden die Wirbelströme (und damit die Kernverluste) reduziert.

Zur vollständigen technischen Realisierung einer Spule wird die Wicklung auf einen Trägerkörper aufgebracht. Dann schiebt man die Bleche im Wechsel U ↔ I bzw. E ↔ I durch den quadratischen oder rechteckigen Innenraum des Trägerkörpers, bis der Kern vollständig aufgebaut ist. Sollen Luftspalte (z. B. mit Kunststoff-Distanzplättchen) eingebaut werden, ist dieser Wechsel nicht möglich. Die Anordnung muss man dann von außen mechanisch stabilisieren. Mantelkerne (M) können ohne oder mit Luftspalt hergestellt werden. Dazu wird der Mittelfuß des M unverkürzt oder um den Luftspalt δ verkürzt gefertigt.

Bei Verwendung eines U-I-Schnittes entsteht ein unverzweigter magnetischer Kreis. Mit den Angaben der Maße für den M-Schnitt (siehe Bild 2.29 – rechts) erhält man bei einer Pakethöhe h für einen U-I-Kern ohne Luftspalt folgende Induktivität:

$$L \approx \frac{N^2 \cdot \mu_0 \cdot \mu_r \cdot A}{2(a+b)} \approx \frac{N^2 \cdot \mu_0 \cdot \mu_r \cdot c \cdot h}{2(a+b)}$$

Bei Verwendung eines E-I-Schnittes oder eines M-Schnittes entsteht ein verzweigter magnetischer Kreis. Der Mittelschenkel hat im Vergleich zu den Außenschenkeln die doppelte Breite. Das entspricht der doppelten Kernquerschnittsfläche 2 A. Bei einer symmetrischen Anordnung teilt sich dann der magnetische Gesamtfluss $\Phi_{ges} = \Phi_1$ in zwei gleiche große Teilflüsse $\Phi_2 = \Phi_3 = 0{,}5\Phi_{ges}$ auf. Dann gilt für die magnetische Flussdichte:

$$B_1 = \frac{\Phi_{ges}}{A_1} = \frac{\Phi_{ges}}{2A}$$

$$B_2 = B_3 = \frac{0{,}5\,\Phi_{ges}}{A_2} = \frac{\Phi_{ges}}{2A} = B_1$$

Der Kern wird demzufolge in allen Bereichen im gleichen Arbeitspunkt betrieben. Mit den Maßangaben des M-Schnittes (Bild 2.29 - rechts) erhält man bei einer Pakethöhe h für einen E-I-Kern ohne Luftspalt folgende Kenngrößen:

$R_m = R_{m1} + R_{m2} \| R_{m3} = R_{m1} + 0{,}5 R_{m2}$

$$R_m \approx \frac{b}{\mu_0 \cdot \mu_r \cdot A_1} + 0{,}5 \frac{a+b}{\mu_0 \cdot \mu_r \cdot A_2} \approx \frac{b}{\mu_0 \cdot \mu_r \cdot 2A} + 0{,}5 \frac{a+b}{\mu_0 \cdot \mu_r \cdot A}$$

$$L \approx \frac{N^2 \cdot \mu_0 \cdot \mu_r \cdot 2A}{a+2b} \approx \frac{N^2 \cdot \mu_0 \cdot \mu_r \cdot c \cdot h}{0{,}5a+b}$$

Die Induktivität des Mantelkerns wird analog dazu berechnet. Bei Verwendung eines Luftspaltes ist dann der magnetische Widerstand R_{mL} mit in die Berechnung einzubeziehen (siehe [6] - Abschnitt 17.3.2 und [7] - Berechnungsbeispiel 17.8).

Bild 2.30 zeigt den prinzipiellen Aufbau eines Ferrittopfkernes (Schalenkern).

Für die Berechnung der erforderlichen Windungszahl für eine Induktivität von L = 750 mH gilt mit Formel 2.18 und den Angaben in Bild 2.30:

$$N = \sqrt{\frac{L}{A_L}} = \sqrt{\frac{750}{3660} \cdot 10^3} \approx 453$$

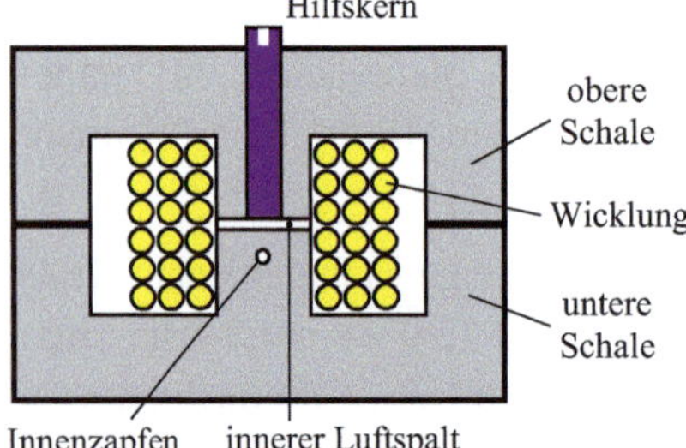

Herstellerangaben (Beispiel):
Außendurchmesser: d_S = 21,6 mm
Höhe: h_S = 6,7 mm
magn. Weglänge: l_E = 31,6 mm
Querschnittsfläche: A_E = 63 mm^2
A_L-Wert: A_L = 3660 nH (3660)

Bild 2.30 Prinzipaufbau eines Ferrittopfkernes (Schnittdarstellung)

Die eigentliche Spule wird auf eine Kunststoffrolle gewickelt und anschließend in eine Ferritschale eingelegt. Ein gleichgroßes Gegenstück schließt dann die Anordnung zu einem topfähnlichen Bauelement mit der Höhe h_S (Schale).

Ein (eventuell in seiner Breite variierbarer) Luftspalt dient zur Einstellung des Arbeitspunktes (vgl. Bild 2.22) in der Magnetisierungskennlinie und unter Einsatzbedingungen zum Abgleich des angestrebten Induktivitätswertes. Der Schalenkern eignet sich insbesondere zur Bestückung von Leiterplatten. Es werden Kerne mit A_L-Werten in der Größenordnung von einigen 10^2 nH bis zu einigen 10^3 nH pro Windung angeboten.

Ersatzschaltbilder der Spule

Zur vollständigen Beschreibung des elektrischen Verhaltens einer Spule mit Eisenkern verwendet man unterschiedliche Ersatzschaltungen.

Bild 2.31 zeigt links das NF-Ersatzschaltbild und rechts das HF-Ersatzschaltbild.

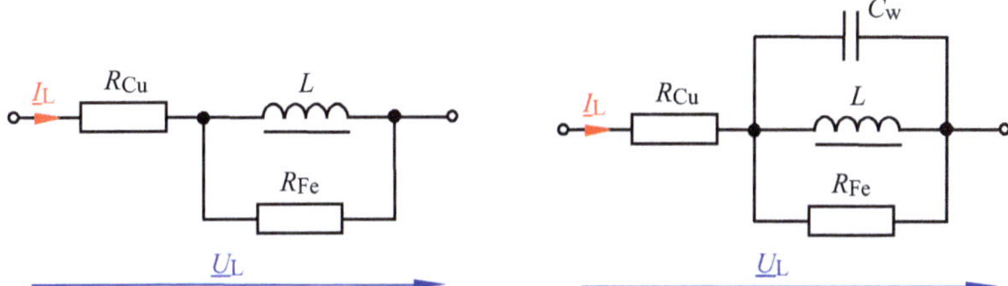

Bild 2.31 Ersatzschaltbilder einer Spule (links: NF und rechts: HF)

Das NF-Ersatzschaltbild berücksichtigt die Wicklungsverluste mit dem Ersatzwiderstand R_{Cu} und die Kernverluste mit dem Ersatzwiderstand R_{Fe}. Es beschreibt die Betriebseigenschaften einer Spule bei Gleichspannung und im NF-Bereich.

Bei höheren Frequenzen muss die Eigenkapazität einer Spule berücksichtigt werden. Jede Windung hat gegenüber ihren Nachbarwindungen eine gewisse Kapazität. Die resultierende Gesamtwirkung wird als Wicklungskapazität C_w (oder als kapazitive Bürde) bezeichnet. Sie ist frequenzabhängig und kann mit geeigneten Wickeltechniken (z. B. mit der Kreuzwicklung [2]) klein gehalten werden.

Die Wicklungskapazität (Größenordnung: einige pF) kann man messtechnisch bestimmen. Dazu fasst man die reale Spule als Parallelschwingkreis auf und bestimmt die Resonanzfrequenz. Falls die Resonanzfrequenz für die verfügbaren Messmittel zu groß ist, schaltet man einen hochwertigen Präzisionskondensator parallel zur realen Spule.

Der Wicklungswiderstand R_{Cu} ist (wie jeder Leiter) von der Temperatur und der Frequenz abhängig (siehe Lehrbeispiele 2.3 und 2.4). Der Eisenwiderstand R_{Fe} ist zusätzlich von der magnetischen Flussdichte im Kern abhängig. Mit zunehmender Frequenz steigen die Kernverluste infolge des immer häufigeren und schnelleren Durchlaufens des Arbeitspunktes entlang der Hystereseschleife an.

Lehrbeispiel 2.7

Entwerfen und testen Sie eine geeignete Simulationsschaltung zur Bestimmung der Wicklungskapazität einer realen Spule mit L = 10 mH und R_{Cu} = 20 Ω.

Wir bilden die reale Spule mit dem HF-Ersatzschaltbild nach. Bild 2.32 zeigt die zur Simulation eingesetzte Schaltung. Die HF-Testspule soll von einer Stromquelle mit einem AC-Sweep im Frequenzbereich von 100 kHz bis 1 MHz gespeist werden. Die für den Test benötigte Wicklungskapazität wird mit C_w = 10 pF angenommen. Zur Variation des parallel geschalteten Ersatzkondensators wenden wir die Zusatzanalyse *Stepping* (List: 100p,50p,20p,0) an.

Mit diesen Sweeps werden vier Resonanzkurven des Parallelschwingkreises (R_{Fe} - C_w - L_1) aufgenommen. Die Größe des Verlustwiderstandes R_{Fe} = 100 kΩ wurde experimentell so ermittelt, dass die Resonanzkurven auch in einer kleinen Bildgröße noch gut interpretierbar sind.

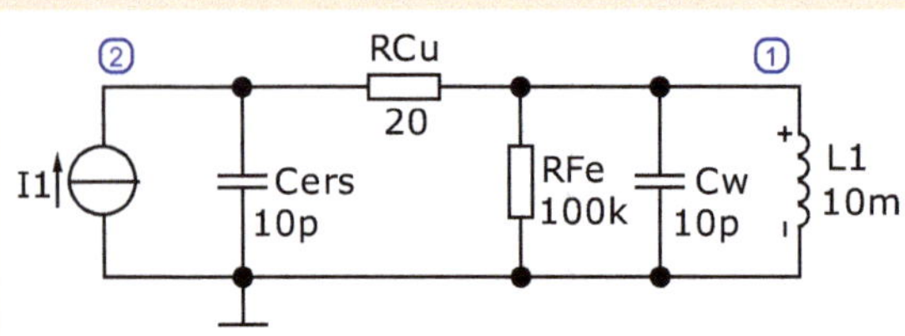

Bild 2.32 Schaltung zum Lehrbeispiel 2.7

Bild 2.33 zeigt das Simulationsergebnis. Infolge der zunehmenden Ersatzkapazität C_{ers} wird die Resonanzfrequenz f_0 kleiner. Mit der Cursorfunktion kann man die folgenden Resonanzfrequenzen für die einzelnen C_{ers} ermitteln (Bild 2.33 - rechts).

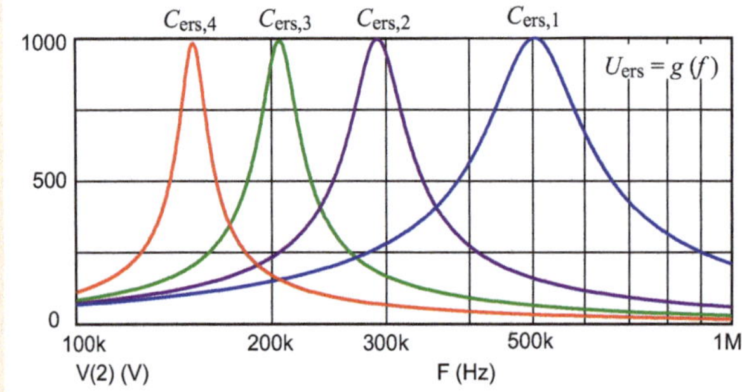

$C_{ers,1}$ = 0 pF:
$f_{0,1}$ = 503,23 kHz
$C_{ers,2}$ = 20 pF:
$f_{0,2}$ = 290,57 kHz
$C_{ers,3}$ = 50 pF:
$f_{0,3}$ = 205,46 kHz
$C_{ers,4}$ = 100 pF:
$f_{0,4}$ = 151,75 kHz

Bild 2.33 Resonanzfälle im Lehrbeispiel 2.7

Zunächst soll die Wicklungskapazität über eine Schätzung mit $C_{ers,4}$ bestimmt werden. Dazu wird die Thomsonsche Schwingungsgleichung {vgl. [6] - Gleich. (8.11)} verwendet. Die Schätzung beruht auf der Annahme, dass der Wicklungswiderstand R_{Cu} vernachlässigbar ist. Nur dann sind die beiden Kapazitäten parallel geschaltet und dürfen addiert werden.

$$f_0 \approx \frac{1}{2\pi \cdot \sqrt{L \cdot (C_w + C_{ers})}} \quad \Rightarrow \quad C_\Sigma = C_w + C_{ers,4} \approx \frac{1}{4\pi^2 \cdot f_{0,4}^2 \cdot L} \approx 110{,}07 \text{ pF}$$

Damit erhält man den Wert der simulierten Wicklungskapazität:
$C_w \approx C_\Sigma - C_{ers,4} \approx 10$ pF.

Die Bestimmung der Wicklungskapazität ist nach [2] auch über eine grafische Lösung möglich. Dazu trägt man in einer linearen Achsenskalierung (siehe Bild 2.34) die Resonanzfrequenz in der Form $(f_0)^{-2}$ über den zugehörigen Ersatzkapazitäten ab. Die Verbindung dieser Funktionswerte ergibt einen Schnittpunkt mit der C_{ers}-Achse. Seine Distanz zum Koordinatenursprung $C_{ers} = 0$ beschreibt dann die Wicklungskapazität C_w.

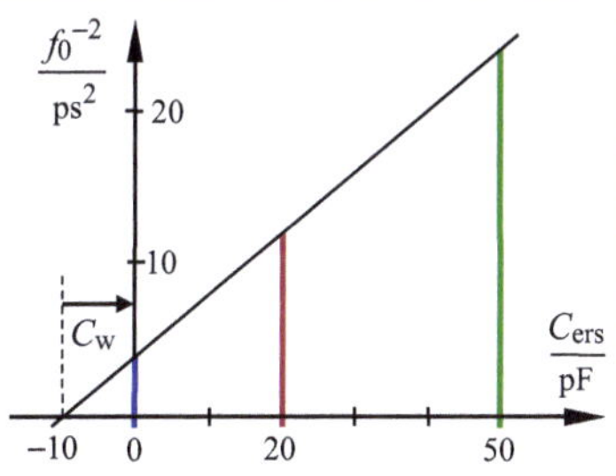

Bild 2.34
Wicklungskapazität im Lehrbeispiel 2.7

In Bild 2.34 wurden die im Ergebnis der Simulation ermittelten Werte für $C_{ers,1}$ bis $C_{ers,3}$ verwendet. Der Schnittpunkt liegt bei -10 pF. Seine Distanz zu $C_{ers} = 0$ ergibt $C_w = 10$ pF.

Transformator

Zum Abschluss soll noch kurz der Transformator als Spezialfall zweier miteinander verkoppelter Spulen behandelt werden. Da eine ausführliche Darstellung den Rahmen dieses Abschnittes sprengen würde, wird der Transformator hier lediglich als lineares und verlustloses Bauelement dargestellt, obwohl er nichtlineare Übertragungseigenschaften aufweist. Eine Übersicht über Transformatormodelle findet man z.B. in [6] - Kapitel 19.

Ein Transformator ist ein Wandler-Bauelement. Sein Energiefluss auf der Primärseite bewirkt einen Energiefluss auf der Sekundärseite mit dem primärseitigen Informationsgehalt.

Transformatoren werden in der Energietechnik zum Herauf- oder Heruntertransformieren von Wechselspannungen und Wechselströmen (Leistungstransformator) oder zur galvanischen Trennung von Netzteilen (Trenntransformator), in der Nachrichtentechnik zur breitbandigen Anpassung (Übertrager) und in der Messtechnik zur Reduzierung von Messspannungen oder Messströmen eingesetzt.

Der Transformator besteht aus einer Primär- und einer Sekundärspule mit den Induktivitäten L_1 und L_2. Beide Spulen werden auf einem gemeinsamen Kern positioniert und sind über den Kopplungsfaktor k miteinander verkoppelt. Durch die Kopplung der beiden Zweipole entsteht ein Vierpol. Die Anordnung besitzt eine Gegeninduktivität M ([6] - Abschnitt 18.3).

$$M = k \cdot \sqrt{L_1 \cdot L_2} \tag{2.19}$$

Eine weitere Kenngröße ist das Übersetzungsverhältnis. Es beschreibt das Verhältnis der beiden Windungszahlen und bei einem linearen Verhalten auch das Verhältnis der Beträge von Primärspannung und Sekundärspannung (bei $k = 1$).

$$\ddot{u} = \frac{N_1}{N_2} = \frac{|\underline{U}_1|}{|\underline{U}_2|} = \sqrt{\frac{L_1}{L_2}} \tag{2.20}$$

Bild 2.35 zeigt das Schaltsymbol des Transformators mit den für die Beschreibung seines elektrischen Übertragungsverhaltens erforderlichen Zählpfeilen.

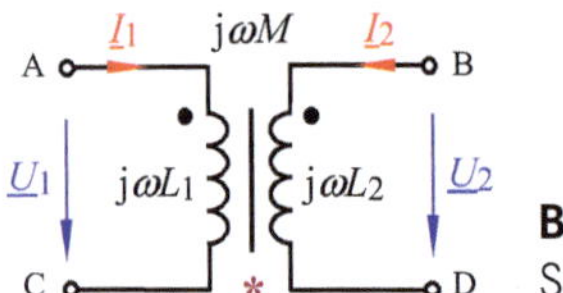

Bild 2.35
Schaltsymbol des Transformators

Zur Beschreibung des Übertragungsverhaltens eines verlustlosen und streuungsfreien Transformators dienen die Transformatorgleichungen (Formel 2.21 und Formel 2.22). Im Bildbereich (Bild 2.35) gilt:

$$\underline{U}_1 = \mathrm{j}\omega \cdot L_1 \cdot \underline{I}_1 + \mathrm{j}\omega \cdot M \cdot \underline{I}_2 \tag{2.21}$$

$$\underline{U}_2 = \mathrm{j}\omega \cdot M \cdot \underline{I}_1 + \mathrm{j}\omega \cdot L_2 \cdot \underline{I}_2 \tag{2.22}$$

Diese Darstellung im Bildbereich gilt lediglich bei sinusförmiger Einspeisung. Alle Induktivitäten (Selbst- und Gegeninduktivitäten) werden als konstant angenommen, obwohl diese Bauelemente-Kenngrößen bei ferromagnetischen Kernen vom Arbeitspunkt abhängig sind.

MicroCap verfügt über einen linearen Transformator - Komponente: [*Transformer*]. Wir wollen ihn mit einer kurzen Simulation vorstellen (siehe auch Anhang - Abschnitt 9.3). Dazu werden in der *PartName*-Liste die Induktivitäten und der

Kopplungsfaktor eingetragen: Value=4,1,0.8 und es wird für U_q = 12,5 V (f = 1 kHz) die Analyse *Transient* ($0 \le t \le 2$ ms) angewendet.

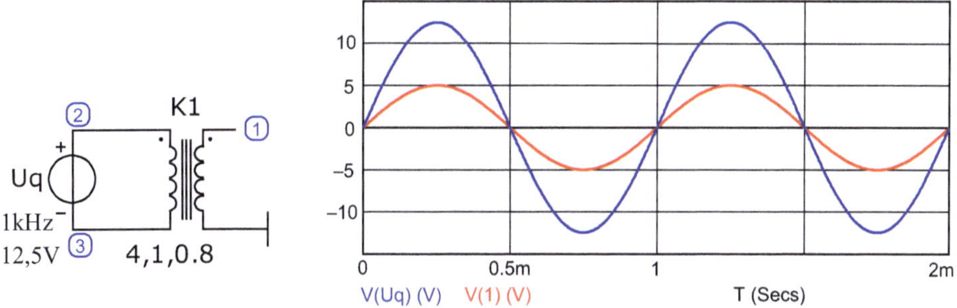

Bild 2.36 Simulation eines linearen Transformators

Der Transformator arbeitet jetzt bei f = 1 kHz mit L_1 = 4 H, L_2 = 1 H und k = 0,8. Bild 2.36 zeigt das Simulationsergebnis. Die Primärspannung $\hat{U}_1 = \hat{U}_q$ = 12,5 V wird auf eine Sekundärspannung $\hat{U}_2$ = 5 V heruntertransformiert.

$$\hat{U}_2 = k \cdot \frac{\hat{U}_1}{\ddot{u}} = 0{,}8 \cdot \frac{12{,}5}{2}\ \mathrm{V} = 5\ \mathrm{V}$$

2.3 Homogene Halbleiter

Bei diesen Bauelementen handelt es sich um Widerstände aus einem homogenen Halbleiter-Material. Sie besitzen demzufolge keinen pn-Übergang und ändern ihren Widerstandswert (oder eine andere Größe) bei Einwirkung von Wärmeenergie, elektrischer Energie, Lichtenergie, Feldenergie (usw.). Bis auf wenige Ausnahmen sind es passive Bauelemente, die eine nichtlineare Strom-Spannungs-Kennlinie aufweisen. In Bild 2.37 werden einige typische Vertreter dieser Bauelementeart dargestellt.

Bild 2.37 Homogene Halbleiter-Bauelemente

2.3.1 Halbleiter-Übersicht

Halbleiter sind in der Regel kristalline Stoffe mit einer wesentlich geringeren Leitfähigkeit als die eines Leiters. Während bei einem metallischen Leiter die spezifische elektrische Leitfähigkeit κ mit sinkender Temperatur ansteigt, fällt sie bei einem Halbleiter mit sinkender Temperatur ab. Bei der absoluten Temperatur $T = 0$ K hat ein Halbleiter die Eigenschaften eines idealen Isolators ($\kappa = 0 \Rightarrow R \rightarrow \infty$).

In einem Halbleiter ist die Anzahl der beweglichen Ladungen pro Volumeneinheit im Vergleich zu einem metallischen Leiter (z. B. Kupfer mit einer Konzentration von $n_{Cu} \approx 9 \cdot 10^{22}$ Elektronen/cm^3) um Größenordnungen bis zu 10^{10} Elektronen/cm^3 geringer. Durch den zielgerichteten Einbau von geeigneten Fremdatomen (Dotierung) kann diese Anzahl jedoch um Größenordnungen erhöht werden.

Man unterscheidet zwischen Element-Halbleitern und Verbindungs-Halbleitern.

Element-Halbleiter sind Festkörper, die aus identischen Atomen der 4. Hauptgruppe des Periodensystems bestehen (z. B. Ge, Si). Verbindungs-Halbleiter sind kovalent gebundene Festkörper, die aus zwei oder mehr verschiedenen Elementen bestehen (binäre, ternäre Halbleiter). Das in der Halbleiterpraxis häufig verwendete Halbleitermaterial ist Silizium.

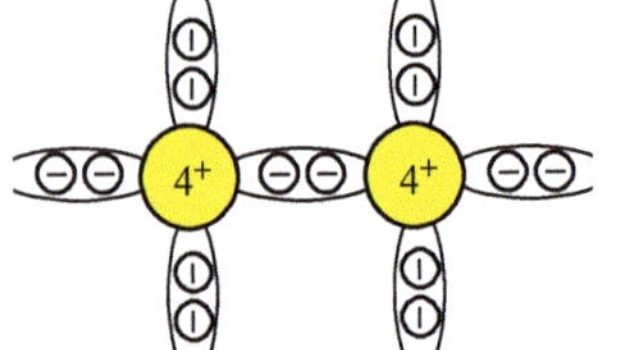

Bild 2.38
Silizium im Grundzustand

In Halbleitern sind benachbarte Atome über Elektronen-Paarbindungen (kovalent) miteinander verkoppelt. Silizium-Atome haben vier Valenzelektronen. Im Grundzustand gehen diese vier Valenzelektronen mit den vier benachbarten Atomen im Kristall kovalente Bindungen ein (Bild 2.38). Dabei bilden sich Bindungsorbitale aus, die im Grundzustand mit jeweils zwei Elektronen (Spins) vollständig besetzt sind. Bei dieser vollständigen Besetzung jedes Bindungsorbitals könnten in einem ungestörten Kristallaufbau, den es in der Praxis nicht gibt, keine frei beweglichen Ladungsträger existieren und es wäre in diesem Halbleitermaterial kein Ladungstransport (Stromfluss) möglich.

Durch die Einwirkung äußerer Energie (Wärme, Licht) können jedoch einzelne Bindungen aufreißen und es entstehen frei bewegliche Ladungsträger. Dabei trennt sich ein Valenzelektron vom Atom und hinterlässt eine Fehlstelle (positives Loch). Elektronen und Löcher entstehen (Generation) und verschwinden (Rekombination) demzufolge immer paarweise. Zur Beschreibung dieser komplizierten Vorgänge dient das Energie-Bändermodell.

Allgemeines Energie-Bändermodell

Regt man die im Bindungsorbital positionierten Elektronen aus ihren Valenzbandzuständen in energetisch höhere Zustände (siehe Leitungsbandzustände in Bild 2.39) an, so entstehen unbesetzte Valenzbandzustände (sog. Löcher). Mit ansteigender Temperatur (thermische Anregung) werden immer mehr Elektronen von ihrem Valenzbandzustand in den energetisch höheren Leitungsbandzustand angeregt. Dazu müssen sie eine Energielücke mit dem Bandabstand $\Delta W = W_L - W_V$ überwinden. Die Leitfähigkeit des Halbleiters steigt an, da die im Leitungsband befindlichen Elektronen nun im Festkörper frei beweglich sind. Bei ihrem Übergang vom Valenz- in das Leitungsband hinterlassen die Elektronen Löcher im Valenzband, die wie positive Elementarladungen wirken. Solche unbesetzten Valenzbandzustände können von energetisch angeregten Valenzelektronen aus benachbarten Orbitalen erneut belegt werden. Dieser Positionswechsel führt wieder zur Entstehung eines positiven Loches.

Im thermischen Gleichgewicht bedingt die Existenz von Elektronen im Leitungsband das Entstehen einer gleichen Anzahl von Löchern im Valenzband (Paarbildung). Bei einer Ladungsbewegung sind demzufolge sowohl die Elektronen (Elektronenstrom) als auch die Löcher (Löcherstrom) beteiligt.

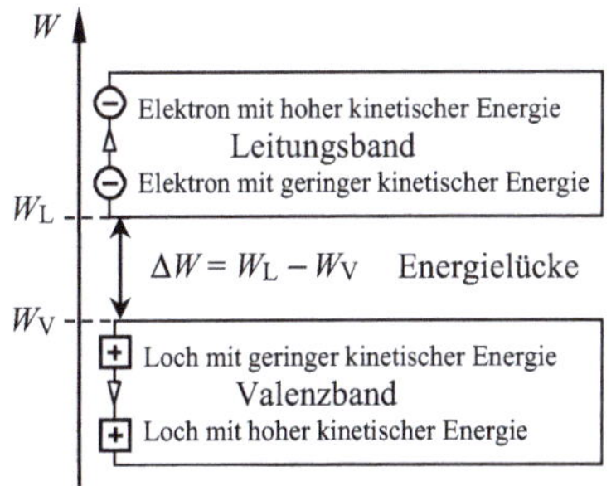

Bild 2.39
Bändermodell eines Halbleiters im feldfreien Fall

Dabei nimmt die kinetische Energie der Ladungsträger, ausgehend von der Unterkante des Leitungsbandes (Elektronen) bzw. von der Oberkante des Valenzbandes (Löcher), in der Richtung der in Bild 2.39 nicht ausgefüllten Pfeilspitzen zu.

Im feldfreien Fall führen die Ladungsträger (Elektronen und Löcher) rein willkürliche Bewegungen aus. Die Intensität dieser Bewegungen nimmt mit steigender Temperatur zu und kann durch die Einwirkung eines äußeren elektrischen Feldes geordnet (also in der Richtung orientiert) beschleunigt werden. Man spricht dann von der sog. Eigenleitung, die auch als intrinsische Leitung bezeichnet wird. Bei einem ungestörten Kristallaufbau und im thermischen Gleichgewicht (Index „0“) ist die Dichte der Elektronen n_0 gleich der Dichte p_0 der Löcher. Für die Eigenleitungsdichte n_i (intrinsische Dichte) gilt:

$$n_i = n_0 = p_0$$

Dotierung von Halbleitern

Unter Dotierung versteht man den zielgerichteten Einbau von Fremdatomen in eine ideale Gitterstruktur (z. B.: in das Germanium- oder das Silizium-Kristallgitter). Mit der Dotierung wird das Verhältnis zwischen Elektronendichte n und Löcherdichte p verändert und aus der Eigenleitung entsteht die sog. Störstellenleitung. Durch die Eigenschaften des verwendeten Dotierungselementes kann die p- oder die n-Leitfähigkeit gegenüber der Eigenleitfähigkeit des reinen Kristalls massiv erhöht werden. Man unterscheidet zwischen einer Dotierung mit Donatoratomen und Akzeptoratomen.

Donatoren sind Dotierungselemente, die beim Einbau in ein Kristallgitter infolge ihrer höheren Wertigkeit gegenüber der Gittergrundstruktur leicht ein Elektron an das Leitungsband abgeben können. Bei der Dotierung mit Donatoren entsteht n-leitendes Halbleitersubstrat.

Bild 2.40 zeigt den Einbau eines As-Atoms in das Si-Gitter als As^{+}-Ion mit einem schwach gebundenen Elektron (nach [8]).

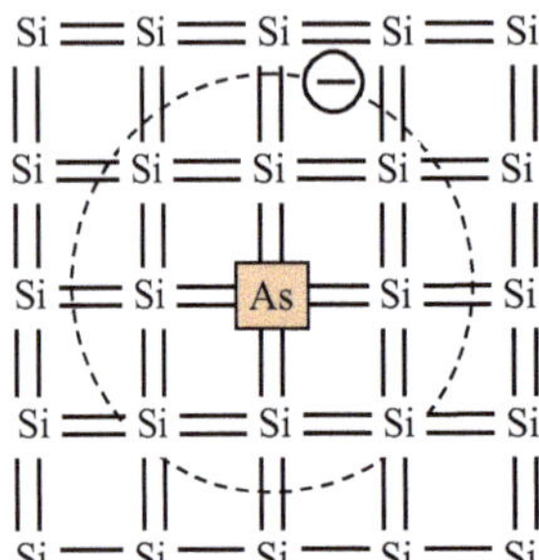

Bild 2.40
n-leitendes Substrat (Donator)

Arsen als fünfwertiges Element besitzt fünf Valenzelektronen. In einem Si-Grundgitter werden davon vier Valenzelektronen zur Absättigung der Bindungen mit den Si-Nachbaratomen benötigt. Das fünfte Elektron ist nur schwach an dieses einfach positive Ion gebunden und kann leicht an das Leitungsband abgegeben werden.

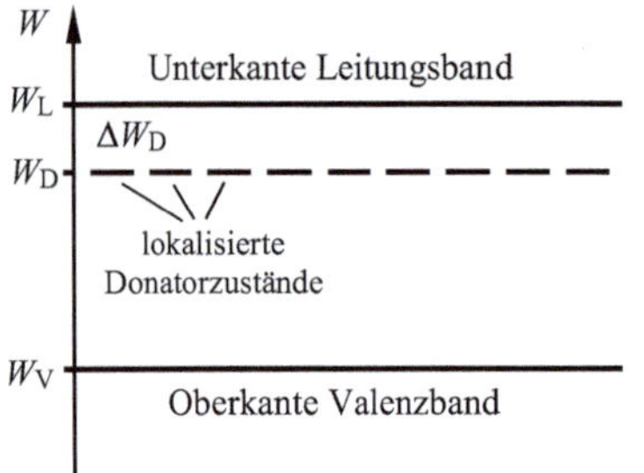

Bild 2.41
Bändermodell eines Donators

In Bild 2.41 ist das Bändermodell eines Donators dargestellt. Unterhalb der Unterkante des Leitungsbandes, also in der Energielücke nach Bild 2.39, besitzen die Donatoren den lokalisierten Energiezustand W_D. Die Elektronen dieses leicht gebundenen Zustandes haben eine Bindungsenergie $\Delta W_D = W_L - W_D$ und können mit einem sehr geringen Energieaufwand von diesem lokalisierten Donatorzustand in das Leitungsband übergehen. Sie tragen dort als frei bewegliche Ladungsträger zur Vergrößerung der Leitfähigkeit bei.

Akzeptoren sind Dotierungselemente, die beim Einbau in ein Kristallgitter infolge ihrer geringeren Wertigkeit gegenüber der Gittergrundstruktur leicht ein Elektron aus dem Valenzband aufnehmen können. Damit hinterlassen sie ein positives Loch im Valenzband.

Bei einer Dotierung mit Akzeptoren entsteht ein p-leitendes Halbleitersubstrat. Das Bild 2.42 zeigt den Einbau eines B-Atoms in das Si-Gitter (nach [8]). Da Bor nur drei Valenzelektronen besitzt, kann eine der vier kovalenten Bindungen zu den benachbarten Atomen nicht besetzt werden (unvollständig abgesättigtes Bindungsorbital).

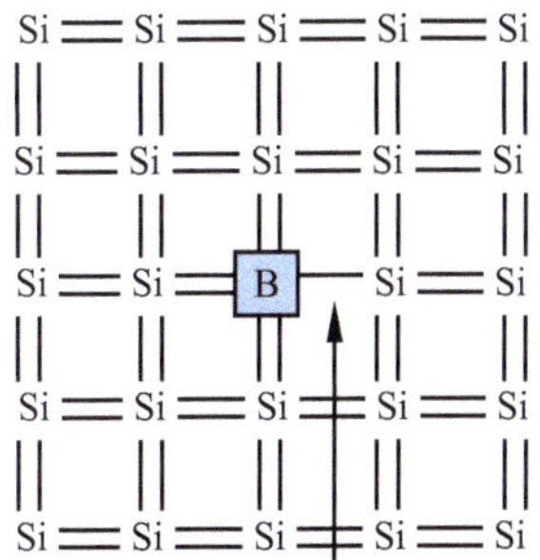

Bild 2.42
p-leitendes Substrat (Akzeptor)

Elektronen in einem solchen lokalisierten Akzeptorzustand haben ein Energieniveau W_A, das mit $\Delta W_A = W_A - W_V$ nur geringfügig über dem Energieniveau W_V des nahezu vollständig besetzten Valenzbandes liegt. Durch thermische Anregung können somit Elektronen des Valenzbandes leicht in diesen Energiezustand W_A angehoben werden und hinterlassen im Valenzband positive Löcher.

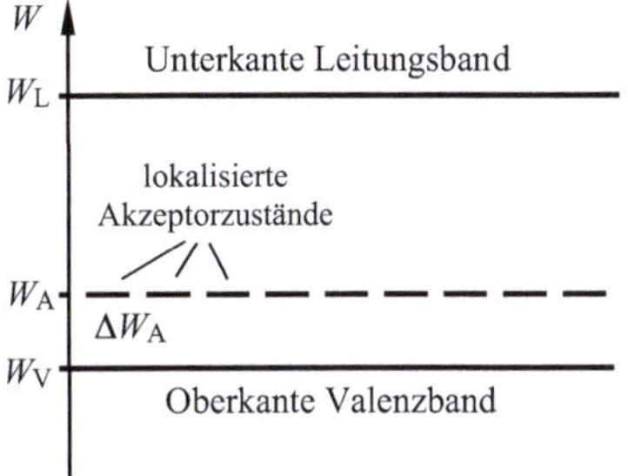

Bild 2.43
Bändermodell eines Akzeptors

In Halbleitern können verschiedene Ladungsbewegungen entstehen, die auf unterschiedliche Ursachen zurückzuführen sind. Dazu zählen der Einfluss eines elektrischen Feldes (Feldstrom), die Wirkung von Unterschieden in der Ladungsträger-Konzentration (Diffusionsstrom) und die Änderung der Temperatur (Thermostrom).

Feldstrom (Driftstrom) I_F

Die Ladungsbewegung erfolgt unter dem Einfluss eines elektrischen Feldes. Dabei werden die Löcher in Richtung des Feldstärkevektors $\vec{E}$ und die Elektronen gegen die Richtung des Feldstärkevektors beschleunigt.

Das elektrische Feld entsteht durch die von außen angelegte Spannung oder es tritt innerhalb eines Halbleiters in Übergangsbereichen (also: keine Ladungsneutralität) auf.

Der Zusammenhang zwischen der mittleren Driftgeschwindigkeit der Ladungsträger $\vec{v}$ und der elektrischen Feldstärke $\vec{E}$ wird über die Beweglichkeit μ der Ladungsträger beschrieben. Die elektrische Stromdichte kann allgemein aus dem Produkt von Raumladungsdichte ρ und der mittleren Driftgeschwindigkeit der Ladungsträger $\vec{v} = \mu \cdot \vec{E}$ berechnet werden. Danach bewirkt eine Änderung der Driftgeschwindigkeit der Ladungsträger eine Veränderung der Stromdichte: $\vec{J} = \rho \cdot \vec{v}$. Für die Stromdichte erhält man dann:

$$\vec{J} = \rho \cdot \mu \cdot \vec{E} \tag{2.23}$$

Für die Bestimmung der Beträge der Driftstromdichten der Elektronen $J_{F,n}$ und der Löcher $J_{F,p}$ müssen die entsprechenden Beweglichkeiten μ_n bzw. μ_p der Ladungsträger sowie die zugehörigen Raumladungen in Formel 2.23 eingesetzt werden.

$$J_{F,n} = \rho^- \cdot v_n = (-n \cdot e) \cdot (-\mu_n \cdot E)$$

$$J_{F,p} = \rho^+ \cdot v_p = (+p \cdot e) \cdot (+\mu_p \cdot E)$$

Aus der Überlagerung dieser beiden Gleichungen erhält man den Zusammenhang zwischen dem Betrag der resultierenden Driftstromdichte und dem Betrag der elektrischen Feldstärke.

$$J_F = e \cdot (n \cdot \mu_n + p \cdot \mu_p) \cdot E = \kappa \cdot E \tag{2.24}$$

Diffusionsstrom I_D

Diese Ladungsbewegung entsteht infolge einer örtlichen Veränderung der Ladungsträger-Konzentration N. Bedingt durch die räumlichen Konzentrationsunterschiede der Elektronen und der Löcher versuchen die Ladungsträger, durch den Vorgang der Diffusion eine gleiche Verteilung herzustellen. Dieser Diffusionsstrom ist vom Konzentrationsgefälle (Konzentrationsgradient), von der Ladungsträger-Beweglichkeit und von der Temperatur abhängig.

Weitere Hinweise finden Sie dazu in [6] – Abschnitt 20.1.3.

Thermostrom I_T

Diese Ladungsbewegung entsteht durch eine ortsabhängige Temperaturänderung (z. B. durch ein Temperaturgefälle längs des Halbleitersubstrates).

2.3.2 Thermistoren

Thermistoren (thermal sensitive resistor) sind spezielle temperaturabhängige Widerstände. Sie bestehen aus einem Gemisch von Oxiden (Fe_2O_3 und TiO_2). In der Praxis unterscheidet man zwischen Heißleitern und Kaltleitern.

Heißleiter besitzen einen stark negativen Temperaturkoeffizienten (NTC). Kaltleiter haben einen positiven Temperaturkoeffizienten (PTC). Ihre Strom-Spannungs-Kennlinien weisen die Besonderheit auf, dass ein fallender Kennlinienteil existiert. In diesem Bereich besitzt der Thermistor dann einen negativen differenziellen Widerstand.

Heißleiter (NTC)

Ein Heißleiter verringert seinen Widerstandswert mit steigender Temperatur. Die Strom-Spannungs-Kennlinie (Kaltkennlinie in Bild 2.44 – links) verläuft bis zur Grenzleistung der Eigenerwärmung P_E linear. Wenn dieses Element bei einer konstanten Temperatur betrieben wird (also ab P_E wird „gekühlt"), könnte man ein nahezu lineares Verhalten beobachten.

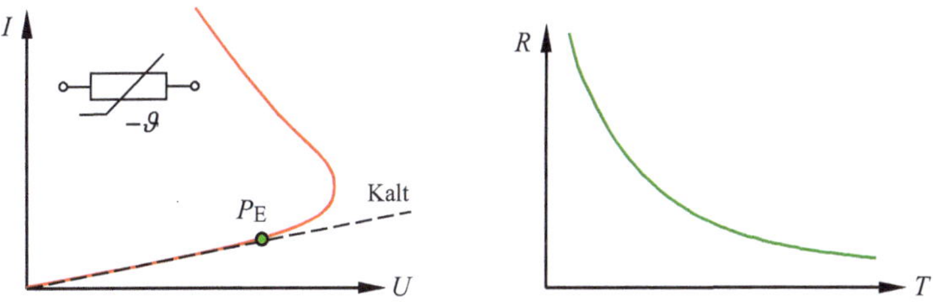

Bild 2.44 Strom-Spannungs-Kennlinie eines Heißleiters (links) und Temperaturkennlinie (rechts)

Beim Erreichen von P_E erwärmt sich das Bauelement jedoch infolge des fließenden Stromes und das nichtlineare Verhalten setzt ein. Mit zunehmendem Strom nimmt nun der Spannungsabfall immer weniger zu und fällt nach Erreichen eines Grenzwertes sogar wieder ab. Die Strom-Spannungs-Kennlinie muss demzufolge mit einer Stromeinspeisung aufgenommen werden. Infolge des stark negativen Temperaturkoeffizienten sinkt der Widerstand des Heißleiters nichtlinear bei einer linear ansteigenden Temperatur.

Zur Darstellung dieses Sachverhalts gibt man neben der Strom-Spannungs-Kennlinie häufig noch eine Widerstands-Temperatur-Kennlinie (Bild 2.44 - rechts) an. Für den Zusammenhang zwischen Gleichstromwiderstand und Temperatur gilt:

$$R_{-} = a \cdot e^{\frac{b}{T}} \tag{2.25}$$

Die Konstante a wird durch das Material des Bauelementes bestimmt und b ist die sog. Energiekonstante.

Der Temperaturkoeffizient TK eines Heißleiters wird nach [6] - Abschnitt 1.5.2 berechnet:

$$TK_{\mathrm{NTC}} = \frac{\mathrm{d}R_{-}}{\mathrm{d}T} \cdot \frac{1}{R_{-}} = \frac{R_{-} \cdot \left(-\frac{b}{T^2}\right)}{R_{-}}$$

$$TK_{\mathrm{NTC}} = -\frac{b}{T^2} \tag{2.26}$$

Heißleiter für Mess- und Kompensationsaufgaben arbeiten nach dem Prinzip der Fremderwärmung. Bei Anlassheißleitern, die man z.B. zur Einschaltstrombegrenzung einsetzt, wird die durch den fließenden Strom entstehende Eigenerwärmung ausgewertet.

Lehrbeispiel 2.8

LTspice: LB_2.8

Simulieren Sie das Verhalten eines Heißleiters (Typ: K17_2,5k). Dieses Bauelement soll als Messheißleiter in folgendem Temperaturbereich eingesetzt werden: $-10\,°\mathrm{C} \le \vartheta \le +120\,°\mathrm{C}$.

Angaben aus dem Datenblatt (nach [2]):

$TK_{20} = -40\ \mathrm{mK^{-1}}$ [$\vartheta_{20} = 20\,°\mathrm{C}/T_{20} = 293\,\mathrm{K}$] sowie:
$R_{20} = 2{,}5\ \mathrm{k\Omega}$ und $b = 3420\,\mathrm{K}$.

Zunächst muss die Materialkonstante a bestimmt werden. Dazu dient die Formel 2.25 für die im Datenblatt angegebene Bezugstemperatur:

$$R_{20} = a \cdot e^{\frac{b}{T_{20}}} = a \cdot e^{\frac{3420\,\mathrm{K}}{293\,\mathrm{K}}} = a \cdot e^{11{,}67} \quad \Rightarrow \quad a = \frac{R_{20}}{e^{11{,}67}} = \frac{2{,}5\ \mathrm{k\Omega}}{e^{11{,}67}} = 21{,}3158\ \mathrm{m\Omega}$$

Da dieses Bauelement in MicroCap nicht verfügbar ist, muss es mit geeigneten Mitteln nachgebildet werden. Dazu wird der Widerstand / Res / eingesetzt, auf den ein Temperatursweep angewendet wird:

Name=Temp und: Range=393,263,0.1

Die Variable T durchläuft jetzt einen Bereich $263\ \mathrm{K} \le T \le 393\ \mathrm{K}$ in Schritten von 0,1 K (oder in der Celsius-Skala: $\vartheta_{min} = -10\,°\mathrm{C}$ bis $\vartheta_{max} = +120\,°\mathrm{C}$). Bild 2.45 zeigt links die Simulationsschaltung und rechts die Temperatur-Kennlinie.

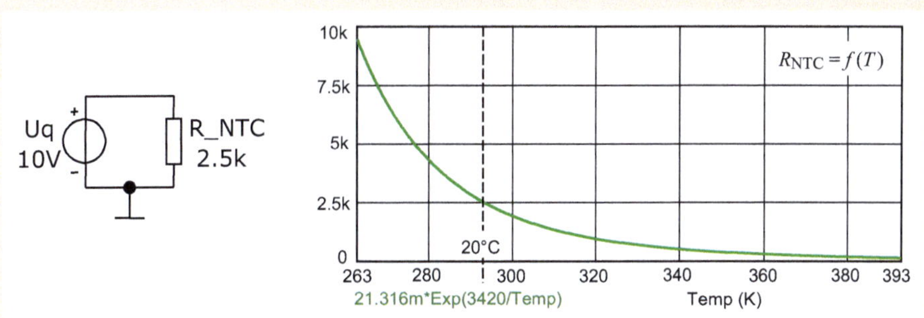

Bild 2.45 Schaltung und Widerstands-Temperatur-Kennlinie

Zur allgemeinen Berechnung des temperaturabhängigen Widerstandes dient Formel 2.25. Diese wird wie folgt in die Y-Expression-Zeile eingegeben: 21.316m*Exp(3420/Temp). Der Widerstand muss mit dem vorgegebenen Wert $TK_{20} = -40\ \text{mK}^{-1}$ arbeiten. Diese Information sollte bereits in der verwendeten Energiekonstante *b* enthalten sein. Zur Kontrolle führen wir eine weitere Simulation zum Verlauf der Funktion $TK = f(T)$ gemäß Formel 2.26 durch.

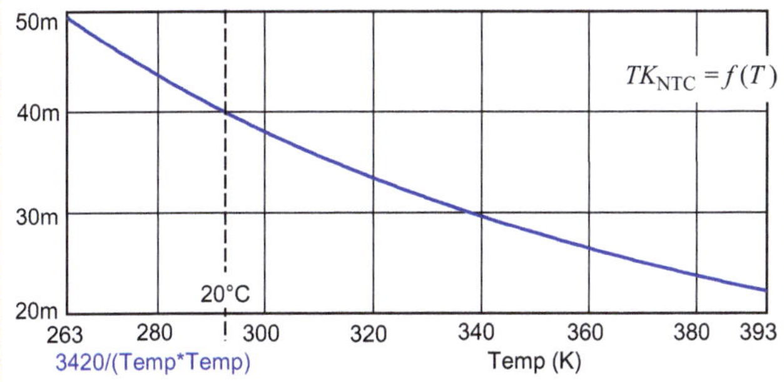

Bild 2.46 Funktionsverlauf $|TK_{NTC}| = f(T)$

Der Widerstand eines Heißleiters nimmt mit zunehmender Temperatur nichtlinear ab (siehe Bild 2.45). Bei der Bezugstemperatur $T_{20} = 293$ K bzw. $\vartheta_{20} = +20\ °C$ beträgt der Widerstand $R_{20} = 2{,}5\ \text{k}\Omega$.

Der Temperaturkoeffizient eines NTC verändert sich nichtlinear mit der Temperatur. Sein Bezugswert beträgt bei $T_{20} = 293$ K ($\vartheta_{20} = +20\ °C$): $TK_{20} = -40\ \text{mK}^{-1}$ (siehe Bild 2.46).

Der im Lehrbeispiel 2.8 simulierte Heißleiter (Typ: K17_2,5k) wird in einer glasumhüllten Perlenform angeboten. Weitere Ausführungsvarianten sind stabförmig oder scheibenförmig (lackierte Scheibe). Sie werden z.B. zum Zwecke der Chassismontage mit einer vergossenen Metallhülse oder mit Einschraubgewinde geliefert.

Als Material verwendet man polykristalline Halbleiter aus sinterfähigen Metalloxiden. Die gewünschte Widerstandscharakteristik kann durch das Mischungsverhältnis verschiedener Metalloxide in relativ großen Bereichen eingestellt werden.

Kaltleiter (PTC)

Ein Kaltleiter zeigt im Vergleich zum Heißleiter das genau entgegengesetzte Verhalten. Sein Gleichstromwiderstand steigt mit der Temperatur nichtlinear an. Bild 2.47 zeigt links die typische Strom-Spannungs-Kennlinie eines Kaltleiters und rechts den Verlauf der Widerstands-Temperatur-Kennlinie.

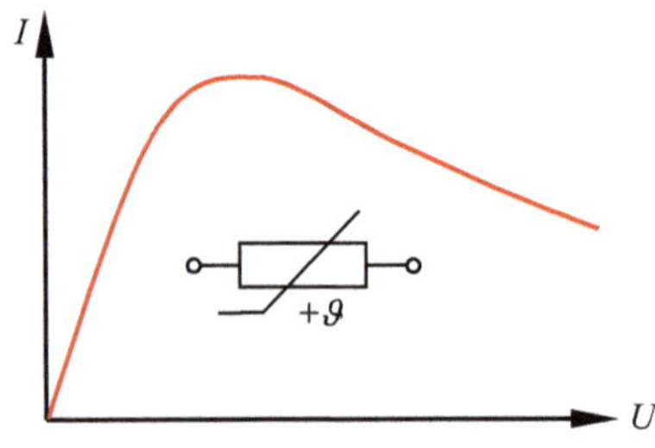

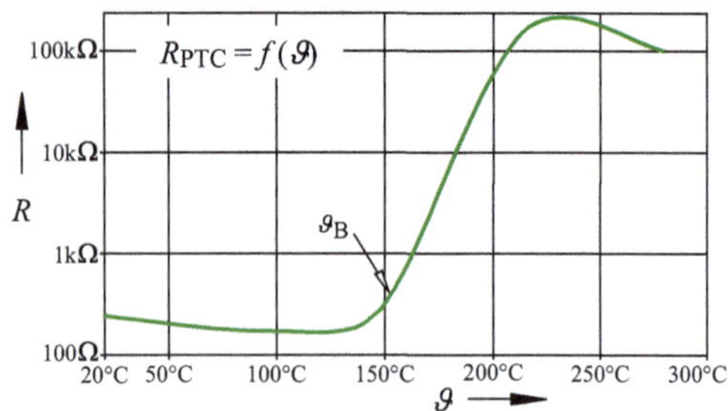

Bild 2.47 *I-U*-Kennlinie eines Kaltleiters

Kaltleiter besitzen in einem bestimmten Temperaturbereich einen stark positiven Temperaturkoeffizienten. Daraus resultiert ein temperaturabhängiger Widerstandsverlauf, der eine mehr oder minder ausgeprägte S-förmige Charakteristik aufweist.

Beispiel:

Angaben aus dem Datenblatt (nach [2]) für einen keramischen Kaltleiter vom Typ P430_E1

$R_{min} \approx 150\ \Omega$ (Minimalwiderstand) $R_{max} \approx 200\ k\Omega$ (bei $\vartheta^* \approx 220\ °C$)

$R_B = 2 \cdot R_{min} \approx 300\ \Omega$ (Bezugswiderstand)

$\vartheta_B \approx 155\ °C$ bei $R = R_B$ (Bezugstemperatur)

Im Gegensatz zu metallischen Leitern, die nur eine geringfügige und weitgehend lineare PTC-Charakteristik aufweisen, besitzt der PTC-Halbleiter eine nichtlineare und stark wechselnde TC-Charakteristik. Unterhalb einer materialspezifischen Ansprech- bzw. Bezugstemperatur ϑ_B verhält er sich wie ein NTC-Widerstand. Mit Erreichen von ϑ_B (und in einem gewissen Temperaturbereich oberhalb) wird der Temperaturkoeffizient positiv. Dann steigt der Widerstand stark exponentiell an.

PTC-Halbleiter werden aus polykristallinen Keramiken gefertigt (z. B. $BaTiO_3$), die in einem bestimmten Temperaturbereich eine Sperrschicht an der Korngrenze aufbauen.

Die Metallfaden-Glühlampe, die allerdings nicht zu den Halbleiter-Widerständen zählt, kann als Spezialfall eines Kaltleiters aufgefasst werden (*I-U*-Kennlinie in Bild 2.7).

2.3.3 Varistor

Ein Varistor (variable resistor) oder VDR (Voltage Dependent Resistor) ist ein spannungsabhängiger Widerstand. Er verringert seinen Widerstandswert mit Zunahme der von außen angelegten Spannung. Ein typisches Anwendungsgebiet ist der Einsatz des Varistors als Spannungsbegrenzer. Bild 2.48 zeigt die Strom-Spannungs-Kennlinie eines Varistors.

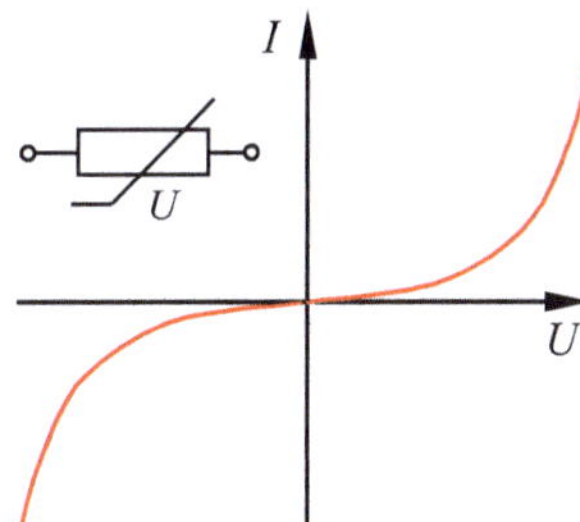

Bild 2.48
I-U-Kennlinie eines Varistors

Zwischen der Spannung und dem Strom $\{I\} = I/1$ A gilt folgender Zusammenhang:

$$U = C \cdot \{I\}^{\beta} \tag{2.27}$$

C und β sind herstellungsbedingte Konstanten. C beschreibt dabei diejenige Spannung, bei der ein Strom von $I = 1$ A erreicht wird. β ist der Nichtlinearitätskoeffizient. Er liegt in der Größenordnung von 10^{-1}. Durch Bildung der ersten Ableitung kann aus Formel 2.27 der differenzielle Widerstand ermittelt werden.

$$r = \frac{\mathrm{d}U}{\mathrm{d}I} = \frac{\mathrm{d}(C \cdot \{I\}^{\beta})}{\mathrm{d}I} = \beta \cdot C \cdot \frac{\{I\}^{\beta}}{I} = \beta \cdot \frac{U}{I} = \beta \cdot R_{-}$$

Der differenzielle Widerstand eines Varistors ergibt sich aus seinem Gleichstromwiderstand, multipliziert mit dem Nichtlinearitätskoeffizienten β. Für den Zusammenhang zwischen Strom und aufgenommener Leistung gilt:

$$P = U \cdot I = C \cdot \{I\}^{\beta} \cdot I$$

Lehrbeispiel 2.9

Simulieren Sie die elektrischen Eigenschaften eines Varistors mit folgenden Daten (nach [2]):

$C = U_{VDR}\,(I_{VDR} = 1\text{ A}) = 250\text{ V}$ und $\beta = 0{,}2$.

Mit Kenntnis der Daten können wir diesen Varistor mit einem Widerstand / Res / nachbilden. Dem Widerstand wird in seiner *PartName*-Liste der Wert Value=100 zugeordnet. Die Einspeisung erfolgt mit einer Stromquelle (Name: Iq), auf die ein DC-Sweep (1,-1,1m) angewendet wird.

Zunächst soll die Strom-Spannungs-Kennlinie dargestellt werden. Dazu dient die Schaltung in Bild 2.49. Man könnte auch die Ersatzschaltung eines Varistors verwenden. Sie besteht aus zwei Dioden, die antiparallel geschaltet sind. Hier soll aber die Formel 2.27 zur Anwendung kommen.

Nach dem Start der Simulation wird für I(R1) eine Gerade dargestellt, die die Werte -1 A und +1 A miteinander verbindet. Diese „Glanzleistung" war aber nicht das Ziel der Simulation. Zur Darstellung der Strom-Spannungs-Kennlinie muss jetzt die Spannungsachse mit Formel 2.27 berechnet werden.

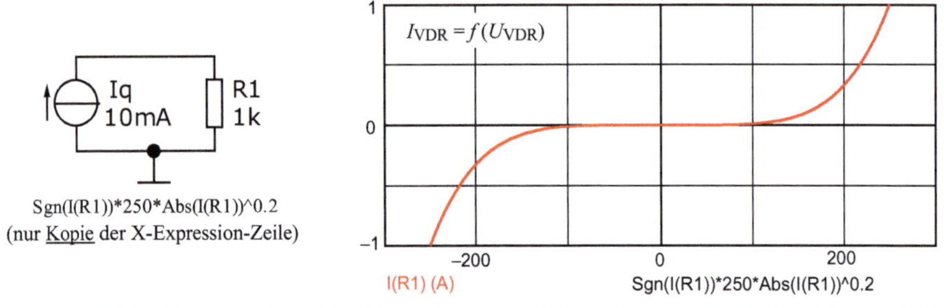

Bild 2.49 Simulation eines Varistors

Dazu wird im Fenster *Analysis DC* die Gleichung in der X-Expression-Zeile in folgender Form eingegeben: Sgn(I(R1))* 250*Abs(I(R1))^0.2

Die Funktion Sgn(I(R1)) bestimmt das Vorzeichen des Stromes I(R1). Die Funktion Abs(x) bildet den Betrag der *x*-Variablen. Abs(I(R1))^0.2 bedeutet: $|\,I_{VDR}\,|^{0,2}$. Der Faktor 250 steht für die Konstante C und der Wert 0,2 gibt die Größe von β an.

Jetzt wird die gewünschte Kennlinie exakt dargestellt. Wie das Bild 2.49 auf der rechten Seite zeigt, erreicht die Spannung in beiden Polungsrichtungen bei $I_{VDR} = \pm 1$ A die Werte $U_{VDR} = \pm 250$ V.

Eine wichtige Kenngröße ist die Schwellenspannung, bei der ein Strom $I_{VDR,S} = \pm 1$ mA fließt. Zur Bestimmung dieser Kenngröße wurde vom ersten Quadranten aus Bild 2.49 ein Ausschnitt gewählt und eine logarithmisch Darstellung eingestellt.

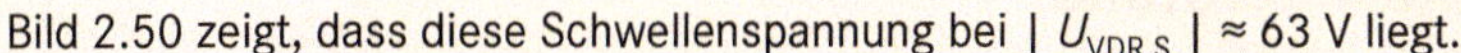

Bild 2.50 zeigt, dass diese Schwellenspannung bei | $U_{VDR,S}$ | ≈ 63 V liegt.

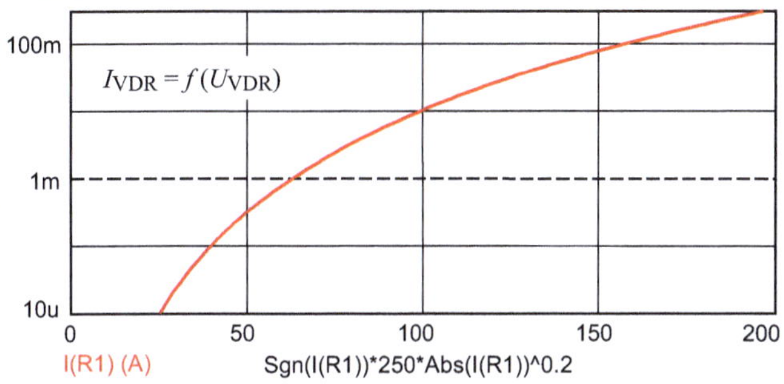

Bild 2.50 Bestimmung der Schwellenspannung

In Bild 2.51 ist schließlich die Abhängigkeit des Gleichstromwiderstandes von der Spannung U_{VDR} dargestellt. Der Strom der Quelle wurde auf I_q ≥ 100 µA begrenzt. Nach anfänglich sehr großen Widerstandswerten, die sich aus dem Anstieg der Spannung bei sehr kleinen Strömen ergeben, wird der Gleichstromwiderstand durch den nichtlinearen Stromzuwachs sehr schnell niederohmig.

Er erreicht bei $C = U_{VDR}$ (I_{VDR} = 1 A) = 250 V den Wert $R\_$ = 250 Ω.

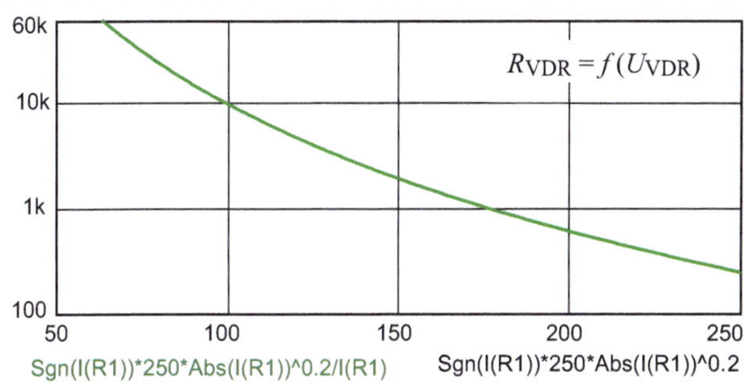

Bild 2.51 Gleichstromwiderstand eines Varistors

Varistoren sind gut zum Schutz vor Überspannungen geeignet. Im Normalbetrieb ist ihr Widerstand sehr groß. Bei einer Überspannung wird der Widerstand fast verzögerungsfrei sehr klein. In diesem Fall leitet er Ladung ab (Ableiter).

2.3.4 Fotowiderstand

Der Fotowiderstand LDR (Light Dependent Resistor) ist ein homogener Halbleiter, der seinen Widerstandswert R_p in Abhängigkeit von der Beleuchtungsstärke E_v (siehe auch Kapitel 7) verändert. Dabei ist der Widerstandswert $R_{px} = f(E_{vx})$ unabhängig von der Polarität der angelegten Spannung.

Fotowiderstände arbeiten nach dem Prinzip des inneren fotoelektrischen Effektes. Bei Zuführung von Lichtenergie werden Elektronen aus dem Gitterverband des Halbleitermaterials (z.B. Cadmiumverbindung auf einem Keramikträger) gelöst. Die Existenz dieser Elektronen im Leitungsband bewirkt eine Erhöhung der Leitfähigkeit des Halbleitersubstrats und der Widerstandswert wird kleiner.

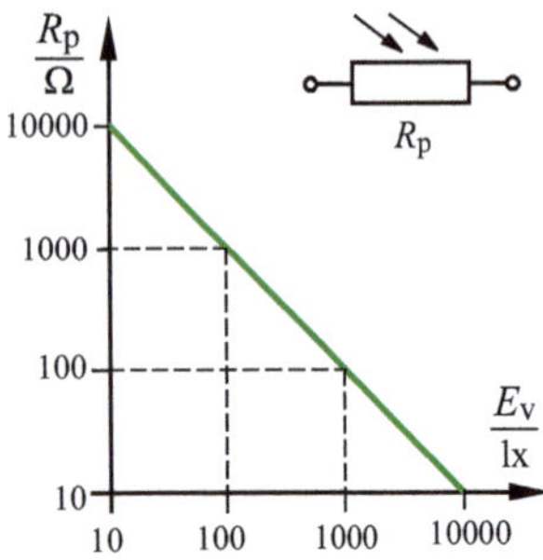

Bild 2.52
Kennlinie eines Fotowiderstandes

Der bei einer Beleuchtungsstärke $E_v = 0$ lx definierte Dunkelwiderstand $R_{pD} = R_0$ liegt in der Größenordnung von einigen MΩ. Er verringert sich auf den Hellwiderstand $R_{pH} = R_{1000}$ bei einer Beleuchtungsstärke $E_v = 1000$ lx. Der Hellwiderstand liegt in der Größenordnung von einigen 10^2 Ω. Bild 2.52 zeigt die prinzipielle Abhängigkeit des Widerstandswertes von der Beleuchtungsstärke an einem ausgewählten Beispiel (Typ: LDR 05 oder RPY 30). Bei einer doppelt logarithmischen Darstellung verläuft diese Kennlinie nahezu linear.

Für den Zusammenhang zwischen dem Widerstandswert im beleuchteten Zustand R_{px} und der Beleuchtungsstärke E_{vx} gilt mit γ als Steilheit folgende Aussage:

$$R_{px} \sim E_{vx}^{-\gamma} \tag{2.28}$$

Ein exaktes Gesetz mit entsprechenden Proportionalitätsfaktoren ist für die Vielfalt des verfügbaren Sortimentes in allgemein gültiger Form nicht bekannt.

Lehrbeispiel 2.10

Simulieren Sie den prinzipiellen Widerstandsverlauf eines Fotowiderstandes (Typ: RPY 63). Er wird in [2] mit folgenden Daten angegeben:

- Wellenlänge $\lambda \approx 560$ nm für eine relative spektrale Empfindlichkeit von $S_{rel} = 100\,\%$,
- Bezugswiderstand $R_{pB} = 1$ MΩ bei einer Beleuchtungsstärke $E_{vB} = E_{v,min} = 0{,}1$ lx,
- Restwiderstand $R_{pR} \approx 500$ Ω bei einer Beleuchtungsstärke $E_{v,max} = 1000$ lx,
- zulässige Verlustleistung $P_{V,zul} = 50$ mW bei $\vartheta_{25} = +25\,°C$,
- Wärmeleitwert $G_{th} = 1$ mW/K bei einer Maximaltemperatur $\vartheta_{max} = +75\,°C$,
- maximal zulässige Spannung $U_{max} = 50$ V.

Zur Vorbereitung der Simulation muss zunächst das Bauelement nachgebildet werden. Da der Widerstandswert $R_{px} = f\,(E_{vx})$ etwas streut, wird von einem mittleren Wert auf der Basis der angegebenen Daten ausgegangen. Die Widerstandskennlinie (vgl. Bild 2.52) kann über eine Gerade im doppelt logarithmischen Maßstab näherungsweise nachgebildet werden. Für den Widerstand gilt Formel 2.28. Diese Gleichung muss erweitert und präzisiert werden.

Im Sinne einer Widerstandseinheit für R_{px} kann der Proportionalitätsfaktor nur ein Widerstand (z. B. der Hellwiderstand R_{pH}) sein. Die Beleuchtungsstärke wird auf 1 lx normiert. Dann entsteht folgende Berechnungsvorschrift:

$$R_{px} = R_{pH} \cdot \left(\frac{E_{vx}}{1\ \text{lx}} \right)^{-\gamma} \tag{2.29}$$

Vor dem Start der Simulation müssen noch die Konstanten für die Formel 2.29 bestimmt werden. Dazu dienen die aus dem Datenblatt bekannten Werte:

$R_{p1} = R_{pB} = 1$ MΩ bei $E_{v1} = 0{,}1$ lx und:
$R_{p2} = R_{pR} = 500$ Ω bei $E_{v2} = 1000$ lx

Diese Werte setzt man in Formel 2.29 ein und erhält den Nichtlinearitätskoeffizienten γ und den Wert für den Bezugswiderstand:

$$\gamma = \frac{\lg 2000}{4} \approx 0{,}825$$

$$R_{pH} = \frac{R_{p1}}{E_{v1}^{-\gamma}} = \frac{1\ \text{M}\Omega}{10^{\gamma}} \approx 149{,}5\ \text{k}\Omega$$

Die Formel 2.29 wird wie folgt im Fenster *DC Analysis* in die Y-Expression-Zeile eingetragen: Y_Expression=149.5k*Pwr(V(Rp),-0.825)

Die Spannung der Quelle bzw. über dem Widerstand R_p ($U_{Rp} = U_q$) bildet die Beleuchtungsstärke als Variable E nach. Sie wird als Var.1=Ex mit Range=1000,100m,10m für den DC-Sweep eingegeben. Bild 2.53 zeigt die Schaltung mit dem Widerstandsverlauf bei Variation der Beleuchtungsstärke.

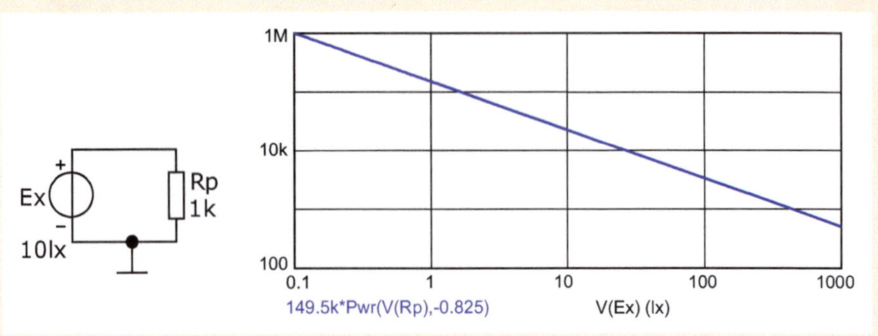

Bild 2.53 Schaltung und Widerstandsverlauf zum Lehrbeispiel 2.10

Die Kennlinie durchläuft einen Widerstandsbereich von mehreren Dekaden vom Bezugswiderstand $R_{pD} \approx 1$ MΩ bei einer Beleuchtungsstärke $E_{v,min} = 0{,}1$ lx bis zum Restwiderstand $R_{pR} \approx 500\ \Omega$ bei einer Beleuchtungsstärke von $E_{v,max} = 1000$ lx. Hier muss eine doppelt logarithmische Darstellung gewählt werden. Dann sind auch der Anfangswert und der Endwert von R_p deutlich zu erkennen.

Wir wollen zusätzlich den Stromverlauf darstellen. Dazu reicht eine lineare Einteilung der Achsen aus. Der Strom steigt mit der Beleuchtungsstärke nichtlinear an.

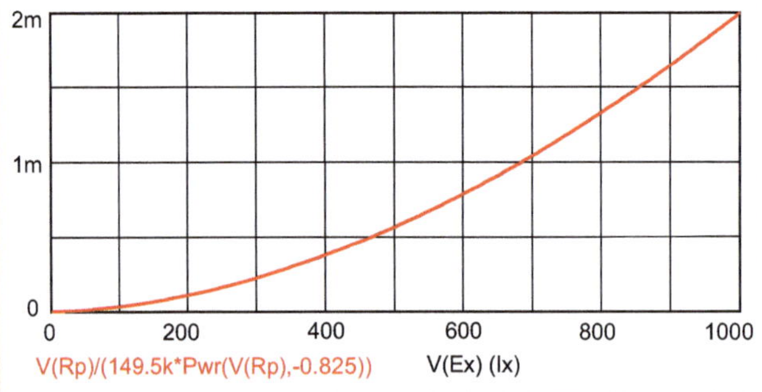

Bild 2.54 Strom in Abhängigkeit von der Beleuchtungsstärke

Fotowiderstände werden in einem Glasgehäuse oder in einem Metallgehäuse mit Glasfenster angeboten. Sie bestehen aus einer Halbleiterschicht (z. B. Cadmiumverbindungen), die man auf einen Träger aus Keramik aufgebringt.

2.3.5 Magnetfeldabhängige Halbleiter

Die in diese Kategorie einzuordnenden Bauelemente reagieren auf ein von außen einwirkendes magnetisches Feld. Dabei kommt es zur Änderung des Widerstandswertes und/oder der Ladungskonzentration in ausgewählten Bereichen des Halbleiters.

Feldplatte

Unter einer Feldplatte MDR (Magnetic Field Dependent Resistor) versteht man einen Halbleiter-Widerstand, der seinen Wert unter dem Einfluss eines magnetischen Feldes verändert. Das Funktionsprinzip beruht auf dem Thomson-Gauss-Effekt [2]. Danach verursacht ein magnetisches Feld, das auf einen stromdurchflossenen Leiter (hier: Halbleiter-Widerstand) einwirkt, ab einer definierten magnetischen Flussdichte B_{min} eine nachweisbare Änderung des Widerstandes des Leiters. Dabei vergrößert sich der Grundwert (Bezugswiderstand R_0 bei $B = 0$ T) mit steigender magnetischer Flussdichte zu einem Widerstandswert $R_{\mathrm{B}} = n \cdot R_0$. Die Größenordnung des Faktors n liegt im Bereich $1 \leq n \leq \approx 30$.

Für den Bezugswiderstand gilt: $R_0 = \dfrac{l}{\kappa \cdot A}$.

In Bild 2.55 ist das Funktionsprinzip dargestellt. Wenn auf die Feldplatte kein magnetisches Feld einwirkt ($B = 0$ T; siehe Bild 2.55 - links), dann bildet sich in der Platte ein homogenes elektrisches Strömungsfeld aus, wenn eine äußere Quelle die beweglichen Ladungen beschleunigt. Die Strömungslinien (Stromröhren) verlaufen parallel zueinander und haben die gleiche Länge l wie die Feldplatte. Ihr Abstand ist (bei $\Delta I_{\mathrm{Röhre}}$ = const.) gleich groß.

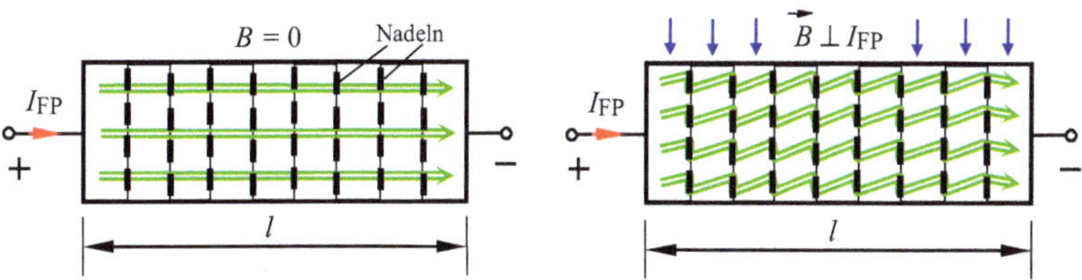

Bild 2.55 Prinzip einer Feldplatte

Wird nun die Feldplatte einem magnetischen Feld ausgesetzt ($B > 0$ und $\vec{B} \perp I_{\mathrm{FP}}$; siehe Bild 2.55 - rechts), dann wirkt auf die durch die Quelle bewegten Ladungen die Lorentz-Kraft ([6] - Abschnitt 17.5.2). Diese Kraft lenkt die bewegten Ladungen von ihrer ursprünglichen Richtung ab. Jetzt bildet sich in der Platte ein inhomogenes elektrisches Strömungsfeld aus.

Die Strömungslinien (Stromröhren) verlaufen nicht mehr parallel zueinander. Ihre resultierende Länge l^* vergrößert sich infolge der ausgeführten Zick-Zack-Bewegung relativ zur Länge l der Platte. Für den Widerstand R_B gilt dann unter der Annahme $\kappa \cdot A$ = const.:

$$R_B = \frac{l^*}{\kappa \cdot A} = \frac{n \cdot l}{\kappa \cdot A} = n \cdot R_0$$

Zur Verbesserung des Effektes der B-abhängigen Verlängerung der Strombahnen verwendet man Verbindungs-Halbleiter mit einer hohen Ladungsträger-Beweglichkeit (z. B. Indium-Antimonid). In Querrichtung zu den Stromröhren, also auf definierten Äquipotentialflächen, setzt man außerdem noch gut leitende Nickel-antimonidnadeln in das Halbleiter-Substrat ein. Damit bilden sich die Zick-Zack-Bewegungen der Strömungslinien noch prägnanter aus (Bild 2.55 – rechts). Durch diese Nadeln handelt es sich bei der Feldplatte streng genommen nicht mehr um einen homogenen Halbleiter.

Die Feldplatte reagiert auf schnelle Feldänderungen nahezu trägheitslos und kann somit auch im HF-Bereich erfolgreich eingesetzt werden.

Lehrbeispiel 2.11

LTspice: LB_2.11

Simulieren Sie das elektrische Verhalten einer Feldplatte (Typ: FP 30 L50 E; Dotierungsart L). Stellen Sie für diese Feldplatte den relativen Widerstandsverlauf R_B/R_0 als Funktion der magnetischen Flussdichte B und die Strom-Spannungs-Kennlinie $I_{FP} = f(U_{FP})$ mit B als Parameter grafisch dar.

Nach [2] sind folgende Daten bekannt:

- Bezugswiderstand R_0 = 50 Ω bei einer magnetischen Flussdichte B_0 = 0 T,
- maximal zulässige Betriebstemperatur: ϑ_{max} = +95 °C,
- Wärmeleitwert G_{th} = 0,6 mW/K in Luft und G_{th} = 6 mW/K auf Metall.

Aus den in [2] angegebenen Kennlinien wird für eine festgelegte Betriebstemperatur (hier: ϑ = 25 °C) eine einfache Näherungsbeziehung zur Berechnung des Widerstandes R_B für die Simulation der Kennlinie abgeleitet. Es gilt:

$$R_B \approx R_0\left(1 + 8B^2\right) \tag{2.30}$$

Die Formel 2.30 wird wie folgt im Fenster *DC Analysis* in die Y-Expression-Zeile eingetragen: Y_Expression=50*(1+8*V(B)*V(B))

Die Spannung der Quelle ($U_q = U_{RB}$) bildet die magnetische Flussdichte als Variable B nach. Sie wird als Var. 1=B mit Range=1.5,-1.5,1m für den DC-Sweep eingegeben. Bild 2.56 zeigt die Schaltung mit dem Widerstandsverlauf bei Variation der magnetischen Flussdichte.

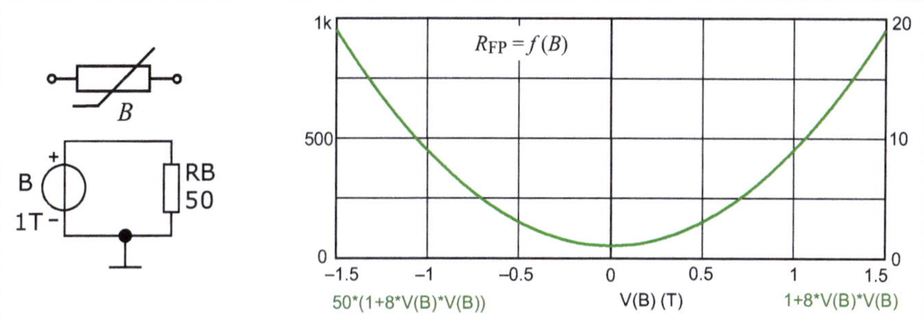

Bild 2.56 Simulation einer Feldplatte

Der Widerstandsverlauf wurde auf der linken Seite in Ohm skaliert und rechts in der normierten Form R_B / R_0 angegeben. Der normierte Widerstand hat bei $B = 0$ T den Wert eins ($R_B = R_0$). Bei steigender magnetischer Beeinflussung (B ↑) der Feldplatte nimmt er erkennbar zu. Der Strom durch die Feldplatte steigt bei sinkender magnetischer Beeinflussung (B ↓) an und erreicht bei $B = 0$ T ($R_B = R_0$) sein Maximum.

Die Strom-Spannungs-Kennlinie einer Feldplatte hat bei einer konstanten Temperatur und konstanter magnetischer Flussdichte einen linearen Verlauf. Stellt man diese Kennlinie mit B als Parameter grafisch dar, erhält man eine Schar von Geraden mit einem B-abhängigen Anstieg. Zur Aufnahme dieser *I-U*-Kennlinie muss jetzt eine reale DC-Quelle (Var.1=Uq mit Range=10,0,1m) verwendet werden. Da der DC-Sweep nun auf die Spannungsquelle U_q wirkt, ist der B-abhängige Widerstand R_{FP} in der Zeile Y-Expression des Fensters *DC-Analysis* einzugeben (Berechnung: siehe Bild 2.57 - rechts).

Bild 2.57 zeigt das Simulationsergebnis. Die magnetische Flussdichte B wirkt in dieser Kennlinie als Parameter. Mit zunehmender Flussdichte steigt der Widerstand R_{FP} der Feldplatte an. Der Anstieg der Strom-Spannungs-Kennlinie wird dadurch geringer.

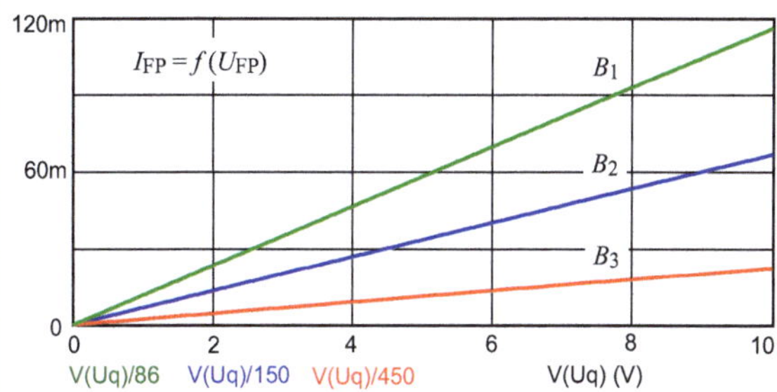

Parameter B
[berechnet mit (2.29)]:

$B_1 = 0{,}3$ T: $R_{FP1} = 86\ \Omega$

$B_2 = 0{,}5$ T: $R_{FP2} = 150\ \Omega$

$B_3 = 1$ T: $R_{FP3} = 450\ \Omega$

Bild 2.57 *I-U*-Kennlinien einer Feldplatte

Hall-Sonde

Bei diesem homogenen Halbleiter handelt es sich um einen Spezialfall. Das Bauelement besitzt vier Anschlüsse und muss (strenggenommen) als Vierpol betrachtet werden. Bei Einwirkung eines äußeren magnetischen Feldes entsteht an zwei sog. Messelektroden eine elektrische Spannung. Damit handelt es sich auch nicht mehr um ein passives Bauelement. Trotz dieser Ausnahmen soll die Hall-Sonde an dieser Stelle als ein homogener magnetfeldabhängiger Halbleiter kurz vorgestellt werden.

Die Hall-Sonde besteht aus einem Halbleiterplättchen der Dicke d und der Fläche A. Es werden bevorzugt Donator-Halbleiter eingesetzt (z. B. Indium-Arsenid), weil die n-Substrate eine größere Ladungsträger-Beweglichkeit aufweisen und eine höhere Ladungsträger-Geschwindigkeit erreichen. Damit führt die Wirksamkeit des Hall-Effektes bei der Messung/Sondierung o. ä. eines magnetischen Feldes auch bei relativ kleinen magnetischen Flussdichten noch zu gut auswertbaren Ergebnissen. Die Hall-Sonde besitzt zwei Steueranschlüsse (a und b) und zwei Messanschlüsse (x und y in Bild 2.58). Der Steuerstromkreis verbindet die Punkte a und b über eine elektrische Quelle. Diese Quelle hat die Aufgabe, einen konstanten Steuerstrom (Angabe des Herstellers: I_S = 25 mA) in die Widerstandsbahn der Sonde einzuspeisen. Im magnetisch feldfreien Fall wirkt die Sonde wie ein normaler Halbleiter-Widerstand. Der Steuerstrom erzeugt über diesem Widerstand einen Spannungsabfall. Die Spannung über den Messelektroden ist dabei theoretisch null.

Durch fertigungsbedingte Ungenauigkeiten stehen sich aber die Messelektroden nicht exakt gegenüber (Bild 2.58 - rechts). Sie beginnen nicht auf einer gemeinsamen Äquipotentialfläche und sie enden auch nicht auf einer gemeinsamen Äquipotentialfläche.

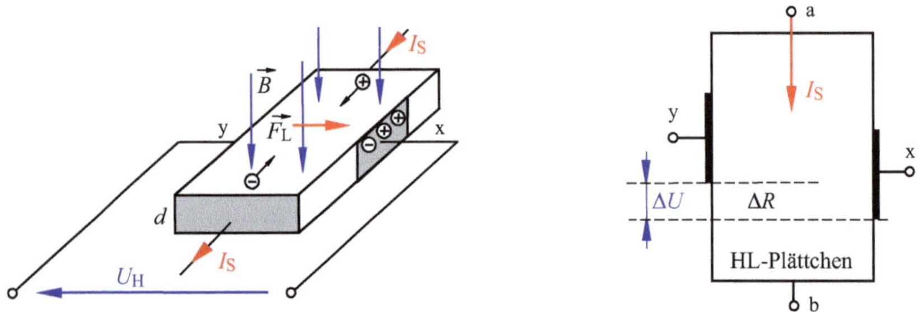

Bild 2.58 Prinzip einer Hall-Sonde (links) und Entstehung einer Offsetspannung (rechts)

Bedingt durch diese kleine Elektrodenverschiebung wird zwischen dem Anfang der einen und dem Ende der anderen Elektrode ein Stück Widerstandsmaterial erfasst, über dem infolge des fließenden Steuerstromes eine kleine Spannung (Offset) abfällt. Die Hall-Sonde (teilweise auch Hall-Generator genannt) wird vorzugsweise zur Messung des Betrages der magnetischen Flussdichte B eingesetzt. Dazu positioniert man das Halbleiterplättchen so im Magnetfeld, dass es senkrecht von den magnetischen Flussdichtelinien B durchsetzt wird.

Wenn nun ein Steuerstrom durch die Sonde fließt, bewegen sich die positiven Ladungen im Richtungssinn des Steuerstromes. Negative Ladungen bewegen sich in entgegengesetzter Richtung. Durch die Lorentz-Kraft werden beide Ladungsträgerarten von ihrer ursprünglichen Bewegungsrichtung abgelenkt (in Bild 2.58 nach rechts). Infolge dieser Ablenkung verändert sich die Konzentration der Ladung an der rechts dargestellten Elektrode x. An der gegenüberliegenden Elektrode y bildet sich eine entsprechende Gegenladung aus. Damit entsteht zwischen beiden Elektroden eine Potentialdifferenz von $U_H = \varphi_x - \varphi_y$. Das Vorzeichen von U_H (Bild 2.58) wird durch die an der Elektrode x überwiegende Ladungsträgerart bestimmt. Wenn ausschließlich negative Ladungen bewegt werden, gilt: $U_H < 0$ V.

Die Hall-Spannung ist abhängig vom Material der Sonde (Hall-Konstante K_H), der Dicke des Plättchens d, dem Betrag der magnetischen Flussdichte B sowie vom Steuerstrom I_S, der durch die Sonde fließt.

$$U_H = K_H \cdot \frac{B \cdot I_S}{d} \tag{2.31}$$

Die Konstante K_H gibt der Hersteller im Datenblatt an. Im Simulationsbeispiel 2.8 wird die Berechnung einer Magnetisierungskennlinie mit der Formel 2.31 durchgeführt.

Weitere Informationen finden Sie dazu im Lehrbuch [6] - Kapitel 17 und im Übungsbuch [7] - Berechnungsbeispiele 17.7 bis 17.10 und 17.13 sowie 17.14.

2.4 Simulationsbeispiele

Simulationsbeispiel 2.1: *R*-2*R*-Netzwerk

Widerstandsnetzwerke werden als Dickschichtkombinationen gefertigt und in SIL- oder DIL-Bauformen (DIL auch als SMD) angeboten. SIL steht für ein Single-InLine-Gehäuse und DIL steht für ein Dual-InLine-Gehäuse. Diese Netzwerke gehören nicht mehr zu den elementaren Zweipolen. Es handelt sich um integrierte Varianten, bei denen Widerstandsmaterialien als Paste im Siebdruckverfahren auf ein nicht leitendes Grundsubstrat aufgebracht werden. Die so entstehenden Einzelwiderstände können über vielfältige Varianten auf dem Grundsubstrat oder extern miteinander verbunden werden und haben weitgehend gleiche Eigenschaften (Toleranz, Temperaturabhängigkeit, usw.). Ein auf der Grundlage dieser Technologie erstelltes R-2R-Netzwerk eignet sich z.B. für den Einsatz in Digital-Analog-Umsetzern (DAU). Simulieren Sie das prinzipielle Verhalten eines solchen Netzwerkes.

Bild 2.59 zeigt eine grundlegende schaltungstechnische Variante zur Erklärung der Funktionsweise eines R-$2R$-Netzwerkes. Die Widerstände in den Querzweigen haben den doppelten Wert im Vergleich zu den Widerständen in den Längszweigen: $R_1 = R_3 = R_5 = R_7 = R$ und $R_2 = R_4 = R_6 = R_8 = R_a = 2R$.

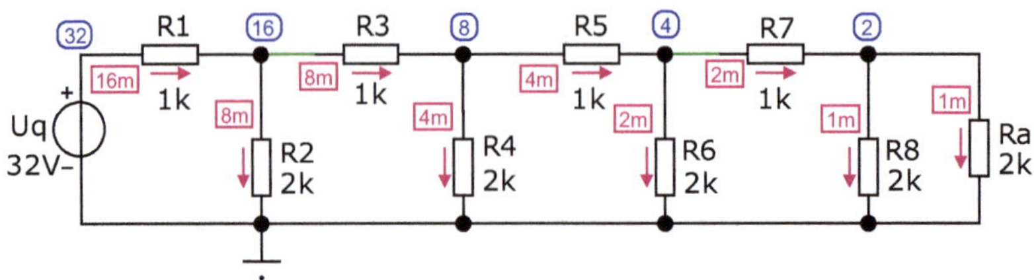

Bild 2.59 Schaltung zur Simulation der prinzipiellen Wirkungsweise eines R-$2R$-Netzwerkes

Bei diesem Schaltungsaufbau handelt es sich um einen mehrfachen Spannungs- und Stromteiler, der in jeder Masche und in jedem Knoten den gleichen Teilungsfaktor aufweist. Für die Teilungsfaktoren der Spannungen und der Ströme gilt:

$$\frac{U_2}{U_q} = \frac{U_4}{U_2} = \frac{U_6}{U_4} = \frac{U_8}{U_6} = \frac{1}{2}$$

$$\frac{I_3}{I_1} = \frac{I_5}{I_3} = \frac{I_7}{I_5} = \frac{I_a}{I_7} = \frac{1}{2}$$

Die Spannungen und Ströme werden demzufolge nach dem Dualsystem wiederholt geteilt. Trennt man jeweils vor zwei gegenüberliegenden Knoten die nachfolgende Widerstandskombination als Ersatz-Lastwiderstand ab, so erhält man einen Widerstandswert von $R = 1\ \mathrm{k\Omega}$:

$$R_8 \| R_a = 2\ \mathrm{k\Omega} \| 2\ \mathrm{k\Omega} = 1\ \mathrm{k\Omega};\ R_6 \| (R_7 + R_8 \| R_a) = 2\ \mathrm{k\Omega} \| (1\ \mathrm{k\Omega} + 1\ \mathrm{k\Omega}) = 1\ \mathrm{k\Omega};\ \text{usw.}$$

Simulationsbeispiel 2.2: Temperaturkoeffizient

Gegeben sind zwei Widerstände mit unterschiedlichen Temperaturkoeffizienten. Wie treten solche Unterschiede:

a) in einer Reihenschaltung

b) in einer Parallelschaltung in Erscheinung?

Geg.: $R_{20,1} = 30\ \Omega$ mit $TK_1 = 4\ \mathrm{mK^{-1}}$ und: $R_{20,2} = 60\ \Omega$ mit $TK_2 = 1\ \mathrm{mK^{-1}}$

Zu a) Reihenschaltung: Wir berechnen zunächst den Gesatzwiderstand und bestimmen daraus den Temperaturkoeffizienten.

$$R_{ges} = R_1 + R_2 = R_{20,1} \cdot (1 + TK_1 \cdot \Delta T) + R_{20,2} \cdot (1 + TK_2 \cdot \Delta T)$$

$$R_{ges} = R_{20,ges} + R_{20,ges} \cdot TK_{ges} \cdot \Delta T = R_{20,1} + R_{20,1} \cdot TK_1 \cdot \Delta T + R_{20,2} + R_{20,2} \cdot TK_2 \cdot \Delta T$$

$$R_{20,\text{ges}} \cdot TK_{\text{ges}} \cdot \Delta T = R_{20,1} + R_{20,1} \cdot TK_1 \cdot \Delta T + R_{20,2} + R_{20,2} \cdot TK_2 \cdot \Delta T$$

$$R_{20,\text{ges}} = R_{20,1} + R_{20,2} \quad \Rightarrow \quad TK_{\text{ges}}(\text{RS}) = \frac{R_{20,1} \cdot TK_1 + R_{20,2} \cdot TK_2}{R_{20,1} + R_{20,2}}$$

$$TK_{\text{ges}}(\text{RS}) = \frac{R_{20,1} \cdot TK_1 + R_{20,2} \cdot TK_2}{R_{20,1} + R_{20,2}} = \frac{30 \cdot 4 + 60 \cdot 1}{90} \text{ mK}^{-1} = 2 \text{ mK}^{-1}$$

Zur Simulation wird der Temperatur-Sweep (Analyse *DC*) im Bereich: $0\,°\text{C} \le \vartheta \le 100\,°\text{C}$ eingesetzt. In diesem Bereich kann noch mit der linearen Näherung (TC1) gearbeitet werden. Bild 2.60 zeigt die Simulationsschaltung.

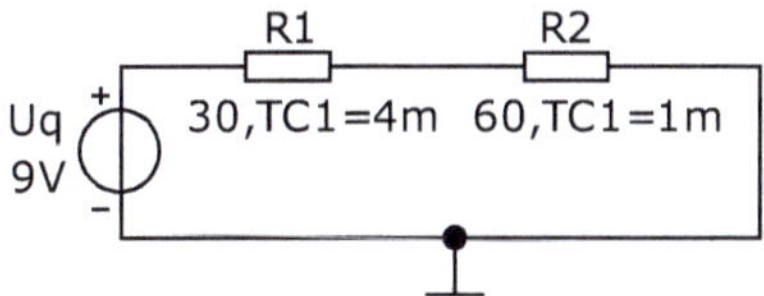

Bild 2.60
Schaltung zur Simulation einer Reihenschaltung mit unterschiedlichen *TK*-Werten

In Bild 2.61 sind die Temperaturkennlinien dargestellt. Der Gesamtwiderstand der Reihenschaltung ändert sich über dem betrachteten Temperaturbereich $\Delta\vartheta = 100°$ ($\triangleq \Delta T = 100$ K) um $\Delta R = 18\ \Omega$.

Nach [6] - Gleich. (1.8) gilt:

$$TK_{\text{ges}}(\text{RS}) = \frac{\Delta R_{\text{ges}}}{\Delta T} \cdot \frac{1}{R_{\text{ges}}} = \frac{18\ \Omega}{100\,\text{K} \cdot 90\ \Omega} = 2 \text{ mK}^{-1}$$

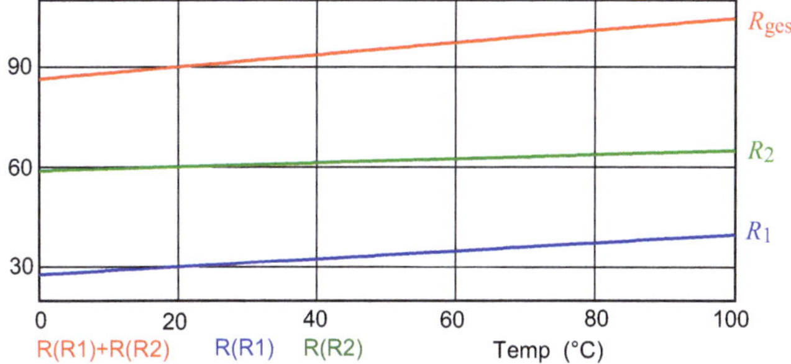

Bild 2.61 Temperaturkennlinien in einer Reihenschaltung

Zu b) Parallelschaltung: Wir berechnen zunächst allgemein den temperaturabhängigen Leitwert G_x des Widerstandes R_x. Zur Umformung verwenden wir dann die 3. binomische Formel:

$$G_x = \frac{1}{R_x} = \frac{1}{R_{20,x} \cdot (1 + TK_x \cdot \Delta T)} = \frac{1}{R_{20,x} \cdot (1 + TK_x \cdot \Delta T)} \cdot \frac{(1 - TK_x \cdot \Delta T)}{(1 - TK_x \cdot \Delta T)}$$

$$= \frac{1 - TK_x \cdot \Delta T}{R_{20,x} \cdot [1 - (TK_x \cdot \Delta T)^2]}$$

$$(TK_x \cdot \Delta T)^2 << 1 \quad \text{bzw.:} \quad [...] \to 1 \quad \Rightarrow \quad G_x \approx G_{20,x} \cdot (1 - TK_x \cdot \Delta T)$$

$$G_{ges} = G_1 + G_2$$

$$G_{20,ges} \cdot (1 - TK_{ges} \cdot \Delta T) = G_{20,1} \cdot (1 - TK_1 \cdot \Delta T) + G_{20,2} \cdot (1 - TK_2 \cdot \Delta T)$$

$$TK_{ges}(\text{PS}) \approx \frac{G_{20,1} \cdot TK_1 + G_{20,2} \cdot TK_2}{G_{20,1} + G_{20,2}} \approx \frac{R_{20,2} \cdot TK_1 + R_{20,1} \cdot TK_2}{R_{20,1} + R_{20,2}} \tag{2.32}$$

$$TK_{ges}(\text{PS}) = \frac{R_{20,2} \cdot TK_1 + R_{20,1} \cdot TK_2}{R_{20,1} + R_{20,2}} = \frac{60 \cdot 4 + 30 \cdot 1}{90} \text{ mK}^{-1} = 3 \text{ mK}^{-1}$$

Bild 2.62 zeigt die Simulationsschaltung mit den Temperaturkennlinien.

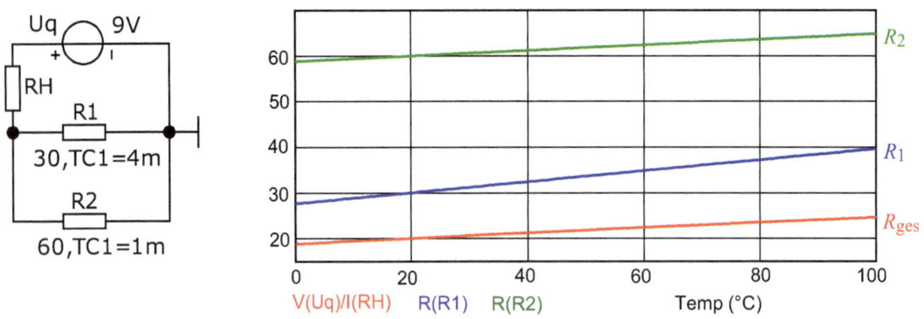

Bild 2.62 Simulation der Temperaturabhängigkeit in einer Parallelschaltung

Der Gesamtwiderstand der Parallelschaltung $R_{ges} = R_1 \| R_2 = 20\,\Omega$ ändert sich in dem betrachteten Temperaturbereich $\Delta\vartheta = 100°$ ($\triangleq \Delta T = 100$ K) um $\Delta R = 5{,}8\ \Omega$.

Nach [6] - Gleich. (1.8) gilt:

$$TK_{ges}(\text{PS}) = \frac{\Delta R_{ges}}{\Delta T} \cdot \frac{1}{R_{ges}} = \frac{5{,}8\ \Omega}{100\,\text{K} \cdot 20\ \Omega} \approx 2{,}9 \text{ mK}^{-1}$$

Die geringe Abweichung ergibt sich aus der zur Herleitung dieser Berechnungsvorschrift verwendeten Annahme: $(TK_x \cdot \Delta T)^2 \ll 1$. Diese Annahme trifft im vorliegenden Fall nicht exakt zu. Das wollen wir kritisch überprüfen und bewerten. Es ist aus der Simulation bekannt, dass der Gesamtwiderstand der Parallelschaltung bei 100 °C einen Wert von $R_{ges} \approx 25{,}8\ \Omega$ besitzt. Dieser Wert bezieht sich aber auf die Spannweite unserer Temperaturvariation von $\Delta T = 100$ K.

$$R_{100} = R_{20} \cdot [1 + TK_{ges}(\mathrm{PS}) \cdot \Delta T] = 20\,\Omega \cdot [1 + 2{,}9\ \mathrm{mK}^{-1} \cdot 100\,\mathrm{K}] = 25{,}8\ \Omega$$

Das Simulationsergebnis stimmt. Die Abweichung entsteht nur durch die angenommene Näherung.

Simulationsbeispiel 2.3: Simulation eines Widerstandes mit ESB_1

Wir untersuchen zunächst das Ersatzschaltbild ESB_1 (Bild 2.14 - links). Für den Widerstand wird ein Wert von $R = 300\ \Omega$ gewählt. Die Ersatz-Bauelemente bezeichnen wir mit $C_{ers} = C_p$ und $L_{ers} = L_r$. Ihre festgelegten Werte stehen in der verwendeten Simulationsschaltung des Bildes 2.63. Die Quelle ($\hat{U}_q = 1$ V) arbeitet mit einem logarithmischen AC-Sweep von 1 MHz bis 100 MHz. Der Widerstand R wird mit *Stepping* variiert (List=50,300,500). Die Temperaturabhängigkeit und der Skin-Effekt werden hier nicht berücksichtigt.

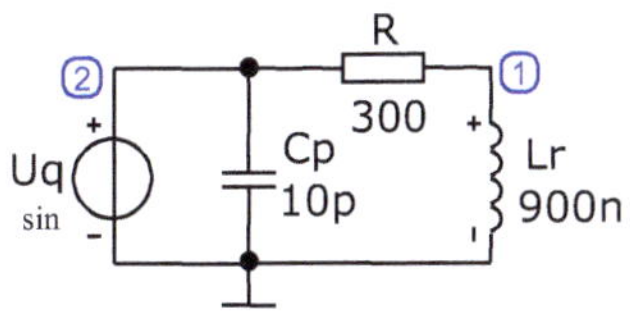

$$Z_0 = \sqrt{\frac{L_r}{C_p}} = \sqrt{\frac{900\,\mathrm{nH}}{10\,\mathrm{pF}}} = 300\,\Omega$$

$R_1 = 50\ \Omega$

$R_2 = Z_0 = 300\ \Omega$

$R_3 = 500\ \Omega$

Bild 2.63 Simulation der Ersatzschaltung (ESB_1) eines ohmschen Widerstandes

Um eine Diskussionsgrundlage zu schaffen, wird zunächst der komplexe Widerstand berechnet:

$$\underline{Z}_{\mathrm{ESB\_1}} = \frac{1}{\mathrm{j}\omega C_p} \| (R + \mathrm{j}\omega L_r) = \frac{\frac{1}{\mathrm{j}\omega C_p} \cdot (R + \mathrm{j}\omega L_r)}{\frac{1}{\mathrm{j}\omega C_p} + R + \mathrm{j}\omega L_r}$$

$$= \frac{R + \mathrm{j}\omega L_r}{1 - \omega^2 C_p L_r + \mathrm{j}\omega C_p R} \cdot \frac{1 - \omega^2 C_p L_r - \mathrm{j}\omega C_p R}{1 - \omega^2 C_p L_r - \mathrm{j}\omega C_p R}$$

$$\underline{Z}_{\mathrm{ESB\_1}} = \frac{R + \mathrm{j}\omega L_r - \omega^2 C_p L_r R - \mathrm{j}\omega^3 C_p L_r^2 - \mathrm{j}\omega C_p R^2 + \omega^2 C_p L_r R}{(1 - \omega^2 C_p L_r)^2 + (\omega C_p R)^2}$$

$$\underline{Z}_{\text{ESB\_1}} = \frac{R}{(1-\omega^2 C_\text{p} L_\text{r})^2 + (\omega C_\text{p} R)^2} + \text{j}\frac{\omega L_\text{r} - \omega^3 C_\text{p} L_\text{r}^2 - \omega C_\text{p} R^2}{(1-\omega^2 C_\text{p} L_\text{r})^2 + (\omega C_\text{p} R)^2}$$

$$\underline{Z}_{\text{ESB\_1}} = \frac{R}{(1-\omega^2 C_\text{p} L_\text{r})^2 + (\omega C_\text{p} R)^2} + \text{j}\omega \cdot \frac{\{L_\text{r} - C_\text{p} R^2\} - \omega^2 C_\text{p} L_\text{r}^2}{(1-\omega^2 C_\text{p} L_\text{r})^2 + (\omega C_\text{p} R)^2} \quad (2.33)$$

Die Darstellung in der kartesischen Form ermöglicht die Interpretation des elektrischen Verhaltens dieser Ersatzschaltung. Im Resonanzfall wird der Imaginärteil von $\underline{Z}$ gleich null. Damit erhält man eine exakte Berechnungsvorschrift für die Resonanzfrequenz, da die Thomsonsche Schwingungsgleichung {siehe [6] - Gleich. (8.11)} für gemischte LC-Kombinationen nur noch näherungsweise gilt:

$$\text{Im}\{\underline{Z}\} = 0 \quad \Rightarrow \quad \omega_0 L_\text{r} - \omega_0 C_\text{p} R^2 - \omega_0^3 C_\text{p} L_\text{r}^2 = 0$$

$$\omega_0^2 C_\text{p} L_\text{r}^2 = L_\text{r} - C_\text{p} R^2$$

$$\omega_0 = \sqrt{\frac{L_\text{r} - C_\text{p} R^2}{C_\text{p} L_\text{r}^2}} = \sqrt{\frac{1}{C_\text{p} L_\text{r}} - \frac{R^2}{L_\text{r}^2}} \quad \Rightarrow \quad f_0 = \frac{1}{2\pi} \cdot \sqrt{\frac{1}{C_\text{p} L_\text{r}} - \frac{R^2}{L_\text{r}^2}} \quad (2.34)$$

Bild 2.64 zeigt oben die Frequenzgänge des Betrages von $\underline{Z}_{\text{ESB\_1}}$ und unten die Phasenwinkel.

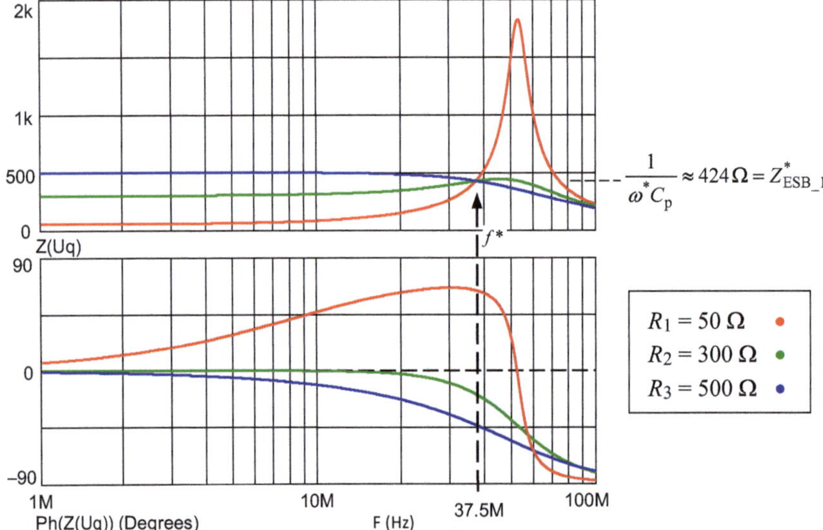

Bild 2.64 Frequenzgänge der Ersatzschaltung (ESB_1) von ohmschen Widerständen

Der Frequenzgang des Scheinwiderstandes sagt aus, dass bei Frequenzen unterhalb von f = 1 MHz noch keine Widerstandsänderung zu beobachten ist. Bei einer Frequenz von $f^* \approx 37{,}5$ MHz schneiden sich die Frequenzgänge. In diesem Punkt verhält sich die Ersatzschaltung bei jedem Widerstand R wie ein idealer Kondensator mit C_p = 10 pF. Dann gilt: $Z^* = 1/\omega^* C_p \approx 424\ \Omega$ und $|\underline{I}_{Cp}| = |\underline{I}_{ges}|$.

Der Widerstand $R_1 < Z_0$ zeigt ein induktives Verhalten. Der Widerstand $R_3 > Z_0$ weist ein kapazitives Verhalten auf. Zur Erklärung dieses Sachverhalts sehen wir uns noch einmal die Formel 2.33 an. Der Ausdruck in der geschweiften Klammer des Imaginärteils $\{L_r - C_p \cdot R^2\}$ kann positive $L_r > C_p \cdot R^2$ oder negative Werte $L_r < C_p \cdot R^2$ annehmen. Der Grenzfall existiert bei $L_r = C_p \cdot R^2$. Dann liegt ein „ohmsches" Verhalten mit $R = R_2 = Z_0$ vor. Bei höheren Frequenzen entsteht immer ein kapazitives Verhalten. Das Ersatzschaltbild ist dann für diesen Frequenzbereich nicht mehr definiert.

Der Widerstand mit $R_2 = Z_0 = 300\ \Omega$ weist einen Frequenzgang auf, der bis zu einer Frequenz von ca. 20 MHz seinen Wert (in Bild 2.64 mit $R \approx 300\ \Omega$ und $\varphi \approx 0°$) nahezu beibehält. Das bestätigen auch die in Bild 2.65 dargestellten Frequenzgänge des Realteils und des Imaginärteils von $\underline{Z}$.

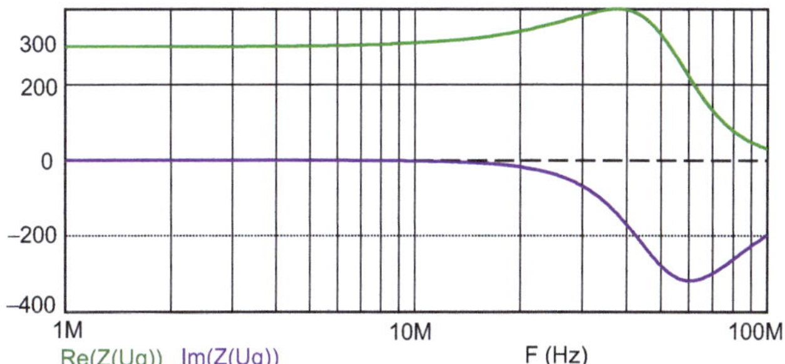

Bild 2.65 Frequenzgänge von Re$\{\underline{Z}\}$ und von Im$\{\underline{Z}\}$ bei $R_2 = Z_0$

Simulationsbeispiel 2.4: Simulation eines Widerstandes mit ESB_2

Nun soll das Ersatzschaltbild ESB_2 verwendet werden. Die Daten des Simulationsbeispiels 2.3 werden nicht verändert. Zur Simulation dient jetzt die Schaltung in Bild 2.66 (vgl. Bild 2.14 - rechts). Für die Quellenspannung verwenden wir wieder den Wert $\hat{U}_q$ = 1 V.

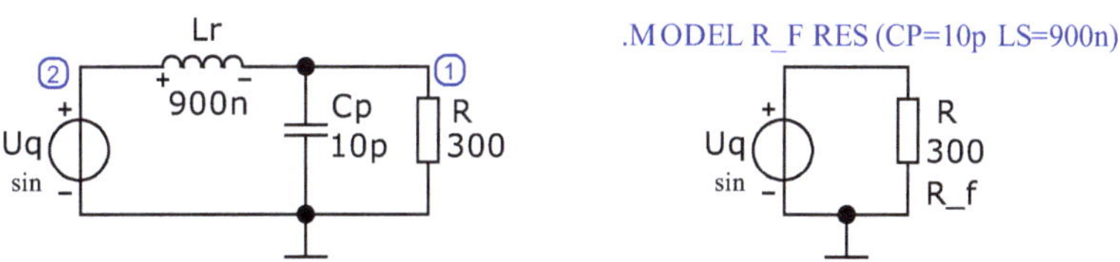

Bild 2.66 Simulation der Ersatzschaltung (ESB_2) eines ohmschen Widerstandes

Dieses Ersatzschaltbild ist in MicroCap als Modell verfügbar. Dazu verwendet man den bekannten Widerstand [*Resistor*], gibt seinen Wert unter VALUE an und erstellt für ihn ein .MODEL-Statement. Nach der Eingabe des Modellnamens (z. B. MODEL=R_f) können dann die Werte der Ersatzelemente gesetzt werden: CP=10p und LS=900n. Mit L_S (= L_r) bezeichnet man die Serieninduktivität.

Wenn man auf der Arbeitsoberfläche (unten links) von der Einstellung > Main < auf > Models < umschaltet, wird das .MODEL-Statement angezeigt. Nach dem Markieren kann man diesen String mit der Tastenkombination > Strg < + > B < auf der Arbeitsoberfläche platzieren.

Zur Schaffung einer Diskussionsgrundlage berechnen wir wieder den komplexen Widerstand (KF):

$$\underline{Z}_{\mathrm{ESB\_2}} = \mathrm{j}\omega L_\mathrm{r} + R \,||\, \frac{1}{\mathrm{j}\omega C_\mathrm{p}} = \mathrm{j}\omega L_\mathrm{r} + \frac{R \cdot \frac{1}{\mathrm{j}\omega C_\mathrm{p}}}{R + \frac{1}{\mathrm{j}\omega C_\mathrm{p}}} = \mathrm{j}\omega L_\mathrm{r} + \frac{R}{1 + \mathrm{j}\omega C_\mathrm{p} \cdot R}$$

$$\underline{Z}_{\mathrm{ESB\_2}} = \mathrm{j}\omega L_\mathrm{r} + \frac{R}{1 + \mathrm{j}\omega C_\mathrm{p} \cdot R} \cdot \frac{1 - \mathrm{j}\omega C_\mathrm{p} \cdot R}{1 - \mathrm{j}\omega C_\mathrm{p} \cdot R} = \mathrm{j}\omega L_\mathrm{r} + \frac{R - \mathrm{j}\omega C_\mathrm{p} \cdot R^2}{1 + \omega^2 C_\mathrm{p}^2 \cdot R^2}$$

$$\underline{Z}_{\mathrm{ESB\_2}} = \frac{R}{1 + \omega^2 C_\mathrm{p}^2 \cdot R^2} + \mathrm{j}\omega \cdot \frac{\{L_\mathrm{r} - C_\mathrm{p} \cdot R^2\} + \omega^2 L_\mathrm{r} \cdot C_\mathrm{p}^2 \cdot R^2}{1 + \omega^2 C_\mathrm{p}^2 \cdot R^2} \tag{2.35}$$

Daraus kann bei Bedarf die Resonanzfrequenz berechnet werden:

$$\mathrm{Im}\{\underline{Z}\} = 0 \quad \Rightarrow \quad \omega_0 L_\mathrm{r} - \omega_0 C_\mathrm{p} R^2 + \omega_0^3 L_\mathrm{r} C_\mathrm{p}^2 R^2 = 0$$

$$\omega_0^2 L_\mathrm{r} C_\mathrm{p}^2 R^2 = C_\mathrm{p} R^2 - L_\mathrm{r}$$

$$\omega_0 = \sqrt{\frac{C_\mathrm{p} R^2 - L_\mathrm{r}}{L_\mathrm{r} C_\mathrm{p}^2 R^2}} = \sqrt{\frac{1}{C_\mathrm{p} L_\mathrm{r}} - \frac{1}{C_\mathrm{p}^2 R^2}} \quad \Rightarrow \quad f_0 = \frac{1}{2\pi} \cdot \sqrt{\frac{1}{C_\mathrm{p} L_\mathrm{r}} - \frac{1}{C_\mathrm{p}^2 R^2}} \tag{2.36}$$

Wir sehen uns die Frequenzgänge in einem Bereich 1 MHz bis 100 MHz an. Bild 2.67 zeigt oben die Frequenzgänge des Betrages von $\underline{Z}_{\mathrm{ESB\_2}}$ und unten die Phasenfrequenzgänge.

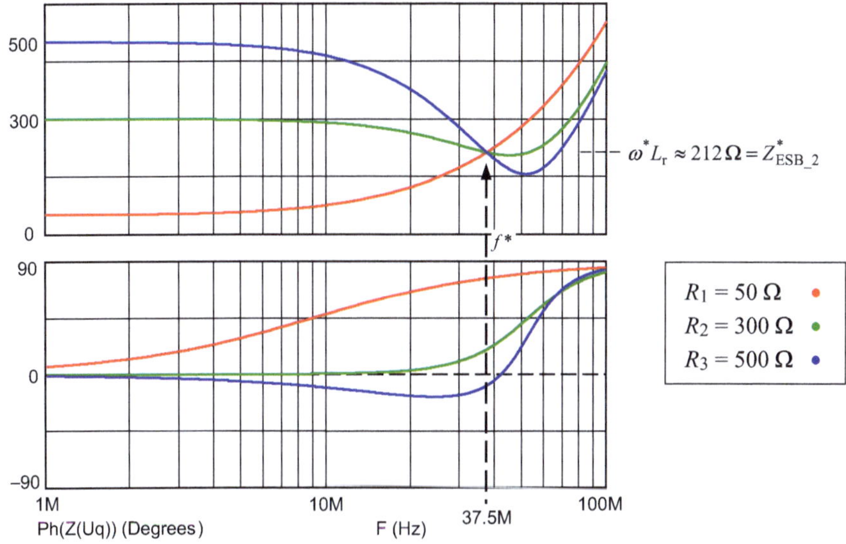

Bild 2.67 Frequenzgänge der Ersatzschaltung (ESB_2) von ohmschen Widerständen

Die Frequenzgänge der Scheinwiderstände schneiden sich wieder bei einer Frequenz $f^* \approx 37{,}5$ MHz.

In diesem Punkt verhält sich die Ersatzschaltung bei jedem Widerstand R wie eine ideale Spule mit der Induktivität $L_r = 900$ nH. Dann gilt: $Z^* = \omega^* L_r \approx 212\ \Omega$.

Der Betrag der Spannung | $|\underline{U}_{Lr}|$ ist in diesem Fall gleich dem Betrag der Gesamtspannung $|\underline{U}_{ges}|$. Der Widerstand $R_1 < Z_0$ zeigt ein induktives Verhalten. Der Widerstand $R_3 > Z_0$ weist ein kapazitives Verhalten auf. Das bestätigt auch die geschweifte Klammer $\{L_r - C_p \cdot R^2\}$ in der Formel 2.35.

Der Widerstand mit $R_2 = Z_0 = 300\ \Omega$ („ohmsches" Verhalten) weist einen Frequenzgang auf, der bis zu einer Frequenz von ca. 10 MHz seinen Wert näherungsweise beibehält. Das zeigt auch das Bild 2.68 mit den Frequenzgängen des Realteils und des Imaginärteils von $\underline{Z}$.

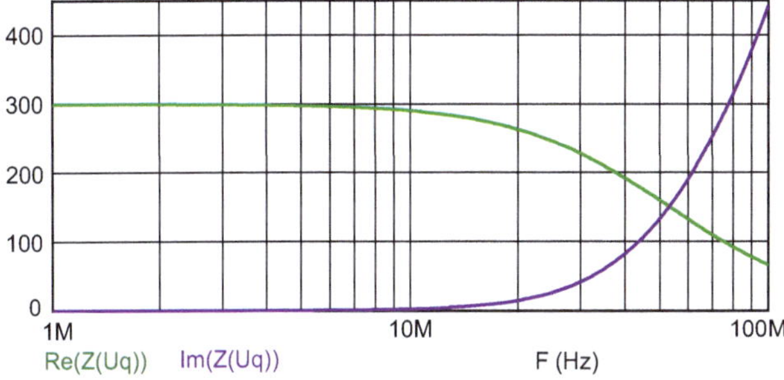

Bild 2.68 Frequenzgänge von Re$\{\underline{Z}\}$ und von Im$\{\underline{Z}\}$ bei $R_2 = Z_0$

Diskussion: (für beide Ersatzschaltbilder ESB_1 und ESB_2)

1. Über den Widerstand Z_0 ist eine Aussage zum Verhalten der Ersatzschaltung möglich. Der Widerstand $R_1 < Z_0$ zeigt ein induktives Verhalten. Der Widerstand $R_3 > Z_0$ weist ein kapazitives Verhalten auf. Bei $R = R_2 = Z_0$ liegt ein „ohmsches" Verhalten vor. Bei höheren Frequenzen entsteht immer ein kapazitives Verhalten. Das Ersatzschaltbild ist dann für diesen Frequenzbereich nicht mehr definiert.
2. Bei einer Frequenz von f^* schneiden sich die Frequenzgänge der Scheinwiderstände Z für alle R mit einem Betrag von Z^*. Das ESB_1 verhält sich dann bei f^* so, dass die Ströme $|\underline{I}_{\mathrm{Cp}}|$ und $|\underline{I}_{\mathrm{ges}}|$ gleich sind. Beim ESB_2 haben in diesem Fall bei f^* die Spannungen $|\underline{U}_{\mathrm{Lr}}|$ und $|\underline{U}_{\mathrm{ges}}|$ den gleichen Wert.
3. Wie kann man nun den Widerstand Z^* ausrechnen? Dazu gehen wir beim ESB_1 von der Gleichheit der Ströme $|\underline{I}_{\mathrm{Cp}}| = |\underline{I}_{\mathrm{ges}}|$ aus und wenden für diesen Fall die Stromteilerregel an:

$$\frac{\underline{I}_{\mathrm{Cp}}}{\underline{I}_{\mathrm{ges}}} = \frac{R + \mathrm{j}\omega^* L_{\mathrm{r}}}{R + \mathrm{j}\omega^* L_{\mathrm{r}} + \dfrac{1}{\mathrm{j}\omega^* C_{\mathrm{p}}}}$$

$$\left|\frac{\underline{I}_{\mathrm{Cp}}}{\underline{I}_{\mathrm{ges}}}\right| = \sqrt{\frac{R^2 + (\omega^* L_{\mathrm{r}})^2}{R^2 + \left(\omega^* L_{\mathrm{r}} - \dfrac{1}{\omega^* C_{\mathrm{p}}}\right)^2}} = 1$$

$$R^2 + (\omega^* L_{\mathrm{r}})^2 = R^2 + \left(\omega^* L_{\mathrm{r}} - \frac{1}{\omega^* C_{\mathrm{p}}}\right)^2$$

$$(\omega^* L_{\mathrm{r}})^2 = (\omega^* L_{\mathrm{r}})^2 - 2 \cdot \frac{\omega^* L_{\mathrm{r}}}{\omega^* C_{\mathrm{p}}} + \left(\frac{1}{\omega^* C_{\mathrm{p}}}\right)^2$$

$$2 \cdot \frac{L_{\mathrm{r}}}{C_{\mathrm{p}}} = \left(\frac{1}{\omega^* C_{\mathrm{p}}}\right)^2 \quad \text{mit: } Z^*_{\mathrm{ESB\_1}} = \frac{1}{\omega^* C_{\mathrm{p}}} \quad \text{und: } Z_0 = \sqrt{\frac{L_{\mathrm{r}}}{C_{\mathrm{p}}}}$$

$$Z^*_{\mathrm{ESB\_1}} = \sqrt{2} \cdot Z_0 \tag{2.37}$$

Beim ESB_2 kann man von der Gleichheit der Spannungen $|\underline{U}_{\mathrm{Lr}}| = |\underline{U}_{\mathrm{ges}}|$ ausgehen. Zur Berechnung wird die Spannungsteilerregel angewendet. Über die Beträge erhält man dann die Formel 2.38:

$$\frac{\underline{U}_{\mathrm{Lr}}}{\underline{U}_{\mathrm{ges}}}=\frac{\mathrm{j}\omega^* L_{\mathrm{r}}}{\mathrm{j}\omega^* L_{\mathrm{r}}+R\,\|\,\dfrac{1}{\mathrm{j}\omega^* C_{\mathrm{p}}}}=\frac{\mathrm{j}\omega^* L_{\mathrm{r}}}{\mathrm{j}\omega^* L_{\mathrm{r}}+\dfrac{R}{1+\mathrm{j}\omega^* C_{\mathrm{p}}\cdot R}}=\frac{\mathrm{j}\omega^* L_{\mathrm{r}}}{\dfrac{R-(\omega^*)^2\cdot L_{\mathrm{r}}\cdot C_{\mathrm{p}}\cdot R+\mathrm{j}\omega^* L_{\mathrm{r}}}{1+\mathrm{j}\omega^* C_{\mathrm{p}}\cdot R}}$$

$$Z^*_{\mathrm{ESB\_2}}=\frac{Z_0}{\sqrt{2}} \tag{2.38}$$

4. Wie kann man dann für diese Situation die Frequenz f^* berechnen? Dazu gehen wir beim ESB_1 von der Gleichheit der Widerstände $Z^* = 1/\omega^* C_{\mathrm{p}}$ aus und setzen Formel 2.37 ein. Nach dem Umstellen erhält man f^*:

$$f_1^*=\frac{1}{2\pi}\cdot\frac{1}{Z^*_{\mathrm{ESB\_1}}\cdot C_{\mathrm{p}}}=\frac{1}{2\pi}\cdot\frac{1}{\sqrt{2}\cdot Z_0\cdot C_{\mathrm{p}}}$$

Die gleiche Maßnahme wenden wir auf ESB_2 an:

$$f_2^*=\frac{1}{2\pi}\cdot\frac{Z^*_{\mathrm{ESB\_2}}}{L_{\mathrm{r}}}=\frac{1}{2\pi}\cdot\frac{Z_0}{\sqrt{2}\cdot L_{\mathrm{r}}}$$

Durch Einsetzen der Zahlenwerte erhält man in beiden Fällen eine Frequenz von ca. 37,5 MHz. Das Ergebnis der Berechnung der Frequenz f^* ist unabhängig vom verwendeten Ersatzschaltbild.

Simulationsbeispiel 2.5: Realer ohmscher Widerstand im HF-Bereich

Wir wollen einen realen ohmschen Widerstand im HF-Bereich in MicroCap untersuchen. Dazu soll das Ersatzschaltbild ESB_1 verwendet werden. Dieses Ersatzschaltbild kommt auch in HS_PSpice als PSpice-Modell (RHF) zum Einsatz.

Die HF-Modelle in [9] beschreiben SMD-Bauelemente der Baugröße 1206 (l = 3,2 mm, b = 1,6 mm). Der Einfluss des Skin-Effektes wird hier nur bei der Modellierung der Induktivität berücksichtigt.

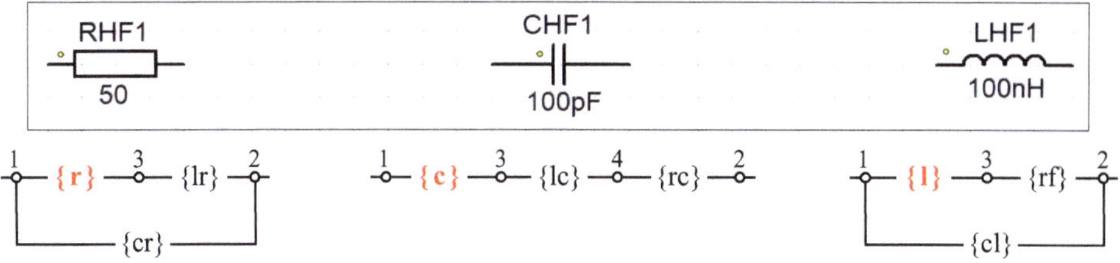

Bild 2.69 Aufbau der HF-Modelle nach [9] (Auszug aus dem Modell-Editor)

Beim Einsatz der Grundbauelemente R, C und L muss man bei hohen Frequenzen die Existenz von parasitären Effekten berücksichtigen. Ihre Wirkung tritt je nach Bauform des Bauelementes und des verwendeten Werkstoffs ab ca. 1 MHz erkennbar in Erscheinung. Zur Reduzierung dieser Effekte werden Bauelemente in der SMD-Ausführung (Surface Mounted Devices) eingesetzt.

Da für diese Bauelemente keine zusätzlichen Anschlussleitungen erforderlich sind, kann der Einfluss des Skin-Effektes reduziert werden.

Wir wollen das Verhalten verschiedener Widerstände R_x bei hohen Frequenzen untersuchen. Der Wert dieses Widerstandes kann mit *Stepping* variiert werden (List=50,120,250). Es gelten die Default-Werte aus [9] mit L_r = 3 nH und C_p = 0,2 pF. Bild 2.70 zeigt oben die Frequenzgänge der Beträge der komplexen Widerstände $|\underline{Z}_{R,ers}|$ für R_1 = 50 Ω, R_2 = 120 Ω und R_3 = 250 Ω. Im unteren Teil dieses Bildes sind die Phasenfrequenzgänge dargestellt. Bei R_1 erkennt man die Ausbildung eines Resonanzeffektes.

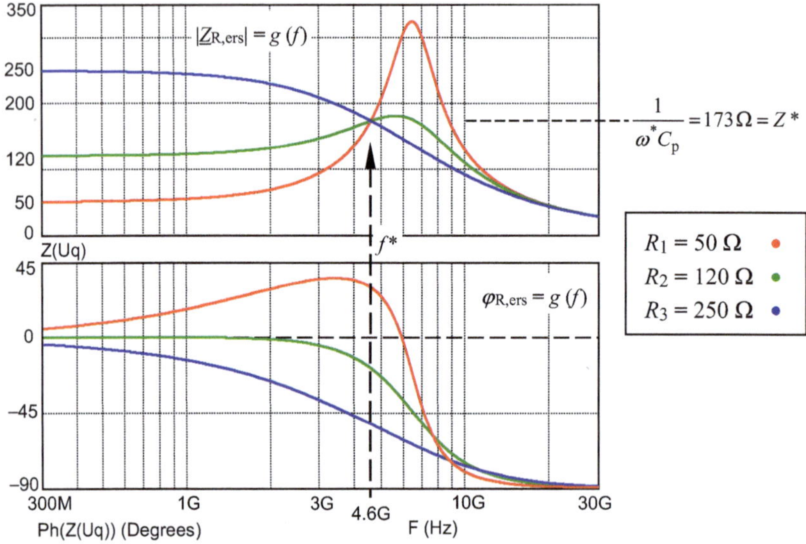

Bild 2.70 Frequenzgänge realer ohmscher Widerstände im HF-Bereich (ab f = 300 MHz)

Für den Kennwiderstand gilt:

$$Z_0 = \sqrt{\frac{L_r}{C_p}} = \sqrt{\frac{3 \cdot 10^{-9}}{0{,}2 \cdot 10^{-12}}}\,\Omega = 122{,}5\,\Omega$$

Der Widerstand $R_1 < Z_0$ zeigt ein induktives Verhalten. Der Widerstand $R_3 > Z_0$ weist ein kapazitives Verhalten auf. Beim Widerstand $R_2 \approx Z_0$ liegt nahezu ein „ohmsches" Verhalten vor. Bild 2.71 zeigt für diesen Fall die Frequenzgänge des Realteils und des Imaginärteils von $\underline{Z}$.

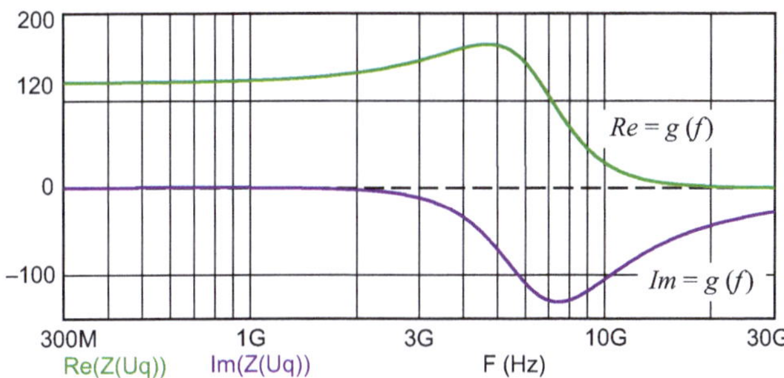

Bild 2.71 Frequenzgänge des Realteils und des Imaginärteils von $\underline{Z}_{\mathrm{R\,2,ers}}$

Der Imaginärteil verläuft über einem großen Frequenzbereich auf der Nulllinie. Der Scheinwiderstand bleibt in diesem Bereich nahezu reell.

Die Frequenzgänge der Scheinwiderstände in Bild 2.70 schneiden sich bei $Z^* = 173\ \Omega$. In diesem Punkt ist der Betrag des Gesamtstromes $|\underline{I}_{\mathrm{ges}}|$ gleich dem Betrag des Stromes $|\underline{I}_{\mathrm{C}}|$. Mit der Formel 2.37 können wir die Werte von Z^* und f^* überprüfen:

$$Z^*_{\mathrm{ESB\_1}} = \sqrt{2} \cdot Z_0 = \sqrt{2} \cdot 122{,}5\,\Omega \approx 173\,\Omega$$

$$f^* = \frac{1}{2\pi} \cdot \frac{1}{\sqrt{2} \cdot Z_0 \cdot C_{\mathrm{p}}} = \frac{1}{2\pi} \cdot \frac{1}{\sqrt{2} \cdot 122{,}5 \cdot 0{,}2 \cdot 10^{-12}}\,\mathrm{Hz} \approx 4{,}6\,\mathrm{GHz}$$

Diese Sachverhalte werden in [6] und insbesondere in [9] ausführlicher diskutiert.

Simulationsbeispiel 2.6: Realer Kondensator im HF-Bereich

Der Kondensator wird mit den Kapazitätswerten $C_1 = 0{,}1C = 10$ pF und $C_2 = C = 100$ pF untersucht. Der Kapazitätswert kann mit *Stepping* variiert werden (List=10p,100p). Zur Simulation wird das Ersatzschaltbild (Bild 2.18 - rechts) eingesetzt. Dieses Ersatzschaltbild ist in MicroCap als Modell verfügbar.

Dazu verwendet man den bekannten Kondensator [*Capacitor*], gibt seinen Wert unter Value an und erstellt für ihn ein .MODEL-Statement. Nach der Eingabe des Modellnamens (z.B. MODEL=C_f) können dann die Werte der Ersatzelemente gesetzt werden: LS=3n und RS=0.2. Dann entsteht das folgende Statement: .MODEL C_F CAP (LS=3n RS=0.2). Bild 2.72 zeigt den Verlauf der Frequenzgänge der Beträge der komplexen Widerstände $|\underline{Z}_{\mathrm{C,ers}}|$. Man erkennt die Wirkung eines Bandpasses (Z = min und I_0 = max). Auf die Darstellung der Phasenfrequenzgänge wurde verzichtet, da der Phasenwinkel im jeweiligen Resonanzpunkt lediglich von $\varphi_Z = -90°$ auf $\varphi_Z = +90°$ springt.

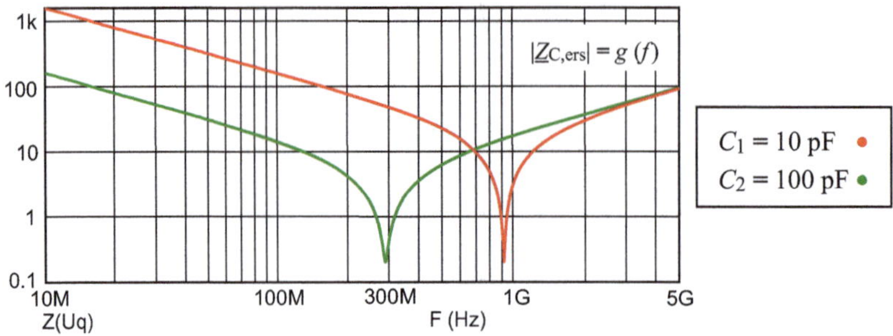

Bild 2.72 Frequenzgänge von realen Kondensatoren im HF-Bereich

Das Minimum von $\left|\underline{Z}_{C2,ers}\right|$ der Kapazität $C_2 = C$ liegt bei $f_{2Z} = 290$ MHz mit $\left|\underline{Z}_{C2,min}\right| \approx 0{,}2\,\Omega = R_C$. Der Phasenwinkel wird bei $f_{2\varphi} = 290$ MHz gleich null (Cursor-Messung). Diese Frequenz $f_{2\varphi} = f_{02}$ kann man mit der Thomsonschen Schwingungsgleichung (Reihenschwingkreis) überprüfen:

$$f_{02} = \frac{1}{2\pi} \cdot \sqrt{\frac{1}{C_2 \cdot L_r}} = \frac{1}{2\pi} \cdot \sqrt{\frac{1}{100 \cdot 10^{-12} \cdot 3 \cdot 10^{-9}}}\ \text{Hz} = \frac{1}{2\pi} \cdot \sqrt{\frac{10^{20}}{30}}\ \text{Hz} = 290{,}7\ \text{MHz}$$

Unterhalb dieser Frequenz ($f_{2Z} = f_{2\varphi} = f_{02}$) wirkt der reale HF-Kondensator kapazitiv.

Das Minimum von $\left|\underline{Z}_{C1,ers}\right|$ der Kapazität $C_1 = 0{,}1C$ liegt bei $f_{1Z} = 919$ MHz mit $\left|\underline{Z}_{C1,min}\right| \approx 0{,}2\,\Omega$. Diese Frequenz $f_{1\varphi} = f_{01}$ kann man wieder mit der Thomsonschen Schwingungsgleichung überprüfen:

$$f_{01} = \frac{1}{2\pi} \cdot \sqrt{\frac{1}{C_1 \cdot L_r}} = \frac{1}{2\pi} \cdot \sqrt{\frac{1}{10 \cdot 10^{-12} \cdot 3 \cdot 10^{-9}}}\ \text{Hz} = \frac{1}{2\pi} \cdot \sqrt{\frac{10^{21}}{30}}\ \text{Hz} \approx 919\ \text{MHz}$$

Unterhalb dieser Frequenz ($f_{1Z} = f_{1\varphi} = f_{01}$) wirkt der reale HF-Kondensator kapazitiv. Die Frequenzgänge haben einen vergleichbaren Kurvenverlauf. Die Resonanzfrequenzen sind zueinander versetzt und liegen bei $f_{02} \approx 290$ MHz bzw. bei $f_{01} \approx 919$ MHz.

Weitere Hinweise dazu finden Sie in [6] und in [9] in ausführlicher Form.

Simulationsbeispiel 2.7: Reale Spule im HF-Bereich

Die Spule wird mit den Induktivitätswerten $L_1 = L = 10$ nH, $L_2 = 10L = 100$ nH und $L_3 = 100L = 1$ µH (*Stepping*: List=10n,100n,1u) untersucht. Zur Simulation verwenden wir das in Abschnitt 2.2.3 bereits vorgestellte Ersatzschaltbild (Bild 2.31 - links; vgl. auch Bild 2.73 - links).

Bei der Simulation einer Spule im HF-Bereich muss der Skin-Effekt berücksichtigt werden. Dazu ist es erforderlich, den Widerstand $R_{Skin} = R_L(f)$ zu berechnen. Nach [9] gilt:

$$R_L(f) = k_{RL} \cdot \sqrt{f} = k_L \cdot L \cdot \sqrt{f}$$

Der Verlustwiderstandskoeffizient $k_{\mathrm{RL}} = k_{\mathrm{L}} \cdot L$ verhält sich proportional zur Induktivität L und kann über den relativen Verlustwiderstandskoeffizient bestimmt werden. Die Koeffizienten gelten nur für SMD-Spulen einer definierten Bauform (hier: Baugröße 1206) und bis ca. L = 10 µH.

$$k_{\mathrm{L}} = 1200 \cdot \frac{\Omega}{\mathrm{H} \cdot \sqrt{\mathrm{Hz}}}$$

In Bild 2.73 ist die Simulationsschaltung mit dem Frequenzgang des Widerstandes $R_{\mathrm{L}}\,(f)$ dargestellt. Dieser Frequenzgang gilt nur für die Induktivität L_2 = 100 nH. Die Berechnungsvorschrift für $R_{\mathrm{L}}\,(f)$ wird in der *PartName*-Liste des Widerstandes *R* im Feld FREQ= eingegeben (Anzeige über Show ☑).

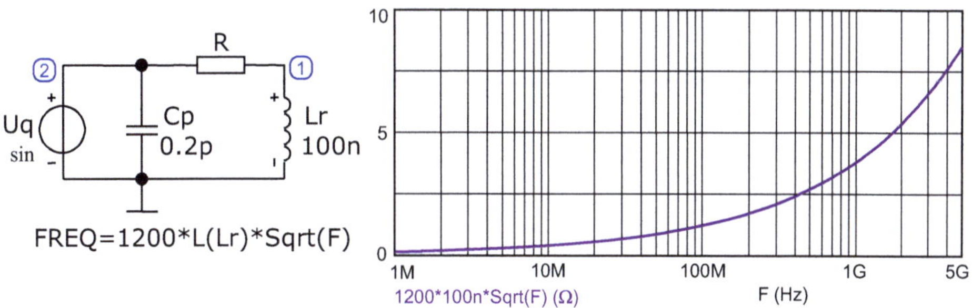

Bild 2.73 Frequenzgang des Verlustwiderstandes einer SMD-Spule mit L = 100 nH

Bild 2.74 zeigt die Frequenzgänge der Beträge der komplexen Widerstände $|\underline{Z}_{\mathrm{L,ers}}|$. Der Resonanzeffekt bildet sich deutlich aus. Dort wechselt der Phasenfrequenzgang von +90° (induktiv) auf −90° (kapazitiv). Im Phasenfrequenzgang (hier nicht dargestellt) ist nur der Sprung erkennbar.

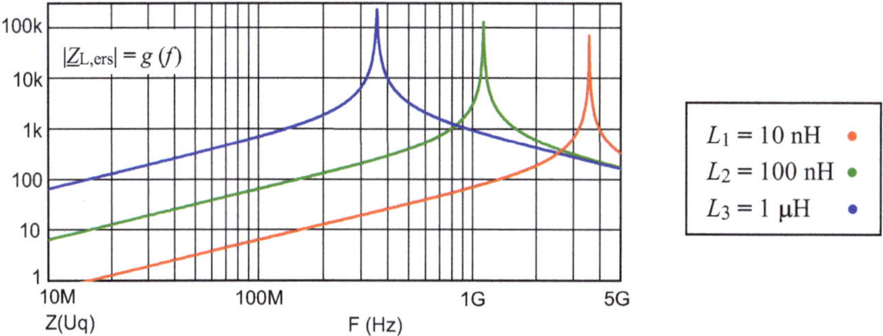

Bild 2.74 Frequenzgänge von realen Spulen im HF-Bereich

Das Maximum von $\left|\underline{Z}_{\mathrm{L1,ers}}\right|$ der Induktivität L_1 liegt bei $f_{1Z} \approx 3{,}56$ GHz mit $\left|\underline{Z}_{\mathrm{L1,max}}\right| \approx 69{,}8\,\mathrm{k}\Omega$. Der Phasenwinkel wird bei $f_{1\varphi}$ = 3,56 GHz gleich null (Messung mit der Cursor-Funktion). Die Resonanzfrequenz beträgt demzufolge f_{01} = 3,56 GHz. Unterhalb dieser Frequenz wirkt die reale HF-Spule induktiv und oberhalb wirkt sie kapazitiv.

Das Maximum von $\left|\underline{Z}_{\mathrm{L2,ers}}\right|$ der Induktivität L_2 liegt bei $f_{2Z} \approx 1{,}126$ GHz mit $\left|\underline{Z}_{\mathrm{L2,max}}\right| \approx 124\,\mathrm{k}\Omega$. Der Phasenwinkel wird bei $f_{2\varphi}$ = 1,126 GHz gleich null. Die Resonanzfrequenz beträgt f_{02} = 1,126 GHz. Das Maximum von $\left|\underline{Z}_{\mathrm{L3,ers}}\right|$ der Induktivität L_3 liegt bei $f_{3Z} \approx$ 355,9 MHz mit $\left|\underline{Z}_{\mathrm{L3,max}}\right| \approx 221\,\mathrm{k}\Omega$. Wir wollen die Resonanzfrequenz der Induktivität L_2 mit der Formel 2.34 überprüfen:

$$R_{\mathrm{L2}}(f_{02} = 1{,}126\,\mathrm{GHz}) = 1200 \cdot 100 \cdot 10^{-9} \cdot \sqrt{1{,}126 \cdot 10^{9}}\ \Omega = 4{,}03\ \Omega \approx 4\ \Omega$$

$$f_{02} = \frac{1}{2\pi} \cdot \sqrt{\frac{1}{C_{\mathrm{p}} L_2} - \frac{R_{\mathrm{L2}}^2(f)}{L_2^2}} = \frac{1}{2\pi} \cdot \sqrt{\frac{10^{21}}{0{,}2 \cdot 100} - \frac{16}{10^{-14}}}\ \mathrm{Hz} = 1{,}1254\ \mathrm{GHz}$$

Eine wichtige Kenngröße der realen Spule ist die Spulengüte Q_{L}. Sie wird in [9] wie folgt definiert:

$$Q_{\mathrm{L}}(f) = \frac{\mathrm{Im}\{\underline{Z}\}}{\mathrm{Re}\{\underline{Z}\}} = \frac{2\pi \cdot f \cdot L}{R_{\mathrm{L}}(f)}$$

Bild 2.75 zeigt den Frequenzgang der Güte der Spule mit der Induktivität L_2. Die Spulengüte ist nur bei einer induktiven Wirkung definiert (hier bis ca. 700 MHz).

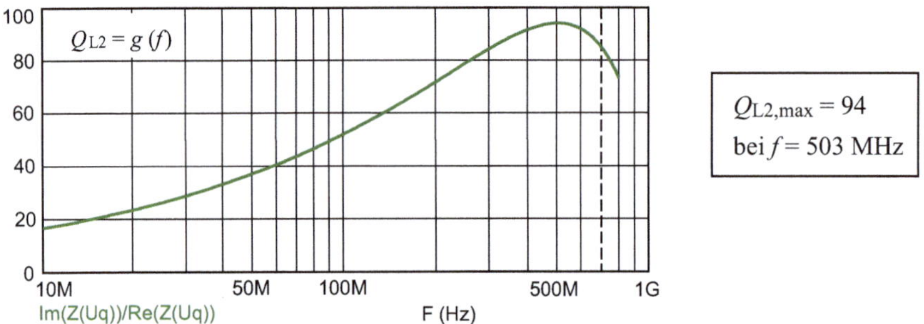

Bild 2.75 Frequenzgang der Güte einer realen Spule im HF-Bereich

Simulationsbeispiel 2.8: Anwendung der Quelle PWL

In der Praxis besteht häufig das Bedürfnis, die Daten aus einer Messung in eine aussagefähige Grafik umzusetzen. Wir gehen davon aus, dass Sie im Ergebnis eines Laborversuches eine Reihe von Datenpaaren (Messreihe) aufgenommen und in einer Liste/Tabelle abgelegt haben. Diese Daten müssen jetzt in eine Grafik umgesetzt, verarbeitet und diskutiert werden.

MicroCap verfügt über eine programmierbare Quelle PWL. Sie ist Bestandteil der Universalquelle [*Voltage Source*] unter der Registerkarte / PWL /. Hier kann eine Liste von Wertepaaren im folgenden Format eingegeben werden: tx,Ux_tx+1,Ux+1_ … usw. Der Unterstrich steht für ein Leerzeichen.

Wir wollen die Leistungsfähigkeit von PWL mit einem Datensatz testen, der bereits in elektronischer Form (z. B. in Word) vorliegt. Die Aufgabenstellung lautet: Stellen Sie die Magnetisierungskennlinie einer Spule mit Eisenkern über einen Datensatz dar, der mit einer Hall-Sonde gemessen wurde.

In der Tabelle 2.5 sind die gemessenen Wertepaare $U_H = f(I_E)$ zusammengefasst. Die Offsetspannung der Sonde wurde bereits kompensiert. Bei $I_E = 0$ gilt dann $U_H = 0$ (Wertepaar Nr. 0).

Tabelle 2.5 Messwerte zum Simulationsbeispiel 2.10

	I_E/mA	U_H/mV		I_E/mA	U_H/mV
0	0	0			
1	51	9,8	**11**	550	99,2
2	100	19,7	**12**	599	103,6
3	150	29,8	**13**	653	106,9
4	200	39,9	**14**	699	109,3
5	250	49,9	**15**	749	111,5
6	300	59,7	**16**	800	113,6
7	350	69,3	**17**	850	115,3
8	400	78,4	**18**	901	117
9	450	87	**19**	950	118,5
10	501	94,1	**20**	1001	120

Randbedingungen der Messung:

- Hall-Konstante: $K_H = 792 \cdot 10^{-6} \dfrac{\mathrm{m}^3}{\mathrm{A \cdot s}}$
- Steuerstrom: $I_S = 25$ mA
- Dicke der Sonde: $d = 200$ µm
- Flächenverhältnis: $A_L / A_E = 1{,}3$
- Luftspaltlänge: $\delta = 1$ mm
- Eisenweglänge: $s_E = 254$ mm
- Windungszahl: $N = 1800$

Aus der Tabelle 2.5 entsteht der folgende Datensatz (hier im Zeilenformat), der in die *PartName*-Liste der Quelle PWL kopiert werden kann:

```
0,0 51m,9.8m 100m,19.7m 150m,29.8m 200m,39.9m 250m,49.9m 300m,59.7m
350m,69.3m 400m,78.4m 450m,87m 501m,94.1m 550m,99.2m 599m,103.6m
653m,106.9m 699m,109.3m 749m,111.5m 800m,113.6m 850m,115.3m 901m,117m
950m,118.5m 1001m,120m
```

Zur Darstellung der Daten der Messwerte wird über die Statements .DEFINE IE T und .DEFINE UH V(Uq) eine Änderung der Variablen vorgenommen (Bild 2.76). Damit wird die Zeit als Erregerstrom I_E und die Spannung der Quelle als Hall-Spannung U_H interpretiert. Die anderen beiden .DEFINE-Statements dienen dann zur Darstellung der Magnetisierungskennlinie.

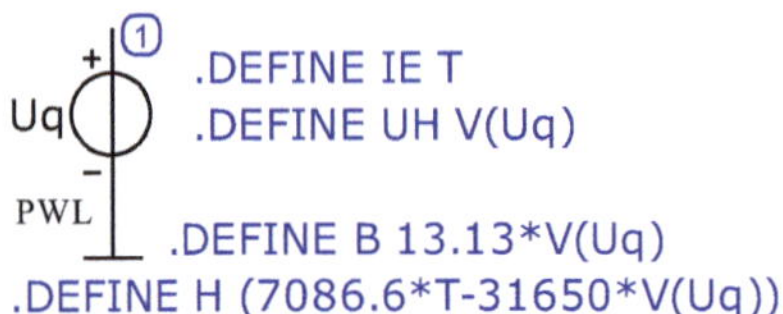

Bild 2.76 Simulation der Daten einer Messreihe

Nun können wir den Zusammenhang zwischen Erregerstrom I_E und gemessener Hall-Spannung U_H über die Analyse *DC* simulieren. Bild 2.77 zeigt das Ergebnis.

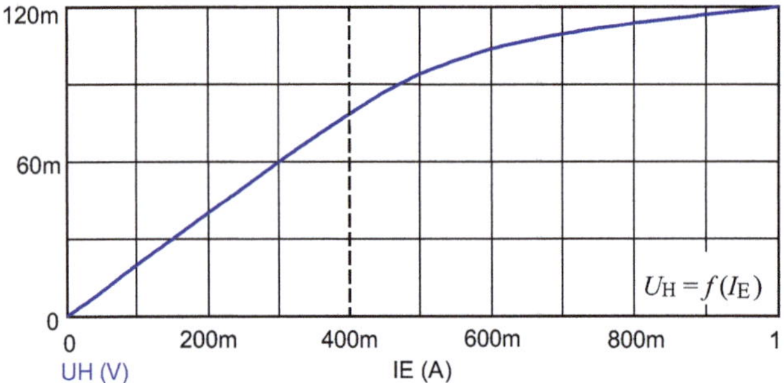

Bild 2.77 Hall-Spannung als Funktion des Erregerstromes

Hinweis:

[6] – LB 17.4

[7] – BB 17.13
[7] – BB 17.14

Zur Berechnung der Magnetisierungskennlinie werden die bekannten Berechnungsvorschriften aus [6] und [7] für B_E und H_E übernommen. Die Konstanten für .DEFINE berechnen wir wie folgt:

$$B_E = B_L \cdot \frac{A_L}{A_E} = \frac{U_H \cdot d}{I_S \cdot K_H} \cdot \frac{A_L}{A_E} = \frac{0{,}2}{25 \cdot 792 \cdot 10^{-6}} \cdot 1{,}3 \approx 13{,}13 \cdot \frac{U_H}{\{V\}}\ \mathrm{T}$$

$$H_E = \frac{I_E \cdot N}{s_E} - \frac{U_H \cdot d}{I_S \cdot K_H \cdot \mu_0} \cdot \frac{\delta}{s_E} \approx \left(7086{,}6 \cdot \frac{I_E}{\{A\}} - 31650 \cdot \frac{U_H}{\{V\}}\right) \frac{A}{m}$$

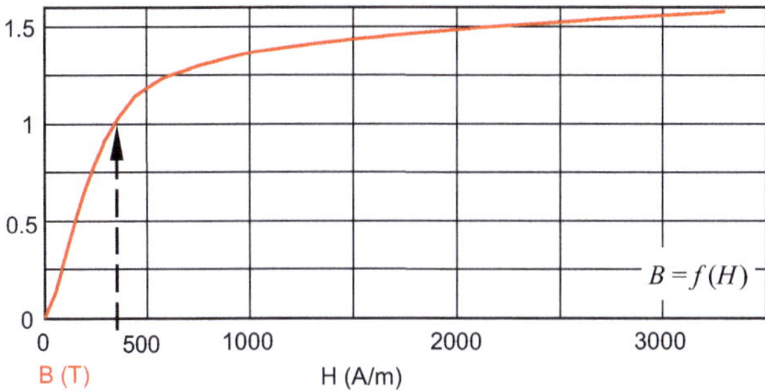

Bild 2.78 Berechnete Magnetisierungskennlinie

Bild 2.78 zeigt die über den gemessenen Datensatz berechnete Magnetisierungskennlinie. Mit diesem Ergebnis können wir nun auch noch den Verlauf der relativen Permeabilität bestimmen. Nach [6] - Abschnitt 17.3.3 gilt:

$$B_E = \mu_0 \cdot \mu_r \cdot H_E$$

$$\mu_r = \frac{B_E}{\mu_0 \cdot H_E}$$

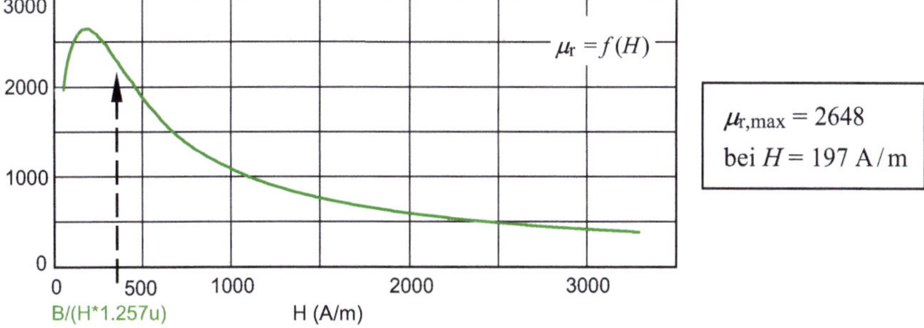

Bild 2.79 Verlauf der relativen Permeabilität

Das Maximum von μ_r ergibt sich im Bereich des größten Anstieges der Magnetisierungskennlinie.

Wir wollen die Ergebnisse dieses Simulationsbeispiels bei einem Erregerstrom von z. B. $I_E = 400$ mA überprüfen. Die gemessene Hall-Spannung beträgt dann (siehe Tabelle 2.5): $U_H = 78{,}4$ mV.

$$B_E(U_H = 78{,}4\,\text{mV}) = 13{,}13 \cdot 78{,}4 \cdot 10^{-3}\ \text{T} = 1{,}03\ \text{T}$$

$$H_E(U_H = 78{,}4\,\text{mV}) = \left(7086{,}6 \cdot 0{,}4 - 31650 \cdot 78{,}4 \cdot 10^{-3}\right)\frac{\text{A}}{\text{m}} = 360{,}3\,\frac{\text{A}}{\text{m}}$$

$$\mu_r(U_H = 78{,}4\,\text{mV}) = \frac{1{,}03}{0{,}4\pi \cdot 10^{-6} \cdot 360{,}3} = 2275$$

Die berechneten Werte stimmen. Kleine Abweichungen ergeben sich durch die lineare Verbindung der (wenigen) Messpunkte.

Simulationsbeispiel 2.9: Ausbildung der Hystereseschleife

Die Eigenschaften des Kernmaterials 3C8 haben wir bereits im Lehrbeispiel 2.6 untersucht. Stellen Sie für diesen Kern die Ausbildung der Hystereseschleife in Abhängigkeit unterschiedlicher Erregerströme grafisch dar. Als Stromquelle wird [*Current Source*] unter der Registerkarte / PWL / verwendet.

Die Quelle PWL wird auf einen dreieckförmigen Stromverlauf mit einer schrittweisen Zunahme des Erregerstromes eingestellt. Dazu geben wir folgenden Datensatz in der *PartName*-Liste von PWL ein:

```
0,0 1,100m 3,-100m 5,100m 7,200m 9,-200m 11,200m 13,300m 15,-300m 17,300m
19,700m 21,-700m 23,700m
```

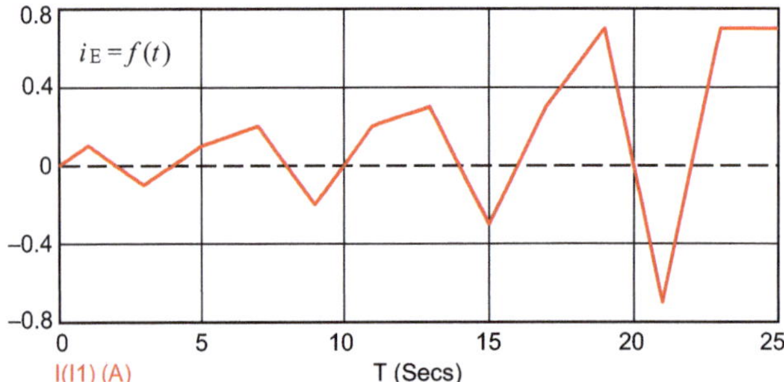

Bild 2.80 Zeitfunktion des Erregerstromes der Stromquelle PWL

Dann entsteht der in Bild 2.80 über die Analyse *Transient* ermittelte Stromverlauf. Die erste linear ansteigende Flanke des Erregerstromes ($0 \leq I_{E1} \leq 100$ mA) bewirkt das Durchlaufen eines Teils der Neukurve. Mit der nachfolgenden abfallenden Flanke des Erregerstromes ($100\text{ mA} \geq I_{E1} \geq -100$ mA) wird der Kern ummagnetisiert. Die erneut ansteigende Flanke des Erregerstromes (bis $I_{E1} = 100$ mA) müsste jetzt die Schleife schließen. MicroCap simuliert aber solche zeitlich abhängigen Vorgänge ab dem Zeitpunkt $t = 0$ (also mit dem Einschwingvorgang). Das erkennt man in Bild 2.81 deutlich an der Abweichung des Verlaufes der Schleife von der Symmetrie relativ zum Koordinatenursprung.

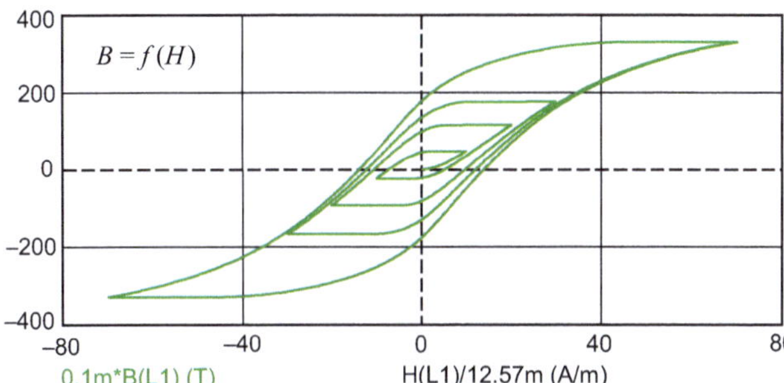

Bild 2.81
Ausbildung der Hystereseschleife bei unterschiedlichen Erregerströmen

Nun wird der Erregerstrom auf I_{E2} = 200 mA erhöht. Jetzt durchläuft die Schleife eine größere Fläche. Die Schnittpunkte zur *B*-Achse und zur *H*-Achse nehmen größere Werte an. Eine weitere Erhöhung des Erregerstromes setzt diese Tendenz fort. Bei I_{E4} = 700 mA geht der Kern in die Sättigung über.

Diesen Vorgang könnte man auch mit einem Oszilloskop untersuchen. Dazu wird ein sinusförmiger Erregerstrom in die Wicklung der Spule eingespeist und in der Amplitude hochgeregelt. Als Schleife bildet sich zunächst ein kreisförmiges Gebilde aus, das sich bei Erhöhung des Erregerstromes in eine (nach rechts geneigte) Ellipse verzieht. Durch eine weitere Erhöhung des Stromes nimmt die Schleife dann die typische S-förmige Gestalt an. Die von der Schleife eingeschlossene Fläche kann als Maß für die gespeicherte magnetische Energie W_m aufgefasst werden.

Nach [6] - Abschnitt 17.5.1 - Gleich. (17.18) gilt in diesem Zusammenhang:

$$W_m = \frac{B \cdot H}{2} \cdot A \cdot s$$

Simulationsbeispiel 2.10: Transformator

Untersuchen Sie das Verhalten des linearen Transformators [*Transformer*] bei sekundärseitigem Leerlauf und sekundärseitigem Kurzschluss. Der Trafo wird mit Netzspannung $\hat{U}_q \approx 325$ V (f = 50 Hz) betrieben. Für die Spulen mit $R_{L1} = R_{L2} = 10\ \Omega$ sollen zwei Fälle betrachtet werden:

a) L_{1a} = 0,9 H und L_{2a} = 0,4 H bei k = 1

b) L_{1b} = 0,4 H und L_{2b} = 0,9 H bei k = 1

c) Ermitteln Sie für den Fall a) den Leerlauf- und den Kurzschluss-Eingangswiderstand.

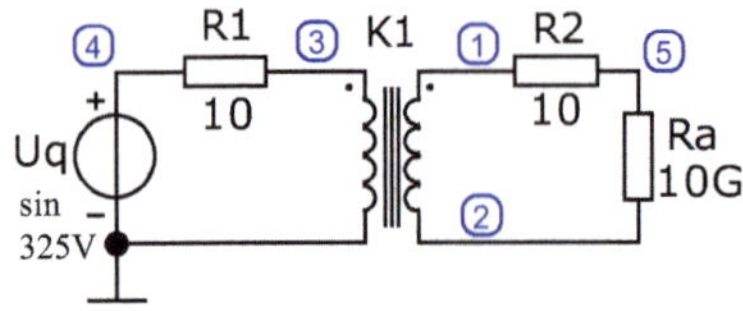

Messung:

$V(3) = \hat{U}_{L1}$

$V(1) - V(2) = \hat{U}_{L2}$

$$\ddot{u} = \frac{U_{L1}}{U_{L2}} = \sqrt{\frac{L_1}{L_2}}$$

Bild 2.82 Simulation des linearen Transformators [*Transformer*]

Zu a) In diesem Fall ist die Sekundärspannung kleiner als die Primärspannung: $\hat{U}_{L1} > \hat{U}_{L2}$. Wir führen die Analyse *Transient* ab t_{min} = 100 ms (nach 5 Perioden Einschwingzeit) durch (Bild 2.83).

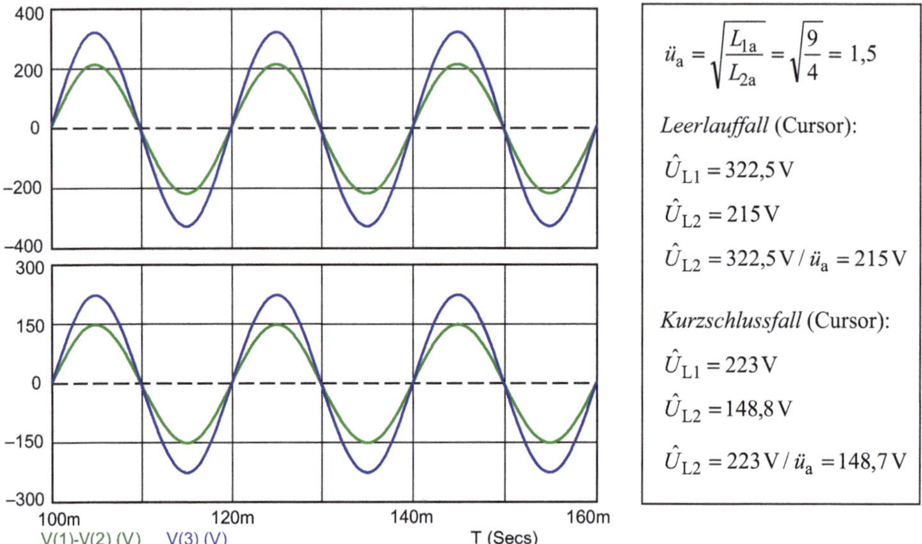

Bild 2.83 Spannungsverläufe beim Heruntertransformieren

Zu b) In diesem Fall ist die Sekundärspannung größer als die Primärspannung: $\hat{U}_{L1} < \hat{U}_{L2}$. Wir führen die Analyse *Transient* ab t_{min} = 100 ms (nach 5 Perioden Einschwingzeit) durch (Bild 2.84).

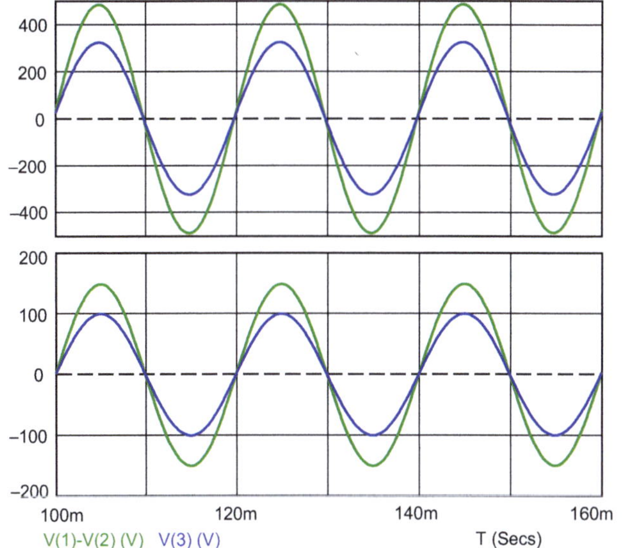

$$\ddot{u}_b = \sqrt{\frac{L_{1b}}{L_{2b}}} = \sqrt{\frac{4}{9}} = 0{,}\overline{6}$$

Leerlauffall (Cursor):

$\hat{U}_{L1} = 323\,V$

$\hat{U}_{L2} = 485\,V$

$\hat{U}_{L2} = 323\,V / \ddot{u}_b \approx 485\,V$

Kurzschlussfall (Cursor):

$\hat{U}_{L1} = 99{,}2\,V$

$\hat{U}_{L2} = 148{,}8\,V$

$\hat{U}_{L2} = 99{,}2\,V / \ddot{u}_b = 148{,}8\,V$

Bild 2.84 Spannungsverläufe beim Herauftransformieren

Zu c) Für die Bestimmung der Eingangswiderstände von a) setzen wir die Analyse *Dynamic-AC* ein.

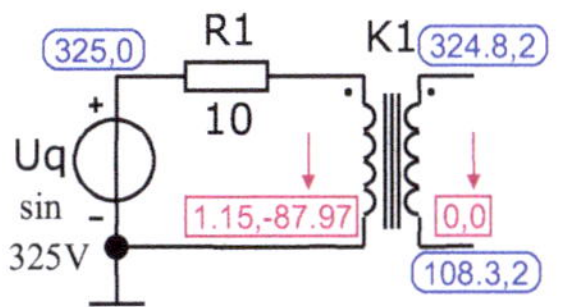

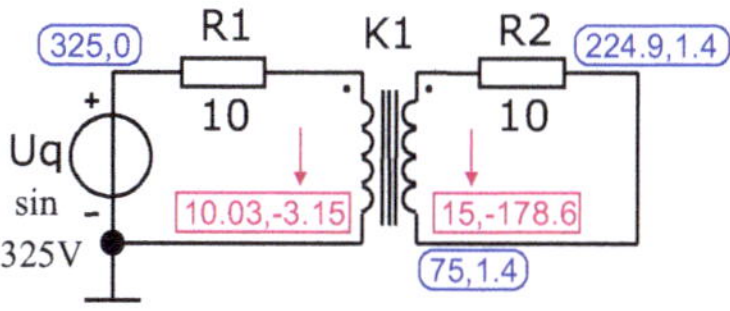

Bild 2.85 Simulationsergebnisse für Leerlauf (links) und Kurzschluss (rechts)

Bild 2.85 - links:

$$\underline{Z}_{1L}\Big|_{\underline{I}_2=0} = \frac{\hat{U}_q}{\hat{I}_1\big|_{\underline{I}_2=0}} \cdot e^{-j88^\circ} = \frac{325}{1{,}15}\,\Omega \cdot e^{-j88^\circ} \approx 283\,\Omega \cdot e^{-j88^\circ}$$

Bild 2.85 - rechts:

$$\underline{Z}_{1K}\Big|_{\underline{U}_2=0} = \frac{\hat{U}_q}{\hat{I}_1\big|_{\underline{U}_2=0}} \cdot e^{-j88^\circ} = \frac{325}{10{,}03}\,\Omega \cdot e^{-j3^\circ} \approx 32{,}4\,\Omega \cdot e^{-j3^\circ}$$

Simulationsbeispiel 2.11: Simulation eines Kaltleiters

Stellen Sie den prinzipiellen Verlauf der Widerstands-Temperatur-Kennlinie eines Kaltleiters grafisch dar. Hier soll der bereits in Abschnitt 2.3.2 vorgestellte Kaltleiter Typ P430_E1 verwendet werden.

Angaben aus dem Datenblatt (nach [2]):

$R_{min} \approx 150\ \Omega$ (Minimalwiderstand)

$R_{max} \approx 200\ k\Omega$ (bei $\vartheta^* \approx 220\ °C$)

$R_B = 2 \cdot R_{min} \approx 300\ \Omega$ (Bezugswiderstand)

$\vartheta_B \approx 150\ °C$ bei $R = R_B$ (Bezugstemperatur)

Da MicroCap in der Demo-Version keinen PTC-Widerstand anbietet, müssen wir uns eine Nachbildung überlegen. Für eine Berechnung des Widerstandsverlaufes steht aber keine geeignete Formel zur Verfügung. Durch die Eingabe typischer Datenpaare (entnommen aus dem Datenblatt) in die Liste der Quelle / PWL / könnte die Widerstands-Temperatur-Kennlinie grob nachgebildet werden. Eine solche Kennliniendarstellung ist allerdings gewöhnungsbedürftig.

Es ist aber aus [2] bekannt, dass sich dieser Kaltleiter unterhalb der materialspezifischen Temperatur ϑ_B wie ein NTC-Widerstand verhält. Mit Erreichen dieser Bezugstemperatur ϑ_B (und in einem kleinen Temperaturbereich oberhalb von ϑ_B) wird der Temperaturkoeffizient positiv und der Widerstand steigt stark exponentiell an. Dabei nimmt der Widerstandswert von R_{min} bis R_{max} um ca. drei Widerstandsdekaden zu. Danach setzt wieder das NTC-Verhalten ein.

Wir wollen versuchen, diese Kennlinie mit möglichst einfachen Mitteln darzustellen. Dazu muss eine Ersatzschaltung entworfen werden, die die oben genannten Eigenschaften nachbildet. Bild 2.86 zeigt eine mögliche Variante. Der Widerstand $R_x \approx R_{min}$ (NTC) wirkt in Reihe zu einer Parallelschaltung, die aus einem temperaturabhängigen Widerstand R_T (PTC) und dem Widerstand $R_y > R_{max}$ (NTC) besteht. Der temperaturabhängige Wert des Widerstandes R_T wird in seiner *PartName*-Liste berechnet: VALUE=0.1*Exp(Temp*Temp/3000)

Diskussion des Widerstandsverlaufes $R_{ges} = f(\vartheta)$:

1) $\vartheta < 120\ °C$: $R_{ges,1} = R_x + R_{T1} \parallel R_y \approx R_x \approx R_{min}$ ($R_{T1} \approx 0$)

2) $\vartheta_B \approx 150\ °C$: $R_{ges,2} = R_x + R_{T2} \parallel R_y \approx R_B \approx 2R_{min}$ ($R_{T2} \approx R_x$)

3) $150\ °C < \vartheta < 210\ °C$: $R_{ges,3} = R_x + R_{T3} \parallel R_y = R_{T3} \uparrow = R_{ges} \uparrow$

4) $\vartheta > 210\ °C$: $R_{ges,4} = R_x + R_{T4} \parallel R_y \approx R_{max}$

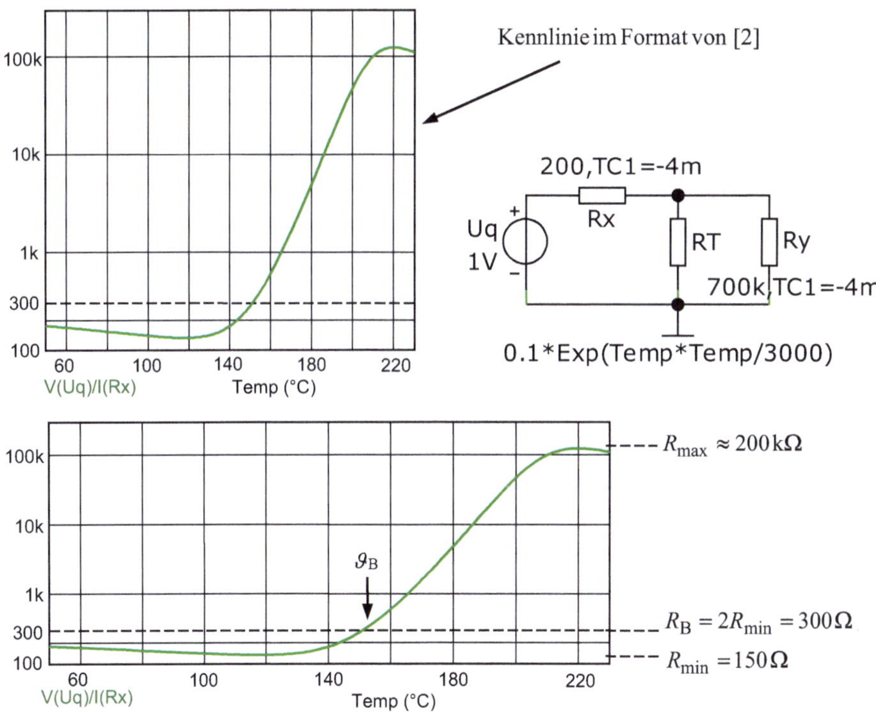

Bild 2.86 Ersatzschaltung und nachgebildete Widerstands-Temperatur-Kennlinie eines Kaltleiters

Bild 2.86 zeigt oben (links) die simulierte Kennlinie im Format von [2]. Der untere Teil von Bild 2.86 bildet die Kennlinie im üblichen Format dieses Lehrbuches ab. Bild 2.87 zeigt im Ergebnis einer weiteren Simulation den Verlauf des differenziellen Widerstandes *r*.

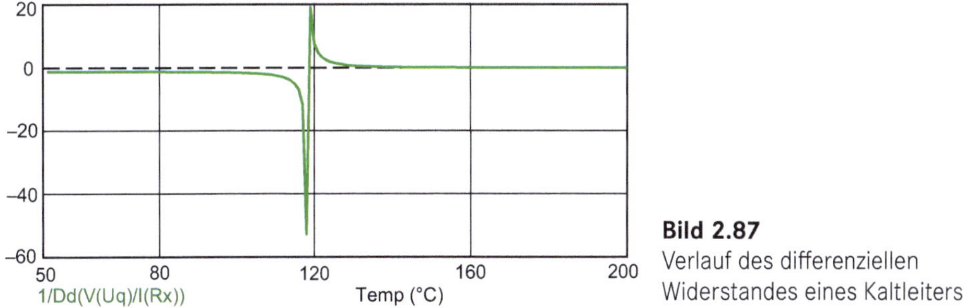

Bild 2.87 Verlauf des differenziellen Widerstandes eines Kaltleiters

Interessant ist hier lediglich die sprunghafte Änderung mit einem Vorzeichenwechsel bei $\vartheta \approx 120\,°\text{C}$.

3 Halbleiter-Dioden

Halbleiter-Dioden sind passive Zweipole mit einer asymmetrischen nichtlinearen Strom-Spannungs-Kennlinie. Sie verhalten sich wie ein von der Richtung und der Größe des fließenden Stromes abhängiger Widerstand. Man unterscheidet zwischen pn-Dioden (Halbleiter mit einem pn-Übergang) und Schottky-Dioden (Metall-Halbleiter-Übergang).

Infolge ihres geschichteten Aufbaus (Übergang bzw. Kontakt) nehmen Dioden im Vergleich zu den Grundbauelementen R, L und C sowie zu den homogenen Halbleiter-Bauelementen eine Sonderstellung ein. Aus diesem Grund werden sie auch in einem gesonderten Kapitel behandelt.

3.1 pn-Übergang

Ein pn-Übergang entsteht durch das Zusammenfügen von Akzeptorsubstrat (p-HL) und Donatorsubtrat (n-HL) in Form einer Reihenschaltung. Zwischen den Oberflächen der beiden Substrate bildet sich eine räumlich ausgedehnte Grenzschicht (Raumladungszone RLZ) aus, die je nach Art des Übergangs unterschiedliche Eigenschaften aufweisen kann. Im Sinne einer einfachen und übersichtlichen Darstellung nehmen wir einen abrupten pn-Übergang an. Er ist dadurch gekennzeichnet, dass ein gleichmäßig dotiertes p-Substrat mit der Akzeptorkonzentration N_A an ein gleichmäßig dotiertes n-Substrat mit der Donatorkonzentration N_D angrenzt (Bild 3.1). Auf der Fläche mit der Koordinate $x = x_j$ (siehe gestrichelte Linie zwischen x_p und x_n) ändert sich die Dotierung sprunghaft.

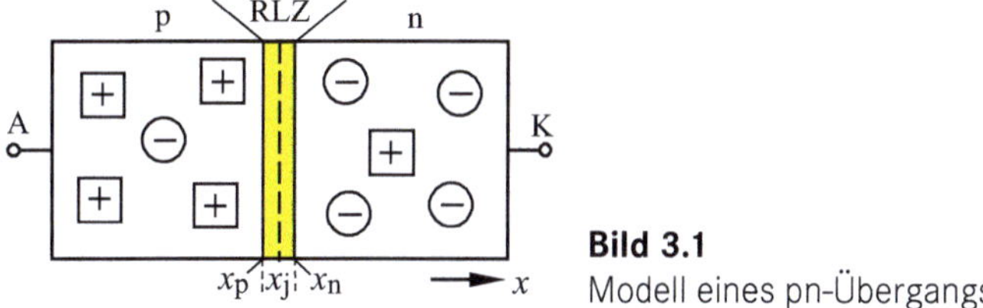

Bild 3.1
Modell eines pn-Übergangs

Die folgenden Bilder zeigen die idealisierten Eigenschaften eines abrupten pn-Übergangs.

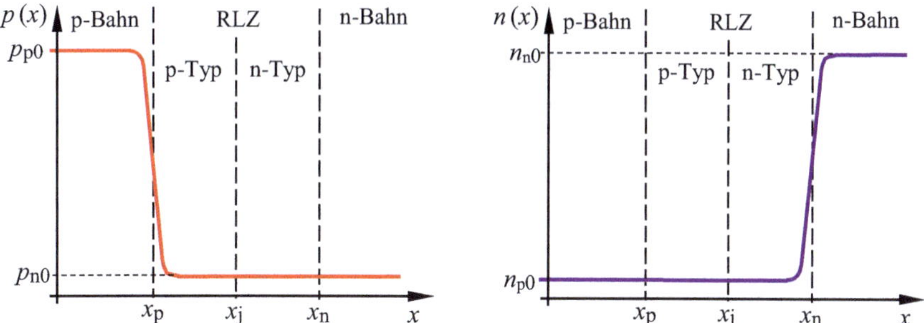

Bild 3.2 Verlauf der Dichte der Löcher (links) und der Dichte der Elektronen (rechts)

Der abrupte pn-Übergangs befindet sich im thermischen Gleichgewicht (d. h. durch den pn-Übergang fließt kein Strom). Bild 3.2 (links) zeigt den Dichteverlauf der Löcher, die eine Majorität im p-Substrat und eine Minorität im n-Substrat aufweisen. Auf der rechte Seite ist der Verlauf der Dichte der Elektronen dargestellt. Sie besitzen im n-Substrat die Majorität und im p-Substrat die Minorität. In beiden Bahngebieten muss man demzufolge zwischen Majoritäts- und Minoritätsladungsträgern unterscheiden.

Bedingt durch das Konzentrationsgefälle der Löcher in p→n Richtung und der Elektronen in n→p Richtung diffundieren die jeweiligen Ladungsträger aus dem angrenzenden Bereich in die Grenzschicht und bauen dort eine Raumladung mit der Dichteverteilung $\rho(x)$ auf. Bild 3.3 zeigt, dass sich dabei im p-Typ-Bereich der RLZ eine negative und im n-Typ-Bereich der RLZ eine positive Raumladung mit dem Betrag der Dichte $e \cdot N_A$ bzw. $e \cdot N_D$ ausbildet. Dieser Ladungstransport entsteht infolge der örtlichen Veränderung der Ladungsträger-Konzentration N und wird als Diffusionsstrom I_D bezeichnet, obwohl es eigentlich nur eine Ladungsträgerbewegung ist.

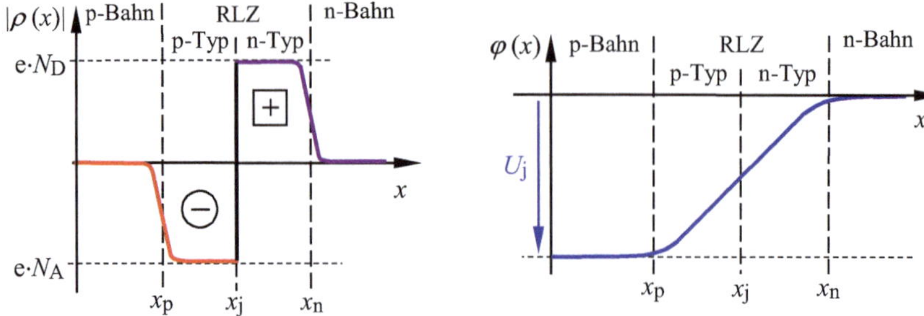

Bild 3.3 Ausbildung einer Raumladungsdichte (links) und Potentialverlauf in der Grenzschicht (rechts)

Ladungen mit ungleicher Polarität (und natürlich auch ungleichen Betrages) besitzen ein voneinander verschiedenes elektrisches Potential. Daraus resultiert im Bereich der Raumladungszone ein Potentialgefälle vom n-Typ in Richtung des p-Typs (Bild 3.3 - rechts).

Dieses Potentialgefälle hat die Ausbildung einer elektrischen Feldstärke zur Folge. Die elektrische Feldstärke ist ein Vektor, der in Richtung des größten Potentialgefälles weist. Im hier vorliegenden Fall ist dieser Vektor vom n-Typ der RLZ zum p-Typ der RLZ gerichtet. Der Betrag erreicht auf der Trennfläche mit der Koordinate $x = x_j$ sein Maximum E_{max}.

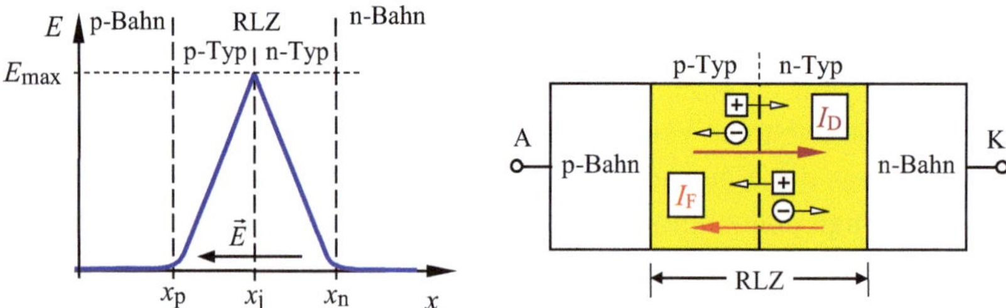

Bild 3.4 Verlauf der elektrischen Feldstärke (links) und Ladungsbewegungen in der RLZ (rechts)

Der Feldstärkevektor sorgt für eine Ladungsträgerbewegung, die unter dem Einfluss eines elektrischen Feldes abläuft, und auch als Feldstrom I_F bezeichnet wird. Dieser Feldstrom I_F ist dem Diffusionsstrom I_D entgegengerichtet. Beide Ladungsträgerbewegungen haben den gleichen Betrag, so dass im thermischen Gleichgewicht kein von außen nachweisbarer Strom fließt kann. Die Diffusionsspannung U_j ist von den äußeren Bahnbereichen aus nicht messbar, da an den Anschlussklemmen A und K gegenläufige Potentialübergänge entstehen.

Lehrbeispiel 3.1

Erklären Sie die Begriffe „Feldstrom“ und „Diffusionsstrom“:

Der Feldstrom I_F ist (wie der Name bereits sagt) eine Ladungsbewegung unter dem Einfluss eines elektrischen Feldes. Die negativen Ladungen (Elektronen) bewegen sich gegen den einwirkenden Feldstärkevektor. Der Strom wird nach der technischen Stromrichtung positiv in Richtung der positiven Ladungen bewertet (Bedingung für den Richtungspfeil: $I > 0$). Die Löcher führen dann eine Relativbewegung gegen die Bewegung der Elektronen aus.

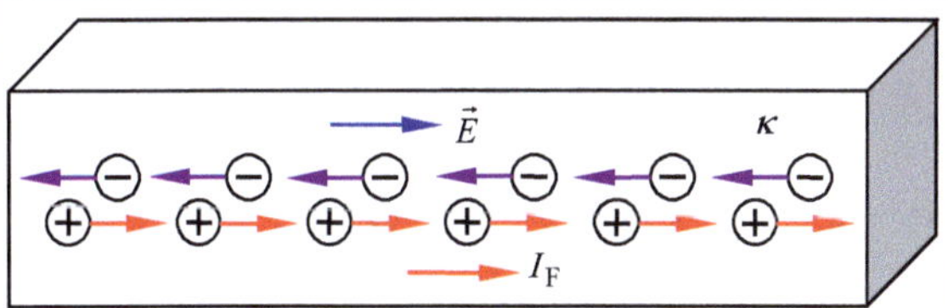

Bild 3.5 Modell zum Feldstrom

Der Diffusionsstrom I_D ist eine Ladungsbewegung infolge einer örtlichen Veränderung der Ladungsträgerkonzentration. Dazu stellt man sich z. B. ein Volumen vor, dass vorerst durch einen Schieber (Trennfläche) in zwei Teile geteilt ist [8].

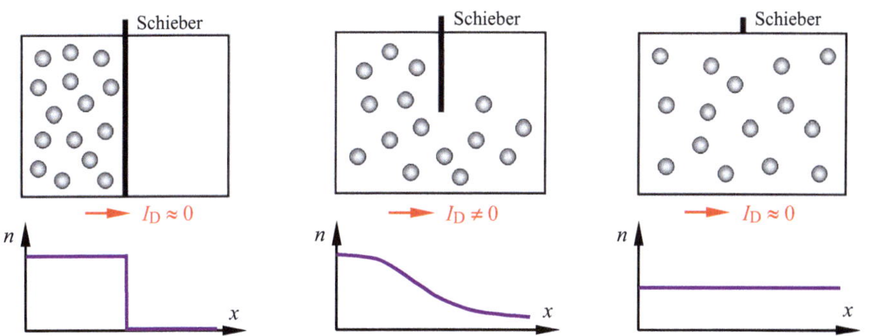

Bild 3.6 Einfaches Modell zum Diffusionsstrom

Nun wird der Schieber geöffnet. Die Ladungen finden eine Möglichkeit zum Ausgleich des existierenden Konzentrationsgefälles. Es fließt ein Ausgleichsstrom (Diffusionsstrom I_D). Die Ladungen diffundieren von der linken Seite in die rechte Hälfte des verfügbaren Volumens. Bei einem vollständigen Ausgleich des Konzentrationsgefälles strebt dieser Diffusionsstrom gegen null. Infolge des Stromes I_D ändert sich die Ladungsträgerkonzentration n. Diese Teilchenbewegung tritt ohne die Existenz eines Feldes in Erscheinung.
(vgl. [6] - Kapitel 20)

3.2 Universaldiode

Eine Diode besitzt zwei Anschlüsse, die gemäß der Dotierung der jeweiligen Halbleiterschicht mit Anode (p-Bahngebiet) und Katode (n-Bahngebiet) bezeichnet werden. Damit sind zwei unterschiedliche Polungsarten (Index F: Forward- bzw. Durchlassrichtung, Index R: Reverse- bzw. Sperrrichtung) möglich.

Legt man eine Flussspannung $U_F = +U_{AK}$ an die Diode, dann wird der pn-Übergang mit Ladungsträgern überschwemmt. Das resultiert aus der Tatsache, dass das positive Potential der Anode die positiven Löcher des p-Gebietes abstößt und das negative Potential des n-Gebietes diese Löcher zugleich anzieht. Analoges passiert mit den negativen Ladungsträgern des n-Gebietes (Bild 3.7 - links).

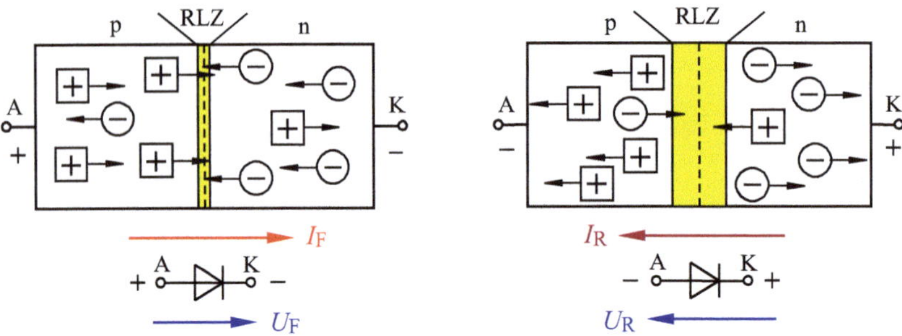

Bild 3.7 pn-Übergang in Durchlassrichtung (links) und in Sperrrichtung (rechts)

Der pn-Übergang wird sehr niederohmig und extrem schmal. Mit dem Erreichen einer definierten Spannung (Schleusenspannung U_S) fließt ein Durchlassstrom I_F, der mit zunehmender Spannung U_F exponentiell ansteigt. Die Schleusenspannung U_S ist als diejenige Flussspannung definiert, bei der ein nachweisbarer Durchlassstrom I_F zu fließen beginnt.

In Bild 3.8 wird die Strom-Spannungs-Kennlinie über eine Knickkennlinie approximiert. Daraus kann man die Schleusenspannung näherungsweise bestimmen, wenn man im Sättigungsbereich (steiler Teil der Durchlasskennlinie) eine Tangente an die Kennlinie anlegt. Ihr Schnittpunkt mit der Spannungsachse beschreibt die Schleusenspannung U_S. Sie liegt bei einer Silizium-Diode in der Größenordnung von $U_S \approx 0{,}7$ V.

Legt man eine Spannung $U_R = -U_{AK}$ an die Diode (Bild 3.7 - rechts), dann verarmt der pn-Übergang an Ladungsträgern. Das ist auf die Tatsache zurückzuführen, dass das negative Potential der Anode die negativen Ladungsträger des p-Gebietes (Minoritätsladungsträger) abstößt und das positive Potential des n-Gebietes die gleichen Ladungsträger anzieht. Analoges passiert mit den Minoritätsladungsträgern des n-Gebietes. Der pn-Übergang wird jetzt sehr hochohmig und breitet sich relativ stark aus. Es fließt ein kleiner Sperrstrom, der lediglich durch die Bewegung der Minoritätsladungsträger bestimmt wird.

Bild 3.8 zeigt auf der linken Seite die vollständige Strom-Spannungs-Kennlinie.

Das Verhalten in Durchlassrichtung wird im 1. Quadranten dargestellt. Mit dem Erreichen der Schleusenspannung U_S fließt ein exponentiell anwachsender Durchlassstrom I_F. In Sperrrichtung fließt ein sehr kleiner Sperrstrom I_R (3. Quadrant in Bild 3.8) bei einer im Vergleich zu U_F großen Sperrspannung U_R. Die Sperrkennlinie verläuft nahezu parallel zur Spannungsachse. Beim Überschreiten der Durchbruchspannung Breakdown Voltage (BV) wird die Diode in der Regel zerstört (Ausnahme: Z-Diode).

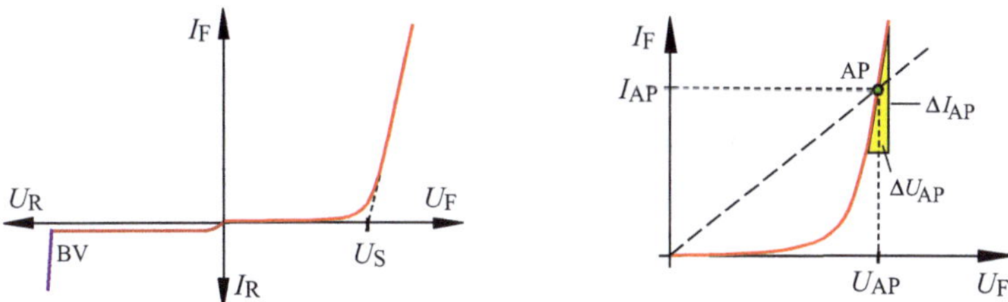

Bild 3.8 Strom-Spannungs-Kennlinie einer Universaldiode

Der in der Strom-Spannungs-Kennlinie von Bild 3.8 dargestellte Zusammenhang kann wie folgt berechnet werden (Shockley-Gleichung):

$$I = I_S \cdot \left(e^{\frac{U_{RLZ}}{n \cdot U_T}} - 1 \right) \tag{3.1}$$

Darin beschreibt I_S den Sättigungsstrom (Saturation current) der Diode. Unter U_{RLZ} ist die über der Raumladungszone anliegende Spannung zu verstehen. Der Wert der Temperaturspannung U_T ($U_T \approx 26$ mV bei 300 K) wird mit dem Emissionskoeffizienten n multipliziert. Dieser Koeffizient dient zur Korrektur spezifischer Kennlinienverläufe. Insbesondere bei der Simulation von Diodenkennlinien mit Micro-Cap gilt: $1 \le n \le 2$. Der Wert $n = 1$ ist eine praktikable Näherung.

Jeder in Sperrrichtung gepolte pn-Übergang besitzt eine differenzielle Sperrschichtkapazität. Wenn die Sperrschicht an Ladungsträgern verarmt ist, trennt sie die beiden Gebiete p und n wie ein Isolator voneinander. Da die Breite der Sperrschicht d_S von der Sperrspannung abhängt, kann die Kapazität gemäß Formel 3.2 über die Sperrspannung U_R variiert werden. Diesen Effekt nutzt man bei der Kapazitätsdiode aus.

$$C_j(U) = \varepsilon_{HL} \cdot \frac{A}{d_S(U)} \tag{3.2}$$

Eine Diode besitzt in jedem Arbeitspunkt AP einen Gleichstromwiderstand und einen davon abweichenden differenziellen Widerstand. Bei Betrachtung der Durchlasskennlinie erhält man für jeden Arbeitspunkt eine statische Kenngröße (Gleichstromwiderstand R_F) und eine dynamische Kenngröße (differenzieller Widerstand r_F - siehe Bild 3.8 - rechts).

Der Gleichstromwiderstand wird aus dem Kehrwert des Anstieges der Verbindungsgeraden vom Koordinatenursprung zum eingestellten Arbeitspunkt ermittelt. Für einen Arbeitspunkt im Durchlassbereich mit $U_F \gg n \cdot U_T$ gilt für Formel 3.1 näherungsweise:

$$I_F \approx I_S \cdot e^{\frac{U_{RLZ}}{n \cdot U_T}}$$

bzw. für $n = 1$ und $U_{RLZ} \approx U_F$:

$$I_F \approx I_S \cdot e^{\frac{U_F}{U_T}}$$

Bei Verwendung von U_F kann der Gleichstromwiderstand im Durchlassbereich in einfacher Form näherungsweise berechnet werden:

$$R_F \approx \frac{U_F}{I_F} \approx \frac{U_F}{I_S} \cdot e^{-\frac{U_F}{U_T}} \tag{3.3}$$

Der differenzielle Widerstand beschreibt den Kehrwert des Anstiegs der Kennlinie in einem Arbeitspunkt (siehe Bild 3.8 - farbig unterlegtes Steigungsdreieck). Im Durchlassbereich gilt bei Verwendung von U_F näherungsweise:

$$\frac{1}{r_F} \approx \frac{d\,I_F}{d\,U_F}\Big|_{AP} \approx I_S \cdot e^{\frac{U_F}{U_T}} \cdot \frac{1}{U_T} \approx \frac{I_S}{U_T} \cdot e^{\frac{U_F}{U_T}}$$

$$r_F \approx \frac{U_T}{I_S} \cdot e^{-\frac{U_F}{U_T}} \approx \frac{U_T}{U_F} \cdot R_F \tag{3.4}$$

Die Spannung U_F ist aber die Spannung über der gesamten Diode (U_{AK}). Die Shockley-Gleichung (Formel 3.1) geht dagegen von der Spannung U_{RLZ} aus. Wir müssen demzufolge bei der Verwendung von U_F die Spannungsabfälle über den Bahngebieten berücksichtigen.

Bei größeren Durchlassströmen entstehen über den Bahngebieten zwei Spannungsabfälle. In Bild 3.9 wird die entsprechende Ersatzschaltung dargestellt.

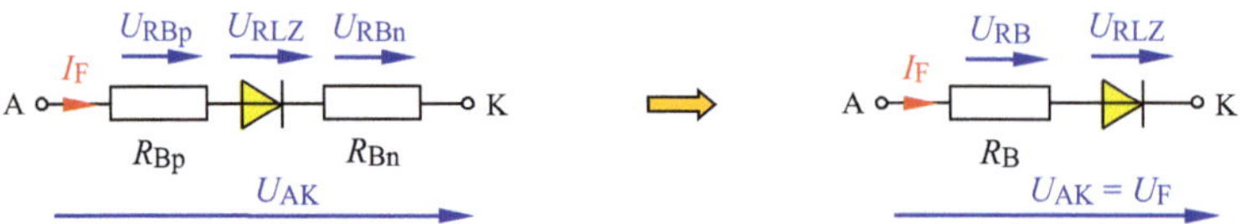

Bild 3.9 Wirkung des Bahnwiderstandes

Durch die Zusammenfassung der beiden Bahnwiderstände entsteht eine Ersatzgröße R_B, die jetzt als dritte Einflussgröße in der Formel 3.1 wirksam ist. Mit $U_{RB} = I_F \cdot R_B$ gilt dann:

$$I = I_S \cdot \left(e^{\frac{U_{AK} - I_F \cdot R_B}{n \cdot U_T}} - 1 \right) \qquad (3.5)$$

Bei Bedarf muss Formel 3.1 entsprechend korrigiert werden.

Mit Kenntnis des Bahnwiderstandes kann die Kennlinie im Durchlassbereich in grober Form nachgebildet werden. Dazu fasst man die Diode als Schalter auf. Der Schalter ist in Sperrrichtung geöffnet und in Durchlassrichtung geschlossen.

Als Grundelement wird eine ideale Diode (farbig unterlegtes Symbol in Bild 3.10) verwendet. Sie besitzt die folgenden Eigenschaften eines idealen spannungsgesteuerten Schalters:

$U_i \geq 0$: Der Schalter schließt mit $R_{ein} = 0\ \Omega$. Die ideale Diode leitet unendlich gut.

$U_i < 0$: Der Schalter öffnet mit $R_{aus} \rightarrow \infty\ \Omega$. Die ideale Diode sperrt ideal.

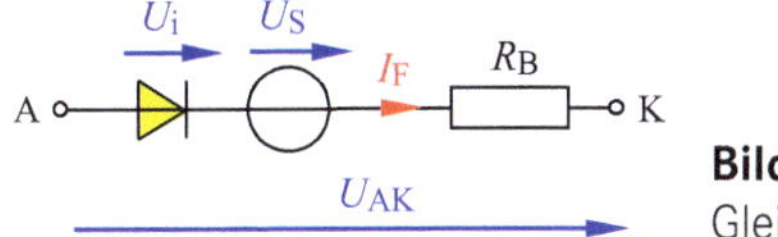

Bild 3.10
Gleichstrom-Ersatzschaltbild

Durch Zuschalten einer Gleichspannungsquelle mit der Schleusenspannung U_S verschiebt sich der steile Stromanstieg in Richtung der Flussspannung (Bild 3.11 - Mitte). Die Diode schaltet jetzt bei der Spannung $U_{AK} = (U_i + U_S)$ zwischen den beiden Zuständen „Ein“ und „Aus“ um. Bei $U_{AK} \geq (U_i + U_S)$ fließt der maximal mögliche Flussstrom.

Durch Zuschalten des Bahnwiderstandes R_B verändert sich der Anstieg der Kennlinie im Durchlassbereich (Bild 3.11 - rechts). Für die Spannung zwischen Anode und Katode gilt dann allgemein:

$$U_{AK} = U_i + U_S + I_F \cdot R_B$$

Der spannungsgesteuerte Schalter bewirkt jetzt im „Ein“-Zustand einen Durchlassstrom, der ab einem Wert $U_{AK} \geq (U_i - U_S)$ realitätsnahe Größenordnungen annimmt. Es gilt:

$$I_F = \frac{U_{AK} - U_i - U_S}{R_B}$$

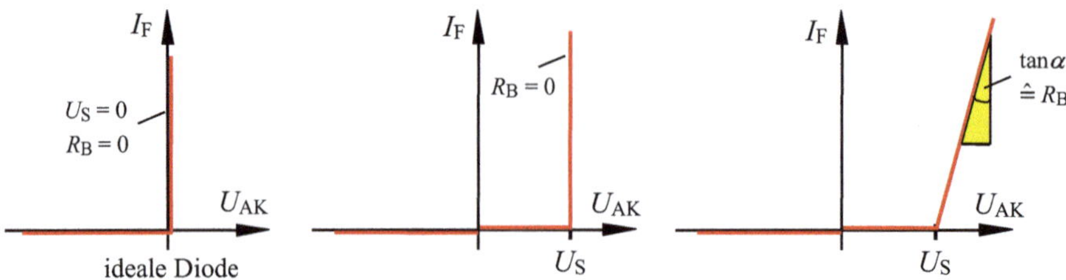

Bild 3.11 Idealisierte Kennlinie einer Diode

Die Kennlinie hat im Durchlassbereich ab dem Erreichen von U_S einen linearen Verlauf mit einem Anstieg, der vom Bahnwiderstand R_B bestimmt wird (Knick-Kennlinie). Durchbrucheffekte in Sperrpolung bleiben bei dieser Ersatzschaltung vorerst unberücksichtigt.

3.3 Simulation von Halbleiter-Dioden

Die Simulation von Halbleiter-Dioden wird auf der Grundlage der Shockley-Gleichung (Formel 3.5) durchgeführt. Die wichtigsten Parameter sind: I_S, n, U_{RLZ} und R_B. Zur Berechnung werden weitere Parameter benötigt, die man in der Beschreibung des Modells findet. Dazu muss in der *PartName*-Liste von [*Diode*] das gewünschte Modell markiert werden.

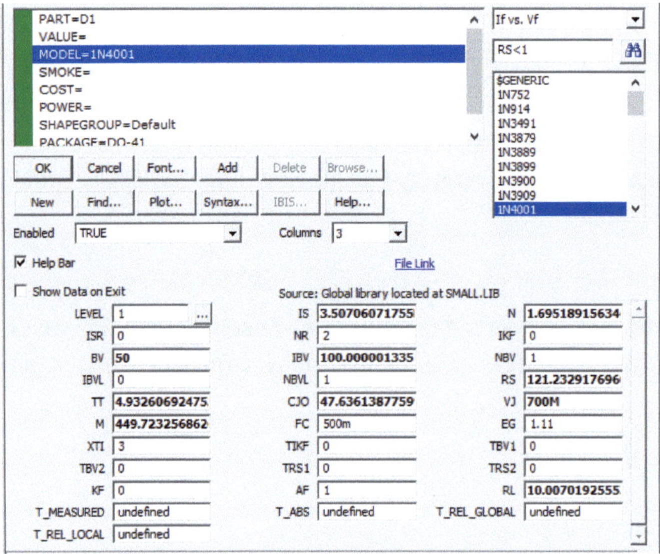

Bild 3.12 *PartName*-Liste der Diode 1N4001

Wir entscheiden uns vorerst für den Klassiker unter den Dioden 1N4001. Dabei handelt es sich um eine Gleichrichterdiode mit dem maximalen Flussstrom von $I_{F,max}$ = 1 A und einer Sperrspannung von $U_{R,max}$ = 50 V. Die vollständigen Modelldaten findet man in der Datei „Small.lib“. Diese Daten können über ☑ Show Data on Exit im Fenster *Models* angezeigt werden. Nach dem Markieren des Datensatzes ist eine Übernahme auf die Arbeitsoberfläche über > Strg < + > B < möglich.

Die hier verwendeten Parameter sind in Bild 3.12 im Fettdruck hervorgehoben. Durch die supergenauen Angaben kann man die Vorsätze nicht mehr lesen. Eine direkte Übernahme dieser Daten auf die Arbeitsoberfläche ist aus Übersichtsgründen nicht sinnvoll. Aus diesem Grund erstellt man sich ein .MODEL-Statement mit leicht gerundeten Werten.

Das Statement beginnt mit .MODEL. Es folgt der Modellname (Eingabe in der *PartName*-Liste: MODEL=) und der Modell-Typ (hier: D für Diode). Dann werden in einem runden Klammerpaar die Parameter mit ihren Werten aufgelistet. Das Leerzeichen dient als Trennzeichen zwischen den Parametern.

.MODEL 1N4001_G D (IS=3.507n N=1.695 BV=50 RS=121.2m TT=4.933u CJO=47.64p VJ=0.7 M=0.45 RL=10Meg)

Zu den wichtigsten Modellparametern zählen die in Tabelle 3.1 genannten Größen. Eine vollständige Liste kann in der *PartName*-Liste von D über > Find < abgerufen werden. Hier sind hier auch die Temperatur-Parameter Txyz wichtig.

Tabelle 3.1 Liste der wichtigsten Modellparameter einer Diode

MicroCap	Euro	1N4001_G	Bedeutung	Einheit
IS	I_S	$3{,}507 \cdot 10^{-9}$	Sättigungsstrom	A
N	n	1,695	Emissionskoeffizient	-
BV	U_{BV}	50	Durchbruchspannung	V
IBV	I_{BV}	$100 \cdot 10^{-12}$	Durchbruch(knie)strom	A
RS	R_S	$121{,}2 \cdot 10^{-3}$	Bahnwiderstand R_B	Ω
TT	t_T	$4{,}933 \cdot 10^{-6}$	Transitzeit	s
CJO	C_{j0}	$47{,}636 \cdot 10^{-12}$	Sperrschichtkapazität	F
VJ	U_j	0,7	Diffusionsspannung	V
M	m	0,45	Gradationskoeffizient	-
RL	R_L	$10 \cdot 10^{6}$	Leckwiderstand	Ω

Bei Dioden können zwei unterschiedliche Modell-Level verwendet werden. Im LEVEL 1 wird das SPICE2G-Modell (siehe Ersatzschaltbild in Bild 3.13) eingesetzt.

Der Widerstand R_S (parasitärer Serienwiderstand) beschreibt den Bahnwiderstand R_B von Bild 3.9. Der Widerstand R_L (Leckwiderstand) verbessert die Abbildung des Sperrstromes. Die spannungsgesteuerte Stromquelle simuliert die Strom-Spannungs-Kennlinie und die spannungsgesteuerte Kapazität modelliert die kapazitive Wirkung des pn-Übergangs.

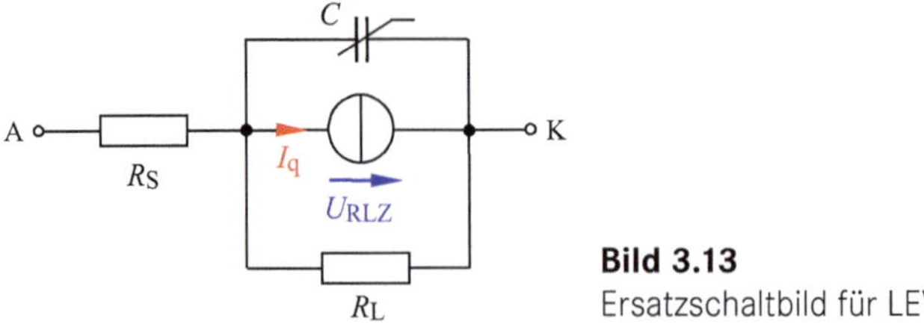

Bild 3.13
Ersatzschaltbild für LEVEL 1

LEVEL 2 ruft das Standard-PSpice-Modell auf. Hier ist ein größerer Datensatz erforderlich. Der Widerstand R_L wird dann nicht mit in die Berechnung einbezogen.

Wir wollen das elektrische Verhalten von Dioden mit typischen Kennlinien beschreiben. Dazu verwenden wir die Schaltung in Bild 3.14. Das Statement bezieht sich auf das Modell der Diode 1N4001. Der Zusatz _G im Modellnamen steht für Gerundete Parameterwerte.

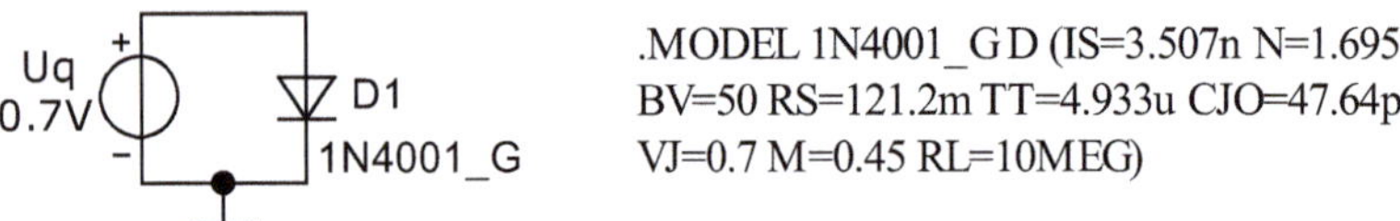

Bild 3.14 Schaltung zur Simulation der Diode 1N4001 mit .MODEL-Statement

Die Quelle U_q wird auf folgenden DC-Sweep eingestellt: Uq=0.95,0.5,1m. Damit erhalten wir einen Ausschnitt der Durchlasskennlinie mit 0,5 V ≤ U_F ≤ 0,95 V. Die Diode wird mit den originalen Parameterwerten der Diode 1N4001 (Bild 3.12) bei ϑ = 20 °C simuliert.

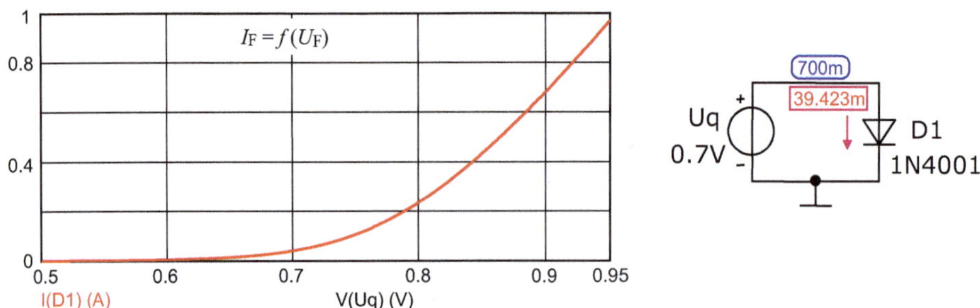

Bild 3.15 Simulation der Diode 1N4001 (links: Analyse *DC* und rechts: Analyse *Dynamic-DC*)

Die Strom-Spannungs-Kennlinie sagt aus, dass bis $U_F \approx 0{,}5$ V kein nachweisbarer Durchlassstrom I_F fließt. Bei $U_F = 0{,}7$ V (Richtwert für die Schleusenspannung) beträgt dieser Strom ca. 39,4 mA. Dann steigt der Durchlassstrom mit der bekannten Charakteristik an und erreicht bei $U_F \approx 0{,}95$ V den maximal zulässigen Strom von $I_{F,max} \approx 1$ A.

Bild 3.16 zeigt die Verläufe des Gleichstromwiderstandes und des differenziellen Widerstandes im Durchlassbereich. Sie unterscheiden sich etwa um den Faktor 10 voneinander.

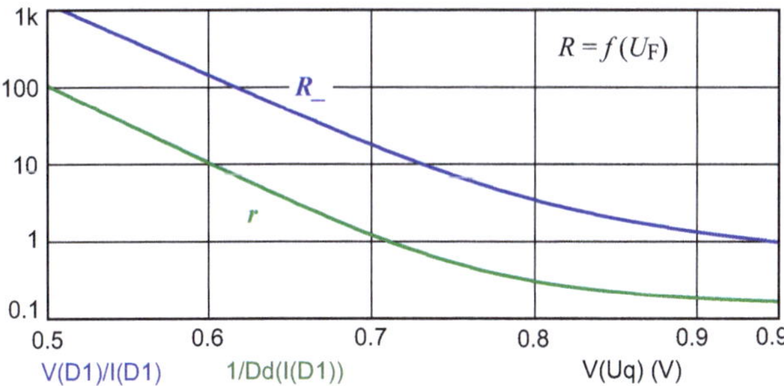

Bild 3.16
Verlauf des Gleichstromwiderstandes und des differenziellen Widerstandes der Diode 1N4001

Beide Widerstände fallen im betrachteten Bereich um etwa drei Widerstandsdekaden ab. Es ist demzufolge sinnvoll, die Ordinatenachse logarithmisch zu skalieren. Die Funktion Dd() bildet die erste Ableitung der genannten Variablen nach der x-Achsen-Variablen. Im vorliegenden Fall 1/Dd(I(D1)) wird damit der differenzielle Widerstand r bestimmt.

In der Sperrkennlinie (hier nicht dargestellt) ergeben sich bei diesem Maßstab keine Besonderheiten. Der Betrag des Sperrstromes steigt bis zur Durchbruchspannung auf etwa 5 µA nahezu linear an und nimmt dann bei $U_R = -U_{AK} = 50$ V (U_{BV}) schlagartig zu.

Lehrbeispiel 3.2

LTspice: LB_3.2

Simulieren Sie das elektrische Verhalten der Signaldiode 1N4148 nach Vorbild der Simulation der Diode 1N4001. Diskutieren Sie Gemeinsamkeiten und Unterschiede zwischen den beiden Dioden.

Die Kleinleistungsdiode (Signaldiode) eignet sich zur Gleichrichtung und für schnelle Schaltvorgänge. Daten des Herstellers:
$I_{F,max} \approx 200$ mA und $U_{R,max} = 75$ V sowie $P_{V,max} = 500$ mW.

Die Quelle U_q wird auf folgenden DC-Sweep eingestellt: Uq=1,0.5,1m. Damit erhalten wir einen Ausschnitt der Durchlasskennlinie mit 0,5 V $\leq U_F \leq$ 1 V. Die Diode wird mit gerundeten Parameterwerten der Diode 1N4148 bei ϑ = 20 °C (einheitliche Temperatur zum Vergleich) simuliert.

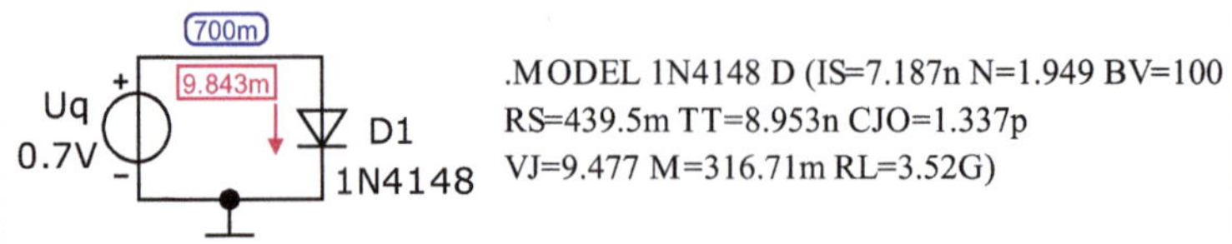

Bild 3.17 Simulation der Diode 1N4148 mit der Analyse *Dynamic-DC*

Bild 3.18 zeigt die Strom-Spannungs-Kennlinie. Bei U_F = 0,7 V (Schleusenspannung) beträgt dieser Strom ca. 9,8 mA. Dann steigt der Durchlassstrom mit der bekannten Charakteristik an und erreicht bei $U_F \approx$ 0,93 V den maximal zulässigen Strom von $I_{F,max}$ = 200 mA.

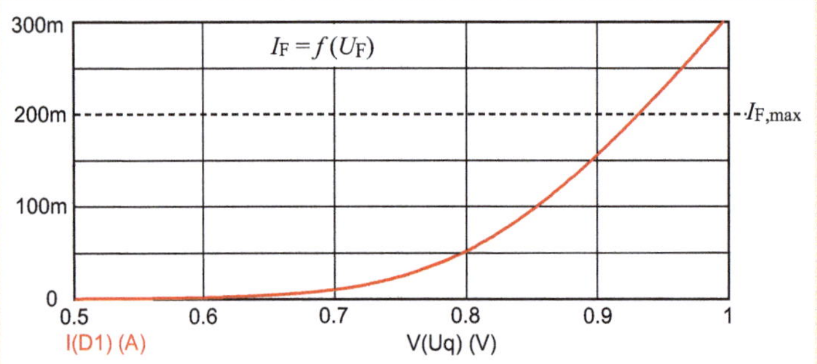

Bild 3.18 Strom-Spannungs-Kennlinie der Diode 1N4148

Der Betrag des Sperrstromes steigt bis zur Durchbruchspannung auf etwa 50 µA nahezu linear an und nimmt dann bei $U_R = -U_{AK}$ = 100 V (U_{BV}) schlagartig zu (hier nicht dargestellt).

Bild 3.19 zeigt die Verläufe des Gleichstromwiderstandes und des differenziellen Widerstandes im Durchlassbereich. Sie unterscheiden sich wieder etwa um den Faktor 10 voneinander.

Ein Vergleich mit der Diode 1N4001 lässt die Aussage zu, dass sich die Widerstandsverläufe nicht gravierend voneinander unterscheiden. Die Strom-Spannungs-Kennlinien weisen darauf hin, dass bei der Diode 1N4001 ein erkennbar größerer Durchlassstrom fließt. Das war ja auch bei einer Gleichrichterdiode im Vergleich mit einer Kleinsignaldiode zu erwarten. Die bei der Schleusenspannung fließenden Ströme bestätigen diesen Vergleich.

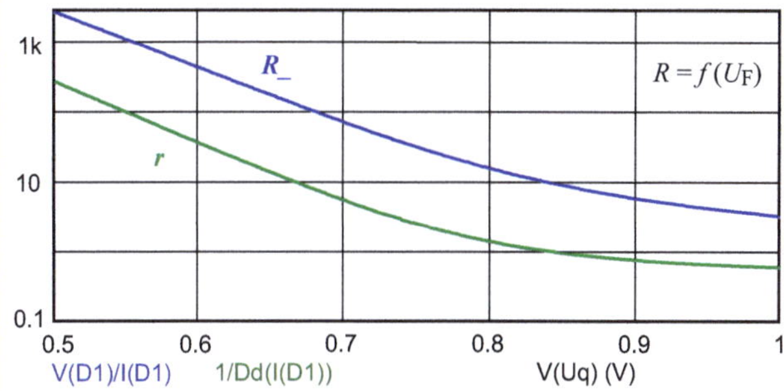

Bild 3.19 Verlauf des Gleichstromwiderstandes und des differenziellen Widerstandes der Diode 1N4148

Bei oberflächlicher Betrachtung könnte nun der Eindruck entstehen, dass die beiden Dioden ein sehr ähnliches elektrisches Verhalten aufweisen. Wir werden in Abschnitt 3.5 feststellen, dass sich beide Dioden in ihren Schaltverhalten deutlich unterscheiden.

In den folgenden Betrachtungen wird die Schleusenspannung (als Richtwert) immer so angegeben, dass bei ihr ein „merklicher" Durchlassstrom von $I_F(U_S) \approx (3 \ldots 5)\,\% \cdot I_{F,max}$ fließt. ■

Die bisherigen Simulationen waren dadurch gekennzeichnet, dass alle Untersuchungen bei einer festen Temperatur (ϑ = 20 °C) durchgeführt wurden. Nun wollen wir als zusätzlichen Parameter die Temperatur variieren. Dazu stellen wir im *DC-Analysis*-Fenster den Bereich Temperature auf Method=List ein (Range=20,60,100). Damit erhält man drei Strom-Spannungs-Kennlinien für unterschiedliche Temperaturen in einer gemeinsamen Darstellung. Die Temperatur wirkt jetzt als zusätzlicher Parameter (ϑ_1 = 20 °C, ϑ_2 = 60 °C, ϑ_3 = 100 °C).

Das Ergebnis führt zu der bekannten Aussage, dass sich eine Diode wie ein Heißleiter (NTC-Charakteristik) verhält. Bei Erhöhung der Temperatur steigen die Ströme in Durchlassrichtung und in Sperrrichtung an. In Durchlassrichtung fließt bei einer definierten Flussspannung ein größerer Durchlassstrom. Das entspricht der Aussage, dass bei einem definierten Strom die Flussspannung bei einer Temperaturerhöhung geringer wird.

Beachte: In Datenblättern werden die Kennlinien/Kenngrößen häufig für $\vartheta_j = 25\,°C$ angegeben.

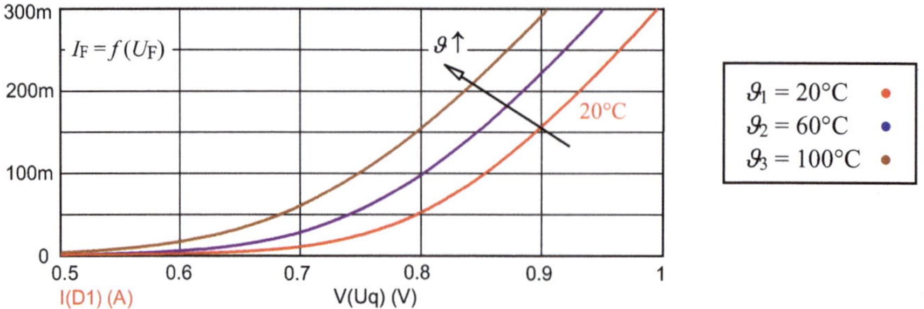

Bild 3.20 Temperaturabhängigkeit der Strom-Spannungs-Kennlinie der Diode 1N4148

Lehrbeispiel 3.3

Vergleichen Sie die Strom-Spannungs-Kennlinien der Signaldiode 1N4148 bei einer Variation von ausgewählten Modelldaten miteinander:

a) bei Variation des Sättigungsstromes I_S (IS=)

b) bei Variation des Emissionskoeffizienten n (N=)

c) bei Variation des Bahnwiderstandes R_S (RS=)

Zur Variation dieser Daten kann *Stepping* eingesetzt werden. Dazu wird im *DC-Analysis*-Fenster mit der Schaltfläche > Stepping < das Fenster *Stepping* geöffnet. Nun sind folgende Angaben erforderlich:

Step What=D1 Rollmenü=Parameter wählen (z. B.: IS) Method: ⊙ List

List=Listenwerte (Eingabe) Step It: ⊙ Yes > OK <

Der mit > OK < aktivierte Stepping-Modus wird jetzt im Fettdruck angezeigt.

Zu a) Variation des Sättigungsstromes I_S (IS=)

Der originale Modellwert der Diode 1N4148 beträgt $I_S \approx 7{,}19$ nA. Die beiden Nachbarwerte wählen wir durch eine Halbierung ($I_{S1} \approx 3{,}6$ nA) und eine Verdopplung ($I_{S3} \approx 14{,}38$ nA) von I_S.

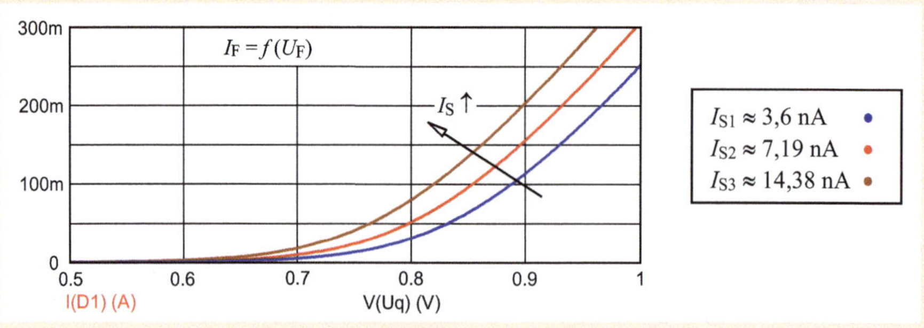

Bild 3.21 Einfluss des Sättigungsstromes

Bild 3.21 zeigt, dass sich die Kennlinie bei einer Vergrößerung des Sättigungsstromes zu kleineren Flussspannungen hin verschiebt. Das führt zu einer Reduzierung der Schleusenspannung bzw. zu einer Anhebung des Flussstromes bei gleicher Durchlassspannung.

Zu b) Variation des Emissionskoeffizienten n (N=)

Der originale Modellwert der Diode 1N4148 beträgt $n \approx 1{,}95$. Die beiden Nachbarwerte wählen wir durch eine Reduzierung um 0,25 ($n_1 \approx 1{,}7$) und eine Anhebung von 0,25 ($n_3 \approx 2{,}2$) des Wertes von n.

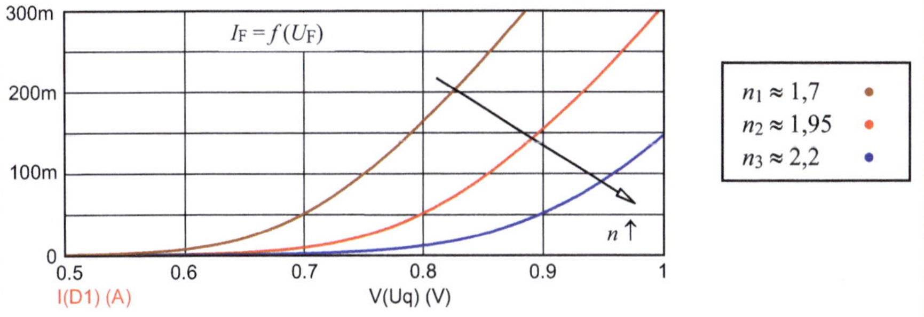

Bild 3.22 Einfluss des Emissionskoeffizienten

Zur Untersuchung des Einflusses des Emissionskoeffizienten n wäre eine Verdopplung bzw. Halbierung (wie beim Sättigungsstrom) nicht sinnvoll. Die Variationsbreite wird dann zu groß.

Eine Veränderung des Emissionskoeffizienten beeinflusst den Anstieg der Kennlinie nur ganz geringfügig. Die Kennlinie wird bei Erhöhung des Emissionskoeffizienten zu höheren Durchlassspannungen bzw. zu geringeren Flussströmen hin verschoben. Damit ändert sich die Schleusenspannung im Vergleich zu Bild 3.18 jetzt merklich.

Zu c) bei Variation des Bahnwiderstandes R_S (RS=)

Der originale Modellwert der Diode 1N4148 beträgt $R_S \approx 440$ mΩ. Die beiden Nachbarwerte wählen wir durch eine Halbierung ($R_{S1} \approx 220$ mΩ) und eine Verdopplung ($R_{S3} \approx 880$ mΩ) von R_S.

Durch eine Veränderung des Bahnwiderstandes wird die Schleusenspannung nicht merklich beeinflusst. Dafür verringert sich der Anstieg der Kennlinie mit einem Anwachsen des Bahnwiderstandes ab $U_F \approx 0{,}8$ V relativ deutlich. Durch das Absinken des Anstieges wird der differenzielle Widerstand größer. Die Kennlinie nimmt durch eine Erhöhung des Bahnwiderstandes bei größeren Durchlassspannungen einen zunehmend linearen Verlauf an.

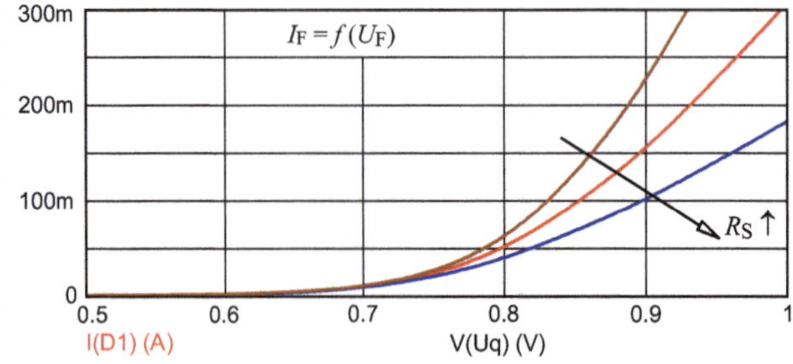

Bild 3.23 Einfluss des Bahnwiderstandes

Bild 3.24 zeigt die Strom-Spannungs-Kennlinie ohne und mit Bahnwiderstand. Der Spannungsunterschied ΔU_F ist bei einem gleichen Flussstrom (hier: $I_F = 200$ mA) ein Maß für den Bahnwiderstand.

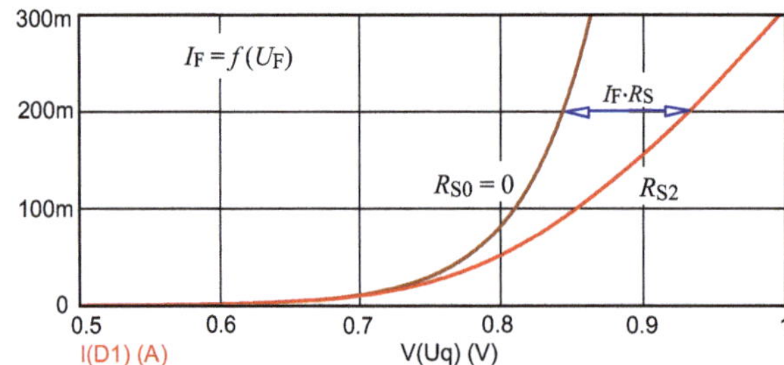

Bild 3.24 Spannungsabfall über dem Bahnwiderstand

Der prinzipielle Einfluss des Bahnwiderstandes wurde bereits in Bild 3.9 aufgezeigt. Durch seine Berücksichtigung erfährt die Kennlinie gegenüber dem idealisierten Verlauf (Formel 3.1) eine Linearisierung (Kennlinienscherung) über Formel 3.5. Dieser Effekt macht sich bei größeren Durchlassspannungen bzw. -strömen durch die Verschiebung der Kennlinie um den Spannungsabfall $I_F \cdot R_S$ bemerkbar. In Sperrrichtung ist die Wirkung des Bahnwiderstandes praktisch bedeutungslos.

3.4 Gleichrichterdioden

Das Ziel einer Gleichrichtung besteht darin, elektrische Spannungen/Ströme mit wechselnder Polarität in Spannungen bzw. Ströme mit gleicher Polarität umzuformen. Bei einer Wechselgröße wird dabei entweder eine Halbwelle mit einer bestimmten Polarität unterdrückt (Einweg- bzw. Halbwellen-Gleichrichtung) oder die zweite Halbwelle wird in ihrer Polarität umgewandelt (Zweiweg- bzw. Vollwellen-Gleichrichtung). Reale Gleichrichterdioden besitzen die dafür erforderliche Ventilwirkung, obwohl sie in Durchlassrichtung nicht ideal leiten und in Sperrrichtung nicht ideal sperren.

Die dabei gültigen Grenzwerte werden vom Hersteller in Datenblättern angegeben. Dazu zählen insbesondere der Dauergrenzstrom I_{FAV} (maximal zulässiger arithmetischer Mittelwert des Stromes bei Einweggleichrichtung), die maximal zulässige Sperrspannung $U_{R,max}$ und der Sperrstrom I_R bei $U_{R,max}$ (ϑ_{Bezug}).

Dioden mit einem Dauergrenzstrom I_{FAV} > 1 A bezeichnet man auch als Leistungsdioden. An Gleichrichterdioden werden folgende Forderungen gestellt:

- kleine Durchlassspannung U_F
- große Sperrspannung $U_{R,max}$
- hoher Spitzenstrom $\hat{I}_F$
- geringer Sperrstrom I_R bei $U_{R,max}$
- Verlustleistung $P_V \rightarrow$ min.
- Kleine Sperrerholzeit t_{rr} (R ⇔ F)

Bild 3.25 zeigt die Ausführung einer Gleichrichterdiode vom Typ 1N4001. Der Ring am Gehäuse kennzeichnet die Katode.

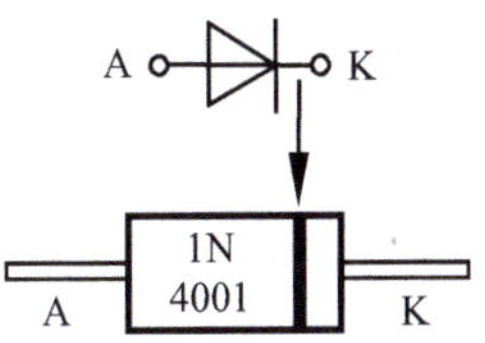

Daten (1N4001):
U_F < 1 V bei I_F = 1 A
I_R < 5 µA bei $U_{R,max}$ = 50 V
I_{FAV} = 1 A; $\hat{I}_F$ = 10 A
$t_{rr} \approx$ einige µs

Bild 3.25 Leistungsdiode 1N4001

Gleichspannungsnetzteile haben die Aufgabe, eine Schaltung mit einer definierten Betriebsspannung zu versorgen. Dazu muss die Netzspannung so transformiert werden, dass eine Wechselspannung mit einem Maximalwert entsteht, der über dem Wert der geforderten Gleichspannung liegt. Eine nachfolgende Gleichrichterschaltung formt dann die Wechselspannung in eine pulsierende Gleichspannung

(Brummspannung) um. Durch geeignete Sieb- und Glättungsmaßnahmen wird anschließend der pulsierende Anteil reduziert.

Für die Gleichrichtung niederfrequenter Spannungen/Ströme werden häufig Silizium-Flächendioden eingesetzt, die je nach Typ für relativ große Ströme geeignet sind. Bei hochfrequenten Spannungen/Strömen kommen Spitzendioden oder Spezialdioden zum Einsatz. Sie weisen eine geringe Sperrerholzeit (Abschnitt 3.5) auf und sind somit für schnelle Anwendungen geeignet. Bedingt durch die geringe Fläche des pn-Übergangs können sie nur für kleine Ströme eingesetzt werden.

3.4.1 Einweggleichrichtung

Bild 3.26 zeigt eine Schaltung zur Halbwellen-Gleichrichtung einer (hier: sinusförmigen) Wechselspannung. Die vom Transformator bereitgestellte Sekundärspannung wird an eine Reihenschaltung, bestehend aus einer Diode und dem zu speisenden Lastwiderstand, gelegt.

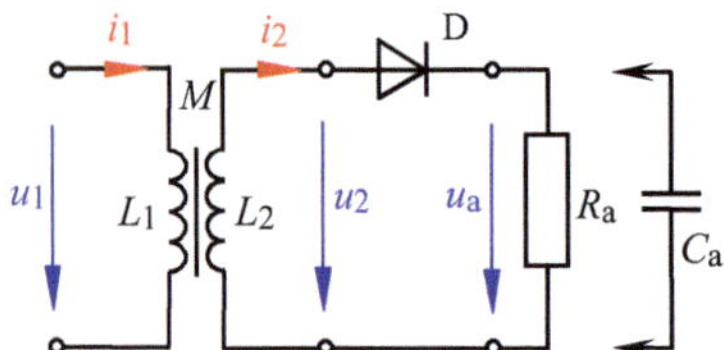

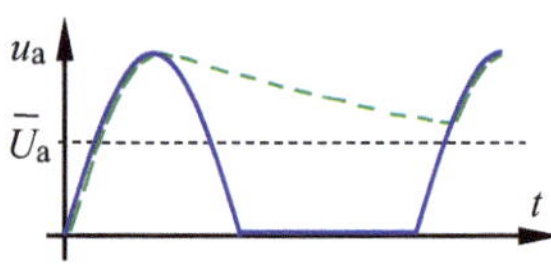

Bild 3.26 Einweggleichrichtung

Während der positiven Halbwelle von u_2 leitet die Diode und es fällt über ihr lediglich die Schleusenspannung ($U_S \approx 0{,}7$ V) ab. Der Rest der Sekundärspannung liegt über dem Lastwiderstand (Bild 3.26 - rechts). Während der negativen Halbwelle von u_2 sperrt die Diode und es liegt über ihr nahezu die gesamte negativen Halbwelle. Über dem Lastwiderstand fällt dann lediglich eine durch den Sperrstrom der Diode verursachte (vernachlässigbare) Restspannung ab. Als resultierende Zeitfunktion liegt somit eine pulsierende Gleichspannung über dem Lastwiderstand, die um einen Mittelwert $\overline{U}_a$ schwankt. Für die Berechnung dieses arithmetischen Mittelwertes gilt nach [6] - Gleich. (7.5):

$$\overline{U}_a = \frac{1}{T} \cdot \int_0^T \hat{U}_a \cdot \sin \omega t \cdot \mathrm{d}t$$

$$\overline{U}_a = \frac{\hat{U}_a}{T} \cdot \left[\frac{-\cos \omega t}{\omega} \right]_0^T = \frac{\hat{U}_a}{\omega \cdot T} \cdot (1+1) = \frac{\hat{U}_a}{2\pi} \cdot 2 = \frac{\hat{U}_a}{\pi}$$

Der um einen Mittelwert $\overline{U}_a$ schwankende Anteil kann durch einen zu R_a parallel geschalteten Glättungskondensator C_a verringert werden. Dieser Kondensator lädt sich während der ersten halben Periode auf und entlädt sich dann in der restlichen Zeit mit der Zeitkonstanten $\tau_a = R_a \cdot C_a$ über R_a (siehe gestrichelter Funktionsverlauf in Bild 3.26). Durch diese Glättungsmaßnahme wird $\overline{U}_a$ angehoben und die Schwankung um $\overline{U}_a$ wird verringert.

Lehrbeispiel 3.4

Simulieren Sie die Schaltung in Bild 3.26. Zur Einweggleichrichtung soll die Diode 1N4001 ohne und mit einem Glättungskondensator C_a = 500 µF eingesetzt werden. Ermitteln Sie die Änderung der Ausgangsspannung und bestimmen Sie den jeweiligen Mittelwert $\overline{U}_a$.

Zur Nachbildung der Sekundärseite des Transformators wird die Quelle / Sin / mit einem Maximalwert $\hat{U}_q$ = 10 V (50 Hz) verwendet. Wir simulieren das Projekt mit den Schaltungen von Bild 3.27.

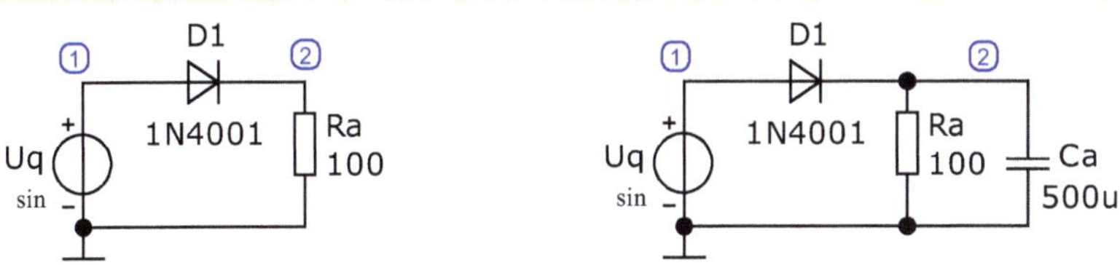

Bild 3.27 Schaltungen zur Einweggleichrichtung

Bild 3.28 zeigt die Zeitfunktionen der Quellenspannung und der Spannung über dem Lastwiderstand ohne Glättung. Die positive Halbwelle von u_q wird (abzüglich U_S) an den Lastwiderstand übertragen ($\hat{U}_a \approx 9{,}268$ V). Für die negative Halbwelle sperrt die Diode ($\hat{U}_R \approx -101$ µV). Der Mittelwert der Ausgangsspannung beträgt: $\overline{U}_a \approx 2{,}95\,\text{V}$.

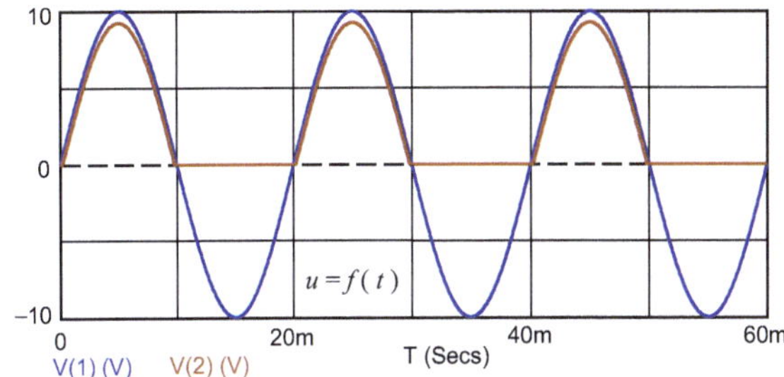

Theoretische Werte ($U_S = 0$):

$$\tilde{U}_a = U_{a,eff} = \frac{\hat{U}_a}{2}$$

$$\overline{U}_a = \frac{\hat{U}_a}{\pi} = 2{,}95\,\text{V}$$

$$(3.6):\quad k_F = \frac{U_{a,eff}}{\overline{U}_a} = \frac{\pi}{2}$$

Bild 3.28 Einweggleichrichtung ohne C_a

Durch den Einsatz eines Glättungskondensators wird der arithmetische Mittelwert deutlich angehoben. Der Kondensator lädt sich während der Zeit $t_0 \leq t \leq 0{,}25 \cdot T$ auf und entlädt sich im Zeitraum bis zur nächsten positiven Halbwelle mit der Zeitkonstanten $\tau_a = R_a \cdot C_a$ nach einer e-Funktion. Der Mittelwert der Ausgangsspannung beträgt jetzt:

$$\overline{U}_a \approx U_{a,max} - \frac{\Delta U_a}{2} \approx 9{,}247\,\text{V} - \frac{9{,}247 - 6{,}558}{2}\,\text{V} \approx 7{,}9\,\text{V}$$

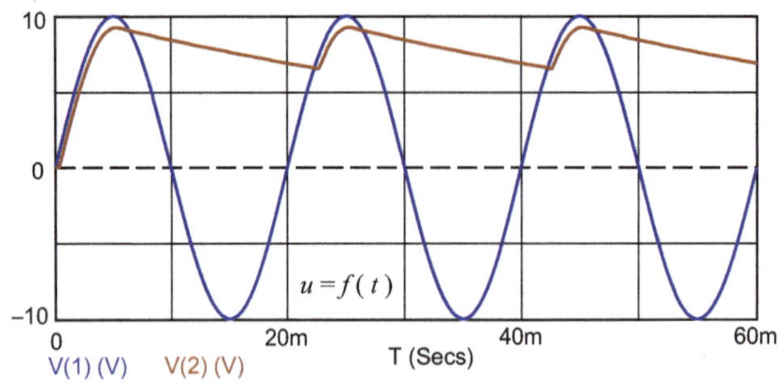

Bild 3.29 Einweggleichrichtung mit C_a = 500 µF

Diesen Mittelwert kann man auch über die Mittelwert-Funktion Avg(V(2)) bestimmen ($t_{max} \geq 10 \cdot T$).

3.4.2 Zweiweggleichrichtung (Mittelpunktschaltung)

Zur Vollwellen-Gleichrichtung kann eine Mittelpunktschaltung nach Bild 3.30 verwendet werden. Die gleichzurichtende Wechselspannung muss dann ein Transformator mit einer Mittelanzapfung ($N_{21} = N_{22}$) bereitstellen.

Dann gilt: $|\hat{U}_{21}| = |\hat{U}_{22}| = 0{,}5 \cdot |\hat{U}_2|$.

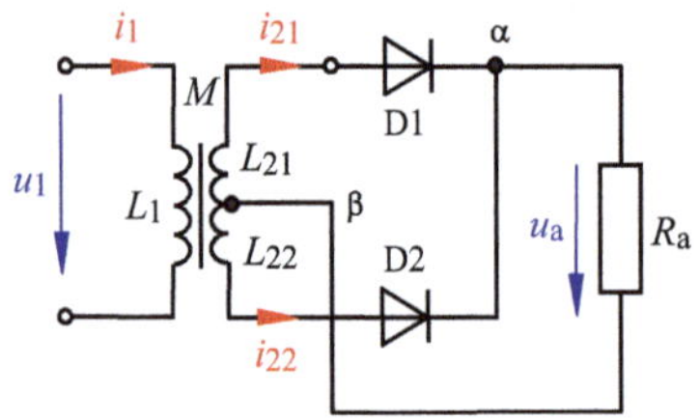

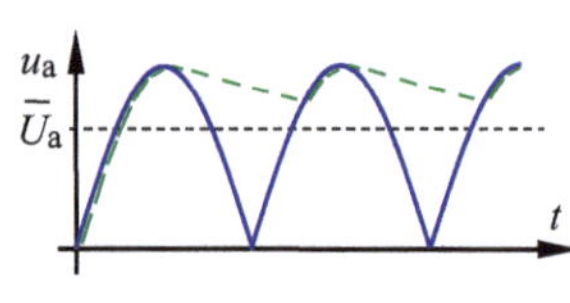

Bild 3.30 Mittelpunktschaltung

An die beiden Außenanschlüsse der Sekundärspule wird je eine Diode angeschlossen. Die Knotenpunkte α und β sorgen für die Speisung des Lastwiderstandes.

Wenn sekundärseitig die positive Halbwelle über der Induktivität L_{21} liegt, leitet die Diode D1. Dann fällt, bedingt durch den entgegengesetzten Wicklungssinn, über der Induktivität L_{22} die gleich große negative Halbwelle ab und die Diode D2 sperrt. Im umgekehrten Fall liegt die negative Halbwelle über der Induktivität L_{21} und die Diode D1 sperrt. Jetzt fällt die positive Halbwelle über der Induktivität L_{22} ab und wird von der Diode D2 übertragen.

Die Ausgangsspannung setzt sich im vorliegenden Fall aus den beiden Halbwellen mit der gleichen Polarität zusammen. Bedingt durch die doppelte Frequenz der pulsierenden Gleichspannung ist im Vergleich zur Einweggleichrichtung die Maßnahme des Einsatzes eines Glättungskondensators jetzt erfolgreicher, bzw. sie ist mit einem geringeren Kapazitätsaufwand realisierbar. Der Mittelwert (hier ohne Glättung) ist gegenüber Bild 3.28 angestiegen.

Lehrbeispiel 3.5

Simulieren Sie die Schaltung in Bild 3.30. Zur Zweiweggleichrichtung soll die Diode 1N5406 ohne und mit einem Glättungskondensator C_a = 500 µF eingesetzt werden. Ermitteln Sie die Änderung der Ausgangsspannung und bestimmen Sie den jeweiligen Mittelwert $\overline{U}_a$.

Die Gleichrichterdiode 1N5406 wird mit folgenden Daten angegeben:

Nennstrom (Dauergrenzstrom): I_{FAV} = 3 A

Sperrstrom: I_R < 10 µA

Periodische Spitzensperrspannung: U_{RRM} = 600 V

Zur Nachbildung der Sekundärseite des Transformators werden jetzt zwei Quellen / Sin / mit einem Maximalwert $\hat{U}_{q1} = \hat{U}_{21}$ = 200 V bzw. $\hat{U}_{q2} = \hat{U}_{22}$ = 200 V (50 Hz) verwendet. Bei einer gleichsinnigen Reihenschaltung entsteht zwischen beiden Quellen ein virtueller Knotenpunkt, der als Bezugsknoten verwendet wird und wie die Mittelanzapfung des Transformators wirkt. Wir simulieren das Projekt mit der Schaltung aus Bild 3.31. Das .MODEL-Statement dient lediglich zur Information.

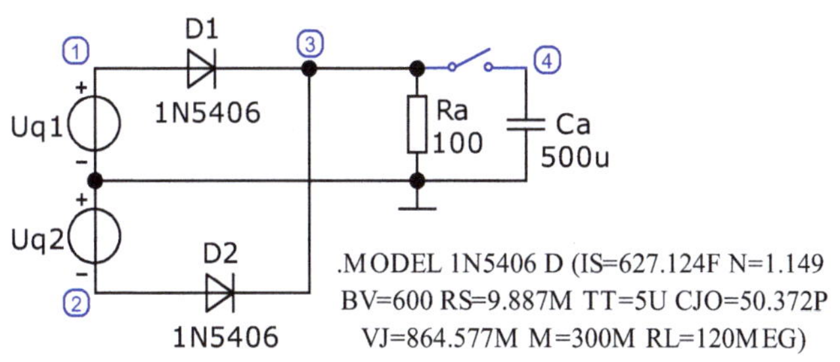

Bild 3.31 Zweiweggleichrichtung mit der Diode 1N5406

Der Glättungskondensator kann über einen animierten Schalter (Doppelklick LMT) aktiviert werden.

Bild 3.32 zeigt das Ergebnis der Simulation. Die Zeitfunktionen im oberen Teil stellen den Verlauf der Spannungen über der gesamten Sekundärseite des Transformators dar. Die beiden Teilspannungen sind um 180° phasenverschoben. Durch die Gleichrichtung entsteht eine pulsierende Gleichspannung.

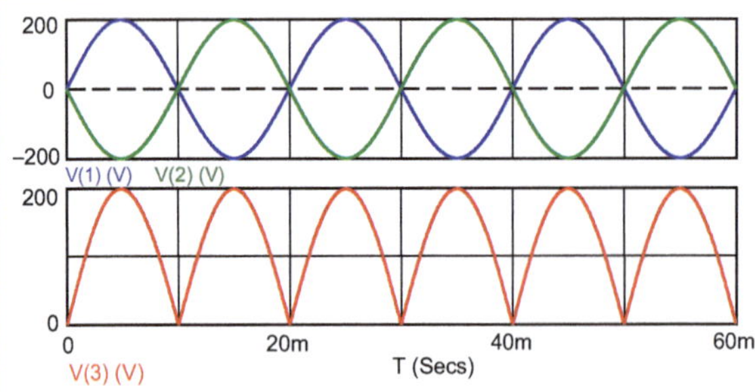

Theoretische Werte ($U_S = 0$):

$$\tilde{U}_a = U_{a,eff} = \frac{\hat{U}_a}{\sqrt{2}}$$

$$\overline{U}_a = 2 \cdot \frac{\hat{U}_a}{\pi}$$

$$(3.6): \quad k_F = \frac{U_{a,eff}}{\overline{U}_a} = \frac{\pi}{\sqrt{2} \cdot 2}$$

Bild 3.32 Zweiweggleichrichtung ohne C_a

Den arithmetischen Mittelwert bestimmen wir jetzt über den Gleichrichtwert (arithmetischer Mittelwert des Betrages einer Zeitfunktion). Nach [6] - Gleich. (7.6) bzw. (7.7) gilt:

$$\overline{|U_a|} = \frac{2}{T} \cdot \int_0^{T/2} |u_a(t)| \cdot \mathrm{d}t = \frac{2}{\pi} \cdot \hat{U}_a$$

$$\overline{|U_a|} \approx \frac{2}{\pi} \cdot 200\,\mathrm{V} \approx 127{,}3\,\mathrm{V}$$

Durch den Einsatz eines Glättungskondensator (Bild 3.33) wird dieser Mittelwert angehoben.

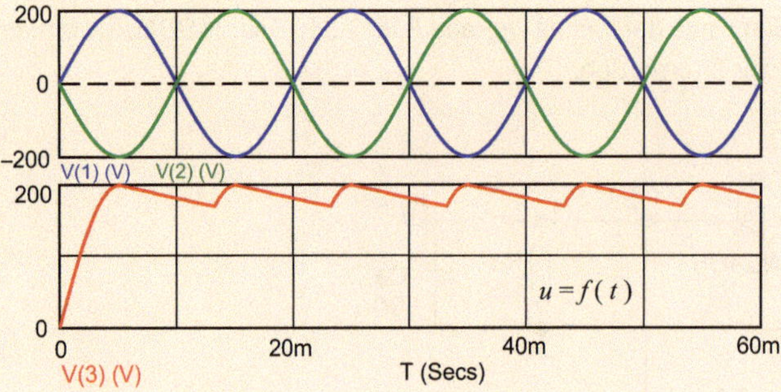

Bild 3.33 Zweiweggleichrichtung mit C_a = 500 µF

Der Mittelwert der Ausgangsspannung mit einem Glättungskondensator beträgt jetzt:

$$\overline{U}_{\mathrm{a}} \approx U_{\mathrm{a,max}} - \frac{\Delta U_{\mathrm{a}}}{2} \approx 199{,}143\,\mathrm{V} - \frac{199{,}143 - 167{,}317}{2}\,\mathrm{V} \approx 183{,}2\,\mathrm{V}$$

Beim Einsatz des animierten Schalters aus der Untergruppe {*Animated SPST Switch*} (siehe auch Hauptgruppe | *Animation* |) muss man nach dem Betätigen des Schalters die Simulation neu starten.

Durch Verwendung des zeitgesteuerten Schalters [*Switch*] aus der Hauptgruppe | *Analog Primitives* | - Untergruppe {*Special Purpose*} können die beiden Situationen in einem gemeinsamen Diagramm dargestellt werden. Der Schalter wird nach 20 ms geschlossen: (T,20m,60m,1m,1G).

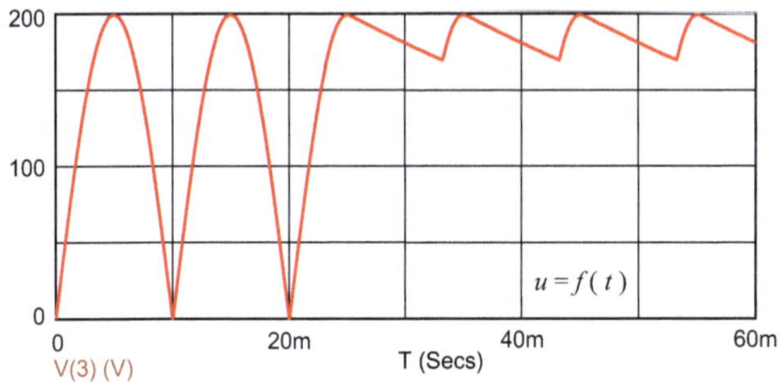

Bild 3.34 Vergleich der Ausgangsspannungen bei einer Zweiweggleichrichtung

Das Ergebnis zeigt die Situation ohne Glättungskondensator und danach mit Glättungskondensator.

3.4.3 Brückengleichrichtung

Eine weitere Zweiweggleichrichtung ist mit einer Graetz-Brückenschaltung (Brückengleichrichtung) möglich. Dazu schaltet man vier Dioden gemäß Bild 3.35 so zusammen, dass an den Eingangsklemmen E und G, an denen die Ausgangsspannung u_2 des Transformators anliegt, immer eine Diode leitet und die andere Diode sperrt.

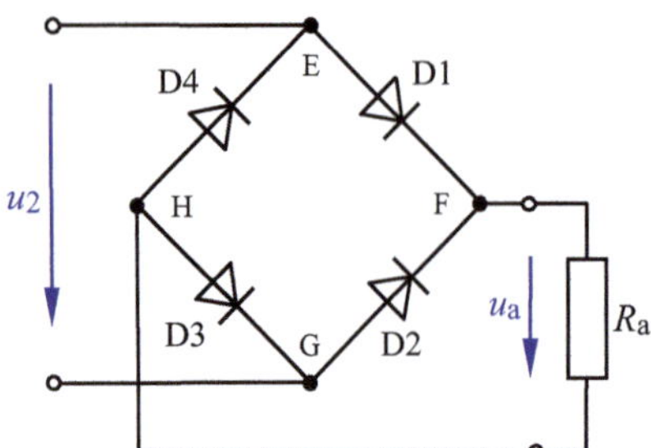

Bild 3.35
Graetz-Brückengleichrichter

Wenn die positive Halbwelle der gleichzurichtenden Wechselspannung am Punkt E der Graetz-Schaltung anliegt, dann leitet die Diode D1, und die Diode D4 sperrt. Am Punkt F ist die Diode D2 gesperrt. Somit fließt ein Strom von E über D1 und F durch den Lastwiderstand R_a. Am Punkt H ist D3 für die positive Halbwelle in Durchlassrichtung geschaltet, und D4 sperrt (wie oben bereits festgestellt).

Wenn die negative Halbwelle der gleichzurichtenden Wechselspannung am Punkt E der Graetz-Schaltung anliegt, dann leitet die Diode D4, und die Diode D1 sperrt. Am Punkt H ist die Diode D3 gesperrt. Somit fließt ein Strom von E über D4 und H durch den Lastwiderstand. Am Punkt F ist D2 für die negative Halbwelle in Durchlassrichtung geschaltet, und D1 sperrt (wie oben bereits festgestellt).

Somit wird die Graetz-Schaltung wie folgt vom Strom durchflossen:

Positive Halbwelle: E - D1 - F - R_a - H - D3 - G

Negative Halbwelle: E - D4 - H - R_a - F - D2 - G

Zur Beurteilung der Leistungsfähigkeit einer Gleichrichterschaltung dient unter anderem der Formfaktor k_F. Er wird in [7] - BB 7.1 als Verhältnis zwischen dem Effektivwert und dem arithmetischen Mittelwert der Gleichrichter-Ausgangsspannung definiert.

$$k_F = \frac{U_{a,eff}}{\overline{U}_a} \tag{3.6}$$

Durch die Einweggleichrichtung entsteht (ohne den Glättungskondensator) eine pulsierende Gleichspannung mit einem Formfaktor von 1,57. Das bedeutet, dass der Wechselanteil der Ausgangsspannung größer ist als ihr Gleichanteil. Bei einer Zweiweggleichrichtung (Mittelpunktschaltung und Graetz-Schaltung) beträgt dieser Faktor nur noch 1,11. Der Wechselanteil der Ausgangsspannung ist jetzt im Vergleich zum Gleichanteil um ca. ein Drittel gesunken. Die Zweiweggleichrichtung hat demzufolge bei einem erhöhten schaltungstechnischen Aufwand den Vorteil einer höheren Ausgangsgleichspannung sowie einer geringeren Welligkeit.

Diese Schwankung kann durch den Einsatz eines Glättungskondensators reduziert werden. Die Kapazität liegt (je nach Bedarf) in der Größenordnung 100 µF bis zu einigen 1000 µF. Als weitere Maßnahme wäre der Einsatz einer Stabilisierungsschaltung möglich (siehe auch Abschnitt 3.6).

Bei der Auswahl von Gleichrichterdioden ist die maximal zulässige periodische Sperrspannung U_{RRM} wichtig. Sie muss bei der Einweg- und der Mittelpunktschaltung um den Faktor π und bei der Brückenschaltung um 0,5π größer sein als der Mittelwert der Gleichrichter-Ausgangsspannung.

Der Mittelwert des Dioden-Durchlassstromes muss bei einer Einweggleichrichtung gleich dem Mittelwert des Laststromes sein. Da bei einer Zweiweggleichrichtung jeweils zwei Dioden am Stromfluss beteiligt sind, beträgt hier der Mittelwert des Durchlassstromes nur die Hälfte des Mittelwertes des Laststromes. Es gelten folgende Regeln:

Einweggleichrichtung: $U_{RRM} = 3{,}14 \cdot \overline{U}_a$ und: $\overline{I}_F = 1{,}0 \cdot \overline{I}_a$

Zweiweggleichrichtung (MP): $U_{RRM} = 3{,}14 \cdot \overline{U}_a$ und: $\overline{I}_F = 0{,}5 \cdot \overline{I}_a$

Zweiweggleichrichtung (Graetz): $U_{RRM} = 1{,}57 \cdot \overline{U}_a$ und: $\overline{I}_F = 0{,}5 \cdot \overline{I}_a$

3.5 Schaltdioden

3.5.1 Eigenschaften von Schaltdioden

Schaltdioden haben die Aufgabe, Schaltvorgänge möglichst verzögerungsfrei zu realisieren. Dazu müssen die Ladungsverhältnisse in der Diode beim Umschalten von der Fluss- zur Sperrpolung und umgekehrt schnell verändert werden. Infolge der Existenz eines ohmschen Ersatzwiderstandes in Reihe zur Kapazität der Diode verhält sich die Anordnung näherungsweise wie eine RC-Kombination. Der zeitabhängige Aufbau bzw. Abbau der Diodenladung verläuft demzufolge nach einer e-Funktion.

Zur Darstellung und Interpretation dieser Vorgänge dient das Ersatzschaltbild einer Diode. Es besteht aus einer spannungsgesteuerten Stromquelle, berücksichtigt den Widerstand der Bahngebiete R_S und bildet die Speicherung einer Sperrschichtladung Q_j mit der Ersatzkapazität C_j und einer Diffusionsladung Q_D mit der Ersatzkapazität C_D nach.

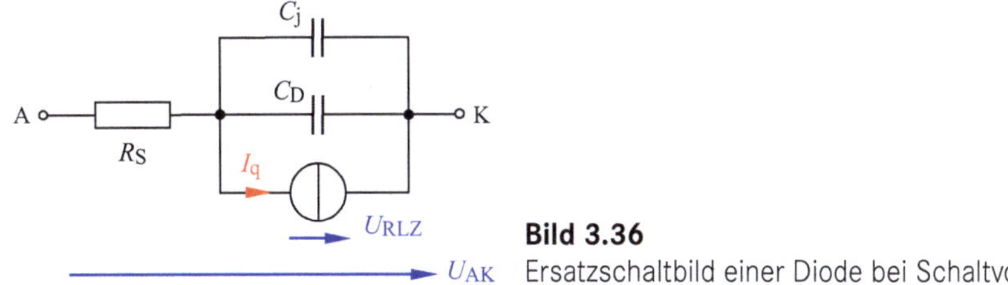

Bild 3.36
Ersatzschaltbild einer Diode bei Schaltvorgängen

Bei einem in Sperrrichtung gepolten pn-Übergang ruft eine Änderung der Spannung dU_R eine Änderung der Raumladung dQ_j hervor. Dieser Sachverhalt wird über die Sperrschichtkapazität C_j beschrieben (vgl. auch Formel 3.2). Es gilt:

$$C_j(U) = \left| \frac{dQ_j}{dU_R} \right| \qquad (3.7)$$

Zur Simulation von Diodenmodellen wird diese spannungsabhängige Kapazität für den Sperrbereich und für kleine Durchlassspannungen wie folgt nachgebildet:

$$C_j(U) = \frac{C_{j0}}{(1 - U / U_j)^m}$$

Die Kapazität C_{j0} beschreibt die Sperrschichtkapazität bei U_{RLZ} = 0 V (Bild 3.36). U_j ist die Diffusionsspannung (Bild 3.3). Der Exponent m wird als Gradationskoeffizient bezeichnet.

Bei einem in Durchlassrichtung gepolten pn-Übergang ist die Dichte der Minoritätsladungsträger in der Bahngebieten deutlich größer als im Gleichgewichtsfall. Eine solche Ladungsspeicherung in den Bahngebieten entspricht einer kapazitiven Wirkung. Diese Wirkung wird mit der spannungsabhängigen Diffusionskapazität C_D beschrieben:

$$C_D(U) = \left| \frac{dQ_D}{dU_F} \right| \qquad (3.8)$$

Im stationären Betrieb einer Diode ist die Diffusionsladung näherungsweise proportional zum Diodenstrom. Der Proportionalitätsfaktor beschreibt die Laufzeit der Ladungsträger durch die Bahngebiete und wird als Transitzeit t_T bezeichnet.

Lehrbeispiel 3.6

Simulieren Sie das Schaltverhalten der Schaltdiode MBD101, der Universaldiode 1N4148 sowie der Gleichrichterdiode 1N4002. Diskutieren Sie die Eigenschaften dieser Dioden bei Schaltvorgängen.

Die Dioden werden mit folgenden Modelldaten angegeben:

MBD101: C_{JO} = 0,8938 pF; t_T = 100 ps

1N4148: C_{JO} = 4,0 pF; t_T = 11,54 ns

1N4002: C_{JO} = 51,17 pF; t_T = 4,761 µs

Um den gewünschten Vergleich zu ermöglichen, werden die drei genannten Dioden mit jeweils einem Vorwiderstand R_V über eine gemeinsame Quelle / PWL / betrieben. Die Quelle schaltet die Dioden bei t = 0 für 0,5 ns mit t_r = 0 in die Durchlassrichtung, danach für 0,5 ns mit t_f = 0 in die Sperrrichtung und dann wieder zurück (usw.). Die Daten der Diode MBD101 wurden aus PSpice [12] übernommen. Ihre Eigenschaften werden in Abschnitt 3.7 diskutiert.

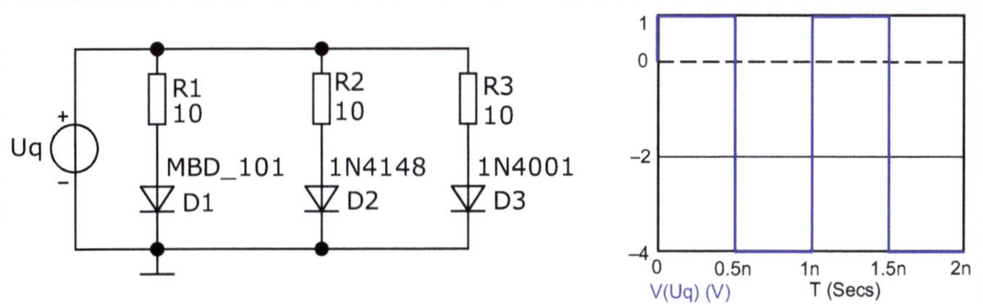

Bild 3.37 Schaltung und Daten der Quelle zum Lehrbeispiel 3.6

Bild 3.38 zeigt das Simulationsergebnis am Beispiel der unterschiedlichen Spannungsverläufe.

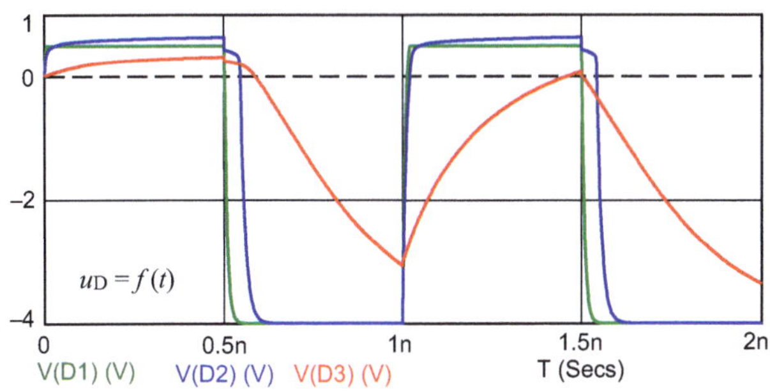

Bild 3.38 Vergleich von Spannungsverläufen bei Schaltvorgängen

Beim ersten Schaltvorgang („Ein“ bei $t = 0$) werden die drei Dioden in Durchlassrichtung geschaltet. Damit stellen sich die Arbeitspunkte in Flussrichtung ein. Im Zeitraum $0 \leq t \leq 0{,}5$ ns laden sich die Diffusionskapazitäten auf.

Nach dem Umschalten von der Durchlass- in die Sperrrichtung („Aus“ bei $t_1 = 0{,}5$ ns) entladen sich zunächst die Diffusionskapazitäten. Der dabei fließende Strom wird durch den Vorwiderstand bestimmt. Nach Ablauf der Transitzeit sind die Diffusionskapazitäten entladen. Der jetzt fließende Sperrstrom lädt die Sperrschichtkapazitäten auf (usw.).

Die Schaltdiode MBD_101 schaltet dabei nahezu verzögerungsfrei. Die Universaldiode 4148 benötigt nach dem Übergang in den Sperrbereich bereits wesentlich mehr Zeit zum Abbau der Diffusionsladung. Die Gleichrichterdiode 4002 ist für den Einsatz als Schaltdiode nicht geeignet. Ein Vergleich der drei Spannungsverläufe mit den Stromverläufen (Bild 3.38 und Bild 3.39) bestätigt diese Aussage.

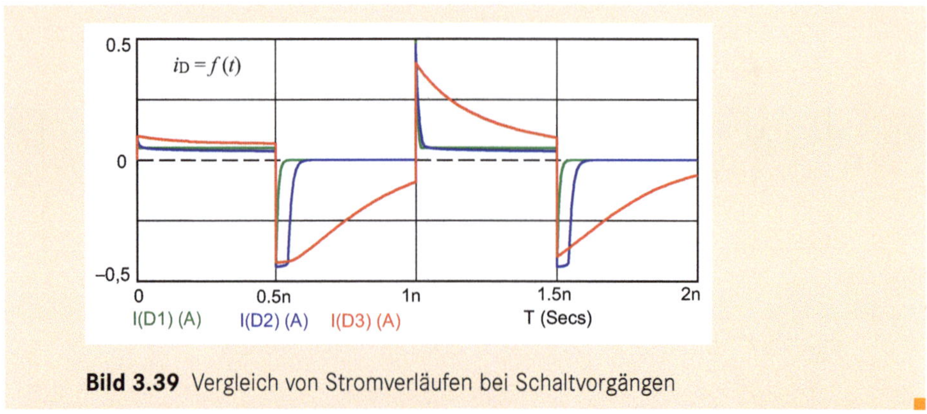

Bild 3.39 Vergleich von Stromverläufen bei Schaltvorgängen

Schaltdioden werden als Einzeldioden (wie z. B. die Universaldiode 1N4148, die für relativ schnelle Schaltvorgänge einsetzbar ist) oder als Mehrfachdioden (gemeinsame Katode) für Gatterschaltungen angeboten. Zur Lösung von Schaltaufgaben muss die Diode schnell auf steilflankige Spannungs- bzw. Stromänderungen reagieren. Dazu hat eine Schaltdiode in der Praxis folgende Forderungen zu erfüllen:

- sehr kleiner Sperrstrom ($I_R \rightarrow 0$ A)
- steiler Verlauf der Durchlasskennlinie ($I_F \rightarrow$ max.) oberhalb von U_S
- sehr geringe Umschaltzeiten (R ⇔ F).

3.5.2 Logikgatter

Bei Gatterschaltungen müssen mehrere Eingangssignale miteinander verknüpft werden. Dazu dienen Schaltdioden, die man in den Eingangszweigen entweder in Durchlassrichtung oder in Sperrrichtung anordnet. In digitalen Schaltungen können damit die logischen Funktionen einer ODER-Verknüpfung bzw. einer UND-Verknüpfung realisiert werden.

Logische ODER-Verknüpfung

Für die Realisierung einer logischen ODER-Funktion werden die Schaltdioden in den Eingangszweigen in Durchlassrichtung geschaltet. Bild 3.40 zeigt ein ODER-Gatter mit zwei Eingängen. Die Eingangssignale x_1 und x_2 werden in diesem Bild mit einer geschalteten Gleichspannungsquelle erzeugt. Der Schalteranschluss im geöffneten Zustand soll auf einem Potential $\varphi(*) = 0$ V liegen.

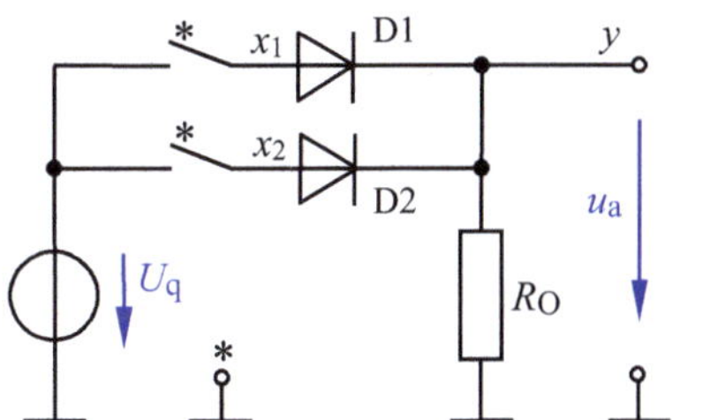

Bild 3.40
ODER-Gatter mit Schaltdioden

Das Gatter realisiert die logische Funktion nach Formel 3.9 mit den in Tabelle 3.2 dargestellten Verknüpfungen.

$$y = x_1 \vee x_2 \tag{3.9}$$

Tabelle 3.2 Schaltbelegungstabelle einer ODER-Verknüpfung

x_1	x_2	y
0	0	0
0	1	1
1	0	1
1	1	1

Befinden sich die beiden Schalter von Bild 3.40 im geöffneten Zustand, so sperren beide Dioden. Infolge $\varphi(x_1) = \varphi(x_2) = 0$ V fließt kein Strom durch den Widerstand R_0 und die Ausgangsspannung ist null. Wenn die Quellenspannung mit z. B. +5 V (also TTL-Pegel in positiver Logik) nur an einen der beiden Eingänge gelegt wird, leitet die entsprechende Diode. Das Eingangssignal wird gemäß Formel 3.9 auf den Ausgang geschaltet. Werden beide Eingänge mit diesem Signal belegt, leiten beide Dioden und schalten das Signal auf den Ausgang durch.

Fasst man die beiden Eingangssignale als binäre Größen mit den logischen Werten „0“ und „1“ auf, so setzt sich bei einem ODER-Gatter jede logische „1“ am Ausgang durch.

Der Widerstand R_0 in Bild 3.40 ist so zu dimensionieren, dass der Durchlassstrom einer Diode im Arbeitspunkt I_F (AP) den minimal erforderlichen Wert der Ausgangsspannung $U_{a,min}$ sicher erzeugt. Der Arbeitspunkt der beiden Dioden muss unterhalb der Verlustleistungshyperbel $P_{V,max}$ liegen. Wenn der Lastwiderstand (Eingangswiderstand der nachfolgenden Stufe) sehr groß ist ($R_a \gg R_0$), gilt:

$$R_0 = \frac{U_{a,min}}{I_F(AP)} \tag{3.10}$$

Lehrbeispiel 3.7

Simulieren Sie die Arbeitsweise eines ODER-Gatters unter Verwendung der Schaltdiode 1N4148.

Bild 3.41 zeigt die Schaltung zur Simulation eines ODER-Gatters mit zwei Eingängen. Die beiden Eingangssignale werden über zwei Quellen / Pulse / mit unterschiedlichen Einstellungen erzeugt:

U_{x1}: (t_d = 1 µs; t_i = 5 µs; T = 10 µs)

U_{x2}: (t_d = 1 µs; t_i = 4 µs; T = 12 µs)

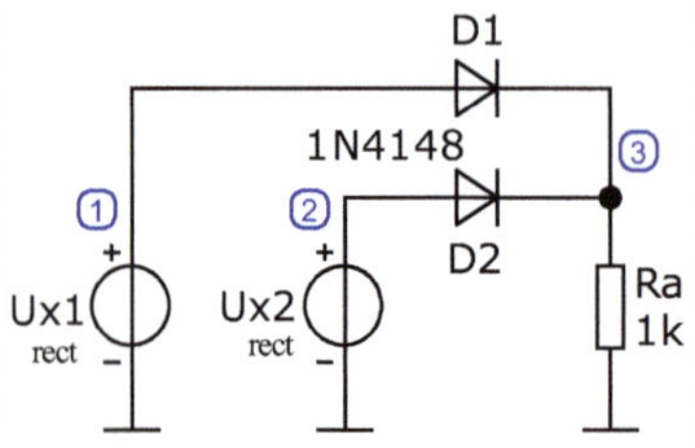

Bild 3.41 Schaltung zur Simulation eines ODER-Gatters

Bild 3.42 zeigt die Zeitfunktionen der beiden Eingangssignale. Durch die unterschiedlichen Daten der Quellen ergibt sich ein variabler zeitlicher Versatz der Schaltflanken. Im unteren Teil von Bild 3.42 ist der Verlauf der Ausgangsspannung des ODER-Gatters dargestellt.

Durch die einheitliche Skalierung der Zeitachse ist ein direkter Vergleich zwischen den Ereignissen am Eingang und am Ausgang möglich.

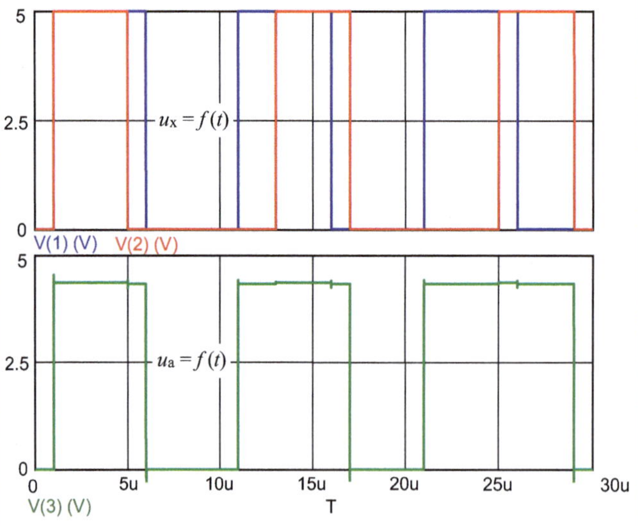

Bild 3.42 Spannungsverläufe bei einem ODER-Gatter

Man erkennt, dass sich immer dann eine Ausgangsspannung $U_a \approx U_x - U_S \approx$ 5 V - 0,7 V einstellt, wenn mindestens eines der beiden Eingangssignale den Wert U_x = 5 V aufweist. Ansonsten ist die Ausgangsspannung null. Die Spikes im zeitlichen Verlauf der Ausgangsspannung entstehen durch die steilen Schaltflanken der Eingangssignale mit $t_r = t_f$ = 1 ns. ■

Logische UND-Verknüpfung

Für die Realisierung einer logischen UND-Funktion werden die Schaltdioden in den Eingangszweigen in Sperrrichtung geschaltet. Bild 3.43 zeigt ein UND-Gatter mit zwei Eingängen. Die Eingangssignale x_1 und x_2 werden wieder mit einer geschalteten Gleichspannungsquelle erzeugt. Für den Schalteranschluss im geöffneten Zustand (*) gilt: $\varphi(*)$ = 0 V.

$$y = x_1 \wedge x_2 \qquad (3.11)$$

Tabelle 3.3 Schaltbelegungstabelle einer UND-Verknüpfung

x_1	x_2	y
0	0	0
0	1	0
1	0	0
1	1	1

Wenn sich die beiden Schalter von Bild 3.43 im geöffneten Zustand befinden, leiten die beiden Dioden. Infolge $\varphi(x_1) = \varphi(x_2)$ = 0 V fließt ein Strom, der durch eine Hilfsspannung U_B (Betriebsspannung) angetrieben und durch R_U begrenzt wird. Als Ausgang liegt dann die Schleusenspannung der Dioden.

Wenn die Quellenspannung mit z. B. +5 V (TTL-Pegel in positiver Logik) nur an einen der beiden Eingänge gelegt wird, sperrt die entsprechende Diode. Da die andere Diode aber noch leitet, ändert sich die Ausgangsspannung nicht maßgeblich. Werden beide Eingänge mit diesem Signal belegt, sperren die beiden Dioden. Am Ausgang liegt dann die Eingangsspannung.

Fasst man beide Eingangssignale als binäre Größen mit den logischen Werten „0" und „1" auf, setzt sich beim UND-Gatter jede logische „0" am Ausgang durch.

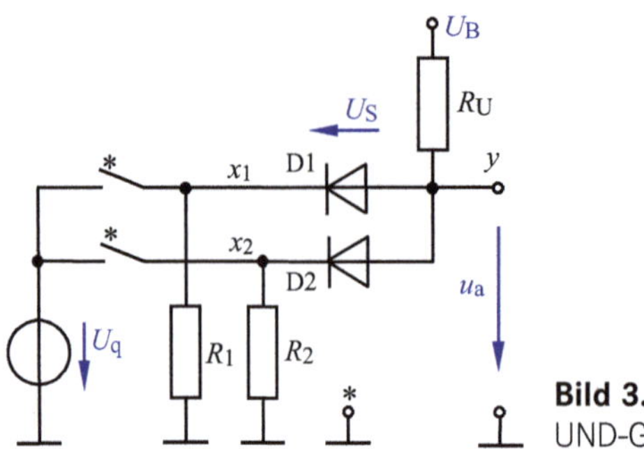

Bild 3.43
UND-Gatter mit Schaltdioden

Die Schaltung sollte so dimensioniert werden, dass der Widerstandswert von R_U viel größer als R_1 und R_2 (ca. Faktor 100) ist.

Lehrbeispiel 3.8

Simulieren Sie die Arbeitsweise eines UND-Gatters unter Verwendung der Schaltdiode 1N4148.

Bild 3.44 zeigt die Schaltung zur Simulation eines UND-Gatters mit zwei Eingängen. Die Eingangssignale sind mit den Einstellungen der Quellen des ODER-Gatters identisch. Für die Betriebsspannung wird die Gleichspannungsquelle / None / mit U_q = 5 V eingesetzt.

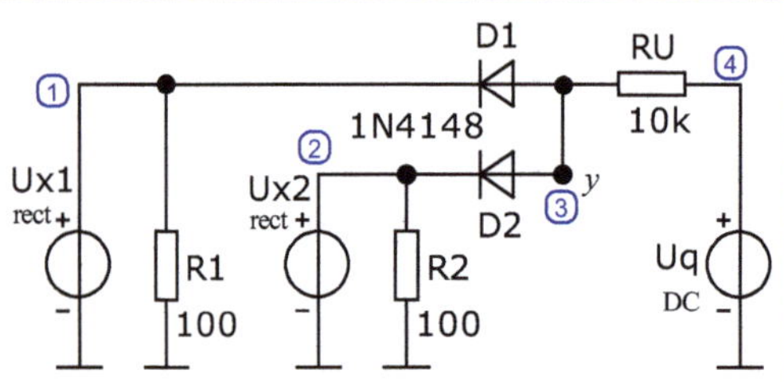

Bild 3.44
Simulation eines UND-Gatters

In Bild 3.45 ist das Ergebnis der Simulation eines UND-Gatters mit zwei Eingängen dargestellt.

Man erkennt, dass sich nur dann eine Ausgangsspannung von $U_a \approx 5$ V einstellt, wenn die beiden Eingangssignale den Wert U_x = 5 V aufweisen. Ansonsten ist die Ausgangsspannung etwa gleich der Schleusenspannung.

Kleinere Unregelmäßigkeiten deuten auf kurze Einschwingzeiten und steile Schaltflanken hin, die sich im vorliegenden Fall als Spikes an der Nulllinie ausbilden. Sie entstehen beim Zu- oder Abschalten eines Eingangssignals.

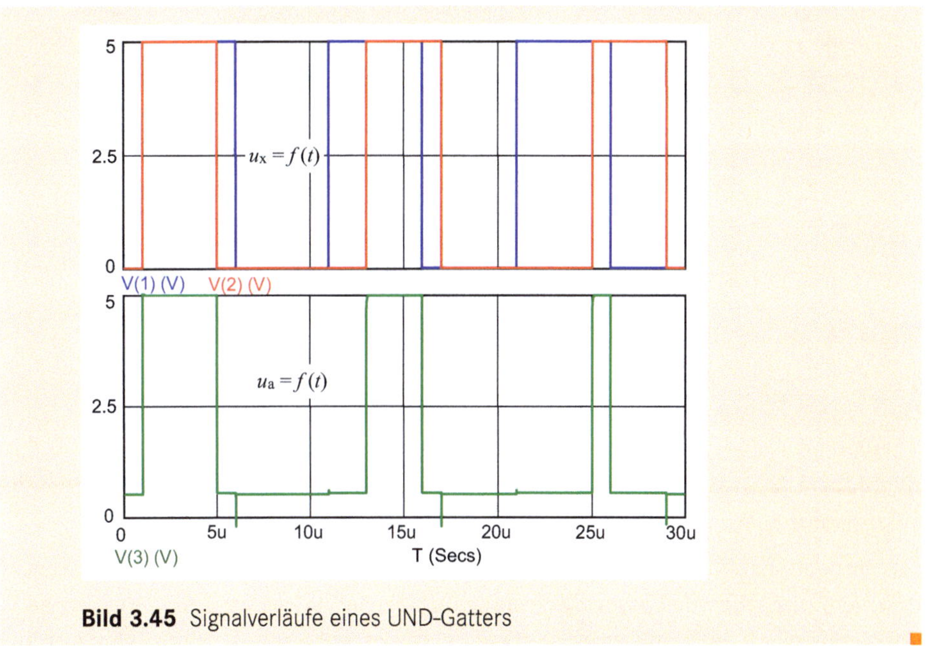

Bild 3.45 Signalverläufe eines UND-Gatters

3.6 Z-Diode

3.6.1 Eigenschaften einer Z-Diode

Die Durchlasskennlinie einer Z-Diode weist keine Besonderheiten auf und verläuft wie die Kennlinie einer Universaldiode. Z-Dioden haben aber definierte Durchbrucheigenschaften und werden in Sperrrichtung betrieben. Bei der vom Hersteller angegebenen Z-Spannung U_{Z0} wird die in Sperrrichtung geschaltete Diode schlagartig leitfähig. Die Sperrkennlinie hat ab diesem Punkt einen sehr steilen Anstieg, der durch einen differenziellen Widerstand r_Z bestimmt wird (Bild 3.46). Sie bricht allerdings erst durch, wenn die vom Hersteller angegebene Verlustleistung $P_V \approx U_{Z0} \cdot I_{Z,max}$ überschritten wird.

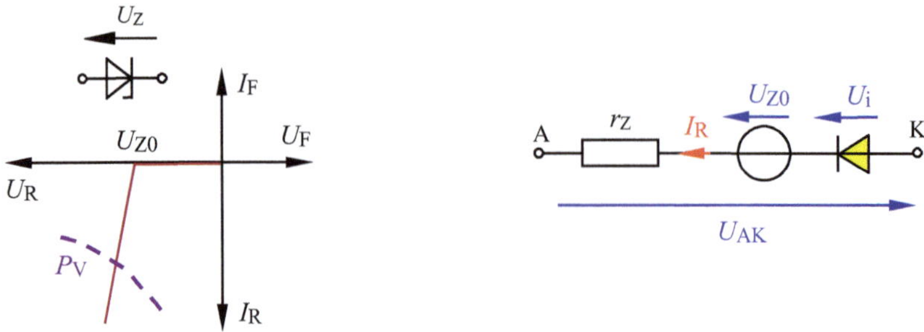

Bild 3.46 Idealisierte Sperrkennlinie und Ersatzschaltbild einer Z-Diode

Die Strom-Spannungs-Kennlinie kann man wieder über eine Knick-Kennlinie nach Vorbild des Gleichstrom-Ersatzschaltbildes einer allgemeinen Diode (vgl. Bild 3.8) nachbilden. Wichtige Kenngrößen sind die Z-Spannung U_{Z0} und der differenzielle Widerstand r_Z.

Der mit dem Erreichen von U_{Z0} einsetzende sog. Zener-Effekt, bei dem ein Freiwerden von zusätzlichen Valenzelektronen infolge der Wirkung eines starken elektrischen Feldes (Feldemission) beobachtet werden kann, ist allerdings nur für Z-Spannungen $U_{Z0} \leq 5$ V maßgeblich. Im Falle höherer Z-Spannungen ist der Avalanche-Effekt, bei dem im Durchbruchfall durch Stoßionisation lawinenartig zusätzliche Ladungsträger frei werden, für diese Durchbrucherscheinung zuständig.

Wir wollen uns die Kennlinie der in MicroCap verfügbaren Z-Diode 1N752 ansehen. Sie wird mit einer Z-Spannung U_{Z0} = 5,6 V und P_V = 500 mW angegeben.

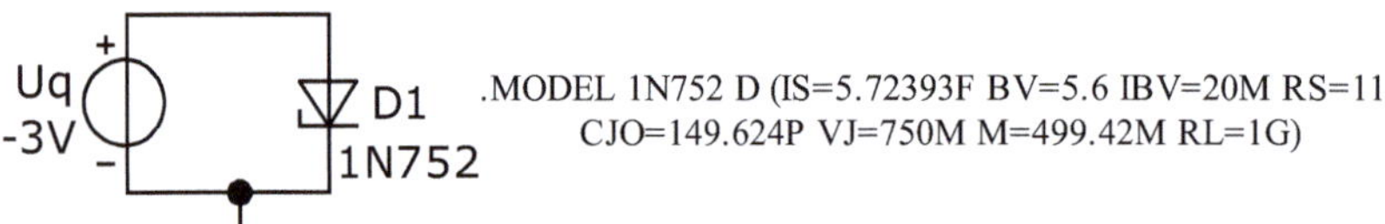

Bild 3.47 Simulation der Z-Diode 1N752

Die negative Spannung in Bild 3.47 sorgt für eine Kennliniendarstellung im 3. Quadranten. In Bild 3.48 ist zunächst der vollständige Kennlinienverlauf dargestellt. Das Steigungsdreieck sagt aus, dass die Sperrkennlinie pro ΔU_R = 684 mV um ΔI_R = 60 mA abfällt. Das entspricht einen differenziellen Widerstand von $r_Z \approx 11{,}4\ \Omega$ (Modellparameter RS=11).

Die Angabe in den Modellparametern (Bild 3.47) stiftet Verwirrung. Hier ist mit RS= der differenzielle Wert von r_Z gemeint. In den Unterlagen zu MicroCap und PSpice findet man:

Zener-Diode: Nominelle Kleinsignalimpedanz bei einem angegebenen Betriebsstrom. Der Strom I_B ist für Zenerdioden auf den Nennableitstrom eingestellt (hier: Nennableitstrom $I_{BV} \approx 20$ mA).

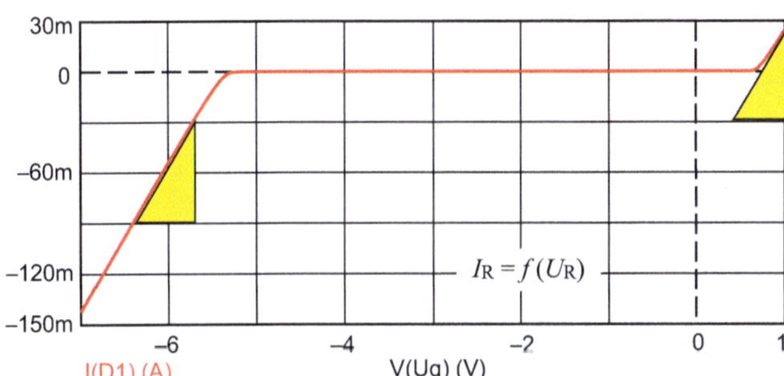

Bild 3.48 Vollständige Kennlinie der Z-Diode 1N752

Für einen Einsatz zur Spannungsstabilisierung ist diese Diode nur bedingt geeignet. Hier besteht die Forderung, dass der differenzielle Wert von r_Z möglichst klein ist. Nur dann kann ein hoher Stabilisierungseffekt erreicht werden. Wir simulieren die Kennlinie mit drei unterschiedlichen r_Z über *Stepping* (RS=11,7.5,4): r_{Z1} = 11 Ω, r_{Z2} = 7,5 Ω und r_{Z3} = 4 Ω. Bild 3.49 zeigt einen Ausschnitt der Sperrkennlinie im Bereich von U_R = - 4 V bis -7 V.

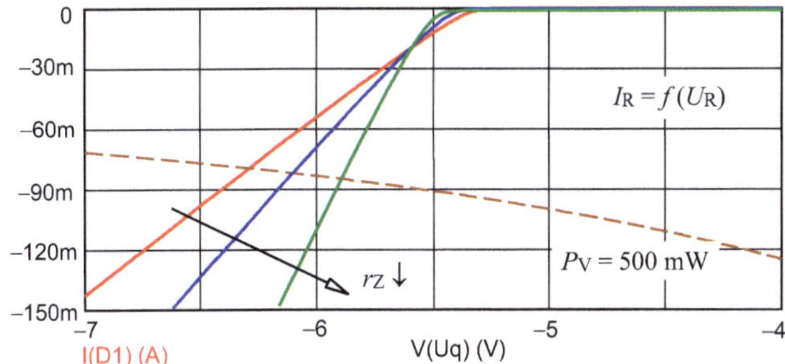

Bild 3.49 Ausschnitt aus der Sperrkenlinie der Z-Diode 1N752 mit unterschiedlichen r_Z

Die Verlustleistungshyperbel für P_V = 0,5 W wurde gleich mit eingezeichnet. Das Ergebnis der Simulation zeigt, dass bei einer Reduzierung des differenziellen Widerstandes r_Z der Anstieg der Durchbruchkennlinie größer wird. Alle Kennlinien schneiden sich in einem Punkt, der von den Modellparametern U_{Z0} = 5,6 V (BV=5.6) und I_{BV} = 20 mA (IBV=20m) bestimmt wird.

Die Verlustleistung P_V = 0,5 W bildet die Grenze des Arbeitsbereiches: $P_{AP} \leq P_V$.

Lehrbeispiel 3.9

LTspice: LB_3.9

Simulieren Sie den Verlauf der Sperrkennlinie einer Z-Diode mit unterschiedlichen Z-Spannungen.

Der Modellparameter BV legt den Spannungswert fest, bei dem der Sperrstrom mit dem Wert I_{BV} (hier: $I_{BV} \approx 20$ mA) einsetzt. Zur Simulation verwenden wir die Schaltung in Bild 3.47 mit den originalen Werten der angegebenen Modellparameter. Es werden lediglich die Z-Spannungen variiert:

U_{Z1} = 3,3 V (1N746); U_{Z2} = 4,7 V (1N750); U_{Z3} = 5,6 V (1N752) und U_{Z4} = 6,8 V (1N754).

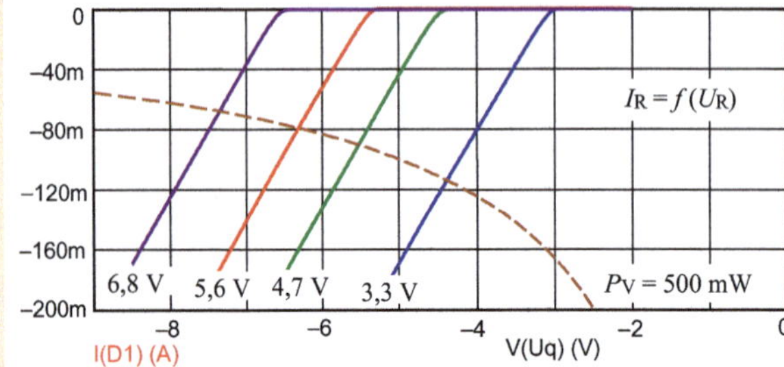

Korrekturen für r_Z:

U_{Z1} = 3,3 V: r_{Z1} = 28 Ω

U_{Z2} = 4,7 V: r_{Z2} = 19 Ω

U_{Z3} = 5,6 V: r_{Z3} = 11 Ω ✓

U_{Z4} = 6,8 V: r_{Z4} = 5 Ω

Bild 3.50 Sperrkenlinien der Z-Diode 1N752 bei unterschiedlichen Z-Spannungen

Die Kennlinien wurden einheitlich mit r_Z = 11 Ω (I_{BV} = 20 mA) simuliert. Das Datenblatt sagt aber aus, dass die Werte von r_Z im hier betrachteten Bereich mit zunehmender Z-Spannung kleiner werden. Diese zusätzliche Variation lässt *Stepping* in der Demo-Version nicht zu. Es gelten demzufolge die neben dem Bild 3.50 angegebenen Korrekturen. ■

3.6.2 Spannungsstabilisierung

Z-Dioden können zur Stabilisierung leicht schwankender Gleichspannungen (z. B. für kleine pulsierende Gleichspannungen – vgl. Abschnitt 3.4.1) eingesetzt werden. Bei einer geringen Erhöhung der Sperrspannung über den Wert der Z-Spannung hinaus fließt schlagartig ein relativ großer Sperrstrom durch die Diode. Da mit dieser großen Stromänderung lediglich eine sehr kleine Spannungsänderung verbunden ist, liegt ein Stabilisierungseffekt für die Spannung über der Z-Diode vor (vgl. auch Simulationsbeispiel 3.8 in Abschnitt 3.9).

Die Stabilisierungsschaltung kann im einfachsten Fall über einen Übertragungsvierpol realisiert werden, der mit einem Vorwiderstand R_V im Längszweig und einer in Sperrrichtung geschalteten Z-Diode im Querzweig aufgebaut ist. Bild 3.51 zeigt diese Schaltung, die in der Praxis an den Punkten B und C mit einem Lastwiderstand R_a abgeschlossen wird.

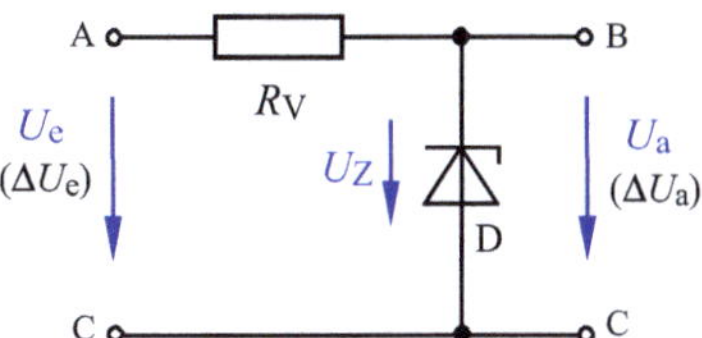

Bild 3.51
Spannungsstabilisierung mit Z-Diode

Am Eingang der Schaltung liegt die zu stabilisierende Spannung, die mit einer Breite (ΔU_e) um einen Mittelwert U_e schwankt. Die Lage des Arbeitspunktes (siehe AP in Bild 3.52) wird so eingestellt, dass er etwa in der Mitte zwischen den Strömen $I_{Z,min}$ und $I_{Z,max}$ liegt.

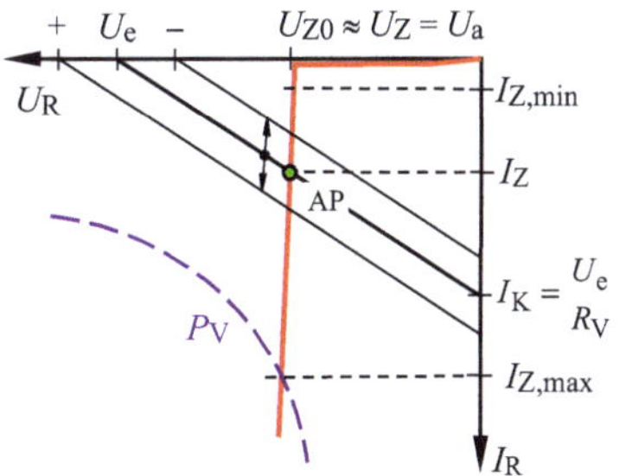

Bild 3.52
Einstellung des Arbeitspunktes zur Spannungsstabilisierung mit Z-Diode

Der Mindeststrom $I_{Z,min}$ fließt mit dem Erreichen der Z-Spannung und liegt bei einem Wert von $I_{Z,min} \approx (5\,\% \ldots 10\,\%)\ I_{Z,max}$. Der maximale Z-Strom wird durch den Schnittpunkt der Sperrkennlinie mit der Verlustleistungshyperbel bestimmt.

$$I_{Z,max} = \frac{P_{V,max}}{U_a} \approx \frac{P_{V,max}}{U_{Z0}} \tag{3.12}$$

Den Arbeitspunkt der Z-Diode legt man mit einem Vorwiderstand R_V fest. Im Kurzschlussfall ($U_a = 0$) bestimmt er in Kombination mit U_e den Anstieg der Quellenkennlinie.

$$R_V = \frac{U_e - U_a}{I_{RV}} \approx \frac{U_e - U_{Z0}}{I_Z + I_a} \tag{3.13}$$

Bei einer Schwankung der Eingangsspannung (ΔU_e) wandert nun der Arbeitspunkt gemäß des angedeuteten Doppelpfeils in Bild 3.52 auf der Sperrkennlinie. Dabei ändert sich der Strom I_Z durch die Z-Diode relativ stark. Die Spannung über der

Z-Diode $U_Z \approx U_{Z0}$, die ja näherungsweise die Ausgangsspannung (also die Spannung über dem Lastwiderstand R_a) darstellt, ändert sich aber nur geringfügig.

Somit ist die relative Spannungsschwankung am Ausgang der Stabilisierungsschaltung viel geringer als am Eingang. Der Stabilisierungsfaktor S beschreibt das Verhältnis dieser relativen Spannungsänderungen.

$$S = \frac{\Delta U_e / U_e}{\Delta U_a / U_a} \tag{3.14}$$

Bei Lastschwankungen muss der Vorwiderstand so bemessen werden, dass trotz Änderung des Laststromes $I_a = U_a/R_a$ der Arbeitspunkt zwischen den beiden Grenzwerten des Stromes durch die Z-Diode liegt. Mit $U_{e,max} = U_e + 0{,}5 \cdot \Delta U_e$ und $U_{e,min} = U_e - 0{,}5 \cdot \Delta U_e$ gilt:

$$R_{V,min} = \frac{U_{e,max} - U_a}{I_{a,min} + I_{Z,max}} \tag{3.15}$$

$$R_{V,max} = \frac{U_{e,min} - U_a}{I_{a,max} + I_{Z,min}} \tag{3.16}$$

Lehrbeispiel 3.10

Setzen Sie die Z-Diode 1N752 mit einem veränderten differenziellen Widerstand von $r_Z = 4\ \Omega$ zur Spannungsstabilisierung ein. Als Belastung wird der Leerlauffall angenommen. Bestimmen Sie den Arbeitspunkt der Diode mit $R_V = 100\ \Omega$ und $U_e = 10$ V über die Analyse *Dynamic-DC*.
Wie ändert sich der Arbeitspunkt bei einer Schwankung der Eingangsspannung um $\Delta U_e = 2$ V (±1 V)?

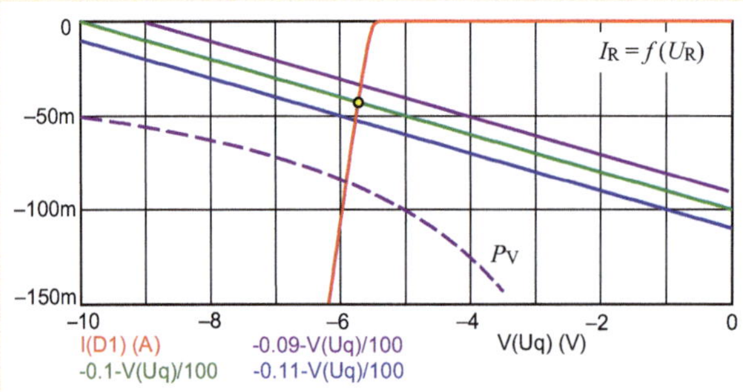

Arbeitspunkt: ○
$U_{AP} \approx 5{,}7$ V
$I_{AP} \approx 42{,}9$ mA

Bild 3.53 Grafische Bestimmung des Arbeitspunktes

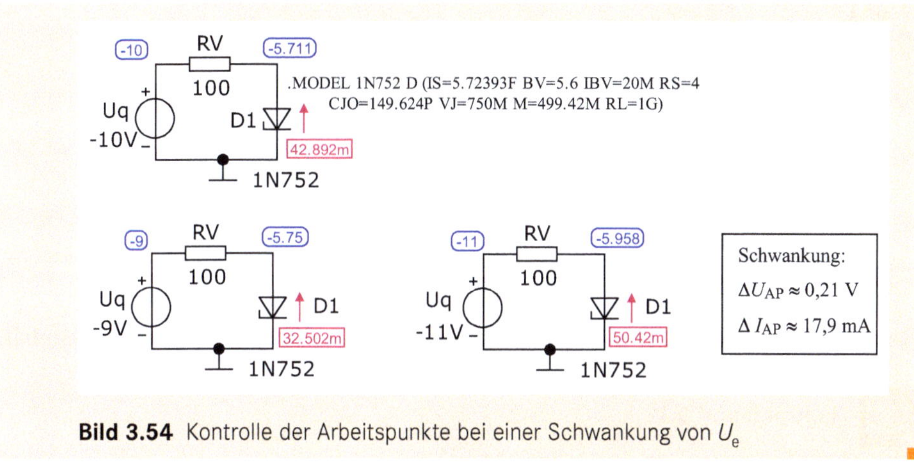

Bild 3.54 Kontrolle der Arbeitspunkte bei einer Schwankung von U_e

3.7 Varaktor-Dioden

Die Kapazität einer Halbleiter-Diode setzt sich aus der Sperrschichtkapazität und aus der Diffusionskapazität zusammen (vgl. Ersatzschaltbild in Bild 3.36). Das Funktionsprinzip von Varaktoren beruht auf der Ausnutzung der Arbeitspunktabhängigkeit dieser Kapazitäten $C(U)$. Bei Sperrschicht-Varaktoren arbeitet man dabei mit der Sperrschichtkapazität $C_j(U)$ und bei Speicher-Varaktoren mit der Diffusionskapazität $C_D(U)$.

3.7.1 Kapazitätsdiode

Kapazitätsdioden sind Sperrschicht-Varaktoren. Sie werden in DC-Anwendungen in Sperrrichtung betrieben. Durch eine Veränderung der Sperrspannung kann man die Sperrschichtkapazität steuern (siehe Bild 3.55). Damit steht ein spannungsgesteuerter Kondensator mit einer arbeitspunktabhängigen Kapazität $C_j(U)$ zur Verfügung. Er kann z. B. zur Variation der Resonanzfrequenz von Schwingkreisen eingesetzt werden.

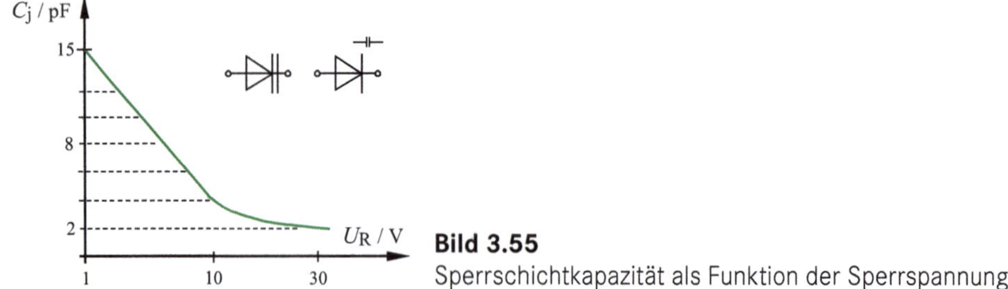

Bild 3.55
Sperrschichtkapazität als Funktion der Sperrspannung

Die Wirkung der Diffusionskapazität ist bei der Kapazitätsdiode vernachlässigbar.

Lehrbeispiel 3.11

Simulieren Sie die Eigenschaften der Kapazitätsdiode MV2201. Die Modelldaten der Diode können von PSpice [12] übernommen werden. In der Modell-Liste wird der Parameter CJO=14.93p angegeben. Danach besitzt die Diode eine Sperrschichtkapazität von ca. 15 pF bei $U_{RLZ} = 0$.

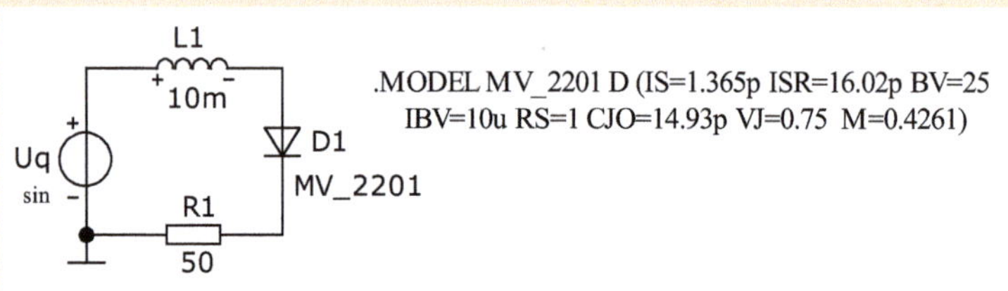

Bild 3.56 Simulation einer Kapazitätsdiode

Zur Bestimmung der Kapazität C_{j0} wird ein Reihenschwingkreis eingesetzt. Er besteht aus der Diode MV_2201, einer Induktivität (z. B. L_1 = 10 mH) und einem ohmschen Widerstand zur Nachbildung des Innenwiderstandes (z. B. R_i = 50 Ω) der Quelle U_q (Bild 3.56).

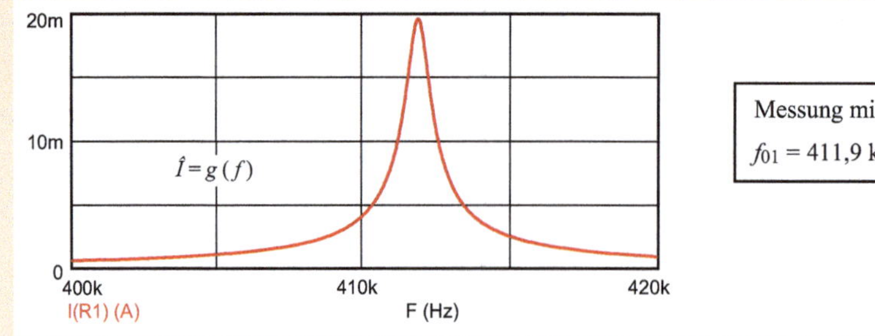

Bild 3.57 Frequenzgang des Stromes

Bild 3.57 zeigt den Frequenzgang des Stromes. Die Darstellung des Frequenzbereiches wurde aus Gründen der Übersichtlichkeit auf 400 kHz $\leq f \leq$ 420 kHz reduziert. Der Schwingkreis besitzt eine Resonanzfrequenz von f_{01} = 411,9 kHz. Mit dieser Resonanzfrequenz kann nach [6] - Gleich. (8.11) die Kapazität über die Thomsonsche Schwingungsgleichung berechnet werden. Es gilt:

$$C = \frac{1}{4\pi^2 \cdot f_0^2 \cdot L} = \frac{1}{4\pi^2 \cdot 411{,}9^2 \cdot 10^6 \cdot 10 \cdot 10^{-3}} \mathrm{F} = 14{,}93\,\mathrm{pF}$$

Dieses Ergebnis entspricht exakt dem Modellparameter CJO der Diode MV_2201. Eine Probe ist über die Variation der Induktivität des Schwingkreises möglich. Dazu kann *Stepping* mit L_2 = 15 mH, L_3 = 20 mH und L_4 = 30 mH angewendet werden:

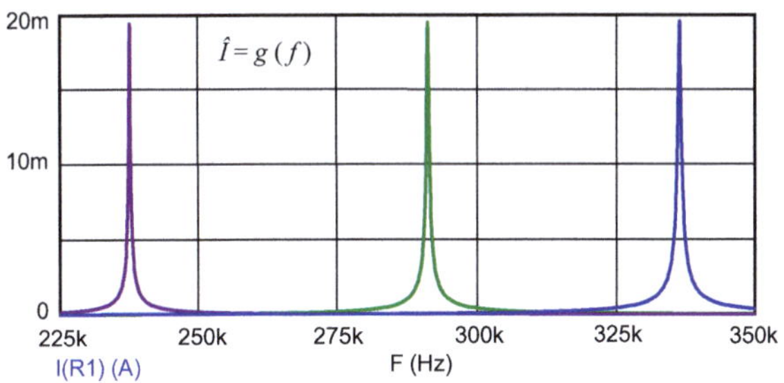

Bild 3.58 Vergleich von Resonanzfrequenzen

$$C(\mathrm{L2}) = \frac{1}{4\pi^2 \cdot f_{02}^2 \cdot L_2} = \frac{1}{4\pi^2 \cdot 336{,}31^2 \cdot 10^6 \cdot 15 \cdot 10^{-3}} \mathrm{F} = 14{,}93\,\mathrm{pF}$$

$$C(\mathrm{L3}) = \frac{1}{4\pi^2 \cdot f_{03}^2 \cdot L_3} = \frac{1}{4\pi^2 \cdot 291{,}25^2 \cdot 10^6 \cdot 20 \cdot 10^{-3}} \mathrm{F} = 14{,}93\,\mathrm{pF}$$

$$C(\mathrm{L4}) = \frac{1}{4\pi^2 \cdot f_{04}^2 \cdot L_4} = \frac{1}{4\pi^2 \cdot 237{,}81^2 \cdot 10^6 \cdot 30 \cdot 10^{-3}} \mathrm{F} = 14{,}93\,\mathrm{pF}$$

Die ermittelte Kapazität entspricht wieder dem Modellparameter CJO der Diode MV_2201.

3.7.2 Step-Recovery-Diode

Step-Recovery-Dioden gehören zur Gruppe der Speicher-Varaktoren und stellen spezielle Realisierungsvarianten von pin-Dioden dar. Sie beruhen auf der Ausnutzung der Speicherung von Ladung im Durchlassbetrieb, also auf der Nichtlinearität der Diffusionskapazität $C_D(U)$, die von der Spannung über der Diode im Arbeitspunkt U_{AP} abhängig ist.

Step-Recovery-Dioden haben im Vergleich zu Kapazitätsdioden lediglich eine kleine Sperrschichtkapazität. Sie werden häufig zur Frequenzvervielfachung ($f < 10$ GHz) eingesetzt.

3.7.3 pin-Diode als Spezialfall

Die pin-Diode kann man nicht so richtig in ein Anwender-Bereich einordnen. Sie wird als Gleichrichterdiode, in Spezialfällen als Speicher-Varaktor und im HF-Bereich z. B. zur Modulation eingesetzt.

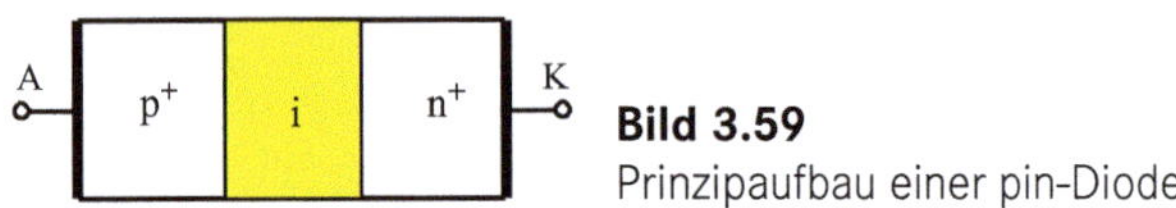

Bild 3.59
Prinzipaufbau einer pin-Diode

Bei pin-Dioden sind ein hochdotiertes p^+-Gebiet und ein hochdotiertes n^+-Gebiet durch eine nahezu undotierte (intrinsische) i-Schicht voneinander getrennt. In Sperrpolung verarmt die intrinsische Schicht an Ladungsträgern. Sie ist dann sehr hochohmig und die Raumladungszone erstreckt sich über das gesamte intrinsische Gebiet.

Infolge der relativ breiten i-Schicht besitzt die pin-Diode eine geringe Sperrschichtkapazität. Bei einem Betrieb in Sperrrichtung verhält sie sich näherungsweise wie eine spannungsunabhängige Kapazität.

Mit zunehmender Breite der i-Zone bildet sich ein durch die äußere Spannung hervorgerufenes Potentialgefälle aus, das über einer großen Strecke verläuft. Damit ist eine Verringerung der inneren elektrischen Feldstärke verbunden. Solche pin-Dioden eignen sich infolge ihrer hohen Durchbruchspannung zur Gleichrichtung großer Spannungen (Leistungsgleichrichter).

Bei einem Betrieb in Durchlassrichtung wird die intrinsische Schicht mit Ladungsträgern überschwemmt. Die Diode wird niederohmig und weist in Durchlassrichtung die Strom-Spannungs-Kennlinie eines normalen pn-Übergangs auf. Für den Einsatz im HF-Bereich werden pin-Dioden mit einer schmalen i-Zone bevorzugt. Sie verhalten sich dann in Durchlassrichtung wie ohmsche Widerstände, deren

Widerstandswert durch eine Variation der Stromeinspeisung in großen Bereichen (einige Ω bis zu 10 kΩ) verändert werden kann.

Zu den wichtigsten Einsatzgebieten im HF-Bereich zählt z. B. die Anwendung der pin-Diode als Amplitudenmodulator oder auch als Dämpfungsglied.

3.8 Schottky-Diode

Durch das Zusammenfügen eines Metalls und eines Halbleiters entsteht ein Metall-Halbleiter-Übergang mit speziellen Kontakteigenschaften (MH-Kontakt).

Wenn dieser Kontakt den Strom richtungsunabhängig überträgt, spricht man von einem sog. ohmschen Kontakt. Dabei entsteht im Bereich des Halbleiters eine Anreicherung von Majoritätsladungsträgern, die in Richtung des metallischen Kontaktbereichs anwächst.

Diese niederohmige und stromrichtungsunabhängige Eigenschaft muss beim Kontaktieren der Bahngebiete von pn-Übergängen angestrebt werden, um eine unerwünschte Gleichrichterwirkung des MH-Kontakts zu vermeiden.

Besteht der Kontakt dagegen aus Komponenten, bei denen im Bereich des Halbleiters eine Verarmung von Majoritätsladungsträgern in Richtung des metallischen Kontaktbereiches entsteht, spricht man von einem Schottky-Kontakt. Da dieser Kontakt gleichrichtende Eigenschaften aufweist, wird das Bauelement auch als Schottky-Diode (engl.: Schottky-barrier-diode) bezeichnet.

Bild 3.60
Prinzipaufbau einer Schottky-Diode

Bei Schottky-Dioden ist die Schleusenspannung erkennbar geringer als bei einer normalen pn-Diode (z. B. Kleinsignaldiode). In Durchlassrichtung fließt ein reiner Majoritätsladungsträgerstrom und es findet nahezu keine Ladungsspeicherung statt. Der Bahnwiderstand ist kleiner als bei normalen pn-Dioden. Damit eignen sich Schottky-Dioden hervorragend zur Realisierung schneller Schaltvorgänge.

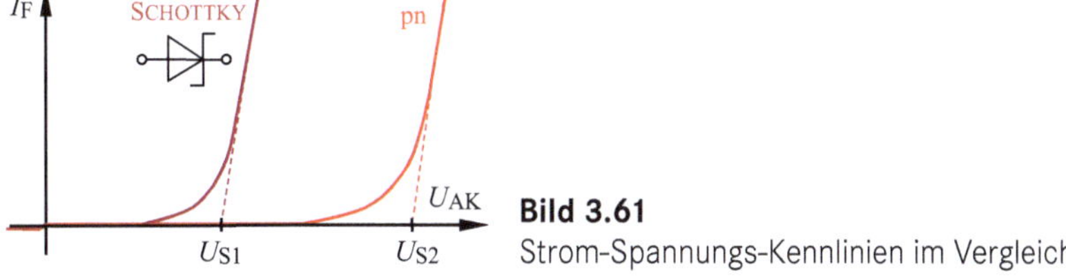

Bild 3.61
Strom-Spannungs-Kennlinien im Vergleich

In Sperrpolung sind bei der Schottky-Diode deutlich größere Sperrströme möglich, die im Vergleich zu einer normalen pn-Diode eine stärkere Spannungsabhängigkeit und eine andere Temperaturabhängigkeit aufweisen.

Schottky-Dioden werden z. B. als extrem schnelle Schaltdioden (Hot-Carrier-Diode) eingesetzt (vgl. Lehrbeispiel 3.6). Weitere Einsatzgebiete sind die Mischung (Erzeugung von Signalen mit Kombinationsfrequenzen) sowie die HF-Demodulation.

Lehrbeispiel 3.12

Simulieren Sie den prinzipiellen Unterschied zwischen den Durchlasskennlinien einer pn-Diode (z. B. das Modell 1N4148) und einer Schottky-Diode.

Als Schottky-Diode kann die Diode MBD101 verwendet werden. Ihre Modelldaten wurden bereits im Lehrbeispiel 3.6 aus PSpice [12] übernommen.

Zum Darstellung der beiden Durchlasskennlinien und zum Vergleich der Schleusenspannungen U_S werden die Schottky-Diode (D1 = MBD_101) und die pn-Referenzdiode (D2 = 1N4148) über eine gemeinsame Quelle betrieben. Auf beide Dioden wirkt ein linearer DC-Sweep der Spannung U_q (1,0,1m).

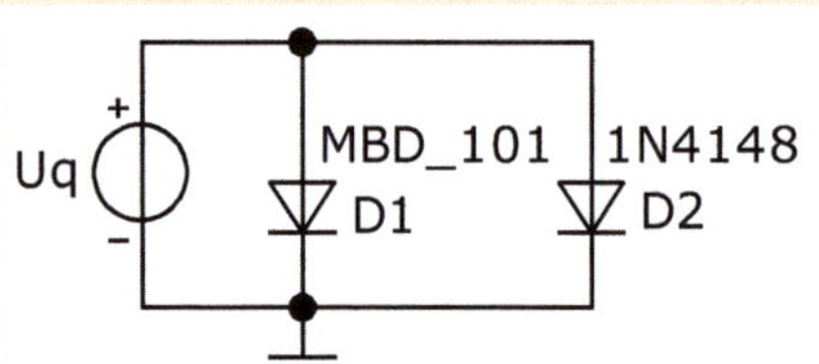

.MODEL MBD_101 D (IS=192.1p ISR=16.91n BV=5 IBV=10u RS=0.1 CJO=893.1fVJ=0.75 M=98.29m)

Bild 3.62 Vergleich von Durchlasskennlinien

Bild 3.63 zeigt das Simulationsergebnis. Die Durchlasskennlinie der Schottky-Diode MBD101 ist um etwa 300 mV gegenüber der pn-Diode 1N4148 nach links verschoben.

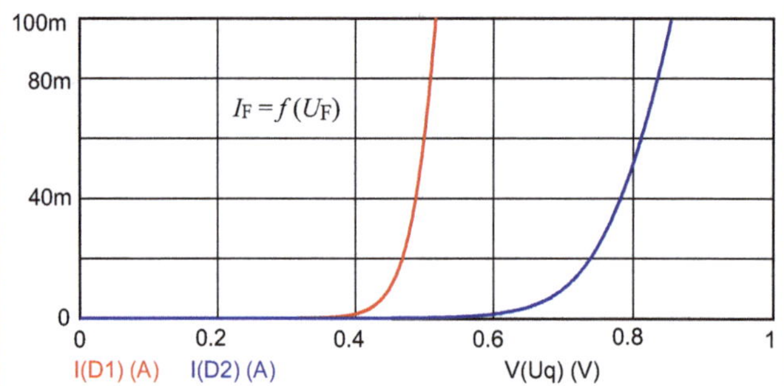

Bild 3.63 Durchlasskennlinie einer Schottky-Diode im Vergleich zur pn-Diode

Als Schleusenspannungen ergeben sich folgende Werte bei $I_F \approx 10$ mA:

$U_{S1} \approx 450$ mV (Schottky-Diode) und $U_{S2} \approx 750$ mV (pn-Diode).

Die Steilheit der Durchlasskennlinie wird durch den Bahnwiderstand bestimmt: $R_{S1} = 100$ mΩ (Schottky-Diode) und $R_{S2} \approx 440$ mΩ (pn-Diode).

Im Sperrbetrieb sind diese beiden Dioden nicht vergleichbar, da sie sich in der Durchbruchspannung erkennbar unterscheiden.

Im Simulationsbeispiel 3.10 werden wir eine solche Variante testen.

3.9 Simulationsbeispiele

LTspice: SB_3.1

Simulationsbeispiel 3.1: Arbeitspunkt einer Diode

Die Kleinsignaldiode 1N4148 soll mit einer Spannungsquelle $U_q = 1$ V über einen Vorwiderstand R_V betrieben werden. Bestimmen Sie die Arbeitspunkte der Diode für:

a) $R_{V1} = 5\ \Omega$

b) $R_{V2} = 10\ \Omega$

c) Auf welchen Wert R_{V3} muss der Vorwiderstand verändert werden, um einen Arbeitspunkt mit $AP_3 \approx (850$ mV; 100 mA$)$ einzustellen?

Zur Lösung dieser Aufgabenstellung fassen wir die Quelle mit dem Vorwiderstand als eine reale Spannungsquelle (U_q und $R_V = R_i$) auf. Sie besitzt eine lineare Charakteristik und wird mit einem nichtlinearen Bauelement (Diode als R_a) belastet. Durch das Zusammenschalten der Quelle und der Last werden beide Kennlinien (Quellenkennlinie und Diodenkennlinie) zum Schnitt gebracht. Der sich ergebende Schnittpunkt ist dann der gesuchte Arbeitspunkt.

Die Quellenkennlinie Qk verbindet die Leerlaufspannung U_L mit dem Kurzschlussstrom $I_K = U_L/R_i$. Bei der Simulation der Diodenkennlinie (vgl. Lehrbeispiel 3.2) können diese Geraden gleich mit in den Kennlinienverlauf eingezeichnet werden.

Für die Teilaufgaben a) und b) gilt:

$$I(\text{Qk}) = I_K - \frac{U_q}{R_V}$$

Bild 3.64 zeigt das Simulationsergebnis. Es ergeben sich folgende Arbeitspunkte (Cursor): $AP_1 \approx (787$ mV; $42{,}8$ mA$)$ und: $AP_2 \approx (752$ mV; $24{,}9$ mA$)$

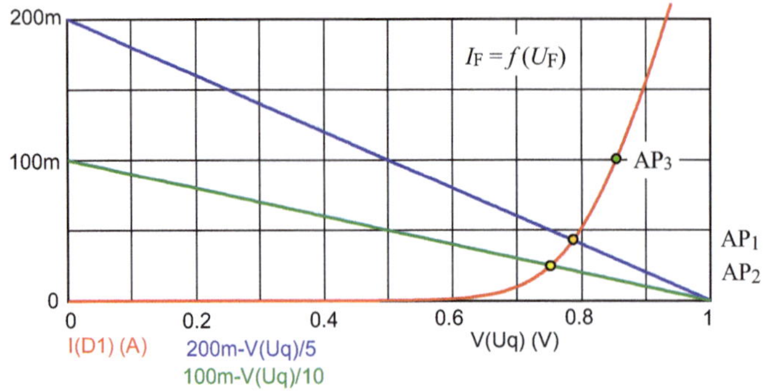

Bild 3.64 Arbeitspunkte einer Diode (grafische Lösung)

Diese Arbeitspunkte können wir noch mit der Analyse *Dynamic-DC* überprüfen. In Bild 3.65 sind die Ergebnisse dargestellt.

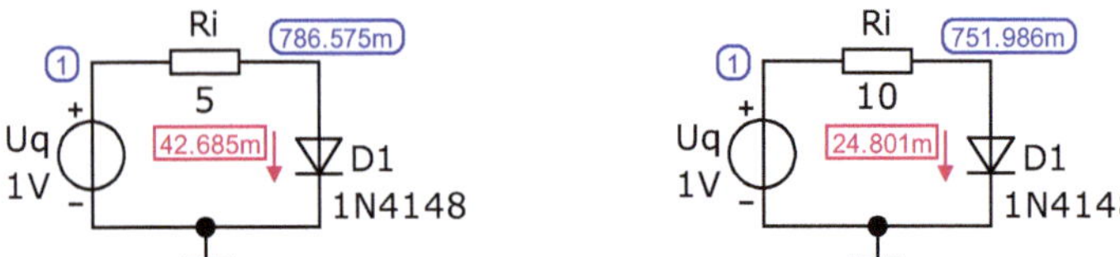

Bild 3.65 Arbeitspunkte einer Diode (*Dynamic-DC*)

Zu c) Der Arbeitspunkt $AP_3 \approx$ (850 mV; 100 mA) wurde bereits mit in das Bild 3.64 eingezeichnet. Da der Kurzschlussstrom nicht bekannt ist, müssen wir den gesuchten Wert des Widerstandes R_{V3} über die Verbindung der Punkte U_q und AP_3 ermitteln. Das gelingt über die Hypotenuse des Dreiecks, das der AP_3 gegen die Quellenspannung bildet. Der Tangens des Winkels am Punkt AP_3 ist ein Maß für den Anstieg dieser Quellenkennlinie und damit für den gesuchten Vorwiderstand.

$$R_{V3} = \frac{U_q - U_{AP3}}{I_{AP3}} = \frac{1\,\text{V} - 850\,\text{mV}}{100\,\text{mA}} = \frac{150\,\text{mV}}{100\,\text{mA}} = 1{,}5\,\Omega$$

Bild 3.66 zeigt das Ergebnis der Analyse *Dynamic-DC*. Die Zahlenwerte entsprechen so etwa der Aufgabenstellung. Wenn ein exaktes Ergebnis erwartet wird, muss zusätzlich die Analyse *Optimize* (unter der Analyse *DC*) angewendet werden (Bild 3.66 - rechts).

Bild 3.66 Berechnung des Arbeitspunktes einer Diode

Nun stimmt der Durchlassstrom exakt mit dem geforderten Wert überein. Die Spannung im Arbeitspunkt liegt etwas oberhalb der grafischen Lösung. Der ermittelte Widerstand ist aus praktischer Sicht nicht so genau realisierbar. Sein Wert wäre auch nicht langzeitstabil.

Simulationsbeispiel 3.2: Diode in Sperrrichtung

Vergleichen Sie das Verhalten von Gleichrichterdioden in Sperrpolung.

Wir wollen die Dioden 1N4001 und 1N3879 miteinander vergleichen. Die Diode 1N4001 ist bereits aus Abschnitt 3.3 bekannt. Bei der Diode 1N3879 handelt es sich um eine Fast-Recovery-Diode. Sie wird vom Hersteller mit einem Flussstrom von 6 A und einer Durchbruchspannung U_{BV} = 50 V angegeben. Fast-Recovery bedeutet eine kurze Erholzeit (geringe Ladungsspeicherung) in einem relativ großen Strombereich.

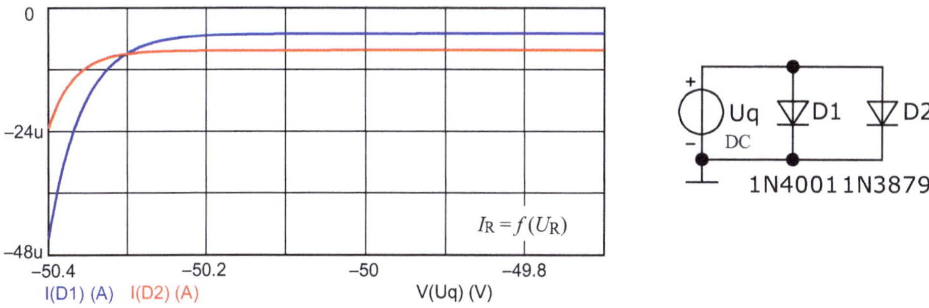

Bild 3.67 Vergleich der Sperrkennlinien von Gleichrichterdioden

Bild 3.67 zeigt den Verlauf der beiden Sperrkennlinien im Bereich:
-49,7 V ≥ U_R ≥ -50,4 V.

Der Sperrstrom der Diode 1N4001 beträgt unterhalb der Durchbruchspannung $I_{R1} \approx -5\ \mu A$. Die Diode 1N3879 arbeitet in diesem Bereich mit einem Sperrstrom von $I_{R2} \approx -8{,}2\ \mu A$. Mit dem Erreichen der Durchbruchspannung U_{BV} (Breakout Voltage) setzt der Durchbrucheffekt ein. Die Beträge der Ströme steigen jetzt bei einer weiteren Erhöhung der Sperrspannung $U_R = -U_{AK}$ schlagartig an. Eine Sperrspannung von $|U_R|$ = 52 V ($|U_R| = U_{BV}$ + 2 V) führt zu folgenden Sperrströmen:

$$I_{R1}^* \approx -8{,}9\ \text{A} \quad \text{bzw.:} \quad I_{R2}^* \approx -91{,}8\ \text{A} \quad (\text{mit: } r_1^* \approx 131\ \text{m}\Omega \quad \text{bzw.:} \quad r_2^* \approx 13\ \text{m}\Omega).$$

Für solche Ströme sind diese Dioden nicht ausgelegt. Infolge der entstehenden Stromwärme werden sie zerstört.

Simulationsbeispiel 3.3: Graetz-Gleichrichtung

Simulieren Sie die Brückengleichrichtung aus Abschnitt 3.4.3. Dazu werden folgende Eingangsspannungen verwendet:

a) Sinus mit $\hat{U} = 30$ V ($f = 50$ Hz)

b) Symmetrische Sägezahn-Impulsfolge mit $U_{SS} = 10$ V ($f = 1$ kHz)

Für die Lösung der beiden Aufgabenstellungen kann die gleiche Schaltung verwendet werden. Es sind lediglich die Daten der Quelle [*Voltage Source*] zu ändern. Als Gleichrichterdiode wird die Diode 1N4148 eingesetzt.

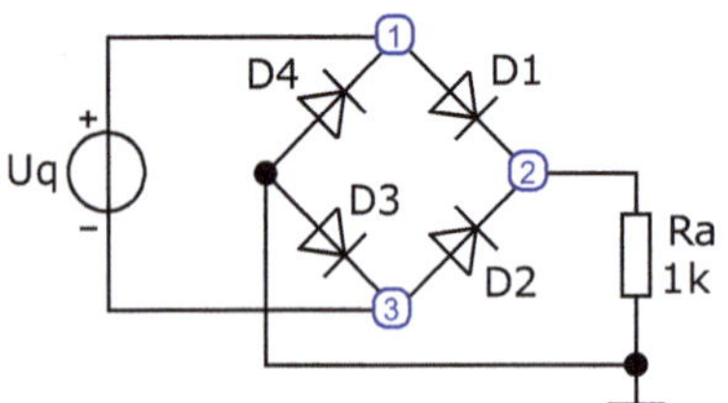

/ Sin /:
VA=30 / F0=50

/ Pulse /: U_{SS} = V2 – V1
V1=–5 / V2=5 / TD=0
TR=1m / TF=1n
PW=0 / PER=1m

Bild 3.68 Simulation der Brückengleichrichtung (Graetz-Gleichrichtung)

Zu a) In Bild 3.69 sind die Verläufe der Eingangsspannung und der Ausgangsspannung dargestellt. Dieses Ergebnis kann mit dem Verlauf der Ausgangsspannung bei einer Mittelpunktgleichrichtung verglichen werden. Hier fällt aber die doppelte Schleusenspannung über der Gleichrichterschaltung ab, da jeweils zwei Dioden an der Bildung des Ausgangssignals beteiligt sind.

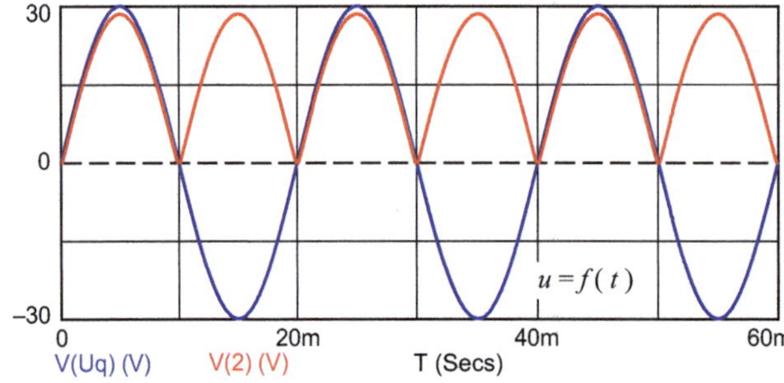

Bild 3.69 Spannungsverläufe bei einer Graetz-Gleichrichtung

Die Größenordnung des Mittelwertes wird im nachfolgenden Simulationsbeispiel im Zusammenhang mit der Größenordnung des Lastwiderstandes und der Kapazität des Glättungskondensators diskutiert.

Zu b) Bei der Gleichrichtung einer (zur Zeitachse) symmetrischen Sägezahn-Impulsfolge entsteht eine dreieckförmige Zeitfunktion, die um einen Mittelwert schwankt. Dabei werden die Fußpunkte des Dreiecks im Nulldurchgang der Anstiegsflanke des Eingangssignals verzogen.

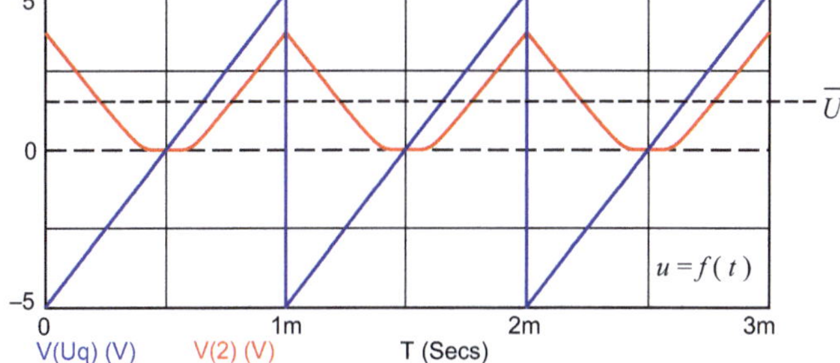

Bild 3.70 Spannungsverläufe bei Gleichrichtung einer Sägezahn-Impulsfolge

Der Mittelwert kann im einfachsten Fall über den Flächeninhalt bestimmt werden, den die dreieckförmige Zeitfunktion über einer Periode gegen die Zeitachse einschließt

$$\overline{U}_a \approx \frac{1}{2} \cdot \frac{t_\Delta}{T} \cdot \hat{U}_\Delta \approx \frac{1}{2} \cdot \frac{0{,}8T}{1T} \cdot 3{,}7\,\text{V} \approx 1{,}48\,\text{V}$$

Simulationsbeispiel 3.4: Glättungsmaßnahmen

Vergleichen Sie die Simulationsergebnisse zur Einweg- und zur Graetz-Gleichrichtung miteinander.

a) Welche Formfaktoren entstehen ohne einen Glättungskondensator?

b) Wie ändern sich die Restwelligkeiten beim Einsatz eines Glättungskondensators mit C_a = 500 µF? Bei diesem Vergleich muss mit einem einheitlichen Lastwiderstand gearbeitet werden.

c) Variieren Sie den Kapazitätswert von C_a in einer Gleichrichterschaltung mit R_a = const. Da dieser Einfluss in einer Analyse *Transient* noch erkennbar in Erscheinung treten soll, ist für diese Variation die Einweggleichrichtung anzuwenden.

Zu a) Wir vergleichen den Formfaktor (bei U_S = 0) einer Einweggleichrichtung mit einer Graetz-Gleichrichtung. Die Vernachlässigung von U_S gewährleistet die Vergleichbarkeit. Der Maximalwert der Eingangsspannung hat keinen Einfluss auf den Formfaktor. Nach Formel 3.6 gilt:

Einweg: $k_F = \frac{U_{a,eff}}{\overline{U}_a} = \frac{\pi}{2} \approx 1{,}57$

Graetz: $k_F = \frac{U_{a,eff}}{\overline{U}_a} = \frac{\pi}{\sqrt{2} \cdot 2} \approx 1{,}11$

Zu b) Beim Einsatz eines Glättungskondensators ist der Mittelwert von der Eingangsspannung und von der Zeitkonstanten $\tau_a = R_a \cdot C_a$ abhängig. Ein großer Kapazitätswert bewirkt natürlich eine große Zeitkonstante. Bei einer stärkeren Belastung (R_a wird kleiner) wird die Zeitkonstante wieder reduziert.

Dazu sehen wir uns noch einmal die Einweggleichrichtung nach Vorbild des Lehrbeispiels 3.4 an. Aus Gründen der Vergleichbarkeit arbeiten wir jetzt mit einer Eingangsspannung $\hat{U}_q$ = 30 V (f = 50 Hz) und mit der Diode 1N4148. Diese Situation entspricht dem Fall a) des Simulationsbeispiels 3.3. Die Kapazität des Glättungskondensators beträgt laut Aufgabenstellung C_a = 500 µF. Wir variieren den Lastwiderstand mit R_{a1} = 1 kΩ sowie R_{a2} = 250 Ω und R_{a3} = 100 Ω über *Stepping*.

In Bild 3.71 ist das Simulationsergebnis dargestellt. Man erkennt, dass bei R_{a3} = 100 Ω (C_a = 500 µF) die größte Restwelligkeit auftritt. Wir wollen diesen Widerstand R_{a3} = 100 Ω als Bezugswiderstand R_a für die weiteren Betrachtungen wählen. Dann fließt ein Laststrom von $\overline{I}_a = \overline{U}_a / R_a \approx 250\,\mathrm{mA}$.

Bei R_{a3} = 100 Ω beträgt der Mittelwert:

$$\overline{U}_a \approx U_{a,max} - \frac{\Delta U_a}{2} \approx 28{,}91\,\mathrm{V} - \frac{28{,}91 - 20{,}52}{2}\,\mathrm{V} \approx 24{,}72\,\mathrm{V}$$

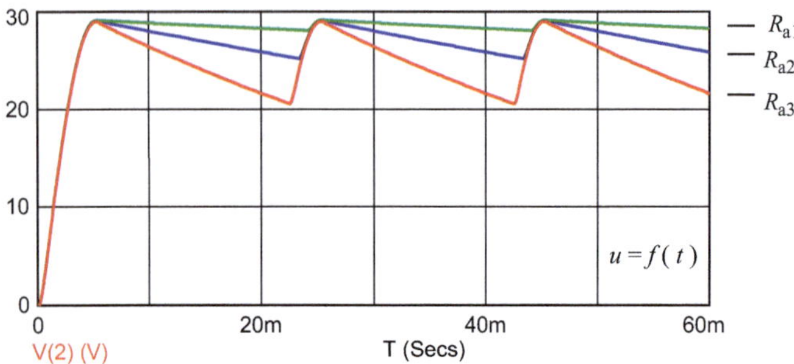

Bild 3.71 Vergleich der Spannungsverläufe bei Variation von R_a (C_a = 500 µF)

Um den unter b) geforderten Vergleich durchführen zu können, wird nun noch der Spannungsverlauf der Graetz-Gleichrichtung für R_a = 100 Ω (C_a = 500 µF) benötigt.

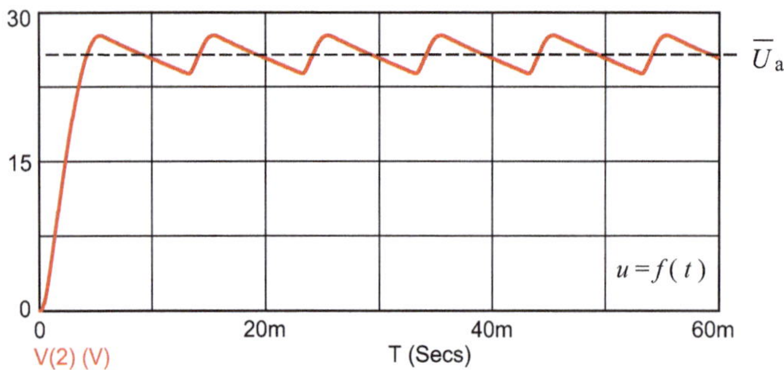

Bild 3.72 Spannungsverlauf (Graetz-Gleichrichtung) mit Glättungskondensator

Für diesen Mittelwert gilt:

$$\overline{U}_\mathrm{a} \approx U_\mathrm{a,max} - \frac{\Delta U_\mathrm{a}}{2} \approx 27{,}686\,\mathrm{V} - \frac{27{,}686 - 23{,}781}{2}\,\mathrm{V} \approx 25{,}73\,\mathrm{V}$$

Diskussion zu b):

Bei einem einheitlichen Lastwiderstand (hier: R_a = 100 Ω) und einer festen Kapazität des Glättungskondensators (hier: C_a = 500 μF) liegt der Mittelwert der Ausgangsspannung bei beiden Schaltungen in der Größenordnung von $\overline{U}_\mathrm{a} \approx 25\,\mathrm{V}$. Die Ausgangsspannung der Graetz-Schaltung ist im Vergleich zur Einweggleichrichtung um ca. 1 V größer. Die Schwankungsbreite ΔU_a ist dafür kleiner. Diesen Sachverhalt können wir über die Restwelligkeit zum Ausdruck bringen. Dazu definieren wir uns einen Faktor, der die relative Schwankungsbreite der Ausgangsspannung beschreiben soll:

$$k_\mathrm{r} = \frac{\Delta U_\mathrm{a}}{\overline{U}_\mathrm{a}} \tag{3.17}$$

Dann gilt bei Einweg: $k_\mathrm{r}(\mathrm{E}) = 0{,}34$ und bei Graetz: $k_\mathrm{r}(\mathrm{G}) = 0{,}15$. Die relative Schwankungsbreite ist bei der Graetz-Schaltung viel geringer: $k_\mathrm{r}(\mathrm{G}) \approx 0{,}44\ k_\mathrm{r}(\mathrm{E})$.

Zu c) Jetzt soll der Kapazitätswert von C_a bei einer Einweggleichrichtung mit R_a = 100 Ω variiert werden. Bild 3.73 zeigt das Simulationsergebnis mit C_a1 = 500 μF sowie C_a2 = 1000 μF und C_a3 = 2000 μF.

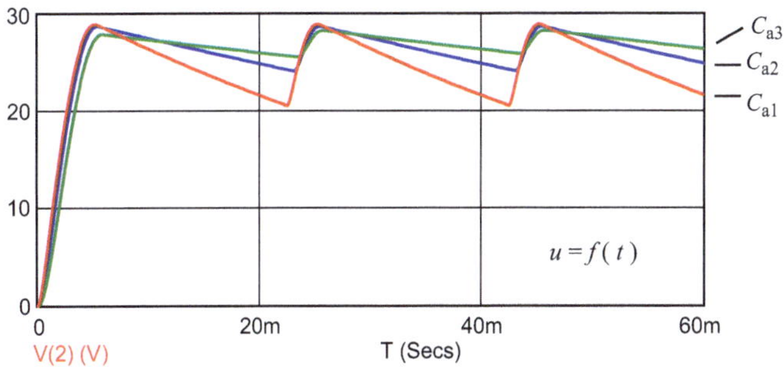

Bild 3.73 Spannungsverläufe bei Variation des Glättungskondensators

Wir erkennen, dass mit Zunahme der Kapazität des Glättungskondensators der Mittelwert ansteigt und die Schwankungsbreite um diesen Mittelwert geringer wird. Das entspricht einer Reduzierung der relativen Schwankungsbreite.

Diskussion zu c):

Die Ergebnisse zu R_a = 100 Ω und C_{a1} = 500 µF sind uns bereits aus b) bekannt. Nach Bild 3.69 gilt: mit ΔU_a = 8,39 V:

$$\overline{U}_a(C_{a1}) \approx U_{a,max} - \frac{\Delta U_a}{2} \approx 28{,}91\,\text{V} - \frac{28{,}91-20{,}52}{2}\,\text{V} \approx 24{,}72\,\text{V}$$

Für R_a = 100 Ω und C_{a2} = 1000 µF erhalten wir mit ΔU_a = 4,62 V:

$$\overline{U}_a(C_{a2}) \approx U_{a,max} - \frac{\Delta U_a}{2} \approx 28{,}68\,\text{V} - \frac{28{,}68-24{,}06}{2}\,\text{V} \approx 26{,}37\,\text{V}$$

Für R_a = 100 Ω und C_{a3} = 2000 µF gilt dann mit ΔU_a = 2,42 V:

$$\overline{U}_a(C_{a3}) \approx U_{a,max} - \frac{\Delta U_a}{2} \approx 28{,}26\,\text{V} - \frac{28{,}26-25{,}84}{2}\,\text{V} \approx 27{,}05\,\text{V}$$

Daraus ergeben sich folgende relative Schwankungsbreiten von U_a:

$$k_r(C_{a1}) = \frac{\Delta U_a(C_{a1})}{\overline{U}_a(C_{a1})} = \frac{8{,}39\,\text{V}}{24{,}72\,\text{V}} \approx 0{,}339$$

$$k_r(C_{a2}) = \frac{\Delta U_a(C_{a2})}{\overline{U}_a(C_{a2})} = \frac{4{,}62\,\text{V}}{26{,}37\,\text{V}} \approx 0{,}175$$

$$k_r(C_{a3}) = \frac{\Delta U_a(C_{a3})}{\overline{U}_a(C_{a3})} = \frac{2{,}42\,\text{V}}{27{,}05\,\text{V}} \approx 0{,}089$$

$k_r(C_{a3})$ sagt z. B. aus, dass die Ausgangsspannung mit ca. 9 % um ihren Mittelwert schwankt.

Simulationsbeispiel 3.5: Höchstwertgatter

Ein Höchstwertgatter arbeitet nach Vorbild einer ODER-Verknüpfung. Hier werden aber Spannungen mit unterschiedlichen Werten miteinander verglichen und auf einen Extremwert untersucht. Bei einem Höchstwertgatter setzt sich die Eingangsspannung (im einfachsten Fall: Gleichspannung) mit dem größten Spannungswert am Ausgang durch. Über der bzw. den leitenden Diode(n) fällt dann nur noch die Schleusenspannung U_S ab, wenn man die Diodenkennlinie idealisiert.

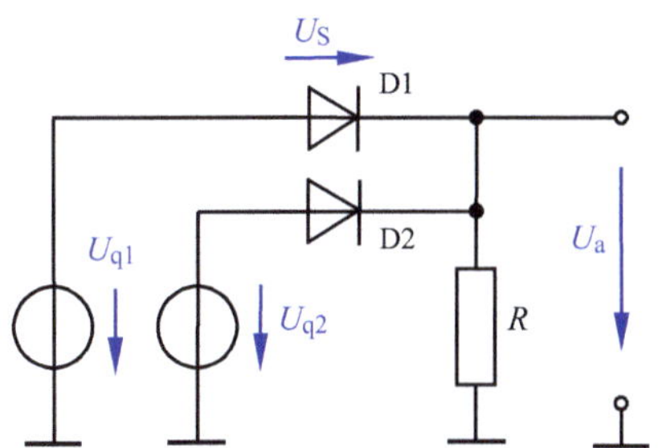

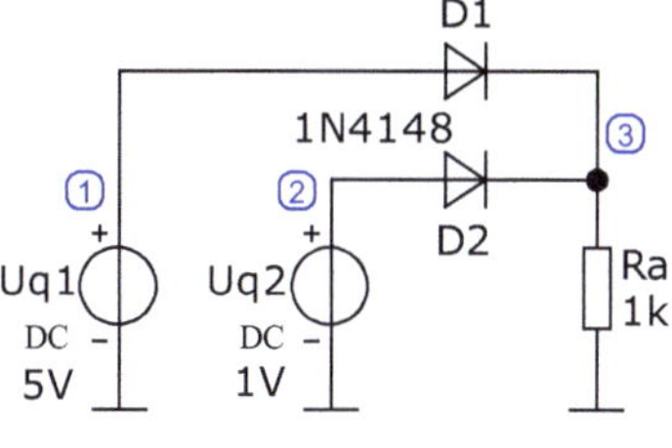

Bild 3.74 Höchstwertgatter

Die Ausgangsspannung U_a ergibt sich aus dem (aus den Eingangsspannungen U_{q1} und U_{q2} ermittelten) Maximum abzüglich der Schleusenspannung(en):

$$U_a \approx \max\,(U_{qi}) - U_{Si}$$

Zur Simulation dieses Sachverhaltes verwenden wir die Schaltung in Bild 3.74. Die Quelle 1 liefert eine konstante Spannung mit U_{q1} = 5 V. Auf die Quelle 2 wirkt ein DC-Sweep: $0 \leq U_{q2} \leq 10$ V.

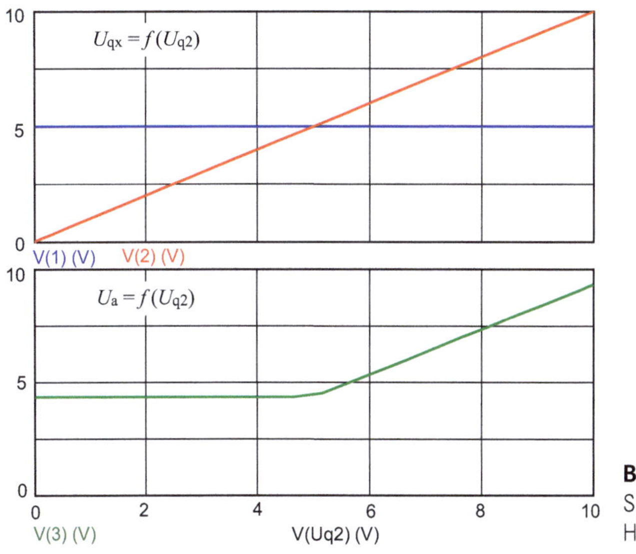

Bild 3.75 Spannungsverläufe beim Höchstwertgatter

Im Bereich $0 \leq U_{q2} < 5$ V weist U_{q1} den größeren Wert auf und setzt sich als Spannung am Ausgang durch. Bei $U_{q2} > 5$ V wechselt die Ausgangsspannung ihren Wert nach Vorbild von U_{q2}.

Simulationsbeispiel 3.6: Tiefstwertgatter

Ein Tiefstwertgatter arbeitet nach Vorbild einer UND-Verknüpfung. Hier setzt sich die Eingangsspannung mit dem kleinsten Spannungswert am Ausgang durch:

$$U_{\mathrm{a}} \approx \min(U_{\mathrm{qi}}) + U_{\mathrm{Si}}$$

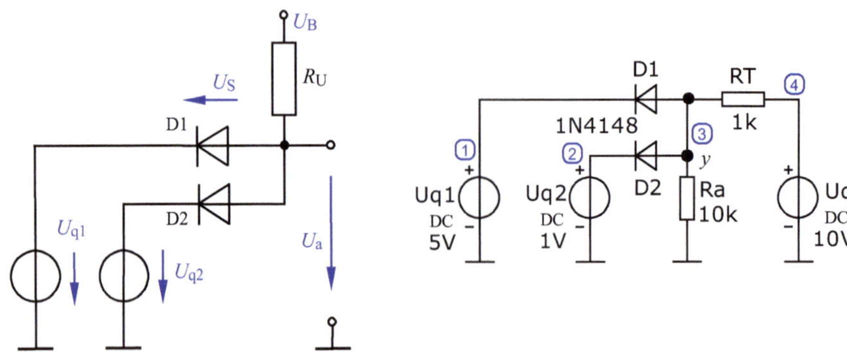

Bild 3.76 Tiefstwertgatter

Zur Simulation dieses Gatters verwenden wir die Schaltung in Bild 3.76. Die Quelle 1 liefert eine konstante Spannung mit U_{q1} = 5 V. Auf die Quelle 2 wirkt ein DC-Sweep: $0 \leq U_{q2} \leq 10$ V.

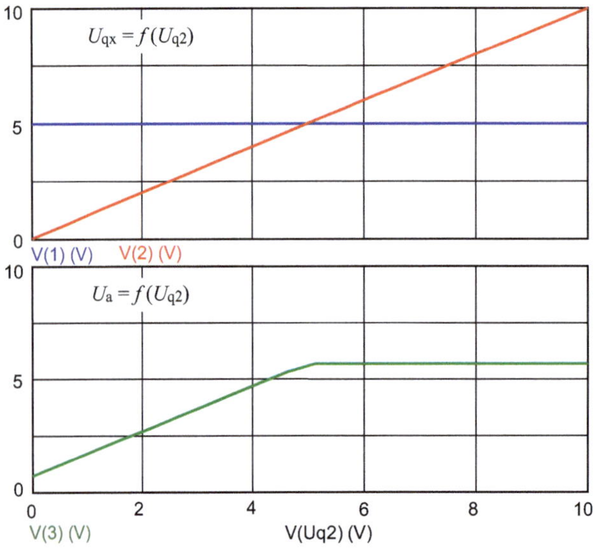

Bild 3.77 Spannungsverläufe beim Tiefstwertgatter

Der Widerstand R_U (RT) ist so zu dimensionieren, dass die Summe der Durchlassströme der beiden Dioden im Arbeitspunkt I_F (AP) einen definierten Spannungsabfall über R_U erzeugt. Dieser Spannungsabfall ist vom minimal erforderlichen Wert der Ausgangsspannung $U_{a,min}$ und von der Betriebsspannung U_B abhängig. Für einen sehr hochohmigen Lastwiderstand gilt dann:

$$R_U = \frac{U_B - U_{a,min}}{I_{F1}(AP) + I_{F2}(AP)} \tag{3.18}$$

Simulationsbeispiel 3.7: Modell einer Z-Diode

Zur Untersuchung des Einflusses von Modellparametern verwenden wir die Z-Diode 1N750. Die Daten können aus PSpice [12] übernommen werden. Dort sind folgende Modellparameter angegeben:

$I_S = 880{,}5 \cdot 10^{-18}$ A (Parameter: IS)

$U_Z = 5{,}1$ V (Parameter: BV)

$I_{BV} = 20{,}245$ mA (Parameter: IBV)

$n_{BV} = 1{,}6989$ (Parameter: NBV)

$r_Z = 250$ mΩ (Parameter: RS)

Wir erkennen im Vergleich zum Datenblatt (Lehrbeispiel 3.9) einen großen Unterschied im Wert des differenziellen Widerstandes r_Z. Dieser Modellparameter wurde offensichtlich in PSpice bereits in der Größenordnung geändert bzw. angepasst.

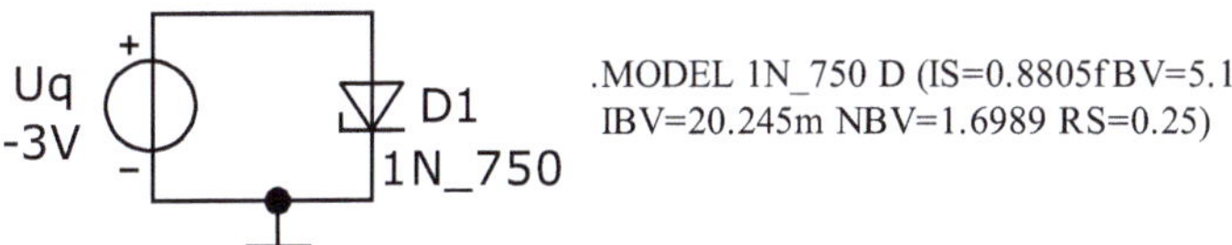

Bild 3.78 Test der Z-Diode 1N_750

a) Variation des Wertes des differenziellen Widerstandes r_Z (RS=):

Der differenzielle Widerstand r_Z soll mit *Stepping* schrittweise erhöht werden: (RS=0.25,0.5,1)

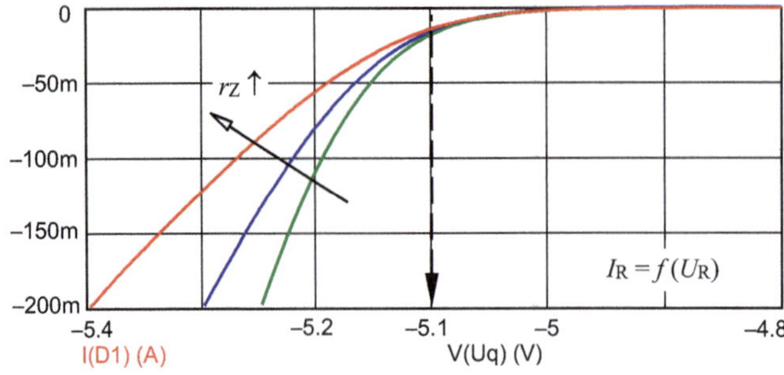

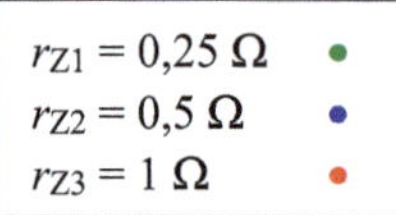

Bild 3.79 Variation des differenziellen Widerstandes

Das Ergebnis ist bereits aus Abschnitt 3.6.1 (Bild 3.49) bekannt:

Eine Variation des differenziellen Widerstandes r_Z verändert den Anstieg der Durchbruchkennlinie. In Bild 3.49 wurde der Widerstand r_Z verringert. Diese Maßnahme führte zu einer Erhöhung der Steilheit der Sperrkennlinie. Im vorliegenden Beispiel (Bild 3.79) wurde dieser Widerstand vergrößert. Diese Maßnahme bewirkt eine Verringerung der Steilheit der Sperrkennlinie.

b) Variation des Wertes des Durchbruch(knie)stromes I_{BV} (IBV=):

Zur Gewährleistung der Vergleichbarkeit wird der differenzielle Widerstand wieder auf den Wert von Bild 3.78 zurückgesetzt. Nun soll der Durchbruchstrom mit *Stepping* variiert werden. Dazu wählen wir eine Halbierung und eine Verdoppelung des originalen Wertes von I_{BV}: (IBV=10m,20m,40m).

An der Einstellung der Achseneinteilung wird im Vergleich zu Bild 3.79 nichts verändert. In Bild 3.80 ist das Simulationsergebnis dargestellt.

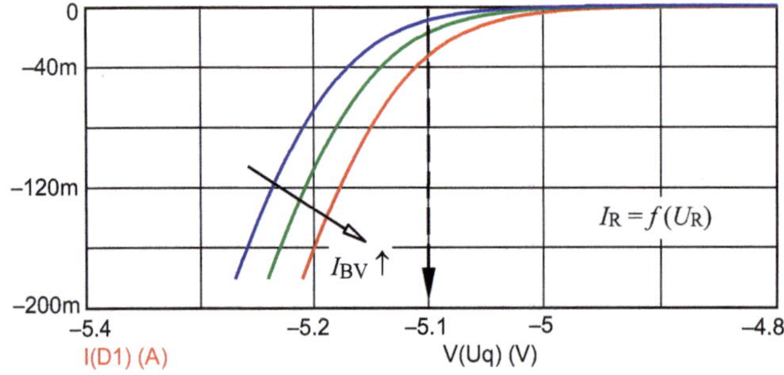

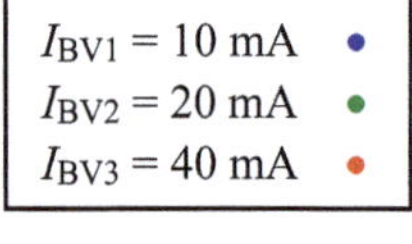

Bild 3.80 Einfluss des Parameters I_{BV}

Wie das Bild zeigt, bestimmt dieser Parameter den Wert des Sperrstromes, der beim Erreichen der Z-Spannung fließt. Diesen Sachverhalt könnte man auch so interpretieren, dass mit dem Ansteigen von I_{BV} die Z-Spannung abgesenkt wird.

c) Variation des Wertes des Parameters n_{BV} (NBV=):

Zur Untersuchung des Einflusses des Parameters NBV (Coefficient for Breakdown Voltage) wird die Strategie wie bei der Variation des Parameters IBV gewählt.

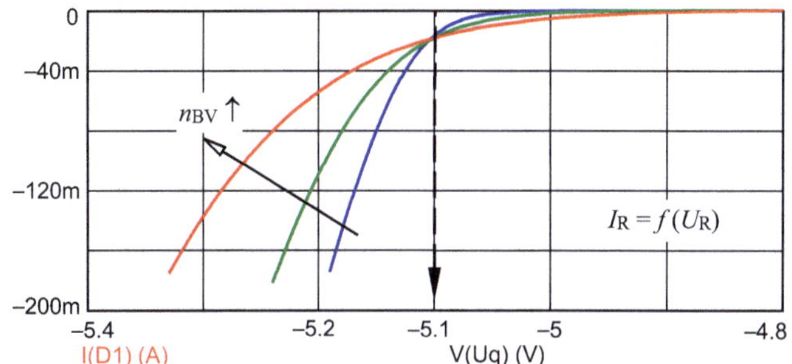

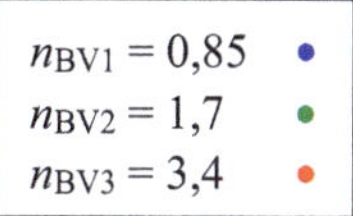

Bild 3.81 Einfluss des Parameters n_{BV}

Wie Bild 3.81 zeigt, bestimmt dieser Parameter die Steilheit der Sperrkennlinie. Alle Kennlinien schneiden sich bei U_R = -5,1 V. Die Z-Spannung wird durch diesen Parameter demzufolge nicht maßgeblich beeinflusst. Dieser Sachverhalt kann so interpretiert werden, dass mit dem Ansteigen von n_{BV} die Steilheit der Sperrkennlinie sinkt.

Simulationsbeispiel 3.8: Stabilisierung mit einer Z-Diode

Setzen Sie die Z-Diode 1N4737 zur Spannungsstabilisierung ein. Der Hersteller gibt für die Diode folgende Daten an: U_{BV} = 7,5 V, r_Z = 4 Ω, P_V = 1 W. Es besteht die Aufgabe, eine Spannung von U_e = 15 V mit ΔU_e = 2 V (±1 V) zu stabilisieren. Gesucht sind:

a) eine grafische Lösung bei Leerlauf am Ausgang der Stabilisierungsschaltung

b) eine Diskussion von Lastfällen.

Zu a) Zur Simulation der Kennlinie wird die Schaltung in Bild 3.82 eingesetzt. Die Quelle U_q läuft mit einem DC-Sweep von 0 V bis -15 V (0,-15,1m). In diese Kennlinie kann gleich der Verlauf der Verlustleistungshyperbel über I_R (1 W) mit eingezeichnet werden: 1/V(Uq)

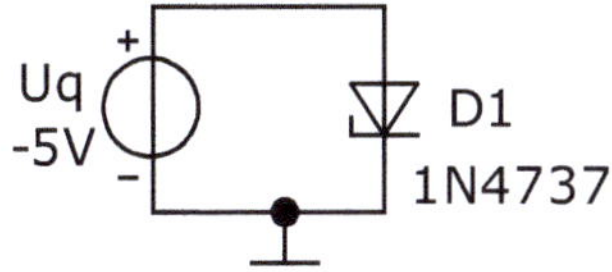

.MODEL 1N4737 D (IS=5.72393F BV=7.5 IBV=34M RS=4 CJO=129.497P VJ=750.1M M=496.925M RL=1G)

Bild 3.82 Simulation der Kennlinie der Z-Diode 1N4737

Für die Festlegung des Arbeitspunktes gelten folgende Überlegungen (vgl. Abschnitt 3.6.2 mit Formel 3.12):

$$I_{Z,max} = \frac{P_{V,max}}{U_a(P_V)} \approx \frac{1\,W}{7{,}9\,V} \approx 127\,mA$$

$$I_{Z,min} \approx 5\% \cdot I_{Z,max} \approx 6{,}35\,mA$$

$$I_{AP} = \frac{I_{Z,max} - I_{Z,min}}{2} \approx 60\,mA$$

Damit kann der Vorwiderstand berechnet und mit in die Kennlinie eingezeichnet werden. Mit Formel 3.13 erhält man

$$R_V = \frac{U_e - U_a}{I_{AP}} \approx \frac{7{,}5\,V}{60\,mA} \approx 125\,\Omega$$

$$I_K = \frac{U_e}{R_V} \approx 120\,mA \quad (\text{für: } R_V = 125\,\Omega)$$

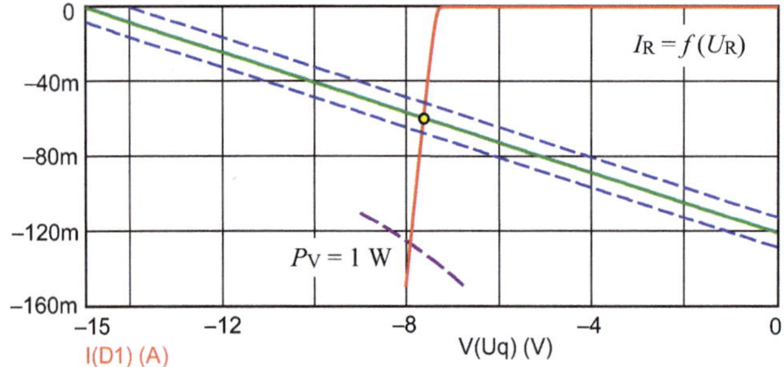

Arbeitspunkt: ∘

$U_{AP} \approx 7{,}6\ V$

$I_{AP} \approx 60\ mA$

Bild 3.83 Kennlinie der Z-Diode 1N4737 und Festlegung des Arbeitspunktes

Diese grafische Lösung können wir (mit den Schwankungen der Eingangsspannung) über die Analyse *Dynamic-DC* überprüfen. Die Schwankungen werden durch eine Änderung von U_e nachgebildet.

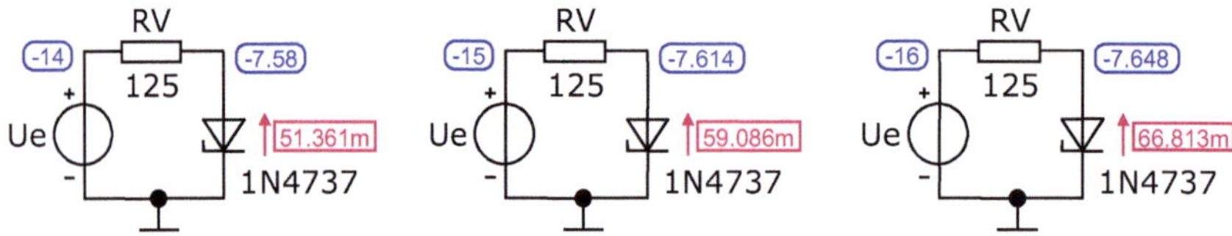

Bild 3.84 Überprüfung des Arbeitspunktes bei einer Schwankung der Eingangsspannung

Die Ausgangsspannung schwankt (im Leerlauffall) mit ΔU_a = 68 mV um den Wert im Arbeitspunkt. Der Strom durch die Diode ändert sich dann in diesem Variationsbereich mit ΔI_Z = 15,45 mA.

Zu b) Nun wird ein Lastwiderstand R_a parallel zur Z-Diode eingeschaltet. Damit teilt sich der Strom I_{RV} in I_Z und I_a auf: Es gilt der Knotenpunktsatz: $I_{RV} = I_Z + I_a$.

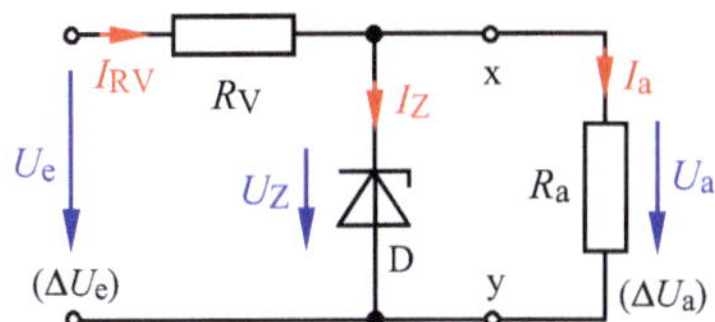

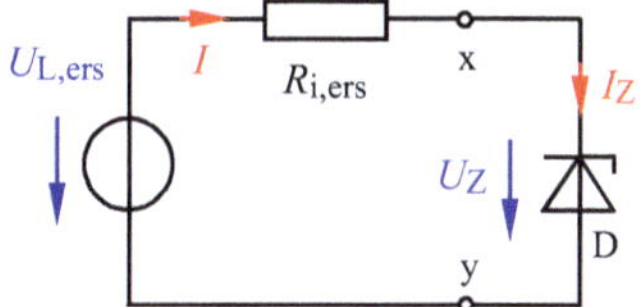

Bild 3.85 Stabilisierungsschaltung mit Z-Diode und Ersatzschaltbild gemäß Zweipoltheorie

Das Bild zeigt die übliche Darstellung der Stabilisierungsschaltung. In den Schaltungen von Bild 3.82 und Bild 3.84 wurde diese Schaltung gespiegelt, um die Sperrkennlinie im 3. Quadranten abbilden zu können. Diese Maßnahme wenden wir auch in den nachfolgenden Simulationen [b1) bis b3)] an.

Die Ersatzschaltung in Bild 3.85 (rechts) geht davon aus, dass eine lineare Quelle ($U_{L,ers}$ und $R_{i,ers}$) über die Trennstelle x – y mit einer nichtlinearen Last (Z-Diode) betrieben wird. Der Schnittpunkt der beiden Kennlinien (Bild 3.83) bestimmt den Arbeitspunkt.

- Lastfall b1) R_a = 1 kΩ

  Das Simulationsergebnis (hier nicht aufgeführt) weist im Vergleich zum Leerlauffall [siehe a)] keine Besonderheiten auf: U_a = –7,582 V; ΔU_a = 69 mV; I_a = 7,582 mA und ΔI_a = 69 µA. Die Schaltung zeigt noch das Verhalten bei Leerlauf am Ausgang. Das sollten Sie selbst ausprobieren.

- Lastfall b2) R_a = 500 Ω

  In Bild 3.86 wird oben das Ergebnis für die Eingangsspannung U_e = –15 V dargestellt. Im unteren Bereich wurden die Schwankungen der Eingangsspannung (±1 V) berücksichtigt.

  Die Ausgangsspannung verändert sich im Vergleich zum Lastfall b1) nicht. Die gleiche Aussage trifft für die Schwankungsbreite zu: U_a = –7,549 V mit ΔU_a = 69 mV. Der Laststrom I_a nimmt infolge R_a (b2) = 0,5 · R_a (b1) den doppelten Wert an: I_a = 15,098 mA und ΔI_a = 140 µA.

  Da der Strom durch den Vorwiderstand I_{RV} bei einer festen Eingangsspannung in erster Näherung gleich bleibt, muss der Strom durch die Diode nach dem Knotenpunktsatz kleiner werden. Der Anstieg der Quellenkennlinie ändert sich jetzt. Nach der Zweipoltheorie (Bild 3.85 – rechts) gilt:

  $R_{Last} \triangleq$ D1 und $R_{i,ers}$ (U_e = 0): $R_{i,ers}$ (b2) = $R_V \| R_a$ (b2) = 100 Ω.

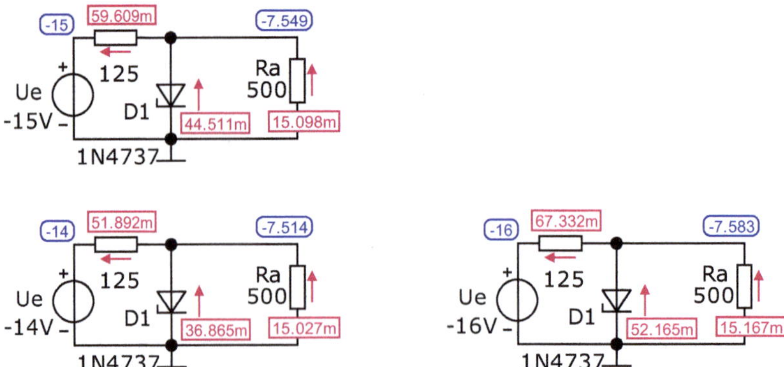

Bild 3.86 Stabilisierungsschaltung mit Z-Diode bei R_a = 500 Ω

Diese Änderung bewirkt eine Reduzierung des Diodenstromes und eine Erhöhung des Laststromes.

- Lastfall b3) R_a = 250 Ω

  Der Lastwiderstand wird im Vergleich zu b2) noch einmal um die Hälfte reduziert. Der Laststrom steigt weiter an. Dadurch wird der Diodenstrom weiter reduziert.

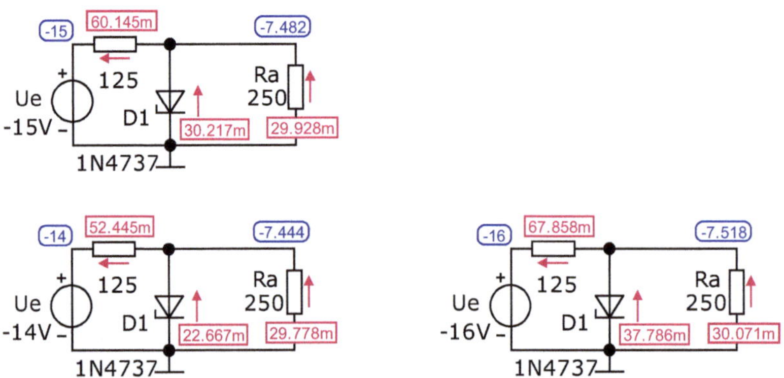

Bild 3.87 Stabilisierungsschaltung mit Z-Diode bei R_a = 250 Ω

Die Ausgangsspannung verändert sich im Vergleich zum Lastfall b2) wieder nur geringfügig. Die gleiche Aussage trifft für die Schwankungsbreite zu: U_a = -7,482 V mit ΔU_a = 74 mV. Der Strom I_a steigt infolge R_a (b3) = 0,5 · R_a (b2) weiter an: I_a = 29,928 mA und ΔI_a = 293 μA. Dadurch wird der Diodenstrom weiter reduziert. Der Anstieg der Quellenkennlinie ändert sich erneut. Nach der Zweipoltheorie (Bild 3.85 – rechts) gilt:

$R_{Last} \triangleq$ D1 und $R_{i,ers}$ (U_e = 0): $R_{i,ers}$ (b3) = $R_V \| R_a$ (b3) = 83,33 Ω.

Diskussion:

Der Arbeitspunkt einer Z-Diode wird nach den in Abschnitt 3.6.2 beschriebenen Regeln festgelegt. Im vorliegenden Fall liegt er genau mittig zwischen $I_{Z,min}$ und $I_{Z,max}$. Die Verbindungsgerade zwischen diesem Arbeitspunkt und der Eingangsspannung U_e ist ein Maß für den erforderlichen Vorwiderstand R_V. Dieser Widerstand legt zugleich den Kurzschlussstrom I_K fest. Die Verbindungsgerade zwischen der Leerlaufspannung (hier: U_e) und dem Kurzschlussstrom wird als Quellenkennlinie bezeichnet.

$$R_V = \frac{U_e - U_a}{I_{AP}} = \frac{U_e}{I_K}\bigg|_{U_a=0}$$

Bei einer festen Eingangsspannung und einem konstanten R_V ändert sich der Kurzschlussstrom nicht.

Eine mit ΔU_e schwankende Eingangsspannung verändert die Lage des Arbeitspunktes auf der Diodenkennlinie. Die Quellenkennlinie wird zum ursprünglichen Arbeitspunkt parallel verschoben. Durch die Steilheit der Dioden-Kennlinie verändert sich die Ausgangsspannung aber nur geringfügig.

Der Stabilisierungsfaktor beschreibt die Wirksamkeit einer Stabilisierungsmaßnahme. Mit Formel 3.14 gilt:

$$S(\mathrm{a}) \approx S(\mathrm{b1}) = \frac{\Delta U_e / U_e}{\Delta U_a / U_a} = \frac{2/15}{69 \cdot 10^{-3} / 7{,}58} = \frac{0{,}1\overline{3}}{9{,}1 \cdot 10^{-3}} \approx 14{,}65$$

$$S(\mathrm{b2}) = \frac{\Delta U_e / U_e}{\Delta U_a / U_a} = \frac{2/15}{69 \cdot 10^{-3} / 7{,}55} = \frac{0{,}1\overline{3}}{9{,}14 \cdot 10^{-3}} \approx 14{,}59$$

$$S(\mathrm{b3}) = \frac{\Delta U_e / U_e}{\Delta U_a / U_a} = \frac{2/15}{74 \cdot 10^{-3} / 7{,}48} = \frac{0{,}1\overline{3}}{9{,}89 \cdot 10^{-3}} \approx 13{,}48$$

Bei den hier betrachteten Lastwiderständen ändert sich der Stabilisierungsfaktor nur unwesentlich. Eine weitere Verringerung des Lastwiderstandes ist mit $R_V = 125\ \Omega$ (bei $U_e = 15$ V) nicht sinnvoll. Der Laststrom wird dann so groß, dass durch die Diode nur noch ein Strom $I_Z < I_{Z,min}$ fließt. Damit können die Forderungen der Formel 3.15 und Formel 3.16 nicht mehr erfüllt werden.

Betrachtet man nur die Änderungen des Lastwiderstandes [Fälle b)] bei der festen Eingangsspannung $U_e = 15$ V, ändert sich der Arbeitspunkt infolge der Veränderung des Ersatz-Innenwiderstandes $R_{i,ers}$.

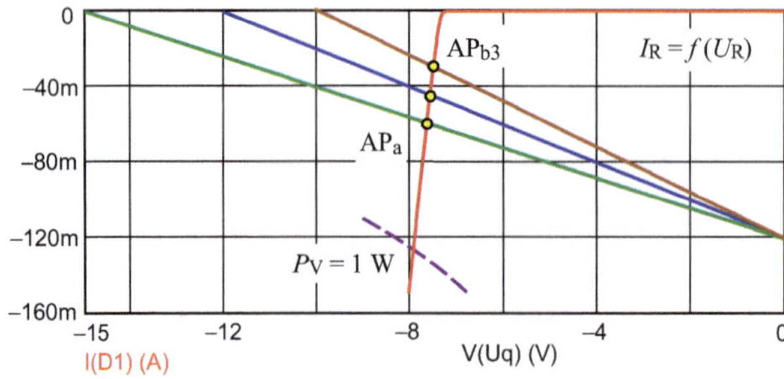

Arbeitspunkte: ∘

$AP_a \approx 7{,}63$ V / 58,9 mA

$AP_{b2} \approx 7{,}56$ V / 44,4 mA

$AP_{b3} \approx 7{,}49$ V / 30,2 mA

Bild 3.88 Änderung des Arbeitspunktes bei variabler Last

Wie Bild 3.88 zeigt, wird der Anstieg der Quellenkennlinie verändert. Nach Bild 3.85 (rechts) gilt:

$$U_{\mathrm{L,ers}} = U_{\mathrm{e}} \cdot \frac{R_{\mathrm{a}}}{R_{\mathrm{V}} + R_{\mathrm{a}}} \qquad (R_{\mathrm{a}} \downarrow \Rightarrow U_{\mathrm{L,ers}} \downarrow)$$

$$R_{\mathrm{i,ers}} = R_{\mathrm{V}} \parallel R_{\mathrm{a}} \qquad (R_{\mathrm{a}} \downarrow \Rightarrow R_{\mathrm{i,ers}} \downarrow)$$

Simulationsbeispiel 3.9: Kapazitätsdiode

LTspice: SB_3.9

Bilden Sie die spannungsgesteuerte Kapazität der Diode MV_2201 durch eine Simulation nach.

Wir berechnen zunächst mit C_{j0} = 14,93 pF den theoretischen Verlauf der Funktion $C_j = f(U_R)$. Dazu dient die Formel 3.7 mit $U = U_{AK} = -U_R$:

$$C_{\mathrm{j}}(U) = \frac{C_{\mathrm{j0}}}{(1 - U / U_{\mathrm{j}})^{m}} = \frac{14{,}93\,\mathrm{pF}}{(1 - U_{\mathrm{AK}} / 0{,}75)^{0{,}4261}} = \frac{14{,}93\,\mathrm{pF}}{(1 + U_{\mathrm{R}} / 0{,}75)^{0{,}4261}}$$

Die Simulation wird mit einer DC-Quelle (DC-Sweep = 20,0,1m) durchgeführt. Der Stromkreis muss in diesem Fall nicht geschlossen sein. Für Y-Expression wird Formel 3.7 mit den bekannten Werten eingegeben. Das Ergebnis zeigt den Verlauf der Kapazität von Bild 3.55 (allerdings hier mit einer linear skalierten Abszissenachse). Mit zunehmendem Betrag der Sperrspannung | U_R | wird die Sperrschichtkapazität kleiner. Die Grenze dieser Variation liegt bei U_{BV} = 25 V (BV=25).

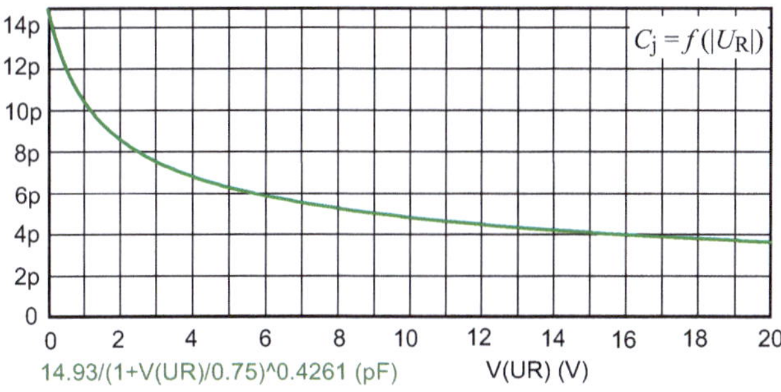

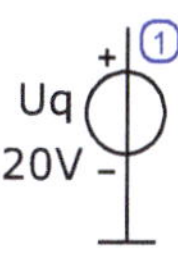

Bild 3.90 Verlauf der Kapazität der Diode MV_2201 in Abhängigkeit der Sperrspannung

Nun wollen wir die Abhängigkeit der Sperrschichtkapazität von einer definierten Sperrspannung bestimmen. Dazu können die Zeitfunktionen beim Aufladen und Entladen einer RC-Kombination mit R_V und C_j (D1) verwendet werden. Die Schaltaufgabe übernimmt die Quelle / Pulse /: V1=0 und V2=-5.

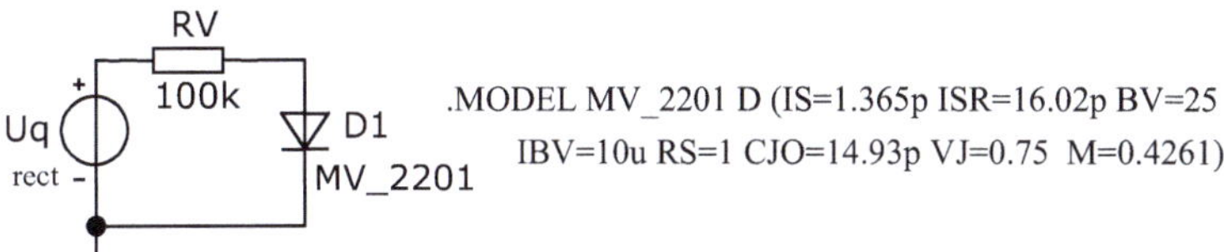

Bild 3.91 Schaltung zur Bestimmung der Sperrschichtkapazität

Die Kapazität der Diode wird bis $t_x = 10\ \mu s$ ($t_x \gg \tau$) aufgeladen und danach wieder entladen. Bild 3.92 zeigt die Zeitfunktionen der Spannung und des Stromes.

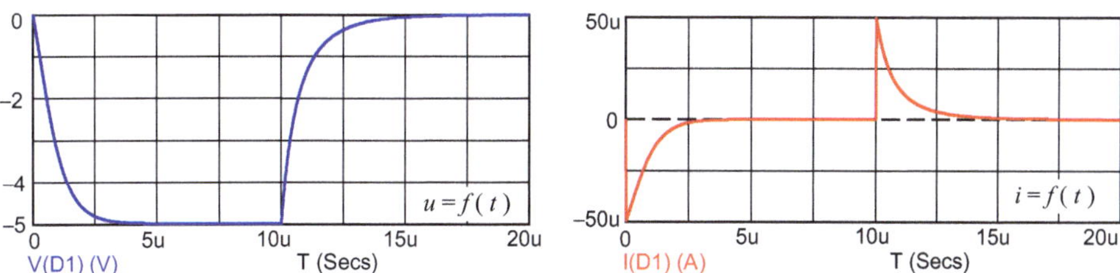

Bild 3.92 Zeitfunktionen zur Kapazitätsmessung

Die Zeitfunktionen müssen nicht gesondert ausgewertet werden. Eine Bestimmung der Zeitkonstanten $\tau = R_V \cdot C_j$ (bzw.: $C_j = \tau / R_V$) reicht aus. Dieses Beispiel liefert aber nur ein Ergebnis für die Kapazität bei $U_R = -5$ V. Die Ungenauigkeiten dieser grafischen Lösungsmethode sind bekannt.

MicroCap bietet z.B. innerhalb der Analyse *Transient* bei Dioden unter Y-Expression → *Variables* → *Device Capacitance* die Variable C(Dx) an. Durch eine Variation von U_R (V2 der Rechteckquelle) mit *Stepping* können damit weitere Sperrspannungen in die Simulation einbezogen werden.

Der aktuelle Kapazitätswert wird mit dieser Methode bei einer beliebigen Spannung (unterhalb des Wertes von U_{BV} = 25 V) ermittelt. Bild 3.93 zeigt ein ausgewähltes Sortiment aus diesen Messungen U_R = (-1 V ... -20 V).

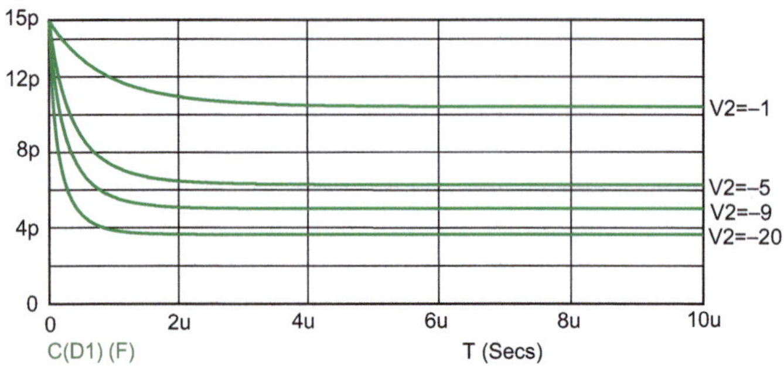

Bild 3.93 Kapazitäten der Diode MV_2201 bei verschiedenen Sperrspannungen

Diese einzelnen Kapazitätswerte kann man in einer Liste zusammenfassen und in die Datenliste der Quelle / User Source / oder / PWL / eingeben. Der Verlauf der Spannung der Quelle stellt dann den resultierenden Verlauf der ermittelten Messwerte grafisch dar.

Der Datensatz ist nicht umfangreich. Wir entscheiden uns für die Quelle / PWL /. Nach der Eingabe in die Liste erhalten wir den Funktionsverlauf von Bild 3.94.

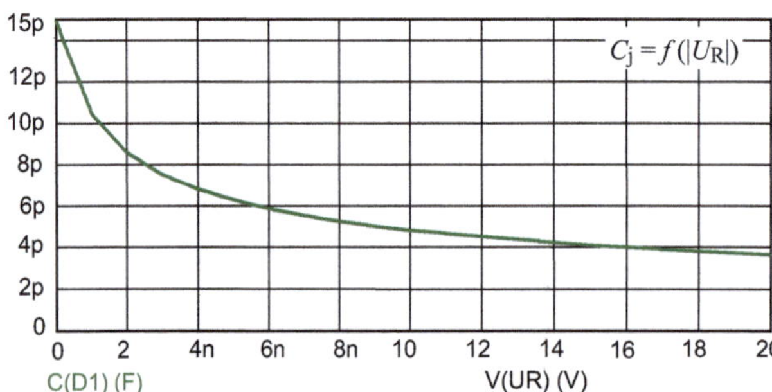

Bild 3.94 Kapazitätsverlauf aus ermittelten Messwerten

Das Bild zeigt, dass die Funktion des berechneten Verlaufes der Funktion $C_j = f(|\ U_R\ |)$ vollständig und korrekt abgebildet wird. Erkennbare Unregelmäßigkeiten im Bereich bis U_R = -2 V sind auf fehlende Messpunkte im Vergleich zu Bild 3.90 zurückzuführen.

Simulationsbeispiel 3.10: Eigenschaften einer Schottky-Diode

Wir wollen die typischen Eigenschaften einer Schottky-Diode beim Einsatz als Gleichrichterdiode untersuchen. Dazu wählen wir die Diode MBR20100 und vergleichen sie mit der Kleinsignaldiode 1N4148. Zur Simulation wird die Zweiweggleichrichtung von Bild 3.31 (siehe auch Bild 3.96) mit unterschiedlichen Eingangsspannungen $\hat{U}_q$ eingesetzt.

Fall a): Kleinsignaldiode 1N4148 mit $\hat{U}_{q1} = \hat{U}_{q2} = \hat{U}_q = 55$ V

Diese Diode besitzt eine Durchbruchspannung von $U_{BV} = 100$ V. Die restlichen Modellparameter finden Sie in Bild 3.17 des Lehrbeispiels 3.2. Das Simulationsergebnis zeigt, dass die gleichgerichtete Spannung ab $\hat{U}_a > 50$ V begrenzt wird. Die Kleinsignaldiode 1N4148 kann demzufolge bei einer Zweiweggleichrichtung nur bis $\hat{U}_e = 50$ V eingesetzt werden.

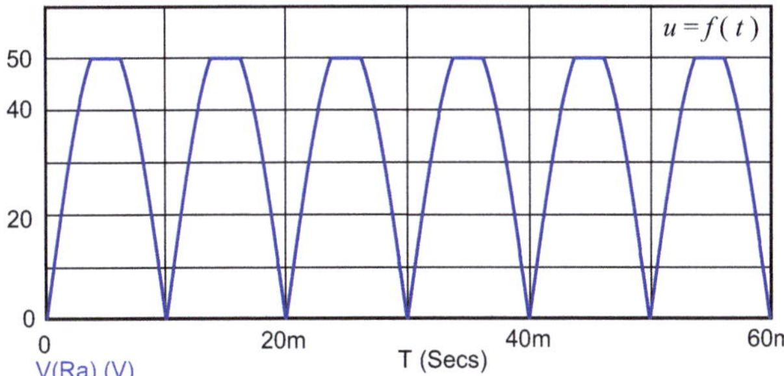

Bild 3.95 Grenzen beim Einsatz der Gleichrichterdiode 1N4148

Fall b): Schottky-Diode MBR20100 mit $\hat{U}_{q1} = \hat{U}_{q2} = \hat{U}_q = 500$ V

Diese Diode besitzt eine Durchbruchspannung von $U_{BV} = 1000$ V (siehe: .MODEL in Bild 3.96). Zur Simulation muss in den *PartName*-Listen von D1 und D2 die Diode neu gewählt werden. Die Quellen sind auf $\hat{U}_q = 500$ V zu ändern.

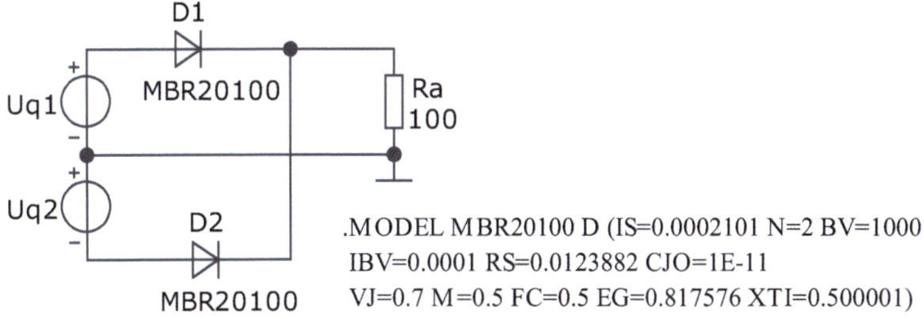

Bild 3.96 Einsatz der Diode MBR20100

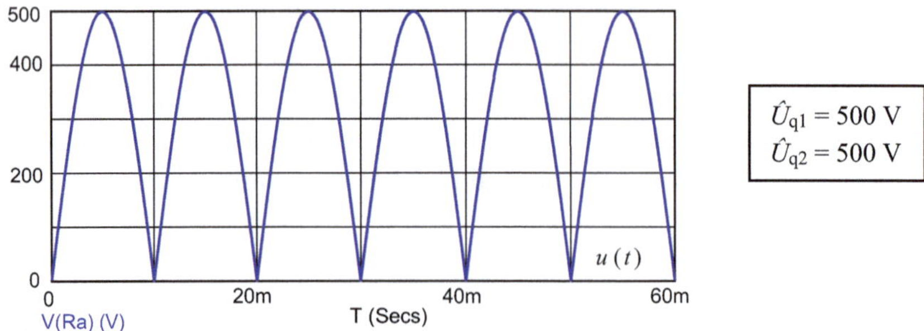

Bild 3.97 Gleichrichtung mit der Diode MBR20100

Die Schottky-Diode MBR20100 kann bei einer Zweiweggleichrichtung bis $\hat{U}_e = 500$ V eingesetzt werden. Das ist schon ein erkennbarer Unterschied im Vergleich zur Kleinsignaldiode 1N4148.

4 Unipolare Transistoren

4.1 Aktive Bauelemente

Aktive Bauelemente sind elementare schaltungstechnische Grundglieder, die in der Lage sind, Signalenergie zu verstärken.

In den folgenden Kapiteln werden diskrete aktive Halbleiter-Bauelemente betrachtet. Sie bestehen nur aus einem Funktionselement und werden als Transistor (Transfer resistor) oder als Thyristor (SCR = Silicon Controlled Rectifier) bezeichnet. Infolge der Existenz einer Steuerelektrode verfügen diese Halbleiter-Bauelemente über mindestens drei Anschlüsse.

Eine Einteilung ist nach verschiedenen Kriterien möglich. Sie sollen typische Eigenschaften beschreiben. Dazu zählen u. a.:

- die Grundstruktur (Schichtenfolge)
- die Dotierung der Halbleiterschichten
- die Art des Ladungstransports
- die Anordnung der HL-Schichten.

Die hier betrachteten aktiven Bauelemente haben in ihrer Grundstruktur entweder zwei Funktionszonenübergänge (Transistoren) oder mindestens drei Funktionszonenübergänge (Thyristoren). Am Ladungstransport eines Transistors können nur die Majoritätsladungsträger (unipolar) oder beide Ladungsträgerarten (bipolar) beteiligt sein. Danach unterscheidet man zwischen unipolaren und bipolaren Transistoren (Bild 4.2).

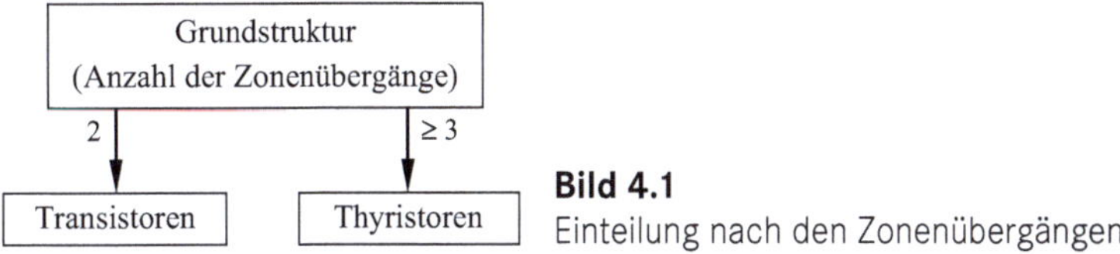

Bild 4.1
Einteilung nach den Zonenübergängen

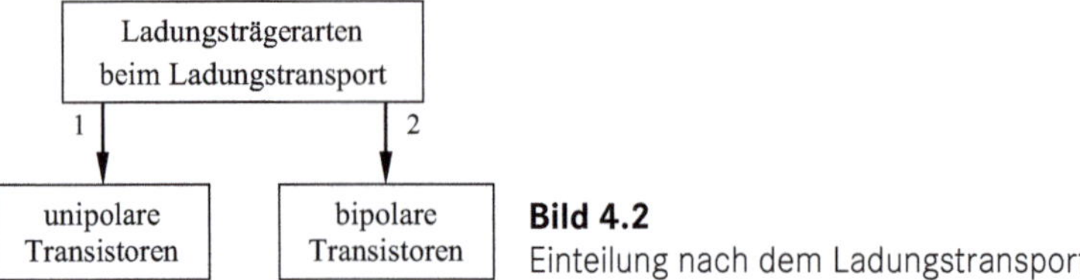

Bild 4.2
Einteilung nach dem Ladungstransport

Die Dotierung der Halbleiterschichten bzw. der Halbleiterbereiche kann vom p-Typ oder vom n-Typ sein (Bild 4.3).

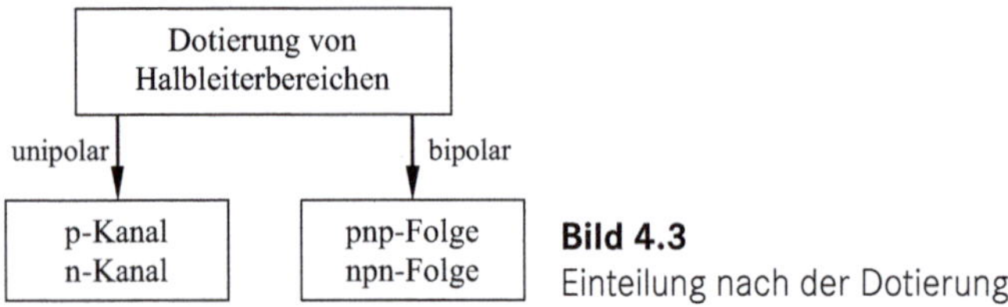

Bild 4.3
Einteilung nach der Dotierung

Durch die Anordnung dieser Bereiche entstehen beim unipolaren Transistor (siehe Kapitel 4) p- oder n-leitende Kanäle und beim bipolaren Transistor (Kapitel 5) pnp- oder npn-Schichten.

4.2 Feldeffekttransistoren

Bei Feldeffekttransistoren wird der Ladungstransport lediglich durch die Majoritätsladungsträger bestimmt. Die Existenz von Minoritätsladungsträgern beeinflusst das Funktionsprinzip eines Unipolartransistors nicht maßgeblich. Dieses grundlegende Prinzip beruht auf der Steuerung der Quantität des Ladungstransportes durch ein elektrisches Feld (FET = Field Effect Transistor). Im Vergleich zur Diode, bei der die Strömung senkrecht durch eine Grenzschicht hindurch dringt, fließt hier der Strom parallel zu dieser Schicht.

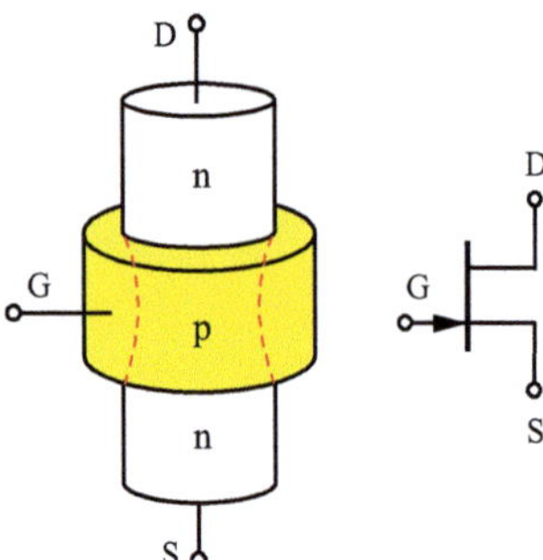

Bild 4.4
Modell eines n-Kanal-Sperrschicht-FET

Bild 4.4 zeigt das Modell eines Sperrschicht-FET (S-FET oder JFET für Junction-FET). Die Grundstruktur dieses Modells besteht aus einem Halbleiterkanal (hier: Typ n-Kanal), der von einer Schicht des entgegengesetzten Leitungstyps umgeben wird. Der Kanal ist an den beiden Enden mit Kontaktierungen versehen, die mit Source (Quelle) und mit Drain (Senke) bezeichnet werden. Ohne den äußeren Steuergürtel (Gate) würde sich die Anordnung wie ein normaler Halbleiterwiderstand verhalten. Wenn an die Anschlüsse Drain und Source eine Spannung $U_{DS} > 0$ V anlegt wird, fließt ein Strom I_D von Drain nach Source durch den Kanal. Die Steuerung dieses Stromes ist mit der Variation einer Spannung zwischen Gate und Source U_{GS} möglich (Bild 4.5).

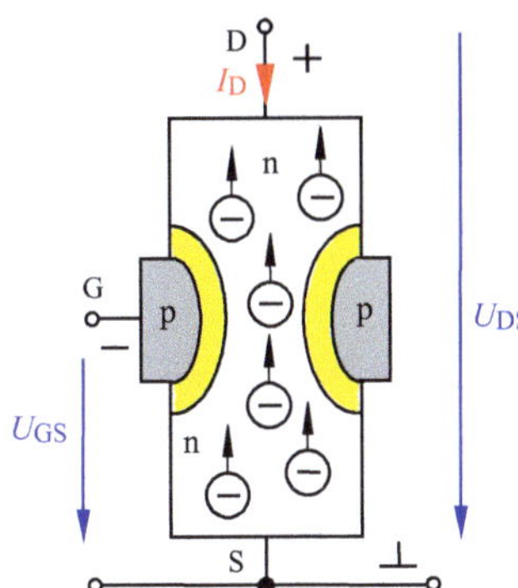

Bild 4.5
Steuerung eines Sperrschicht-FET

Mit einer Vergrößerung des negativen Potentials am Gate ($U_{GS} < 0$ V ↓) verbreitert sich die Sperrschicht des pn-Übergangs zwischen Gate und Kanal. Dadurch wird der Kanalquerschnitt verringert und der Drainstrom sinkt. Bei einer Abschnürspannung $U_{GS} = U_p$ (pinch-off Voltage) wird der Kanal vollständig abgeschnürt. Der um den n-Kanal gelegte p-Ring verursacht jetzt mit seinem negativen Potential eine Grenzschicht, die sich im Inneren des Kanals schließt. Der Drainstrom wird null. Das dargelegte Funktionsprinzip weist darauf hin, dass sich unipolare Transistoren wie spannungsgesteuerte Stromquellen verhalten.

Zu den grundlegenden technischen Realisierungsvarianten gehören die Sperrschicht-Feldeffekttransistoren (S-FET oder JFET) und die Feldeffekttransistoren mit einer isolierten Steuerelektrode (IG-FET - Insulated Gate-FET). Der IG-FET wird auch als MOS-FET bezeichnet (Metal Oxide Semiconductor).

Man unterscheidet zwischen Verarmungstypen (VT) und Anreicherungstypen (AT).

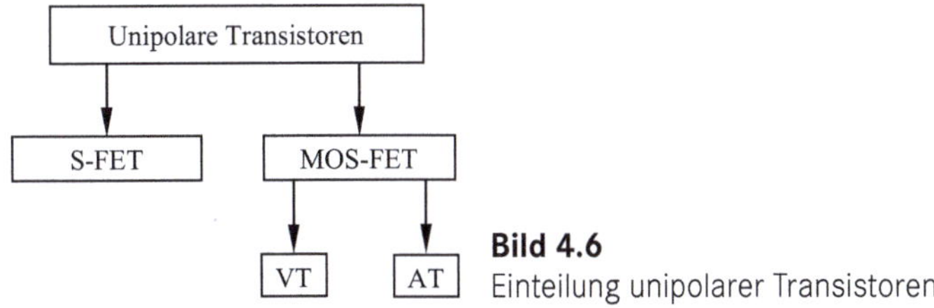

Bild 4.6
Einteilung unipolarer Transistoren

4.2.1 Sperrschicht-FET

In Bild 4.4 wurde lediglich das Modell eines S-FET vorgestellt. Das Bild 4.7 zeigt nun den prinzipiellen Aufbau eines n-Kanal-Sperrschicht-FET, der in Planartechnologie (vgl. [2]) realisiert wurde. An die beiden hochdotierten Enden n^+ des n-dotierten Kanals werden die Anschlüsse Source und Drain angebracht. Beim Anlegen einer Spannung U_{DS} fließt dann ein Drainstrom I_D durch den Kanal. Nach der technischen Stromrichtung ist dieser Strom gegen die Bewegung der Elektronen gerichtet.

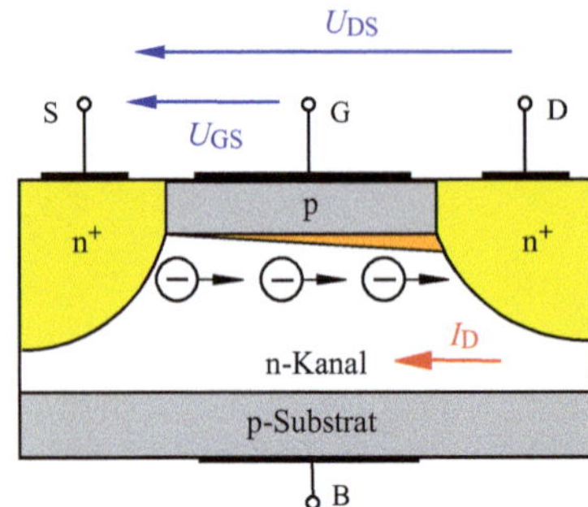

Bild 4.7
Aufbau eines S-FET

Oberhalb des n-Kanals befindet sich eine p-Schicht, die mit dem Anschluss Gate versehen ist. Auf der gegenüberliegenden Seite begrenzt ein weiteres p-Substrat den n-Kanal. Dieser Anschluss wird mit Bulk bezeichnet. Er sollte zum Schutz dieses S-FET auf ein definiertes Potential (in der Regel auf Source-Potential oder auf ⊥) gelegt werden.

Mit einer negativen Gate-Source-Spannung kann nun der Kanal immer mehr abgeschnürt werden. Da die elektrische Feldstärke im Kanal von Source in der Richtung Drain ansteigt, bildet sich diese Einschnürung immer zuerst auf der Drainseite des n-Kanals aus. Das kann in Bild 4.7 nur angedeutet werden.

Die nachfolgenden Bilder zeigen die Kennlinien eines S-FET. Die Steuerkennlinie (auch: Transferkennlinie genannt) stellt den Drainstrom I_D als Funktion der Gate-Source-Spannung U_{GS} dar (Bild 4.8). Die Ausgangskennlinie (Kennlinienfeld in Bild 4.9) bildet den Verlauf des Drainstromes I_D als Funktion der Drain-Source-Spannung U_{DS} mit der Gate-Source-Spannung U_{GS} als Parameter ab:

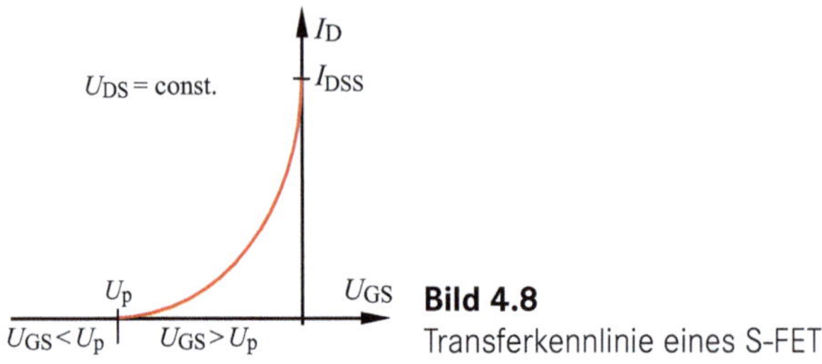

Bild 4.8
Transferkennlinie eines S-FET

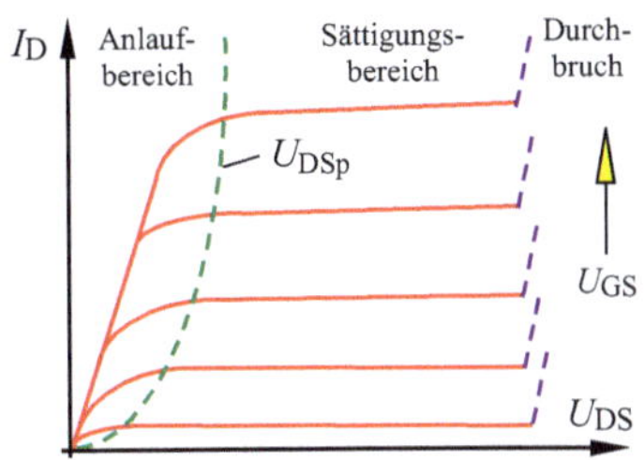

Bild 4.9
Ausgangskennlinienfeld eines S-FET

Die Leitfähigkeit des Kanals kann mit einer negativen Gate-Source-Spannung $0 > U_{GS} \geq U_p$ verändert werden.

Bei $U_{GS} < U_p$ ist der Kanal vollständig abgeschnürt ($I_D = 0$).

Bei $U_{GS} > U_p$ fließt ein Drainstrom, der in Richtung $U_{GS} \rightarrow 0$ V immer weiter anwächst. Der Fall $U_{GS} = 0$ V entspricht einem Kurzschluss zwischen Gate und Source, bei dem der Drainstrom I_D einen Sättigungswert I_{DSS} (Sättigungsstrom) erreicht.

Die Transferkennlinie eines S-FET kann mit der Formel 4.1 berechnet werden. Für den Zusammenhang zwischen dem Drainstrom I_D und der Gate-Source-Spannung U_{GS} gilt im Spannungsbereich $0 \geq U_{GS} \geq U_p$:

$$I_D = I_{DSS} \cdot \left(1 - \frac{U_{GS}}{U_p}\right)^2 \tag{4.1}$$

Die Abhängigkeit des Drainstromes I_D von der Drain-Source-Spannung U_{DS} wird im Ausgangskennlinienfeld eines S-FET dargestellt. Die Gate-Source-Spannung dient in dieser Darstellung $I_D = f(U_{DS})$ als Parameter.

Eine wichtige Kenngröße ist die Sättigungsspannung U_{DSp} (Kniespannung). Sie teilt das Ausgangskennlinienfeld in zwei Bereiche. Die Sättigungsspannung ist nach Formel 4.2 von der Abschnürspannung U_p eines S-FET und vom aktuellen Parameterwert der Gate-Source-Spannung $U_{GS} < 0$ abhängig. Für $U_{DSp} > 0$ gilt:

$$U_{DSp} = U_{GS} - U_p \tag{4.2}$$

Das Kennliniengebiet $U_{DS} < U_{DSp}$ wird als Anlaufbereich bezeichnet. Hier verhält sich der S-FET (insbesondere in der näheren Umgebung des Koordinatenursprungs) nahezu wie ein von U_{GS} steuerbarer ohmscher Widerstand.

Nach Überschreitung der Abschnürgrenzspannung U_{DSp} geht der S-FET in den Sättigungsbereich über. Der Drainstrom ändert sich dann bei einer Erhöhung der Drain-Source-Spannung bis zu einem Gate-Kanal-Durchbruch (Breakdown = Zerstörung des S-FET) nicht mehr maßgeblich.

Lehrbeispiel 4.1

Stellen Sie die Transferkennlinie und das Ausgangskennlinienfeld eines Sperrschicht-FET grafisch dar. Zeichnen Sie in das Ausgangskennlinienfeld den Verlauf einer Verlustleistung von P_V = 150 mW und den Verlauf der Abschnürgrenzspannung für U_{GS} = 0 V ein.

Als Bauelement wird der S-FET 2N3822 gewählt. Dieser JFET ist in MicroCap verfügbar und wird in der *PartName*-Liste von NFET (Part=J1) mit einer Abschnürspannung $U_p \approx$ - 2,7 V (VTO=-2.7132) angegeben. Für die Aufnahme der Kennlinien wird die Schaltung in Bild 4.10 mit unterschiedlichen Sweeps und Einstellungen verwendet.

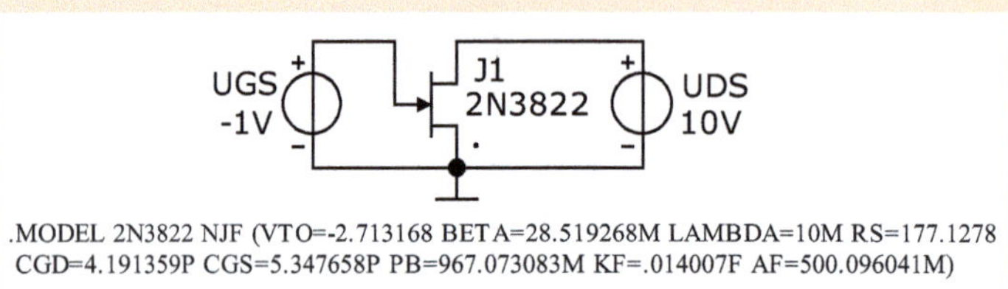

Bild 4.10 Schaltung zur Simulation eines S-FET

Zur Darstellung der Transferkennlinie ist die Drain-Source-Spannung als Parameter fest einzustellen (z. B. U_{DS} = 10 V). Die Gate-Source-Spannung wird einem DC-Sweep im Bereich: -3 V ≤ U_{GS} ≤ 0 V unterzogen (0,-3,1m). Bild 4.11 zeigt den Verlauf des Drainstromes als Funktion der Gate-Source-Spannung (Parameter: U_{DS} = 10 V = const.).

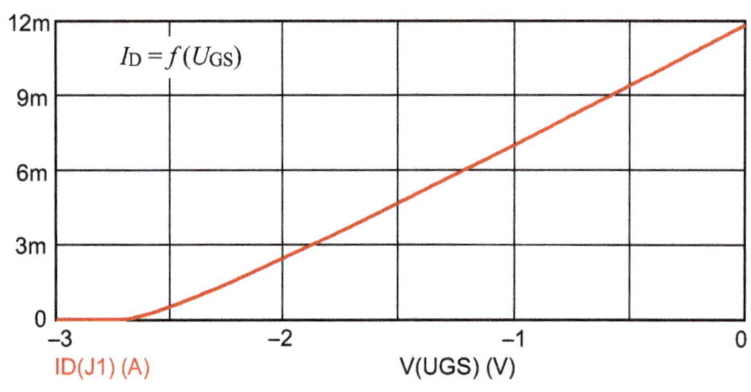

Bild 4.11 Transferkennlinie des S-FET 2N3822

Der Sperrschicht-FET 2N3822 hat eine Abschnürspannung von U_p = -2,7 V und einen Kurzschluss-Sättigungsstrom von I_{DSS} = 11,9 mA.

Zur Darstellung des Ausgangskennlinienfeldes wird für die Quelle UDS ein lineares DC-Main-Sweep mit 0 V ≤ U_{DS} ≤ 24 V (24,0,1m) und für die Quelle UGS ein DC-Nested-Sweep als Variablenliste (-2,-1.5,-1,-0.5,0) verwendet.

Damit erhält man dann fünf Kennlinien im Ausgangskennlinienfeld. In Bild 4.12 ist das Ergebnis dargestellt.

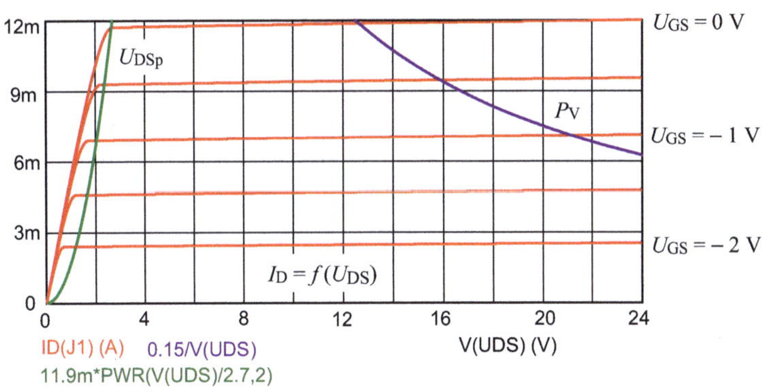

Bild 4.12 Ausgangskennlinienfeld des S-FET 2N3822

Zur Darstellung der Verlustleistungshyperbel ist die Beziehung $P_{V,zul} = U_{DS} \cdot I_D$ nach dem Drainstrom umzustellen und als Y-Expression einzugeben. Für $P_{V,zul}$ = 150 mW gilt: Y=0.15/V(UDS).

In ähnlicher Form kann auch die Abschnürgrenzspannung eingezeichnet werden. Zur Herleitung einer geeigneten Berechnungsvorschrift wird Formel 4.2 in die Formel 4.1 eingesetzt.

$$U_{DSp} = U_{GS} - U_p \quad \Rightarrow \quad U_{GS} = U_{DSp} + U_p$$

$$I_D = I_{DSS} \cdot \left(1 - \frac{U_{GS}}{U_p}\right)^2$$

$$I_D = I_{DSS} \cdot \left(\frac{U_p - U_{GS}}{U_p}\right)^2 = I_{DSS} \cdot \left(\frac{-U_{DSp}}{U_p}\right)^2$$

Durch Verwendung der PWR(,)-Funktion erhält man einen Stromverlauf als Funktion der Abschnürgrenzspannung, der mit in das Kennlinienfeld eingezeichnet werden kann. Dazu ist unter Y-Expression für I_{DSS} = 11,9 mA folgende Eingabe erforderlich: Y=11.9m*PWR(V(UDS)/2.7,2).

4.2.2 MOS-FETs

Feldeffekttransistoren mit einem isolierten Gate (Insulated Gate-FET oder IG-FET) können in zwei verschiedenen Strukturvarianten (p- oder n-Kanal-Ausführung) hergestellt werden. Diese beiden unterschiedlichen Strukturvarianten beziehen sich auf die Eigenschaften des Kanals. Die Grundstruktur wird durch eine Schichtenfolge: Metall (Gate) - Isolator (SiO_2) - Halbleiter (Kanal) gekennzeichnet. Aus diesem Grund ist auch die Bezeichnung MIS-FET (Metal Insulated Semiconductor) üblich.

Wenn der Kanal bei offenem Gate bereits als leitfähiger Kanal existiert, wird das Bauelement als selbstleitender Typ bzw. als Verarmungstyp (Kanalabschnürung = Verarmung des Kanals an Ladungsträgern - Depletion) bezeichnet. Existiert der Kanal noch nicht, muss er durch ein geeignetes Gatepotential erst geschaffen werden. Das Bauelement wird dann als selbstsperrenden Typ oder Anreicherungstyp (Kanalaufbau = Anreicherung mit Ladungsträgern - Enhancement) bezeichnet.

Verarmungstypen

Verarmungstypen besitzen bereits im Ergebnis des Fertigungsprozesses einen leitfähigen Kanal, der durch das Gatepotential entweder weiter ausgebaut oder bis zur Abschnürung reduziert werden kann. Sie sind selbstleitend, da infolge des bereits existierenden Kanals ein Drainstrom fließt, wenn eine Drain-Source-Spannung angelegt wird.

In Bild 4.13 ist der prinzipielle Aufbau des n-Kanal-Verarmungstyps dargestellt. Er besteht aus einem p-Substrat (auf der unteren Fläche als Bulk kontaktiert), in das zwei hochdotierte Inseln (n^+) eingebracht werden. Die entsprechenden Kontaktierungen bilden die Anschlüsse Source und Drain.

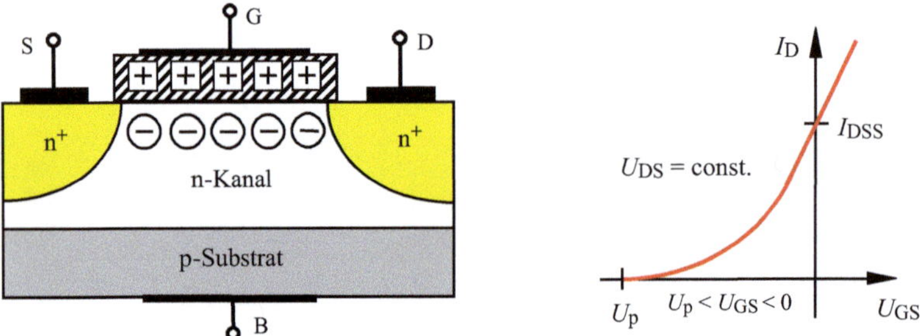

Bild 4.13 Aufbau eines n-Kanal-Verarmungstyps (links) und Transferkennlinie (rechts)

Durch gerichtete Oxidationsprozesse wird auf ein Fenster dieser Oberfläche eine Isolierschicht (z. B. Siliziumdioxid SiO_2; siehe schraffierte Fläche zwischen S und D in Bild 4.13) aufgebracht und von außen durch Aufdampfen einer dünnen Metallschicht kontaktiert. So entsteht die Steuerelektrode Gate. Während des Oxidationsprozesses bringt man zusätzliche positive Ladungen in die Isolierschicht ein. Da sie in der Isolierschicht gebunden sind und als ruhende Ladungsmenge wirken, rufen sie infolge des Effektes der Influenz (vgl. [6] - Abschnitt 15.5.4) auf der unteren Grenzschicht des Isolators eine gleich große Gegenladung hervor. Diese Ladungsträger werden dem p-Substrat entzogen, so dass sich die Ausdehnung des p-Substrats verringert und zwischen der Isolierschicht und dem p-Substrat ein leitfähiger n-Kanal entsteht. Bei offenem Gate kann somit bereits ein Drainstrom I_D fließen, wenn eine Spannung zwischen Drain und Source angelegt wird. Bei $U_{GS} = 0$ V fließt der Kurzschluss-Sättigungsstrom I_{DSS}.

Aus der Transferkennlinie (Bild 4.13 - rechts) ist erkennbar, dass ein höheres Potential am Gate den n-Kanal weiter aufbaut und eine Verringerung des Gatepotentials die Leitfähigkeit dieses Kanals reduziert. Eine Gate-Source-Spannung U_{GS} (↑) steuert demzufolge den Kanal weiter auf (I_D steigt) und eine Spannung U_{GS} (↓) führt zu einer Abschnürung des Kanals (I_D sinkt). Bei einer Unterschreitung der Abschnürspannung $U_{GS} < U_p$ wird der Drainstrom gleich null. Der Strom I_D ist neben der Steuerspannung U_{GS} auch noch von der Kanalspannung U_{DS} abhängig. Mit Erreichen der Abschnürgrenzspannung U_{DSp} (auch Kniespannung genannt) geht der Drainstrom in einen Sättigungswert über. Bei Verarmungstypen gelten die bereits bekannte Formel 4.1 und Formel 4.2 des S-FET.

Anreicherungstypen

Anreicherungstypen besitzen keinen leitfähigen Kanal. Er muss erst infolge eines geeigneten Gatepotentials geschaffen werden und ist dann durch eine Veränderung des Gatepotentials in seiner Leitfähigkeit variierbar. Anreicherungstypen sind selbstsperrend, da bei $U_{GS} \leq 0$ noch kein Kanal existiert und somit kein Drainstrom fließen kann.

Ein n-Kanal-Anreicherungstyp wird analog zum Verarmungstyp hergestellt. Man verzichtet lediglich auf das Einbringen der positiven Ladungen in die Isolierschicht (siehe schraffierte Fläche in Bild 4.14).

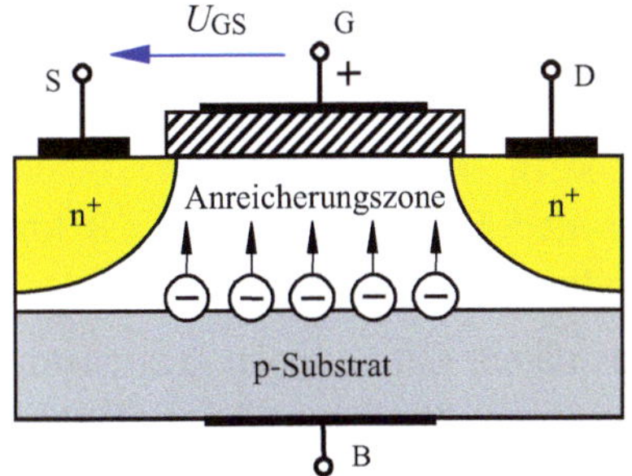

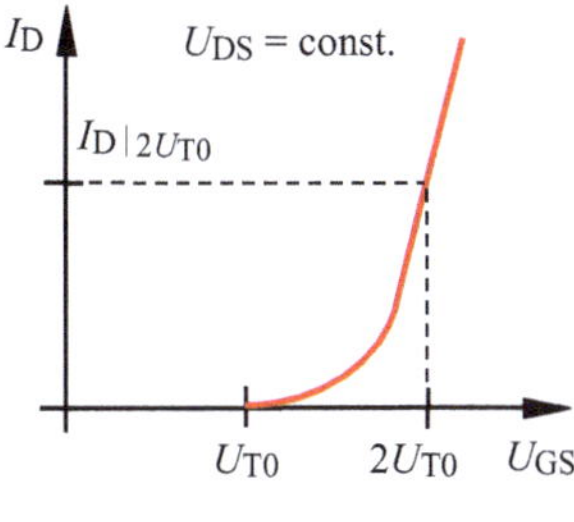

Bild 4.14 Aufbau eines n-Kanal-Anreicherungstyps (links) und Transferkennlinie (rechts)

Bei Nullpotential (oder bei einem negativen Potential) am Gate befinden sich noch keine negativen Ladungsträger in der Anreicherungszone. Die Leitfähigkeit dieser Zone ist nahezu null. Durch ein positives Gatepotential werden negative Ladungsträger aus dem p-Gebiet in die Anreicherungszone hineingezogen. In der Anreicherungszone entsteht dann ein n-Kanal, durch den ein Drainstrom I_D fließt, wenn zwischen Drain und Source eine Kanalspannung U_{DS} angelegt wird.

Der Aufbau des Kanals beginnt mit einer Spannung $U_{GS} = U_{T0}$. Ab dem Erreichen dieser Schwellspannung (Threshold Voltage) steigt dann die Leitfähigkeit des n-Kanals infolge der Erhöhung seiner Ladungsträgerdichte an. Bei der doppelten Schwellspannung $U_{GS} = 2 \cdot U_{T0}$ fließt durch den Kanal der Sättigungsstrom $I_D\big|_{2U_{T0}}$.

$$I_D = I_D\big|_{2U_{T0}} \cdot \left(1 - \frac{U_{GS}}{U_{T0}}\right)^2 \qquad (4.3)$$

Das Ausgangskennlinienfeld eines MOS-FET (Verarmungstyp und Anreicherungstyp) hat einen zum S-FET (Bild 4.9) vergleichbaren Verlauf. Der Anlaufbereich wird wieder durch die Abschnürgrenzspannung U_{DSp} vom Sättigungsbereich getrennt.

Für die Abschnürgrenzspannung eines Anreicherungstyps gilt Formel 4.4 analog zu Formel 4.2. Dazu muss die Gate-Source-Spannung die Schwellspannung überschreiten ($U_{GS} > U_{T0}$).

$$U_{DSp} = U_{GS} - U_{T0} \qquad (4.4)$$

4.2.3 Leistungs-MOS-FETs

MOS-FETs können relativ einfach auf einem Chip realisiert werden. Wenn man sehr viele Elemente dieser Art als Parallelschaltung integriert, erhält man als resultierendes Bauelement einen Leistungs-MOS-FET. Infolge der zahlreichen parallelen Elemente addieren sich die einzelnen Drainströme nach dem Knotenpunktsatz zu einem Gesamtstrom $I_{D,ges}$, der durchaus die Größenordnung von einigen 10 A erreichen kann. Man muss dann allerdings auch für eine leistungsfähige Kühlung sorgen

Bedingt durch die leistungslose Steuerung eines MOS-FETs im statischen Betrieb eignet sich dieses Bauelement für Schaltaufgaben in Leistungs-Schaltnetzteilen oder auch in der Zündanlage eines Kfz. Leistungs-MOS-FETs werden auch z. B. für Motorsteuerungen oder zur Gleichspannungswandlung (u. v. a.) eingesetzt.

Eine spezielle Realisierungsvariante ist der Insulated Gate Bipolar Transistor (IGBT), der die Kombination eines MOS-FET mit einem bipolaren Transistor als diskretes Bauelement darstellt. Seine Kennlinien werden zum Abschluss des Kapitels 5 (Bipolarer Transistor) im Simulationsbeispiel 5.8 dargestellt.

Lehrbeispiel 4.2

Stellen Sie die Transferkennlinie und das Ausgangskennlinienfeld eines Leistungs-MOS-FET dar. Als Bauelement kann der Leistungs-MOS-FET IRF510 verwendet werden. Dabei handelt es sich um einen n-Kanal-Anreicherungstyp. Dieser unipolare Transistor wird als „power MOSFET“ mit einer Schwellspannung $U_{T0} \approx 3{,}1$ V (VTO=3.1308) angegeben.

Die Simulation soll nach Vorbild des Lehrbeispiels 4.1 durchgeführt werden. Bild 4.15 zeigt die zur Simulation verwendete Schaltung mit den Modellparametern (siehe auch Tabelle 4.2).

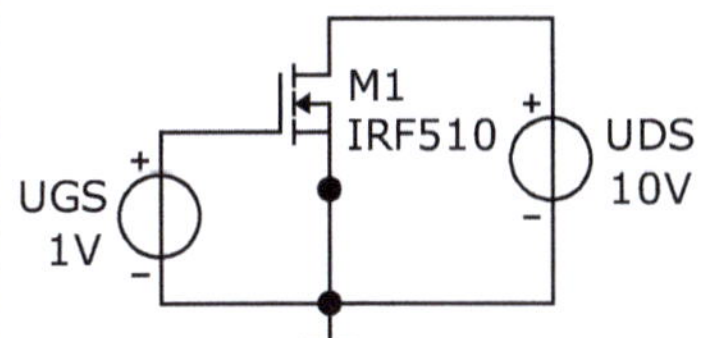


```
.MODEL IRF510 NMOS (VTO=3.130819 KP=20U L=2U
W=63.414331M GAMMA=0 PHI=600.00002M
LAMBDA=2.470013M RD=53.621555M CBD=380.486845P
CGSO=2.379316N CGDO=844.173743P MJSW=330.00001M
JS=10N TOX=0 NSUB=0 TPG=1 UO=600
RG=28.486488 RDS=319.999985K PBSW=800.00001M)
```

Bild 4.15 Simulation eines n-Kanal-MOS-FET

Zur Aufnahme der Transferkennlinie wird auf die Gate-Source-Spannung U_{GS} ein DC-Sweep (7,0,1m) angewendet. Für die Drain-Source-Spannung gilt: U_{DS} = 10 V = const. In Bild 4.16 ist das Ergebnis der Simulation dargestellt. Der MOS-FET IRF510 hat eine Schwellspannung $U_{T0} \approx 3{,}1$ V.

Bei der Spannung $2 \cdot U_{T0} \approx 6{,}2$ V fließt ein Sättigungsstrom $I_D\big|_{2U_{T0}} \approx 3{,}5\,\text{A}$.

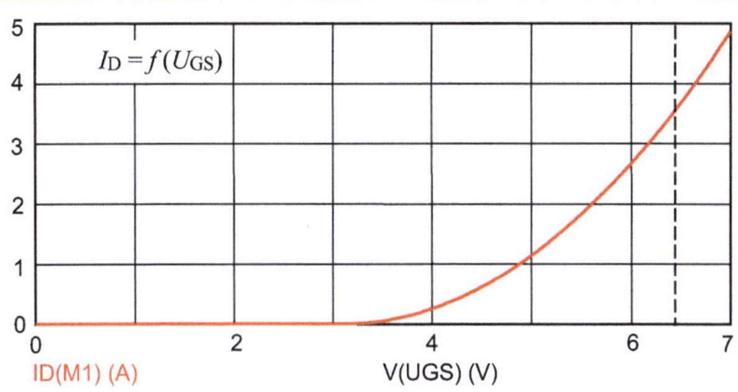

Bild 4.16 Transferkennlinie eines n-Kanal-MOS-FET (Anreicherungstyp)

Zur Darstellung des Ausgangskennlinienfeldes wird für die Quelle UDS ein linearer DC-Main-Sweep mit $0\ V \leq U_{DS} \leq 10\ V$ (10,0,1m) und für die Quelle UGS ein DC-Nested-Sweep als Variablenliste mit (4,5,6,7) verwendet. Damit erhält man vier Kennlinien im Ausgangskennlinienfeld. In Bild 4.17 ist das Ergebnis dargestellt. Die Verläufe der Abschnürgrenzspannung U_{DSp} und der Verlustleistung P_V (Herstellerangabe: $P_{V,zul} = 43\ W$) wurden gleich mit eingezeichnet.

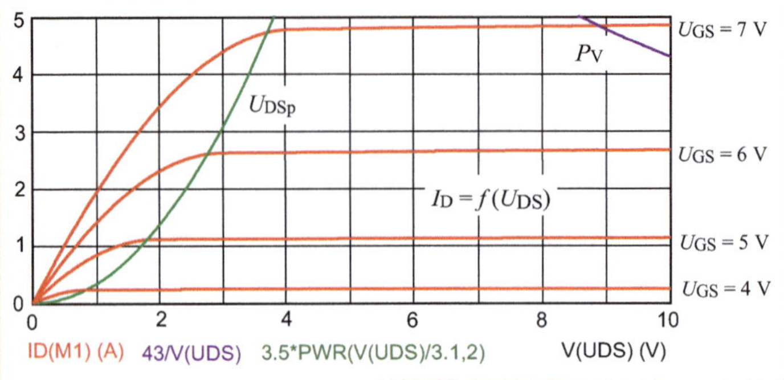

Bild 4.17 Ausgangskennlinienfeld eines n-Kanal-MOS-FET (Anreicherungstyp)

Alle vorgestellten FETs werden als n-Kanal- und als p-Kanal-Varianten gefertigt.

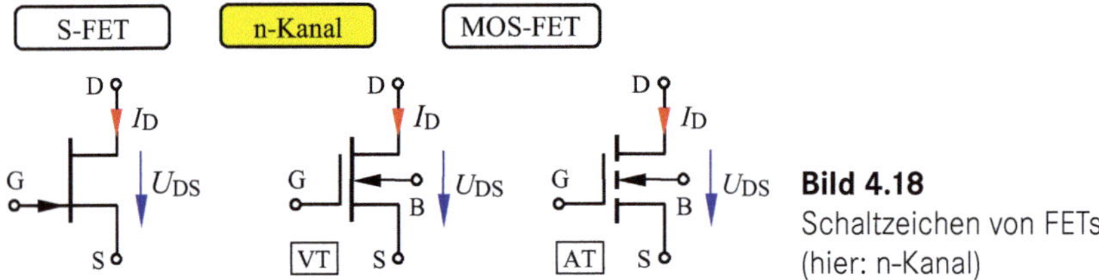

Bild 4.18 Schaltzeichen von FETs (hier: n-Kanal)

Der Verarmungstyp (VT) unterscheidet sich vom Anreicherungstyp (AT) in der Darstellung des Kanals im Schaltzeichen (gestrichelt = AT, weil der Kanal erst aufgebaut werden muss). Bei der p-Kanal-Ausführung müssen alle Zählpfeile relativ zum n-Kanal gedreht werden.

4.3 Kenngrößen und Modelle von FETs

Transferkennlinie $I_D = f\,(U_{GS})\big|_{U_{DS}=\text{const.}}$

Die Steuerung der Leitfähigkeit des Kanals eines Feldeffekttransistors wird über die Transferkennlinie beschrieben. In dieser Kennlinie können die Abschnürspannung U_p bzw. die Schwellspannung U_{T0} und der Sättigungsstrom I_{DSS} abgelesen werden.

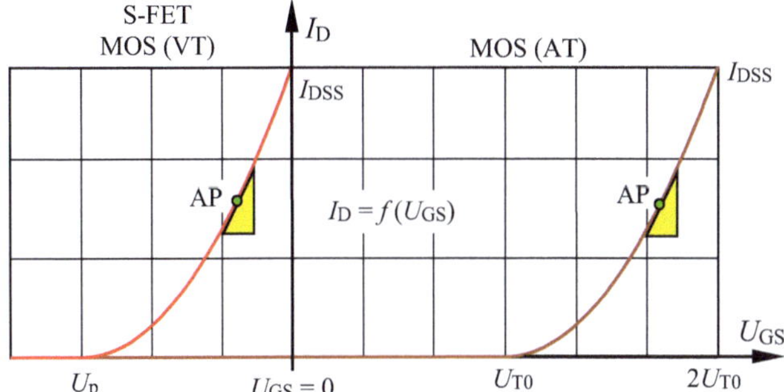

Bild 4.19 Vergleich von Transferkennlinien (n-Kanal)

Über das eingezeichnete Steigungsdreieck kann die Steilheit der Transferkennlinie bestimmt werden (vgl. Formel 4.8). Diese Steilheit ist von der Lage des Arbeitspunktes abhängig.

Ausgangskennlinie $I_D = f\,(U_{DS})\big|_{U_{GS}}$

Das Ausgangsverhalten eines FET wird über das Ausgangskennlinienfeld beschrieben. In diesem Kennlinienfeld wird die Abschnürgrenzspannung U_{DSp} beim Übergang in denjenigen Kennlinienbereich (Sättigungsbereich) ermittelt, der durch einen von der Drain-Source-Spannung U_{DS} nahezu unabhängigen Drainstrom I_D gekennzeichnet ist.

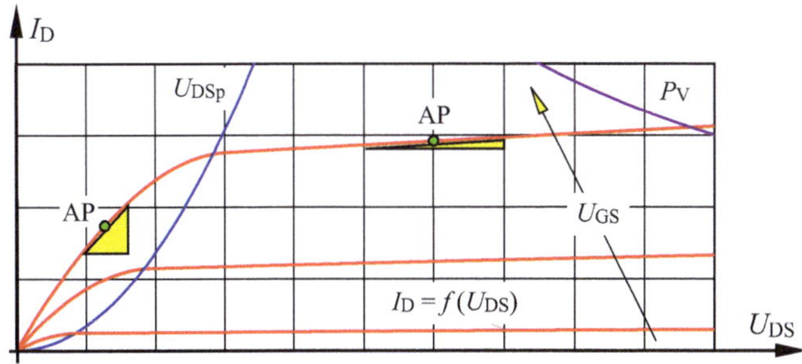

Bild 4.20 Bereiche im Ausgangskennlinienfeld (n-Kanal)

Die eingezeichneten Steigungsdreiecke zeigen, dass man das elektrische Verhalten eines FET in den beiden Bereichen des Ausgangskennlinienfeldes getrennt beurteilen muss. Im Anlaufgebiet $U_{DS} < U_{DSp}$ steigt eine Kennlinie steil an. Im Sättigungsgebiet $U_{DS} > U_{DSp}$ verläuft diese Kennlinie dann mit einer sehr geringen Steigung.

Diese Unterschiede werden mit dem differenziellen Ausgangswiderstand r_{DS} im AP (siehe Formel 4.9) beschrieben. Zur Dimensionierung von FET-Schaltungen verwendet man die aus der Vierpoltheorie bekannten Leitwertparameter (vgl. [6] - Abschnitt 10.4). In der allgemeinen Matrizenschreibweise gilt:

$$(\underline{I}) = (\underline{Y}) \cdot (\underline{U})$$

$$\underline{I}_1 = \underline{Y}_{11} \cdot \underline{U}_1 + \underline{Y}_{12} \cdot \underline{U}_2 \tag{4.5}$$

$$\underline{I}_2 = \underline{Y}_{21} \cdot \underline{U}_1 + \underline{Y}_{22} \cdot \underline{U}_2 \tag{4.6}$$

Die zweite Gleichung trägt die zur Beschreibung eines FET benötigten Informationen. Mit $\underline{I}_2 = \underline{I}_D$ sowie $\underline{U}_1 = \underline{U}_{GS}$ und $\underline{U}_2 = \underline{U}_{DS}$ gilt:

$$\underline{I}_D = \underline{Y}_{21} \cdot \underline{U}_{GS} + \underline{Y}_{22} \cdot \underline{U}_{DS} \tag{4.7}$$

Die wichtigsten Größen sind die Steilheit S und der differenzielle Ausgangswiderstand r_{DS}. Die Steilheit charakterisiert die Steuerwirkung des Potentials am Gate auf den Drainstrom.

$$S = \left|\underline{Y}_{21}\right| = \left.\frac{\mathrm{d}\, I_D}{\mathrm{d}\, U_{GS}}\right|_{U_{DS}=\text{const.}} \tag{4.8}$$

Der differenzielle Ausgangswiderstand r_{DS} beschreibt den Kehrwert des Anstieges der Ausgangskennlinie im jeweiligen Arbeitspunkt. Dieser Arbeitspunkt kann im Anlaufgebiet oder im Sättigungsgebiet liegen.

$$r_{DS} = \frac{1}{\left|\underline{Y}_{22}\right|} = \left.\frac{\mathrm{d}\, U_{DS}}{\mathrm{d}\, I_D}\right|_{U_{GS}=\text{const.}} \tag{4.9}$$

Die Nachbildung des elektrischen Verhaltens von Feldeffekttransistoren wird auf der Grundlage spezieller Ersatzschaltungen mit geeigneten Modellparametern vorgenommen.

4.3.1 Modelle von Sperrschicht-FETs

MicroCap bietet in der hier verwendeten Demo-Version mehrere Sperrschicht-FET an. Wir wollen uns die Modellparameter eines Sperrschicht-FET (JFET - 2N3822) ansehen. Dabei handelt es sich um einen n-Kanal-Typ.

Aus dem Lehrbeispiel 4.1 ist uns bekannt, dass er eine Abschnürspannung von U_p = -2,7 V (VTO=-2.7) und einen Kurzschluss-Sättigungsstrom von I_{DSS} = 11,9 mA aufweist. Seine zulässige Verlustleistung wird mit $P_{V,zul}$ = 150 mW angenommen.

Zur Untersuchung des Einflusses der einzelnen Modellparameter auf den Verlauf der Transferkennlinie und des Ausgangskennlinienfeldes kommen lediglich ausgewählte Parameter infrage. Dazu zählen die Parameter VTO, RS, BETA und LAMBDA (vgl. Tabelle 4.1). Die Kapazitätskenngrößen CGD und CGS sowie die Rauschkenngrößen KF und AF verändern den Verlauf dieser Kennlinien nicht. Analoges gilt für die Diffusionsspannung PB.

Der Sättigungsstrom IS ist mit seinem Default-Wert {10f} gesetzt.

Tabelle 4.1 Modellparameter eines Sperrschicht-FET (Werte von: 2N3822)

MicroCap	Euro	2N3822	Bedeutung	Einheit
IS	I_S	$\{10 \cdot 10^{-15}\}$	Gate-Sperrschicht-Sättigungsstrom	A
VTO	U_p	-2,713168	Abschnürspannung	V
BETA	β	$28{,}519 \cdot 10^{-3}$	Koeffizient für den Übertragungsleitwert	S/V
LAMBDA	λ	$10 \cdot 10^{-3}$	Kanallängen-Modulationswert	V^{-1}
RS	R_S	177,128	Bahnwiderstand R_B	Ω
CGD	C_{GD}	$4{,}191 \cdot 10^{-12}$	Sperrschichtkapazität (bei U_{GD} = 0 V)	F
CGS	C_{GS}	$5{,}348 \cdot 10^{-12}$	Sperrschichtkapazität (bei U_{GS} = 0 V)	F
PB	U_{Gj}	$967 \cdot 10^{-3}$	Gate-Sperrschicht-Diffusionsspannung	V
KF	f^{-1}	$14 \cdot 10^{-18}$	Funkelrausch-Koeffizient	-
AF	-	$500 \cdot 10^{-3}$	Funkelrausch-Exponent	-

Lehrbeispiel 4.3

Simulieren Sie die Kennlinien $I_D = f(U_{GS})$ und $I_D = f(U_{DS})$ des S-FET 2N3822. Bestimmen Sie die Art des Einflusses ausgewählter Modellparameter auf diese Kennlinienverläufe.

Da die Abschnürspannung eine wesentliche Einflussgröße für die Transferkennlinie sein muss, wird zunächst der Einfluss des Parameters U_p untersucht. Dazu verwenden wir die Schaltung in Bild 4.10 mit den folgenden Einstellungen: DC-Sweep von U_{GS} (-4,0,1m) mit U_{DS} = 10 V = const. Über *Stepping* werden die zu variierenden Parameterwerte für VTO mit List festgelegt:

U_{p1} = -2,0 V U_{p2} = -2,7 V U_{p3} = -3,4 V (List=-2,-2.7,-3.4).

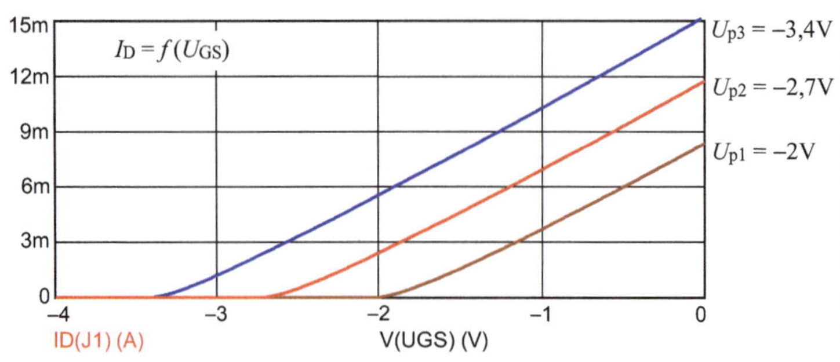

Bild 4.21 Variation der Abschnürspannung

Das Ergebnis zeigt erwartungsgemäß, dass die Transferkennlinie längs der Spannungsachse U_{GS} verschoben wird. Dadurch ändert sich auch der Wert des Kurzschluss-Sättigungsstromes I_{DSS}.

Die Kennlinienform bleibt unverändert. Es wird lediglich die Abschnürspannung längs der Gate-Source-Spannung verschoben. Die jeweilige Ausgangskennlinie geht somit bei veränderten Strömen in den Sättigungsbereich über.

Der nächste zu untersuchende Modellparameter ist der Koeffizient β für den Übertragungsleitwert (BETA). Er wird in der Literatur auch gelegentlich als Transkonduktanz-Koeffizient bezeichnet. Dabei handelt es sich um die Steilheit gemäß Formel 4.8, die auf eine Spannungsänderung ΔU_{GS} bezogen wird (Einheit: $[\beta]$ = 1 S/V). Dieser Parameter soll in der folgenden Simulation mit *Stepping* wie folgt variiert werden (List=14m,28.5m,57m):

β_1 = 14 mS/V β_2 = 28,5 mS/V β_3 = 57 mS/V

Das Simulationsergebnis in Bild 4.22 weist darauf hin, dass eine Erhöhung von BETA auch zu einer Erhöhung der Steilheit der Transferkennlinie führt. Die Abschnürspannung wird nicht verändert. Damit verschieben sich auch die Ausgangskennlinien in Richtung größerer Ströme. Dieser Koeffizient des Übertragungsleitwertes kann als Maß für eine spannungsbezogene Steilheit aufgefasst werden.

Als letzte Einflussgröße soll nun noch der Parameter LAMBDA untersucht werden. Hierbei handelt es sich um den Kanallängen-Modulationswert, der sicherlich eine Wirkung auf die Widerstandsverhältnisse im Kanal ausübt. Dieser Einfluss kann im Ausgangskennlinienfeld dargestellt werden. Da ein S-FET im Anlaufgebiet des Ausgangskennlinienfeldes näherungsweise wie ein ohmscher Widerstand wirkt, ist eine Beeinflussung durch den Kanallängen-Modulationswert vorrangig im Sättigungsbereich zu erwarten. Zur Überprüfung dieser Aussage wird der Parameter (LAMBDA=) mit *Stepping* wie folgt variiert: $\lambda_1 = 10 \cdot 10^{-3}$/V und: $\lambda_2 = 100 \cdot 10^{-3}$/V

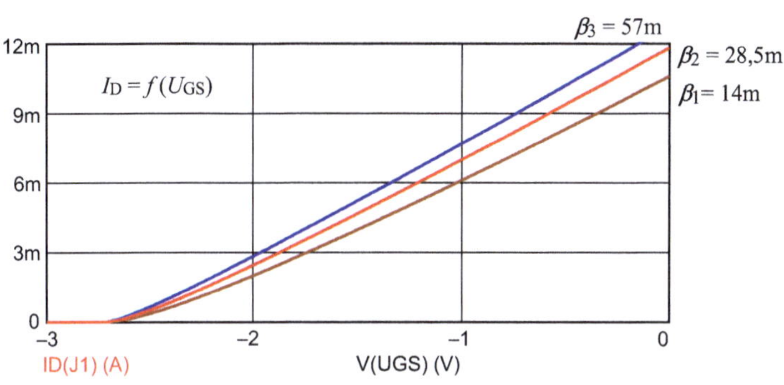

Bild 4.22 Einfluss des Transkonduktanz-Koeffizienten β

Um die grafische Darstellung nicht zu überladen, wurden nur zwei Parameterwerte (angewendet auf drei Kennlinien mit UGS=0,-1,-2) miteinander verglichen. Wie Bild 4.23 zeigt, verändert eine Variation von λ den Anstieg aller Ausgangskennlinien im Sättigungsbereich. Bei einer Vergrößerung dieses Modulationswertes wird der Anstieg deutlich größer. Das bedeutet, dass sich dann der differenzielle Ausgangswiderstand r_{DS} nach Formel 4.9 verringert.

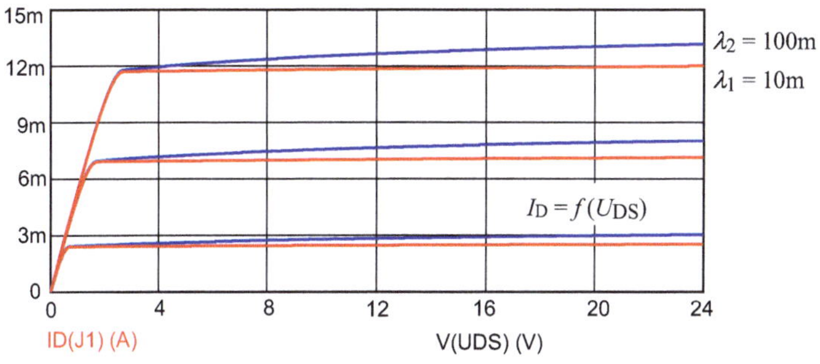

Bild 4.23 Einfluss des Kanallängen-Modulationswertes λ

Der Drain-Bahnwiderstand R_D hat einen vernachlässigbaren Einfluss auf den Verlauf des Ausgangskennlinienfeldes, der sich lediglich im Anlaufgebiet bemerkbar macht. Der Einfluss des Source-Bahnwiderstandes R_S ist dagegen im Sättigungsgebiet deutlich erkennbar. Die Ausgangskennlinien werden bei einer Verringerung von R_S in die Richtung größerer Drainströme verschoben. Auf eine zusätzliche Darstellung dieser Simulationsergebnisse wurde verzichtet.

4.3.2 Modelle von MOS-FETs

Tabelle 4.2 Modellparameter eines MOS-FET (Werte von: IRF510)

MicroCap	Euro	IRF510	Bedeutung	Einheit
VTO	U_{TO}	3,131	Null-Schwellspannung	V
KP	$K_p \triangleq \beta$	$20 \cdot 10^{-6}$	Koeffizient Übertragungsleitwert	S/V
L	l	$2 \cdot 10^{-6}$	Kanallänge	m
W	w	$63{,}414 \cdot 10^{-3}$	Kanalbreite	m
GAMMA	γ	0	Substrat-Schwellenspannungs-Parameter	$V^{0,5}$
PHI	φ	$600 \cdot 10^{-3}$	Oberflächenpotential	V
LAMBDA	λ	$2{,}47 \cdot 10^{-3}$	Kanallängen-Modulationswert	V^{-1}
RD	R_D	$53{,}622 \cdot 10^{-3}$	Drain-Bahnwiderstand	Ω
CBD	C_{BD0}	$380{,}487 \cdot 10^{-12}$	Null-BD-Sperrschichtkapazität	F
CGSO	$C_{GS0/w}$	$2{,}379 \cdot 10^{-9}$	GS-Überlappungs-Kapazität / w	F/m
CGDO	$C_{GD0/w}$	$844{,}17 \cdot 10^{-12}$	GD-Überlappungs-Kapazität / w	F/m
MJSW	-	$330 \cdot 10^{-3}$	Substrat-Seitenwand-Koeffizient	-
JS	S_{ms}	$10 \cdot 10^{-9}$	Massensättigungsstromdichte	A/m^2
TOX	t_{OX}	0	Oxiddicke	m
NSUB	-	0	Substratdotierung	-
TPG	-	1	Materialart	-
UO	μ_0	600	Oberflächenbeweglichkeit	cm/Vs
RG	R_G	13,89	Gate-Bahnwiderstand	Ω
RDS	R_{DS}	$444{,}4 \cdot 10^3$	Drain-Source-Widerstand (U_{GS} = 0)	Ω
PBSW	U_D	$800 \cdot 10^{-3}$	Substrat-Sperrschicht-Diffusionsspannung	V

Im Vergleich zur Modellierung des S-FET werden hier zusätzliche Parameter benötigt. Dazu zählen insbesondere diejenigen Parameter, die die Eigenschaften des Kanals beschreiben: L (Kanallänge) und W (Kanalbreite) sowie CGSO und CGDO (Überlappungskapazitäten pro Kanalbreite).

Wir werden den Einfluss dieser Parameter im Simulationsbeispiel 4.2 (siehe Abschnitt 4.5) in ausführlicher Form untersuchen.

4.3.3 Ersatzschaltungen für FETs

Mit der Kenntnis der wichtigsten Modellparameter können wir nun die Unterschiede in den Anstiegen der Ausgangskennlinie erklären (vgl. Bild 4.20). Zur Beschreibung verwendet man den Transkonduktanz-Koeffizienten β und den Kanallängen-Modulationswert λ. Damit erhält man die Großsignalgleichungen eines FET (vgl. auch: [8] und [9]). Die Gleichungen werden hier für einen JFET/MOS-FET (VT) dargestellt. Sie gelten in vergleichbarer Form auch für den MOS-FET (AT), wenn man U_p durch U_{T0} ersetzt.

Im Anlaufbereich gilt: $U_{DS} < (U_{GS} - U_p) = U_{DSp}$ bzw.: $U_{DS} < (U_{GS} - U_{T0}) = U_{DSp}$

$$I_D = \beta \cdot U_{DS} \cdot \left[(U_{GS} - U_p) - \frac{U_{DS}}{2} \right] \cdot (1 + \lambda \cdot U_{DS}) \tag{4.10}$$

Das Produkt von Kanallängen-Modulationswert und Drain-Source-Spannung ist im Anlaufbereich in der Regel viel kleiner als eins und somit vernachlässigbar. Mit den Werten von Bild 4.12 gilt z. B.: $\lambda \approx 10 \cdot 10^{-3}\ V^{-1}$ und $U_{DSp,max} \approx 2$ V bei $U_{GS} = -1$ V. Damit erhält man für den rechten Klammerausdruck in Formel 4.10:

$$(1 + \lambda \cdot U_{DS}) = 1 + 0{,}02 \approx 1$$

$$I_D \approx \beta \cdot U_{DS} \cdot \left[(U_{GS} - U_p) - \frac{U_{DS}}{2} \right] \tag{4.11}$$

Der Anlaufbereich ist nur in dem Abschnitt durch einen linearen Zusammenhang zwischen I_D und U_{DS} gekennzeichnet, in dem folgende Bedingungen erfüllt sind:

$$\lambda \cdot U_{DS} << 1$$

$$U_{DS} << 2U_{DSp}$$

Im Sättigungsbereich gilt: $U_{DS} > (U_{GS} - U_p) = U_{DSp}$ bzw.: $U_{DS} > (U_{GS} - U_{T0}) = U_{DSp}$

$$I_D = \frac{\beta}{2} \cdot (U_{GS} - U_p)^2 \cdot (1 + \lambda \cdot U_{DS}) \tag{4.12}$$

Mit Formel 4.10 und Formel 4.12 kann eine der Ausgangskennlinien grafisch dargestellt werden. Sie besteht aber aus zwei Komponenten. Formel 4.10 beschreibt den Anlaufbereich ($U_{DS} < U_{DSp}$). Im Sättigungsbereich ($U_{DS} > U_{DSp}$) ist dann die Formel 4.12 gültig.

Zur grafischen Darstellung einer Kennlinie wird die Spannungsquelle / None / eingesetzt. Sie muss in diesem Fall nicht in einen Stromkreis eingebunden sein. In die Y-Expression-Zeile werden Formel 4.10 und Formel 4.12 mit den gewünschten Parametern eingegeben. In Bild 4.24 ist das Simulationsergebnis für $I_D \geq 0$ im Bereich $0 \leq U_{DS} \leq 10$ V dargestellt. Für die Abschnürspannung gilt: $U_p = -2{,}7$ V.

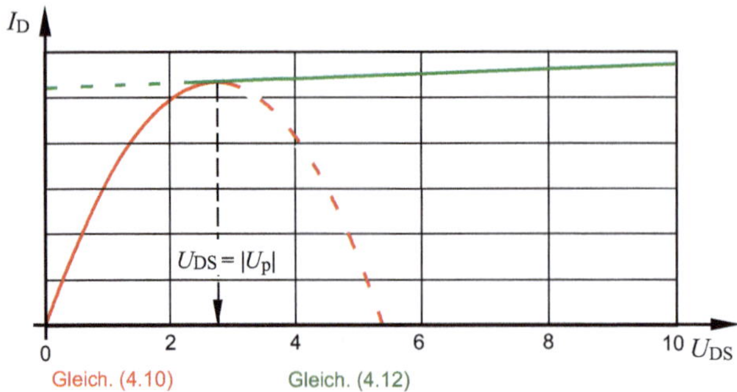

Bild 4.24 Skizze zur Näherung einer Ausgangskennlinie (berechnet für U_{GS} = 0 V)

Die beiden Funktionen treffen sich im Scheitelpunkt der Parabel. Dort endet die Gültigkeit der Formel 4.10. Diesen Punkt kann man über das Maximum von Formel 4.10 bestimmen. Mit der vereinfachten Formel 4.11 und bei U_{GS} = 0 V gilt:

$$\frac{\mathrm{d}I_D}{\mathrm{d}U_{DS}} \approx \frac{\mathrm{d}[\beta \cdot U_{DS} \cdot (-U_p - 0{,}5 \cdot U_{DS})]}{\mathrm{d}U_{DS}} = -\beta \cdot U_p - \beta \cdot U_{DS} = 0 \quad \Rightarrow \quad U_{DS} = |U_p|$$

Zur modellmäßigen Beschreibung des Verhaltens eines FET unter Kleinsignalbedingungen verwendet man häufig die Ersatzschaltung von Bild 4.25.

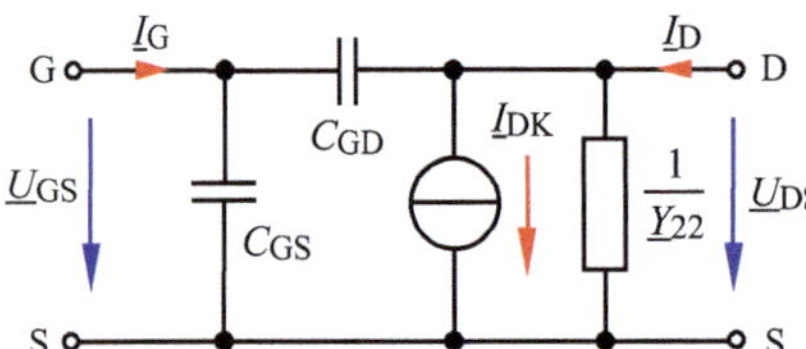

Bild 4.25
Kleinsignal-Ersatzschaltbild

Dieses Ersatzschaltbild berücksichtigt mit den differenziellen Kapazitäten C_{GS} und C_{GD} die Existenz der arbeitspunktabhängigen Sperrschichtkapazitäten zwischen Gate und Source sowie zwischen Gate und Drain. Bei höheren Frequenzen muss häufig noch die Drain-Source-Kapazität C_{DS} berücksichtigt werden.

Für die Kleinsignal-Stromquelle $\underline{I}_{DK}$ gilt mit Formel 4.5: $\underline{I}_2 = \underline{Y}_{21} \cdot \underline{U}_1 \big|_{\underline{U}_2=0}$

Die Bedingung $\underline{U}_2 = 0$ fordert einen wechselspannungsmäßigen Kurzschluss am Ausgang. Mit $\underline{U}_2 = \underline{U}_{DS}$ und $\underline{U}_1 = \underline{U}_{GS}$ sowie $\underline{I}_2 = \underline{I}_D = \underline{I}_{DK}$ $(\underline{U}_{DS} = 0)$ erhält man:

$$\underline{I}_{DK} = \underline{Y}_{21} \cdot \underline{U}_{GS} \big|_{\underline{U}_{DS}=0} \tag{4.13}$$

Das von MicroCap verwendete Modell stützt sich auf das Kleinsignal-Ersatzschaltbild. Es berücksichtigt die konstanten Bahnwiderstände R_D und R_S zwischen den äußeren Kontakten D sowie S und dem jeweiligen Rand der aktiven Kanalzone. Kernstück dieses Modells ist eine spannungsgesteuerte Stromquelle $\underline{I}_{DK}$. Sie liefert einen Quellenstrom, der gemäß der Formel 4.10 und Formel 4.12 von den Spannungen U_{DS}, U_{GS} und U_p sowie von den Kenngrößen β und λ (Modellparameter: VTO, BETA, LAMBDA) abhängig ist.

Die Isolation des Gates gegenüber der aktiven Kanalzone wird mit zwei idealen Dioden (pn-Übergänge) nachgebildet. Die Eigenschaften dieser pn-Übergänge werden durch den Gate-Sperrschicht-Sättigungsstrom I_S und durch den Gate-Sperrschicht-Emissionskoeffizienten n (Modellparameter: IS, N) beschrieben.

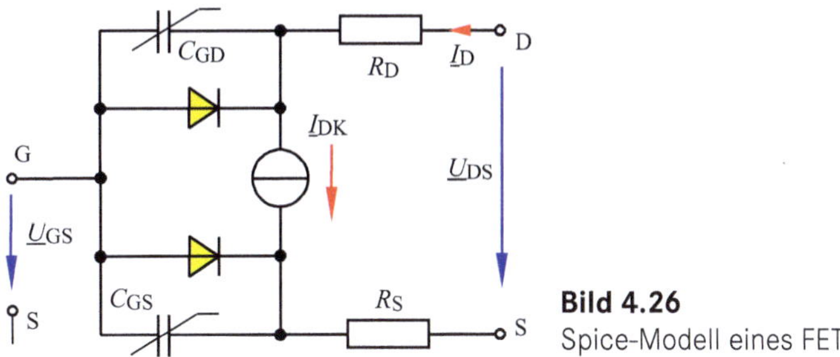

Bild 4.26
Spice-Modell eines FET

Parallel zu den pn-Übergängen wirken die spannungsabhängigen Sperrschichtkapazitäten C_{GS} und C_{GD}. Ihre Eigenschaften werden mit den Kapazitäten C_{GD} (bei U_{GD} = 0) sowie C_{GS} (bei U_{GS} = 0) sowie über die Gate-Sperrschicht-Diffusionsspannung U_D und den Gate-Sperrschicht-Emissionskoeffizienten m (Modellparameter: CGD, CGS, PB, M) modelliert.

Der Source-Anschluss am Gate wurde in Bild 4.26 aus Gründen der Übersichtlichkeit zusätzlich eingefügt, um einen Bezug der Spannung $\underline{U}_{GS}$ zu ermöglichen.

Zur Berücksichtigung von Rauschmechanismen dient ein gesondertes Rauschmodell, auf das hier nicht näher eingegangen werden soll.

Diskussion der Modelle (ESB) und der Modellparameter

Der in den bisherigen Ausführungen dargestellte Einfluss der Modellparameter auf die dazu vorgestellten Ersatzschaltbilder (ESB) soll nun am Beispiel der Leitwertparameter $\underline{Y}_{21}$ und $\underline{Y}_{22}$ für einen n-Kanal-S-FET interpretiert werden.

Der Betrag des Parameters $\underline{Y}_{21}$ beschreibt gemäß Formel 4.8 die Steilheit $S = |\underline{Y}_{21}|$ der Transferkennlinie. Zur Berechnung wird für Formel 4.12 die erste Ableitung nach U_{GS} gebildet:

$$S = |\underline{Y}_{21}| = \frac{\mathrm{d}\, I_D}{\mathrm{d}\, U_{GS}}\bigg|_{U_{DS}=\text{const.}} = \frac{\mathrm{d}\,[0{,}5\beta \cdot (U_{GS} - U_p)^2 \cdot (1 + \lambda \cdot U_{DS})]}{\mathrm{d}\, U_{GS}}$$

$$S\big|_{AP} = \beta \cdot (U_{GS} - U_p) \cdot (1 + \lambda \cdot U_{DS}) \qquad (4.14)$$

Formel 4.14 gilt nur für einen festgelegten Arbeitspunkt: U_{GS} (AP) und U_{DS} (AP).

Den Verlauf dieser Steilheit kann man mit MicroCap simulieren. Dazu wird in das in Bild 4.22 (Lehrbeispiel 4.3) dargestellte Ergebnis für β_2 = 28,5 mS/V zusätzlich der Funktionsverlauf des differenziellen Leitwertes dI_D/dU_{GS} (U_{DS} = const.) eingezeichnet. Mit Dd(ID(J1)) erhält man die erste Ableitung von I_D nach der *x*-Achsen-Variablen U_{GS}.

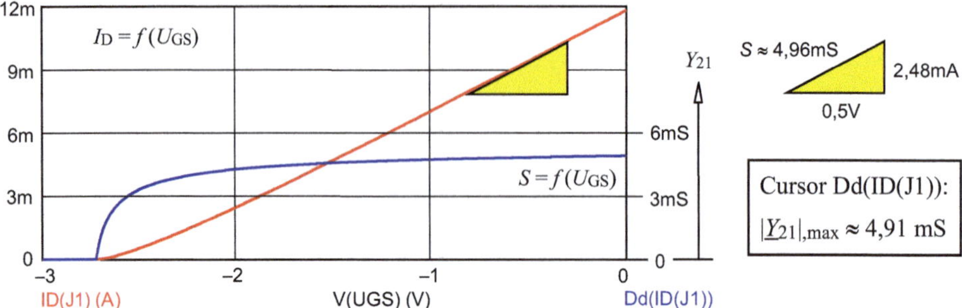

Bild 4.27 Steilheit der Transferkennlinie (S-FET)

Für die Leitwertdarstellung gilt jetzt die rechts eingezeichnete Leitwertachse mit Y_{21} in mS. Das Ergebnis zeigt, dass der Leitwert unterhalb der Abschnürspannung $U_{GS} < U_p$ null ist. Der Drainstrom (und damit dI_D) ist ja dann auch gleich null.

Es folgt ein Bereich bei $U_{GS} \approx U_p$, in dem der Drainstrom nichtlinear ansteigt. Damit wird der differenzielle Leitwert größer. Ab U_{GS} > (−2 V) steigt der Drainstrom bis I_{DSS} nahezu linear an. Der Leitwert ändert sich dann nur noch unwesentlich.

Der Betrag des Parameters $\underline{Y}_{22}$ beschreibt gemäß Formel 4.9 den Kehrwert des differenziellen Ausgangswiderstandes r_{DS}. Mit Formel 4.10 gilt im Anlaufbereich:

$$\frac{1}{r_{DS}} = \left|\underline{Y}_{22}\right| = \frac{dI_D}{dU_{DS}}\bigg|_{U_{GS}=\text{const.}} = \frac{d[\beta \cdot U_{DS} \cdot (U_{GS} - U_p - \frac{U_{DS}}{2}) \cdot (1 + \lambda \cdot U_{DS})]}{dU_{DS}}$$

Mit der Vereinfachung der Formel 4.10 $(1+\lambda \cdot U_{DS}) \approx 1$ gilt Formel 4.11:

$$\frac{1}{r_{DS}} = \left|\underline{Y}_{22}\right| = \frac{dI_D}{dU_{DS}}\bigg|_{U_{GS}=\text{const.}} = \frac{d[\beta \cdot U_{DS} \cdot (U_{GS} - U_p - \frac{U_{DS}}{2})]}{dU_{DS}}$$

$$\frac{1}{r_{DS}}\bigg|_{AP} \approx \beta \cdot (U_{GS} - U_p - U_{DS}) \tag{4.15}$$

Bild 4.28 zeigt den Verlauf des differenziellen Leitwertes im Anlaufbereich. Im Vergleich zu Bild 4.27 ergibt sich ein an der *y*-Achse gespiegelter Verlauf.

Mit dem Erreichen der Spannung U_{DSp} wird dieser Leitwert scheinbar null.

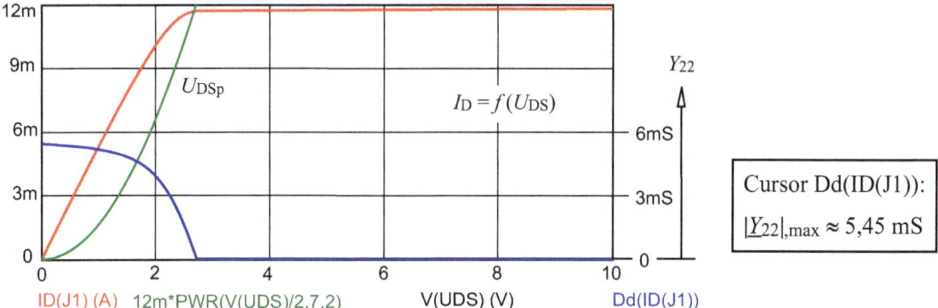

Bild 4.28 Differenzieller Leitwert eines S-FET im Ausgangskennlinienfeld

Im Sättigungsgebiet gilt aber die Formel 4.10 nicht mehr. Hier wird der Drainstrom beschrieben über die Formel 4.11:

$$I_D = \frac{\beta}{2} \cdot (U_{GS} - U_p)^2 \cdot (1 + \lambda \cdot U_{DS})$$

$$\frac{1}{r_{DS}} = \frac{dI_D}{dU_{DS}} = \frac{d\left[\frac{\beta}{2} \cdot (U_{GS} - U_p)^2 \cdot (1 + \lambda \cdot U_{DS})\right]}{dU_{DS}}$$

$$\frac{1}{r_{DS}} = \frac{\beta}{2} \cdot \lambda \cdot (U_{GS} - U_p)^2 \tag{4.16}$$

Der Kanallängen-Modulationswert λ beeinflusst den Anstieg aller Ausgangskennlinien (Bild 4.23). Sein Wert wird über die Early-Spannung U_A ermittelt.

Dazu legt man im Sättigungsgebiet an alle Ausgangskennlinien eine Tangente an. Durch die Verlängerung dieser Tangenten entsteht ein gemeinsamer Schnittpunkt auf der negativen U_{DS}-Achse. Seine Distanz zum Koordinatenursprung wird Early-Spannung genannt.

$$|U_A| = \frac{1}{\lambda} \tag{4.17}$$

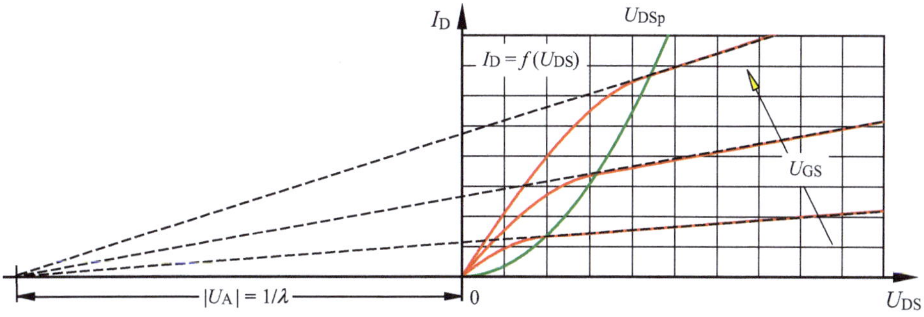

Bild 4.29 Bestimmung der Early-Spannung eines FET

4.4 Anwendungen von Feldeffekttransistoren

Aktive Bauelemente werden in sog. Grundschaltungen betrieben. Die Bezeichnung einer Grundschaltung wird bei Transistoren aus dem Bauelementeanschluss abgeleitet, der eingangs- und ausgangsseitig als Bezugspunkt dient. Die gebräuchlichste Grundschaltung bei Feldeffekttransistoren ist die Sourceschaltung. Sie wird vorzugsweise in der Verstärkertechnik eingesetzt und dient als Kleinsignalverstärker sowie als Schaltverstärker.

4.4.1 Kleinsignalverstärker

Ein Kleinsignalverstärker soll eine relativ große Verstärkung aufweisen und verzerrungsfrei arbeiten. Dazu muss am Eingang und am Ausgang ein Arbeitspunkt eingestellt werden (Kennzeichnung mit dem Index „0"), der die Erfüllung folgender Forderungen ermöglicht:

- Wahl der Position des Arbeitspunktes im sicheren Sättigungsbereich (linearer Verlauf der mit $U_{GS0} \leq U_{GS,max}$ festgelegten Ausgangskennlinie). Dieser Bereich wird spannungsmäßig durch folgende Kenngrößen (Grenzlinien) begrenzt:

$$U_{DSp} < U_{DS0} < \begin{cases} \dfrac{P_{V,max}}{I_D} \\ U_{BR} \end{cases}$$

- Sinusförmige Aussteuerung um den in der Transferkennlinie eingestellten Arbeitspunkt (AP: U_{GS0}; I_{D0}) mit einer Amplitude, die eine Beschreibung des dabei erfassten Bereichs der Ausgangskennlinie noch über eine Gerade ermöglicht (Kleinsignalbedingung).

Der Arbeitspunkt wird durch eine Arbeitsgerade (Quellenkennlinie) eingestellt. Ihr Schnittpunkt mit der Arbeitskennlinie des Ausgangskennlinienfeldes legt den Arbeitspunkt fest. Die Auswahl der Arbeitskennlinie wird im Ausgangskennlinienfeld des Feldeffekttransistors mit der Gate-Source-Spannung vorgenommen. Dazu muss der Arbeitspunkt in der Transferkennlinie so gewählt werden, dass er im linearen (steilen) Kennlinienteil positioniert ist. Diese Lage ist vom jeweiligen FET-Typ abhängig und wird mit einem Spannungsabfall über der Gate-Source-Strecke (U_{GS0}) eingestellt. Damit liegt dann zugleich die Arbeitskennlinie im Ausgangskennlinienfeld fest (siehe Bild 4.30 - rechts).

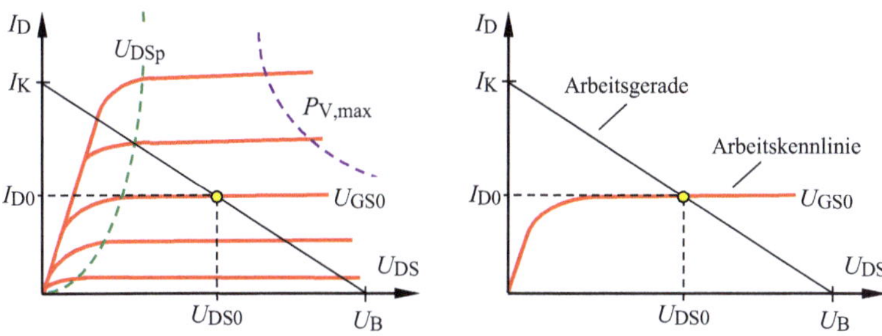

Bild 4.30 Arbeitspunktfestlegung beim S-FET

Die Arbeitsgerade sollte die Arbeitskennlinie so schneiden, dass die Spannung U_{DS0} etwa den Wert der halben Betriebsspannung annimmt (Bild 4.30). Durch diese symmetrische Lage ist eine maximale verzerrungsfreie Aussteuerung im Sättigungsbereich der Kennlinie möglich.

Der Anstieg der Arbeitsgeraden wird durch die Schnittpunkte mit der Abszisse (Leerlaufspannung $U_{DS}{}^* = U_B$ bei $I_D = 0$) und der Ordinate (Kurzschlussstrom $I_D{}^* = I_K$ bei $U_{DS} = 0$) bestimmt. Die Betriebsspannung U_B ist in der Regel durch ein verfügbares Netzteil bekannt. Für den Kurzschlussstrom gilt dann die Berechnungsvorschrift in Bild 4.31 .

Der Widerstand R_{S0} erzeugt bei einem Gatestrom $I_{G0} \to 0$ die Spannung $U_{S0} = I_{D0} \cdot R_{S0}$. Diese Spannung tritt als $U_{GS0} \approx -I_{D0} \cdot R_{S0}$ in Erscheinung (Masche m1 in Bild 4.33) und dient zur Einstellung des Arbeitspunktes in der Transferkennlinie. Der Widerstand R_{S0} ist gleichzeitig für die thermische Stabilisierung des Arbeitspunktes verantwortlich. Falls durch Erwärmung des FETs der Drainstrom ansteigt und sich damit die Lage des Arbeitspunktes verändert, wird der Spannungsabfall über dem Sourcewiderstand größer. Damit verringert sich die Gate-Source-Spannung, der Drainstrom wird kleiner und der Arbeitspunkt kehrt in seine Ausgangslage zurück.

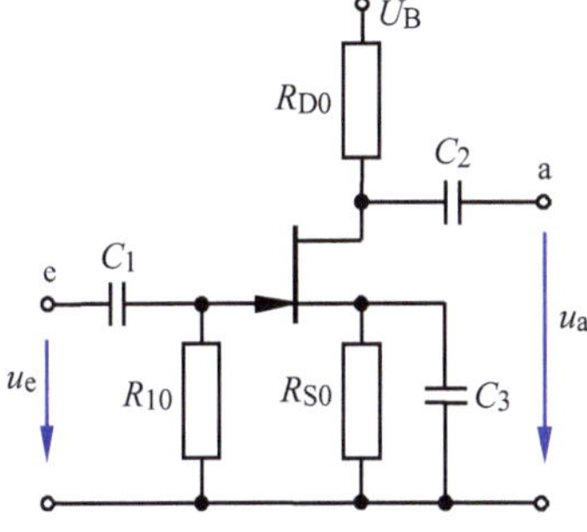

$$I_D^* = I_K = \frac{U_B}{R_{D0} + R_{S0}}$$

Bild 4.31
Kleinsignalverstärker mit einem S-FET

Der Drainwiderstand R_{D0} bestimmt (gemeinsam mit R_{S0}) die Lage und die Kenngrößen des Arbeitspunktes im Ausgangskennlinienfeld. Die Kondensatoren dienen zur Einkopplung (C_1) des Eingangssignals u_e und zur Auskopplung (C_2) der verstärkten Wechselgröße u_a. Der Kondensator C_3 soll eine Wechselstromgegenkopplung durch R_{S0} vermeiden.

Lehrbeispiel 4.4

Simulieren Sie die Arbeitsweise eines Kleinsignalverstärkers nach Bild 4.31. Dazu soll der S-FET 2N4393 (n-Kanal) eingesetzt werden. Er wird vom Hersteller mit einer Verlustleistung $P_{V,zul}$ = 1,8 W angegeben. Als Betriebsspannung steht eine Spannung von U_B = 15 V zur Verfügung.

Wir legen zunächst im Ausgangskennlinienfeld eine Drain-Source-Spannung von U_{DS} = 8 V fest. Sie liegt dann so etwa in der Mitte zwischen U_B und U_{DSp}. Die Transferkennlinie sagt aus, dass der Kanal bei $U_p \approx$ -2,81 V abgeschnürt wird. Bei U_{GS} = 0 fließt ein Sättigungsstrom $I_{DSS} \approx$ 37 mA.

Zur Dimensionierung der Schaltung wählen wir in der Transferkennlinie folgenden Arbeitspunkt: AP ($U_{GS0} \approx$ -375 mV mit $I_{D0} \approx$ 28 mA). Zur Überprüfung dieser Einstellung kann eine Analyse *Dynamic-DC* durchgeführt werden (siehe Bild 4.32 - oben).

In Bild 4.32 wird unten das Ausgangskennlinienfeld dargestellt. Bei U_{DS} = 8 V (AP) fließt ein Drainstrom von $I_{D0} \approx$ 28 mA. Die Verlustleistungshyperbel (Hersteller: $P_{V,max}$ = 1,8 W) kann nicht mit in die Kennliniendarstellung eingezeichnet werden. Sie liegt außerhalb der Grenzwerte von Bild 4.32.

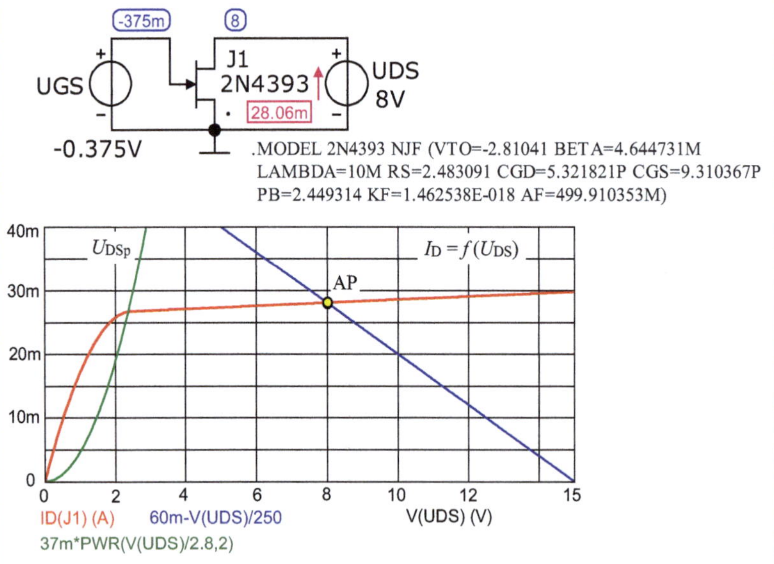

Bild 4.32 Arbeitspunkteinstellungen des Kleinsignalverstärkers

Nun können die Widerstände R_{10}, R_{S0} und R_{D0} gemäß Bild 4.33 berechnet werden. Wenn man den Gate-Querwiderstand mit einem üblichen Wert von $R_{10} = 2\ \text{M}\Omega$ wählt, fällt im Gleichstromfall über ihm eine vernachlässigbare Spannung $U_{10} = 17\ \mu\text{V} \approx 0\ \text{V}$ ab. Für die Spannung in der linken Masche (m1) von Bild 4.33 gilt dann: $U_{GS0} + U_{S0} - U_{10} = 0$ bzw. $U_{S0} = U_{10} - U_{GS0} \approx -U_{GS0}$. Diese Spannung U_{S0} (↓) ≈ $-U_{GS0}$ (↑) liegt über R_{S0} und bildet die Grundlage für die Dimensionierung.

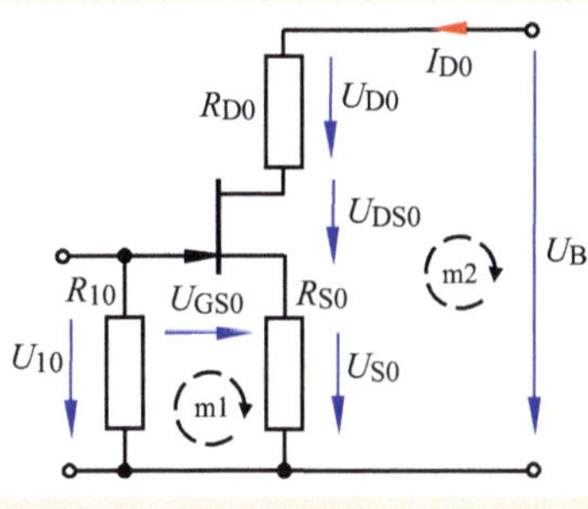

Bild 4.33
Hinweise zur Dimensionierung des Kleinsignalverstärkers

$$R_{S0} = \frac{U_{S0}}{I_{D0}} = \frac{U_{10} - U_{GS0}}{I_{D0}} \approx \frac{-U_{GS0}}{I_{D0}} = \frac{-(-0{,}375\ \text{V})}{28\ \text{mA}} \approx 13\ \Omega$$

Mit Kenntnis des Widerstandes R_{S0} kann dann auch der Widerstand R_{D0} über die rechte Masche (m2) von Bild 4.33 bestimmt werden:
$U_B - U_{S0} - U_{DS0} - U_{D0} = 0$ bzw.: $U_{D0} = U_B - U_{S0} - U_{DS0}$.

$$R_{D0} = \frac{U_{D0}}{I_{D0}} = \frac{U_B - U_{S0} - U_{DS0}}{I_{D0}} = \frac{15\ \text{V} - 0{,}375\ \text{V} - 8\ \text{V}}{28\ \text{mA}} = \frac{6{,}63\ \text{V}}{28\ \text{mA}} \approx 237\ \Omega$$

Gewählt: $R_{S0} = 12\ \Omega$ und $R_{D0} = 238\ \Omega$

Mit diesen Widerstandswerten folgt für die Arbeitsgerade des Ausgangskennlinienfeldes:

$$I_K = \frac{U_B}{R_{D0} + R_{S0}}\bigg|_{U_{DS}=0} = \frac{15\ \text{V}}{250\ \Omega} = 60\ \text{mA}$$

Bild 4.32 (unten) zeigt das Ausgangskennlinienfeld mit einem Teil der Arbeitsgeraden. Der Arbeitspunkt liegt für die gewählten Widerstandswerte bei:
AP ($U_{DS0} \approx 8$ V und $I_{D0} \approx 28$ mA).

Das eigentliche Ziel dieses Lehrbeispiels besteht im Nachweis und in der Darstellung der Verstärkerwirkung der Schaltung von Bild 4.33. Vor der Simulation müssen dazu noch die Kapazitätswerte für C_1 bis C_3 festgelegt werden. C_1 und C_2 sind Koppelkondensatoren. Sie haben die Aufgabe, die zu verstärkende Wechselgröße in die (für einen Gleichstromarbeitspunkt eingestellte) Schaltung ein- und auszukoppeln. Damit entstehen RC-Kombinationen mit einer Hochpasswirkung. Ihre Grenzfrequenzen dürfen die Arbeitsweise des Kleinsignalverstärkers nicht maßgeblich beeinflussen. Geht man z. B. von einer eingangsseitigen Grenzfrequenz von f_g = 10 Hz aus, so gilt mit Gleich. (10.6) aus [6] für C_1:

$$C_1 = \frac{1}{2\pi \cdot f_g \cdot R_{10}} \approx 8 \text{ nF}$$

Für C_2 wird der Wert von C_1 ($C_{1,\text{gew.}}$ = 10 nF) verwendet. Der Kondensator C_3 dient zur Vermeidung einer Wechselstromgegenkopplung, die der Widerstand R_{S0} für das Wechselstromsignal bewirken würde. Ein sehr großer Kapazitätswert (hier: $C_3 \approx 20$ µF) schließt den Widerstand R_{S0} für Wechselgrößen kurz. Bild 4.34 zeigt die für dieses Beispiel dimensionierte Simulationsschaltung.

Zur Simulation verwenden wir ein sinusförmiges Eingangssignal mit $\hat{U}_e$ = 10 mV und einer Frequenz von f = 1 kHz. Damit ist die Kleinsignalbedingung für das Bild 4.32 sicher erfüllt.

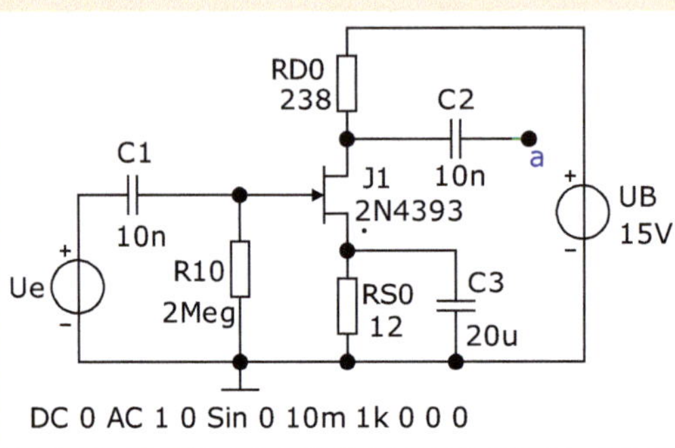

Bild 4.34 Schaltung zur Simulation eines Kleinsignalverstärkers

Durch die Anwendung der Analyse *Transient* erhält man die Zeitfunktionen in Bild 4.35. Die Amplitude des Ausgangssignals beträgt ca. das Fünffache der Amplitude des Eingangssignals.

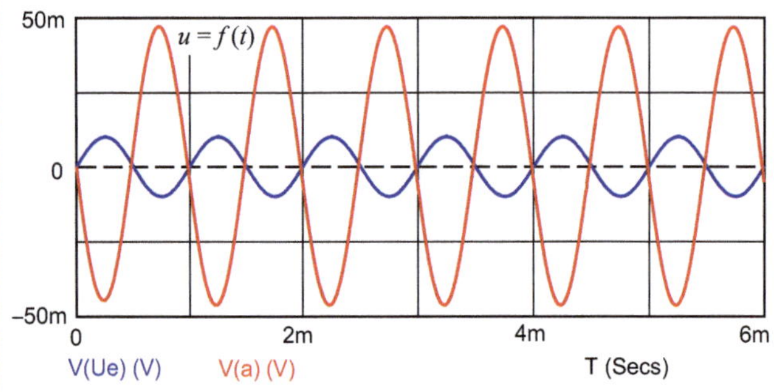

Bild 4.35 Spannungsverläufe beim Kleinsignalverstärker

Das Ergebnis zeigt, dass bei f = 1 kHz eine Spannungsverstärkung von:

$$V_U = \frac{\hat{U}_a}{\hat{U}_e} = \frac{-46{,}5\ \text{mV}}{10\ \text{mV}} = -4{,}65$$

erreicht wird. Da die Verstärkung negativ ist, durchläuft die Ausgangsspannung die negative Halbwelle, wenn am Eingang die positive Halbwelle eines sinusförmigen Eingangssignals anliegt. Es handelt sich ja um einen invertierenden Verstärker. Die Zeitfunktion der Ausgangsspannung erreicht nach drei Perioden ihren eingeschwungenen Zustand.

Zur Kontrolle der resultierenden Verstärkung kann man mit der Analyse *Dynamic-AC* die Amplituden der beiden Spannung $\hat{U}_{GS}$ und $\hat{U}_{DS}$ bestimmen. Bei einer sinusförmigen Einspeisung $\hat{U}_e$ dürfen die Änderungen (Δ-Werte) durch die Maximalwerte ersetzt werden. Wenn wir zusätzlich den Strom $\hat{I}_D$ messen, können wir auch noch die Steilheit und den differenziellen Ausgangswiderstand berechnen. Messwerte: $\hat{U}_{GS}$ = 9,98 mV $\hat{U}_{DS}$ = 45,37 mV $\hat{I}_D$ = 196,1 µA

Mit Formel 4.8 und Formel 4.9 erhält man für den eingestellten Arbeitspunkt:

$$S = \frac{\hat{I}_D}{\hat{U}_{GS}}\bigg|_{U_{DS}=8\,\text{V}} = -\frac{196{,}1\ \mu\text{A}}{9{,}98\ \text{mV}} = -19{,}65\ \text{mS}$$

$$r_{DS} = \frac{\hat{U}_{DS}}{\hat{I}_D}\bigg|_{U_{GS}=-0{,}375\,\text{V}} = \frac{45{,}37\ \text{mV}}{196{,}1\ \mu\text{A}} \approx 231{,}4\ \Omega$$

Die Berechnungsvorschrift für die resultierende Verstärkung kann durch eine Multiplikation dieser beiden Gleichungen ermittelt werden:

$$\frac{\hat{I}_D}{\hat{U}_{GS}} \cdot \frac{\hat{U}_{DS}}{\hat{I}_D} = S \cdot r_{DS}$$

$$\frac{\hat{U}_{DS}}{\hat{U}_{GS}} = S \cdot r_{DS} = V_U$$

$$V_U = \frac{\hat{U}_{DS}}{\hat{U}_{GS}} = S \cdot r_{DS} = -19{,}65 \cdot 10^{-3}\ \text{S} \cdot 231{,}4\,\Omega = -4{,}55$$

Die Probe stimmt hinreichend genau mit dem Simulationsergebnis überein. ■

In Bild 4.36 ist ein Kleinsignalverstärker mit einem MOS-FET dargestellt.

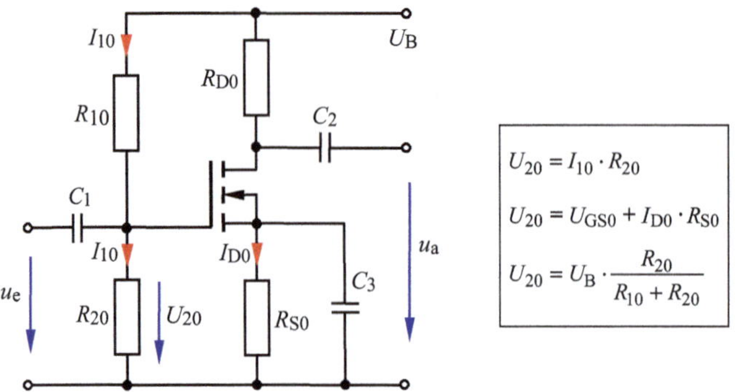

Bild 4.36 Verstärkerschaltung mit einem MOS-FET (Anreicherungstyp)

Bei MOS-FETs vom Anreicherungstyp ist die Variante der Erzeugung der Gatevorspannung $U_{GS0} = -I_{D0} \cdot R_{S0}$ über einen Sourcewiderstand nicht möglich. Hier kann ja erst ein Drainstrom fließen, wenn eine ausreichend große positive Gate-Source-Spannung anliegt. Aus diesem Grund setzt man einen Gate-Spannungsteiler (R_{10} und R_{20} in Bild 4.36) ein. Dieser Spannungsteiler arbeitet infolge $I_{G0} \rightarrow 0$ wie ein unbelasteter Teiler. Zur Einstellung seines Arbeitspunktes gilt die Berechnungsvorschrift in Bild 4.36 (rechts).

Der Sourcewiderstand R_{S0} dient wieder (gemeinsam mit R_{D0}) zur Festlegung des Arbeitspunktes AP im Ausgangskennlinienfeld sowie zu seiner thermischen Stabilisierung. Über C_1 wird das Eingangssignal eingekoppelt und dann als verstärktes Signal über C_2 ausgekoppelt. Der Kondensator C_3 soll eine Wechselstromgegenkopplung vermeiden.

4.4.2 Schaltverstärker/Negator

Ein Negator hat die Aufgabe, eine logische Eingangsinformation x zu negieren und als Ausgangssignal in der Form $y = \overline{x}$ bereitzustellen. Dabei weist der Unipolartransistor gegenüber dem Bipolartransistor (Kapitel 5) maßgebliche Vorteile auf. So kann ein FET im Vergleich zu einem Bipolartransistor leistungslos gesteuert werden. Die Quelle wird nicht belastet und am Ausgang des Schaltverstärkers können sehr viele gleichartige Schalter bzw. logische Verknüpfungsglieder angeschlossen werden. Die leistungslose Steuerung ergibt sich aus der Tatsache, dass ein FET mit der Gate-Source-Spannung ($I_G \rightarrow 0$) gesteuert wird.

Ein (integrierter) FET-Schalter wird als Negator mit zwei Transistoren aufgebaut. Bild 4.37 zeigt eine schaltungstechnische Variante mit zwei n-Kanal-MOS-FET vom Anreicherungstyp (AT). Der Schalttransistor T1 realisiert die eigentliche logische Funktion. Ein zweiter Transistor bildet als Lasttransistor T2 den zur Einstellung des Arbeitspunktes erforderlichen Drainwiderstand R_{D0} nach. Er arbeitet im Abschnürbereich. Der Arbeitspunkt von T2 wird mit einem positiven Gatepotential über die Betriebsspannung U_B eingestellt.

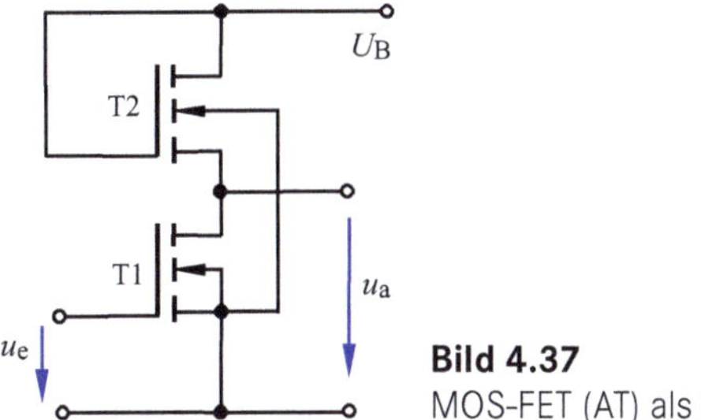

Bild 4.37
MOS-FET (AT) als Negator

In der integrierten CMOS-Technik verwendet man häufig komplementäre FETs. Bild 4.38 zeigt eine Variante mit komplementären Anreicherungstypen. Die Transistoren werden von der Eingangsspannung wegen ihres unterschiedlichen Kanaltyps gegensinnig angesteuert.

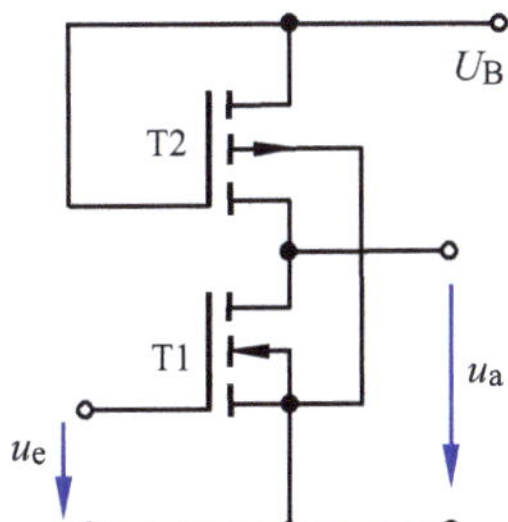

Bild 4.38
Negator mit komplementären FETs

Analogschalter

Im Anlaufbereich (vgl. Bild 4.9) verhält sich der Feldeffekttransistor in erster Näherung wie ein von der Gate-Source-Spannung U_{GS} steuerbarer ohmscher Widerstand. Bei sehr kleinen Drain-Source-Spannungen kann das Ausgangskennlinienfeld linearisiert werden. Dann gilt:

$$R_{DS} \approx \left.\frac{U_{DS}}{I_D}\right|_{(U_{GS}=\text{const.})} \approx \text{const.}$$

Das Modell in Bild 4.39 zeigt, dass man mit dem Gatepotential den Kanalwiderstand eines FET leistungslos ($I_G \to 0$) steuern kann.

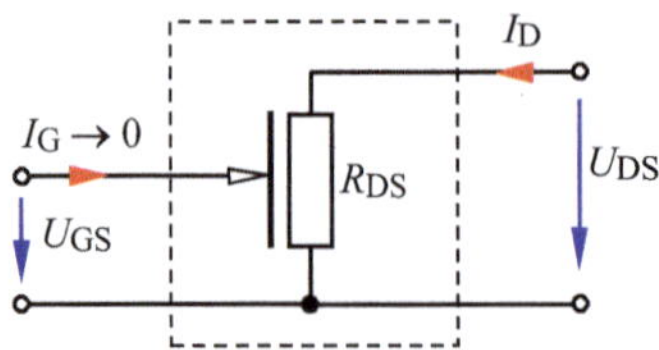

Bild 4.39
FET als steuerbarer Widerstand

In der Praxis benötigt man häufig Spannungsteiler, die in ihrem Teilerverhältnis (möglichst linear) mit einer Steuerspannung variierbar sind (Analogschalter).

Dazu ist mindestens ein steuerbarer Widerstand erforderlich. Bild 4.40 zeigt eine einfache schaltungstechnische Variante mit einem S-FET. Die Ausgangsspannung u_a ist von der Eingangsspannung u_e und von der Steuerspannung u_{St} abhängig.

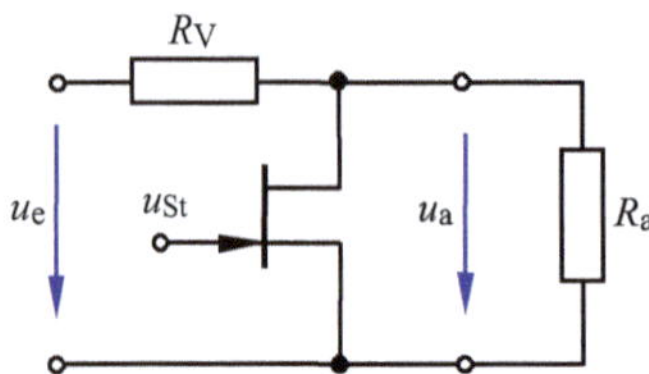

Bild 4.40
Analogschalter mit einem S-FET

4.5 Simulationsbeispiele

Simulationsbeispiel 4.1: Analogschalter mit S-FET

Der in Bild 4.40 vorgestellte Analogschalter soll in der Elektroakustik als „knackfreier" Schalter eingesetzt werden. Entwerfen Sie eine Schaltung zur Bereitstellung der erforderlichen Steuerspannung und weisen Sie die angestrebte Funktion der Schaltung durch eine Simulation nach.

Ein Schaltvorgang in einer akustischen Realisierung wird vom menschlichen Gehör je nach Steilheit der Schaltflanken als mehr oder minder intensiver „Knack" wahrgenommen. Durch den Einsatz eines Integriergliedes kann eine solche Schaltflanke in eine Exponentialfunktion umgeformt werden, die dann als Steuerspannung für einen Analogschalter verwendbar ist. Das Signal wird nun nicht mehr abrupt eingeblendet und der explosive Klangeindruck (Knack) verschwindet.

Die Steuerspannung kann auch von einer Spezialquelle zur Verfügung gestellt werden. Wir wollen hier die Quelle / Gaussian / als Komponente der Universalquelle [*Voltage Source*] einsetzen. Sie stellt einen Gauss-Impuls (oder eine Impulsfolge) mit folgenden Parametern zur Verfügung:

Amplitude= Time to Peak= Width at 50 %= Period=

Bild 4.41 zeigt die zum Nachweis der angestrebten Funktion eingesetzte Simulationsschaltung. Als Feldeffekttransistor kann der Sperrschicht-FET 2N4393 verwendet werden. Die analog zu schaltende akustische Realisierung wird mit einer sinusförmigen Spannung ($\hat{U}_e$ = 200 mV und f = 100 Hz) nachgebildet. Den Schaltvorgang steuert die Quelle / Gaussian / mit:

Amplitude=-4 / Time to Peak=300m / Width at 50 %=200m / Period=600m

Damit erreicht der Gauss-Impuls nach t_{Peak} = 300 ms sein (negatives) Maximum mit U_{St} = -4 V. Die Abschnürspannung des JFET beträgt ca. -2,8 V.

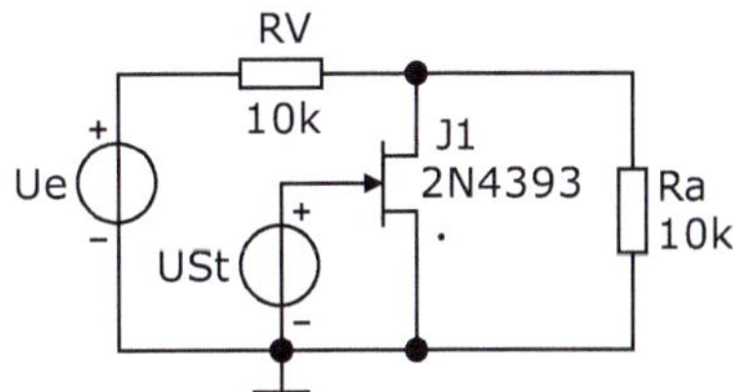

DC 0 AC -4 0 Gaussian -4 0.3 0.2 0.6

Bild 4.41
Simulation eines Analogschalter (S-FET 2N4393)

Die Steuerspannung $u_{St} = u_{GS}$ verläuft nach der von / Gaussian / erzeugten Funktion. Ab dem Zeitpunkt Width at 50 % (t_{50}) wird die Spannung zwischen Gate und Source, ausgehend von U_{GS} = 0 V, immer negativer und der Source-Drain-Kanal verliert seine Leitfähigkeit. Mit dem Erreichen der Spannung $U_{GS} = U_{St} = U_p \approx -2{,}8$ V sperrt der S-FET vollständig und wird extrem hochohmig.

In Bild 4.42 ist das Ergebnis der Analyse *Transient* für das Ein- und Ausblenden einer Zeitfunktion dargestellt. Bei akustischen Signalrealisierungen (Lautsprache, Musik) sind in der Regel relativ kurze Signalabschnitte mit einer Schalldauer von ca. 200 ms zu schalten. Diese Zeiten können mit t_{Peak} und t_{50} eingestellt werden. Zur Wiederholung des Schaltvorganges muss der Analysezeitraum t_{max} = 0,6 s vergrößert werden. Die Periodendauer ist dann mit dem gewünschten Wert zu aktualisieren.

Die Ausgangsspannung u_a hängt von der Eingangsspannung u_e und von der Steuerspannung u_{St} ab. Im Ausgangszustand (t = 0) befindet sich der Arbeitspunkt des S-FET im sicheren Sättigungsbereich.

Dann fließt ein relativ großer Drainstrom und der Widerstand r_{DS} ist näherungsweise null. Die Drain-Source-Strecke wirkt wie ein Kurzschluss, der den Lastwiderstand R_a unwirksam macht.

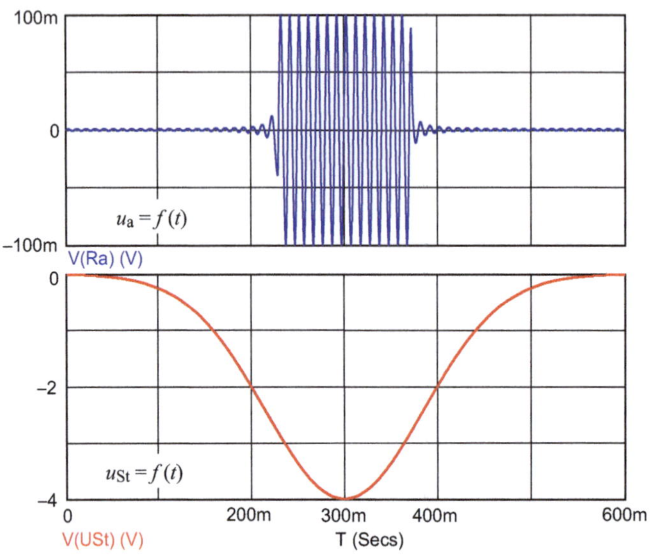

Bild 4.42 Signalverläufe eines Analogschalters (S-FET 2N4393)

Für den Zeitraum $0 \le t < t_{50}$ gilt mit $r_{DS} \| R_a \approx 0$:

$$\hat{U}_a = \hat{U}_e \frac{r_{DS} \| R_a}{R_V + r_{DS} \| R_a} \approx 0\ \text{V}$$

Es folgt ein Übergangszeitraum $t_{50} \le t \le t_x$, in dem sich die Widerstandsverhältnisse nach der bereits beschriebenen Funktion verändern. Es gilt:

$$\hat{U}_a = \hat{U}_e \frac{r_{DS} \| R_a}{R_V + r_{DS} \| R_a} = \hat{U}_e \frac{\dfrac{r_{DS} \cdot R_a}{r_{DS} + R_a}}{\dfrac{R_V (r_{DS} + R_a) + r_{DS} \cdot R_a}{r_{DS} + R_a}} = \hat{U}_e \frac{r_{DS} \cdot R_a}{R_V \cdot r_{DS} + R_V \cdot R_a + r_{DS} \cdot R_a}$$

Ab dem Zeitpunkt t_x wird ein neuer stationärer Zustand für einen Zeitraum erreicht, in dem die Steuerspannung negativer als die Abschnürspannung U_p ist.

Für den Zeitraum $t > t_x$ gilt bei $U_{St} < U_p$ mit $r_{DS} \| R_a \approx R_a$:

$$\hat{U}_a = \hat{U}_e \frac{R_a}{R_V + R_a} = 200\,\text{mV} \frac{1}{2} \approx 100\,\text{mV}$$

Der Analogschalter arbeitet hinreichend linear, wenn der FET mit einer Spannung von $U_{DS} < U_{DSp}$ betrieben wird und der Kanalwiderstand im leitenden Zustand viel kleiner sowie im Sperrzustand viel größer (mindestens Faktor 10) als der Lastwiderstand ist.

Simulationsbeispiel 4.2: Modellparameter eines MOS-FET

Verändern Sie ausgewählte Modellparameter des n-Kanal-MOS-FET IRF510 so, dass das geänderte Modell bei U_{DS} = 10 V mit folgenden Kenngrößen arbeitet: U_{T0} = 3,13 V und $I_D(2U_{T0}) \approx$ 100 mA.

Mit dem Modell IRF510 wird ein Leistungs-MOS-FET vom Anreicherungstyp nachgebildet. Seine Daten wurden bereits in der Tabelle 4.2 aufgelistet. Zur Veränderung der Kennlinien dieses Modells sollen die Parameter W und L untersucht werden. Die konstruktiven Parameter W und L beschreiben die Daten des Kanals. Im Modell IRF510 wurden diese Parameter mit folgenden Werten festgelegt: Kanalbreite w = 63,4143 mm und Kanallänge l = 2 µm. Bei dem Modell IRF510 handelt es sich um einen „power"-MOS-FET, der im LEVEL 3 als „short-channel-device" betrieben wird. Der Kanal ist demzufolge relativ kurz. Um nicht unnötig viele Modellparameter zu variieren, soll vorerst an der Kanallänge (L=2u) nichts geändert werden. Seine resultierende Breite (Parameter W=) ist eine Rechengröße, die sich aus der Addition der Kanalbreiten aller an der Parallelschaltung beteiligten MOS-FETs (vgl. Abschnitt 4.2.3) ergibt. Die Analyse *Dynamic-DC* sagt für U_{GS} = 6,26 V = 2 U_{T0} aus, dass bei der im Original eingestellten Kanalbreite ein Drainstrom I_D = 3,18 A fließt. Die Kanalbreite (W=63.41m) muss nun so reduziert werden, dass bei U_{DS} = 10 V und der doppelten Schwellspannung ein Drainstrom $I_D \approx$ 100 mA fließt. Alle anderen Parameter werden nicht verändert.

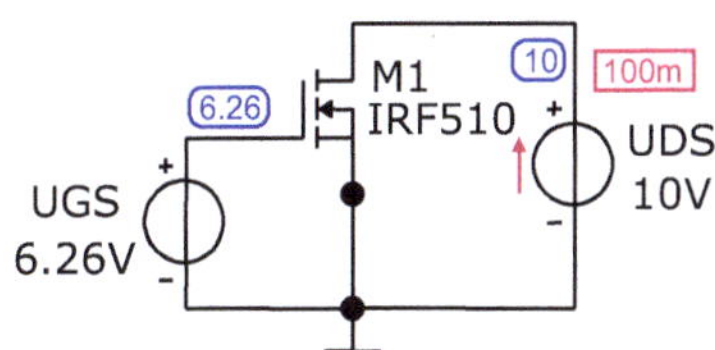


```
.MODEL IRF510 NMOS (VTO=3.130819 KP=20U L=2U W=1.992699m GAMMA=0
PHI=600.00002M LAMBDA=2.470013M RD=53.621555M CBD=380.486845P
CGSO=2.379316N CGDO=844.173743P MJSW=330.00001M JS=10N TOX=0
NSUB=0 TPG=1 UO=600 RG=28.486488 RDS=319.999985K PBSW=800.00001M)
```

Bild 4.43 Simulationsschaltung mit Modellparametern

Zur Bestimmung der neuen Kanalbreite wenden wir unter *Dynamic-DC* die Zusatzanalyse *Optimize* mit den folgenden Einstellungen an:

Find Parameter: M1(W) Low: 0.1m High: 3m

That Expression: ID(M1) To: 100m > Apply <

Im Ergebnis der Optimierung wird eine neue Kanallänge W=1.992699m angezeigt. Dieses Ergebnis kann man mit der Schaltfläche > Apply < in der Schaltung (Bild 4.43 - unten) zur Anzeige bringen.

Zur Darstellung der Transferkennlinie nutzen wir die Analyse *DC* mit folgenden Einstellungen: Main-Sweep: UGS (7,0,1m) Nested-Sweep: UDS (List=10)

Zur Darstellung des neuen Ausgangskennlinienfeldes verändern wir diese Analyse wie folgt: Main-Sweep: UDS (15,0,1m) Nested-Sweep: UGS (List=4,5.5,6.26)

Wenn (wie in Bild 4.44 gezeigt) die beiden Kennlinien nebeneinander darstellt werden, kann man den jeweiligen Parameterwert U_{GS} des Ausgangskennlinienfeldes direkt aus der Transferkennlinie ablesen.

Der Parameterwert U_{GS} bestimmt den Drainstrom, bei dem die entsprechende Ausgangskennlinie in die Sättigung übergeht.

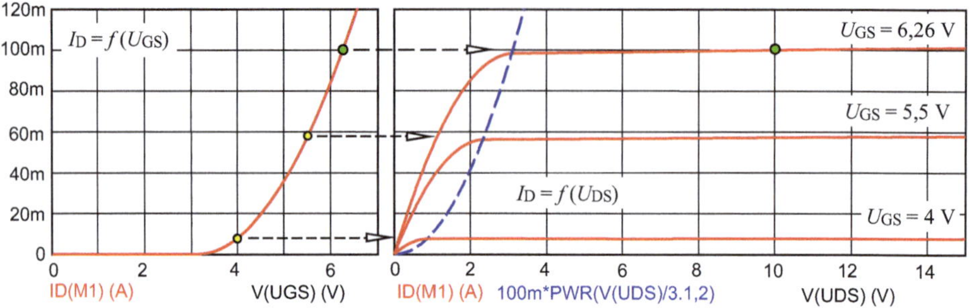

Bild 4.44 Transferkennlinie (links) und Ausgangskennlinienfeld (rechts) eines MOS-FET

Mit der neuen Kanalbreite $w \approx 2$ mm fließt bei der doppelten Schwellspannung und U_{DS} = 10 V ein Drainstrom von $I_D\ (2U_{T0}) \approx 100$ mA (siehe Arbeitspunkte).

Simulationsbeispiel 4.3: MOS-FET als Schalter

Der n-Kanal-MOS-FET IRF510 (Anreicherungstyp) soll mit seinen originalen Daten (vgl. Tabelle 4.2) als Schalter eingesetzt werden. Entwerfen Sie eine geeignete Simulationsschaltung für U_B = 100 V und R_a = 500 Ω. Stellen Sie den Verlauf der Übertragungskennlinie $U_a = f\ (U_e)$ sowie den Verlauf des Laststromes $I_a = f\ (U_e)$ grafisch dar. Wie ändert sich die Lage des Arbeitspunktes im Ausgangskennlinienfeld, wenn man vom Zustand „Aus“ in den Zustand „Ein“ umschaltet?

Der n-Kanal-MOS-FET wird über einen Drainwiderstand R_{D0} mit der Spannung U_B versorgt. Für diesen Widerstand wählen wir einen Wert $R_{D0} = R_a$ = 500 Ω. Dann liegt über beiden Widerständen im gesperrten Zustand des FET die halbe Betriebsspannung. Diese Situation können wir mit der Analyse *Dynamic-DC* überprüfen.

Bei U_{GS} = 2 V (< U_{T0}) sperrt der FET (Bild 4.45 - links). Bei U_{GS} = 4 V (> U_{T0}) befindet sich der FET im leitenden Zustand (Bild 4.45 - rechts). Über ihm liegt dann nur noch eine Restspannung.

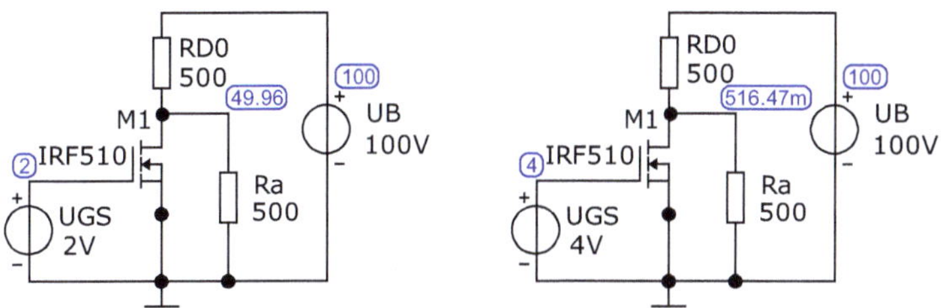

Bild 4.45 Ergebnisse der Analyse *Dynamic-DC*

Zur Darstellung der Übertragungskennlinien wird die Eingangsspannung $U_e = U_{GS}$ mit einem linearen DC-Main-Sweep im Bereich $0\ V \leq U_{GS} \leq 6\ V$ (6,0,1m) variiert (siehe Bild 4.46). Jetzt kann man den Schaltvorgang beim Übergang von einem Zustand in den anderen Zustand deutlich erkennen. Der Vorgang beginnt bei $U_{GS} = U_{T0} \approx 3{,}1\ V$ und ist bei $U_{GS} \approx 4\ V$ nahezu abgeschlossen.

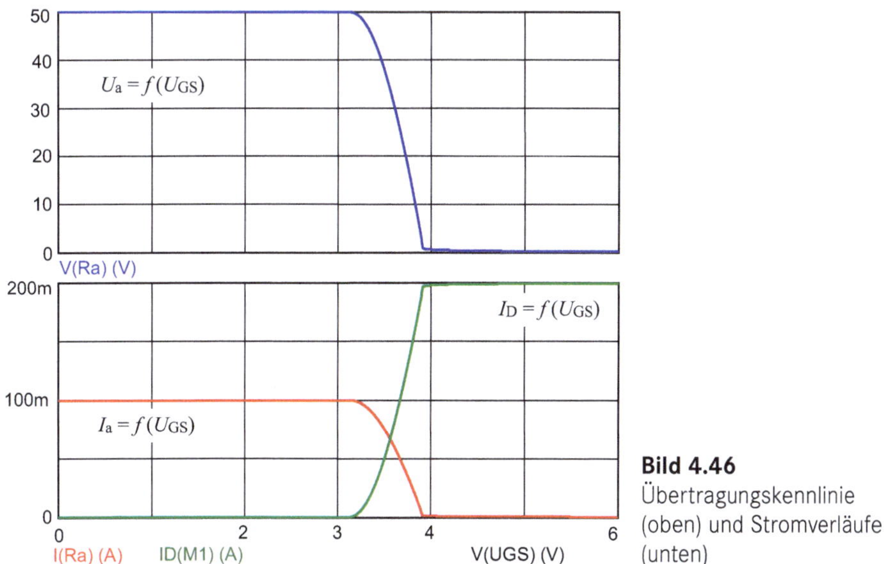

Bild 4.46 Übertragungskennlinie (oben) und Stromverläufe (unten)

Der obere Teil von Bild 4.46 zeigt die Übertragungsfunktion $U_a = f\,(U_e) = f\,(U_{GS})$. Bei einer Eingangsspannung $U_e = U_{GS} < U_{T0}$ sperrt der FET (Schalter = Aus). Dieser Zustand soll mit dem Index „y" gekennzeichnet werden. In diesem Fall wird die Ausgangsspannung maximal und kann mit dem Spannungsteiler bestimmt werden:

$$U_{ay} \approx U_B \cdot \frac{R_a}{R_a + R_{D0}} = 100\,V \cdot \frac{500}{1000} = 50\,V$$

Ab einer Eingangsspannung $U_e = U_{GS} > U_{T0}$ steuert der MOS-FET durch. Der Lastwiderstand wird kurzgeschlossen und die Ausgangsspannung strebt gegen null (Schalter = Ein und Index „x“).

Bild 4.46 zeigt unten den Verlauf der Ströme I_D und I_a während des Schaltvorganges. Der Drainstrom fließt erwartungsgemäß erst ab $U_e = U_{GS} = U_{T0}$ und geht mit zunehmender Eingangsspannung schnell in einen Sättigungswert über. Der Wert dieses Sättigungsstromes steigt an, wenn man z. B. den Wert des Drainwiderstandes verringert. Der Laststrom fließt im Bereich $U_e = U_{GS} < U_{T0}$ mit $I_a = 100$ mA. Er wird null, wenn der Drainstrom sein Maximum mit $I_D \approx 200$ mA erreicht.

Man kann demzufolge die Situationen vor und nach dem Übergang mit den beiden Zuständen eines elektromechanischen Schalters vergleichen (siehe Bild 4.47).

Bild 4.47 Verhalten eines elektromechanischen Schalters

Über einem idealen Schalter liegt im geöffneten Zustand „Aus“ die maximal mögliche Spannung (Leerlaufspannung) und der durch den Schalter fließende Strom ist null. Im geschlossenen Zustand „Ein“ fließt der maximal mögliche Strom (Kurzschlussstrom) durch den idealen Schalter und die Spannung über ihm ist null. Dieser Vorgang ist bei einem als Schalter arbeitenden MOS-FET ähnlich und kann im Ausgangskennlinienfeld dargestellt werden.

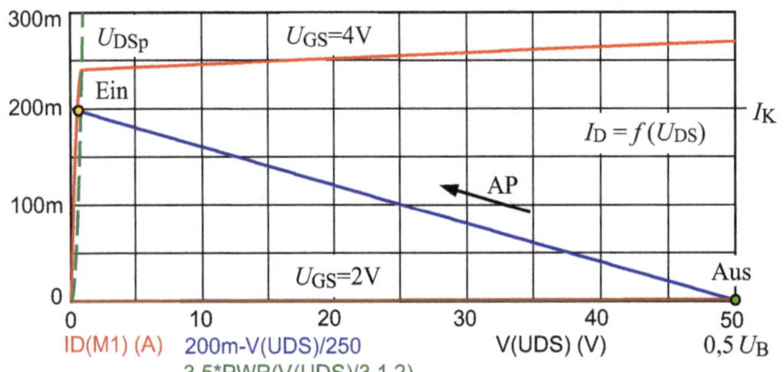

Bild 4.48 Arbeitspunkte im Ausgangskennlinienfeld

Dazu wird das Ausgangskennlinienfeld mit zwei typischen UGS-Parameterwerten simuliert. Wir verwenden die Gate-Source-Spannungen von Bild 4.45. Die Widerstände R_{D0} und R_a sind dann unwirksam: RD0 = 0 und Ra → ∞.

Beim Übergang vom „Aus“- in den „Ein“-Zustand durchläuft der Arbeitspunkt des FET die in Bild 4.48 simulierte Arbeitsgerade. Im „Ein“-Zustand fließt durch den aufgesteuerten Feldeffekttransistor ein relativ großer Drainstrom $I_D \approx U_B/R_{D0}$. Über der Drain-Source-Strecke (Ausgang) liegt eine Restspannung, die vom Spannungsabfall über dem Drain-Source-Widerstand bestimmt wird.

Simulationsbeispiel 4.4: Kleinsignalverstärker mit MOS-FET

Die in Bild 4.36 vorgestellte Verstärkerschaltung mit einem MOS-FET vom Anreicherungstyp soll so dimensioniert werden, dass im Arbeitspunkt ein Drainstrom von $I_{D0} \approx 140$ mA fließt. Legen Sie in den Kennlinien einen geeigneten Arbeitspunkt fest und berechnen Sie die zur Einstellung erforderlichen Widerstände. Der Koppelkondensator C_1 ist so zu dimensionieren, dass der Eingangshochpass mit einer Grenzfrequenz von ca. 50 Hz arbeitet. Weisen Sie die angestrebte Funktion mit einer Simulation des MOS-FET 2N6660 (DNMOS = Double-Diffused MOS) nach. Das Bauelement finden Sie unter der Hauptgruppe: | *Analog Primitives* | - {*Aktive Devices*} - [*DNMOS*].

Die Transferkennlinie sagt aus, dass mit einer Gate-Source-Spannung $U_{GS0} = 3{,}52$ V ein Drainstrom $I_{D0} = 140$ mA erreicht wird. Das bestätigt auch die Analyse *Dynamic-DC*.

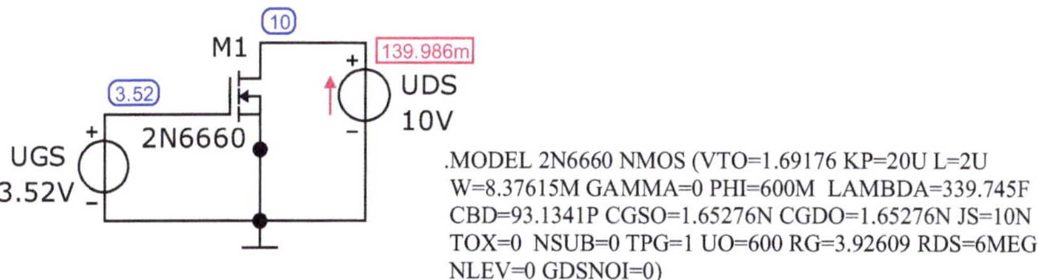

Bild 4.49 Arbeitspunkte mit *Dynamic-DC*

Wenn man eine Betriebsspannung von $U_B = 15$ V vorgibt, sollte der Arbeitspunkt so etwa in der Mitte zwischen U_{DSp} und $U_{DS,max}$ bzw. U_B liegen. Bild 4.50 zeigt die Ausgangskennlinie in Kombination mit der Transferkennlinie. Die Spannung im Arbeitspunkt wurde mit $U_{DS0} = 8$ V gewählt.

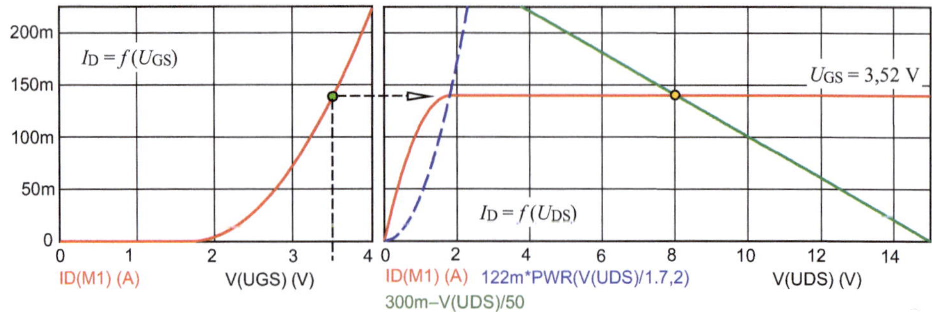

Bild 4.50 Kennlinien und Arbeitspunkt des Kleinsignalverstärkers

Als Spannungsabfall über dem Sourcewiderstand wird ein Wert von $U_{S0} = I_{D0} \cdot R_{S0} = 1$ V festgelegt.

$$R_{S0} = \frac{U_{S0}}{I_{D0}} = \frac{1\ \text{V}}{140\ \text{mA}} \approx 7{,}1\ \Omega$$

$$R_{D0} = \frac{U_B - U_{DS0} - U_{S0}}{I_{D0}} = \frac{6\,\text{V}}{140\,\text{mA}} \approx 42{,}9\,\Omega$$

Mit diesen Widerständen kann die Arbeitsgerade in die Ausgangskennlinie eingezeichnet werden. Sie verbindet die Leerlaufspannung $U_L = U_B = 15$ V mit dem Kurzschlussstrom I_K. Für den Innenwiderstand gilt: $R_i = R_{D0} + R_{S0} = 50\ \Omega$.

$$I_K = I_D\Big|_{U_{DS}=0} = \frac{U_L}{R_i} = \frac{U_B}{R_{D0} + R_{S0}} = \frac{15\ \text{V}}{50\ \Omega} = 300\ \text{mA}$$

Der Gate-Spannungsteiler wirkt als unbelasteten Teiler, da aus praktischer Sicht kein Gatestrom fließt. Der Querstrom durch den Teiler wird mit $I_{10} = 50\ \mu\text{A}$ gewählt. Damit ist der Eingang des Verstärkers hochohmig und die Belastung der Signalquelle (vorgeschaltete Stufe) äußerst gering.

$$R_{20} = \frac{U_{GS0} + U_{S0}}{I_{10}} = \frac{6\,\text{V}}{50\,\mu\text{A}} = 120\,\text{k}\Omega$$

$$R_{10} = \frac{U_B - U_{GS0} - U_{S0}}{I_{10}} = \frac{9\,\text{V}}{50\,\mu\text{A}} = 180\,\text{k}\Omega$$

Der Koppelkondensator C_1 bildet mit dem Wechselstrom-Eingangswiderstand r_e einen Hochpass. Für seine Grenzfrequenz gilt mit $r_e = R_1 \| R_2 \| r_{GS} \approx R_1 \| R_2$ (weil $r_{GS} \gg R_1 \| R_2$):

$$f_g = \frac{1}{2\pi \cdot r_e \cdot C_1} \quad \Rightarrow \quad C_1 \approx \frac{1}{2\pi \cdot R_1 \,\|\, R_2 \cdot f_g} = \frac{1}{2\pi \cdot 72\ \text{k}\Omega \cdot 50\ \text{Hz}} = 44{,}2\ \text{nF (gewählt: 47 nF)}$$

Gewählte Widerstandswerte (E-24-Reihe):
R_{S0} = 7,5 Ω; R_{D0} = 43 Ω; R_{20} = 120 kΩ; R_{10} = 180 kΩ

Der Kondensator C_2 hat die Aufgabe, die verstärkte Wechselgröße vom DC-Anteil zu trennen. Sein Kapazitätswert beeinflusst aber auch den Frequenzgang der Ausgangsspannung. Hier muss man einen sinnvollen Kompromiss finden:

1. Ein zu kleiner Wert von C_2 dämpft infolge des sehr großen kapazitiven Blindwiderstandes die Amplitude der Ausgangsspannung.
2. Ein zu großer Wert von C_2 führt zu einer Offsetspannung im Ausgangssignal. Wir legen einen Wert von C_2 = (1 … 10) nF fest.

Der zur Unterdrückung einer Wechselstromgegenkopplung erforderliche Kondensator C_3 soll experimentell bestimmt werden. Zur Darstellung des Amplitudenfrequenzganges variieren wir dazu den Wert von C_3 mit *Stepping*.

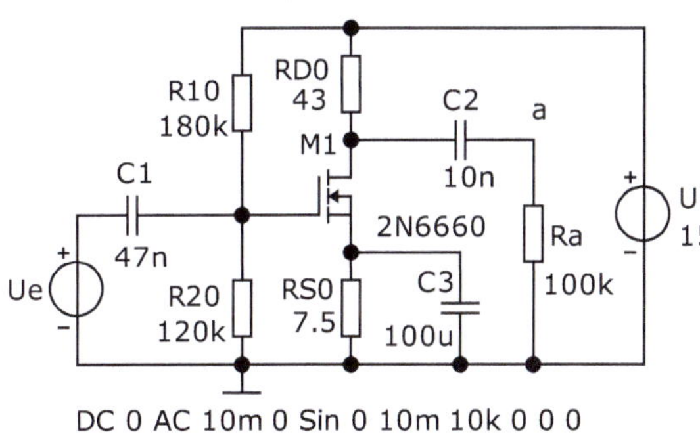

Bild 4.51
Simulation eines Kleinsignalverstärkers mit MOS-FET (Anreicherungstyp)

Die Simulation führen wir vorerst mit der Analyse *Transient* durch. Zur Darstellung von 5 Perioden wird bei einer Frequenz des Eingangssignals von f = 10 kHz ein Analysezeitraum von 500 µs benötigt. Bild 4.52 zeigt die Zeitfunktionen der Eingangsspannung $u_e(t)$ und der Ausgangsspannung $u_a(t)$ für $\hat{U}_e$ = 10 mV. Die Ausgangsspannung befindet sich noch nicht im eingeschwungenen Zustand!

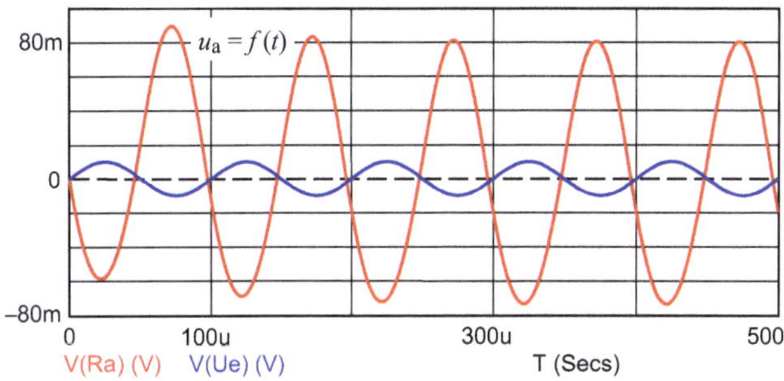

Bild 4.52
Eingangs- und Ausgangsspannung eines Kleinsignalverstärkers (C_2 = 1 nF)

Im eingeschwungenen Zustand liefert der Kleinsignalverstärker eine Ausgangsspannung $\hat{U}_a$ = 80 mV. Die Spannungsverstärkung beträgt $V_U = \hat{U}_a/\hat{U}_e \approx -8$. Das negative Vorzeichen weist auf eine invertierende Wirkung hin. Für diese Simulation wurde ein Wert von C_2 = 1 nF gewählt.

Nun führen wir die Analyse *AC* durch und stellen den Amplitudenfrequenzgang der Ausgangsspannung für drei verschiedene Werte von C_3 dar:
Stepping=10u,100u,200u

Um die unterschiedlichen Wirkungen von C_3 zu verdeutlichen, wurde jetzt für die Simulation ein Wert von C_2 = 10 nF festgelegt. Der Verlauf des Amplitudenfrequenzganges bestätigt die bereits ermittelte Spannungsverstärkung von $| V_U | \approx 8$ (siehe: sicherer Durchlassbereich in Bild 4.53). Die obere Grenzfrequenz ändert sich bei der Variation von C_3 nicht. Die unteren Grenzfrequenzen verschieben sich mit wachsender Kapazität von C_3 zu tieferen Werten hin.

Der Kapazitätswert C_{31} = 10 µF ist eindeutig zu klein, wenn man spektrale Komponenten ab einer Frequenz von f_{gu} = 1 kHz nahezu ungedämpft übertragen will. Der Wert C_{32} = 100 µF wäre ausreichend, um den Bereich 1 kHz $\le f \le$ 30 MHz mit einer Spannung von 90 % $\hat{U}_{a,max}$ relativ sicher zu übertragen.

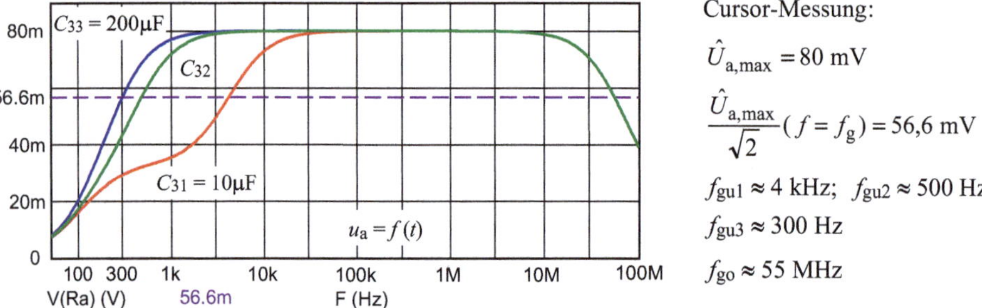

Bild 4.53 Amplitudenfrequenzgang der Ausgangsspannungen des Kleinsignalverstärkers (C_2 = 10 nF)

Der Kapazitätswert C_{33} = 200 µF verringert die untere Grenzfrequenz auf $f_{gu3} \approx$ 300 Hz. Dieser Vorteil geht aber wieder verloren, wenn man mit dem Koppelkondensator C_2 = 1 nF arbeitet. Dann sind die Frequenzgänge (bewirkt von C_{32} und C_{33}) nahezu deckungsgleich. Die unteren Grenzfrequenzen f_{gu} verschieben sich etwas in Richtung höherer Frequenzen.

Die Phasenfrequenzgänge haben alle einen ähnlichen Verlauf und weisen keine Besonderheiten auf. Auf diese Darstellung wurde demzufolge verzichtet.

Anmerkungen zu diesem Simulationsbeispiel:

Nach den Angaben des Herstellers hat der MOS-FET 2N6660 eine Verlustleistung von P_V = 6,25 W. Hier gibt es also noch Reserven. Diese Verlustleistung konnte im Format von Bild 4.50 nicht mehr dargestellt werden.

Simulationsbeispiel 4.5: CMOS-Inverter

Vergleichen Sie unterschiedliche schaltungstechnische Möglichkeiten zum Einsatz eines Feldeffekttransistors als Negator und simulieren Sie die Arbeitsweise eines CMOS-Inverters.

In der schaltungstechnischen Praxis arbeitet man häufig mit einem n-Kanal-Anreicherungstyp als Grundelement (vgl. T1 in Bild 4.37 und Bild 4.38). Dieses Element wird auch mit dem Buchstaben E (Enhancement - Anreicherungstyp) bezeichnet. Als Arbeitswiderstand (T2) kommen infrage:

a) ein ohmscher Widerstand R_{D0} (ER-Inverter - EnhancementR)

b) ein MOS-FET vom Anreicherungstyp (EE-Inverter - EnhancementEnhancement, wie in Bild 4.37)

c) ein MOS-FET vom Verarmungstyp (ED-Inverter - EnhancementDepletion)

d) ein komplementärer p-Kanal-MOS-FET (CMOS-Inverter - ComplementaryMOS, wie Bild 4.38).

Bild 4.54 zeigt eine Schaltung zur Simulation des CMOS-Inverters. Da MicroCap über alle erforderlichen Bauelemente verfügt, sind keine Änderungen in den Modellparametern notwendig. Als Basiselement wird der n-Kanal-Anreicherungstyp NMOS Q1 und als Lastelement der dazu komplementäre p-Kanal-Anreicherungstyp PMOS Q4 eingesetzt (Bild 4.54).

In die beiden Gates wird eine rechteckförmige Impulsfolge mit $U_{eL} = 0$ und $U_{eH} = 5$ V (V1=0 und V2=5) über die Quelle / Pulse / eingespeist. Somit handelt es sich um ein TTL-kompatibles Eingangssignal mit einem Tastverhältnis von 1:2 und einer Frequenz von $f = 200$ kHz (siehe Bild 4.55 - oben).

Die Simulation wird mit der Analyse *Transient* über den Zeitraum von zwei Perioden der am Eingang anliegenden Impulsfolge durchgeführt. Das Ziel besteht darin, die Grenzen der Einsatzfähigkeit des CMOS-Inverters zu ermitteln.

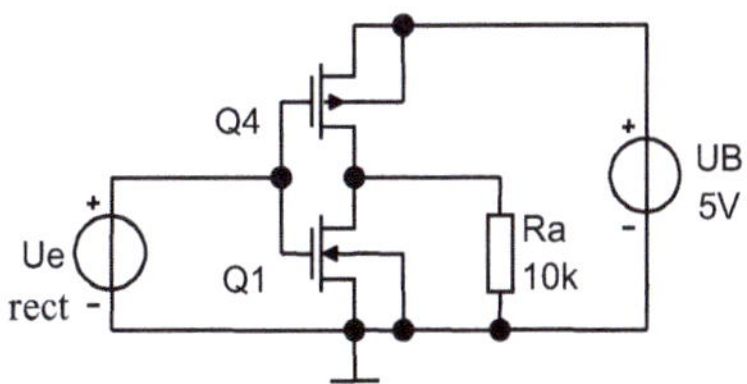

.MODEL Q1 NMOS (w=5u l=1u KP=0.02 VTO=2 CGSO=200N CGDO=200N CGBO=100N)
.MODEL Q4 PMOS (w=5u L=1u VTO=-2 KP=0.02 GAMMA=0.5 CGSO=200N CGDO=200N CGBO=100N)

Bild 4.54 CMOS-Inverter mit Q1 als Basiselement und Q4 als Lastelement

In Bild 4.55 sind die zeitlichen Verläufe der Eingangs- und der Ausgangsspannung dargestellt. Die Schaltfrequenz beträgt $f = 200$ kHz. An der Anordnung liegt eine Betriebsspannung von $U_B = +5$ V.

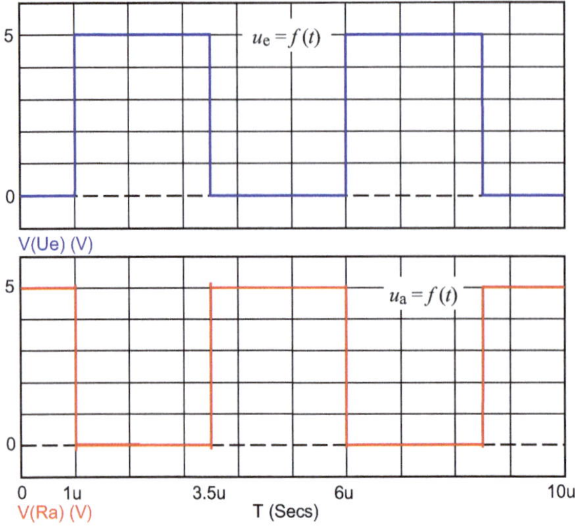

Die Quelle / Pulse / arbeitet mit folgenden Daten:

$t_d = 1$ µs	(TD=1u)
$t_r = 1$ ns	(TR=1n)
$t_f = 1$ ns	(TF=1n)
$t_i = 2{,}5$ µs	(PW=2.5u)
$T = 5$ µs	(PER=5u)

Bild 4.55 Spannungsverläufe im Simulationsbeispiel 4.5 bei $f = 200$ kHz

Die Ausgangsspannung weist den inversen Verlauf der Eingangsspannung auf. Da die Schaltflanken der Ausgangsspannung nicht verformt sind, kann die Schlussfolgerung abgeleitet werden, dass die verwendeten FETs des CMOS-Inverters für solche Schaltwechsel gut geeignet sind.

Die folgenden Erhöhungen der Schaltfrequenzen werden mit einer Veränderung der Einstellungen der Quelle / Pulse / vorgenommen. Da sich an der Signalform nicht verändert, wird in den Auswertungen nur noch das Ausgangssignal dargestellt. Um eine Vergleichbarkeit zu erreichen, müssen die Zeitdaten der Quelle über den gleichen Faktor verändert werden. Das gilt auch für die Zeiten t_d, t_r und t_f.

Bei einer Erhöhung der Schaltfrequenz auf $f = 20$ MHz (Bild 4.56) erkennt man ein Überschwingen an den Schaltflanken. Die Flanken selbst sind aber nicht verformt. Das Überschwingen resultiert aus den steilen Flanken des Eingangssignals in Kombination mit der gewählten kleinen Schrittfolge in der Einstellung der Analyse *Transient*. Bei einer zu kleinen Anzahl von Pixeln werden ansonsten die Flanken nur unscharf abgebildet.

Der in Bild 4.56 dargestellte Verlauf der Ausgangsspannung erlaubt die Schlussfolgerung, dass der CMOS-Inverter für solche Schaltwechsel noch hinreichend gut geeignet ist.

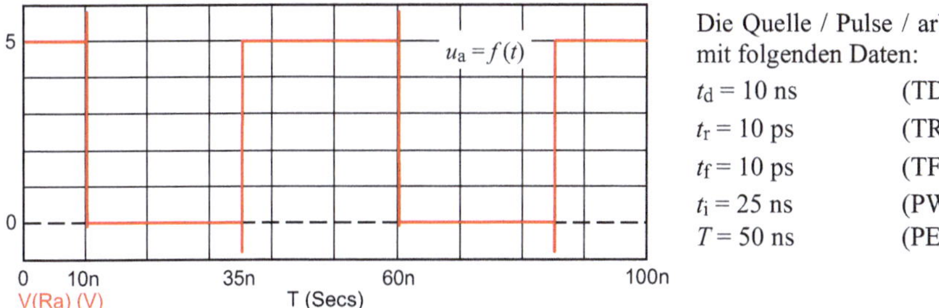

Die Quelle / Pulse / arbeitet jetzt mit folgenden Daten:

$t_d = 10$ ns	(TD=10n)
$t_r = 10$ ps	(TR=10p)
$t_f = 10$ ps	(TF=10p)
$t_i = 25$ ns	(PW=25n)
$T = 50$ ns	(PER=50n)

Bild 4.56 Spannungsverlauf im Simulationsbeispiel 4.5 bei $f = 20$ MHz

Bei einer Schaltfrequenz von $f = 200$ MHz tritt bereits eine leichte Verformung der Flanken auf. Das ist im Vergleich zu den Hilfslinien an der Abfallflanke erkennbar.

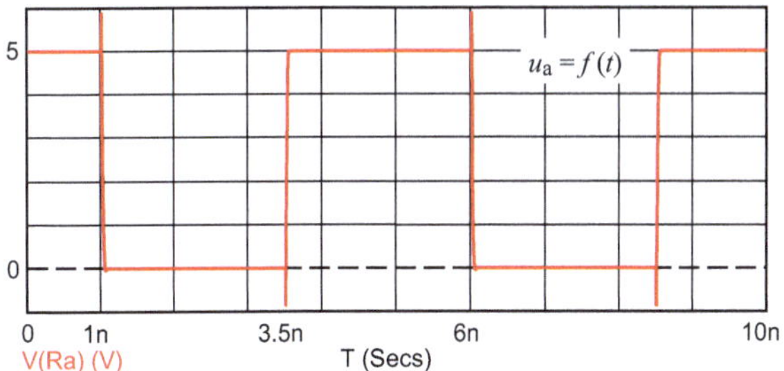

Die Quelle / Pulse / arbeitet jetzt mit folgenden Daten:

$t_d = 1$ ns	(TD=1n)
$t_r = 1$ ps	(TR=1p)
$t_f = 1$ ps	(TF=1p)
$t_i = 2{,}5$ ns	(PW=2.5n)
$T = 5$ ns	(PER=5n)

Bild 4.57 Spannungsverlauf im Simulationsbeispiel 4.5 bei $f = 200$ MHz

Eine weitere Erhöhung der Schaltfrequenz auf $f = 2$ GHz führt zu einer erheblichen Verformung des Ausgangssignals. Hier hat der CMOS-Inverter seine Einsatzgrenzen erreicht.

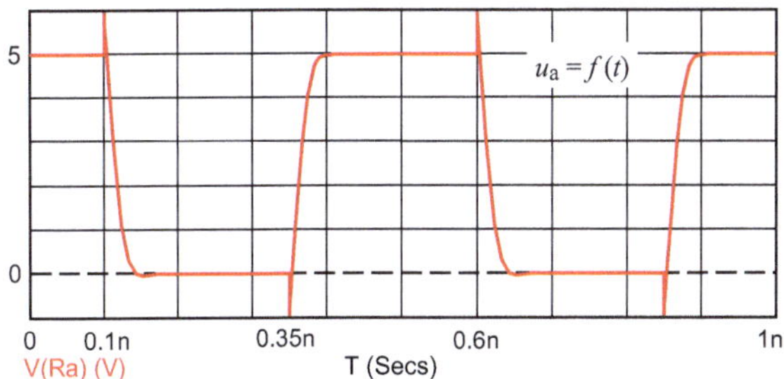

Die Quelle / Pulse / arbeitet jetzt mit folgenden Daten:

$t_d = 0{,}1$ ns	(TD=0.1n)
$t_r = 0{,}1$ ps	(TR=0.1p)
$t_f = 0{,}1$ ps	(TF=0.1p)
$t_i = 0{,}25$ ns	(PW=0.25n)
$T = 0{,}5$ ns	(PER=0.5n)

Bild 4.58 Spannungsverlauf im Simulationsbeispiel 4.5 bei $f = 2$ GHz

Die Flanken werden nach einer e-Funktion infolge der Wirksamkeit interner Kapazitäten verformt. Hier muss der Anwender die Entscheidung treffen, ob dieser „trapezförmige“ Signalverlauf noch zur Lösung seiner Schaltaufgaben einsetzbar ist.

5 Bipolare Transistoren

Bipolare Transistoren (BJT = Bipolar Junction Transistor) bestehen aus zwei voneinander abhängigen Zonenübergängen. Die von diesen beiden Übergängen eingeschlossene mittlere Schicht dient zur Steuerung des Transferstromes von einer Außenzone zur gegenüberliegenden Außenzone. Im Gegensatz zu Feldeffekttransistoren, bei denen der Transferstrom von einer Spannung gesteuert wird (spannungsgesteuerte Stromquelle), verhalten sich bipolare Transistoren wie stromgesteuerte Stromquellen.

Am Ladungstransport eines bipolaren Transistors sind sowohl die Elektronen als auch die Defektelektronen (bipolar) beteiligt.

5.1 Aufbau und Wirkungsweise

Bipolare Transistoren bestehen aus drei unterschiedlich dotierten Halbleiterschichten. Nach der Schichtfolge unterscheidet man zwischen pnp-Transistoren und npn-Transistoren. Da sich zwischen zwei Schichten jeweils ein pn-Übergang ausbildet, kann der Aufbau eines BJT formal über zwei Dioden dargestellt werden, die gegensinnig in Reihe geschaltet sind. Die Anschlüsse bezeichnet man mit Emitter (E), Basis (B) und Kollektor (C). Bedingt durch die sehr dünn ausgeführte Basisschicht liegen beiden pn-Übergänge so dicht beieinander, dass sie sich wechselseitig beeinflussen. Damit können Ladungsträger, die von einem pn-Übergang ausgehen, den jeweils anderen pn-Übergang ohne Rekombination erreichen. Bild 5.1 zeigt den Aufbau und die prinzipielle Wirkungsweise am Beispiel eines npn-Transistors.

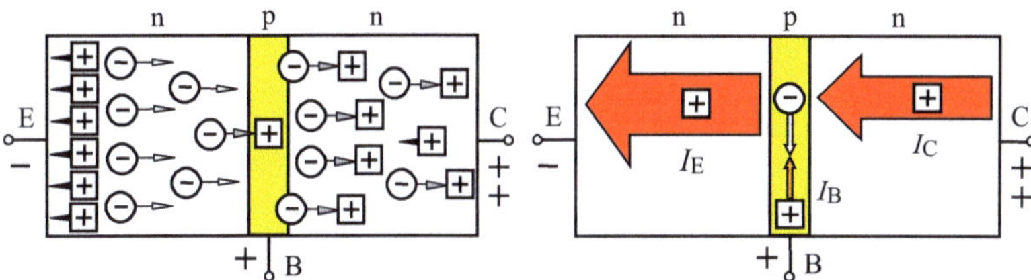

Bild 5.1 Aufbau und prinzipielle Wirkungsweise eines npn-Transistors

Im sogenannten Normalbetrieb ist die Emitter-Basis-Diode (E – B) in Flussrichtung und die Basis-Kollektor-Diode (B – C) in Sperrrichtung geschaltet. Bei einem negativen Potential am Emitter und einem leicht positiven Potential an der Basis werden vom Emitter negative Ladungsträger (Elektronen) in die Basis eingespeist ⊖▻ (Ladungsträgerinjektion). Dieser Elektronenstrom in Richtung Basis hinterlässt positive Löcher, die eine Relativbewegung in Emitterrichtung ausführen ◅⊞. Es fließt ein Emitterstrom I_E.

Durch die hohe n-Dotierung der Emitterschicht und die geringe p-Dotierung der sehr schmalen Basisschicht wird die Basis mit Ladungsträgern überflutet. Nur etwa 2 % der Elektronen können in der Basis mit den positiven Löchern rekombinieren ⊖▻⊞.

Die restlichen ca. 98 % werden infolge der hohen elektrischen Feldstärke über dem in Sperrrichtung gepolten Basis(+)-Kollektor(++)-Übergang von der Kollektorschicht aufgesaugt. Dort rekombinieren sie mit den über ein positives Kollektorpotential eingespeisten Defektelektronen. Es fließt ein Kollektorstrom I_C, der mit dem Basisstrom gesteuert werden kann.

In Bild 5.1 (rechts) ist der Ladungstransport eines npn-Transistors für die Defektelektronen dargestellt. Ihre Bewegungsrichtung bestimmt nach der technischen Stromrichtung die Richtung der Ströme, die im rechten Bild mit angegeben sind. Der Zusammenhang zwischen den Strömen kann über den Knotenpunkt (BJT als Großknoten) beschrieben werden.

$$I_E = I_B + I_C \tag{5.1}$$

Bipolare Transistoren werden mit verschiedenen Technologien hergestellt (siehe Beispiele in [2]: Planartransistor, Epitaxietransistor, Epitaxie-Planar-Transistor, usw.). Bild 5.2 zeigt den prinzipiellen Aufbau eines Epitaxie-Planar-Transistors.

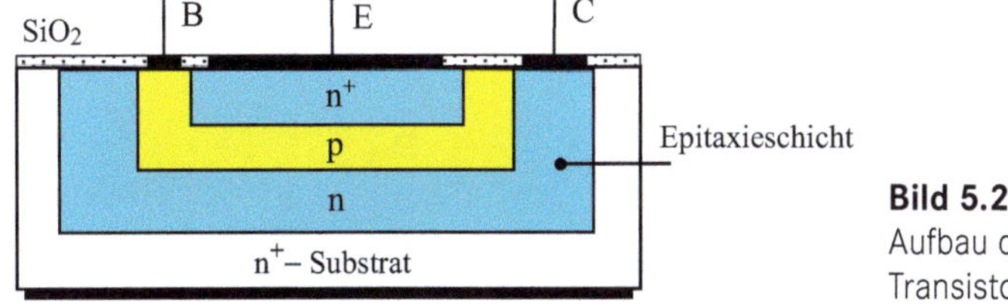

Bild 5.2 Aufbau des Epitaxie-Planar-Transistors

Auf ein hochdotiertes n-Substrat als Grundmaterial wird zunächst eine n-dotierte Epitaxieschicht durch einkristallines Aufwachsen aufgebracht. Danach lässt man durch eingeätzte Fenster die erforderlichen Dotierungsstoffe zuerst für die Basis und dann für den Emitter eindiffundieren (Planar-Diffusionsverfahren, [2] - A5).

Aus den verschiedenen Herstellungsverfahren resultieren unterschiedliche Strukturen mit spezifischen Anwendungsbereichen {Typenbezeichnung}.

- Kleinsignaltransistoren {C}
- Schalttransistoren {S}
- NF-Transistoren {C}
- HF-Transistoren {F}
- Leistungstransistoren {D}{U}

Der erste Buchstabe gibt das verwendete Basismaterial an (A = Ge; B = Si). Der zweite Buchstabe {} kennzeichnet den bevorzugten Anwendungsbereich. Ein weiterer Buchstabe (X, Y oder Z) sowie Zahlen sind herstellerspezifische Angaben. Beim BJT mit der Bezeichnung BC550 handelt es sich z. B. um einen Si-Transistor, der für Anwendungen im Tonfrequenzbereich (Kleinsignalverstärker, Treiber, usw.) geeignet ist.

Je nach maximal zulässiger Verlustleistung und geplanter Anwendung werden Transistoren in unterschiedlichen Gehäuseformen angeboten. Die Gehäuse bestehen aus Kunststoff oder Metall und sind in speziellen Ausführungen auch für die Oberflächenmontage (Leiterplatte) vorgesehen (SMD - z. B.: BC817).

5.2 Kennlinien und Kenngrößen

Bipolare Transistoren können über drei verschiedene Grundschaltungen betrieben werden. Der als gemeinsame Bezugselektrode verwendete Anschluss bestimmt die Bezeichnung der jeweiligen Grundschaltung (Bild 5.3).

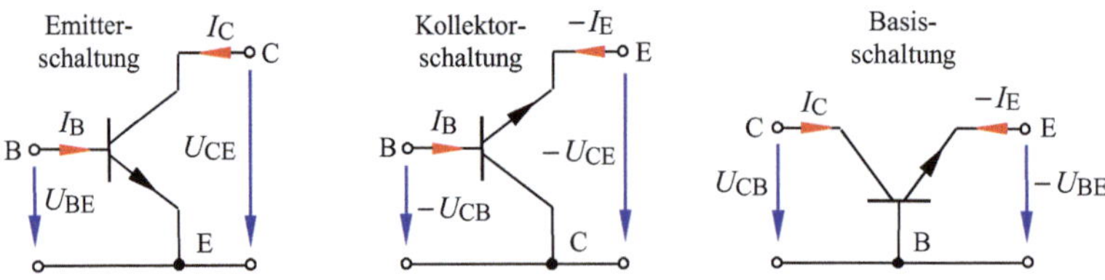

Bild 5.3 Transistor-Grundschaltungen (npn-Transistor)

Für die Zählpfeile eines Transistors gilt in den folgenden Ausführungen die Regel, dass alle Ströme in den Transistor hineinfließen. Die Spannungszählpfeile zeigen dabei in Richtung der jeweiligen Bezugselektrode. Bei Verwendung eines pnp-Transistors (der Emitterpfeil zeigt zur Basis) müssen im Vergleich zu Bild 5.3 die Vorzeichen der Spannungen und Ströme verändert werden. In den weiteren Betrachtungen wird der npn-Transistor (vorrangig in einer EmitterSchaltung = ES) im Vordergrund stehen.

5.2.1 Kennlinienfelder

Da der Transistor in jeder der drei Grundschaltungen zwei Eingangs- und zwei Ausgangsklemmen aufweist, wird er in den folgenden Ausführungen als aktiver Übertragungsvierpol betrachtet (vgl. [6] - Abschnitt 10.4). Zur Beschreibung des elektrischen Verhaltens des BJT dient ein Kennlinienfeld, das alle vier Quadranten eines kartesischen Koordinatensystems umfasst (Bild 5.4 - links). Auf der rechten Seite des Bildes ist das Ausgangskennlinienfeld mit den Grenzen des Arbeitsbereiches SOAR (Safe Operating ARea) dargestellt.

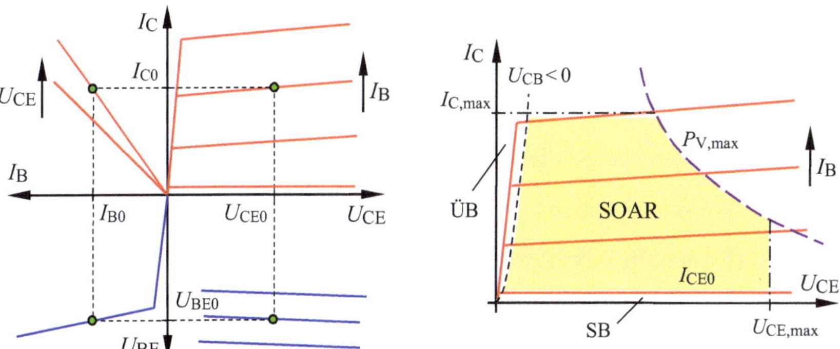

Bild 5.4 Idealisiertes Vierquadranten-Kennlinienfeld (npn-Transistor in ES) und Arbeitsbereich

Damit kann man folgende Zusammenhänge in einem gemeinsamen Diagramm darstellen:

1. Quadrant: $I_C = f(U_{CE})$ Ausgangskennlinie (Parameter: I_B)
2. Quadrant: $I_C = f(I_B)$ Stromverstärkung (Parameter: U_{CE})
3. Quadrant: $U_{BE} = f(I_B)$ Eingangskennlinie (Parameter: U_{CE})
4. Quadrant: $U_{BE} = f(U_{CE})$ Rückwirkungskennlinie (Parameter: I_B)

5.2.2 Statische Kenngrößen

Mit statischen Kenngrößen beschreibt man das elektrische Verhalten eines Bauelementes im eingestellten Arbeitspunkt (Index 0). Die Lage des Arbeitspunktes ist so zu wählen, dass die vom Hersteller (Datenblatt) angegebenen Grenzwerte nicht überschritten werden. Dazu zählen beim Transistor der zulässige maximale Kollektorstrom $I_{C,max}$, die unterhalb des ersten Durchbruchs noch zulässige maximale Kollektor-Emitter-Spannung $U_{CE,max}$ (Durchbruchspannung U_{BV} = Breakdown Voltage), die zulässige maximale Verlustleistung $P_{V,max}$ und die maximale Sperrschichttemperatur $\vartheta_{J,max}$ (J = Junction).

Dieser Arbeitsbereich eines Transistors kann im Ausgangskennlinienfeld (Bild 5.4 - rechts) dargestellt werden. Der sichere Arbeitsbereich (SOAR) wird bei größeren Spannungen und Strömen von den maximal zulässigen Grenzwerten bestimmt.

Bei kleinen Kollektor-Emitter-Spannungen ($U_{CE} < 1$ V) grenzt der aktive Bereich SOAR am sogenannten Übersteuerungsbereich ÜB ($U_{CB} < 0$) an. Dieser Übersteuerungsbereich wird auch als Sättigungsbereich bezeichnet. Infolge einer positiven Spannung $U_{BC} > 0$ ist hier die Basis-Kollektor-Diode in Flussrichtung geschaltet. Eine weitere Vergrößerung des Basisstromes hat damit keine maßgebliche Erhöhung des Kollektorstromes zur Folge.

Bei offener Basis ($I_B = 0$) befindet sich der Transistor im Sperrbereich (SB). Es fließt nur noch ein Kollektor-Emitter-Reststrom I_{CE0}. Dieser Strom ist von der angelegten Spannung $U_{CE} > 0$ und von der Sperrschichttemperatur ϑ_J abhängig.

Im sicheren Bereich SOAR arbeitet der Transistor als analoger Verstärker. Hier ist die Verstärkung nur geringfügig von den Betriebskenngrößen abhängig. Zu den gebräuchlichsten Kenngrößen in diesem Bereich zählt die Gleichstromverstärkung. Sie beschreibt das Verhältnis von Ausgangsstrom und Eingangsstrom im eingestellten Arbeitspunkt (0) bei einer normalen Betriebsrichtung des Vierpols (Vorwärtsbetrieb: Index F). Infolge des weitgehend linearen Zusammenhangs zwischen Kollektorstrom und Basisstrom (siehe 2. Quadrant in Bild 5.4) ist die Gleichstromverstärkung im aktiven Arbeitsbereich SOAR näherungsweise konstant. Für die Gleichstromverstärkung der Emitterschaltung gilt:

$$B_F = \frac{I_{C0}}{I_{B0}} \tag{5.2}$$

Lehrbeispiel 5.1

Ermitteln Sie mit einer geeigneten Simulation die Kennlinien eines npn-Transistors in Emitterschaltung und bestimmen Sie daraus für einen frei wählbaren Arbeitspunkt die statischen Kenngrößen.

Die Demo-Software von MicroCap bietet mehrere Transistortypen für unterschiedliche Anwendungen an, die in der npn- und/oder in der pnp-Ausführung verfügbar sind. Wir wollen uns die Kennlinien des Transistors 2N3904 (für allgemeine Anwendungen - general purpose transistor) ansehen. Er wird vom Hersteller mit folgenden Daten angegeben:
$U_{CE,max}$ = 40 V, $I_{C,max}$ = 200 mA, $P_{V,zul}$ = 630 mW.

Bild 5.5 zeigt die Simulationsschaltung. Die Daten der Quelle(n) werden bei einem Sweep ignoriert.

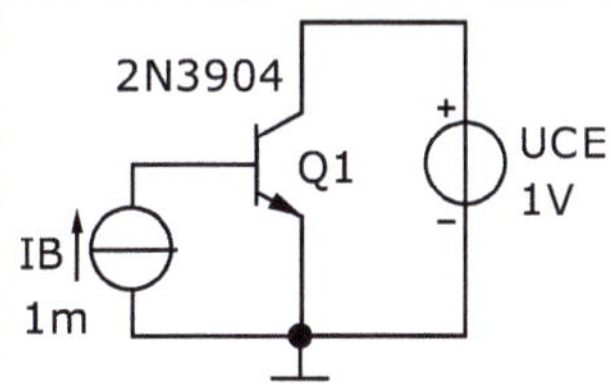

Bild 5.5
Schaltung zur Simulation von BJT-Kennlinien

Wir stellen zunächst nur das Ausgangskennlinienfeld [Y=IC(Q1)] dar. Für die Hyperbel der Verlustleistung $P_{V,max}$ = 0,63 W muss der jeweilige Kollektorstrom [Y=0.63/V(UCE)] berechnet werden.

DC-Main-Sweep: U_{CE} = 0 ... 10 V (1mV)
DC-Nested-Sweep: I_B = 0 ... 3 mA (List=0.1m,0.5m,1m,2m,3m)

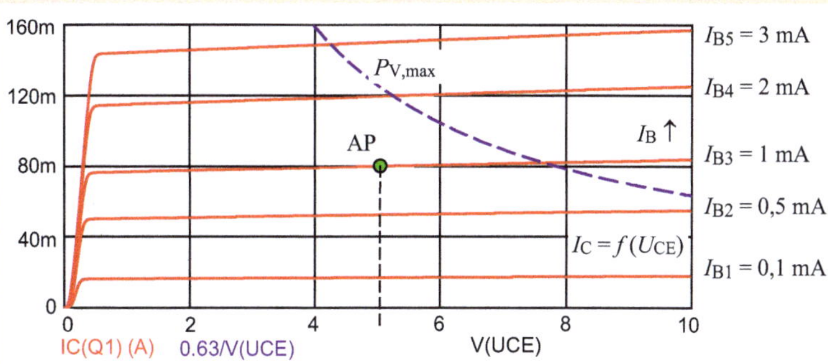

Bild 5.6 Ausgangskennlinienfeld des 2N3904

Der Arbeitspunkt wird im Ausgangskennlinienfeld wie folgt festgelegt: U_{CE0} = 5 V und I_{B3} = 1 mA. Dann fließt ein Kollektorstrom mit I_{C0} ≈ 80 mA.

Zur Darstellung der restlichen Kennlinien kann man wieder die Schaltung von Bild 5.5 verwenden. Für das Kennlinienfeld der Spannungsrückwirkung gelten die Sweeps von Bild 5.6. Zur Simulation der Stromverstärkung [Y=IC(Q1)] und der Eingangskennlinie [Y=VBE(Q1)] werden die Sweeps dann wie folgt verändert:

DC-Main-Sweep: I_B = 0 … 3 mA (10 µA)
DC-Nested-Sweep: U_{CE} = 1 … 10 V (List=1,7)

Diese vier Diagramme sollen nun als Vierquadranten-Kennlinienfeld dargestellt werden. Dazu bringt man sie nach dem Gruppieren in ein einheitliches Format [hier: (3,2 × 6) cm²]. Dann wird die Spannungsrückwirkung (4. Quadrant) vertikal gekippt, die Stromverstärkung (2. Quadrant) wird horizontal gekippt und die Eingangskennlinie (3. Quadrant) wird vertikal und horizontal gekippt. Nach dem Zusammenfügen und Beschriften entsteht das Bild 5.7.

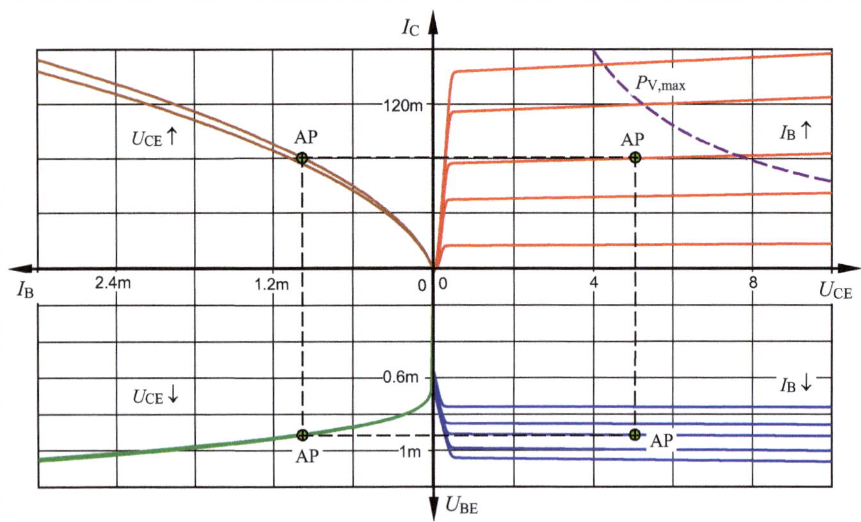

Bild 5.7 Vierquadranten-Kennlinienfeld des BJT 2N3904

Mit den in Bild 5.6 getroffenen Festlegungen erhält man folgende Daten des Arbeitspunktes: U_{CE0} = 5 V (gewählt) und I_{B0} = 1 mA (gewählt) sowie U_{BE0} ≈ 917 mV und I_{C0} ≈ 80 mA.

Jeweils drei dieser Kennwerte können in jedem Quadranten abgelesen werden (vgl. AP in Bild 5.7). Der Parameter U_{CE} (1 V oder 7 V) beeinflusst den Kennlinienverlauf im 2. Quadranten nur gering. Im 3. Quadranten sind beide Eingangskennlinien nahezu identisch. ■

5.2.3 Dynamische Kenngrößen

Dynamische Kenngrößen beschreiben das Verhalten eines Bauelementes bei einer Aussteuerung um den eingestellten Arbeitspunkt. Dazu wird der statisch eingestellte Transistor als Vierpol betrachtet und mit einer sinusförmigen Eingangsspannung unter Einhaltung der Kleinsignalbedingungen ausgesteuert. Für den BJT wird das symmetrische Zählpfeilsystem (vgl. [6] - Abschnitt 10.4) verwendet. Danach fließen alle Ströme in den Transistor hinein. Das entspricht einer Darstellung im Verbraucher-Zählpfeilsystem (V-ZPS).

Bei der Aussteuerung des Transistors unter Kleinsignalbedingungen kann die nichtlineare Strom-Spannungs-Kennlinie in der näheren Umgebung des eingestellten Arbeitspunktes (Index „0“) als Gerade aufgefasst werden. Im Falle einer sinusförmigen Aussteuerung (Bild 5.8) sind dann die dynamischen Kenngrößen über den Aussteuerbereich beschreibbar. Dieser Bereich entspricht dem doppelten Maximalwert und wird mit $\Delta U = U_{SS}$ bzw. $\Delta I = I_{SS}$ bezeichnet. Der Index SS steht für den Wert von Spitze zu Spitze. Wenn dieser Bereich überschritten wird, ist die Kleinsignalbedingung nicht mehr erfüllt.

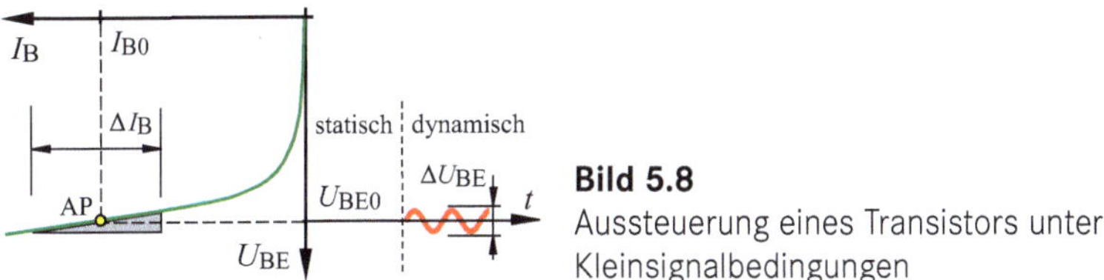

Bild 5.8
Aussteuerung eines Transistors unter Kleinsignalbedingungen

Das Übertragungsverhalten wird mit zwei Gleichungen und vier Parametern beschrieben. Beim NF-Transistor arbeitet man mit den Hybridparametern.

Hybridparameter eignen sich besonders gut zur Beschreibung von Vierpolen, die auf eine Reihen-Parallel-Ersatzschaltung zurückgeführt werden können. Wie Bild 5.9 (links) zeigt, sind dabei die Eingänge beider Ersatzvierpole in Reihe geschaltet (es fließt nur ein Strom - die Spannungen teilen sich auf) und die Ausgangsklemmen sind parallel geschaltet (es liegt nur eine Spannung an den Klemmen - die Ströme teilen sich auf).

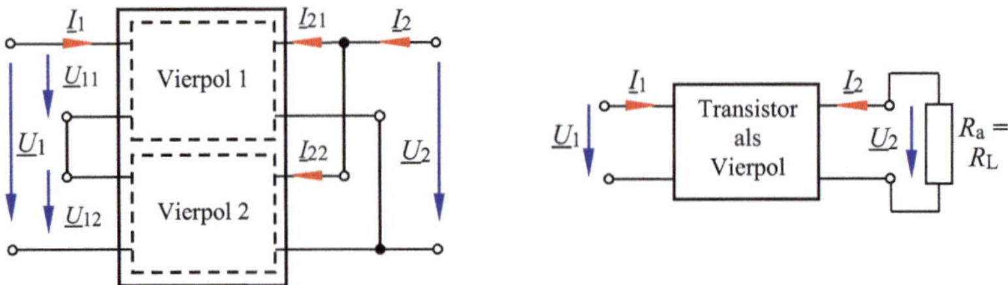

Bild 5.9 Reihen-Parallel-Ersatzschaltung (links) und Transistor mit ohmscher Last (rechts)

Für die Beschreibung eines Transistors als Vierpol ohne Last (offene Ausgangsklemmen) gilt das folgende Gleichungssystem:

$$\underline{U}_1 = \underline{h}_{11} \cdot \underline{I}_1 + \underline{h}_{12} \cdot \underline{U}_2 \tag{5.3}$$

$$\underline{I}_2 = \underline{h}_{21} \cdot \underline{I}_1 + \underline{h}_{22} \cdot \underline{U}_2 \tag{5.4}$$

Formel 5.3 interpretiert das Eingangsverhalten über den Maschensatz (Reihenschaltung). Das Verhalten am Ausgang kann mit Formel 5.4 über den Knotenpunktsatz (Parallelschaltung) erklärt werden. Die Definition der dabei verwendeten Hybridparameter erhält man durch Umstellen dieser Gleichungen im wechselspannungsmäßigen Kurzschlussfall ($\underline{U}_2 = 0$) oder im wechselstrommäßigen Leerlauffall ($\underline{I}_1 = 0$).

$$\underline{h}_{11} = \left.\frac{\underline{U}_1}{\underline{I}_1}\right|_{\underline{U}_2=0} \tag{5.5}$$

Der Parameter $\underline{h}_{11}$ beschreibt den Kurzschluss-Eingangswiderstand. Dabei handelt es sich um einen differenziellen Eingangswiderstand bei wechselspannungsmäßigem Kurzschluss am Ausgang ($\underline{U}_2 = 0$). Da die Ausgangsgleichspannung zur Einstellung des Arbeitspunktes benötigt wird (U_{20} = const.), muss der Kurzschluss der Wechselgröße mit einem Kondensator erzeugt werden, der den Ausgang des Vierpols überbrückt.

Mit einem wechselstrommäßigen Leerlauf am Eingang ($\underline{I}_1 = 0$) kann man den Parameter $\underline{h}_{12}$ definieren und messen. Jetzt muss der Vierpol allerdings in der umgekehrten Richtung (Rückwärts- bzw. Inversbetrieb) betrieben werden. Der Eingangswechselstrom wird null, wenn man die Signalquelle am Eingang entfernt. Dabei bleibt der eingestellte Arbeitspunkt mit I_{10} = const. gleichstrommäßig erhalten. Mit dem Hybridparameter $\underline{h}_{12}$ aus Formel 5.3 wird die Leerlauf-Spannungsrückwirkung beschrieben.

$$\underline{h}_{12} = \left.\frac{\underline{U}_1}{\underline{U}_2}\right|_{\underline{I}_1=0} \tag{5.6}$$

Über die Formel 5.4 können mit den bereits erläuterten Maßnahmen die beiden anderen Parameter ermittelt werden. $\underline{h}_{21}$ beschreibt die Kurzschluss-Stromverstärkung.

$$\underline{h}_{21} = \frac{\underline{I}_2}{\underline{I}_1}\bigg|_{\underline{U}_2=0} \tag{5.7}$$

Der Parameter $\underline{h}_{22}$ gibt schließlich den Leerlauf-Ausgangsleitwert an.

$$\underline{h}_{22} = \frac{\underline{I}_2}{\underline{U}_2}\bigg|_{\underline{I}_1=0} \tag{5.8}$$

Bei Belastung eines Transistors mit einem Lastwiderstand $R_a = R_L$ (Bild 5.9 - rechts) kann man über die Hybridparameter die dynamischen Betriebskenngrößen bestimmen. Mit Formel 5.4 wird die komplexe Betriebsstromverstärkung $\underline{V}_I$ berechnet. Mit $\underline{U}_2 = -\underline{I}_2 \cdot R_L$ gilt: $\underline{I}_2 = \underline{h}_{21} \cdot \underline{I}_1 - \underline{h}_{22} \cdot \underline{I}_2 \cdot R_L$

$$\underline{V}_I = \frac{\underline{I}_2}{\underline{I}_1} = \frac{\underline{h}_{21}}{1+\underline{h}_{22} \cdot R_L} \tag{5.9}$$

Bei Kurzschluss am Ausgang ($R_L = 0$) ist die Betriebsstromverstärkung gleich der Kurzschluss-Stromverstärkung. Ansonsten ist die Betriebsstromverstärkung immer kleiner als die Kurzschluss-Stromverstärkung.

Die Betriebsspannungsverstärkung $\underline{V}_U$ wird über Formel 5.9 berechnet. Der Strom $\underline{I}_1$ muss dabei wie folgt ersetzt werden:

$$\underline{I}_1 = \frac{\underline{I}_2}{\underline{V}_I} \quad \text{mit} \quad \underline{I}_2 = -\frac{\underline{U}_2}{R_L}$$

$$\underline{I}_1 = -\frac{\underline{U}_2}{\underline{V}_I \cdot R_L} = -\underline{U}_2 \cdot \frac{1+\underline{h}_{22} \cdot R_L}{\underline{h}_{21} \cdot R_L}$$

in Formel 5.3 einsetzen:

$$\underline{U}_1 = -\underline{h}_{11} \cdot \underline{U}_2 \cdot \frac{1+\underline{h}_{22} \cdot R_L}{\underline{h}_{21} \cdot R_L} + \underline{h}_{12} \cdot \underline{U}_2$$

$$\frac{\underline{U}_1}{\underline{U}_2} = \frac{-\underline{h}_{11} - \underline{h}_{11} \cdot \underline{h}_{22} \cdot R_L + \underline{h}_{12} \cdot \underline{h}_{21} \cdot R_L}{\underline{h}_{21} \cdot R_L}$$

Der Ausdruck $\underline{h}_{11} \cdot \underline{h}_{22} - \underline{h}_{12} \cdot \underline{h}_{21}$ wird über die Determinante $\det(\underline{h})$ ausgedrückt.

$$\underline{V}_U = \frac{\underline{U}_2}{\underline{U}_1} = \frac{-\underline{h}_{21} \cdot R_L}{\underline{h}_{11} + R_L \cdot \det(\underline{h})} \tag{5.10}$$

Aus dem Produkt der beiden Betriebsverstärkungen (Formel 5.9 und Formel 5.10) ergibt sich dann die komplexe Leistungsverstärkung im Betriebsfall $\underline{V}_\mathrm{P} = \underline{V}_\mathrm{U} \cdot \underline{V}_\mathrm{I}$:

$$\underline{V}_\mathrm{P} = \frac{-\underline{h}_{21}^2 \cdot R_\mathrm{L}}{[\underline{h}_{11} + R_\mathrm{L} \cdot \det(\underline{h})] \cdot (1 + \underline{h}_{22} \cdot R_\mathrm{L})} \tag{5.11}$$

Wenn man den Transistor mit einem sinusförmigen Signal bei Betriebsfrequenzen unterhalb von ca. 100 kHz mit einem hinreichend kleinen Signal ($\Delta U_1 \approx$ einige mV; siehe Bild 5.8) aussteuert, kann über die Formel 5.3 und Formel 5.4 das Kleinsignal-Ersatzschaltbild (ESB) des BJT für den NF-Fall entwickelt werden.

Formel 5.3 beschreibt die eingangsseitige Reihenschaltung des Transistorvierpols über den Maschensatz. Die Eingangsspannung $\underline{U}_1$ teilt sich in zwei Komponenten auf. Der durch den Eingangswiderstand $\underline{h}_{11}$ fließende Eingangsstrom $\underline{I}_1$ erzeugt den Spannungsabfall $\underline{h}_{11} \cdot \underline{I}_1$. Der Parameter $\underline{h}_{12}$ kann laut Formel 5.6 als Wechselspannungsquelle mit $\underline{U}_{12} = \underline{h}_{12} \cdot \underline{U}_2$ bei $\underline{I}_1 = 0$ aufgefasst werden (siehe Bild 5.10). Die Summe dieser beiden Spannungen ergibt die Eingangsspannung. Längs der Masche m gilt: $\underline{U}_1 = \underline{U}_{11} + \underline{U}_{12} = \underline{h}_{11} \cdot \underline{I}_1 + \underline{h}_{12} \cdot \underline{U}_2$.

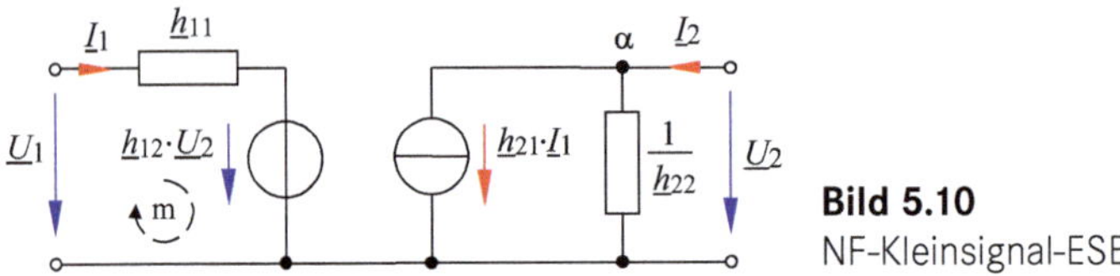

Bild 5.10
NF-Kleinsignal-ESB

Formel 5.4 beschreibt die ausgangsseitige Parallelschaltung über den Knotenpunktsatz. Der Ausgangsstrom $\underline{I}_2$ teilt sich im Ausgangsknoten α in zwei Komponenten auf. Die über dem Ausgangswiderstand (Kehrwert von $\underline{h}_{22}$) anliegende Spannung $\underline{U}_2$ bewirkt einen Strom $\underline{I}_{22}(\downarrow)$, der hier nicht mit eingezeichnet wurde.

$\underline{h}_{21}$ kann gemäß Formel 5.7 als Wechselstromquelle mit $\underline{I}_{21} = \underline{h}_{21} \cdot \underline{I}_1$ ($\underline{U}_2 = 0$) aufgefasst werden. Die Summe dieser beiden Ströme ergibt den Ausgangsstrom. Für den Knoten α gilt: $\underline{I}_2 = \underline{I}_{21} + \underline{I}_{22} = \underline{h}_{21} \cdot \underline{I}_1 + \underline{U}_2 / \underline{h}_{22}$.

Die mit Formel 5.5 bis Formel 5.8 beschriebenen dynamischen Kenngrößen gelten für alle drei Grundschaltungen des bipolaren Transistors. Für ihre Bestimmung müssen lediglich die allgemeinen Angaben für $\underline{U}_1$ und $\underline{I}_1$ bzw. $\underline{U}_2$ und $\underline{I}_2$ durch die Ein- und Ausgangsgrößen der jeweiligen Grundschaltung ersetzt werden. Bild 5.11 zeigt diese Maßnahme am Beispiel der Emitterschaltung. Da die Hybridparameter im NF-Fall reelle Werte aufweisen, darf man mit ihren Beträgen und mit den Änderungen (Δ) der Spannungen und Ströme arbeiten.

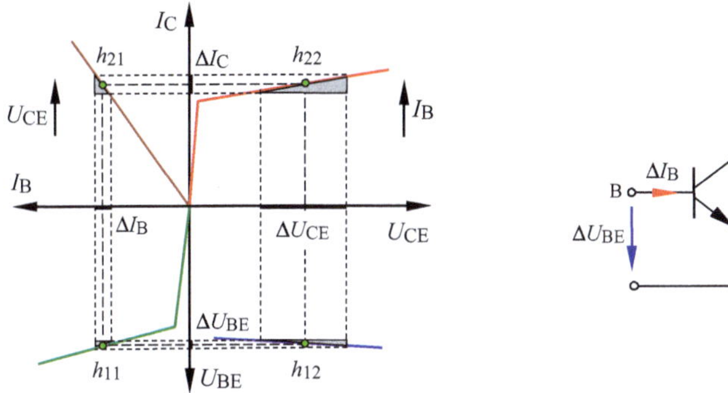

Bild 5.11 Hybridparameter im Vierquadranten-Kennlinienfeld (npn-Transistor in ES)

Für einen bipolaren Transistor in Emitterschaltung (Abkürzung: ES) gelten im NF-Fall unter Kleinsignalbedingungen die folgenden dynamische Kenngrößen:

$$h_{11} = r_{BE} = \frac{\Delta U_{BE}}{\Delta I_B}\bigg|_{\Delta U_{CE}=0} \tag{5.12}$$

$$h_{12} = \mu = \frac{\Delta U_{BE}}{\Delta U_{CE}}\bigg|_{\Delta I_B=0} \tag{5.13}$$

$$h_{21} = \beta = \frac{\Delta I_C}{\Delta I_B}\bigg|_{\Delta U_{CE}=0} \tag{5.14}$$

$$h_{22} = \frac{1}{r_{CE}} = \frac{\Delta I_C}{\Delta U_{CE}}\bigg|_{\Delta I_B=0} \tag{5.15}$$

Der für den Transistor eingestellte Arbeitspunkt verknüpft in einem Vierquadranten-Kennlinienfeld die jeweiligen Änderungen der Spannungen und Ströme miteinander. Wenn man in dieses Kennlinienfeld zusätzlich die Aussteuerung um den Arbeitspunkt einzeichnet, kann man in jedem der vier Quadranten eine der dynamischen Kenngrößen ablesen. Dazu bestimmt man den aktuellen Anstieg der Kennlinie im Arbeitspunkt (siehe grau unterlegte Dreiecke in Bild 5.11) über den Tangens desjenigen Winkels, der im Steigungsdreieck die geringste Distanz zum Koordinatenursprung aufweist. Dieser Anstieg entspricht dann jeweils einem der mit Formel 5.12 bis Formel 5.15 beschriebenen Hybridparameter.

Lehrbeispiel 5.2

Bestimmen Sie für den im Lehrbeispiel 5.1 festgelegten Arbeitspunkt des Transistors 2N3904 (ES) die Beträge der Hybridparameter bei f = 1 kHz.

Zunächst sollen die Parameter im Vorwärtsbetrieb ermittelt werden. Dazu ist der Arbeitspunkt des Lehrbeispiels 5.1 eingangs- und ausgangsseitig über die Spannungen U_{BE0} = 917 mV und U_{CE0} = 5 V einzustellen. In der Simulationsschaltung (Bild 5.12 - links) wird für U_{CE0} die DC-Quelle / None / verwendet. Damit gilt zwangsläufig die Randbedingung ΔU_{CE0} = 0, die ja zur Bestimmung der beiden Parameter h_{21} und h_{11} einzuhalten ist. Der eingangsseitige Arbeitspunkt kann mit der Offsetspannung der Quelle / Sin / eingestellt werden. Für die Aussteuerung des Transistors wird ein Maximalwert mit $\hat{U}_{BE}$ = 3 mV gewählt. Das entspricht einer Änderung der Eingangsspannung von ΔU_{BE} = 6 mV.

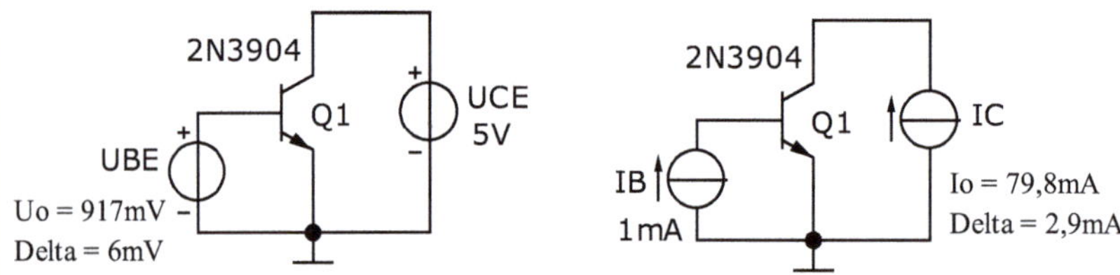

Bild 5.12 Ermittlung der Hybridparameter (links: h_{11} und h_{21} sowie rechts: h_{12} und h_{22})

Zur Darstellung der Ergebnisse wird die Analyse *Transient* eingesetzt. Bild 5.13 zeigt die Änderungen der Zeitfunktion des Basis- und des Kollektorstromes.

Die zeitlich variable Komponente ändert sich mit $\Delta I_B \approx$ 62 µA um den mit I_{B0} = 1 mA eingestellten Arbeitspunkt. Der Kollektorstrom schwankt mit $\Delta I_C \approx$ 2,9 mA um den Arbeitspunkt $I_{C0} \approx$ 80 mA.

Der exakte Wert, den die Analyse *Dynamic-DC* angibt, beträgt I_{C0} = 79,8 mA.

Aus dem Ergebnis von Bild 5.13 können der Kurzschluss-Eingangswiderstand und die Kurzschluss-Stromverstärkung ermittelt werden. Mit Formel 5.12 und Formel 5.14 gilt:

$$h_{11} = \frac{\Delta U_{BE}}{\Delta I_B}\bigg|_{\Delta U_{CE}=0} \approx \frac{6\ \text{mV}}{62\ \mu\text{A}} \approx 97\ \Omega$$

$$h_{21} = \frac{\Delta I_C}{\Delta I_B}\bigg|_{\Delta U_{CE}=0} \approx \frac{2{,}9\ \text{mA}}{62\ \mu\text{A}} \approx 47$$

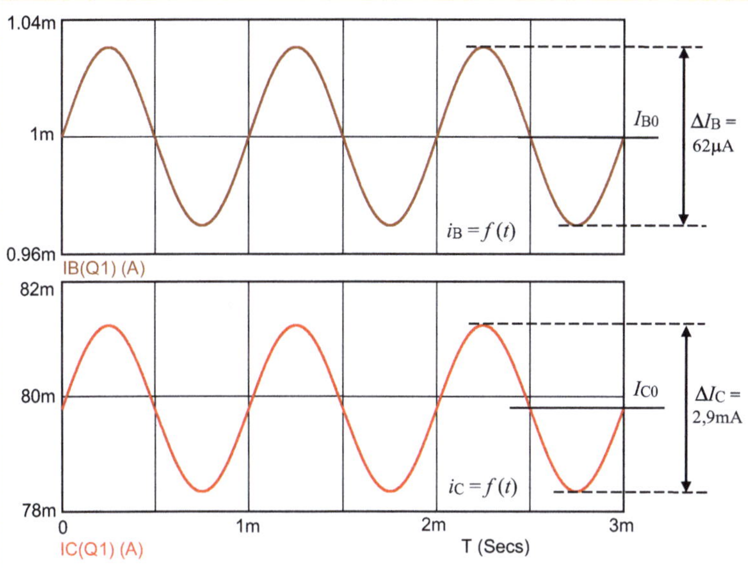

Bild 5.13 Zeitfunktion des Basisstromes (oben) und des Kollektorstromes (unten)

Zur Bestimmung der inversen Parameter muss die Simulationsschaltung leicht verändert werden. Für den Basisstrom gilt jetzt die Randbedingung $\Delta I_B = 0$, die durch den Einsatz einer Gleichstromquelle mit $I_{B0} = 1$ mA = const. erfüllt wird. Der ausgangsseitige Arbeitspunkt kann mit dem Offsetstrom der Stromquelle / Sin / eingestellt werden. Der Transistor wird mit einem Maximalwert von $\hat{I}_B = 1{,}45$ mA im Inversbetrieb angesteuert. Das entspricht einer Änderung des Kollektorstromes von $\Delta I_C = 2{,}9$ mA. Die Simulationsschaltung ist in Bild 5.12 (rechts) dargestellt.

Bild 5.14 zeigt die Ergebnisse der Analyse *Transient*. Die zeitlich variable Komponente der Kollektor-Emitter-Spannung ändert sich mit $\Delta U_{CE} \approx 3{,}85$ V um den mit $U_{CE0} = 5$ V eingestellten Arbeitspunkt.

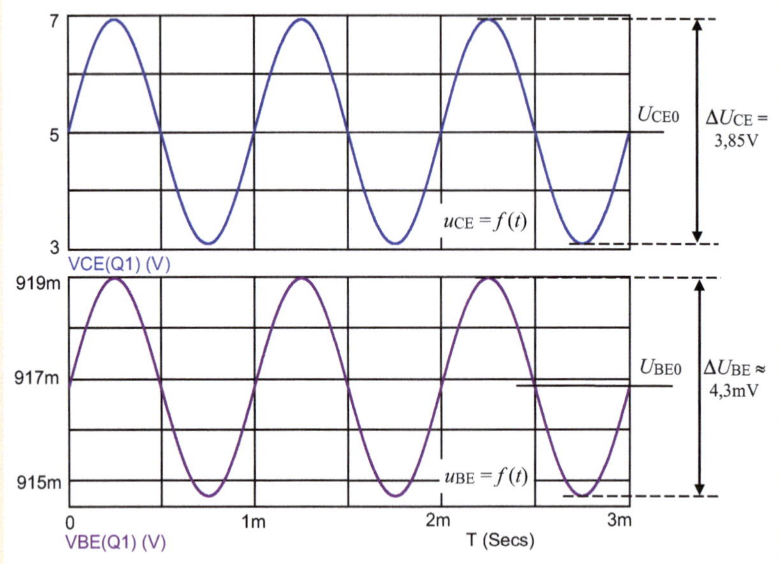

Bild 5.14 Zeitfunktion der Kollektor-Emitter-Spannung (oben) und der Eingangsspannung (unten)

Mit diesen Simulationsergebnissen erhält man die restlichen Hybridparameter über die Formel 5.13 und Formel 5.15.

$$h_{22} = \frac{\Delta I_C}{\Delta U_{CE}}\bigg|_{\Delta I_B=0} \approx \frac{2{,}9\ \text{mA}}{3{,}85\ \text{V}} \approx 0{,}75\ \text{mS}$$

$$h_{12} = \frac{\Delta U_{BE}}{\Delta U_{CE}}\bigg|_{\Delta I_B=0} \approx \frac{4{,}28\ \text{mV}}{3{,}85\ \text{V}} \approx 1{,}1 \cdot 10^{-3}$$

Bei einer Belastung des Transistors mit $R_a = R_L = 1\ \text{k}\Omega$ würde man mit der Formel 5.9 die folgende Betriebsstromverstärkung erhalten:

$$|\underline{V}_I| = \frac{h_{21}}{1 + h_{22} \cdot R_L} \approx \frac{47}{1+0{,}75} \approx 27$$

5.3 Arbeitspunkt eines bipolaren Transistors

5.3.1 Arbeitspunkteinstellung

Die Position des Arbeitspunktes ist in allen vier Quadranten des Kennlinienfeldes für die Anwendung eines Transistors von entscheidender Bedeutung. In Bild 5.11 wurde dieser AP lediglich so eingezeichnet, dass die angestrebte Darstellung des zu erklärenden Sachverhalts in möglichst anschaulicher Form gelingt. In der Praxis muss der Arbeitspunkt dagegen vom Schaltungstechniker entsprechend der geplanten Anwendung unter Berücksichtigung der in Bild 5.4 dargestellten Grenzwerte festgelegt und eingestellt werden.

Bei einem Kleinsignalverstärker positioniert man den Arbeitspunkt in der Regel im Zentrum des SOAR-Bereiches. Die Projektion seiner Lage in die anderen drei Quadranten liefert alle erforderlichen Informationen zur Bestimmung der statischen Kenngrößen im jeweiligen AP. Zur Einstellung dieses Arbeitspunktes ist eine geeignete äußere Beschaltung erforderlich. Bild 5.15 zeigt eine Grundschaltung zur Arbeitspunkteinstellung eines npn-Transistors in Emitterschaltung.

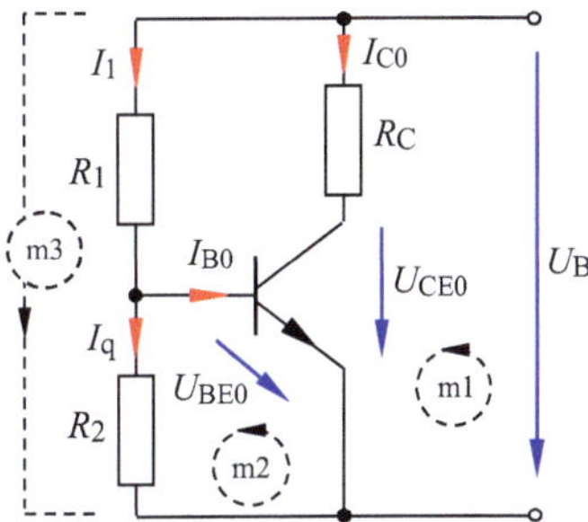

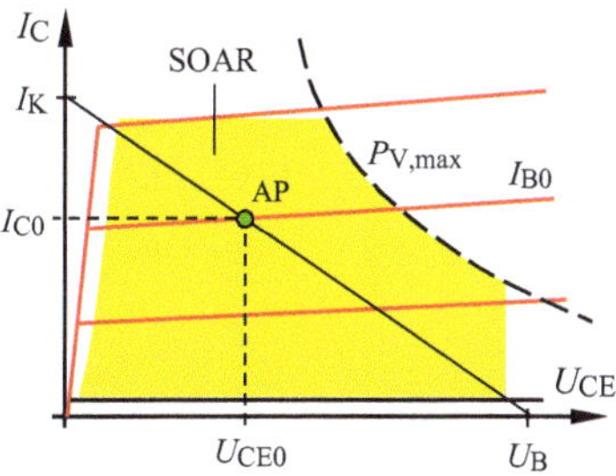

Bild 5.15 Einstellung eines Arbeitspunktes

Die Kollektor-Emitter-Spannung U_{CE0} wird mit der Betriebsspannung U_B über einen sog. Arbeitswiderstand R_C im Ausgangskennlinienfeld eingestellt (Arbeitsgerade in Bild 5.15). Die Arbeitsgerade verbindet die Leerlaufspannung U_{CE} (I_C = 0) = U_B und den Kurzschlussstrom I_K (U_{CE} = 0) = U_B/R_C miteinander. Ihr Schnittpunkt mit der durch I_{B0} festgelegten Ausgangskennlinie bestimmt die Lage des Arbeitspunktes AP. Damit wurde zugleich der Parameter der Kennlinienfelder im 2. und 3. Quadranten auf den Festwert U_{CE0} gesetzt. Die Berechnung des Arbeitswiderstandes (Kollektorwiderstand) gelingt über die Bestimmung des Kehrwertes des Anstiegs der Arbeitsgeraden oder durch Anwendung des Maschensatzes auf den in Bild 5.15 eingezeichneten Umlauf m1:

$$U_B = I_{C0} \cdot R_C + U_{CE0}$$

$$R_C = \frac{U_B - U_{CE0}}{I_{C0}} \tag{5.16}$$

Zur Einstellung des Basisstromes I_{B0} wird ein Basis-Spannungsteiler mit R_1 und R_2 verwendet. Der Widerstand R_2 kann über die Masche m2 bestimmt werden:

$$I_q \cdot R_2 - U_{BE0} = 0$$

$$R_2 = \frac{U_{BE0}}{I_q}$$

Da der Spannungsteiler durch den Basis-Emitter-Widerstand des Transistors belastet wird, sind die Regeln zur Dimensionierung eines belasteten Spannungsteilers (vgl. [6] – Abschnitt 3.5.4) zu berücksichtigen. Danach arbeitet ein belasteter Spannungsteiler nahezu linear, wenn der Laststrom viel kleiner als der Querstrom des Teilers ist. Mit $I_q = 10 \cdot I_{B0}$ sollte diese Forderung näherungsweise erfüllt sein.

$$R_2 = \frac{U_{BE0}}{10 \cdot I_{B0}} \tag{5.17}$$

Der Teilerwiderstand R_1 wird über die äußere Masche m3 von Bild 5.15 berechnet:

$$U_B = I_1 \cdot R_1 + I_q \cdot R_2 = I_1 \cdot R_1 + U_{BE0}$$

mit dem Basisknoten: $I_1 = I_q + I_{B0} = 11 \cdot I_{B0}$:

$$R_1 = \frac{U_B - U_{BE0}}{11 \cdot I_{B0}} \tag{5.18}$$

Falls eine Anwendung des Transistors als Schalter vorgesehen ist, sind zwei Arbeitspunkte für die Zustände „Aus“ und „Ein“ festzulegen. Sie werden dann an den Grenzen des SOAR-Bereiches im Übersteuerungsbereich und im Sperrbereich positioniert.

5.3.2 Arbeitspunktstabilisierung

Die Position des Arbeitspunktes verändert sich bei Variation der Betriebstemperatur ϑ in allen vier Quadranten des Kennlinienfeldes. Wenn z. B. die Temperatur ansteigt, werden alle Ströme des Transistors größer. Falls keine geeigneten Gegenmaßnahmen eingeleitet werden, arbeitet dann der Transistor nicht mehr in seinem ursprünglich eingestellten Arbeitspunkt.

Diesem Effekt kann man durch Gegenkopplungsmaßnahmen entgegenwirken. Dazu führt man einen Teil der Ausgangsgröße des Transistors (hier: Gleichstrom oder Gleichspannung) so auf den Eingang zurück, dass sie der Änderung der Eingangsgröße entgegenwirkt. Bild 5.16 zeigt eine solche Maßnahme am Beispiel der Gleichstromgegenkopplung. In diesem Fall wird ein Teil des sich ändernden Emitterstromes auf die Basis-Emitter-Masche m2 des Eingangskreises zurückgekoppelt. Wenn sich (z.B. infolge einer Temperaturerhöhung) der Kollektorstrom erhöht, dann zieht das eine Erhöhung des Emitterstromes $I_E = I_C + I_B$ nach sich. Damit steigt der Spannungsabfall U_{RE} am Widerstand R_E. Der Basisspannungsteiler muss nun so dimensioniert werden, dass er die Spannung U_2 stabil und unabhängig von der Belastung (vgl. [6] - Abschnitt 3.4.5) bereitstellt. Dann gilt für m2 in Bild 5.16 (links):

$$U_2 = U_{BE} + U_{RE} = \text{const.} \tag{5.19}$$

Wenn nun U_2 konstant ist und U_{RE} ansteigt, dann muss gemäß Formel 5.19 die Spannung U_{BE} sinken. Das Kennlinienfeld in Bild 3.51 (3. Quadrant) zeigt, dass dann auch der Basisstrom absinken muss. Eine Verringerung des Basisstromes zieht nun aber auch eine Verringerung des Kollektorstromes (1. Quadrant in Bild 5.11) nach sich. Somit ergibt sich die folgende Wirkungskette:

$$\vartheta \uparrow \Rightarrow I_C \uparrow \Rightarrow I_E \uparrow \Rightarrow U_{RE} \uparrow \Rightarrow \text{Formel 5.19} \Rightarrow U_{BE} \downarrow \Rightarrow I_B \downarrow \Rightarrow I_C \downarrow \Rightarrow \text{AP} \lrcorner$$

Damit wird einem Wegdriften des Arbeitspunktes entgegengewirkt. Er behält seine Position nahezu bei und ist in seiner Lage weitgehend stabil. Der Emitterwiderstand sollte so dimensioniert werden, dass über ihm eine Spannung von $U_{RE} \geq 0{,}1 \cdot U_B$ (mit: $U_{RE} > 1$ V) abfällt.

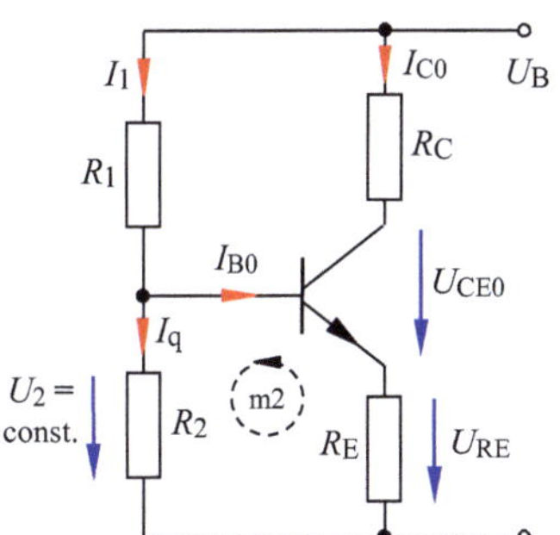

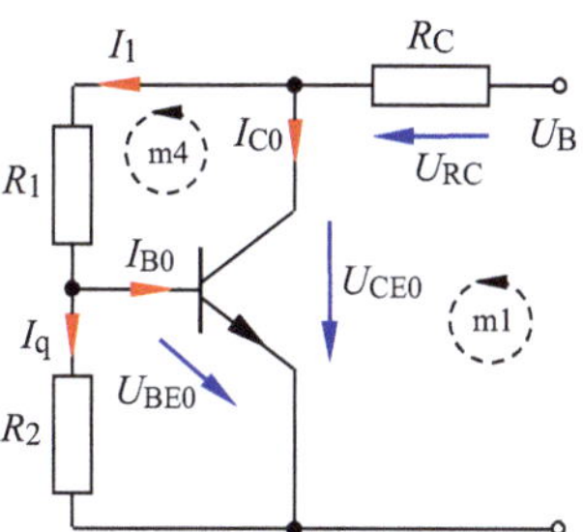

Bild 5.16 Stabilisierung des Arbeitspunktes mit einer: a) Gleichstromgegenkopplung (links) und b) Gleichspannungsgegenkopplung (rechts)

Neben der gewünschten Gleichstromgegenkopplung tritt aber durch die Existenz von R_E auch eine Wechselstromgegenkopplung auf. Sie wirkt sich nachteilig auf die Verstärkung aus und kann durch einen zu R_E parallel geschalteten Kondensator unterbunden werden, der einen Kurzschluss von Wechselgrößen über dem Emitterwiderstand bewirkt.

Eine weitere Möglichkeit zur Stabilisierung des eingestellten Arbeitspunktes besteht in einer Gleichspannungsgegenkopplung. Bild 5.16 zeigt rechts eine mögliche schaltungstechnische Realisierung für einen npn-Transistor in Emitterschaltung. Hier wird die im Kollektorkreis infolge einer Änderung des Kollektorstromes auftretende Potentialverschiebung (Änderung der Spannung über R_C) auf den Eingangskreis (Masche m4 in Bild 5.16) zurückgekoppelt. Wenn der Spannungsabfall über R_C infolge eines Anwachsens des Kollektorstromes ansteigt (z. B. bei einem Temperaturzuwachs), dann muss die Spannung U_{CE} laut Masche m1 kleiner werden. Voraussetzung dafür ist, dass die Betriebsspannung stabil ist. In der Masche m1 gilt folgende Aussage:

$$U_B = U_{RC} + U_{CE} = \text{const.} \tag{5.20}$$

Ein Absinken von U_{CE} zieht eine Verringerung von U_{BE} nach sich, da der Spannungsteiler R_1/R_2 nun mit einer kleineren Spannung gespeist wird. Damit sinken auch I_B sowie I_C und der Arbeitspunkt kehrt näherungsweise in seine ursprüngliche Lage zurück. Dieser Vorgang läuft nach der folgenden Wirkungskette ab:

$$\vartheta \uparrow \Rightarrow I_C \uparrow \Rightarrow U_{RC} \uparrow \Rightarrow \text{Formel 5.20} \Rightarrow U_{CE} \downarrow \Rightarrow U_{BE} \downarrow \Rightarrow I_B \downarrow \Rightarrow I_C \downarrow \Rightarrow \text{AP} \hookleftarrow$$

R_C wird so dimensioniert, dass über ihm eine Spannung $U_{RC} > 0{,}2 \cdot U_B$ abfällt.

Lehrbeispiel 5.3

Stellen Sie für den Transistor 2N3904 die Abhängigkeit des Kollektorstromes von der Temperatur dar und stabilisieren Sie den eingestellten Arbeitspunkt mit einer Gleichstromgegenkopplung. Es gilt der im Lehrbeispiel 5.1 festgelegten Arbeitspunkt.

Zunächst werden die Widerstände zur Einstellung des Arbeitspunktes für die Schaltung in Bild 5.16 (links) berechnet. Dazu verwenden wir die Daten des Arbeitspunktes aus Lehrbeispiel 5.1:

U_{CE0} = 5 V (gewählt) und I_{B0} = 1 mA (gewählt) sowie
$U_{BE0} \approx$ 917 mV und $I_{C0} \approx$ 80 mA.

Als Betriebsspannung wird eine Spannung von U_B = 12 V gewählt. Für den Kollektorwiderstand gilt dann nach Formel 5.16:

$$R_C = \frac{U_B - U_{CE0}}{I_{C0}} = \frac{12\text{ V} - 5\text{ V}}{80\text{ mA}} = \frac{7\text{ V}}{80\text{ mA}} = 87{,}5\ \Omega$$

Der Basisspannungsteiler wird mit den Vorschriften der Formel 5.17 und Formel 5.18 dimensioniert.

$$R_2 = \frac{U_{BE0}}{10 \cdot I_{B0}} = \frac{917\text{ mV}}{10\text{ mA}} \approx 91\ \Omega$$

$$R_1 = \frac{U_B - U_{BE0}}{11 \cdot I_{B0}} = \frac{11{,}08\text{ V}}{11\text{ mA}} \approx 1\text{ k}\Omega$$

Der Wert des Widerstandes R_2 muss in diesem Fall relativ genau eingestellt werden, um die Daten des Lehrbeispiels 5.1 realisieren zu können. Wir arbeiten demzufolge mit den berechneten Werten. In Bild 5.17 ist die Simulationsschaltung mit den Ergebnissen der Analyse *Dynamic-DC* dargestellt.

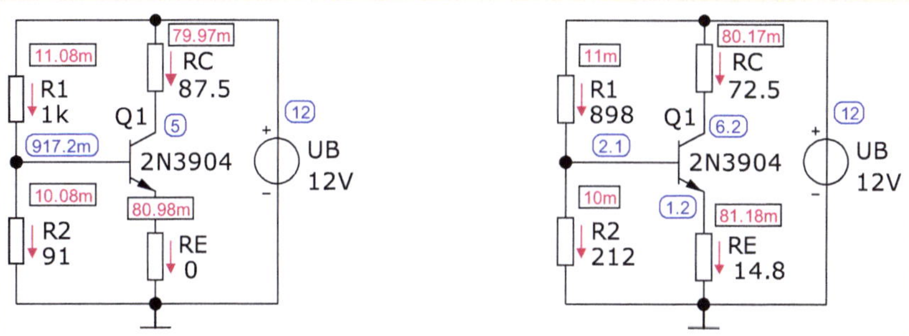

Bild 5.17 Daten des Arbeitspunktes (links: ohne Stabilisierung und rechts: mit Stabilisierung)

Die linke Seite zeigt die Daten des Arbeitspunktes ohne Stabilisierung ($R_E = 0$). Ein Vergleich mit den festgelegten Daten des AP (Lehrbeispiel 5.1) weist auf eine hinreichend genaue Lösung hin.

Zur Darstellung der Temperaturabhängigkeit der Ströme wird innerhalb der Analyse *DC* ein Sweep der Temperatur eingesetzt: Temp=100,20,10u. Dann gilt: 20 °C ≤ ϑ ≤ 100 °C.

Bild 5.18 zeigt das Simulationsergebnis für beide Ströme in einem Diagramm. Die rechte *y*-Achse gibt den Basisstrom an. Dazu ist unter > Properties < die Check-Box ‚Same Y-Scales …' auszuschalten.

Wie das Bild zeigt, steigen beide Ströme nahezu linear mit der Temperatur an.

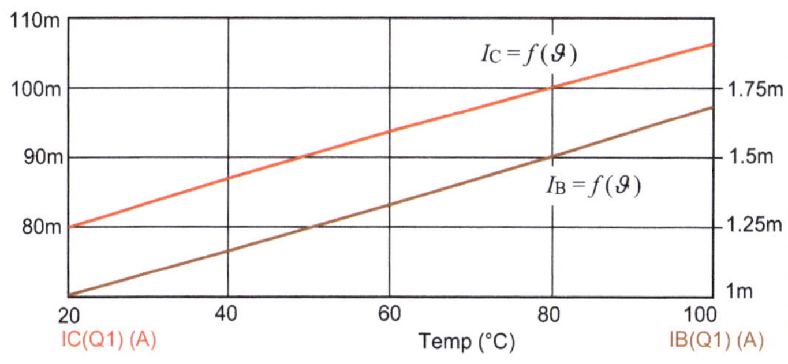

Bild 5.18 Temperaturabhängigkeit der Transistorströme

Nun soll die Schaltung in Bild 5.15 (links) so verändert werden, dass eine Gleichstromgegenkopplung gemäß Bild 5.16 (links) wirksam wird. Dazu müssen die Widerstände neu berechnet werden. Für den Emitterwiderstand gilt mit der Dimensionierungsregel $U_{RE} \approx 0{,}1 \cdot U_B = 1{,}2$ V:

$$R_E \approx \frac{U_{RE}}{I_{C0} + I_{B0}} = \frac{1{,}2\ \text{V}}{81\ \text{mA}} = 14{,}8\ \Omega$$

$$R_C = \frac{U_B - U_{CE0} - U_{RE}}{I_{C0}} = \frac{5{,}8\ \text{V}}{80\ \text{mA}} = 72{,}5\ \Omega$$

Die Spannung über dem Teilerwiderstand R_2 wird jetzt über $U_{R2} = U_{BE0} + U_{RE}$ berechnet:

$$R_2 = \frac{U_{BE0} + U_{RE}}{10 \cdot I_{B0}} = \frac{2{,}12\ \text{V}}{10\,\text{mA}} \approx 212\ \Omega$$

$$R_1 = \frac{U_B - U_{R2}}{11 \cdot I_{B0}} = \frac{9{,}88\ \text{V}}{11\ \text{mA}} \approx 898\ \Omega$$

In Bild 5.17 (rechts) wurde die so dimensionierte Schaltung bereits dargestellt. Bild 5.19 zeigt das Simulationsergebnis als Vergleich der Kollektorströme ohne und mit Gegenkopplung.

Ohne Gegenkopplung steigt der Kollektorstrom im Temperaturbereich $+20\,°\text{C} \le \vartheta \le +100\,°\text{C}$ relativ stark an: $80\ \text{mA} \le I_{C0} \le 106{,}3\ \text{mA}$. Da es ein nahezu linearer Anstieg ist, wurde diese Kennlinie zum Vergleich als Gerade berechnet. Diese Gerade kann dann in das Simulationsergebnis mit Gegenkopplung zusätzlich einzeichnet werden: [Y=80m+(Temp-20)* 26.3m/80].

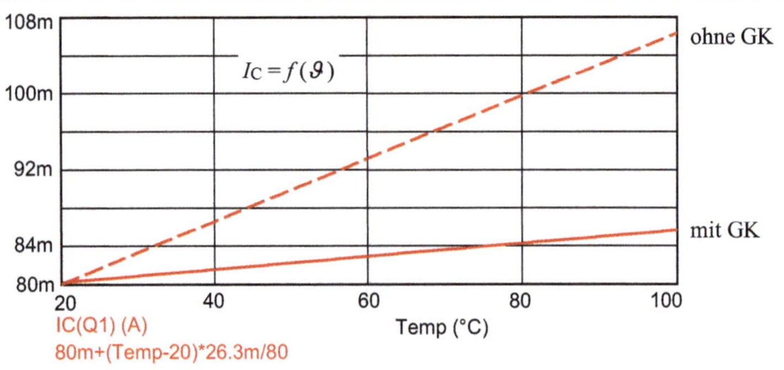

Bild 5.19 Vergleich der Kollektorströme

Mit Gegenkopplung (GK) gilt dagegen: $80\ \text{mA} \le I_{C0}(\text{GK}) \le 85\ \text{mA}$. Die Änderung des Kollektorstromes ist bei Temperaturänderungen durch diese Maßnahme deutlich geringer geworden.

5.4 Modelle von bipolaren Transistoren

Die Kennlinien des bipolaren Transistors können über ein einfaches Ladungstransportmodell beschrieben werden. Damit ist das stationäre Strom-Spannungs-Verhalten des Transistors interpretierbar. Das Grundmodell (in Bild 5.20 eingerahmt) besteht aus zwei gegensinnig geschalteten idealen Dioden. Die Diodenströme steuern eine Stromquelle, die den Transportstrom I_T liefert.

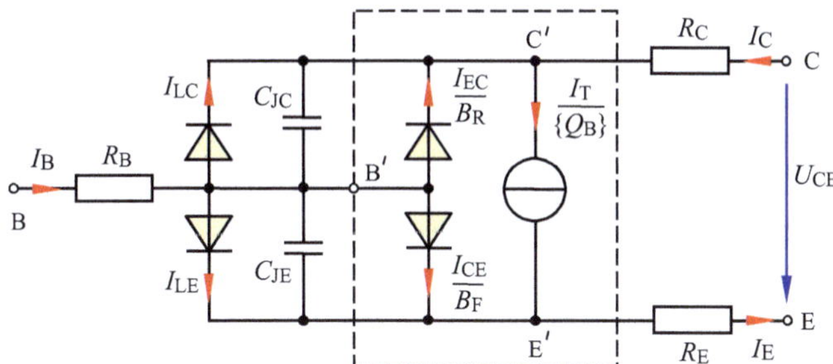

Bild 5.20 Gleichstrom-Transportmodell des BJT (eingerahmt) und SPICE-Modell (alles)

Wir betrachten zunächst nur das eingerahmte Grundmodell. Dann fließt am Punkt B = B‘ der Basisstrom I_B. Durch Anwendung des Knotenpunktsatzes erhält man folgende Ströme:

$$I_B = \frac{I_{EC}}{B_R} + \frac{I_{CE}}{B_F} = I_E - I_C$$

sowie:

$$I_C = I_T - \frac{I_{EC}}{B_R} \quad \text{und} \quad I_E = I_T + \frac{I_{CE}}{B_F}$$

Darin beschreibt B_F die Stromverstärkung im Vorwärtsbetrieb (Forward) und B_R steht für die Stromverstärkung im Rückwärtsbetrieb (Reverse = Inversbetrieb). Der Transportstrom wird in diesem Modell als Überlagerung der Transferströme vom Kollektor zum Emitter I_{CE} und vom Emitter zum Kollektor I_{EC} aufgefasst: $I_T = I_{CE} - I_{EC}$ [vorerst mit $\{Q_B\} = 1$].

Die Transferströme können nach Vorbild von Formel 3.1 berechnet werden. Mit I_{TS} als Transport-Sättigungsstrom und n_F oder n_R als Emissionskoeffizient erhält man:

$$I_{CE} = I_{TS} \cdot \left(e^{\frac{U_{BE}}{n_F \cdot U_T}} - 1\right) \quad \text{und} \quad I_{EC} = I_{TS} \cdot \left(e^{\frac{U_{BC}}{n_R \cdot U_T}} - 1\right)$$

Der Transportstrom ergibt sich dann aus der Überlagerung dieser Transferströme:

$$I_{\mathrm{T}} = I_{\mathrm{CE}} - I_{\mathrm{EC}} = I_{\mathrm{TS}} \cdot \left(e^{\frac{U_{\mathrm{BE}}}{n_{\mathrm{F}} \cdot U_{\mathrm{T}}}} - e^{\frac{U_{\mathrm{BC}}}{n_{\mathrm{R}} \cdot U_{\mathrm{T}}}} \right) \tag{5.21}$$

Das in Spice (MicroCap) zur Simulation von Bipolartransistoren verwendete Modell stützt sich auf das Gleichstrom-Transportmodell. Es berücksichtigt aber zusätzlich das dynamische Verhalten des Bipolartransistors nach Vorbild des Gummel-Poon-Modells (mit einer Modelltiefe des ‚LEVEL 1') sowie den Early-Effekt und die Abhängigkeiten der Modellparameter von der Temperatur.

Tabelle 5.1 Modellparameter eines Bipolartransistors (Beispiel: 2N3904)

MicroCap	Euro	2N3904	Bedeutung	Einheit
IS	I_{TS}	10,02f	Transport-Sättigungsstrom	A
NF	n_F	1,017	Emissionskoeffizient im Vorwärtsbetrieb	-
NR	n_R	1	Emissionskoeffizient im Rückwärtsbetrieb	-
NE	n_E	1,723	Basis-Emitter-Emissionskoeffizient	-
BF	B_F	328,47	maximale Stromverstärkung im Vorwärtsbetrieb	-
BR	B_R	529m	maximale Stromverstärkung im Rückwärtsbetrieb	-
IKF	I_{KF}	26,5m	oberer Knickstrom der Vorwärts-Stromverstärkung	A
IKR	I_{KR}	200,3	oberer Knickstrom der Rückwärts-Stromverstärkung	A
ISC	I_{LCS}	100p	Basis-Kollektor-Sättigungs-Leckstrom	A
ISE	I_{LES}	1,003p	Basis-Emitter-Sättigungs-Leckstrom	A
VAF	U_{AF}	101,8	Early-Spannung im Vorwärtsbetrieb	V
VAR	U_{AR}	0	Early-Spannung im Rückwärtsbetrieb	V
XTB	x_{TB}	{Default}	Beta-Temperaturkoeffizient	-
XTI	x_{TI}	3	Temperaturexponent (Transport-Sättigungsstrom)	-
RB,RC,RE	$R_{B,C,E}$	1,475	Bahnwiderstände (2N3904: R_E = 1,475 Ω)	-
CJC	C_{JC}	3,66p	Basis-Kollektor-Sperrschichtkapazität (U_{BE} = 0)	F
CJE	C_{JE}	4,42p	Basis-Emitter-Sperrschichtkapazität (U_{BE} = 0)	F

Kernstück des Spice-Modells ist das Transportmodell in Bild 5.20. Die internen Anschlüsse B', C' und E' werden mit den bereits bekannten Bahnwiderständen R_{B}, R_{C} und R_{E} versehen. Mit den Kondensatoren C_{JC} und C_{JE} bildet man die Sperrschichtkapazitäten der beiden pn-Übergänge nach. Die Leckstromdioden modellieren mit I_{LE} und I_{LC} das Absinken der Stromverstärkung infolge von Rekombinationsvorgängen in den Sperrschichten bei kleinen Strömen. Der Transportstrom wird auf die normierte Majoritätsträgerladung der Basiszone $\{Q_{\mathrm{E}}\}$ bezogen. Damit berücksichtigt man die sperrspannungsabhängige Dicke der Basisschicht (Early-Effekt) und den Abfall der Stromverstärkung bei großen Strömen. Diese Einflussgrößen werden in den Simulationsbeispielen 5.1 bis 5.3 näher untersucht.

Das Temperaturverhalten des B_{JT} wird vorrangig über den Temperaturexponenten X_{TI} des Transport-Sättigungsstromes und den Beta-Temperaturkoeffizienten X_{TB} beschrieben. Für die Temperaturabhängigkeit der Stromverstärkung im Vorwärtsbetrieb gilt:

$$B_{\mathrm{F}} = B_{\mathrm{F0}} \cdot \left(\frac{T}{T_0}\right)^{x_{\mathrm{TB}}} \tag{5.22}$$

In dieser Gleichung gibt B_{F0} die Stromverstärkung bei der Bezugstemperatur T_0 an. Beim Default-Wert XTB={0} ist die Stromverstärkung nicht temperaturabhängig ($B_{\mathrm{F}} = B_{\mathrm{F0}}$). Für den Rückwärtsbetrieb gilt mit B_{R0} bei T_0:

$$B_{\mathrm{R}} = B_{\mathrm{R0}} \cdot \left(\frac{T}{T_0}\right)^{x_{\mathrm{TB}}} \tag{5.23}$$

Das Modell des Transistors beschreibt den Abfall der Stromverstärkung bei kleinen Strömen über die Leckströme I_{LE} und I_{LC} bzw. mit ihren Sättigungswerten I_{LES} und I_{LCS} sowie mit den Emissionskoeffizienten der Leckströme n_{E} und n_{C}. Für diese Leckströme gilt:

$$I_{\mathrm{LE}} = I_{\mathrm{LES}} \cdot \left(\mathrm{e}^{\frac{U_{\mathrm{B'E'}}}{n_{\mathrm{E}} \cdot U_{\mathrm{T}}}} - 1\right) \tag{5.24}$$

$$I_{\mathrm{LC}} = I_{\mathrm{LCS}} \cdot \left(\mathrm{e}^{\frac{U_{\mathrm{B'C'}}}{n_{\mathrm{C}} \cdot U_{\mathrm{T}}}} - 1\right) \tag{5.25}$$

Der Abfall der Stromverstärkung bei größeren Strömen wird über die Spannungs- und Stromabhängigkeit der normierten Majoritätsträgerladung der Basiszone $\{Q_{\mathrm{B}}\}$ erfasst. Für diese Bezugsgröße, die hier zur Kennzeichnung ihrer Dimensionslosigkeit in geschweiften Klammern dargestellt ist, gilt nach [14]:

$$\{Q_{\mathrm{B}}\} = \frac{\{Q_1\}}{2} \cdot \left(1 + \sqrt{1 + 4\{Q_2\}}\right) \tag{5.26}$$

Die normierte Ladung $\{Q_1\}$ beschreibt die Spannungsabhängigkeit der Dicke der Basisschicht über die Modellparameter VAF und VAR (Simulationsbeispiel 5.1: Early-Effekt). Für diese normierte Größe gilt mit den Early-Spannungen U_{AF} und U_{AR} nach [14]:

$$\{Q_1\} = \frac{1}{1 + \frac{U_{\mathrm{C'B'}}}{U_{\mathrm{AF}}} - \frac{U_{\mathrm{B'E'}}}{U_{\mathrm{AR}}}} \tag{5.27}$$

Mit wachsender Spannung über der Kollektor-Basis-Diode wird die Dicke der Basisschicht kleiner und der Kollektorstrom steigt an. Dabei gilt folgende Wirkungskette: $U_{\mathrm{C'B'}} \uparrow \Rightarrow \{Q_1\} \downarrow \Rightarrow \{Q_{\mathrm{B}}\} \downarrow \Rightarrow I_{\mathrm{C}} \uparrow$

Die normierte Ladung $\{Q_2\}$ berücksichtigt den Anstieg der Majoritätsträgerladung in der Basiszone bei der Injektion großer Ströme. Eine Vergrößerung der Majoritätsladung hat den Abfall der Stromverstärkung zur Folge, der bei großen Strömen nach [14] mit folgender Gleichung beschrieben wird:

$$\{Q_2\} = \frac{I_{CE}}{I_{KF}} + \frac{I_{EC}}{I_{KR}} \tag{5.28}$$

Die normierte Majoritätsträgerladung der Basiszone $\{Q_B\}$ wird demzufolge von den Early-Spannungen und den oberen Knickströmen der Stromverstärkungen bestimmt.

Lehrbeispiel 5.4

Untersuchen und diskutieren Sie den Einfluss der Modellparameter BF und IKF auf den Verlauf des Ausgangskennlinienfeldes des npn-Transistors 2N3020. Dabei handelt es sich um einen Transistor für allgemeine Anwendungen (General Purpose). Angabe des Herstellers: $P_{V,zul}$ = 800 mW.

Die folgenden Untersuchungen werden mit einer einheitlichen Simulationsschaltung nach Bild 5.5 durchgeführt. Die Quelle U_{CE} arbeitet zur Aufnahme der Ausgangskennlinie mit einem DC-Sweep im Bereich von 0 V bis 10 V. Der Basisstrom hat einen festen Wert von I_B = 2 mA.

Zunächst soll die Stromverstärkung im Vorwärtsbetrieb untersucht werden. Dazu wird *Stepping* wie folgt verwendet: List=100,200,400 (Originalwert von 2N3020: 199,96). Das Ergebnis in Bild 5.21 zeigt die erwartete direkte Proportionalität zwischen der Stromverstärkung und dem Kollektorstrom. Die maximal zulässige Verlustleistung wurde zusätzlich mit eingezeichnet.

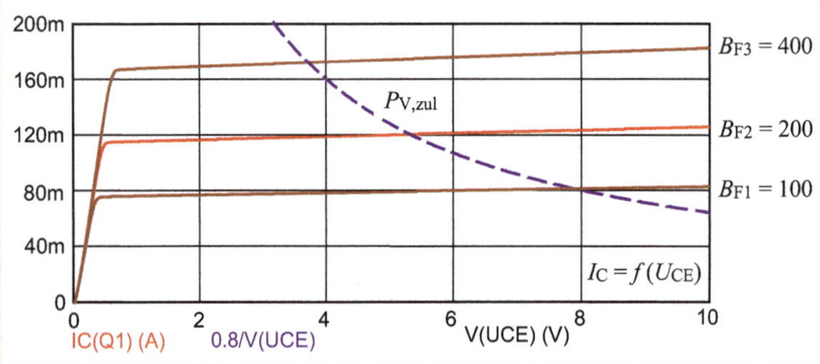

Bild 5.21 Einfluss der Stromverstärkung B_F

Der Einfluss des oberen Knickstromes I_{KF} wird deutlich, wenn man den Wert des Parameters IKF mit *Stepping* variiert: List=53m,106.5m,213m (Originalwert von 2N3020: 106,5 mA). Dann wird der Transistor mit folgenden oberen Knickströmen von $B_{F,max}$ (hier: B_{F2} = 200) simuliert:

I_{KF1} = 53 mA (I_{KF2} / 2) I_{KF2} = 106,5 mA I_{KF3} = 213 mA (2 · I_{KF2})

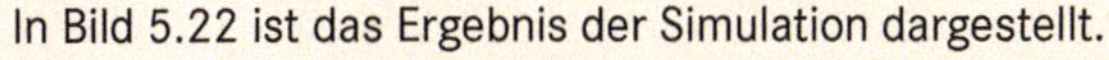
In Bild 5.22 ist das Ergebnis der Simulation dargestellt.

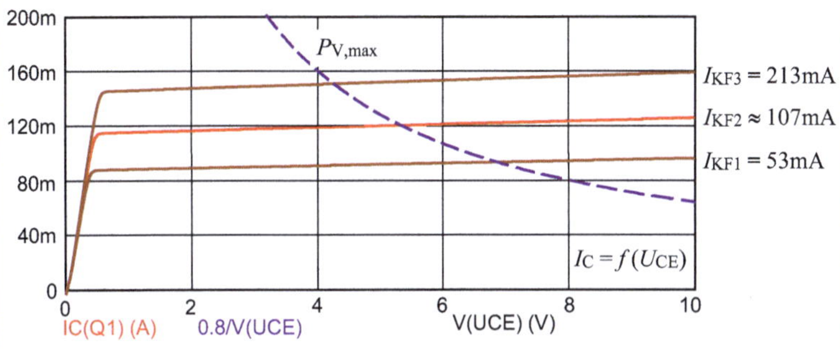

Bild 5.22 Veränderung der Ausgangskennlinie durch den Einfluss von I_{KF}

Durch eine Erhöhung des oberen Knickstromes I_{KF} wird die Ausgangskennlinie im Vergleich zum Originalwert angehoben. Eine Verringerung des oberen Knickstromes I_{KF} führt zu einer Absenkung der Ausgangskennlinie. Die Anstiege der Kennlinien verändern sich kaum.

5.5 Frequenzabhängigkeiten

Das in Abschnitt 5.2.3 vorgestellte Kleinsignal-Ersatzschaltbild des bipolaren Transistors gilt in der in Bild 5.10 dargestellten Form lediglich im NF-Bereich. Bei höheren Frequenzen treten in beiden pn-Übergängen nicht mehr vernachlässigbare kapazitive Effekte auf, die man im HF-Kleinsignal-Ersatzschaltbild mit den differenziellen Sperrschichtkapazitäten c_{BE} und c_{BC} nachbildet.

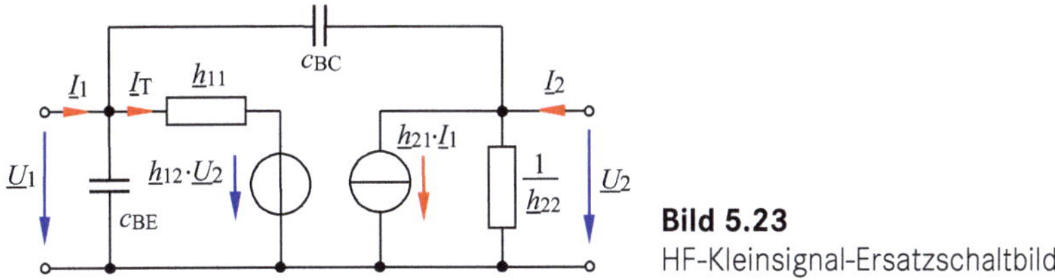

Bild 5.23
HF-Kleinsignal-Ersatzschaltbild

Die differenziellen Sperrschichtkapazitäten, die man auch mit C_{dBE} und C_{dBC} bezeichnet, sind spannungsabhängig. Mit diesen kapazitiven Nebenschlüssen trägt man der Tatsache Rechnung, dass der Eingangsstrom jetzt vom Steuerstrom der ausgangsseitigen Stromquelle $\underline{I}_T$ abweicht. In MicroCap-Modellen werden die Kapazitäten der Sperrschichten für eine Spannung $\underline{U}_{BE} = 0$ angegeben.

Mit Kenntnis der Ersatzbauelemente kann man nun die wichtigsten Aussagen zur Frequenzabhängigkeit des Transistors direkt aus dem Ersatzschaltbild ableiten. Als Ansatz verwendet man häufig die komplexe Kurzschluss-Stromverstärkung. Zur Herleitung dieser Verstärkung wird die Ersatzschaltung zunächst etwas vereinfacht. In vielen Anwendungen ist der Betrag der Spannungsrückwirkung mit $|\underline{h}_{21}| \ll 0$ vernachlässigbar ($|\underline{h}_{12}| \to 0$). Da die Basis-Kollektor-Kapazität in den meisten Fällen viel kleiner als die Basis-Emitter-Kapazität ist, kann dann auch c_{BC} vernachlässigt werden. Der wechselspannungsmäßige Kurzschluss ($\underline{U}_2 = 0$) am Ausgang macht den Leerlauf-Ausgangsleitwert $\underline{h}_{22}$ unwirksam. Dann ergibt sich ein Ausgangsstrom: $\underline{I}_2(\mathrm{K}) = \underline{h}_{21} \cdot \underline{I}_T$.

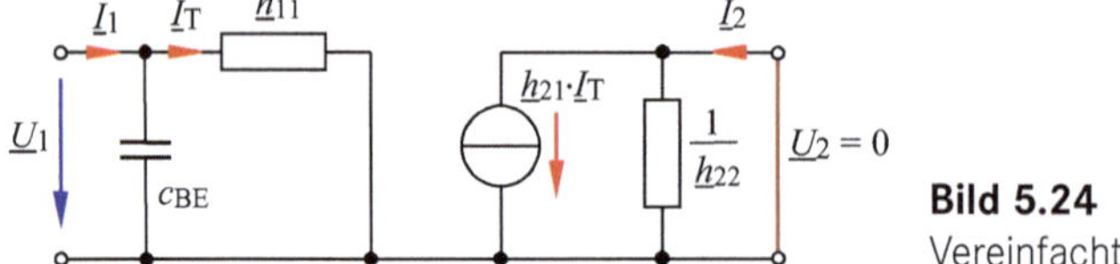

Bild 5.24
Vereinfachtes HF-Ersatzschaltbild

Für die komplexe Verstärkung gilt:

$$\underline{V}_I(\mathrm{K}) = \frac{\underline{I}_2}{\underline{I}_1}\bigg|_{\underline{U}_2=0} = \frac{\underline{h}_{21} \cdot \underline{I}_T}{\underline{I}_1}\bigg|_{\underline{U}_2=0}$$

Am Eingangsknoten von Bild 5.24 wird die Stromteilerregel angewendet.

$$\frac{\underline{I}_T}{\underline{I}_1} = \frac{\dfrac{1}{\mathrm{j}\omega c_{BE}}}{\underline{h}_{11} + \dfrac{1}{\mathrm{j}\omega c_{BE}}} = \frac{1}{1 + \mathrm{j}\omega c_{BE} \cdot \underline{h}_{11}}$$

$$\underline{V}_I(\mathrm{K}) = \frac{\underline{h}_{21}}{1 + \mathrm{j}\omega c_{BE} \cdot \underline{h}_{11}} \tag{5.29}$$

Aus der komplexen Stromverstärkung kann man die Transitfrequenz f_T bestimmen. Die Transitfrequenz eines bipolaren Transistors ist diejenige Frequenz, bei der der Betrag der komplexen Kurzschluss-Stromverstärkung auf den Wert eins gefallen ist. Geht man davon aus, dass die Parameter $\underline{h}_{21}$ und $\underline{h}_{11}$ reelle Werte repräsentieren, gilt für den Betrag von $\underline{V}_I$:

$$|\underline{V}_I(\mathrm{K})| = \frac{h_{21}}{\sqrt{1 + \omega_T^2 c_{BE}^2 \cdot h_{11}^2}} = 1$$

Durch Quadrieren und Umstellen erhält man mit $h_{21} >> 1$ die Transitfrequenz:

$$h_{21}^2 = 1 + \omega_T^2 c_{BE}^2 \cdot h_{11}^2$$

$$f_T \approx \frac{h_{21}}{2\pi \cdot c_{BE} \cdot h_{11}} \tag{5.30}$$

Mit Kenntnis der Werte der Hybridparameter und der Angabe der Transitfrequenz aus dem Datenblatt kann man über Formel 5.30 die differenzielle Kapazität der BE-Diode berechnen.

Lehrbeispiel 5.5

LTspice: LB_5.5

Bestimmen Sie aus dem Frequenzgang der Kurzschluss-Stromverstärkung β die Transitfrequenz des Transistors 2N3904. Verwenden Sie dazu die Arbeitspunkteinstellungen des Lehrbeispiels 5.1.

Berechnen Sie aus der Transitfrequenz die differenzielle Kapazität der Basis-Emitter-Diode. Stellen Sie außerdem mit den Simulationsergebnissen die Ortskurve der komplexen Stromverstärkung dar.

Der Frequenzgang des Betrages der komplexen Stromverstärkung kann mit der Schaltung von Bild 5.12 ermittelt werden. Die AC-Stromquelle I_B stellt mit dem Offsetstrom I_{B0} = 1 mA den Arbeitspunkt am Eingang ein und führt einen AC-Sweep im Bereich 1 kHz ≤ f ≤ 1 GHz mit $\hat{I}_B$ = 50 µA durch.

In Bild 5.25 ist das Simulationsergebnis dargestellt. Die Kurzschluss-Stromverstärkung verläuft nach einer Tiefpasscharakteristik. Bei tiefen Frequenzen besitzt sie einen konstanten Wert mit $h_{21} \approx 47{,}5$ (vgl. Ergebnis des Lehrbeispiels 5.2). Ab ca. 300 kHz wird die Stromverstärkung kleiner. Sie fällt bei einer logarithmischen Skalierung der Ordinate ab 5 MHz nahezu linear ab und erreicht bei der Transitfrequenz des Transistors $f_T \approx 238$ MHz den Wert $\beta = 1$. Im Datenblatt wird für diesen Transistor eine Transitfrequenz von bis zu 300 MHz angegeben.

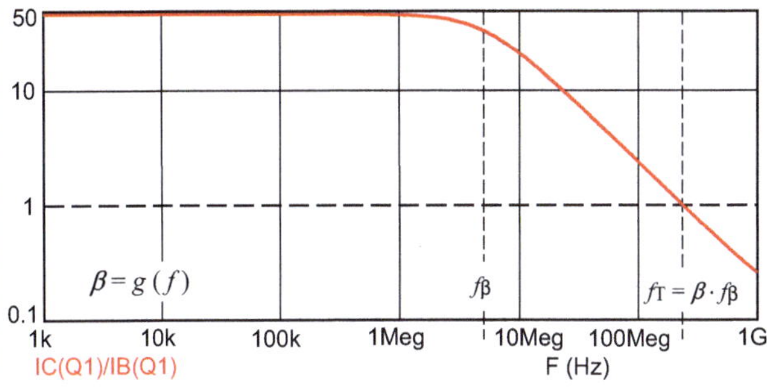

Bild 5.25 Frequenzgang der Stromverstärkung

Die Pegeldarstellung in Bild 5.26 zeigt, dass die Stromverstärkung bei tiefen Frequenzen einen Wert von 33 dB aufweist. Bei einer Frequenz $f_\beta \approx 5$ MHz ist der Pegel der Stromverstärkung auf ca. 30 dB (also um 3 dB) gefallen. Diese Frequenz kennzeichnet die β-Grenzfrequenz. Damit kann über β die Transitfrequenz berechnet werden (siehe auch Formel 5.39):

$$f_\mathrm{T} \approx \beta \cdot f_\beta \approx 47{,}5 \cdot 5\ \mathrm{MHz} \approx 237{,}5\ \mathrm{MHz}$$

Die Stromverstärkung fällt ab 5 MHz mit einer Steilheit von 20 dB/Dekade (vgl. [6] - Abschnitt 10.3) ab. Die Transitfrequenz kann jetzt bei einem Pegel von 0 dB mit $f_\mathrm{T} \approx 238$ MHz abgelesen werden.

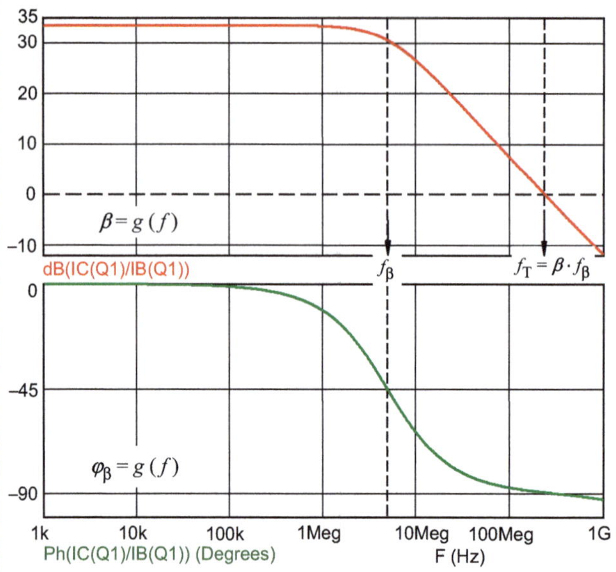

Bild 5.26 Frequenzgang des Pegels der Stromverstärkung und Phasenfrequenzgang

In Bild 5.26 (unten) wird der Phasenfrequenzgang der Stromverstärkung dargestellt. Der Winkel von $\underline{V}_\mathrm{I}$ durchläuft einen Wertevorrat von: $0° \leq \varphi(\underline{V}_\mathrm{I}) \leq\approx -90°$. Bei $\varphi(\underline{V}_\mathrm{I}) = -45°$ wird die β-Grenzfrequenz mit $f_\beta \approx 5$ MHz erreicht.

Zur Berechnung der differenziellen Kapazität der Basis-Emitter-Diode c_BE wird Formel 5.30 verwendet. Die Werte der Hybridparameter wurden ja bereits im Lehrbeispiel 5.2 ermittelt. Dort war die Aussteuerung mit $\Delta I_\mathrm{B} = 62$ µA allerdings etwas geringer. Mit $h_{21} = 47$ und $h_{11} = 97\ \Omega$ gilt:

$$c_\mathrm{BE} \approx \frac{h_{21}}{2\pi \cdot f_\mathrm{T} \cdot h_{11}} = \frac{47}{2\pi \cdot 238 \cdot 10^6 \cdot 97} \cdot \frac{\mathrm{A \cdot s}}{\mathrm{V}} = 3{,}24 \cdot 10^{-10}\ \mathrm{F} = 324\ \mathrm{pF}$$

Bild 5.27 zeigt die aus den Simulationsergebnissen berechnete Ortskurve der Stromverstärkung in der Form $\mathrm{Im}\{\underline{V}_I\} = f(\mathrm{Re}\{\underline{V}_I\})$. Diese Ortskurve beginnt bei der Frequenz f = 1 kHz mit einem Wert von $|\underline{V}|_I = \mathrm{Re}\{\underline{V}_I\} = 47$ und läuft bei $f \to \infty$ (1 GHz) gegen den Wert $|\underline{V}|_I = 0$.

Bei $f = f_\beta$ gilt: $|\mathrm{Im}\{\underline{V}_I\}| = \mathrm{Re}\{\underline{V}_I\}$ bzw.: $\varphi(\underline{V}_I) = -45°$.

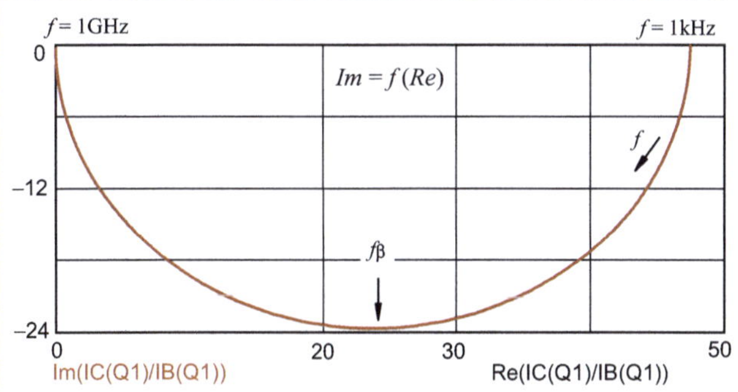

Bild 5.27 Ortskurve der Stromverstärkung

Berücksichtigt man in Bild 5.23 nun noch die differenziellen Bahnwiderstände und setzt die Leerlauf-Spannungsrückwirkung auf null (in vielen Anwendungen gilt $|\underline{h}_{12}| \to 0$), so erhält man das Kleinsignal-Ersatzschaltbild nach Giacoletto.

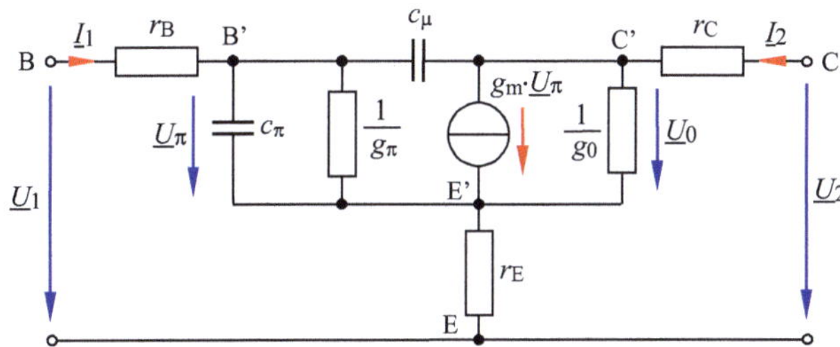

Bild 5.28 HF-Ersatzschaltbild nach Giacoletto

Die Grundstruktur dieses Ersatzschaltbildes (ohne Bahnwiderstände) ist als Π-Schaltung (vgl. [6] - Abschnitt 10.4) ausgebildet. An den inneren Klemmen (') dieser Π-Struktur liegt eingangsseitig die Spannung $\underline{U}_\pi = \underline{U}_{B'E'}$ und ausgangsseitig die Spannung $\underline{U}_0 = \underline{U}_{C'E'}$.

Die differenziellen Kapazitäten beschreiben im Ersatzschaltbild (Bild 5.23) die Diffusions- und Sperrschichtkapazitäten der beiden pn-Übergänge. Im Vorwärtsbetrieb ist die Emitter-Basis-Diode in Durchlassrichtung geschaltet. Die differenzielle Ersatzkapazität c_π bildet die Existenz der Sperrschichtkapazität und der Diffusionskapazität der EB-Diode nach. Zur Bestimmung dieser Kapazität dient die Transitzeit im Vorwärtsbetrieb t_F (Parameter TF), die man mit dem Übertragungsleitwert g_m multipliziert.

$$c_\pi = c_{BE}(U_{BE}) + g_m \cdot t_F \tag{5.31}$$

Die in Sperrrichtung gepolte BC-Diode verursacht keine Diffusionsladung. Somit ist nur die Sperrschichtkapazität der Basis-Kollektor-Diode wirksam, die im Ersatzschaltbild mit der differenziellen Kapazität c_μ beschrieben wird.

$$c_\mu = c_{BC}(U_{BC}) \tag{5.32}$$

Die Leitwerte des Giacoletto-Ersatzschaltbildes können über die $\underline{Y}$-Parameter berechnet werden. Diese Leitwertparameter wurden bereits im Kapitel 4 behandelt (Formel 4.5 und 4.6). Im hier vorliegenden Fall können sie als reelle Größen aufgefasst werden, da die Änderungen der Spannungen und Ströme näherungsweise die gleiche Phasenlage haben. Für die Emitterschaltung (und damit für die Ersatzelemente von Bild 5.28) gilt dann:

$$Y'_{11E} = \frac{\mathrm{d}\,I_B}{\mathrm{d}\,U_{B'E'}}\bigg|_{\Delta U_{C'E'}=0} \approx \frac{I_B}{n_F \cdot U_T} = g_\pi \tag{5.33}$$

$$Y'_{21E} = \frac{\mathrm{d}\,I_C}{\mathrm{d}\,U_{B'E'}}\bigg|_{\Delta U_{C'E'}=0} \approx \frac{I_C}{n_F \cdot U_T} = g_m \tag{5.34}$$

$$Y'_{22E} = \frac{\mathrm{d}\,I_C}{\mathrm{d}\,U_{C'E'}}\bigg|_{\Delta U_{B'E'}=0} \approx \frac{I_C}{U_{AF} + U_{C'E'}} = g_0 \tag{5.35}$$

Die Transitfrequenz f_T kann man auch aus dem Giacoletto-HF-Ersatzschaltbild (vgl. Bild 5.28) berechnen. Es gelten die gleichen Randbedingungen, die zur Herleitung der Formel 5.30 festgelegt wurden. Die differenzielle Kapazität c_μ soll jetzt allerdings nicht mehr vernachlässigbar sein. Der wechselspannungsmäßige Kurzschluss ($\underline{U}_0$) am Ausgang macht den differenziellen Leitwert g_0 unwirksam und schaltet die Kapazität c_μ parallel zur Stromquelle.

Zur Bestimmung der Ströme wird das Ohmsche Gesetz angewendet. Es gilt:

$$\underline{V}_I(\mathrm{K}) = \frac{\underline{I}_2{}'}{\underline{I}_1{}'}\bigg|_{\underline{U}_2=0} = \frac{g_m \cdot \underline{U}_\pi}{\underline{Y}_{\pi\mu} \cdot \underline{U}_\pi} \quad \text{mit} \quad \underline{Y}_{\pi\mu} = g_\mu + \mathrm{j}\omega(c_\pi + c_\mu)$$

$$\underline{V}_I(\mathrm{K}) = \frac{g_m}{g_\pi + \mathrm{j}\omega(c_\pi + c_\mu)} \tag{5.36}$$

Bezieht man Zähler und Nenner der Formel 5.36 auf g_π, so erhält man im Nenner einen Ausdruck mit $(c_\pi + c_\mu) / g_\pi$. Dieser Ausdruck ist als Zeit zu interpretieren (Einheit: 1 s). Sein Kehrwert wird als β-Grenzfrequenz bezeichnet. Bei dieser Frequenz (vgl. Bild 5.25 und Bild 5.26) ist der Betrag der Kurzschluss-Stromverstärkung auf das $1/\sqrt{2}$-fache des maximalen Wertes (bei $f = 0$) abgesunken. Der Pegel der Stromverstärkung weist dann eine Dämpfung von 3 dB auf. Die Phasenlage der Stromverstärkung hat sich gegenüber dem Wert bei $f = 0$ um 45° verändert (Bild 5.26: $\varphi_\beta = -45°$). Aus Formel 5.36 folgt bei einer Division durch g_π:

$$\underline{V}_\mathrm{I}(\mathrm{K}) = \frac{g_\mathrm{m}/g_\pi}{1 + \mathrm{j}\omega \cdot \left(\frac{c_\pi + c_\mu}{g_\pi}\right)} \quad \Rightarrow \quad \mathrm{Im}\{Nenner\} = \omega \cdot \left(\frac{c_\pi + c_\mu}{g_\pi}\right)$$

$$\underline{V}_\mathrm{I}(\mathrm{K}) = \frac{g_\mathrm{m}/g_\pi}{1 + \mathrm{j}\frac{\omega}{\omega_\beta}} = \frac{g_\mathrm{m}/g_\pi}{1 + \mathrm{j}\frac{f}{f_\beta}} \quad \Rightarrow \quad \mathrm{Im}\{Nenner\} = \frac{f}{f_\beta}$$

Durch einen Vergleich dieser beiden Imaginärteile erhält man eine Berechnungsvorschrift für die β-Grenzfrequenz:

$$f_\beta = \frac{g_\pi}{2\pi \cdot (c_\pi + c_\mu)} \tag{5.37}$$

Das Verhältnis der beiden Leitwerte g_m/g_π kann für die Emitterschaltung näherungsweise durch die Kurzschluss-Stromverstärkung β ersetzt werden. Mit $\beta \approx g_\mathrm{m}/g_\pi$ gilt:

$$\underline{V}_\mathrm{I}(\mathrm{K}) = \frac{\beta}{1 + \mathrm{j}\frac{f}{f_\beta}} \tag{5.38}$$

Für den Betrag erhalten wir:

$$|\underline{V}_\mathrm{I}(\mathrm{K})| = \frac{\beta \cdot f_\beta}{\sqrt{f_\beta^2 + f^2}}$$

Dieser Betrag ist bei der Transitfrequenz auf den Wert eins abgesunken. Dann gilt mit der Näherung $f_\mathrm{T}^2 \approx f_\beta^2 + f^2$:

$$|\underline{V}_\mathrm{I}(\mathrm{K})| \approx \frac{\beta \cdot f_\beta}{f_\mathrm{T}} = 1$$

Daraus folgt für die Transitfrequenz:

$$f_\mathrm{T} \approx \beta \cdot f_\beta \tag{5.39}$$

Die Gültigkeit dieser Näherungsrechnung wurde bereits im Lehrbeispiel 5.5 nachgewiesen (siehe Bild 5.25).

5.6 Elementare Anwendungen

Im folgenden Abschnitt sollen typische schaltungstechnische Anwendungen des bipolaren Transistors vorgestellt werden. Dabei handelt es sich um ein kleines Sortiment von Grundschaltungen, das in der Praxis zur Lösung vielfältiger Aufgaben eingesetzt werden kann.

5.6.1 Kleinsignalverstärker

Zunächst wird ein Kleinsignalverstärker in Emitterschaltung betrachtet. Er hat die Aufgabe, eine relativ kleine Wechselgröße verzerrungsfrei zu verstärken.

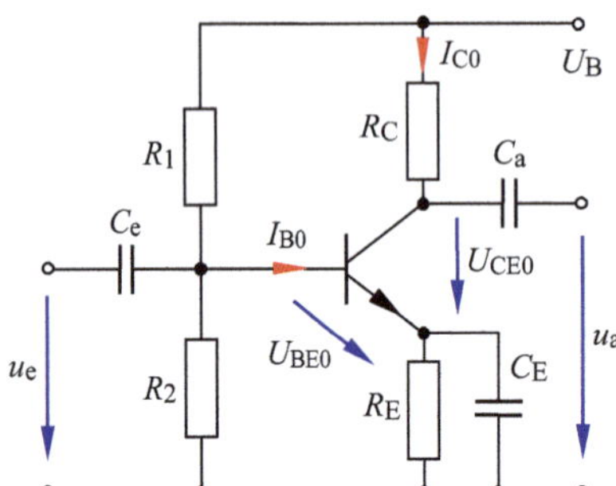

Bild 5.29
Kleinsignalverstärker in ES

Das zu verstärkende Signal $u_e(t)$ wird über einen Kondensator C_e in die Basis eingekoppelt. Damit steuert man den Transistor mit $\Delta U_{BE} = 2 \cdot \hat{U}_{BE}$ um den eingestellten Arbeitspunkt U_{BE0} aus. Zur Gewährleistung einer symmetrischen Aussteuerung und einer verzerrungsfreien Verstärkung muss der Arbeitspunkt richtig eingestellt werden. Dazu wählt man im Ausgangskennlinienfeld (Bild 5.4) einen Basisstrom I_{B0}, der den Arbeitspunkt AP möglichst zentral im SOAR-Bereich positioniert. Zur Dimensionierung der Widerstände R_C, R_E, R_1 und R_2 gelten die in Abschnitt 5.3 aufgestellten Regeln.

Der Kondensator C_E hat die Aufgabe, bei der Betriebsfrequenz f_B die Wechselspannung über R_E zur Vermeidung einer Wechselstromgegenkopplung kurzzuschließen. Als grober Richtwert gilt:

$$C_E > \frac{5}{\pi \cdot f_B \cdot R_E} \tag{5.40}$$

Die Koppelkondensatoren C_e und C_a bewirken ein unerwünschtes Hochpassverhalten des Verstärkers. Sie müssen demzufolge so dimensioniert werden, dass die entstehenden Grenzfrequenzen hinreichend klein gegenüber der Betriebsfrequenz sind. Zur Bestimmung der Grenzfrequenz des Eingangshochpasses kann die in

Bild 5.30 dargestellte Ersatzschaltung verwendet werden. Da im Wechselstromfall alle Gleichspannungsquellen wie ein Kurzschluss wirken, liegt der Widerstand R_1 in diesem NF-Ersatzschaltbild parallel zu R_2. Der Innenwiderstand der Signalquelle wird mit R_{iG} nachgebildet. Bei einem handelsüblichen Signalgenerator liegt dieser Widerstand in der Größenordnung von $R_{iG} \approx 50\ \Omega$. Bei einer internen Signalquelle (vorgeschaltete Stufe) ist er in der Regel viel kleiner.

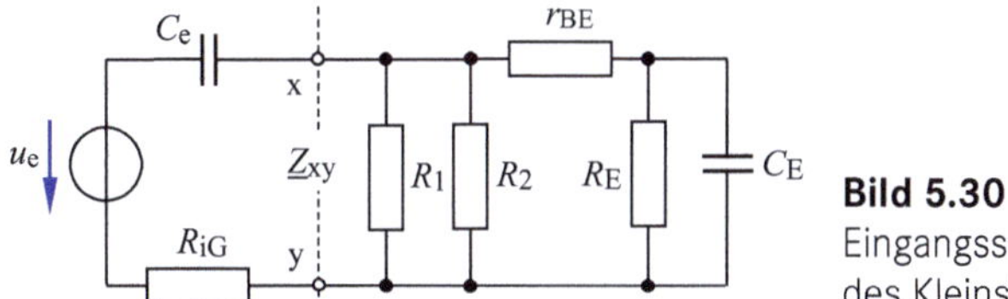

Bild 5.30
Eingangsseitiges Ersatzschaltbild des Kleinsignalverstärkers

Zur Berechnung der Grenzfrequenz des eingangsseitigen Hochpasses gelten mit:
$\underline{Z}_{xy} \approx R_1 \parallel R_2 \parallel \left[r_{BE} + R_E \parallel (1/j\,\omega_B C_E)\right]$ die folgenden Vereinfachungen:
Bei $(1/j\ \omega_B C_E) < 0{,}1 \cdot R_E$ (Formel 5.40) wird der Emitterwiderstand wechselspannungsmäßig über den Kondensator C_E kurzgeschlossen. Dann ist die Parallelkombination $R_E \| (1/j\ \omega_B C_E)$ nicht wirksam. Somit gilt: $\underline{Z}_{xy} \approx R_1 \parallel R_2 \parallel r_{BE}$.

Mit dieser Vereinfachung erhält man einen überschaubaren Ansatz zur Bestimmung der Grenzfrequenz des Hochpasses, wenn man Zähler und Nenner durch $\underline{Z}_{xy}$ dividiert:

$$\frac{\underline{U}_{xy}}{\underline{U}_e} \approx \frac{\underline{Z}_{xy}}{R_{iG} + \dfrac{1}{j\omega C_e} + \underline{Z}_{xy}} \approx \frac{1}{\dfrac{R_{iG}}{\underline{Z}_{xy}} + \dfrac{1}{j\omega C_e \cdot \underline{Z}_{xy}} + 1} \approx \frac{1}{1 + \dfrac{R_{iG}}{\underline{Z}_{xy}} + \dfrac{1}{j\omega C_e \cdot R_1 \parallel R_2 \parallel r_{BE}}}$$

$$\left|\frac{\underline{U}_{xy}}{\underline{U}_e}\right| \approx \frac{1}{\sqrt{\left(1 + \dfrac{R_{iG}}{R_1 \parallel R_2 \parallel r_{BE}}\right)^2 + \left(\dfrac{1}{\omega C_e \cdot R_1 \parallel R_2 \parallel r_{BE}}\right)^2}}$$

Der Betrag dieses Spannungsteilers hat bei der Grenzfrequenz den Wert 0,707 $(1/\sqrt{2})$. Bei einem kleinen Innenwiderstand der Quelle ($R_{iG} \ll |\underline{Z}_{xy}|$) erhält man:

$$f_g \approx \frac{1}{2\pi \cdot C_e \cdot R_1 \parallel R_2 \parallel r_{BE}}$$

Dann gilt für die Kapazität des Koppelkondensators C_e folgender Richtwert:

$$C_e > \frac{1}{2\pi \cdot f_g \cdot R_1 \parallel R_2 \parallel r_{BE}} \tag{5.41}$$

Die Kapazität des Koppelkondensators C_a muss unter Berücksichtigung des Wertes des Lastwiderstandes dimensioniert werden (siehe Simulationsbeispiel 5.4).

Eine Erweiterung des Kleinsignal-Ersatzschaltbildes (Bild 5.24) ermöglicht die Bestimmung der dynamischen Kenngrößen des Kleinsignalverstärkers. Für die Berechnung der Vierpolparameter dieses Kleinsignalverstärkers in Emitterschaltung (KE) müssen Formel 5.12 bis Formel 5.15 an die Situation der Ersatzschaltung von Bild 5.31 angepasst werden.

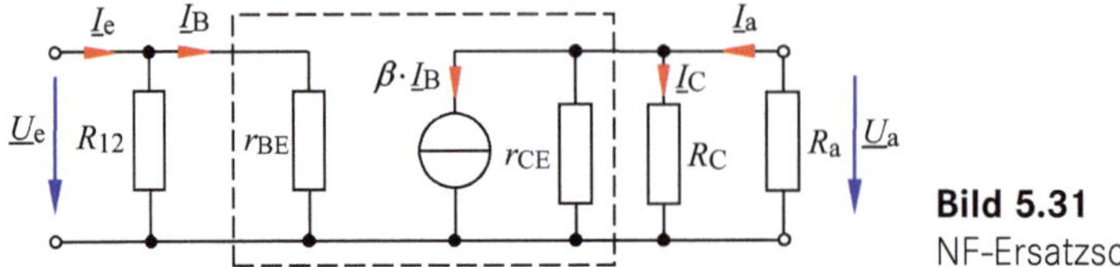

Bild 5.31
NF-Ersatzschaltbild für Bild 5.29

Für den unbelasteten Fall ($R_a \to \infty$) gelten mit $R_{12} = R_1 \| R_2$ folgende Überlegungen:

$$r_e(\text{KE}) = h_{11}(\text{KE}) = \frac{\Delta U_e}{\Delta I_e}\bigg|_{\Delta U_a = 0} = R_1 \parallel R_2 \parallel r_{BE}$$

$$r_a(\text{KE}) = \frac{1}{h_{22}(\text{KE})} = \frac{\Delta U_a}{\Delta I_a}\bigg|_{\Delta I_e = 0} = R_C \parallel r_{CE}$$

$$v_I(\text{KE}) = \frac{1}{h_{21}(\text{KE})} = \frac{\Delta I_a}{\Delta I_e}\bigg|_{\Delta U_a = 0} = \frac{\beta \cdot \Delta I_e}{\Delta I_e \cdot \frac{R_{12} + r_{BE}}{R_{12}}} = \beta \cdot \frac{R_1 \parallel R_2}{R_1 \parallel R_2 + r_{BE}}$$

Die Spannungsverstärkung ist mit einem negativen Vorzeichen zu kennzeichnen. Dieses Vorzeichen sagt aus, dass der festgelegte Zählpfeil des Ausgangsstromes (←) nicht mit der Richtung der Ausgangsspannung (↓) übereinstimmt. Damit besitzt dieser Verstärker eine invertierende Wirkung.

$$v_U(\text{KE}) = \frac{1}{h_{12}(\text{KE})} = \frac{\Delta U_a}{\Delta U_e}\bigg|_{\Delta I_e = 0} = -\frac{\beta \cdot \Delta I_e \cdot R_C \parallel r_{CE}}{\Delta I_e \cdot r_{BE}} = -\beta \cdot \frac{R_C \parallel r_{CE}}{r_{BE}}$$

Die komplexen Verstärkungen im Betriebsfall (Belastung mit R_a) können ebenfalls über das Bild 5.31 bestimmt werden. Durch Anwendung der Stromteilerregel erhält man für die komplexe Stromverstärkung:

$$\underline{I}_a = \beta \cdot \underline{I}_B \cdot \frac{R_C \parallel r_{CE}}{R_a + R_C \parallel r_{CE}}$$

$$\underline{I}_e = \underline{I}_B \cdot \frac{R_1 \parallel R_2 + r_{BE}}{R_1 \parallel R_2}$$

$$\underline{V}_I(\text{KE}) = \beta \cdot \frac{R_C \parallel r_{CE}}{R_a + R_C \parallel r_{CE}} \cdot \frac{R_1 \parallel R_2}{R_1 \parallel R_2 + r_{BE}}$$

Die komplexe Spannungsverstärkung wird mit dem Ohmschen Gesetz ermittelt:

$$\underline{V}_{\text{U}}(\text{KE}) = \frac{\underline{U}_{\text{a}}}{\underline{U}_{\text{e}}} = -\frac{\underline{I}_{\text{a}} \cdot R_{\text{a}}}{\underline{I}_{\text{e}} \cdot R_{12} \parallel r_{\text{BE}}} = -\underline{V}_{\text{I}}(\text{KE}) \frac{R_{\text{a}}}{R_1 \parallel R_2 \parallel r_{\text{BE}}} = -\beta \cdot \frac{R_{\text{C}} \parallel r_{\text{CE}}}{R_{\text{a}} + R_{\text{C}} \parallel r_{\text{CE}}} \cdot \frac{R_{\text{a}}}{r_{\text{BE}}}$$

5.6.2 Basis- und Kollektorschaltung

Basisschaltung

Die Basisschaltung eignet sich sehr gut zur Verstärkung von hochfrequenten Spannungen mit $f_{\text{B}} \geq 100$ MHz. Die Rückwirkung des Ausgangs auf den Eingang ist sehr gering, da diese Schaltung einen kleinen Eingangs- und einen relativ großen Ausgangswiderstand aufweist. Die Betriebsstromverstärkung liegt etwa bei einem Wert von eins.

Bild 5.32 zeigt einen Wechselspannungsverstärker in Basisschaltung. Ein Vergleich mit der Emitterschaltung macht deutlich, dass das zu verstärkende Signal über die gleichen Punkte (jetzt allerdings mit umgekehrtem Vorzeichen) eingespeist wird. Daraus folgt, dass beide Schaltungen betragsmäßig die gleiche Spannungsverstärkung aufweisen.

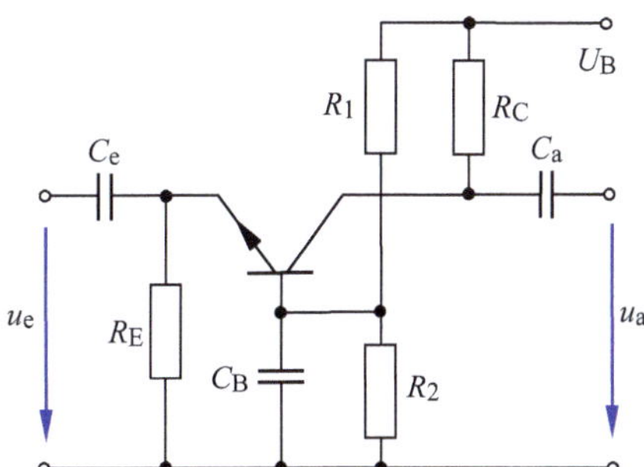

Bild 5.32
Verstärker in Basisschaltung

Der Eingangswiderstand der Basisschaltung ist kleiner als bei der Emitterschaltung, da jetzt die Signalquelle mit dem Emitterstrom (und nicht mehr mit dem Basisstrom) belastet wird. Die Eingangswiderstände unterscheiden sich näherungsweise um den Faktor der Kurzschluss-Stromverstärkung β voneinander.

Zur Bestimmung der Betriebskenngrößen wird häufig das NF-Kleinsignal-Ersatzschaltbild der Basisschaltung (Bild 5.33) verwendet.

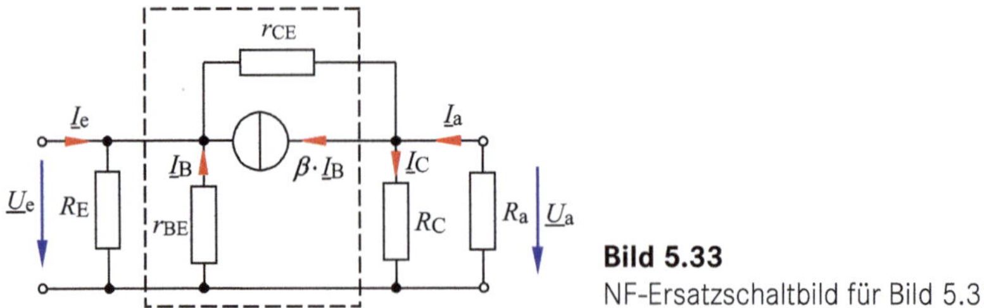

Bild 5.33
NF-Ersatzschaltbild für Bild 5.32

Die Stromquelle verbindet jetzt im oberen Längszweig den Eingang und mit dem Ausgang. Die Basisschaltung ist demzufolge nicht rückwirkungsfrei.

Kollektorschaltung

Die Kollektorschaltung besitzt einen sehr hohen differenziellen Eingangswiderstand sowie einen geringen differenziellen Ausgangswiderstand. Aus diesem Grund wird sie häufig als Impedanzwandler eingesetzt.

Ein Impedanzwandler hat die Aufgabe, sein hochohmiges Eingangsverhalten (hier ohne die Verwendung eines frequenzabhängigen Übertragers) in ein niederohmiges Verhalten am Ausgang umzusetzen. Am Ausgang liegt dann in erster Näherung die Leerlaufspannung der Signalquelle. Da der Ausgangswiderstand sehr klein ist, arbeitet der Impedanzwandler wie eine gesteuerte Quelle, die ihre Ausgangsspannung niederohmig bereitstellt. Der Impedanzwandler wird in der Praxis immer dann eingesetzt, wenn ein niederohmiger Verbraucher an eine hochohmige Quelle (z. B. Kondensatormikrofon, Impulsgenerator) angepasst werden muss. Dabei ist auch eine Leistungsverstärkung erwünscht. Bild 5.34 zeigt die Schaltung des Impedanzwandlers. Da das Emitterpotential dem Potential der Basis „nachfolgt“, wird die Schaltung auch als Emitterfolger bezeichnet.

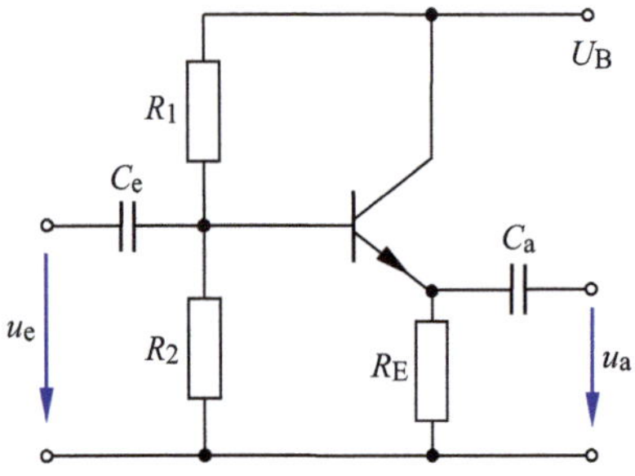

Bild 5.34
Kollektorschaltung (Emitterfolger)

Zur Bestimmung der Betriebskenngrößen kann man das in Bild 5.35 dargestellte NF-Kleinsignal-Ersatzschaltbild der Kollektorschaltung verwenden.

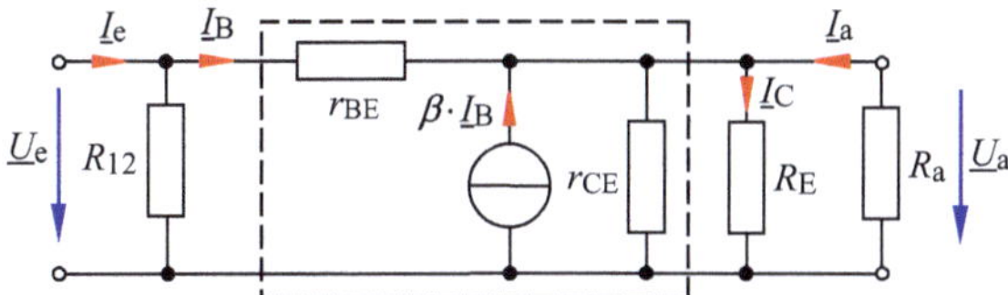

Bild 5.35 NF-Ersatzschaltbild für Bild 5.34

5.6.3 Differenzverstärker

Ein Differenzverstärker ist ein symmetrischer Gleichspannungsverstärker mit zwei gleichberechtigten Eingängen. Der ideale Differenzverstärker besteht aus zwei Transistoren in ES mit identischen Kennlinienfeldern. Beide Emitter werden mit einem konstanten Gleichstrom I_0 gespeist, den eine gemeinsame Stromquelle liefert (Bild 5.36).

Die beiden Betriebsspannungen haben in der Regel gleiche Beträge und unterschiedliche Vorzeichen. Es gilt: $U_{B1} = + U_B$ und $U_{B2} = - U_B$.

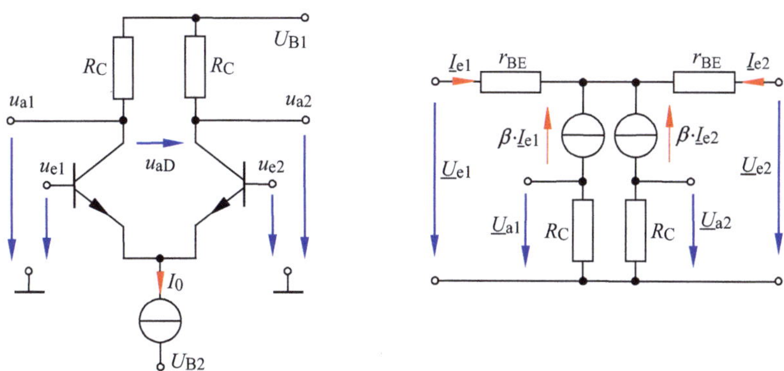

Bild 5.36 Differenzverstärker (links) und NF-Ersatzschaltbild (rechts)

Zunächst wird der Fall betrachtet, dass an beiden Eingängen Gleichspannungen anliegen. In dieser Betriebsart sind die beiden Eingangsspannungen gleich groß ($U_{e1} = U_{e2}$) und infolge der Schaltungssymmetrie ($R_{C1} = R_{C2} = R_C$) sowie der Identität beider Transistoren gilt:

$$I_{E1} = I_{E2} = \frac{I_0}{2}$$

Da der Basisstrom gegenüber dem Emitterstrom vernachlässigbar klein ist, kann man die Emitterströme und die Kollektorströme gleichsetzen:

$$I_{C1} = I_{C2} \approx \frac{I_0}{2}\bigg|_{I_B \approx 0}$$

Im Differenzbetrieb sind die Eingangsspannungen voneinander verschieden. Somit fließen in den beiden Transistorschaltungen unterschiedliche Kollektorströme. Da der Strom I_0 von einer Konstantstromquelle erzeugt wird, muss aber die Summe der beiden Kollektorströme konstant sein. Mit dem Knotenpunktsatz gilt:

$$I_{C1} + I_{C2} = I_0 = \text{const.}$$

Wird z. B. I_{C1} größer, so muss I_{C2} um den gleichen Betrag kleiner werden.

$$I_{C1}^* = I_{C1} + \Delta I_C \quad \Rightarrow \quad I_{C2}^* = I_{C2} - \Delta I_C$$

Damit werden beide Ausgangsspannungen durch die Kollektorstromdifferenz ΔI_C und somit durch die Differenz der beiden Eingangsspannungen bestimmt.

$$U_{a1} = U_{B1} - I_{C1}^* \cdot R_C = U_{B1} - I_C \cdot R_C - \Delta I_C \cdot R_C$$

$$U_{a2} = U_{B1} - I_{C2}^* \cdot R_C = U_{B1} - I_C \cdot R_C + \Delta I_C \cdot R_C$$

Die beiden Ausgangsspannungen U_{a1} und U_{a2} können nach Bild 5.36 (links) noch zu einer resultierenden Ausgangsspannung zusammengefasst werden. Nach dem Maschensatz ergibt sich folgende Differenzausgangsspannung U_{aD} zwischen den beiden Kollektoranschlüssen:

$$-U_{a1} + U_{aD} + U_{a2} = 0 \quad \text{bzw.} \quad U_{aD} = U_{a1} - U_{a2} = -2 \cdot \Delta I_C \cdot R_C$$

Da im Gleichtaktbetrieb (vgl. Formel 5.42) die Eingangsspannungen gleich groß sind, ist die Stromdifferenz ΔI_C gleich null. In diesem Fall müssen die beiden Ausgangsspannungen U_{a1} und U_{a2} gleich sein, da die Differenzausgangsspannung null wird. Ein idealer Differenzverstärker verstärkt somit keine Gleichtaktsignale.

Zur Beschreibung des NF-Verhaltens werden komplexe Eingangssignale betrachtet. Man unterscheidet zwischen einer Gleichtaktaussteuerung ($\underline{U}_{e1} = \underline{U}_{e2}$) und einer Gegentaktaussteuerung, die auch als symmetrische Differenzaussteuerung bezeichnet wird ($\underline{U}_{e1} = -\underline{U}_{e2}$). Die Eingangssignale können formal in einen Gleichtaktanteil $\underline{U}_G$ und in den Differenzanteil $\underline{U}_D$ (Gegentaktanteil) zerlegt werden. Für die Gleichtakteingangsspannung gilt:

$$\underline{U}_G = \frac{\underline{U}_{e1} + \underline{U}_{e2}}{2} \tag{5.42}$$

Für die Differenzeingangsspannung (kurz: Differenzspannung) gilt:

$$\underline{U}_{\mathrm{D}} = \underline{U}_{\mathrm{e1}} - \underline{U}_{\mathrm{e2}} \tag{5.43}$$

In Bild 5.36 (rechts) ist das Kleinsignal-Ersatzschaltbild des Differenzverstärkers für den NF-Fall dargestellt. Es gilt mit R_{BE} (r_{BE}) und B (β) in analoger Form auch für Gleichgrößen. Als elementare Kenngrößen werden die Gleichtaktverstärkung und die Differenzverstärkung definiert. Für diese komplexen Verstärkungen gilt:

$$\underline{V}_{\mathrm{G}} = \frac{\underline{U}_{\mathrm{a1}}}{\underline{U}_{\mathrm{G}}} = \frac{\underline{U}_{\mathrm{a2}}}{\underline{U}_{\mathrm{G}}} \tag{5.44}$$

$$\underline{V}_{\mathrm{D}} = \frac{\underline{U}_{\mathrm{aD}}}{\underline{U}_{\mathrm{D}}} \tag{5.45}$$

Die Gleichtaktverstärkung eines idealen Differenzverstärkers ist nach Formel 5.44 gleich null. Das sagt aber wenig zur Güte eines Differenzverstärkers aus, die ja im Idealfall gegen unendlich streben müsste. Aus diesem Grund wird zusätzlich die Gleichtaktunterdrückung G als Maß für die Güte des Differenzverstärkers definiert.

$$G = \left| \frac{\underline{V}_{\mathrm{D}}}{\underline{V}_{\mathrm{G}}} \right| \tag{5.46}$$

Die Gleichtaktunterdrückung (*CMRR* - Common Mode Rejection Ratio) wird nach Formel 5.46 bei einem idealen Differenzverstärker unendlich groß. Arbeitspunktverschiebungen infolge von Temperatureinflüssen (Temperaturdrift) wirken sich beim idealen Differenzverstärker nicht auf das Ausgangssignal aus. In realen schaltungstechnischen Konfigurationen weichen die Kennlinien beider Transistoren eines Differenzverstärkers etwas voneinander ab und das Temperaturverhalten ist nicht völlig gleich. Daraus folgt, dass bei einem realen Differenzverstärker auch im Gleichtaktbetrieb eine kleine Differenzspannung am Ausgang auftritt.

Bei gleichen Randbedingungen (gleiches Halbleitermaterial sowie gleiche Fertigungsbedingungen) können diese Exemplarabweichungen auf ein Minimum reduziert werden. Das ist der Fall, wenn der Differenzverstärker in einer integrierten Ausführung verwendet wird.

Alle weiteren wichtigen Kenngrößen eines Differenzverstärkers werden in Kapitel 8 (OV) in ausführlicher Form behandelt.

5.6.4 Transistor als Schalter

Ein Schalter hat die Aufgabe, einen Stromkreis an einer definierten Stelle zu unterbrechen (Aus) oder zu schließen (Ein). Diese Schaltvorgänge können mechanisch (z.B. Ein-, Aus-, Umschalter, Relais, o.ä.) oder elektronisch (z.B. MOS-FET - vgl.

Simulationsbeispiel 4.3) ausgelöst werden. In den folgenden Ausführungen soll ein bipolarer Transistor für diese Aufgabe eingesetzt werden. Der in Bild 5.37 verwendete mechanische Schalter sei ideal (Kontakt- und Übergangswiderstand gleich null). Die Schalteranordnung wird so dargestellt, dass zugleich die Funktion eines Negators über den Wechsel der max- bzw. min-Zustände von I_e und U_a erklärt werden kann.

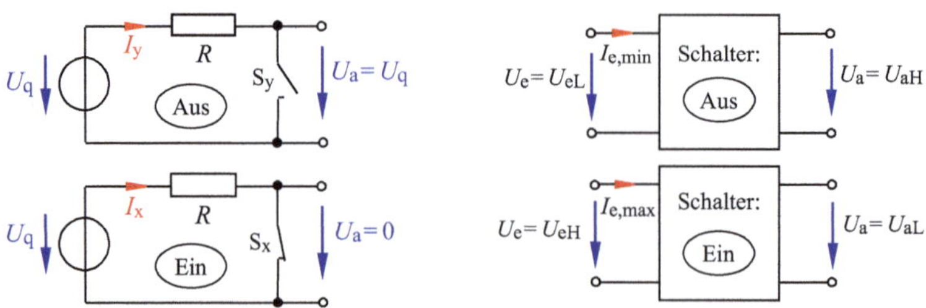

Bild 5.37 Funktionen eines Schalters (links: mechanisch und rechts: elektronisch)

Bei geöffnetem Schalter (Aus) fließt kein Strom und die Ausgangsspannung ist mit $U_a = U_q$ maximal. Im geschlossenen Zustand (Ein) fließt der Strom $I_{e,max} = U_q/R$ und die Ausgangsspannung über dem geschlossenen Schalter wird null.

In der digitalen Schaltungstechnik und in der Leistungselektronik benötigt man als Ersatz der mechanischen Ausführung steuerbare elektronische Schalter. Ihre Aufgabe besteht darin, einen Schaltvorgang möglichst schnell und verlustlos zu realisieren. Zur Aktivierung dieses Schaltvorganges dient ein Steuersignal, das in der Regel zwei verschiedene Zustände (Low bzw. tiefes Potential und High bzw. hohes Potential) aufweist.

Bild 5.37 zeigt rechts das Prinzip eines steuerbaren Schalters. Wenn die Eingangsspannung ihren tiefen Wert U_{eL} (L-Pegel) annimmt, wird der Schalter in den Zustand „Aus“ versetzt. Am Ausgang liegt der hohe Wert der Ausgangsspannung U_{aH} (H-Pegel). Im umgekehrten Fall versetzt die hohe Eingangsspannung U_{eH} (H-Pegel) den Schalter in den „Ein“-Zustand. Dann nimmt die Ausgangsspannung ihren tiefen Wert U_{aL} an.

Elektronische Schalter werden mit Schalttransistoren aufgebaut und als Schaltverstärker oder als Negatoren eingesetzt. Schaltverstärker dienen zur Ansteuerung von Leistungsbauelementen. Negatoren verwendet man zur Invertierung einer logischen Information des Eingangssignals (bei gleichzeitiger Signalauffrischung). Für diese Aufgabe werden Transistoren benötigt, die eine möglichst kurze Schaltzeit aufweisen. Bild 5.38 zeigt eine Grundschaltung mit BJT, die als invertierender Verstärker oder als Negator eingesetzt werden können.

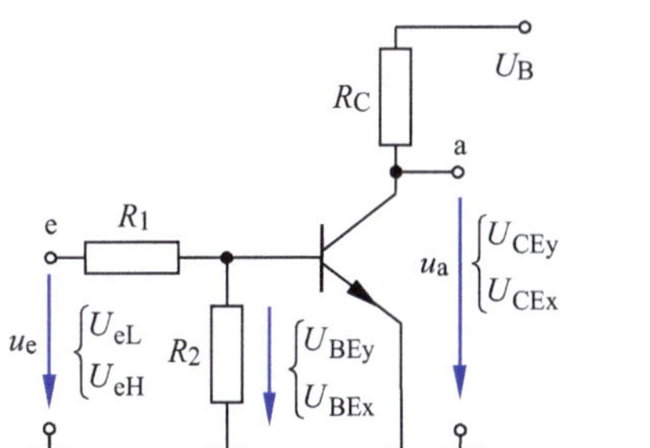

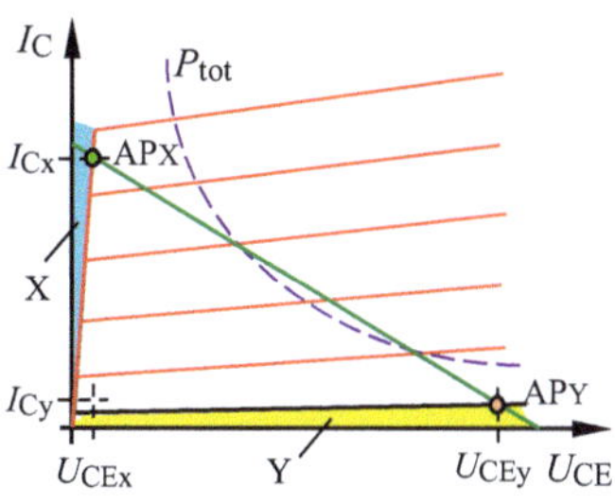

Bild 5.38 Invertierender Schaltverstärker (links) und Arbeitspunkte (rechts)

Obwohl die Schaltung nicht die Eigenschaften eines idealen Schalters aufweist, werden die Schaltzustände „Aus“ und „Ein“ hinreichend gut erreicht. Bei einer Ansteuerung mit einem rechteckförmigen Eingangssignal mit $U_{eL} \approx 0$ V und $U_{eH} \approx +5$ V (TTL-Pegel) schaltet der Transistor zwischen den beiden Ausgangszuständen $U_{aL} = U_{CEx}$ und $U_{aH} = U_{CEy}$ hin und her. Damit wird die logische Funktion der Negation $y = \bar{x}$ realisiert.

Der durchgesteuerte Zustand des Transistors wird mit dem Index x gekennzeichnet. Dann fließt ein großer Kollektorstrom I_{Cx} und am Ausgang der Schaltung liegt die relativ kleine Kollektor-Emitter-Restspannung U_{CEx}. Dieser Zustand entspricht der Schalterstellung „Ein“ in Bild 5.37. Zur Erreichung dieses Zustandes muss ein relativ großer Basisstrom fließen, der über den Eingangsteiler mit einer hinreichend großen Basis-Emitter-Spannung erzeugt wird. Der Arbeitspunkt des Transistors befindet sich dann im Übersteuerungsbereich X des Ausgangskennlinienfeldes. Wird dagegen der Eingang auf ein tiefes Potential gelegt (z. B. Nullpotential), dann sperrt der Transistor. Der Arbeitspunkt befindet sich jetzt im Sperrbereich Y des Ausgangskennlinienfeldes. Im Sperrzustand fließt ein sehr kleiner Strom I_{Cy}. Dabei handelt es sich um den Kollektor-Emitter-Reststrom I_{CE0} bei $I_B = 0$. Am Ausgang liegt dann nahezu die Betriebsspannung $U_{CEy} \approx U_B$. Dieser Zustand entspricht der Schalterstellung „Aus“ in Bild 5.37.

Während des Umschaltvorganges vom Arbeitspunkt AP_X zu AP_Y (und umgekehrt) bewegt sich der Arbeitspunkt auf der Arbeitsgeraden. Wenn dieser Vorgang sehr schnell vollzogen wird, kann der Arbeitspunkt auch einen Teilbereich der Verlustleistung P_{tot} durchlaufen. Der Wert des Kollektorwiderstandes in Bild 5.38 wird durch den Kehrwert des Anstieges der Arbeitsgeraden bestimmt. Diese Gerade verbindet die beiden Arbeitspunkte miteinander und schneidet die Achsen des Ausgangskennlinienfeldes in folgenden Punkten:

$$U_{CE}^{*}(I_C = 0) = U_B \qquad \text{und} \qquad I_C^{*}(U_{CE} = 0) = \frac{U_B}{R_C}$$

Für die Dimensionierung des Kollektorwiderstandes gilt:

$$R_C = \frac{U_{CEy} - U_{CEx}}{I_{Cx} - I_{Cy}} \approx \frac{U_B - U_{CEx}}{I_{Cx}} \qquad (5.47)$$

Der Eingangsspannungsteiler muss so dimensioniert werden, dass eine Spannung U_{BEy} den Transistor sicher sperrt und die Spannung U_{BEx} die Übersteuerungsbedingung sicher erfüllt. Die Spannungen U_{BEx} und U_{BEy} kann man aus der Eingangskennlinie ablesen. Sie liegen in der Größenordnung: $U_{BEx} > 0{,}75$ V bzw.: $U_{BEy} < 0{,}2$ V.

Zur einfachen Dimensionierung kann man die Schaltung von Bild 5.28 eingangsseitig auch über eine Ersatzquelle mit u_L und R_i darstellen. Durch Anwendung der Zweipoltheorie erhält man dann folgende Ersatzgrößen:

$$R_i = R_1 \parallel R_2 \quad \text{und} \quad u_L = u_e \cdot \frac{R_2}{R_1 + R_2}$$

Lehrbeispiel 5.6

LTspice: LB_5.6

Dimensionieren Sie die Schaltung in Bild 5.38 für den Schalttransistor 2N3725. Weisen Sie über eine geeignete Simulation nach, dass mit dieser Schaltung auch eine Negatorfunktion realisiert werden kann. Die Ausgangsspannungswerte sollen folgende Anforderungen an TTL-gerechte Pegel erfüllen:

$U_{aL} < 0{,}5$ V und $U_{aH} > 4{,}5$ V. Für die Simulation werden folgende Größen vorgegeben: $U_B = 5$ V; $U_{eH} = 5$ V; $U_{eL} = 0$ V; $U_{BEy} \approx 0{,}15$ V und $I_{Cx} \approx 180$ mA

Wir sehen uns zunächst das Ausgangskennlinienfeld (simuliert nach Vorbild des Lehrbeispiels 5.1) an. Dort werden beide Arbeitspunkte festgelegt. Der Arbeitspunkt AP_Y ist mit U_B bereits vorgegeben, da der Kollektor-Emitter-Reststrom I_{CE0} bei $I_B = 0$ vernachlässigbar klein ist.

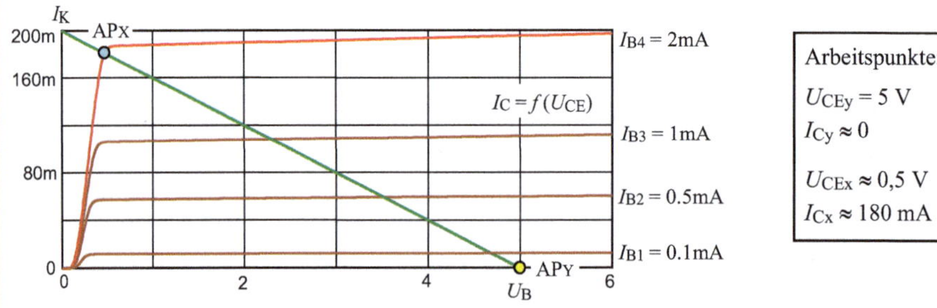

Bild 5.39 Arbeitspunkte des Schaltverstärkers

Im Arbeitspunkt AP_X soll ein Strom $I_{Cx} \approx 180$ mA fließen. Durch die Verbindung von AP_Y mit AP_X erhalten wir die Arbeitsgerade, die die I_C-Achse bei $I_K = 200$ mA schneidet.

Daraus ergibt sich der Kollektorwiderstand mit $R_C = U_L / I_K = 5\text{ V}/200\text{ mA} = 25\ \Omega$. Der zugehörige Basisstrom beträgt in diesem Fall $I_{B4} = 2$ mA. Damit gilt für den Arbeitspunkt AP_X: $I_{Cx} \approx 180$ mA und $U_{CEx} \approx 500$ mV.

Diese Arbeitspunkte überprüfen wir mit der Analyse *Dynamic-DC* (siehe Bild 5.40). Die Ergebnisse stimmen sehr gut mit der grafischen Lösung (Cursormessung) in Bild 5.39 überein.

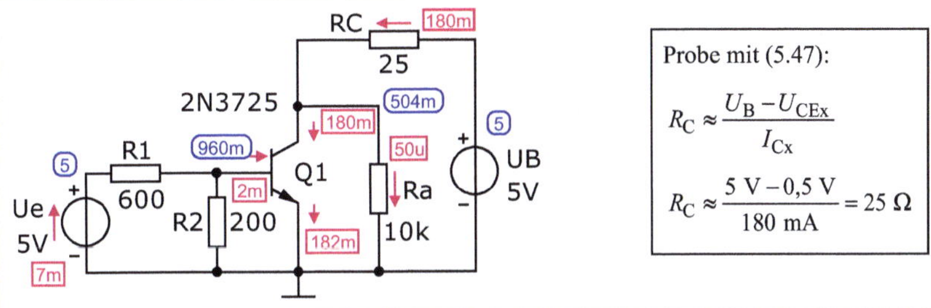

Bild 5.40 Schaltverstärker mit den Ergebnissen der Analyse *Dynamic-DC*

In Bild 5.41 sind die Spannungs-Übertragungskennlinien $U_a = f\,(U_e)$ und $U_a = f\,(U_{BE})$ dargestellt. Der Übergang von $U_{aH} = 5$ V in Richtung U_{aL} beginnt bei $U_e \approx 2{,}5$ V (rechte Kennlinie). In der linken Kennlinie beginnt dieser Übergang bereits bei $U_e \approx 0{,}65$ V, da es sich jetzt um die Spannung U_{BE} handelt. Hier erkennt man die Wirkung des Spannungsteilers am Eingang:

$$U_{BE} = U_e \cdot \frac{R_2}{R_1 + R_2} = U_e \cdot \frac{200\ \Omega}{800\ \Omega} = \frac{U_e}{4}$$

Die Kennlinie $U_a = f\,(U_{BE})$ wird hier leider nur unvollständig dargestellt, da sie aus dem Datensatz der Funktion $U_a = f\,(U_e)$ berechnet werden musste. Die Ausgangsspannung ab $U_{BE} = 1$ V beträgt dann etwa $U_a \approx 0{,}5$ V und ändert sich nur noch unwesentlich. Also gilt: $U_{aL} < 0{,}5$ V.

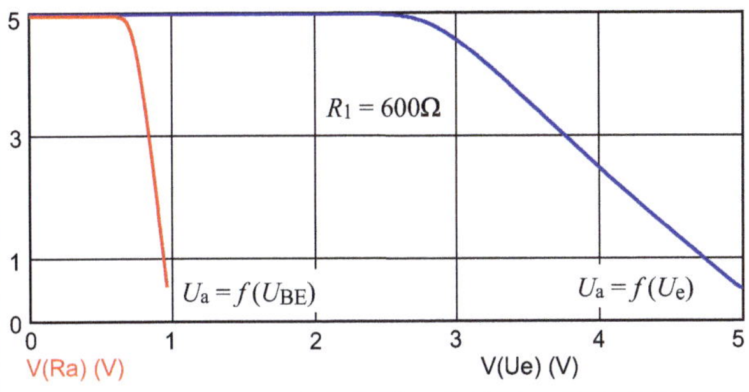

Bild 5.41 Spannungs-Übertragungskennlinien

Durch eine Veränderung des Widerstandsverhältnisses R_1/R_2 kann der Übergang von U_{aH} = 5 V in Richtung von U_{aL} beeinflusst werden. Zur Untersuchung dieses Sachverhaltes variieren wir R_1 unter Beibehaltung des Widerstandswertes von R_2 mit *Stepping* (List: R1=600,300,200,100). Damit werden allerdings die Arbeitspunkte von Bild 5.39 und Bild 5.40 verändert.

Durch die Verkleinerung von R_1 bei einem konstanten Widerstandswert von R_2 verschiebt sich die Schaltschwelle in Richtung kleinerer Eingangsspannungen. Für die Eingangsspannung gilt:

$$U_e = U_{BE} \cdot \frac{R_1 + R_2}{R_2} = U_{BE} \cdot \left(1 + \frac{R_1}{R_2}\right)$$

Der Transistor benötigt eine definierte Basis-Emitter-Spannung zur Auslösung des Schaltvorganges. Wenn das Widerstandsverhältnis R_1/R_2 des Eingangsspannungsteilers verkleinert wird, reicht eine kleinere Eingangsspannung für die Auslösung aus. In Bild 5.42 wird das Simulationsergebnis für die Teilerverhältnisse R_{11}/R_2 = 3 bis R_{14}/R_2 = 0,5 dargestellt.

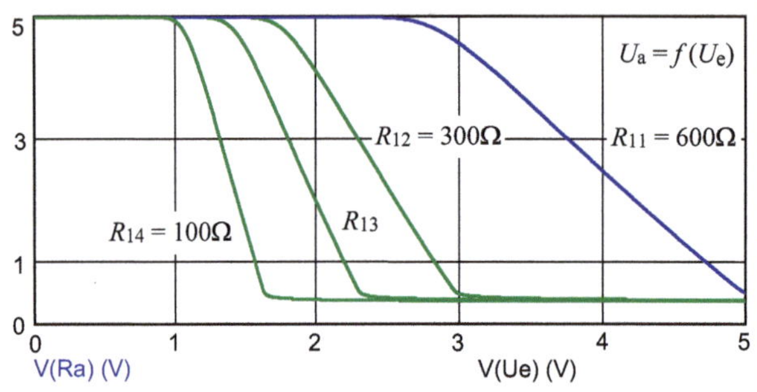

Bild 5.42 Spannungs-Übertragungskennlinien bei Variation von R_1

Die Verringerung von R_1 bewirkt somit eine Absenkung der Schaltschwelle und eine Reduzierung der Steilheit der Flanke beim Übergang von U_{aH} = 5 V in Richtung von U_{aL}.

Nun soll die Schaltung noch als Negator zum Einsatz kommen. Dazu ersetzen wir die DC-Quelle U_e durch eine Quelle / Pulse / mit folgenden Daten bei V1=0 und V2=5 sowie: t_d = 0,5 ms, t_i = 0,5 ms, T = 1m und t_r = t_f = 10 ns.

Damit schalten wir eine Eingangsspannung von U_{eL} = 0 V und U_{eH} = 5 V mit f = 1 kHz auf die Basis-Emitter-Strecke des Transistors. In Bild 5.43 ist das Ergebnis der Analyse *Transient* dargestellt.

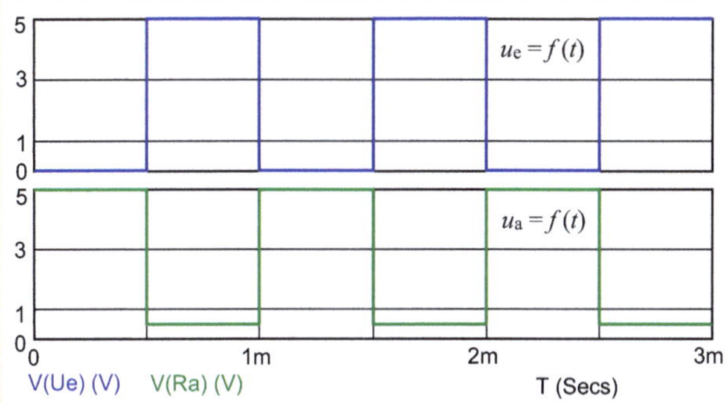

Bild 5.43 Verhalten des Schaltverstärkers als Negator

Die Signalquelle liefert eine Rechteck-Impulsfolge mit einem Tastverhältnis 1:2 (T_V = 0,5). Dieses Signal tritt am Ausgang in negierter Form in Erscheinung: U_{aH} ≈ 5 V und U_{aL} < 0,5 V. Die Spannung bei U_{aL} < 0,5 V ist die Kollektor-Emitter-Restspannung im durchgesteuerten Zustand des Transistors mit I_{Cx} ≈ 180 mA.

Bei einer Reduzierung des Lastwiderstandes sinkt die Ausgangsspannung je nach Art der Belastung auf Werte unterhalb von U_{aH} = 5 V ab. Zur Einhaltung der Forderung U_{aH} > 4,5 V kann demzufolge der Negator nur in gewissen Grenzen belastet werden.

5.7 Simulationsbeispiele

Simulationsbeispiel 5.1: Modellparameter eines bipolaren Transistors

Wie bereits in Abschnitt 5.4 dargelegt wurde, berücksichtigt das auf dem Gummel-Poon-Modell aufbauende Simulationsmodell des Transistors zusätzlich folgende Effekte und Einflussgrößen:

- Abhängigkeit des Kollektorstromes von der Breite der Basisschicht (Early-Effekt) – modelliert durch die Parameter VAF und VAR (Early-Spannungen U_{AF} und U_{AR})
- Abhängigkeit der Vorwärts-Stromverstärkung vom Kollektorstrom durch die Modellparameter ISE und ISC (Sättigungswerte der Leckströme I_{LES} und I_{LCS}) sowie NE und NC (Emissionskoeffizienten der Leckströme n_E und n_C)
- Temperaturabhängigkeit von vielen Kenngrößen (Transistorströme und Stromverstärkungen sowie Bahnwiderstände und Sperrschichtkapazitäten, usw.).

Diese Abhängigkeiten modelliert man mit den Parametern XTI und XTB (Temperaturkoeffizienten x_{TI} und x_{TB})

- zeitliche Abhängigkeiten von Kenngrößen durch die Modellparameter TF und TR (Transitzeiten t_F und t_R) sowie ITF, XTF und VTF (Transitzeitabhängigkeit von Spannungen und Strömen).

In diesem Simulationsbeispiel soll zunächst der Einfluss der Early-Spannung U_{AF} auf den Verlauf des Ausgangskennlinienfeldes untersucht werden. Betreibt man einen Bipolartransistor im Sperrbereich, so verbreitert sich die Sperrschicht der Basis-Kollektor-Diode mit zunehmender Sperrspannung U_{CE}. Da sich diese Sperrschicht in die Basiszone ausdehnt, wird somit die Breite der Basisschicht kleiner. Das hat ein Anwachsen des Kollektorstromes zur Folge, da sich die Breite der Basiszone umgekehrt proportional zur Stromverstärkung verhält. Die Early-Spannung bestimmt den Anstieg im SOAR-Bereich des Ausgangskennlinienfeldes.

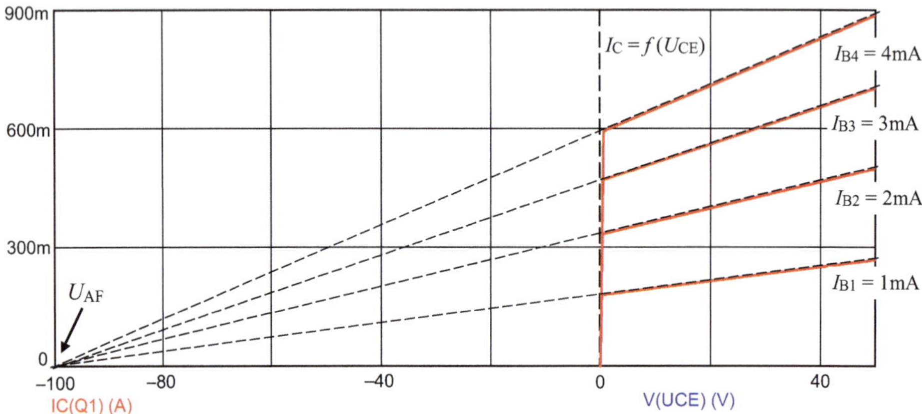

Bild 5.44 Early-Effekt (Ausgangskennlinienfeld des 2N2222A)

Bild 5.44 zeigt, wie man die Early-Spannung aus dem Ausgangskennlinienfeld konstruktiv ermittelt. Dazu verlängert man die an die Kennlinien des SOAR-Bereiches angelegten Tangenten so weit in den Sperrbereich, dass sie die Spannungsachse schneiden. Der Schnittpunkt gibt die Early-Spannung (hier: $U_{AF} \approx -100$ V) an. Der entsprechende Modellparameter des Transistors 2N2222A (BJT als Schalter und zur Signalverarbeitung) wird mit VAF=100 angegeben. Das stimmt erstaunlich gut mit der grafischen Lösung überein.

Simulationsbeispiel 5.2: Stromverstärkung eines Bipolartransistors

Untersuchen Sie die Abhängigkeit der Stromverstärkung eines BJT im Vorwärtsbetrieb B_F von der Größe des Kollektorstromes bei Variation ausgewählter Modellparameter. Als Transistor wird der bereits bekannte Typ 2N3904 mit der Simulationsschaltung von Bild 5.5 verwendet.

Bei kleinen Kollektorströmen (Größenordnung je nach Typ: einige µA bis einige mA) steigt die Stromverstärkung mit zunehmendem Kollektorstrom infolge einer Injektion von Ladungsträgern in die Basis an. Bei größeren Kollektorströmen entsteht ein nachweisbarer Spannungsabfall am Kollektor-Bahnwiderstand, der dem Transistoreffekt entgegenwirkt. Er senkt die Stromverstärkung B_F wieder ab. Bild 5.45 zeigt den Verlauf der Stromverstärkung B_F in Abhängigkeit vom Kollektorstrom bei einer Kollektor-Emitter-Spannung von U_{CE} = 30 V = const. Dieses Simulationsergebnis erhält man mit der Schaltung des Lehrbeispiels 5.1 (Bild 5.6), wenn man für den Main-Sweep IB (2m,1u,1u) folgende Variablen in den Expression-Zeilen aufruft: X=IC(Q1) und Y=Q1.BETA_DC [bzw.: IC(V1)/IB(V1)].

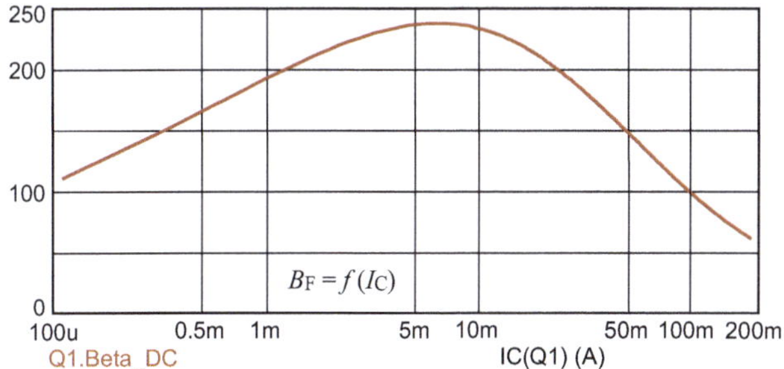

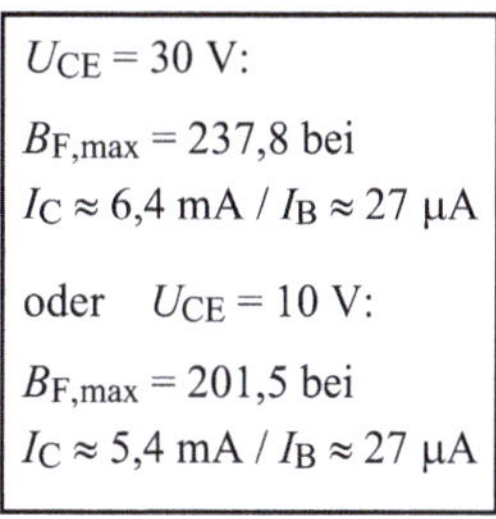

Bild 5.45 Abfall der Stromverstärkung im Vorwärtsbetrieb bei kleinen und größeren Kollektorströmen

Die Abszissenachse wurde logarithmisch skaliert, um den Verlauf bei kleinen und auch bei größeren Strömen darzustellen. Das Maximum der Stromverstärkung bildet sich bei $I_C \approx$ 6,4 mA (U_{CE} = 30 V) mit $B_{F,max} \approx$ 238 aus. Bei kleinen und bei größeren Strömen nimmt B_F deutlich kleinere Werte an.

Wie bereits in Abschnitt 5.4 dargelegt wurde, berücksichtigt das auf dem Gummel-Poon-Modell aufbauende Spice-Simulationsmodell des Transistors mit den beiden Leckstromdioden (siehe Bild 5.20) das bei kleinen Strömen zu beobachtende Absinken von B_F infolge von Rekombinationsvorgängen in den Sperrschichten. Mit dem Bezug des Transportstromes auf die normierte Majoritätsträgerladung der Basiszone $\{Q_B\}$ wird sowohl dem Early-Effekt als auch dem Abfall der Stromverstärkung bei etwas größeren Strömen Rechnung getragen.

Das Spice-Simulationsmodell des Transistors arbeitet auf der Grundlage einer maximalen (idealen) Stromverstärkung $B_{F,max}$ und korrigiert diesen idealen Verlauf über ausgewählte Modellparameter. Unsere Untersuchungen sollen sich aus Aufwandsgründen auf folgende Einflussgrößen beschränken:

a) Parameter ISE (Sättigungswert des Leckstromes der Basis-Emitter-Leckstromdiode I_{LES})

b) Parameter NE (Emissionskoeffizient n_E des Basis-Emitter-Leckstromes)

c) Parameter VAF (Early-Spannung U_{AF} im Vorwärtsbetrieb)

d) Parameter IKF (oberer Knickstrom I_{KF} der Stromverstärkung im Vorwärtsbetrieb)

Zu a) Zunächst wird der Parameter ISE (Sättigungswert der BE-Leckstromdiode I_{LES}) variiert. Der originale Wert des Transistor-Modells 2N3904 liegt bei $I_{LES} \approx 1$ pA (ISE=1p). Bild 5.46 zeigt die Verläufe von B_F im Ergebnis der Analyse *DC* bei Anwendung von *Stepping* auf den Modellparameter ISE (=0.5p,1p,2p).

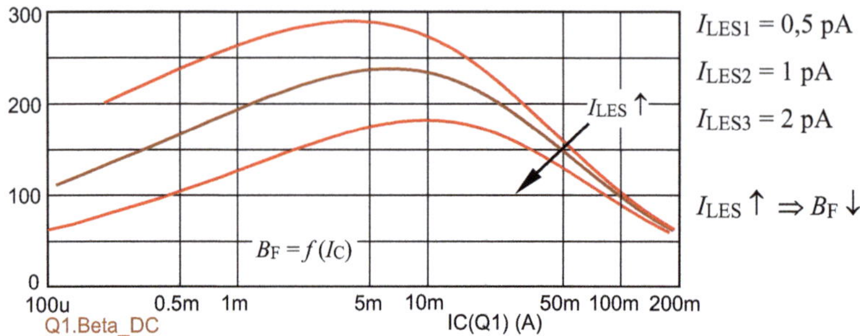

Bild 5.46 Einfluss des Leckstromes I_{LES} (ISE) auf die Stromverstärkung

Wie das Simulationsergebnis zeigt, bewirkt eine Erhöhung des Sättigungsstromes der Basis-Emitter-Leckstromdiode bei kleinen Kollektorströmen eine Verschiebung der Stromverstärkung in Richtung kleinerer B_F-Werte. Dieser Einfluss ist bei größeren Kollektorströmen viel geringer.

Zu b) Die Leckströme werden gemäß Formel 5.24 und Formel 5.25 neben ihren Sättigungswerten I_{LES} und I_{LCS} auch noch von ihren Emissionskoeffizienten n_E und n_C (Parameter: NE und NC) beeinflusst. Eine Variation des Emissionskoeffizienten n_E (Modellwert: n_E = 1,72) mit *Stepping* (NE=1.64,1.72,1.8) führt zu nahezu gleichen Funktionsverläufen von B_F im Vergleich zum Bild 5.46. Hier gilt aber die Aussage: $n_E \uparrow \Rightarrow B_F \uparrow$. Auf eine Darstellung dieser Funktionen wurde demzufolge verzichtet. Das sollten Sie mit einer Simulation selbst ausprobieren.

Zu c) Eine Veränderung der Early-Spannung bewirkt eine proportionale Anhebung oder Absenkung der gesamten Stromverstärkungs-Kennlinie. Zur Veranschaulichung dieses Sachverhalts variieren wir hier den Modellparameter VAF (Modellwert: U_{AF} = 102 V) mit *Stepping* (List=50,102,200).

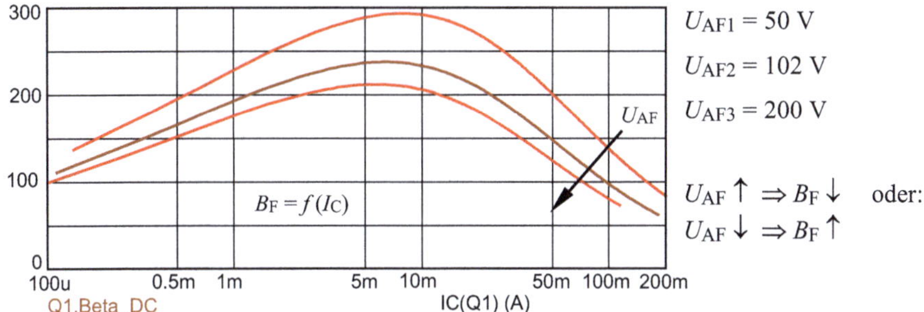

Bild 5.47 Einfluss der Early-Spannung U_{AF} auf den Verlauf der Stromverstärkung

Gemäß Formel 5.26 verhalten sich U_{AF} und $\{Q_1\}$ direkt proportional zueinander. Durch eine Reduzierung von U_{AF} wird die Dicke der Basisschicht kleiner und der Kollektorstrom steigt an. Damit steigt auch die Stromverstärkung B_F an. Das Ergebnis der Simulation bestätigt diesen Sachverhalt. Eine Variation von U_{AF} hat folgende Auswirkungen: $U_{AF} \downarrow \Rightarrow \{Q_1\} \downarrow \Rightarrow \{Q_B\} \downarrow \Rightarrow I_C \uparrow \Rightarrow B_F \uparrow$.

Zu d) Der Einfluss des oberen Knickstromes I_{KF} auf den Verlauf des Ausgangskennlinienfeldes wurde bereits im Lehrbeispiel 5.4 (siehe Bild 5.22) dargestellt.

Sein Einfluss auf die Stromverstärkung soll über eine Variation des Parameters IKF mit *Stepping* (List=13.25m,26.5m,53m) untersucht werden. Im Vergleich zum Lehrbeispiel 5.4 gilt der Hinweis, dass im vorliegenden Simulationsbeispiel 5.2 ein anderer Transistor (IKF≈26.5m) verwendet wird.

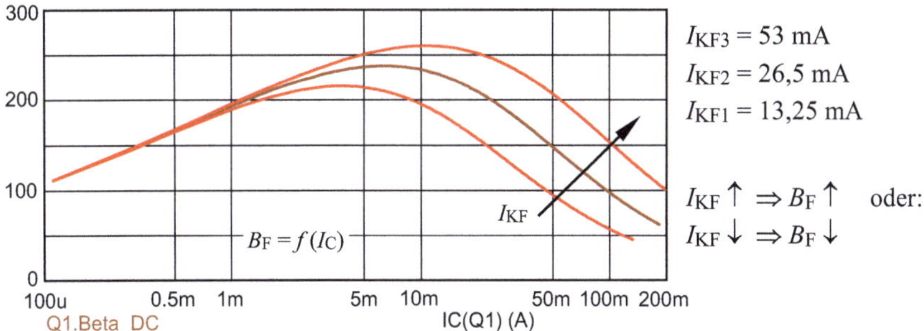

Bild 5.48 Einfluss des oberen Knickstromes I_{KF} auf den Verlauf der Stromverstärkung

Das Ergebnis dieser Simulation zeigt eine Veränderung des Abfalls der Stromverstärkung bei größeren Kollektorströmen. Mit Zunahme des Knickstromes steigt die Stromverstärkung B_F an.

Gemäß Formel 5.28 verhalten sich I_{KF} und $\{Q_2\}$ umgekehrt proportional zueinander. Durch eine Reduzierung von I_{KF} wird die Majoritätsladung in der Basis größer. Das hat einen Abfall der Stromverstärkung B_F zur Folge. Dieser Sachverhalt wird durch die Simulation bestätigt. Eine Variation von I_{KF} hat folgende Auswirkungen: $I_{KF} \downarrow \Rightarrow \{Q_2\} \uparrow \Rightarrow \{Q_B\} \uparrow \Rightarrow I_C \downarrow \Rightarrow B_F \downarrow$.

Simulationsbeispiel 5.3: Temperaturabhängigkeit von Modellparametern

Untersuchen Sie den Einfluss von Modellparametern, die zur Beschreibung der Temperaturabhängigkeit des Transistors benutzt werden. Als Transistor wird wieder der bereits bekannte Typ 2N3904 mit der Simulationsschaltung von Bild 5.5 verwendet (vgl. Simulationsbeispiel 5.2).

Die wichtigsten Parameter zur Beschreibung der Temperaturabhängigkeit eines Bipolartransistors sind der Temperaturexponent des Transport-Sättigungsstromes x_{TI} und der Beta-Temperaturkoeffizient x_{TB} für die Stromverstärkungen im Vorwärts- und im Rückwärtsbetrieb. Zunächst soll die allgemeine Temperaturabhängigkeit der Stromverstärkung gemäß Formel 5.22 nachgewiesen werden. Bild 5.49 zeigt den Verlauf der Stromverstärkung im Vorwärtsbetrieb in Abhängigkeit vom Kollektorstrom. Die Abszissenachse wurde jetzt linear skaliert, um die Lage von $B_{F,max}$ anschaulicher zu verdeutlichen.

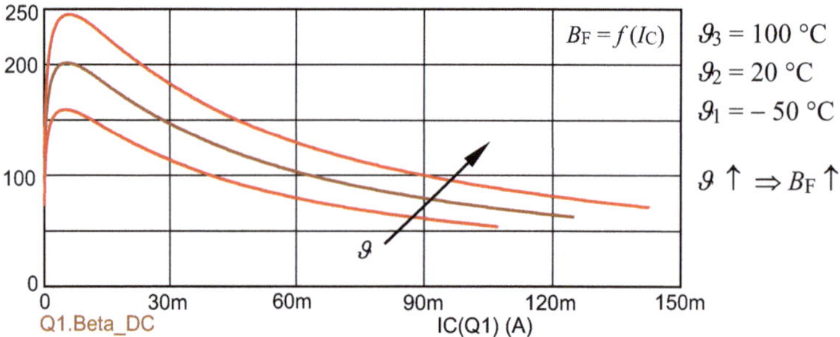

Bild 5.49 Einfluss der Temperatur auf die Stromverstärkung B_F

Die Kollektor-Emitter-Spannung beträgt jetzt U_{CE} = 10 V. Dann erhalten wir (vgl. Bild 5.45 - rechts) bei ϑ_2 = 20 °C eine maximale Stromverstärkung von $B_{F,max} \approx 202$ bei $I_C \approx$ 5,4 mA. Mit ansteigender Temperatur (Temperatur-Sweep mit Var.2=Temp und List=-50,20,100) verschiebt sich die Kennlinie in Richtung größerer Werte.

Nun soll der Beta-Temperaturkoeffizient x_{TB} für die Stromverstärkungen im Vorwärts- und im Rückwärtsbetrieb (Parameter: XTB) variiert werden. Dazu wählen wir die Stromverstärkung $B_{F,max}$ = 202 mit ϑ_{Bezug} = 20 °C. Zur Erreichung dieses Wertes muss ein Basisstrom von $I_B \approx 27$ µA fließen (Bild 5.45). Dieser Strom wird jetzt als konstanter Wert in die Schaltung von Bild 5.5 bei U_{CE} = 10 V eingespeist.

Der Modellparameter XTB ist bei diesem Transistor auf null (Default-Wert) gesetzt. Zur Variation muss dieser Parameter auf einen realen Wert (Erfahrungswert von PSpice: XTB=1) gesetzt werden. In Bild 5.50 wird das Ergebnis der Simulation mit *Stepping* des Parameters XTB (List=0.5,1,2) gezeigt.

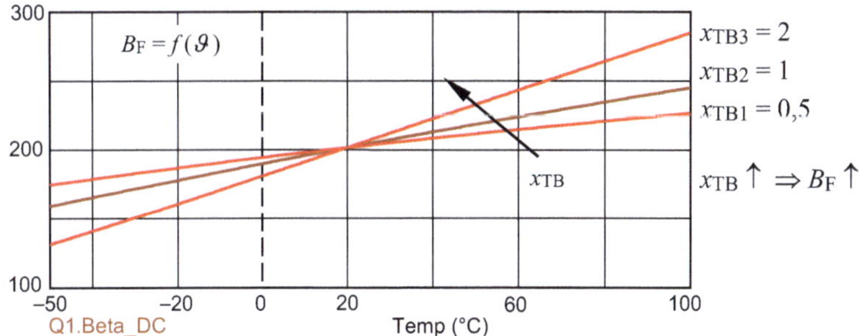

Bild 5.50 Einfluss des Beta-Temperaturkoeffizienten

Dieses Simulationsergebnis sagt aus (vgl. Bild 5.49), dass die Stromverstärkung B_F mit ansteigender Temperatur zunimmt. Der Anstieg wird mit anwachsendem Beta-Temperaturkoeffizient x_{TB} größer. Das entspricht auch der Aussage von Formel 5.22. Bei der Bezugstemperatur mit ϑ_{Bezug} = 20 °C schneiden sich die Kennlinien in einem gemeinsamen Punkt. Hier sind Unterschiede im Wert des Temperaturkoeffizienten x_{TB} unwirksam, da bei $T/T_0 = 1$ der Exponent in Formel 5.22 keine Rolle spielt. In diesem Fall gilt: $B_F = B_{F0}$.

Simulationsbeispiel 5.4: Arbeitspunkt eines Kleinsignalverstärkers

Dimensionieren Sie den in Bild 5.29 dargestellten Kleinsignalverstärker bei Verwendung des BJT 2N2222 (vgl. Simulationsbeispiel 5.1). Die Verlustleistung wird mit $P_{V,max}$ = 500 mW angegeben. Für die Betriebsspannung soll ein Wert von U_B = 10 V verwendet werden.

Der Arbeitspunkt eines Transistors (2N3904) wurde bereits im Lehrbeispiel 5.3 für einen Verstärker mit einer Gleichstromgegenkopplung eingestellt. Wir sehen uns jetzt das Ausgangskennlinienfeld für den hier zu verwendenden BJT (2N2222) an (Bild 5.51). Dort zeichnen wir die Grenzkennlinien des SOAR-Bereiches ein und legen einen Arbeitspunkt fest. Die Kennlinie I_{CE0} bei $I_B = 0$ liegt auf der Abszissenachse. Die Werte $U_{CE,max}$ = 30 V und $I_{C,max}$ liegen außerhalb des Grafikbereiches.

Eine zentrale Lage des Arbeitspunktes erhalten wir z. B. mit $U_{CE0} = 4$ V bei $I_{B0} = 667$ µA. Dann fließt ein Kollektorstrom $I_{C0} = 60$ mA. Durch eine Verbindung des Arbeitspunktes mit $U_B = 10$ V (U_L) entsteht die Arbeitsgerade, die die Stromachse bei $I_K = 100$ mA schneidet. Die Verlustleistungshyperbel und der Übersteuerungsbereich $U_{CB} \leq 0$ sind hinreichend weit vom Arbeitspunkt entfernt.

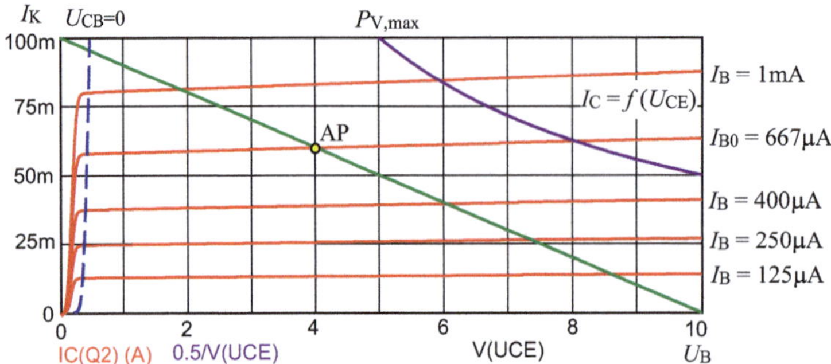

Bild 5.51 Ausgangskennlinienfeld des BJT 2N2222

Nun können wir die Widerstände zur Einstellung des Arbeitspunktes berechnen:

Für den Emitterwiderstand gilt mit der Dimensionierungsregel $U_{RE} \approx 0{,}1 \cdot U_B = 1$ V:

$$R_E \approx \frac{U_{RE}}{I_{C0} + I_{B0}} = \frac{1\ \text{V}}{60{,}\bar{6}\ \text{mA}} \approx 17\ \Omega$$

$$R_C = \frac{U_B - U_{CE0} - U_{RE}}{I_{C0}} = \frac{5\ \text{V}}{60\ \text{mA}} \approx 83\ \Omega$$

Die Spannung über dem Teilerwiderstand R_2 wird über $U_{R2} = U_{BE0} + U_{RE}$ berechnet:

$$R_2 = \frac{U_{BE0} + U_{RE}}{10 \cdot I_{B0}} = \frac{1{,}775\ \text{V}}{6{,}\bar{6}\,\text{mA}} \approx 266\ \Omega$$

$$R_1 = \frac{U_B - U_{R2}}{11 \cdot I_{B0}} \approx \frac{8{,}2\ \text{V}}{7{,}34\ \text{mA}} \approx 1117\ \Omega$$

Der Widerstand R_1 wird mit $R_1 = 1{,}1$ kΩ gewählt. Die anderen Widerstandswerte liegen außerhalb der E-24-Reihe. Hier muss der Schaltungstechniker einen sinnvollen Kompromiss finden.

Die Ergebnisse der Analyse *Dynamic-DC* bestätigen die Dimensionierung der Verstärkerschaltung. Bei Verwendung von Widerständen aus der E-24-Reihe verschiebt sich der Arbeitspunkt. Das sieht aber mit Zahlenwerten schlimmer aus (Bild rechts), als es dann in der Kennlinie in Erscheinung tritt.

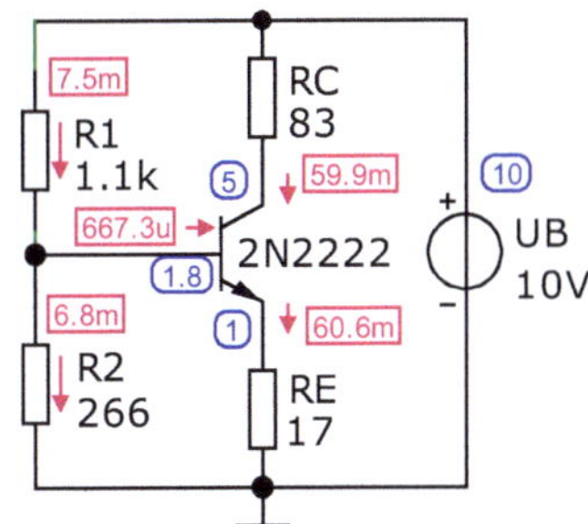

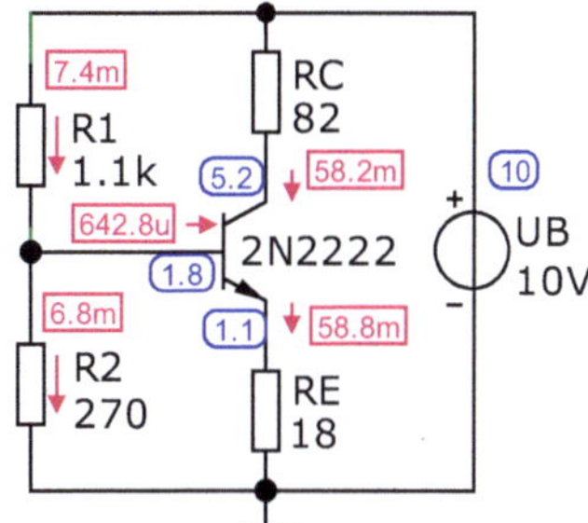

Bild 5.52 Arbeitspunkteinstellung des BJT 2N2222 (links: berechnet und rechts: E-24-Reihe)

Die Widerstände haben eine Toleranz von ±5 %. Ein Transistor vom Typ 2N2222 gleicht nicht einem anderen BJT vom gleichen Typ. Wichtig für den Einsatz ist die Erfüllung der Kleinsignalbedingung. Dazu muss der Arbeitspunkt so festgelegt werden, dass eine lineare Aussteuerung um diesen AP auch möglich ist. Ansonsten sind leichte Änderungen angesagt.

Simulationsbeispiel 5.5: Frequenzverhalten eines Kleinsignalverstärkers

Der Kleinsignalverstärker des Simulationsbeispiels 5.4 ist bezüglich seines Verhaltens bei variabler Frequenz zu testen. Dimensionieren Sie diesen Kleinsignalverstärker für einen Frequenzbereich von ca. 100 Hz $\leq f \leq$ 10 MHz. Für den Arbeitspunkt gelten die Daten von Bild 5.52 (links).

Es besteht die Forderung, dass die Ausgangsspannung u_a bei der Einspeisung des Testsignals exakt sinusförmig verläuft und über einem breiten Frequenzband eine möglichst große Amplitude aufweist. Als Testsignal wird eine sinusförmige Spannung mit einem Maximalwert von $\hat{U}_e$ = 15 mV (bei einer Frequenz von f = 10 kHz) eingespeist. Der Verstärker soll mit R_a = 10 kΩ belastet werden.

Wir dimensionieren zunächst die erforderlichen Kapazitäten. Die Koppelkapazität C_e kann mit Formel 5.41 berechnet werden. Der Widerstand r_{BE} wurde aus der Eingangskennlinie ermittelt:

$$r_{BE} = \frac{\Delta U_{BE}}{\Delta I_B}\bigg|_{AP} = \frac{30\ \text{mV}}{342\ \mu\text{A}} \approx 88\ \Omega$$

Da eine relativ große Übertragungsbandbreite gefordert ist, wird zur Dimensionierung aller drei Kondensatoren der ungünstigste Fall für die Betriebsfrequenz mit $f_{B,min} = f_{gu}$ = 100 Hz angenommen.

$$C_e > \frac{1}{2\pi \cdot f_{gu} \cdot r_{BE} // R_1 // R_2} = \frac{1}{2\pi \cdot 100\ \text{s}^{-1} \cdot 88\ \Omega // 215\ \Omega} \approx 25{,}5\ \mu\text{F}$$

Die Kapazität des Emitter-Kondensators C_E kann über die Formel 5.40 bestimmt werden. Mit $f_{B,min} = f_{gu} = 100$ Hz gilt:

$$C_E > \frac{5}{\pi \cdot f_{gu} \cdot R_E} = \frac{5}{\pi \cdot 100\,s^{-1} \cdot 17\ \Omega} = 936\ \mu F$$

(gewählt: $C_e = 24\ \mu F$ und $C_E = C_{Em} = 910\ \mu F$)

Bei gewählten Werten aus der E-Reihe wird die Bedingung ($C_x >$) nicht exakt erfüllt. Die Werte der Kapazitäten sind ohnehin schon ziemlich groß.

Den Koppelkondensator am Ausgang legen wir mit $C_a \approx 1\ \mu F$ fest. Bild 5.53 zeigt die Schaltung zur Simulation. Der Kondensator C_E musste in C_{Em} umbenannt werden, da MicroCap keine Unterschiede zwischen Groß- und Kleinbuchstaben (vgl.: C_e) kennt.

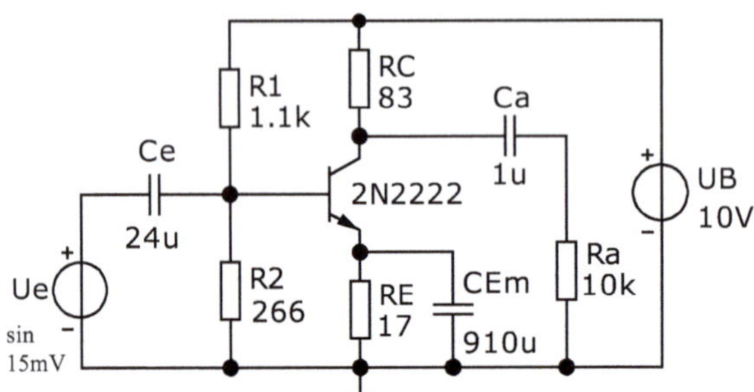

Bild 5.53 Kleinsignalverstärker

Wir wenden zunächst die Analyse *Transient* auf die Spannungen u_a und u_e an. Die Ausgangsspannung verläuft exakt sinusförmig und ist gegenüber der Eingangsspannung um 180° phasenverschoben. In Bild 5.54 sind beide Zeitfunktionen zum Vergleich dargestellt. Die Amplitude der Ausgangsspannung beträgt $\hat{U}_a = 1$ V ($\Delta U_a = 2$ V) bei $\hat{U}_e = 15$ mV ($\Delta U_e = 30$ mV).

Das entspricht einer Spannungsverstärkung von $V_U = \hat{U}_a / \hat{U}_e = 67$.

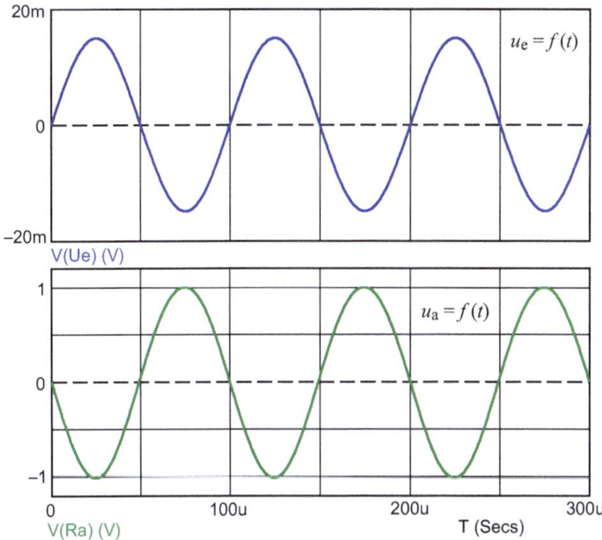

Bild 5.54 Zeitfunktionen der Spannungen beim Kleinsignalverstärker

Nun sehen wir uns das Bode-Diagramm über die Analyse *AC* an. Die maximale Verstärkung beträgt ca. 36,6 dB. Die Grenzfrequenzen (Dämpfung von -3 dB) liegen bei $f_{gu} \approx 200$ Hz und $f_{go} \approx 100$ MHz.

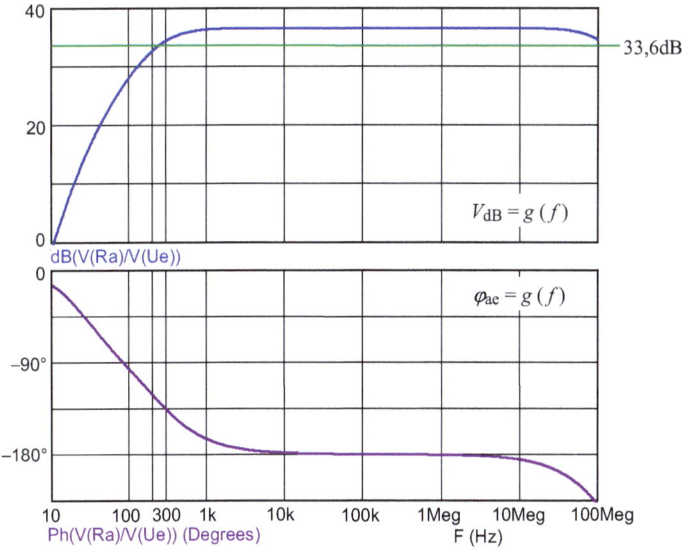

Bild 5.55 Bode-Diagramm des Kleinsignalverstärkers

Der Phasenwinkel erreicht bei ca. 10 kHz den Wert $\varphi_{ae} \approx -180°$. Eine weitere Änderung tritt dann erst bei einer Frequenz von $f \approx 10$ MHz auf.

Zum Abschluss soll noch der Einfluss der Kapazitäten untersucht werden. Eine Erhöhung der Koppelkapazität C_e verändert die untere Flanke des Frequenzganges nur unwesentlich. Die Anhebung der Kapazität C_a verändert den Frequenzgang nicht. Eine Auswirkung auf die obere Flanke des Frequenzganges ist in beiden Fällen nicht erkennbar. Änderungen an der unteren Flanke ergeben sich lediglich bei Variation der Emitter-Kapazität C_E. Bild 5.56 zeigt die Ergebnisse.

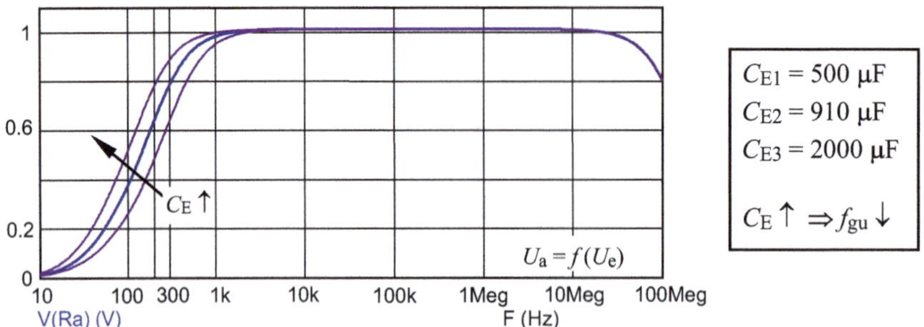

Bild 5.56 Einfluss der Emitter-Kapazität auf die untere Grenzfrequenz

Eine Erhöhung von C_E bewirkt eine Absenkung der unteren Grenzfrequenz. Diese Maßnahme ist aber mit einer erkennbaren Änderung des Kapazitätswertes verbunden.

Simulationsbeispiel 5.6: Längstransistor

Eine Spannungsstabilisierung mittels Z-Diode ist nur für relativ kleine Lastströme möglich. Durch den Einsatz eines Leistungstransistors können auch Spannungen bei größeren Strömen auf einen nahezu konstanten Wert geregelt werden. Dazu wird ein Leistungstransistor als Längstransistor (Bild 5.57) eingesetzt, der die Ausgangsspannung in Abhängigkeit von einer Referenzspannung begrenzt. Diese Referenzspannung wird z. B. von einer Z-Diode bereitgestellt.

Berechnen Sie den erforderlichen Vorwiderstand R_V für eine Ausgangsspannung von ca. 6 V, wenn eine Eingangsspannung von U_e = 12 V (±2 V) angelegt wird. Das entspricht eine Schwankung von ΔU_e = 4 V. Der Laststrom soll einen Wert von I_a = 800 mA aufweisen.

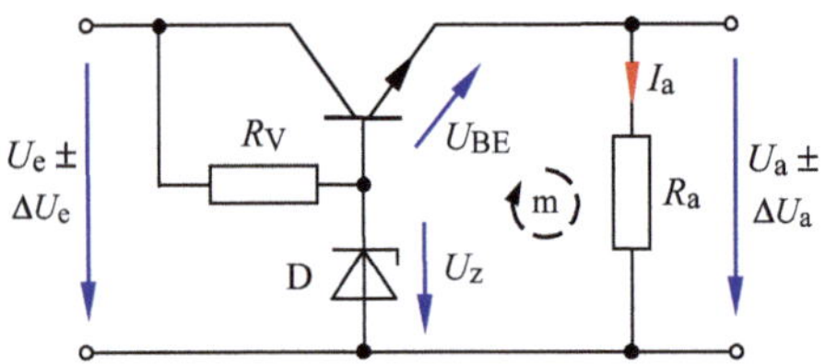

Bild 5.57 Spannungsstabilisierung mit einem Längstransistor

Die Ausgangsspannung kann über die rechte Masche m von Bild 5.57 berechnet werden. Bei einer geforderten Ausgangsspannung von $U_a \approx 6$ V ist eine Referenzspannung von $U_z = 6{,}8$ V erforderlich, wenn man die Basis-Emitter-Spannung des Transistors mit einem Wert von $U_{BE} = 0{,}8$ V annimmt. Dann sollte eine Z-Diode (z.B. 1N754) mit $U_{z0} = 6{,}8$ V ausgewählt werden. Mit dieser Diode erhält man folgende Ausgangsspannung: $U_a = U_{z0} - U_{BE} = 6{,}8\text{ V} - 0{,}8\text{ V} \approx 6\text{ V}$.

Zur Erreichung des Laststromes wurde das Transistor-Modell BD139 aus PSpice [12] importiert. Dort findet man auch die Modell-Daten. Dieser Transistor wird als Power-Transistor mit $I_{C,max} = 1{,}5$ A und $P_{V,max} = (5 \dots 8)$ W angegeben. Er ist in MicroCap nur unter „Professional version only" verfügbar (Angabe: $P_{V,max} = 12$ W).

Zur Festlegung des Laststromes $I_a = 800$ mA wird ein Lastwiderstand $R_a = 7{,}5\ \Omega$ eingesetzt. In Bild 5.58 ist zunächst die Stromverstärkungskennlinie (2. Quadrant) dieses Transistors BD139 als Ergebnis einer gesonderten Simulation dargestellt. Zur Dimensionierung der Schaltung benötigen wir aber den Strom $I_E = I_a$. Er ergibt sich aus der Summe von I_C und I_B.

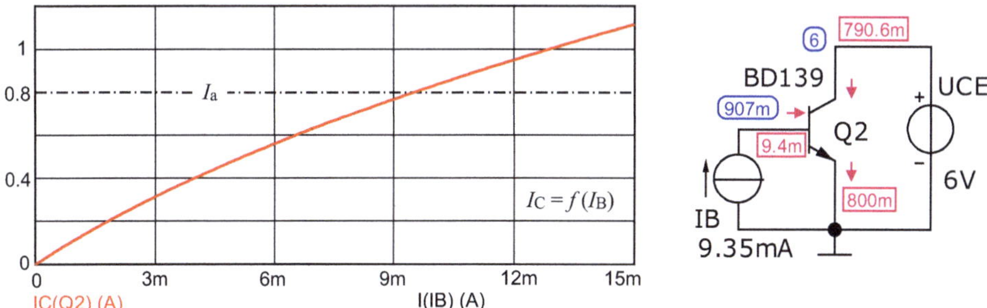

Bild 5.58 Stromverstärkungskennlinie für $U_{CE} = 6$ V (links) und Arbeitspunkt (rechts)

Die rechte Seite dieses Bildes zeigt das Ergebnis einer zusätzlichen Analyse *Dynamic-DC*. Danach setzt sich der Emitterstrom von $I_E = 800$ mA aus $I_C = 790{,}6$ mA und $I_B = 9{,}4$ mA zusammen. Für die Einstellung dieses Arbeitspunktes ist eine Spannung von $U_{BE} \approx 0{,}9$ V erforderlich. Über der Z-Diode liegt dann eine Spannung $U_z = U_a + U_{BE} = 6{,}9$ V. Laut Kennlinie in Bild 3.50 fließt in diesem Fall ein Strom I_z (1N754) ≈ 30 mA. Daraus wird der Vorwiderstand R_V berechnet.

$$R_V = \frac{U_V}{I_V} = \frac{U_e - U_z}{I_z + I_B} = \frac{12\text{ V} - 6{,}9\text{ V}}{30\text{ mA} + 9{,}4\text{ mA}} = \frac{5{,}1\text{ V}}{39{,}4\text{ mA}} \approx 130\ \Omega$$

Bild 5.59 zeigt die Schaltung mit den Ergebnissen der Analyse *Dynamic-DC*. Bei einer konstanten Eingangsspannung von $U_e = 12$ V und einem Laststrom $I_a \approx 0{,}8$ A erhält man eine Ausgangsspannung von $U_a = 6$ V. Dabei nimmt der Transistor eine Leistung von $P_V \approx 4{,}8$ W auf.

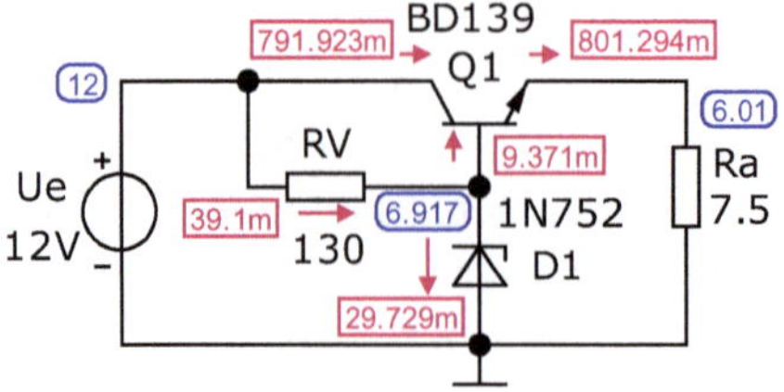

Bild 5.59
Arbeitspunkte beim Längstransistor für U_e = 12 V und I_a = 800 mA

Nun sehen wir uns das Verhalten der Schaltung bei einer Schwankung der Eingangsspannung U_e mit ΔU_e = 4 V an. Zur Simulation wird die Schaltung des Bildes 5.59 verwendet. Auf die Quelle U_e wirkt ein DC-Sweep (14,10,1 m). Damit variieren wir die Eingangsspannung im Bereich: 10 V ≤ U_e ≤ 14 V. In Bild 5.60 wird das Ergebnis der Analyse *DC* dargestellt.

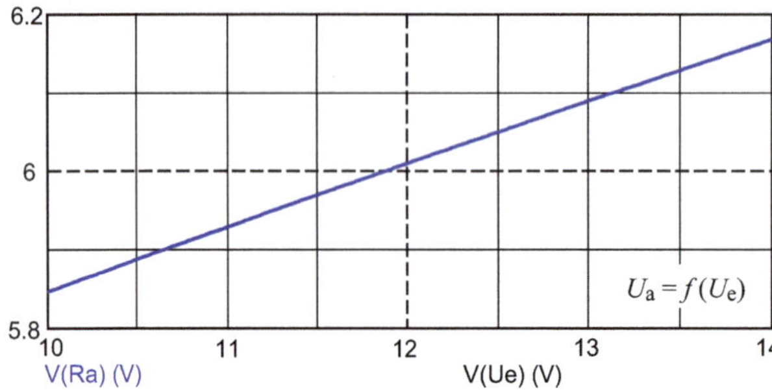

Bild 5.60
Spannungsschwankungen im Ergebnis einer Stabilisierung

Bei der vollen Schwankungsbreite der Eingangsspannung ändert sich die Ausgangsspannung in einem Bereich von 5,85 V bis 6,17 V (ΔU_a = 32 mV). Das entspricht nach Formel 3.14 einem Stabilisierungsfaktor von $S \approx 64{,}5$.

Simulationsbeispiel 5.7: Differenzstufe

Simulieren Sie die prinzipielle Arbeitsweise des in Bild 5.36 vorgestellten Differenzverstärkers und stellen Sie die Ausgangsspannung als Funktion der Eingangsspannung grafisch dar. Erklären Sie die Existenz einer Offsetspannung und die entsprechende Kompensation.

Die Grundstruktur wählen wir nach Vorbild der Differenz-Eingangsstufe des Operationsverstärkers µA741 (vgl. Kapitel 8: Operationsverstärker). Er arbeitet mit einer Betriebsspannung von U_B = ±15 V (‚VC' und ‚VE') und wird mit einem Quellenstrom von I_0 = 2 mA gespeist. Bild 5.61 zeigt die zur Simulation der Differenzstufe verwendete Schaltung. Die beiden Transistoren unterscheiden sich hier lediglich in ihrer Stromverstärkung [B_F (Q1) = 80 und B_F (Q2) = 77]. Dadurch entsteht eine innere Unsymmetrie, die es in der Praxis infolge von Exemplarstreuungen eigentlich immer gibt.

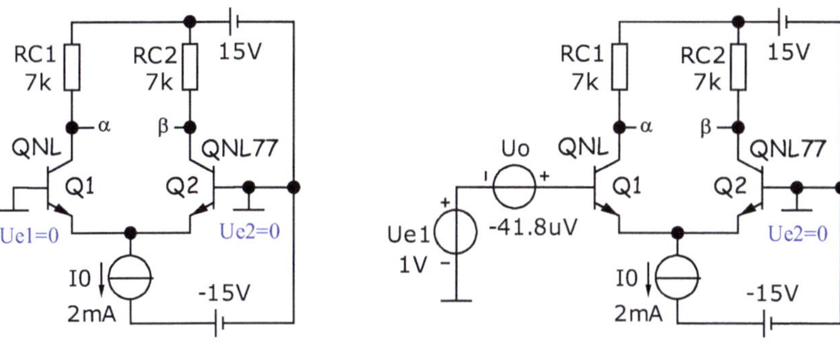

Bild 5.61 Simulation einer Differenzstufe

Für die Differenzeingangsspannung gilt: $U_D = U_{e1} - U_{e2}$. Wenn wir (wie beim OV als invertierender oder als nichtinvertierender Verstärker) einen Eingang auf Nullpotential legen (hier: e2), ergibt sich die Differenzeingangsspannung aus $U_D = U_{e1}$. Damit haben wir den Differenzverstärker von Bild 5.36 etwas vereinfacht. Wenn jetzt die Eingangsspannung im Bereich $-100\,\mu V \leq U_{e1} \leq +100\,\mu V$ (also um den Wert $U_D \approx 0$) verändert wird, müsste die Ausgangsspannung U_a (gerechnet von α nach β) bei $U_D = 0$ den Wert null aufweisen.

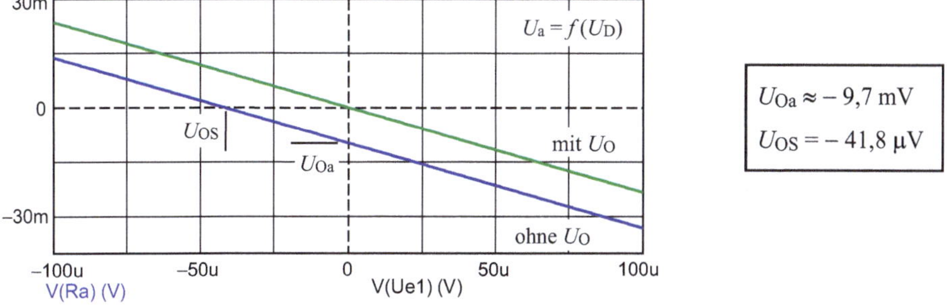

Bild 5.62 Offsetspannung

Das Simulationsergebnis in Bild 5.62 zeigt aber, dass bei $U_{e1} = 0$ eine Spannung $U_{0a} \approx -9{,}7$ mV existiert. Diese Offsetspannung entsteht infolge der inneren Unsymmetrie der Differenzstufe. Zur Kompensation kann z. B. eine zusätzliche Quelle mit U_0 einsetzt werden (Bild 5.61 - rechts). Sie muss eine Spannung liefern, die die Kennlinie im vorliegenden Fall um U_{0S} nach rechts verschiebt. Dann verläuft die Kennlinie exakt durch den Nullpunkt. Bei einer entgegengesetzten Polarität von U_{0S} müsste die Kennlinie nach links verschoben werden.

Nun legen wir eine Eingangsspannung von ±1 V an (DC-Sweep: Ue1=1,-1,1m). Bei einer positiven Differenzeingangsspannung ($U_{e1} > 0$) fließt bei Leerlauf zwischen α und β der gesamte Quellenstrom I_0 durch den Transistor Q1 und bewirkt einen Strom $I_{C1} \approx I_0$. Dieser Strom erzeugt eine Ausgangsspannung, die bei einer positiven Spannung am Eingang e1 negative Werte annimmt (invertierendes Verhalten). Bei einer negativen Spannung U_{e1} wird die Ausgangsspannung positiv: U_a (→) ≈ $\varphi_\alpha - \varphi_\beta$. Ein umgekehrtes Verhalten gilt für die Betrachtung des Eingang e2. Hier handelt es sich demzufolge um den nichtinvertierenden Eingang.

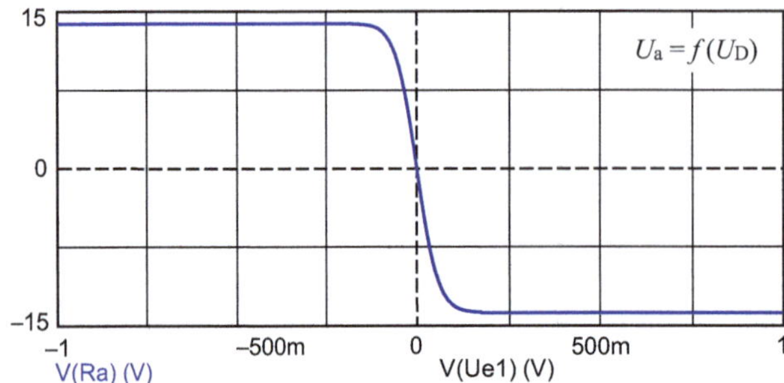

Bild 5.63 Übertragungsfunktion der Differenzstufe

Ab einem bestimmten Betrag der Differenzeingangsspannung (ca. ±100 mV) geht die Differenzstufe in die Sättigung über. Dann fällt über dem Ausgang die Sättigungsspannung $\pm U_S \approx 13{,}5$ V ab. Diese Spannung legt die Aussteuergrenzen der Differenzstufe fest. Bild 5.63 zeigt den Verlauf der Funktion $U_a = f\,(U_D)$, die auch als Übertragungsfunktion bezeichnet wird. Im Falle einer Offsetkompensation wechselt die Polarität der Ausgangsspannung bei $U_D = 0$.

Nun wollen wir uns noch ein Beispiel zur Bildung einer Differenz zweier Eingangssignale ansehen. Dazu verwenden wir zwei Zeitfunktionen und setzen die Analyse *Transient* ein. Der Verstärker bildet die Differenz zwischen einem positiven Rechteckimpuls und einer e-Funktion.

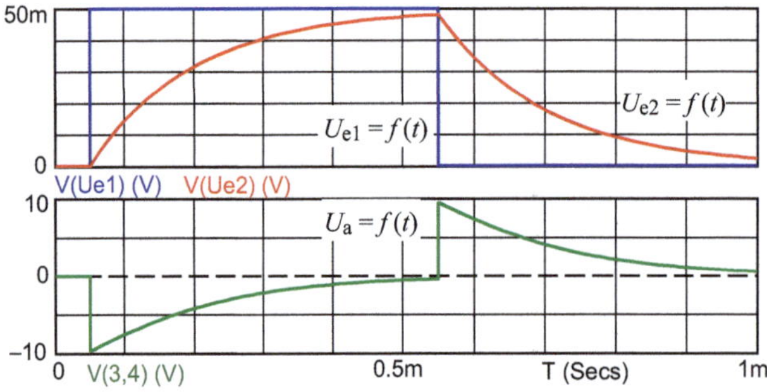

Rechteckimpuls:
/ Pulse / mit 50mV
TD=50u
PW=0.5m
PER=1m
e-Funktion:
/ Exp / mit 50mV
TD1=50u
TC1=150u
TD2=550u
TC2=150u

Bild 5.64 Differenz zweier Zeitfunktionen

Simulationsbeispiel 5.8: Kennlinien eines IGBT

Stellen Sie die Transferkennlinie und das Ausgangskennlinienfeld eines IGBT dar.

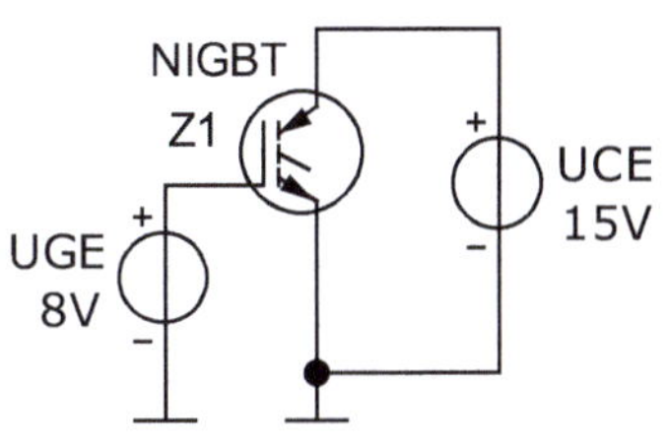

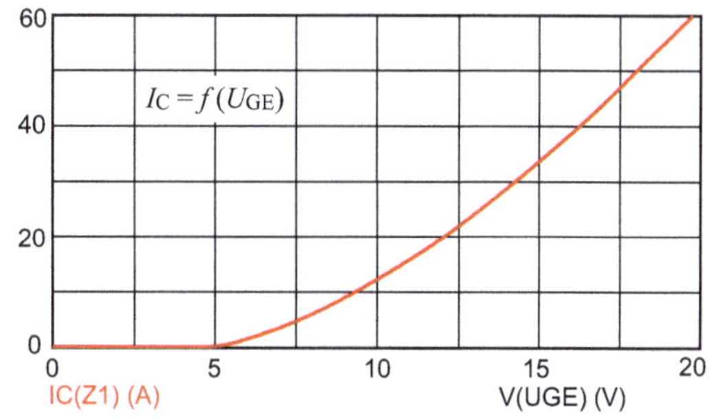

Bild 5.66 Simulation eines IGBT

Der IGBT wird mit einer Spannung am Gate gesteuert. Der hier vorliegende FET-Eingang arbeitet nach Vorbild eines Anreicherungstyps mit U_{T0} = 4,7 V. Bild 5.66 zeigt die Transferkennlinie. Bei U_{GE} = 12 V fließt bereits ein Strom von 22 A.

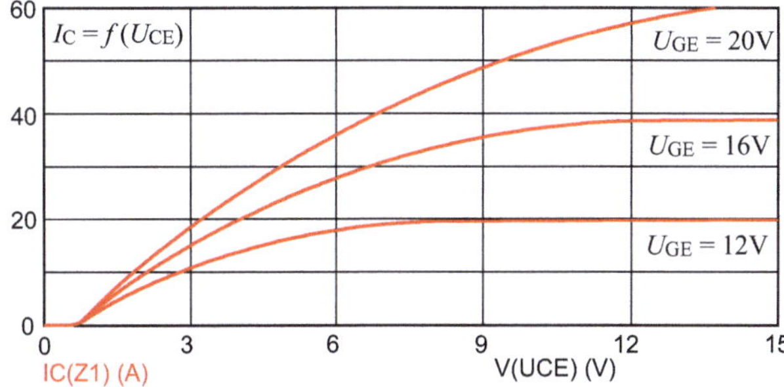

Bild 5.67 Ausgangskennlinienfeld

Im Ausgangskennlinienfeld ist deutlich zu erkennen, dass eine geringe Zunahme der Spannung am Gate eine erkennbare Erhöhung des Stromes bewirkt. Durch den FET-Eingang ist die Steuerung des Ausgangsstromes nahezu leistungslos möglich.

6 Thyristoren

Thyristoren sind steuerbare Bauelemente der Leistungselektronik. Sie besitzen die Eigenschaft, den Stromfluss in beiden Richtungen zu sperren.

Thyristoren werden überall dort verwendet, wo schnell, kontaktlos und verlustarm geschaltet werden muss. Sie sind insbesondere für den Einsatz in der modernen Antriebstechnik sowie in der Steuerungs- und Regelungstechnik geeignet.

6.1 Ausführungsformen

Thyristoren bestehen aus mindestens drei Zonenübergängen, die in der Regel als eine pnpn-Folge in Form eines Vierschichtelementes ausgeführt sind. Dabei kann ein Zonenübergang durchaus durch einen geeigneten Metall-Halbleiter-Kontakt ersetzt werden. Außerdem können zwei, drei oder alle vier Halbleiterzonen mit Anschlüssen versehen sein. Danach wird zwischen Vierschicht-Dioden, -Trioden und Vierschicht-Tetroden unterschieden. Durch eine Antiparallelschaltung erhält man spezielle Bauelemente der Leistungselektronik.

6.1.1 Aufbau und Wirkungsweise

Ein Thyristor ist ein Vierschichtelement. Er besteht in seiner Grundstruktur aus vier unterschiedlich dotierten Halbleiterschichten in Form einer pnpn-Folge. Die äußere p-Schicht wird als Anode (A) und die äußere n-Schicht wird als Katode (K) bezeichnet. Die inneren Schichten können je nach Ausführungsform zusätzlich kontaktiert sein. Dann besitzt dieses Bauelement ein oder zwei Steuer-Gates, die gemäß ihrer Schichtenzuordnung als Anoden-Gate (AG) oder als Katoden-Gate (KG) bezeichnet werden. In Bild 6.1 wird der Aufbau solcher Vierschicht-Bauelemente dargestellt.

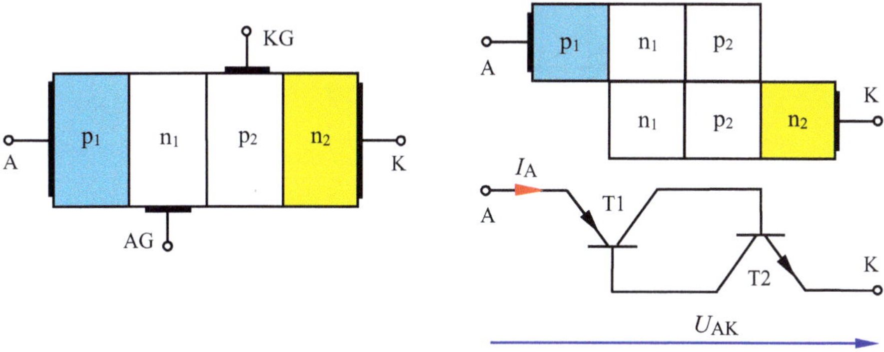

Bild 6.1 Prinzipaufbau, Ersatzaufbau und Ersatzschaltbild einer Vierschichtdiode

Die beiden äußeren Schichten (p_1-Anode und n_2-Katode) sind hochdotiert und damit relativ niederohmig. Die beiden Mittelschichten (n_1-AG und p_2-KG) sind dagegen infolge ihrer schwachen Dotierung sehr hochohmig.

Ein Vierschicht-Halbleiterbauelement ohne Steuerelektroden wird als Vierschichtdiode oder Einrichtungs-Thyristordiode bezeichnet. Sie besitzt nach Vorbild einer „normalen" Diode lediglich die beiden Anschlüsse A und K, obwohl die drei pn-Übergänge (p_1n_1, n_1p_2, p_2n_2) existieren. Wenn die Anode ein höheres Potential als die Katode aufweist ($\varphi_A > \varphi_K$), dann sperrt der mittlere Übergang n_1p_2. Im umgekehrten Fall ($\varphi_A < \varphi_K$) sperren die beiden äußeren Übergänge p_1n_1 und p_2n_2. Wird jedoch eine definierte Grenzspannung $U_{AK,Grenz} = U_k$ (Kippspannung) überschritten, brechen die Sperrschichten durch und es fließt ein Strom I_A.

Das prinzipielle elektrische Verhalten der Vierschichtdiode kann über ein Transistor-Ersatzschaltbild erklärt werden. Dazu schaltet man einen pnp- und einen npn-Transistor gemäß Bild 6.1 (rechts) zusammen. Diese Anordnung sperrt bei kleinen Spannungen $\pm U_{AK}$ (beliebige Polarität). Wenn die Spannung eine Grenzspannung überschreitet ($U_{AK} > U_k$), steuert der Kollektor-Emitter-Reststrom von T1 den Transistor T2 auf. Dadurch wird eine Mitkopplung wirksam, die das Einschalten beider Transistoren bewirkt. Nun fließt ein Strom I_A, der nach Vorbild einer einfachen Diode über Formel 3.1 beschreibbar ist. Wenn dieser Strom einen bestimmten Grenzwert $I_{A,Grenz} = I_H$ (Haltestrom) unterschreitet, sperrt diese Anordnung wieder.

Da das elektrische Verhalten der Vierschichtdiode im Vergleich zu einer einfachen Diode keine weiteren Besonderheiten aufweist, besitzt die Anordnung in der vorgestellten Form keine praktische Bedeutung. Sie ist aber erweiterungsfähig.

Bild 6.2 zeigt die wichtigsten Realisierungsvarianten von Vierschichtdioden.

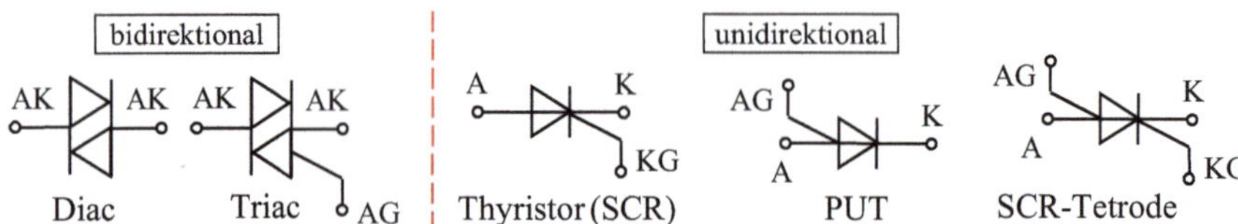

Bild 6.2 Schaltzeichen von Thyristoren

6.1.2 Diac und Triac

Durch eine Antiparallelschaltung zweier Vierschichtdioden (also von zwei Einrichtungs-Thyristordioden) entsteht eine symmetrische Vierschichtdiode (Zweirichtungs-Thyristordiode). Der Diac (Diode Alternating Current Switch) stellt eine spezielle Ausführungsform dieses Bauelementes in Form einer streng symmetrischen Dreischichtstruktur dar. Anode und Katode können getauscht werden. Eine externe Steuerung dieser Leistungsdiode ist bei dieser Realisierungsvariante allerdings noch nicht möglich.

Wie Bild 6.3 zeigt, entsteht durch die Antiparallelschaltung eine symmetrische Fünfschichtstruktur mit vier pn-Übergängen. Bedingt durch diese Symmetrie wirkt jede Anode zugleich als Katode und umgekehrt (AK). Die Strom-Spannungs-Kennlinie dieser Anordnung muss demzufolge auch einen symmetrischen Verlauf haben.

Die Strom-Spannungs-Kennlinien von Thyristoren werden wie bei einer einfachen Diode im ersten und dritten Quadranten als Hauptstrom-Kennlinienfeld dargestellt. Das ausgeprägte Schaltverhalten wird bei allen Thyristorvarianten mit den Begriffen Zünden (Ein) und Löschen (Aus) beschrieben. Da es sich beim Diac um eine bidirektionale Anordnung handelt, ist der Kennlinienverlauf in beiden Quadranten gleich. Der Diac muss ohne Steuersignal zünden, da kein Gate vorhanden ist. Das passiert bei einer Kippspannung $U_{AK,Grenz} = \pm U_k$, bei der die Anordnung von einem Zustand in den anderen Zustand „kippt".

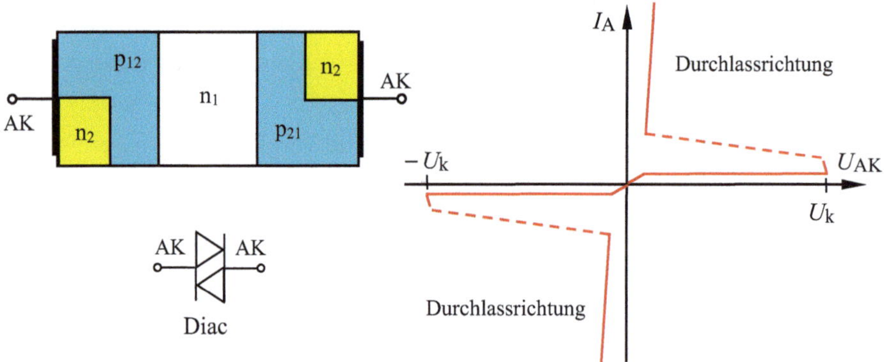

Bild 6.3 Prinzipaufbau und Kennlinie eines Diac

Bei der Kontaktierung der Mittelzonen mit Steueranschlüssen erhält man Bauelemente mit einer extern steuerbaren Strom-Spannungs-Kennlinie. Wenn man den Diac von Bild 6.3 im p_{21}-Gebiet um eine Steuerelektrode erweitert, entsteht eine Zweirichtungs-Thyristortriode mit der Bezeichnung *Triac* (Triode Alternating Current Switch).

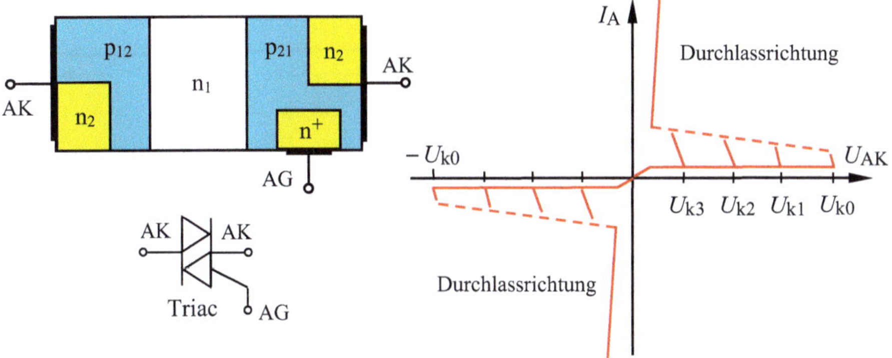

Bild 6.4 Prinzipaufbau und Kennlinie eines Triac

Bild 6.4 zeigt die Kennlinie eines Triac. Da es sich auch hier wieder um eine bidirektionale Anordnung handelt, ist der Kennlinienverlauf in beiden Quadranten gleich. Der Triac verfügt aber über einen anodenseitigen Steueranschluss AG, mit dem über einen Steuerstrom $\pm I_G$ der Zündvorgang beeinflusst werden kann. Mit ansteigendem Betrag des Steuerstromes $| I_G |$ wird der Betrag der Kippspannung abgesenkt. Die Anordnung zündet dann bereits bei kleineren Spannungen U_{AK}. Wenn der Steuerstrom null ist (offenes Gate AG), wird zum Zünden die Nullkippspannung U_{k0} benötigt.

6.1.3 Rückwärtssperrender Thyristor (SCR)

Erweitert man dagegen die Einrichtungs-Thyristordiode (Vierschichtdiode) um einen katodenseitigen Steueranschluss, so entsteht ein rückwärts sperrender Thyristor, der allgemein mit dem Namen „Thyristor" oder mit SCR (Silicon Controlled Rectifier) bezeichnet wird. Bild 6.5 zeigt die Kennlinie eines rückwärtssperrenden Thyristors. Jetzt handelt es sich um eine unidirektionale Anordnung, bei der sich der Kennlinienverlauf in Durchlassrichtung vom Verlauf in Sperrrichtung unterscheidet.

In Sperrrichtung verhält sich der Thyristor wie eine Gleichrichterdiode. Bei einer negativen Spannung U_{AK} ($U_{BV} < U_{AK} < 0$) sperrt die Anordnung und es fließt nur ein relativ kleiner Sperrstrom. Mit dem Erreichen der Durchbruchspannung U_{BV}

erfolgt ein Durchbruch wie bei einer pn-Diode. Es kommt zu einem unkontrollierten Zünden. Das führt zu Schäden am Bauelement oder an der Außenbeschaltung.

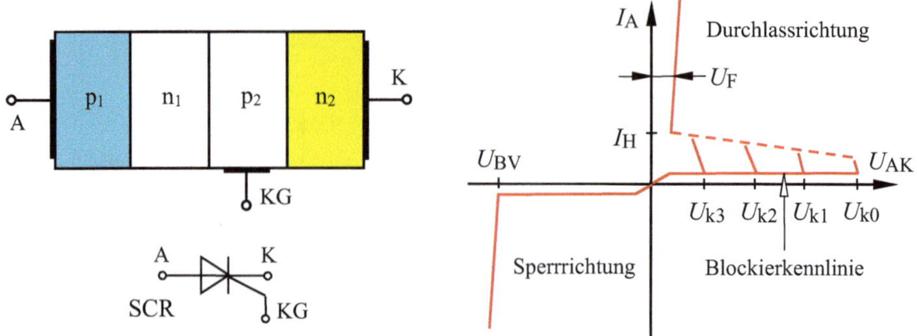

Bild 6.5 Grundstruktur und Kennlinie eines Thyristors

In Durchlassrichtung (Schaltrichtung) unterscheidet man zwischen dem Blockierzustand (Blockierkennlinie) und dem Flusszustand (Durchlasskennlinie). Bei einer positiven Spannung zwischen Anode und Katode ($0 < U_{AK} < U_{k0}$) und bei einer offenen Steuerelektrode ($I_G = 0$) sperrt der Thyristor. Er befindet sich dann im Blockierzustand. Sein Arbeitspunkt durchläuft die Blockierkennlinie.

Mit dem Erreichen der Nullkippspannung U_{k0} zündet der Thyristor (Überkopfzündung) und wird niederohmig. Es fließt ein großer Flussstrom I_F und es liegt nur noch eine kleine Restspannung (Flussspannung U_F) über dem Bauelement. Das Zünden (Wechsel vom Blockierzustand in den Flusszustand) ist mit verschiedenen Maßnahmen möglich.

1. Überkopfzündung bei offener Steuerelektrode:

   Der Thyristor zündet bei $U_{AK} = U_{k0}$. Diese Spannung wird als Nullkippspannung bezeichnet. Das ist der Wert der Blockierspannung, bei dem der Thyristor bei offenem Gate zündet. Die Nullkippspannung ist stark von der Temperatur des Halbleitersubstrates abhängig. Mit der Zunahme der Betriebstemperatur eines Thyristors nimmt seine Blockierfähigkeit ab und die Überkopfzündung ist bei kleineren Spannungen U_{AK} möglich.

2. Zündung durch einen Steuerstrom:

   Der Zündvorgang kann über den katodenseitigen Steueranschluss KG durch die Einspeisung eines Steuerstromes beeinflusst werden. Mit ansteigendem Steuerstrom I_G wird die zum Zünden erforderliche Kippspannung kleiner ($U_{k3} < U_{k2} < U_{k1} < U_{k0}$). Bild 6.6 zeigt diese Abhängigkeit in Form der Zündspannungskennlinie.

   Ausgehend von der Nullkippspannung U_{k0} bei $I_G = 0$ wird die zum Zünden erforderliche Kippspannung mit ansteigenden Steuerstrom $I_G > 0$ kleiner.

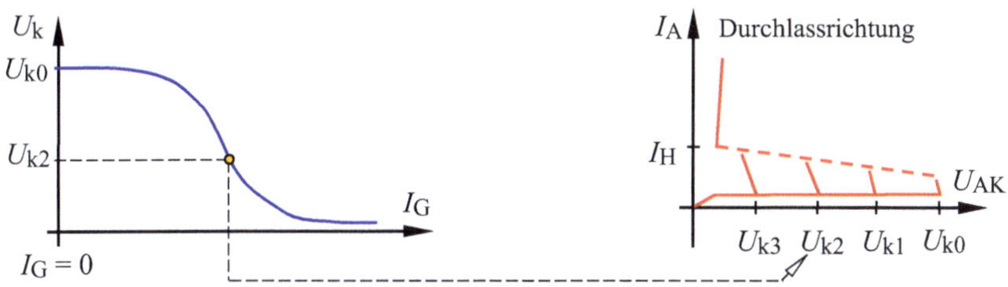

Bild 6.6 Zündspannungskennlinie

3. Zündung durch eine große Spannungsänderung von U_{AK}:

   Ein Thyristor kann auch noch über eine in Schaltrichtung angelegte Spannung gezündet werden, die eine hohe Anstiegsgeschwindigkeit $\mathrm{d}u_{AK}/\mathrm{d}t$ aufweist.

Das Zurücksetzen in den Blockierzustand (Löschen) ist mit der Steuerelektrode normalerweise nicht möglich. Dazu muss vielmehr der Flussstrom I_F auf einen Wert unterhalb des Haltestroms I_H (Bild 6.6) abgesenkt werden (Ausnahme: GTO-Thyristoren Gate Turn-Off).

Der planmäßige Wechsel vom Aus- in den Ein-Zustand (Zünden mit I_G) benötigt eine Zündzeit t_Z. Diese Zündzeit ist erforderlich, um die Grenzschicht so mit Ladungsträgern anzureichern, dass der Laststrom einen Mindeststrom (auch Einraststrom genannt) erreicht. Die Rückkehr in den Blockierzustand (Aus) erfordert dann eine Freiwerdezeit t_F, in der die Grenzschicht von Ladungsträgern geräumt wird.

Eine Spezialausführung mit der Bezeichnung PUT (Programmable Unijunction Transistor) entsteht bei Verwendung des Gates AG. Dabei handelt es sich um eine anodenseitig steuerbare Thyristortriode, die in Durchlassrichtung eine andere Übertragungscharakteristik als in Sperrrichtung aufweist (unidirektional).

Bei der Verwendung der beiden Steueranschlüsse AG und KG von Bild 6.1 entsteht schließlich eine Thyristortetrode. Durch ihre beiden Gates ist sie anodenseitig und katodenseitig steuerbar. Zweirichtungs-Thyristordioden werden zur Ansteuerung von Thyristoren und Triacs verwendet.

6.2 Simulation von Thyristoren

In der Demo-Version von MicroCap stehen die in Bild 6.7 gezeigten Bauelemente zur Verfügung. Dabei handelt es sich um sog. Macros. Das sind Modellelemente, die auf der Grundlage eines Ersatzschaltbildes mit anderen Spice-Modellen erzeugt wurden und die als neues Modell eingesetzt werden können. Die Einflussgrößen werden über die Anweisung .PARAMETERS oder .MACRO gesetzt und auf der Arbeitsoberfläche platziert.

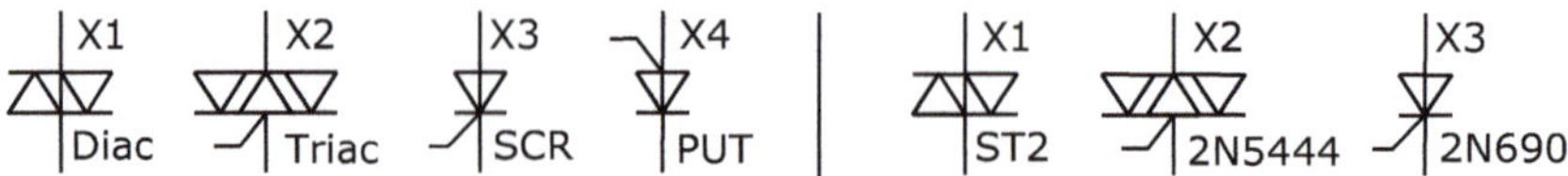

Bild 6.7 Macros für die Simulation von Thyristoren

Die Macros findet man in der Hauptgruppe | *Analog Primitives* | unter {*Macros*} mit den Komponenten [*Diac*], [*Triac*], [*SCR*] und [*PUT*]. Für diese Komponenten Diac, Triac und SCR existieren noch die Macros für die Realisierungsvarianten ST2, 2N5444 und 2N690. Sie sind in der Hauptgruppe | *Analog Library* | unter {*Thyristor*} mit den Komponenten [*Diac*], [*Triac*] und [*SCR*] abgelegt. Der [*PUT*] ist dort für die Demo-Version leider nicht vorgesehen (Bild 6.7 - rechts).

Die Modelldaten beziehen sich auf die wichtigsten Kenngrößen eines Thyristors. Das in Tabelle 6.1 mit SCR_IV bezeichnete Macro findet man in der Beispieldatei THY1.cir.

Tabelle 6.1 Modelldaten von Thyristoren

MC	DIN	Bedeutung	SCR	SCR_IV	2N690
IH	I_H	Haltestrom	50mA	100mA	7.3mA
IGT	I_G	Gate-(Trigger)Strom	40mA	60mA	6mA
TON	t_{on}	Einschaltzeit	1us	0,9us	2us
VTMIN	$U_{AK,min}$	Mindestspannung U_{AK} im Ein-Zustand	1 V	0,9 V	1,15 V
VDRM	$\hat{U}_{AK,max}$	max. wiederkehrende Spitzen-Sperrspannung	50 V	100 V	600 V
DVDT	$du_{R,zul}$	Anstiegsgeschwindigkeit der Sperrspannung (krit.)	50MV/s	100MV/s	30MV/s
TQ	t_{off}	Ausschaltzeit	20us	110us	100us
K1	K_1	Anpassung DTVT (= 1)	1	1	1
K2	K_2	Anpassung TQ (= 1)	1	1	1

Lehrbeispiel 6.1

Stellen Sie die Strom-Spannungs-Kennlinien des Diac ST2, des Thyristors 2N690 und des PUT über eine geeignete Simulation grafisch dar.

Die Simulationen können mit einem DC-Sweep durchgeführt werden. Dazu muss man dann allerdings einen Vorwiderstand einfügen, um die Spannung zwischen Anode und Katode erfassen zu können.

Dieser Vorwiderstand beeinflusst mit U_q den Anodenstrom. Man könnte die Kennlinien auch mit einer Stromquelle aufnehmen, die einen linear abfallenden Strom liefert.

Diac: Das Macro von ST2 ist für eine Kippspannung U_k = 32 V programmiert.

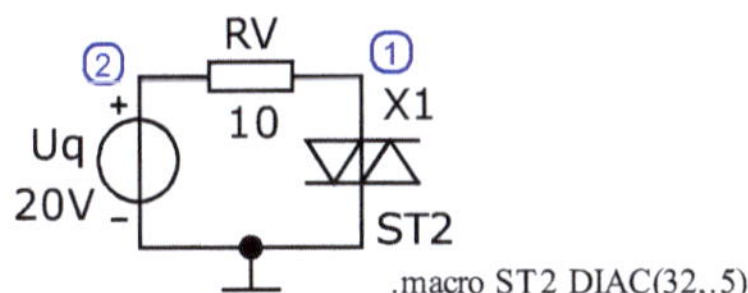

Bild 6.8
Simulation der Kennlinie eines Diac

Der DC-Sweep wird so eingestellt, dass der Diac bei U_{AK} > -32 V sperrt: Uq=(40,-30,1m). Dann wird bei U_{AK} = +32 V die Kippspannung erreicht und der Diac zündet. Das negative Vorzeichen des Stromes dient lediglich zur Darstellung des Zündvorganges im 1. Quadranten.

Die Spannung U_q in Bild 6.8 wird durch den DC-Sweep überschrieben.

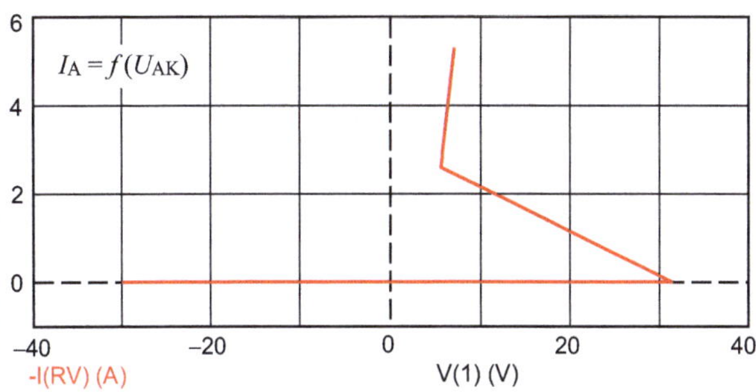

Bild 6.9 Kennlinie eines Diac

Thyristor (SCR): Es gelten die Modelldaten der Tabelle 6.1.

Die Durchbruchspannung U_{BV} (VDRM) wurde allerdings im vorliegenden Fall auf U_{BV} = -40 V reduziert, um den Breakout-Effekt noch darstellen zu können.

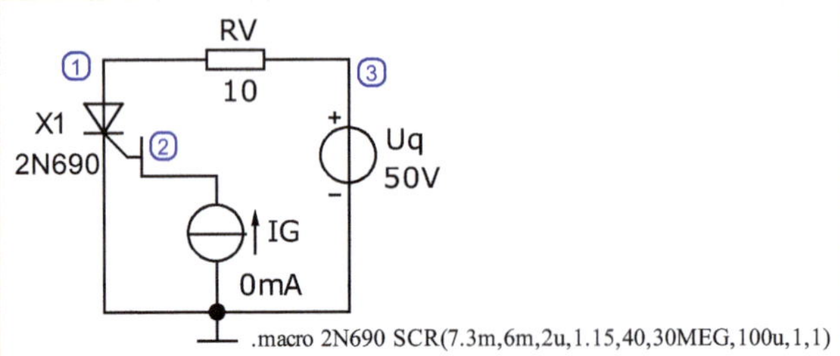

Bild 6.10 Schaltung zur Simulation eines Thyristors

Der DC-Sweep wird so eingestellt, dass der SCR bei $\pm U_{AK}$ > 40 V (I_G = 0) arbeitet: Uq=(60,-60,1m).

Bei einer positiven Spannung U_{AK} < 40 V befindet sich der Thyristor im Blockierzustand. Mit Erreichen der Nullkippspannung $U_{k0} \approx 42$ V geht er in den Flusszustand über. Ab einem Strom von $I_A \approx 4{,}1$ A liegt über ihm nur noch eine Flussspannung von $U_F \approx 1{,}2$ V.

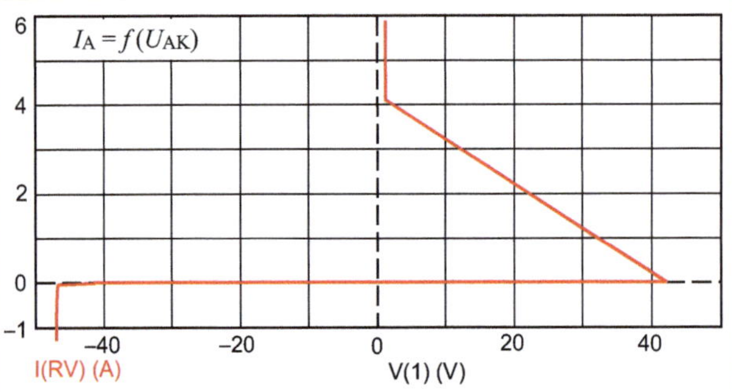

Bild 6.11 Simulation einer Thyristorkennlinie

PUT: Für den PUT gelten im vorliegenden Fall die Modelldaten des SCR 2N690 (vgl. Tabelle 6.1). Die Durchbruchspannung wurde in diesem Macro mit U_{BV} (VDRM) = 60 V programmiert.

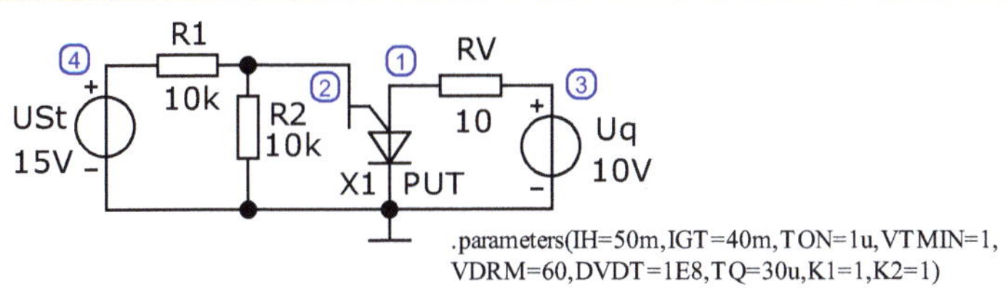

Bild 6.12 Schaltung zur Simulation eines PUT

Der PUT wird über das Anodengate mit einer Spannung gesteuert (Spannungsteiler R_1/R_2).

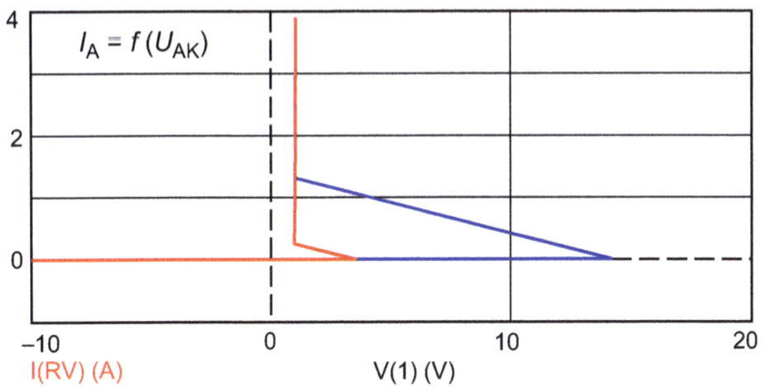

Bild 6.13 Simulation der Strom-Spannungs-Kennlinien eines PUT

Die Zündspannung ergibt sich aus dem Spannungsabfall über R_2. Bei $R_2 \to \infty$ führt der PUT eine Überkopfzündung ($U_{AK} \approx 14$ V) durch. Durch eine Reduzierung der Spannung am Gate zündet der PUT bei kleineren Spannungen U_{AK}. Bei einem Kurzschluss am Gate zündet er bei VTMIN.

Durch die Anwendung von *Stepping* auf R_2 (List=) können weitere Kennlinien angezeigt werden.

6.3 Thyristor als Schalter

Der Einsatz von Thyristoren und Triacs erfolgt insbesondere dort, wo einem Verbraucher größere elektrische Leistungen in gesteuerter Form zugeführt werden sollen. Damit ist die Aufgabe verbunden, die dem Verbraucher zugeführte elektrische Energie umzuformen (Gleichrichter, Wechselrichter, Umrichter) oder den Energiefluss zwischen der Quelle und dem Verbraucher zu steuern (Gleich- und Wechselstromschalter).

Infolge ihres ausgeprägten Schaltverhaltens werden Thyristoren vorrangig als elektronisch steuerbare Schalter eingesetzt. Sie ermöglichen das Schalten großer Leistungen mit relativ kleinen Steuerströmen und weisen hinreichend große Sperrspannungen auf.

6.3.1 Gleichstromschalter

Im Gleichstrombetrieb wechselt der Thyristor zwischen den beiden Zuständen „Aus“ (AP_Y) und „Ein“ (AP_X). Während des Umschaltvorgangs vom Arbeitspunkt AP_Y zum Arbeitspunkt AP_X (und umgekehrt) muss sich der Arbeitspunkt auf einer Arbeitsgeraden bewegen. Die Arbeitsgerade wird mit einer Gleichspannung und einem Arbeitswiderstand eingestellt.

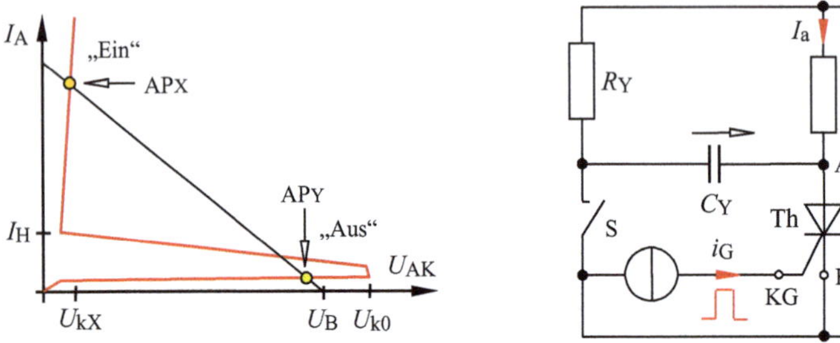

Bild 6.14 Arbeitspunkte eines Thyristorschalters (links) und Gleichstromschalter (rechts)

Wie Bild 6.14 zeigt, wird die Betriebsspannung mit einem Wert etwas unterhalb der Nullkippspannung U_{k0} gewählt. Dann befindet sich der Arbeitspunkt AP_Y („Aus“) auf der Blockierkennlinie und der Thyristor sperrt. Durch das Anlegen eines Zündimpulses fließt ein Steuerstrom i_G, der die Kippspannung auf den Wert U_{kX} absenkt. Damit wird der Thyristor gezündet und sein Arbeitspunkt bewegt sich in die Position AP_X. Die Größe des Stromes im „Ein“-Zustand wird vom Wert des Lastwiderstandes R_a bestimmt.

In Bild 6.14 ist rechts ein Thyristor-Gleichstromschalter dargestellt. Im gezündeten Zustand und bei offenem Schalter S lädt sich der Löschkondensator C_Y über R_Y auf die Spannung $I_a \cdot R_a$ in Richtung des nicht ausgefüllten Zählpfeils auf.

Zum Umschalten in den Zustand „Aus“ wird der Schalter geschlossen. Damit liegt die Kondensatorspannung mit der Polarität $U_{CY} = -U_{AK}$ direkt über dem Thyristor und löscht ihn. Für diesen Löschvorgang muss der Anodenstrom einen Wert unterhalb von I_H erreichen.

6.3.2 Wechselstromschalter

Im Wechselstrombetrieb ist der in Bild 6.14 dargestellte Löschkondensator nicht erforderlich. Der Thyristor sperrt bei jeder negativen Halbwelle und muss zu einem definierten Zeitpunkt während der positiven Halbwelle neu gezündet werden. Dieser Zündvorgang wird als Phasenanschnittsteuerung bezeichnet. Dazu verwendet man entweder eine externe Zündstromquelle, die eine Zündimpulsfolge einspeist, oder man erzeugt diese Impulsfolge über eine Diode und einen einstellbaren Widerstand aus der sinusförmigen Betriebsspannung. In Bild 6.15 ist auf der linken Seite die Grundschaltung mit einer Zünddiode dargestellt. Der Zündzeitpunkt wird vom Wert des einstellbaren Vorwiderstandes bestimmt.

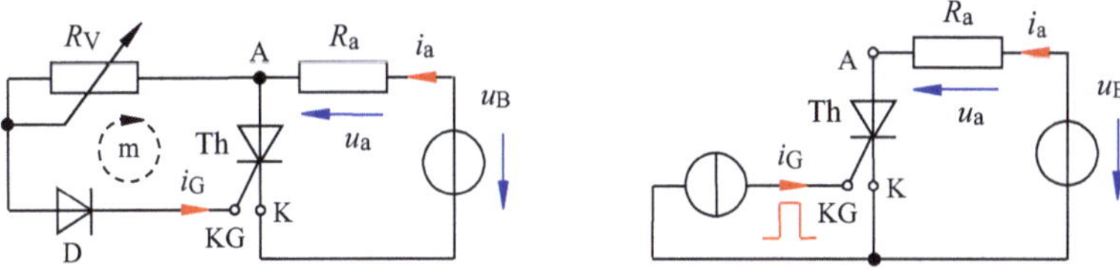

Bild 6.15 Phasenanschnitt mit einer Diode (links) und mit einer Zündstromquelle (rechts)

Wenn der Augenblickswert des Steuerstromes, der hier aus der positiven Halbwelle der Betriebsspannung gewonnen wird, bei $t = t_\alpha$ den erforderlichen Wert $i_{G\alpha}$ für die Kippspannung U_{kX} erreicht (vgl. auch Bild 6.14), zündet der Thyristor. Der Vorwiderstand R_V kann über die eingezeichnete Masche m von Bild 6.15 (links) berechnet werden:

$$R_V = \frac{U_V}{I_G(t_\alpha)} = \frac{U_{kX} - U_G - U_D}{I_G(t_\alpha)}$$

Bild 6.15 zeigt rechts die entsprechende Grundschaltung mit einer Zündstromquelle. Der Zündzeitpunkt wird durch den Beginn der Anstiegsflanke des Zündimpulses festgelegt. Der Startzeitpunkt kann um die Verzögerungszeit $t_d = t_\alpha$ gegenüber dem Bezugszeitpunkt t_0 (siehe Bild 6.16) verschoben werden.

Die Kurvenform des Spannungsabfalls über dem Lastwiderstand R_a wird durch den Rest der positiven Halbwelle vom Phasenanschnitt bis zum nächsten Nulldurchgang bestimmt (vgl. Simulationsbeispiel 6.2). Der Effektivwert der in R_a umgesetzten Leistung kann durch Variation der Verzögerungszeit t_d verändert werden. Daraus ergibt sich folgende Überlegung für die Leistung $P_{a,eff}$:

$$P_{a,eff}\Big|_{t_d}^{0,5T} = U_{a,eff} \cdot I_{a,eff}\Big|_{t_d}^{0,5T} = \frac{U_{a,eff}^2}{R_a}\Bigg|_{t_d}^{0,5T} \tag{6.1}$$

Mit Gleich. (7.9) aus [6] erhalten wir einen allgemeinen Lösungsansatz für $U_{a,eff}$:

$$U_{eff} = \sqrt{\frac{1}{T} \cdot \int_0^T \hat{U}^2 \cdot \sin^2(\omega t) \cdot \mathrm{d}t}$$

Substitution:

$$\omega t = \alpha \quad \Rightarrow \quad \mathrm{d}t = \frac{\mathrm{d}\alpha}{\omega}$$

Der Maximalwert ist zeitunabhängig und darf als Faktor vor das Integral geschrieben sowie radiziert werden.

$$U_{eff} = \hat{U} \cdot \sqrt{\frac{1}{T} \int_{(0)}^{(T)} \sin^2\alpha \cdot \frac{\mathrm{d}\alpha}{\omega}} \tag{6.2}$$

In der folgenden Berechnung wird vorerst nur das Integral unter der Wurzel in einer Nebenrechnung betrachtet. Die Grenzen werden danach aktualisiert. Für das Quadrat einer Sinusfunktion gilt folgendes Additionstheorem: $\sin^2\alpha = 0{,}5 \cdot (1 - \cos 2\alpha)$

$$\int_{(0)}^{(T)} \sin^2\alpha \cdot \frac{\mathrm{d}\alpha}{\omega} = \frac{0{,}5}{\omega} \cdot \int_{(0)}^{(T)} (1 - \cos 2\alpha) \cdot \mathrm{d}\alpha = \frac{1}{2\omega} \cdot \int_{(0)}^{(T)} \mathrm{d}\alpha - \frac{1}{2\omega} \int_{(0)}^{(T)} \cos 2\alpha \cdot \mathrm{d}\alpha$$

$$\int_{(0)}^{(T)} \sin^2\alpha \cdot \frac{\mathrm{d}\alpha}{\omega} = \frac{1}{2\omega} \cdot \left[\alpha - \frac{1}{2} \cdot \sin 2\alpha\right]_{(0)}^{(T)}$$

$$\int_{(0)}^{(T)} \sin^2\alpha \cdot \frac{\mathrm{d}\alpha}{\omega} = \frac{1}{2\omega} \cdot \left[\omega t - \frac{1}{2} \cdot \sin \omega t\right]_{(0)}^{(T)}$$

Nun können die aktuellen Integrationsgrenzen eingesetzt werden:

$$\int_{t_d}^{0,5T} \Rightarrow = \frac{1}{2\omega} \cdot \left[\left(\omega \cdot 0{,}5T - \frac{1}{2} \cdot \sin \omega T\right) - \left(\omega \cdot t_d - \frac{1}{2} \cdot \sin \omega t_d\right)\right]$$

$$= \frac{1}{2\omega} \cdot \left[\left(\omega \cdot 0{,}5T - \frac{1}{2} \cdot \sin \omega T - \omega \cdot t_d + \frac{1}{2} \cdot \sin \omega t_d\right)\right]$$

$$= \frac{1}{2\omega} \cdot \left[\omega \cdot (0{,}5T - t_d) + \frac{\sin \omega t_d}{2}\right]$$

Die weitere Rechnung kann etwas vereinfacht werden, wenn man den sog. Stromflusswinkel einführt. Das ist die in einen Winkel $\omega \cdot \Delta t$ umgerechnete Zeitdifferenz zwischen $t_d = t_\alpha$ und dem nächsten Nulldurchgang (in Radiant).

$$\Theta = \omega \cdot \Delta t = \omega \cdot (0{,}5\,T - t_d) \tag{6.3}$$

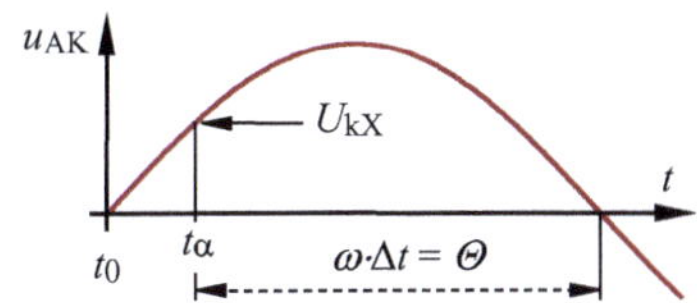

Bild 6.16 Stromflusswinkel beim Phasenanschnitt

Wir erhalten mit Formel 6.3 folgende Zwischenlösung:

$$\int_{t_d}^{0,5T} \Rightarrow = \frac{1}{2\omega} \cdot \left[\Theta + \frac{\sin \omega t_d}{2} \right]$$

Dieser Ausdruck wird als Lösung für das Integral in die Formel 6.2 eingesetzt. Über die Kreisfrequenz $\omega = \frac{2\pi}{T}$ erhält man schließlich den Effektivwert $U_{a,eff}$ für die betrachtete Phasenanschnittsteuerung im Zeitintervall $0 \le t_d < 0,5\,T$:

$$U_{a,eff}\Big|_{t_d}^{0,5T} = \hat{U}_a \cdot \sqrt{\frac{1}{4\pi} \cdot \left[\Theta + \frac{\sin 2\omega t_d}{2} \right]} \tag{6.4}$$

Mit Formel 6.1 gilt dann für die in R_a umgesetzte Leistung ($0 \le t_d < 0,5\,T$):

$$P_{a,eff}\Big|_{t_d}^{0,5T} = \frac{\hat{U}_a^2}{4\pi \cdot R_a} \cdot \left[\Theta + \frac{\sin 2\omega t_d}{2} \right] \tag{6.5}$$

Lehrbeispiel 6.2

Simulieren Sie die Phasenanschnittsteuerung nach Bild 6.15 (rechte Seite) mit einer Verzögerungszeit von t_d = 2 ms bei T = 20 ms. Bestimmen Sie für diesen Fall den Stromflusswinkel Θ.

Wir verwenden den Thyristor SCR aus der Tabelle 6.1 mit einer Betriebsspannung $\hat{U}_B$ = 50 V (50 Hz). Der Zündimpuls wird gemäß Bild 6.17 eingestellt.

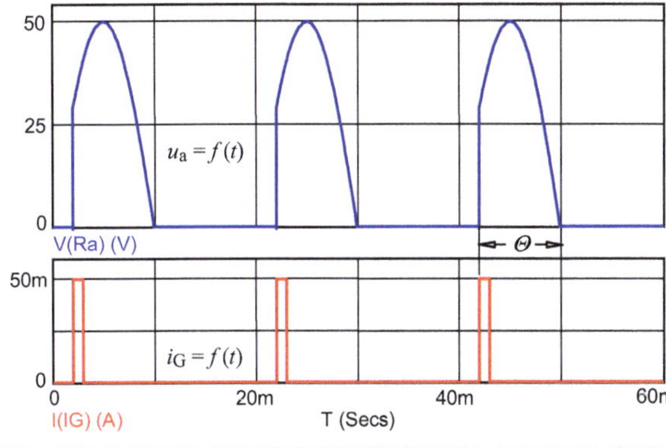

Daten der Stromquelle / Pulse /:

$I_{pL} = 0$	(I1=0)
I_{pH} = 50 mA	(I2=50m)
t_d = 2 ms	(TD=2m)
t_r = 10 ns	(TR=10n)
t_f = 10 ns	(TF=10n)
t_i = 1 ms	(PW=1m)
T = 20 ms	(PER=20m)

Bild 6.17 Stromflusswinkel

Der Stromflusswinkel beträgt:

$$\Theta\ (\text{rad}) = \frac{2\pi}{T} \cdot (0,5\,T - t_d) = 2\pi \cdot (0,5 - 0,1) = 0,8\pi$$

$$\Theta\ (\text{Grad}) = \frac{360°}{T} \cdot (0,5\,T - t_d) = 360° \cdot (0,5 - 0,1) = 144°$$

6.4 Simulationsbeispiele

Simulationsbeispiel 6.1: Gleichstromschalter mit SCR

Simulieren Sie den in Bild 6.14 dargestellten Gleichstromschalter mit einer Zündstromquelle.

Zur Simulation setzen wir die Schaltung von Bild 6.18 ein. Die Parameter des Thyristors SCR (siehe Tabelle 6.1) wurden an die Schaltung angepasst, um den Löschvorgang sicher zu gewährleisten.

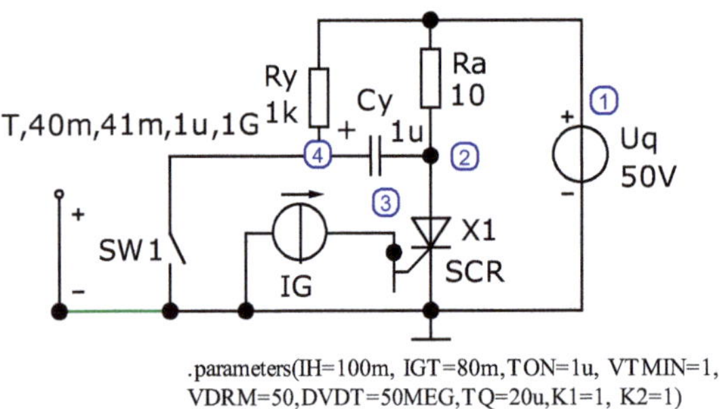

Bild 6.18 Schaltung zur Simulation eines Gleichstromschalters

Zur Darstellung der Zeitfunktionen setzen wir die Analyse *Transient* mit t_{max} = 100 ms ein. Während der ersten 20 ms sperrt der Thyristor ($I_a \sim U_a \approx 0$ und $U_{SCR} \approx U_B$). Die Zündstromquelle I_G liefert bei t_d = 20 ms den ersten Zündimpuls mit 80 mA. Der Thyristor zündet durch: $U_a \approx U_B$ und $U_{SCR} \approx 0$.

Die Spannung U_a bewirkt zugleich das Aufladen des Kondensators C_y mit $\tau = R_y \cdot C_y = 1$ ms. Nach $t = 40$ ms wird der Schalter Sw1 geschlossen. Dadurch wechselt der Kondensator C_y schlagartig seine Polarität (+ an ⊥). Diese (jetzt negative) Kondensatorspannung löscht den Thyristor ($U_a \approx 0$ und $U_{SCR} \approx U_B$).

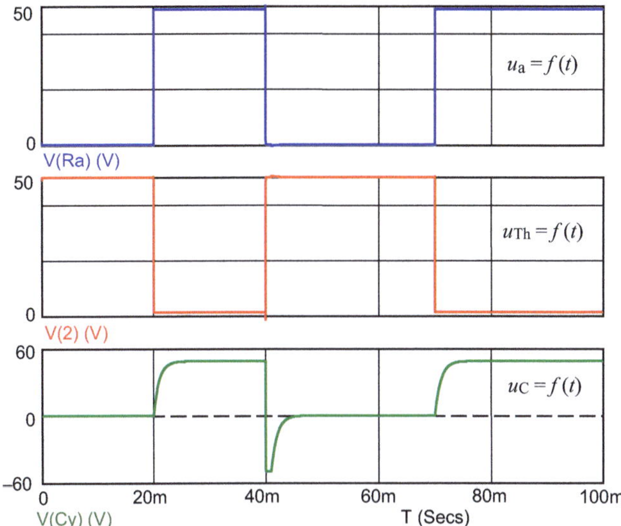

Bild 6.19 Schaltvorgänge beim Gleichstromschalter

Nach der Zeit $(t_d + T)$ = 70 ms liefert die Zündstromquelle den nächsten Zündimpuls. Der Thyristor zündet wieder durch (usw.). Zum nächsten Löschvorgang muss man den Schalter Sw1 erneut betätigen. Für periodische Schaltvorgänge ist ein anderer Schalter erforderlich.

Simulationsbeispiel 6.2: Phasenanschnittsteuerung mit SCR

Simulieren Sie den in Bild 6.15 dargestellten Wechselstromschalter mit einer Zündstromquelle. Der Stromflusswinkel soll dabei variiert werden. Berechnen Sie für diese Fälle den Effektivwert der in R_a umgesetzten Leistung.

Wir verwenden den Thyristor 2N690 mit seinen originalen Modellparametern. Zur Simulation wird die Schaltung von Bild 6.20 mit $\hat{U}_B$ = 325 V (50 Hz) eingesetzt. Die grundlegende Einstellung der Zündstromquelle steht im Bild 6.20.

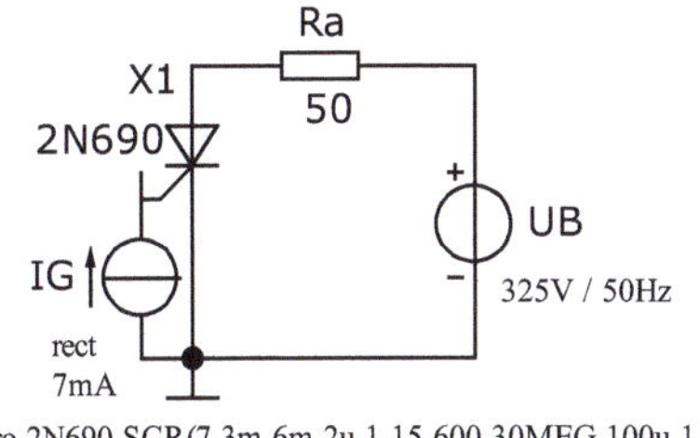

Daten der Stromquelle / Pulse /:

$I_{pL} = 0$	(I1=0)
$I_{pH} = 7$ mA	(I2=7m)
$t_d = (3, 5, 7, 8)$ ms	(variabel)
$t_r = 10$ ns	(TR=10n)
$t_f = 10$ ns	(TF=10n)
$t_i = 1$ ms	(PW=1m)
$T = 20$ ms	(PER=20m)

Bild 6.20 Schaltung zur Simulation einer Phasenanschnittsteuerung mit Netzspannung

Bild 6.21 zeigt das Simulationsergebnis für t_{d1} = 3 ms. Der Thyristor zündet noch vor dem Erreichen des positiven Maximalwertes der Betriebsspannung. Die negative Halbwelle wird gesperrt.

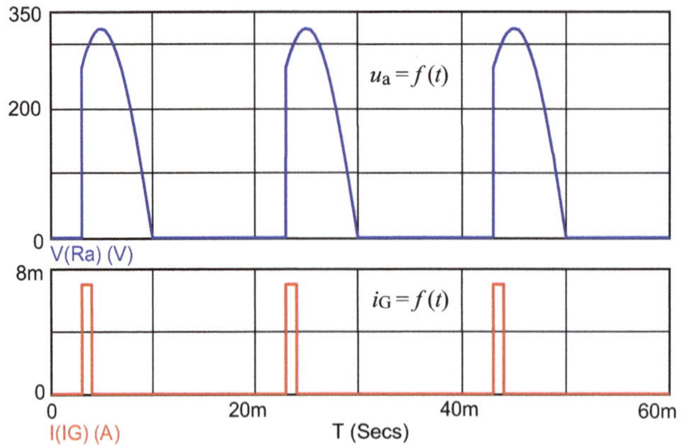

Ergebnisse:
$t_{d1} = 3$ ms
$\Theta_1 = 126°$
$\Theta_1 = 0{,}7\pi$ rad
$U_{a1} \approx 150$ V
$P_{a1} \approx 450$ W

Bild 6.21 Phasenanschnitt mit einem Stromflusswinkel von 126° (t_d = 3 ms)

Die von $u_a(t)$ eingeschlossene Fläche (Energie) ist ein Maß für die an R_a abgegebene Leistung. Die Berechnung der Leistung ist mit Formel 6.5 möglich. Wenn wir Formel 6.3 noch umformen, erhalten wir eine einheitliche Berechnungsvorschrift für die Leistung P_{a1} unter Verwendung von Θ:

$$\Theta = \omega \cdot (0{,}5T - t_d) = \pi - \omega\, t_d \quad \Rightarrow \quad \omega\, t_d = \pi - \Theta$$

Dann gilt für die Winkelfunktion: $\sin 2\omega t_d = \sin 2 \cdot (\pi - \Theta) = -\sin 2 \cdot \Theta$

$$P_{a,\mathrm{eff}}\Big|_{t_d}^{0{,}5T} = \frac{\hat{U}_a^2}{4\pi \cdot R_a} \cdot \left(\Theta - \frac{\sin 2\Theta}{2}\right) \qquad (6.6)$$

Nun können wir die Leistung in noch einfacherer Form berechnen. Für t_{d1} = 3 ms ($\Theta_1 = 0{,}7\pi$) gilt:

$$P_{a1} = \frac{\hat{U}_a^2}{4\pi \cdot R_a} \cdot \left(\Theta_1 - \frac{\sin 2\Theta_1}{2}\right) \approx 168{,}1\ \mathrm{W} \cdot \left(0{,}7\pi - \frac{\sin 1{,}4\pi}{2}\right) \approx 449{,}6\,\mathrm{W}$$

Bild 6.22 zeigt das Simulationsergebnis für t_{d2} = 5 ms. Der Thyristor zündet genau beim Erreichen des positiven Maximalwertes der Betriebsspannung.

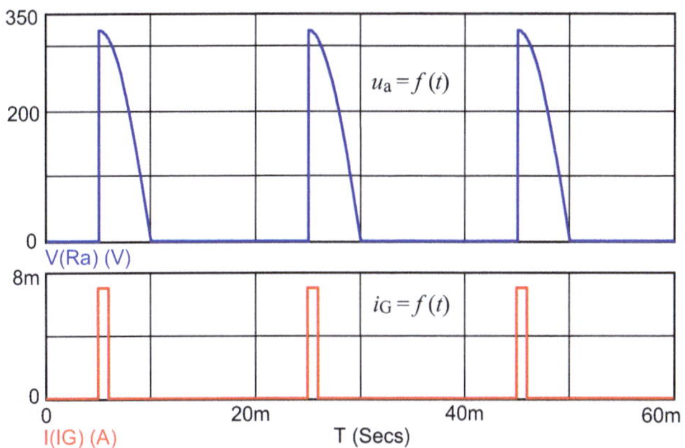

Ergebnisse:
$t_{d2} = 5$ ms
$\Theta_2 = 90°$
$\Theta_2 = \pi$ rad
$U_{a2} \approx 115$ V
$P_{a2} \approx 264$ W

Bild 6.22 Phasenanschnitt mit einem Stromflusswinkel von 90°

Für diese Leistung gilt:

$$P_{a2} = \frac{\hat{U}_a^2}{4\pi \cdot R_a} \cdot \left(\Theta_2 - \frac{\sin 2\Theta_2}{2} \right) \approx 168{,}1 \text{ W} \cdot \left(0{,}5\pi - \frac{\sin \pi}{2} \right) \approx 264{,}1 \text{ W}$$

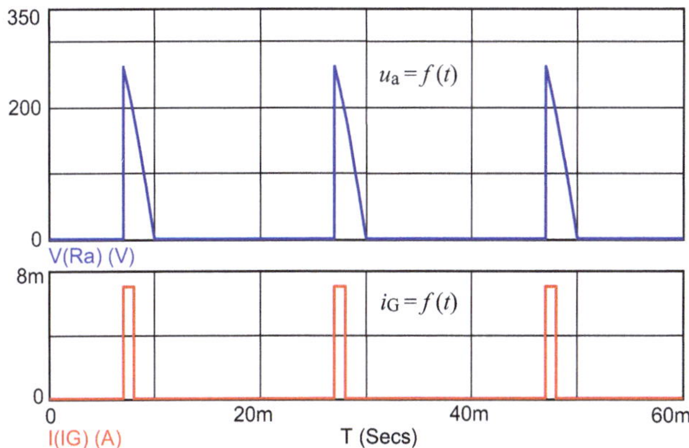

Ergebnisse:
$t_{d3} = 7$ ms
$\Theta_3 = 54°$
$\Theta_3 = 0{,}3\pi$ rad
$U_{a3} \approx 62{,}7$ V
$P_{a3} \approx 78{,}5$ W

Bild 6.23 Phasenanschnitt mit einem Stromflusswinkel von 54°

Bild 6.23 zeigt das Simulationsergebnis für t_{d3} = 7 ms. Der Thyristor zündet nach dem Erreichen des positiven Maximalwertes der Betriebsspannung.

Für diese Leistung gilt:

$$P_{a3} = \frac{\hat{U}_a^2}{4\pi \cdot R_a} \cdot \left(\Theta_3 - \frac{\sin 2\Theta_3}{2} \right) \approx 168{,}1 \text{ W} \cdot \left(0{,}3\pi - \frac{\sin 0{,}6\pi}{2} \right) \approx 78{,}5 \text{ W}$$

In Bild 6.24 ist das Simulationsergebnis für t_{d4} = 8 ms. Der Maßstab der Ordinatenachse wurde nicht verändert, um einen Flächenvergleich mit den vorhergehenden Bildern zu ermöglichen. Auch wenn der Effektivwert über den Energieumsatz definiert ist, kann der Unterschied in den Flächen zum Vergleich verwendet werden.

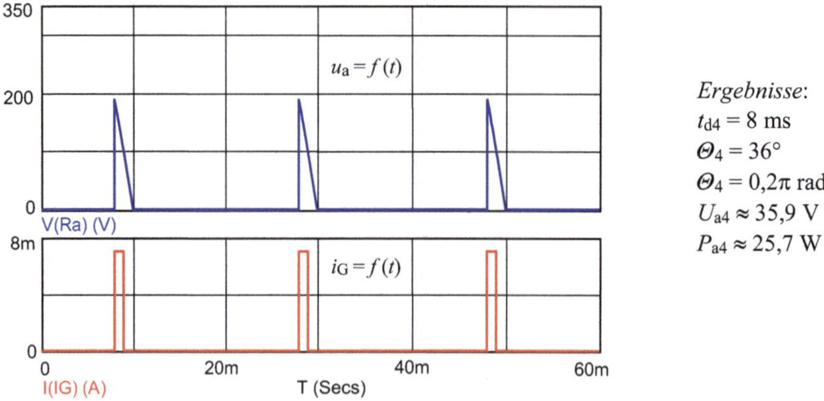

Ergebnisse:
$t_{d4} = 8$ ms
$\Theta_4 = 36°$
$\Theta_4 = 0{,}2\pi$ rad
$U_{a4} \approx 35{,}9$ V
$P_{a4} \approx 25{,}7$ W

Bild 6.24 Phasenanschnitt mit einem Stromflusswinkel von 36° (t_d = 8 ms)

Für diese Leistung gilt:

$$P_{a4} = \frac{\hat{U}_a^2}{4\pi \cdot R_a} \cdot \left(\Theta_4 - \frac{\sin 2\Theta_4}{2} \right) \approx 168{,}1\ \text{W} \cdot \left(0{,}2\pi - \frac{\sin 0{,}4\pi}{2} \right) \approx 25{,}7\ \text{W}$$

Bild 6.25 zeigt den Zusammenhang zwischen dem Stromflusswinkel bzw. dem Zündzeitpunkt und der Leistung. Die Leistung (Maximum: $P_{a,max}$ = 528 W) wird mit steigendem Zündzeitpunkt verringert. Sie durchläuft bei einem Winkel von 90° (t_d = 5 ms) einen Wendepunkt und strebt dann gegen null.

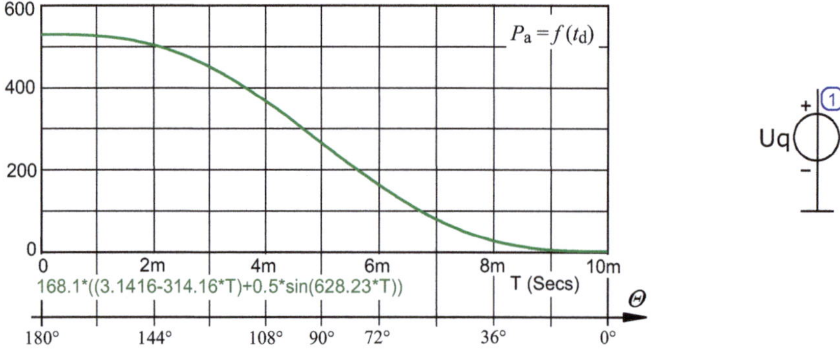

Bild 6.25 Leistung als Funktion des Zündzeitpunktes bzw. des Stromflusswinkels

Zur Simulation dieses Funktionsverlaufes kann die Analyse *Transient* eingesetzt werden. Dazu wird eine Gleichspannungsquelle verwendet und die Formel 6.5 in die Y-Expression-Zeile eingegeben.

Simulationsbeispiel 6.3: Ersatzschaltbild eines Triac

Im Vergleich zum SCR zündet der Triac in jeder Halbwelle. Das Ersatzschaltbild des Triac verwendet zwei antiparallel geschaltete SCR. Simulieren Sie die Phasenanschnittsteuerung unter Verwendung dieser Ersatzschaltung. In Bild 6.26 ist die Simulationsschaltung dargestellt.

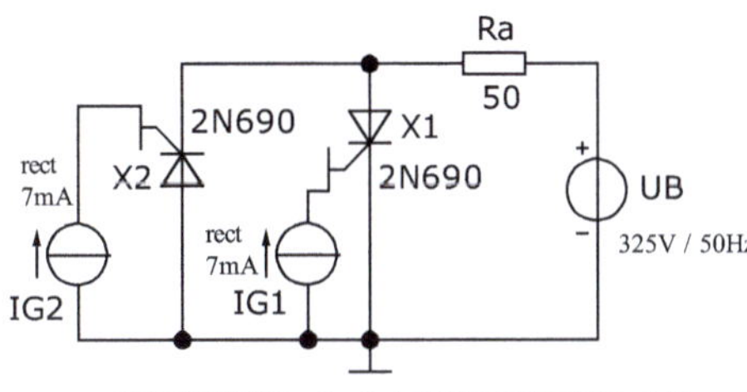

Bild 6.26 Ersatzschaltbild eines Triac

Bild 6.27 zeigt das Ergebnis der Analyse *Transient*. Dieser Ersatz-Triac zündet bei t_{d1} = 3 ms und bei $t_{d2} = t_{d1} + 0{,}5\ T$ = 13 ms. In der positiven Halbwelle zündet X1 ab t_{d1} und leitet bis zum Ende dieser Halbwelle. Im Nulldurchgang der Betriebsspannung (0,5 *T*) wird er gelöscht. In der negativen Halbwelle zündet X2 ab t_{d2} und leitet bis zum Ende dieser Halbwelle (usw.).

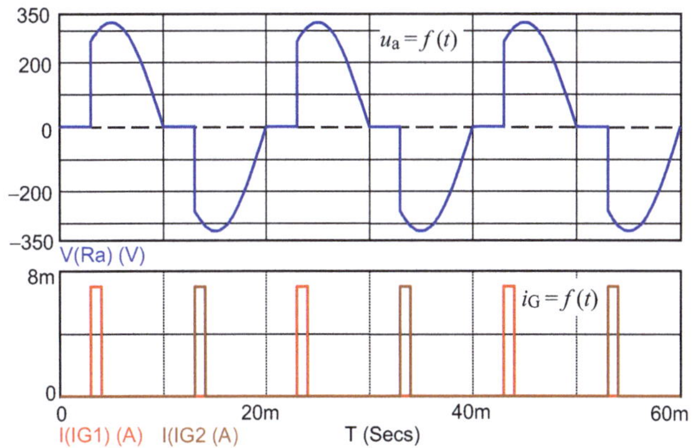

Ergebnisse:

$t_{d1} = 3$ ms
$\Theta_1 = 126°$
$\Theta_1 = 0{,}7\pi$ rad
$U_{a1} \approx 150$ V
$P_{a1} \approx 450$ W

$t_{d2} = 13$ ms
$\Theta_2 = 126°$
$\Theta_2 = 0{,}7\pi$ rad
$U_{a2} \approx 150$ V
$P_{a2} \approx 450$ W

Bild 6.27 Phasenanschnitt mit der Triac-Ersatzschaltung

Für den Spannungsverlauf der positiven Halbwelle erhalten wir das Ergebnis von Bild 6.21. Durch die Symmetrie der Zündung hat die negative Halbwelle betragsmäßig den gleichen Verlauf. Da die beiden Effektivwerte von U_a und auch von P_a gleich sind (RMS = quadratischer Mittelwert), ergibt sich für die Leistung der doppelte Wert:

$$P_{a,ges} = 2P_{a1} = 2 \cdot \frac{\hat{U}_a^2}{4\pi \cdot R_a} \cdot \left(\Theta_1 - \frac{\sin 2\Theta_1}{2} \right) \approx 336{,}2\ \text{W} \cdot \left(0{,}7\pi - \frac{\sin 1{,}4\pi}{2} \right) \approx 899\,\text{W}$$

Durch die Verwendung von zwei Zündstromquellen ist auch eine unsymmetrische Zündung möglich. Dann zündet die zweite Stromquelle in der negativen Halbwelle zeitlich versetzt zur ersten Zündung. Wir sehen uns ein Beispiel an, bei dem der Ersatz-Triac bei t_{d1} = 3 ms und bei t_{d2} = 17 ms zündet.

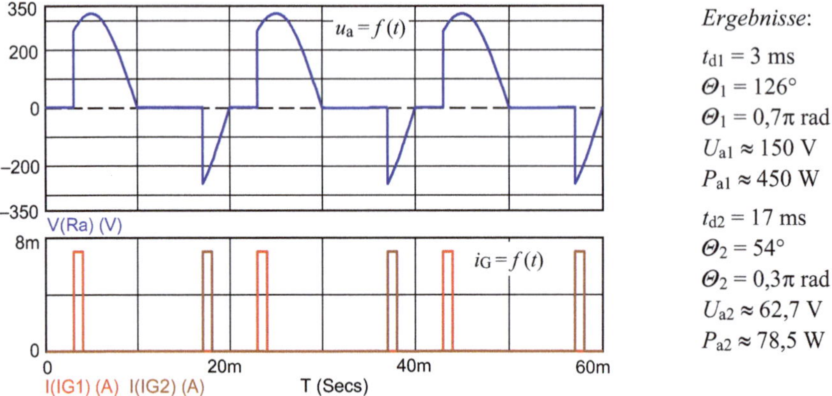

Ergebnisse:
$t_{d1} = 3$ ms
$\Theta_1 = 126°$
$\Theta_1 = 0{,}7\pi$ rad
$U_{a1} \approx 150$ V
$P_{a1} \approx 450$ W
$t_{d2} = 17$ ms
$\Theta_2 = 54°$
$\Theta_2 = 0{,}3\pi$ rad
$U_{a2} \approx 62{,}7$ V
$P_{a2} \approx 78{,}5$ W

Bild 6.28 Phasenanschnitt mit der Triac-Ersatzschaltung (versetzte Zündung)

In der positiven Halbwelle zündet X1 ab t_{d1} und leitet bis zum Ende dieser Halbwelle. Im Nulldurchgang der Betriebsspannung (0,5 T) wird er gelöscht. In der negativen Halbwelle zündet X2 ab t_{d2} und leitet bis zum Ende dieser Halbwelle (usw.). Der Abstand der beiden Zündzeitpunkte beträgt jetzt nicht mehr 0,5 T.

Bei der Bestimmung von Θ_2 muss beachtet werden, dass der Stromflusswinkel einen Abschnitt auf der Zeitachse beschreibt. Dieser Abschnitt wird vom Zündzeitpunkt t_d bis zum nächsten Nulldurchgang berechnet (Bild 6.29).

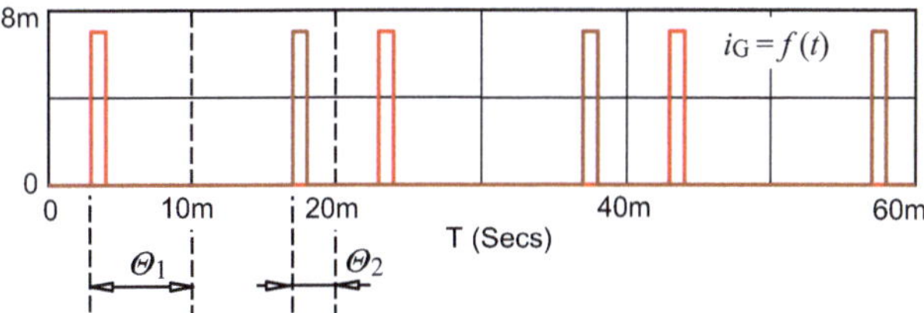

Bild 6.29 Ausschnitt aus Bild 6.28 (unten)

Damit ergeben sich unterschiedliche Spannungsverläufe. Für die positive Halbwelle erhalten wir das Ergebnis von Bild 6.27 . Der Verlauf der negativen Halbwelle ist jetzt mit Bild 6.23 vergleichbar.

$$P_{a2} = \frac{\hat{U}_a^2}{4\pi \cdot R_a} \cdot \left(\Theta_2 - \frac{\sin 2\Theta_2}{2} \right) \approx 168{,}1\ \text{W} \cdot \left(0{,}3\pi - \frac{\sin 0{,}6\pi}{2} \right) \approx 78{,}5\ \text{W}$$

Die Summe der Leistungen aus der positiven und aus der negativen Halbwelle bestimmt den Effektivwert der Gesamtleistung. Sie ist im vorliegenden Fall kleiner als in Bild 6.27.

$$P_{a,ges} = P_{a1} + P_{a2} \approx 449{,}6\ \text{W} + 78{,}5\ \text{W} = 528{,}1\ \text{W}$$

Simulationsbeispiel 6.4: Steuerung eines PUT

Der PUT (Programmable Unijunction Transistor) wird mit einer Spannung gezündet. Sein Name sagt aus, dass er eine programmierbare Schaltschwelle besitzt. Diese Zündspannung kann man mit einem Spannungsteiler über eine Festspannung oder direkt über eine einstellbare Spannungsquelle erzeugen. Simulieren Sie den Zündvorgang für unterschiedliche Schaltschwellen.

Für die Zündung des PUT soll eine einstellbare Gleichspannungsquelle U_{St} verwendet werden. Zur Aufnahme der Strom-Spannungs-Kennlinie wird ein DC-Sweep für die Gleichspannungsquelle U_q mit (60,-10,1m) eingestellt (Bild 6.30).

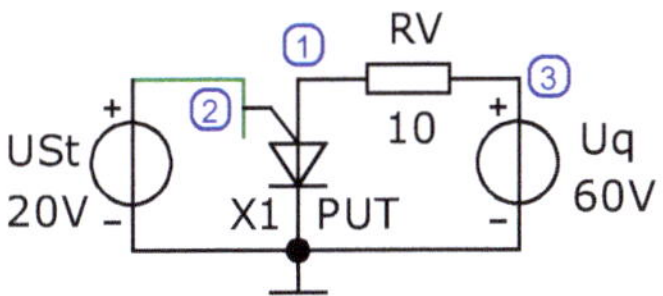

Bild 6.30
Simulation eines PUT

Die Steuerspannung (Zündspannung) kann über *Stepping* variiert werden: USt=(0,10,20,30,40). In Bild 6.31 ist das Ergebnis der Simulation dargestellt.

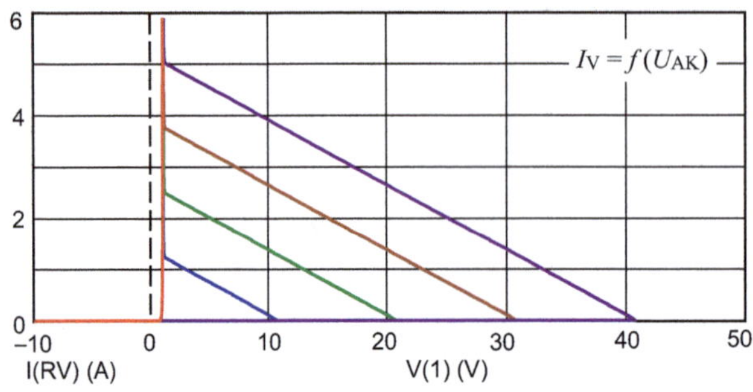

Bild 6.31 Strom-Spannungs-Kennlinien eines PUT bei unterschiedlichen Steuerspannungen

Der PUT zündet etwas oberhalb der Steuerspannung bei $U_{St} + U_{AK,min}$ (VTMIN). Sein maximaler Strom wird durch die Quellenspannung $U_q \leq U_{AK,max}$ (VDRM) und durch den Wert von R_V bestimmt.

Bei Verwendung eines Spannungsteilers mit einer Festspannung U_H gilt:

$$U_{St} = U_H \cdot \frac{R_2}{R_1 + R_2}$$

An dieser Stelle soll noch kurz auf den GTO-Thyristor (Gate Turn-Off) hingewiesen werden. Das ist kein PUT – er weist aber auch im Vergleich zum SCR Besonderheiten in der Steuerung auf. Er zündet wie ein SCR mit einem positiven Stromimpuls am Gate. Bei einem negativen Stromimpuls am Gate sperrt der GTO wieder. Zum Sperren ist allerdings ein großer Betrag des Gatestromes (25 % vom Anodenstrom) erforderlich. Der GTO wird vorzugsweise als Gleichstromsteller oder als Wechselrichter eingesetzt.

7 Optoelektronische Halbleiterbauelemente

7.1 Einteilung optoelektronischer Bauelemente

Die Optoelektronik umfasst die Erzeugung, Umwandlung, Übertragung und Bewertung von elektromagnetischer Strahlung im optischen Wellenlängenbereich.

Bauelemente der Optoelektronik sind in der Lage, Lichtenergie in elektrische Energie zu wandeln und umgekehrt.

Man unterscheidet zwischen optischen Sendern (Fotoaktoren) und optischen Empfängern (Fotodetektoren). Durch eine Kombination dieser beiden Varianten ersteht ein Optokoppler.

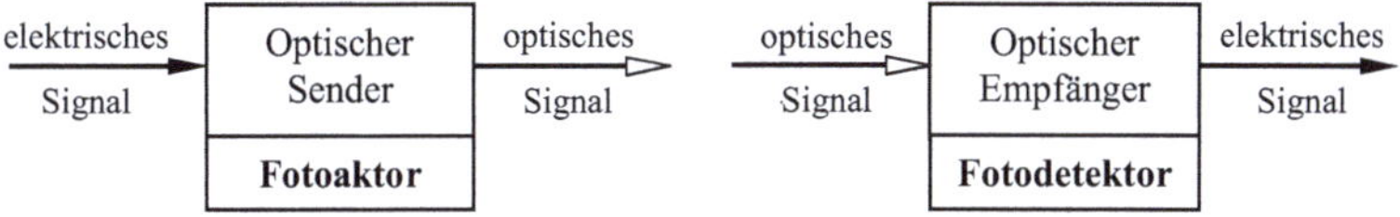

Bild 7.1 Optischer Sender und Empfänger

Aus Gründen der Vielfalt dieser Bauelementerealisierungen soll im Kapitel 7 lediglich eine Übersicht über Halbleiterbauelemente der Optoelektronik gegeben werden. Elemente zur Bildaufnahme und Bildwiedergabe bleiben unberücksichtigt. Für den interessierten Leser wird auf die weiterführende Literatur zu dieser Thematik (z. B. [2], [5], [9]) verwiesen.

Bei der Wandlung von elektrischer Energie in Lichtenergie wird die Lichtemissionsfähigkeit von bestimmten Halbleiterwerkstoffen (lichtemittierende Fotohalbleiter) ausgenutzt. Solche Fotoaktoren sind z. B. Lumineszenzdioden (LED = Licht Emittierende Diode), Laserdioden und LED-Displays. Bei der Wandlung von Lichtenergie in elektrische Energie nutzt man die Lichtempfindlichkeit bestimmter

Halbleiterwerkstoffe aus. Wenn Lichtquanten mit einer hinreichend großen Energie auf diese Fotohalbleiter einwirken, können paarweise Elektronen und Löcher entstehen.

Außerdem gibt es noch lichtbeeinflussende Bauelemente, die ihre optischen Eigenschaften infolge der Einwirkung eines elektrischen Feldes verändern. Solche speziellen Feldeffekt-Anzeigeelemente erzeugen kein Licht. Ein typischer Vertreter ist die Flüssigkristall-Anzeige (LCD = Liquid Crystal Display).

Optoelektronische Bauelemente werden in sehr vielen Bereichen eingesetzt. Dazu zählen insbesondere Anwendungen in der optischen Nachrichtenübertragung, der Messtechnik, der Steuerungs- und Regelungstechnik sowie als Sensoren (z. B. in der Kfz-Elektronik), als Bildwandler und als Anzeigeelemente bzw. Displays. Der Einsatz von Solarzellen hat in den letzten Jahren bei der Gewinnung elektrischer Energie massiv an Bedeutung gewonnen.

Die Optoelektronik trägt interdisziplinären Charakter [Wellen-Optik, geometrische Optik, Quanten-Optik, integrierte Optik, Lichttechnik (physiologische Optik)] und kombiniert die Wissenschaftsbereiche der Optik mit ausgewählten Gebieten der Elektronik (Nachrichtentechnik und Halbleitertechnik) miteinander.

7.2 Strahlungskenngrößen

Der Spektralbereich der optischen Strahlung umfasst Wellenlängen von λ = 100 nm bis zu 1000 µm. Dabei liegt das für den Menschen sichtbare Licht zwischen dem Ultraviolett-Bereich (UV) und dem Infrarot-Bereich (IR) bei Wellenlängen mit: 380 µm < λ < 780 µm.

Die optische Strahlung kann man über radiometrische und über fotometrische Kenngrößen beschreiben (DIN 5031).

7.2.1 Radiometrische Größen

Radiometrische Größen beschreiben die physikalischen Eigenschaften eines optischen Senders oder eines optischen Empfängers. Sie tragen objektiven Charakter und werden mit dem Index e (energetisch) gekennzeichnet. Eine wichtige Kenngröße ist die Strahlungsenergie. Sie beschreibt die übertragene Strahlungsmenge W_e (wird auch mit Q_e bezeichnet) über das Integral der Strahlungsleistung (Strahlungsfluss Φ_e in W) über der Zeit (Einheit: W · s).

$$W_e = \int \Phi_e \cdot \mathrm{d}t \tag{7.1}$$

Wenn man den Strahlungsfluss auf die Fläche eines Senders A_S bezieht, so erhält man die spezifische Ausstrahlung des Senders (Einheit: W/m²).

$$M_e = \frac{\Phi_e}{A_S} \qquad (7.2)$$

Verwendet man die Fläche des Empfängers E als Bezugsgröße, kann die Bestrahlungsstärke beschrieben werden (Einheit: W/m²).

$$E_e = \frac{\Phi_e}{A_E} \qquad (7.3)$$

7.2.2 Fotometrische Größen

Fotometrische Größen beschreiben den lichttechnischen Eindruck einer optischen Strahlung auf den menschlichen Gesichtssinn. Sie tragen subjektiven Charakter und werden mit dem Index v (visuell) gekennzeichnet. Die fotometrischen Größen X_v können aus den spektralen radiometrischen Größen $X_{e,\lambda}$ berechnet werden, wenn die von der Wellenlänge abhängige Empfindlichkeit des menschlichen Auges berücksichtigt wird. Dazu verwendet man eine Bewertungsfunktion $V(\lambda)$, die den Hellempfindlichkeitsgrad eines „mittleren" Standardbeobachters bei Tageslicht beschreibt.

$$X_v = K_m \cdot \int_{380\,\text{nm}}^{780\,\text{nm}} X_{e,\lambda} \cdot V(\lambda) \cdot \mathrm{d}V \qquad (7.4)$$

Die Konstante K_m ist wie folgt definiert: K_m = 683 lm/W = 683 (cd sr)/W.

Bild 7.2 zeigt den auf das Empfindlichkeitsmaximum bei λ_{Tag} = 555 nm normierten Verlauf der Bewertungsfunktion.

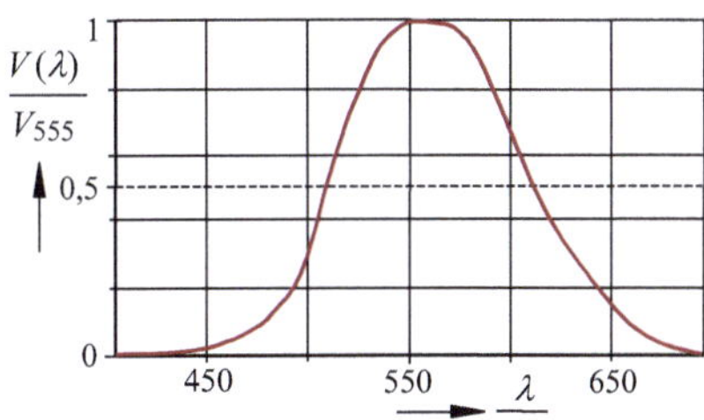

Bild 7.2
Verlauf des Hellempfindlichkeitsgrades

Durch die Anwendung von Formel 7.4 erhält man z. B. aus der Strahlungsleistung Φ_e den Lichtstrom Φ_v und aus der Strahlungsenergie W_e die Lichtmenge W_v. Die Tabelle 7.1 zeigt diese Zusammenhänge.

Tabelle 7.1 Zusammenhänge zwischen radiometrischen und fotometrischen Größen

Radiometrische Strahlungsgröße				Fotometrische Strahlungsgröße		
Bezeichnung	$X_{e,\lambda}$	$[X_{e,\lambda}]$	Definition	Bezeichnung	X_v	$[X_v]$
Strahlungsleistung (Strahlungsfluss)	Φ_e	W	$\Phi_e = \frac{dW_e}{dt}$	Lichtstrom	Φ_v	lm
Strahlungsenergie (Strahlungsmenge)	W_e	W · s	$W_e = \int_t \Phi_e \cdot dt$	Lichtmenge	W_v	lm · s
spezifische Ausstrahlung	M_e	W/m²	$M_e = \frac{d\Phi_e}{dA_S}$	spezifische Lichtausstrahlung	M_v	lx
Strahlstärke	I_e	W/sr	$I_e = \frac{d\Phi_e}{d\Omega}$	Lichtstärke	I_v	cd
Strahldichte	L_e	W/sr · m²	$L_e = \frac{M_e}{\cos\varphi_S}$	Leuchtdichte	L_v	cd/m²
Bestrahlungsstärke	E_e	W/m²	$E_e = \frac{d\Phi_e}{dA_E}$	Beleuchtungsstärke	E_v	lx
Strahlungs-flussdichte	D_e	W/sr · m²	$D_e = \frac{E_e}{\cos\varphi_E}$	Lichtstromdichte	D_v	cd/m²
Bestrahlung	H_e	W/s · m²	$H_e = \int_t E_e \cdot dt$	Belichtung	H_v	lx · s

Für die Einheiten der fotometrischen Größen gelten folgende Umrechnungen:

$$1\,\mathrm{cd} = 1\frac{\mathrm{lm}}{\mathrm{sr}} \quad \text{bzw.} \quad 1\,\mathrm{lx} = 1\frac{\mathrm{lm}}{\mathrm{m}^2} \quad \text{bzw.} \quad 1\frac{\mathrm{cd}}{\mathrm{m}^2} = 1\frac{\mathrm{lx}}{\mathrm{sr}}$$

7.3 Fotodetektoren

Fotodetektoren auf Halbleiterbasis beruhen auf der Ausnutzung des inneren lichtelektrischen Effekts (auch: innerer Fotoeffekt). Darunter versteht man die paarweise Erzeugung von Elektronen und Löchern durch Absorption elektromagnetischer Strahlung. Die dem Bauelement zugeführte Lichtenergie bewirkt demzufolge im Halbleitersubstrat eine Generation von Ladungsträgern. Solche zusätzlich generierten Ladungsträger führen zu einer Erhöhung der Ladungsträger-Konzentration und vergrößern somit die Leitfähigkeit des Halbleiters. Die in Bild 7.3 dargestellte Fotoreaktion findet nur statt, wenn die Photonenenergie größer als der Abstand ΔW der Energiebänder des Halbleiters ist (Energielücke).

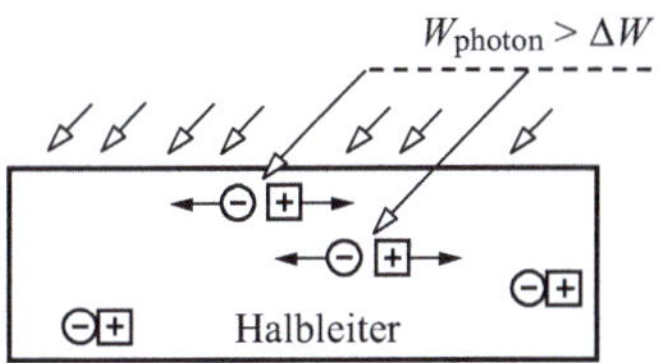

Bild 7.3
Prinzip des inneren Fotoeffekts

Im Vergleich zu den konventionellen Halbleiterbauelementen stellen die Fotodetektoren spezielle Realisierungsvarianten dar. Bild 7.4 zeigt eine Übersicht mit den entsprechenden Schaltzeichen.

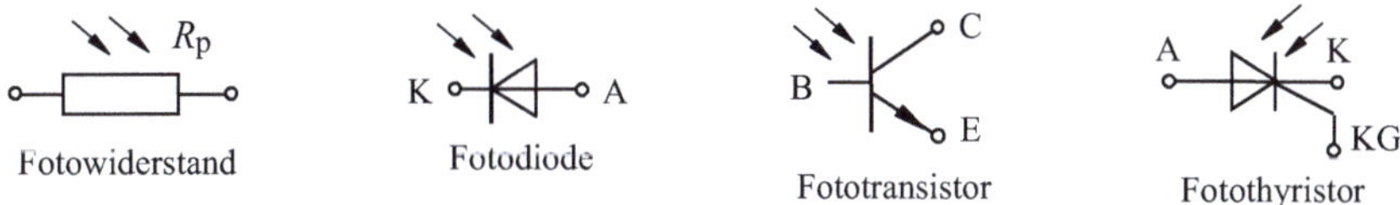

Bild 7.4 Schaltzeichen von Fotodetektoren

Zur Beurteilung der Leistungsfähigkeit von Fotodetektoren werden verschiedene Gütemaße verwendet. Die Empfindlichkeit S (Responsivity) beschreibt das Verhältnis zwischen der elektrischen Ausgangsgröße Y und der dem Detektor zugeführten Strahlung X.

$$S = \frac{Y_{el}}{X_{opt}} \tag{7.5}$$

Für die elektrische Ausgangsgröße Y_{el} kann z. B. der von der einfallenden Strahlung hervorgerufene Fotostrom I_p verwendet werden. Als Bezugsgröße X_{opt} dient die zugeführte Strahlungsleistung Φ_e oder für sichtbares Licht die Beleuchtungsstärke E_v bei Normlicht (A). Dann erhält man die spektrale Lichtempfindlichkeit eines Fotodetektors:

$$S(\lambda) = \frac{I_p(\lambda)}{E_v(\lambda)}\Big|_{(A)} \tag{7.6}$$

Die spektrale Lichtempfindlichkeit wird häufig als relative spektrale Empfindlichkeit $S_{rel}/\%$ angegeben, indem man Formel 7.6 auf $S_{max} = S\ (\lambda_{max})$ bezieht. Die Wellenlänge λ_{max}, bei der der Detektor die maximale Lichtempfindlichkeit S_{max} aufweist, beschreibt die spektrale Stelle mit dem geringsten Energieaufwand für die in Bild 7.3 dargestellte Fotoreaktion.

Die Arbeitsweise eines Fotodetektors ist mit der Abgabe einer Rauschleistung verbunden. Wenn keine Strahlung auf den Detektor einwirkt, liefert er bereits einen Rauschstrom $I_{R,0}$. Zum Nachweis einer einfallenden Strahlung X benötigt der Fotodetektor demzufolge am Eingang ein Strahlungsminimum, um ausgangsseitig ein vom Rauschsignal unterscheidbares Signal zu erzeugen.

Die Leistung dieses Strahlungsminimums kann man mit der rauschäquivalenten Strahlungsleistung *NEP* (Noise Equivalent Power) beschreiben. Je kleiner der Wert von *NEP* ist, desto größer ist die Empfindlichkeit des Detektors.

$$NEP = \frac{\Phi_{min}}{\sqrt{B}} \tag{7.7}$$

Unter Φ_{min} versteht man diejenige zugeführte Strahlungsleistung, die im Detektor einen Fotostrom $I_{p,0} = I_{R,0}$ erzeugt. Das B im Nenner gibt die Bandbreite der Messeinrichtung (Bezugsbandbreite) an. Signalleistung und Rauschleistung stehen in einer bestimmten Relation zueinander. Dieses Verhältnis wird mit *SNR* (Signal to Noise Ratio) beschrieben.

$$SNR = \frac{I_p}{I_{R,0}} = \frac{\Phi_0}{\Phi_{min}} \tag{7.8}$$

Bei der Bestimmung von *NEP* hat *SNR* infolge $\Phi_0 = \Phi_{min}$ den Wert eins.

Ein Detektor hat die Aufgabe, Strahlung nachzuweisen. Zur Beschreibung dieser Fähigkeit dient die Detektivität D (Detectivity). Sie ergibt sich aus dem Kehrwert der rauschäquivalenten Leistung $D = 1 / NEP$. Da die rauschäquivalente Leistung neben der Bandbreite B von der Detektorfläche A_E abhängig ist ($NEP \sim \sqrt{A_E \cdot B}$), führt man die flächenunabhängige Detektivität D^* ein. Dazu wird die Detektivität mit der Wurzel $\sqrt{A_E \cdot B}$ multipliziert.

$$D^* = \frac{\sqrt{A_E \cdot B}}{NEP} \tag{7.9}$$

Die flächenunabhängige Detektivität kann als Maß für die Güte eines Detektors aufgefasst werden. Dieses Maß ermöglicht den Vergleich und die Bewertung von Detektoren mit einer unterschiedlichen Baugröße.

7.3.1 Fotowiderstand und Fotodiode

Der Fotowiderstand wurde bereits als homogener Halbleiter in Abschnitt 2.3.4 vorgestellt. Er verringert seinen Widerstandswert bei Zunahme der Beleuchtungsstärke. Mit der Zuführung von Lichtenergie werden freie Ladungsträgerpaare gebildet, die zur Erhöhung der Leitfähigkeit des Halbleiters beitragen. Die Kennlinie $R_p = f(E_v)$ stellt in der doppelt-logarithmischen Darstellung eine Gerade dar (vgl. Bilder 2.52 und 2.53).

Fotodioden besitzen einen lichtempfindlichen pn-Übergang. Dieser Übergang ermöglicht mit Vorspannung einen Diodenbetrieb und ohne äußere Vorspannung einen Elementbetrieb. Im Diodenbetrieb fließt ein Sperrstrom in der Größenordnung von ca. $10\,\mu A < I_R < 100\,\mu A$, der mit zunehmender Beleuchtungsstärke ansteigt. Im Elementbetrieb erzeugt die Fotodiode bei Lichteinfall eine Spannung in der Größenordnung $U_p \approx 100$ mV. Die damit abgegebene elektrische Leistung ist jedoch infolge der kleinen Fläche des pn-Übergangs sehr gering und liegt z. B. bei einer Beleuchtungsstärke von 1000 lx in der Größenordnung von 5 µW.

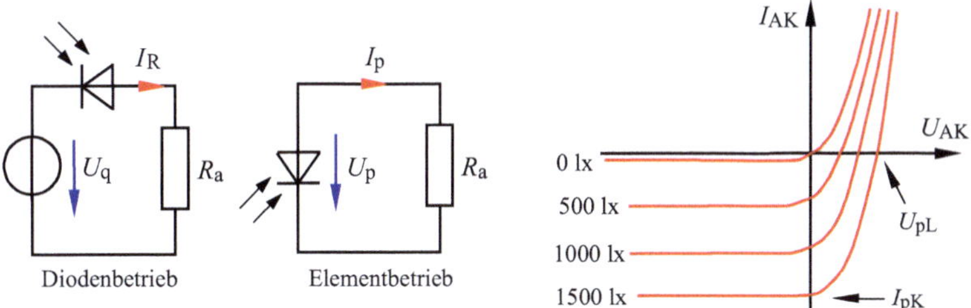

Bild 7.5 Betriebsarten einer Fotodiode (links) und Kennlinienfeld der Diode (rechts)

Durch die Diode fließt ein Strom I_{AK}, der sich aus der Überlagerung des Dunkelstromes I_0 und des von der absorbierten Strahlung hervorgerufenen Fotostromes I_p zusammensetzt. Analog zu Formel 3.1 gilt:

$$I_{AK} = I_S \cdot \left(e^{\frac{U_{AK}}{n \cdot U_T}} - 1 \right) - I_p \tag{7.10}$$

Bei einem Kurzschluss zwischen Anode und Katode ($U_{AK} = 0$) fließt nur der Fotostrom durch den pn-Übergang ($I_{pK} = -I_p$). Im Leerlauffall ($I_{AK} = 0$) ist der Fotostrom gleich dem Dunkelstrom. Dann gilt:

$$I_p = I_S \cdot \left(e^{\frac{U_{pL}}{n \cdot U_T}} - 1 \right)$$

Die Leerlaufspannung ist größer null (siehe auch Kennlinienfeld in Bild 7.5).

$$U_{pL} = n \cdot U_T \cdot \ln\left(1 + \frac{I_p}{I_S} \right) \tag{7.11}$$

Im Sperrbereich wird die Größe des Sperrstromes lediglich durch die absorbierte Strahlung bestimmt. Als Sperrstrom fließt in erster Näherung der Kurzschlussstrom:

$$I_R \approx -I_{pK} \left(\sim E_V \right) \tag{7.12}$$

Fotodioden zählen zu den aktiven Bauelementen, da sie bei geeigneter Bestrahlung eine elektrische Spannung U_p abgeben und einen Fotostrom I_p liefern (fotovoltaischer Effekt).

In MicroCap sind zwei Fotodioden als Macro verfügbar. Sie haben die Bezeichnung:

1. Photodiode besser geeignet für den Diodenbetrieb (Abk.: PD_I)
2. Photodiode_R besser geeignet für den Elementbetrieb (Abk.: PD_R)

In Tabelle 7.2 sind die Parameter aufgelistet. Der Parameter IDARK wird nur für den Einsatz im Diodenbetrieb verwendet. Im Elementbetrieb gilt der Parameter RSHUNT.

Tabelle 7.2 Parameter der Macros PHOTODIODE

MC	DIN	Bedeutung	PHOTODIODE	
			PD_I	PD_R
RESPONSIVITY	S	Reaktionsfähigkeit	0,5 A/W	0,05 A/W
IDARK	I_0	Dunkelstrom	1,3 nA	-
RSHUNT	R_{Shunt}	Messwiderstand	-	100 MΩ
RSERIES	R_s	Serienwiderstand	1 mΩ	10 mΩ
CJO	C_{j0}	Sperrschichtkapazität	1 nF	60 pF
BV	U_{BV}	Grenz-Sperrspannung	60 V	60 V
N	n	Emissionskoeffizient	1,35	1,35

Lehrbeispiel 7.1

LTspice: LB_7.1

Stellen Sie den Verlauf der Strom-Spannungs-Kennlinie einer Fotodiode im Diodenbetrieb mit einer geeigneten Simulation dar.

Zum Vergleich mit praxisnahen Daten sehen wir uns ein Beispiel an. Bei der Diode (z. B.) BPX_65 handelt es sich um eine Fotodiode mit einer hohen Fotoempfindlichkeit. Folgende Daten sind bekannt:

$I_0 \approx 1$ nA bei $U_R = 20$ V; $A_E = (1 \times 1)$ mm²

$S = 10$; $NEP \approx 3 \cdot 10^{-14}$ W/$\sqrt{\text{Hz}}$ und: $D^* \approx 3 \cdot 10^{12}$ cm $\cdot \sqrt{\text{Hz}}$/W

Nach Angaben des Herstellers ist sie als schneller optischer Empfänger mit einer großen Modulationsbandbreite für einen Wellenlängenbereich von 350 nm < λ < 1100 nm einsetzbar. Bild 7.6 zeigt den Verlauf der relativen spektralen Empfindlichkeit $S_{rel} = f(\lambda)$. Das Maximum liegt bei $\lambda_{max} = 850$ nm.

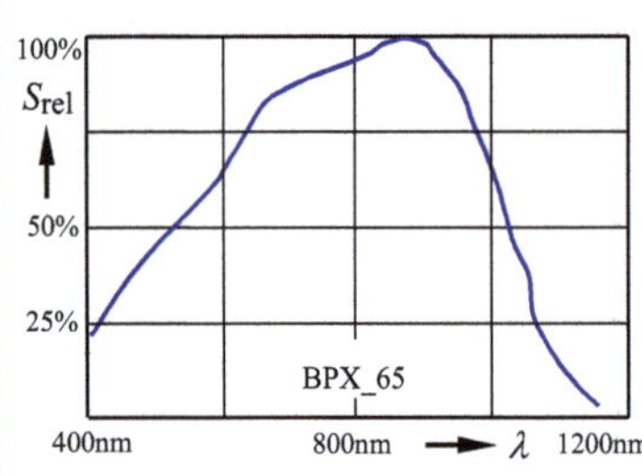

Bild 7.6
Relative spektrale Empfindlichkeit

Für die Simulation des Kennlinienfeldes verwenden wir die Photodiode PD_I. Auf die DC-Quelle U_q wirkt ein DC-Main-Sweep (4,-3,1m). Die Quelle „Licht" bildet die Beleuchtungsstärke nach. Sie wird am Steueranschluss der in Sperrrichtung geschalteten Diode positioniert. Auf diese Quelle wirkt ein Nested-Sweep (1m,0,0.2m). Damit werden sechs Kennlinien dargestellt. Die beiden Sweeps heben die gesetzten Spannungswerte von Bild 7.7 auf.

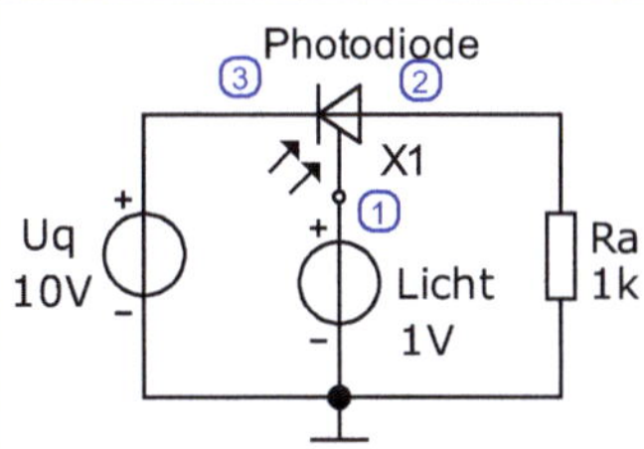

Bild 7.7
Schaltung zum Lehrbeispiel 7.1

Nach dem Start der Analyse *DC* werden die einzelnen Sperrkennlinien angezeigt. Für jede Kennlinie wird dabei der Parameter U_{Licht} aufgerufen und als einzelne Kennlinie dargestellt. Es entsteht das Kennlinienfeld von Bild 7.8 mit U_{Licht} (~ E_v) als Parameter. Mit zunehmender Beleuchtungsstärke U_{Licht} (~ E_v) erhöht sich die Größe des Sperrstromes.

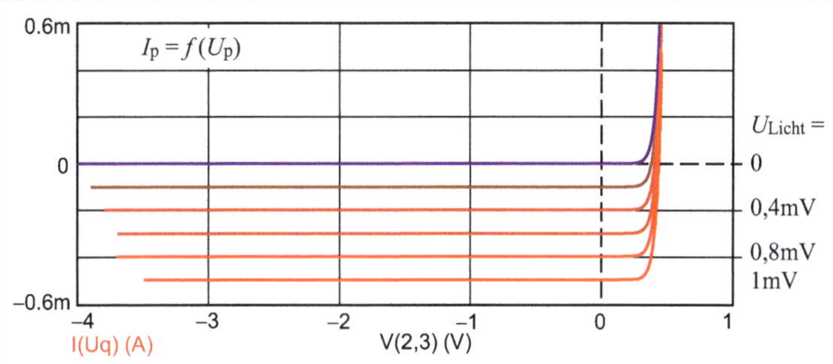

Bild 7.8 Kennlinienfeld einer Fotodiode

7.3.2 Fotoelement und Solarzelle

Fotoelemente und Solarzellen (speziell für Sonnenlicht ausgelegte Fotoelemente) arbeiten analog zum Elementbetrieb einer Fotodiode. Ihr pn-Übergang hat jedoch eine viel größere Fläche und ist in der Lage, Lichtenergie in nutzbare elektrische Energie zu wandeln. Bild 7.9 zeigt den Prinzipaufbau eines Si-Fotoelementes.

Das Fotoelement liefert bei Lichteinfall eine Leerlaufspannung U_{pL}, die von der Anode zur Katode gerichtet ist. Bei kurzgeschlossenen Anschlussklemmen fließt ein Kurzschlussstrom $I_{pK} = U_{pL} / R_i$. Die gleiche Aussage gilt für eine Solarzelle.

Bild 7.9 zeigt rechts die Strom-Spannungs-Kennlinie einer Si-Solarzelle. Der Arbeitspunkt AP der Solarzelle wird mit einem Lastwiderstand R_a eingestellt. Durch die jeweils kürzeste Verbindung des Arbeitspunktes mit der Spannungs- und mit der Stromachse wird eine rechteckförmige Fläche aufgespannt. Der Lastwiderstand hat genau dann den optimalen Wert $R_{a,opt}$, wenn diese Fläche (in Bild 7.9 hervorgehoben) maximal wird.

Dann liefert die Solarzelle ihre maximal mögliche Leistung. Im Bild 7.9 gilt:

$$P_{a,max} = U_{AP} \cdot I_{AP} = 0{,}4\,\text{V} \cdot 100\,\text{mA} = 40\,\text{mW}$$

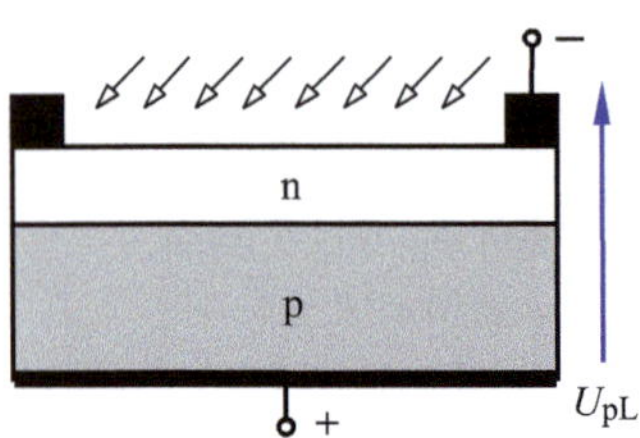

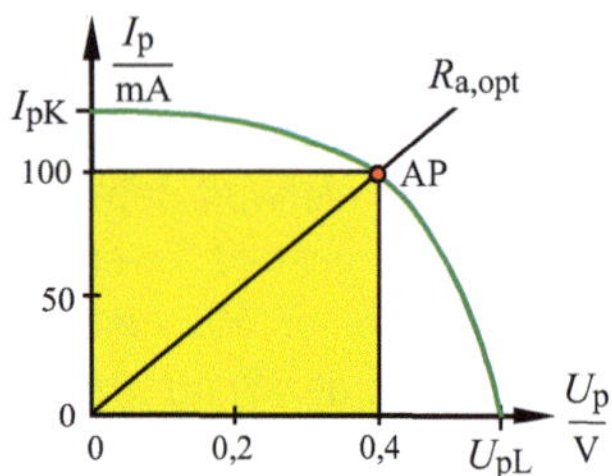

Bild 7.9 Aufbau eines Si-Fotoelementes (links) und Lastkennlinie einer Solarzelle (rechts)

Lehrbeispiel 7.2

Stellen Sie den Verlauf der Spannung eines Fotoelementes als Funktion der Beleuchtungsstärke mit einer geeigneten Simulation dar. Die Reaktionsfähigkeit RESP (Responsivity) beträgt S = 50 mA/W.

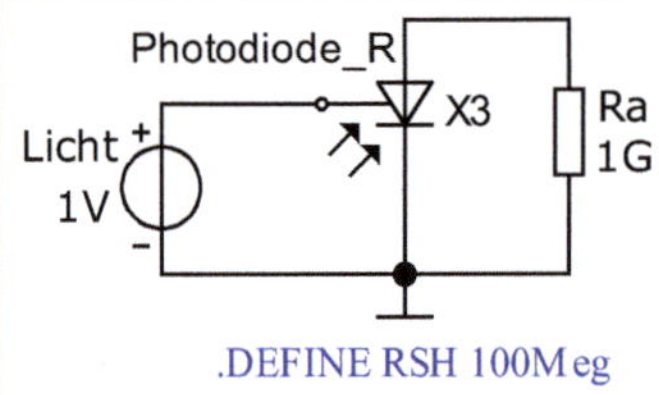

Leerlauf ($R_a \to \infty$),
um eine Beeinflussung
von R_{Shunt} zu vermeiden.

Bild 7.10 Simulation eines Fotoelementes

Für die Simulation des Fotoelementes verwenden wir die Photodiode PD_R. Sie ist für den Betrieb als Element ausgelegt und besitzt eine Quellencharakteristik. Mit der Steuerquelle „Licht" bilden wir die Beleuchtungsstärke nach. Sie wird am Steueranschluss der Diode positioniert.

Über der Diode können wir die entstehende Spannung als Funktion der Beleuchtungsstärke messen. Der Shunt-Widerstand R_{Shunt} (RSH) wirkt hier als Parameter (List=1Meg,10Meg,100Meg,1G).

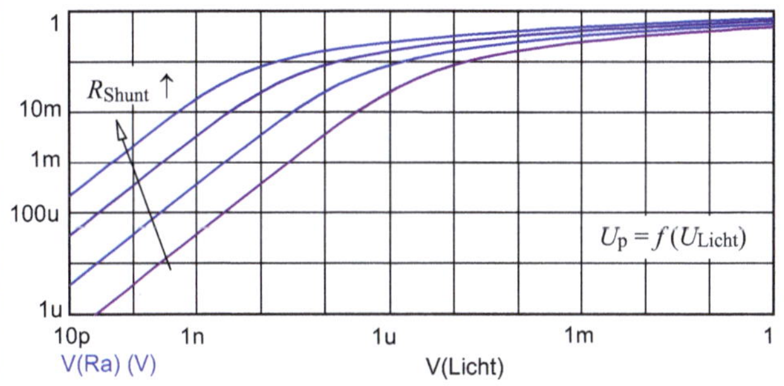

Bild 7.11 Spannungsverlauf über einem Fotoelement

Die doppelt-logarithmische Skalierung beider Achsen dient der Darstellung der Funktionsverläufe bei kleinen Beleuchtungsstärken E_v (~ U_{Licht}).

7.3.3 Fototransistor

Bei einer Lichteinwirkung auf die großflächige Basis des Fototransistors werden paarweise Elektronen und Löcher erzeugt, die durch das elektrische Feld der in Sperrrichtung gepolten Basis-Kollektor-Diode getrennt werden. Dabei fließen die Elektronen zum Kollektor und die Löcher über die in Durchlassrichtung gepolte Basis-Emitterdiode zum Emitter. Infolge der Bewegungsrichtung der Elektronen vom Emitter zum Kollektor steuert der Transistor durch.

Ein Fototransistor kann als Kombination einer Fotodiode und eines konventionellen Kleinsignal-Transistors aufgefasst werden. Bild 7.12 zeigt die entsprechende Ersatzschaltung. Die über der Basis-Kollektor-Strecke eingeschaltete Fotodiode bewirkt bei einer entsprechenden Beleuchtung einen Sperrstrom I_p, der als Basisstrom wirkt und den Transistor aufsteuert. Für den resultierenden Kollektorstrom gilt: $I_C = I_p + B_p \cdot I_p = I_p \cdot (1 + B_p)$.

Der Stromverstärkungsfaktor liegt dabei in der Größenordnung $10^2 \leq B_p \leq 10^3$.

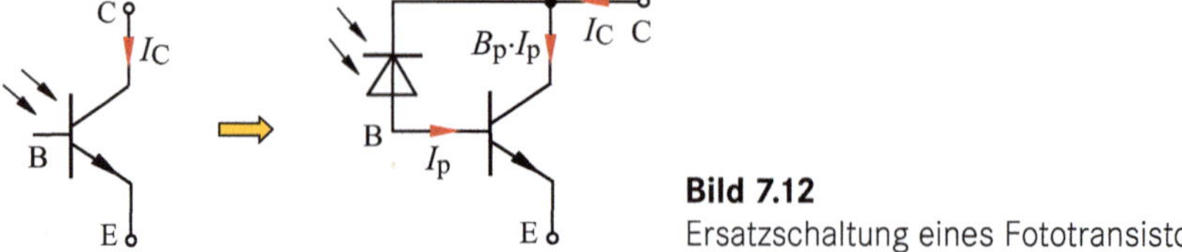

Bild 7.12
Ersatzschaltung eines Fototransistors

Der in Bild 7.12 angedeutete Basisanschluss des Fototransistors ist nicht unbedingt erforderlich. Es werden Exemplare mit und ohne diesen Anschluss angeboten. Falls vorhanden, kann dieser Anschluss zur zusätzlichen elektrischen Steuerung des Transistors verwendet werden. So besteht bei geringer Bestrahlung die Möglichkeit, den Arbeitspunkt mit einem Spannungsteiler einzustellen. Wird die Basis über einen Widerstand auf das Emitterpotential gelegt, kann die Bandbreite dieses Fotoempfängers erhöht werden. Dadurch reduziert man jedoch die Empfindlichkeit des Fototransistors bei tiefen Frequenzen.

Da der Fototransistor im Vergleich zum konventionellen Transistor ein ähnliches Ausgangsverhalten aufweist, haben auch die Ausgangskennlinienfelder einen analogen Verlauf.

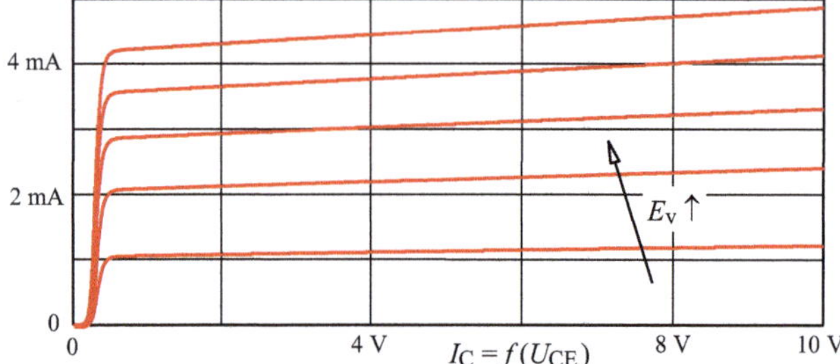

Simulationsergebnis aus [12] mit PSpice. In der Demo-Version von MicroCap ist kein Fototransistor verfügbar.

Bild 7.13 Ausgangskennlinienfeld eines Fototransistors mit der Beleuchtungsstärke als Parameter

Die Steuerung wird hier lediglich mit der Beleuchtungsstärke E_v (siehe Parameter im Ausgangskennlinienfeld von Bild 7.13) vorgenommen. Mit Zunahme der Beleuchtungsstärke fließen größere Kollektorströme.

Da die aktuellen Werte der Beleuchtungsstärke für die Kennlinien nicht bekannt sind, soll eine Schätzung über den folgenden Vergleich durchgeführt werden:

Ein Fototransistor mit einem Ausgangskennlinienfeld, das aus der Sicht der elektrischen Größen im Vergleich zu Bild 7.13 sehr ähnliche Werte aufweist, dient als Referenzobjekt. Im Vergleich zu diesem Kennlinienfeld könnte man der unteren Kennlinie von Bild 7.13 eine Beleuchtungsstärke $E_{v1} \approx 1000$ lx und der oberen Kennlinie eine Beleuchtungsstärke von ca. $E_{v5} \approx 3000$ lx zuordnen.

Fototransistoren reagieren bei Lichteinwirkung analog zu Fotodioden in einem bestimmten Spektralbereich mit einer hohen Empfindlichkeit.

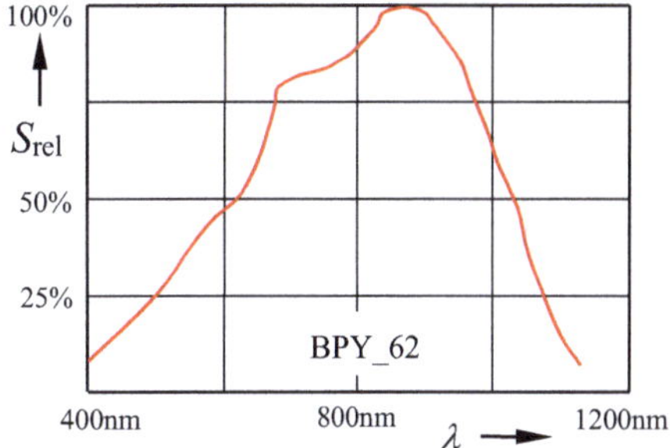

Bild 7.14 Relative spektrale Empfindlichkeit des Fototransistors BPY 62

7.3.4 Fotothyristor

Ein Fotothyristor ist analog zu einem konventionellen Vierschicht-Thyristor aufgebaut. Die Zündung erfolgt hier allerdings bei Einwirkung energiereicher Lichtquanten auf den mittleren pn-Übergang des Bauelementes (Bild 7.15). Dieser Übergang ist ohne Lichteinwirkung in Sperrrichtung gepolt. Er schaltet in die Durchlassrichtung, wenn seine Raumladungszone infolge Lichteinwirkung paarweise mit Elektronen und Löchern überschwemmt wird.

In Bild 7.15 ist rechts die Strom-Spannungs-Kennlinie eines Fotothyristors dargestellt. Im Sperrbereich und im Blockierzustand verhält sich der Fotothyristor wie eine normale Einrichtungs-Thyristortriode (siehe auch Abschnitt 6.1.3).

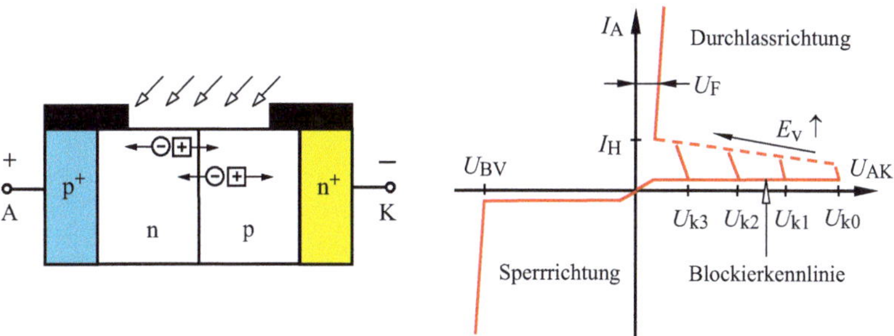

Bild 7.15 Prinzipaufbau (links) und Kennlinie eines Fotothyristors (rechts)

Der Fotothyristor zündet bei einer definierten Beleuchtungsstärke (Ansprechempfindlichkeit). Diese Zündempfindlichkeit kann über einen Gatewiderstand R_G gegen eine Hilfsspannung oder gegen den negativen Anschluss der Betriebsspannung eingestellt werden. Mit der Veränderung des Gatepotentials wird der

Zündstrom beeinflusst. Nach dem Zünden verbleibt der Fotothyristor auch ohne weitere Lichteinwirkung im leitenden Zustand. Zum Löschen muss der Durchlassstrom auf einen Wert unterhalb des Haltestroms I_H gebracht werden. Eine zweite Löschmöglichkeit besteht darin, einen negativen Impuls auf die Anode zu geben. Dazu wäre dann allerdings eine zusätzliche äußere Beschaltung erforderlich.

Fotothyristoren werden häufig in Verbindung mit einer Lumineszenzdiode in Optokopplern eingesetzt. Sie dienen dann z. B. als lichtgesteuerter Wechselstromschalter. Bedingt durch ihr ausgeprägtes Kippverhalten eignen sich Fotothyristoren auch als Lichtsensor. Da im Gleichstrombetrieb keine Selbstlöschung erfolgt, kann der Speichereffekt (Halten = Verzögern bzw. Speichern) für spezielle Sensorrealisierungen ausgenutzt werden.

In der Demo-Version von MicroCap ist leider kein Fotothyristor verfügbar. Wir können aber einen normalen SCR ersatzweise über eine LED oder über ein Fotoelement ansteuern. Damit entsteht natürlich kein Fotothyristor. Für diese Simulation verwenden wir die Schaltung von Bild 6.20. In Bild 7.16 wird der SCR über eine LED gezündet.

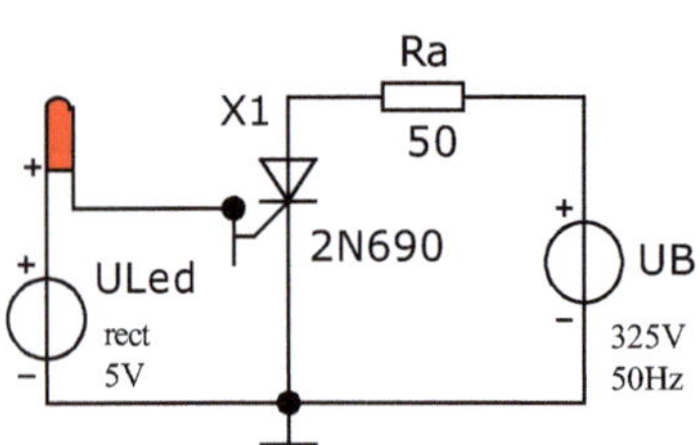

Daten der Quelle / Pulse /:

$U_{pL} = 0$
$U_{pH} = 5$ V
$t_d = 3$ ms (variabel)
$t_r = 10$ ns
$t_f = 10$ ns
$t_i = 1$ ms
$T = 20$ ms

Bild 7.16 Zündung über eine LED

In Bild 7.17 erfolgt die Zündung über ein Fotoelement. In beiden Fällen erhalten wir die Simulationsergebnisse der Bilder 6.21 bis 6.24.

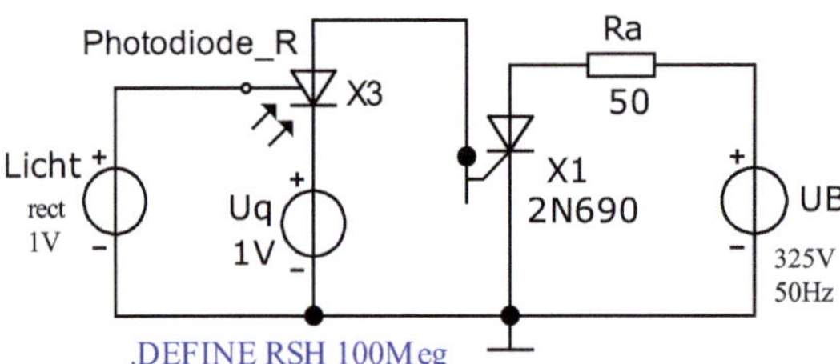

Bild 7.17 Zündung mit einem Fotoelement

7.4 Fotoaktoren

Lichtemittierende Fotohalbleiter beruhen auf dem Lumineszenzeffekt. Dabei wird die dem Halbleiter zugeführte elektrische Energie in Strahlungsenergie umgewandelt. Bei der Absorption elektromagnetischer Strahlung (vgl. innerer lichtelektrischer Effekt in Bild 7.3) werden im Halbleiter paarweise Elektronen und Löcher erzeugt (Generation), wenn die Photonenenergie größer als der Bandabstand ΔW des Halbleiters ist. Bei der Rekombination freier Ladungsträger wird diese Energie beim Übergang eines Elektrons vom Leitungsband in das Valenzband näherungsweise wieder freigesetzt.

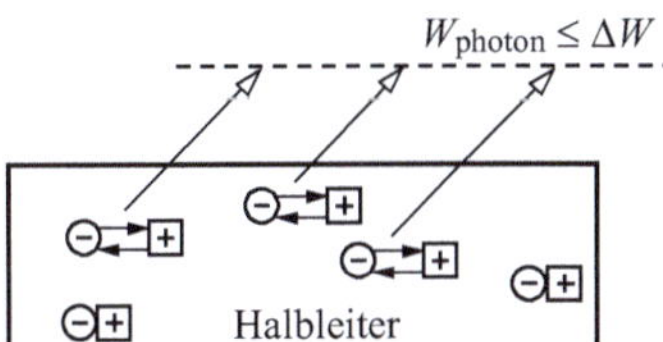

Bild 7.18
Emission von Strahlung

Die dabei frei werdende Strahlungsenergie ist von den Materialeigenschaften des Halbleiters abhängig. Bei den sog. direkten Halbleitern (z. B. GaAs) ist dieser Energieanteil relativ groß. Sie sind demzufolge besonders gut als Strahlungsquelle geeignet. Indirekte Halbleiter (z. B. Ge, Si) eignen sich nicht als optische Sender. Der in Bild 7.18 dargestellte Vorgang der Strahlungsemission findet nur statt, wenn das Produkt der Konzentrationen der freien Ladungsträger deutlich über dem Gleichgewichtswert liegt. Im thermischen Gleichgewicht wird die entstehende Strahlung sofort wieder vollständig vom Halbleitersubstrat absorbiert. Dann kann keine Strahlung an die Umgebung abgegeben werden.

7.4.1 Lumineszenzdiode

Lumineszenzdioden (LED = Light Emitting Diode) erzeugen Strahlung im sichtbaren oder im infraroten Spektralbereich. Die Farbe dieses Rekombinationslichts bzw. die Wellenlänge der emittierten Strahlung ist vom aktuellen Halbleitermaterial abhängig. Man verwendet häufig Mischkristalle, bei denen die Photonenenergie und damit die Emissionswellenlänge in bestimmten Bereichen über das Mischungsverhältnis eingestellt werden kann.

Bild 7.19 zeigt den prinzipiellen Aufbau einer Lumineszenzdiode. Sie strahlt im Betriebsfall sichtbares Licht mit einer Wellenlänge von λ = (560 ... 680) nm (grün-gelb-orange-rot) ab. Dazu ist der pn-Übergang in Durchlassrichtung zu schalten. Bedingt durch die hohe Dotierung der n-Schicht fließt ein Elektronenstrom durch den pn-Übergang in die p-Schicht und rekombiniert dort mit den positiven Löchern. Dabei wird durch eine spontane Emission Lichtenergie frei, die über die dünne p-Schicht zur Abstrahlung gebracht wird.

Die Strom-Spannungs-Kennlinie einer LED hat einen zu einer normalen Diode vergleichbaren Verlauf. Die Schleusenspannung nimmt allerdings andere Werte an und ändert sich mit der Wellenlänge der emittierten Strahlung. Auf einer zweiten Abszisse von Bild 7.19 sind unterhalb der Wellenlängenachse die mittleren Werte der jeweiligen Schleusenspannung zum Vergleich angegeben.

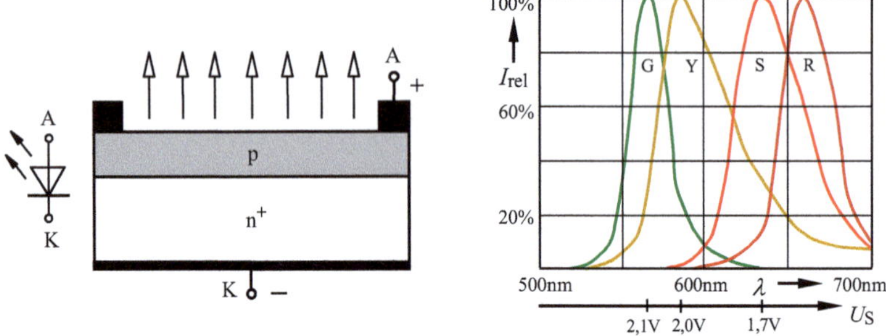

Bild 7.19 Aufbau einer LED (links) und relative spektrale Emissionsfähigkeit (rechts)

Die Schleusenspannung wird vom Bandabstand ΔW bestimmt. Mit abnehmendem Bandabstand steigt die Emissionswellenlänge an und die Schleusenspannung sinkt. Danach hat eine Infrarot-Diode (IRED = InfraRed Emitting Diode) den kleinsten Wert von U_S im Vergleich zu Lumineszenzdioden (LED), die mit rot - orange - gelb - grün - blau abstrahlen. Die Schleusenspannung nimmt in der genannten Reihenfolge zu. Bild 7.19 zeigt auf der rechten Seite die unterschiedlichen Verläufe der relativen spektralen Emissionsfähigkeit einer LED (Typ: Lx 5360), die mit unterschiedlichen Emissionswellenlängen angeboten wird. Für das x in der Typenbezeichnung steht die Farbe (Green, Yellow, SuperRed, Red).

Lehrbeispiel 7.3

Simulieren Sie die Strom-Spannungs-Kennlinien verschiedener Lumineszenzdioden.

Als Simulationsobjekt kann die in MicroCap verfügbare LED verwendet werden. Sie befindet sich in der Hauptgruppe | *Animation* | als Komponente [*Animated Analog LED*]. In der *PartName*-Liste wird der Typ ausgewählt. Es stehen die Farben (Yellow, Green, Blue, Red und White) zur Auswahl. Bild 7.20 zeigt die verwendete Simulationsschaltung mit vier verschiedenen LEDs.

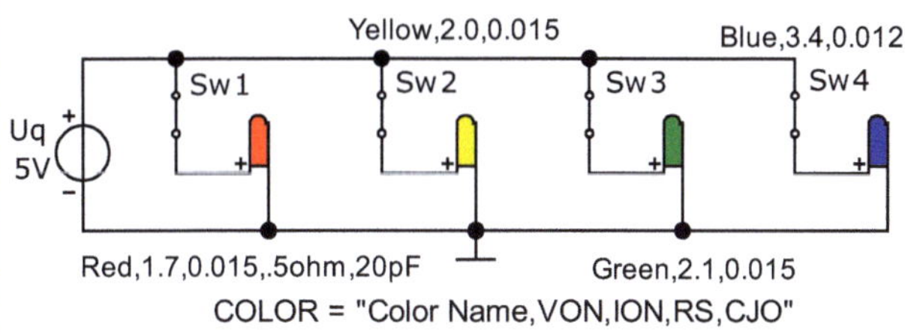

Bild 7.20 Simulation verschiedener LEDs

Wir führen zunächst eine Analyse *Dynamic-DC* durch. Dazu sollten alle animierten Schalter geöffnet sein. Nach dem Start der Analyse sind dann alle LEDs farblos. > Node Voltage < wird ausgeschaltet. Durch einen Doppelklick auf den jeweiligen Schalter (LMT) können die LED nun nacheinander oder wechselweise ein- bzw. ausgeschaltet werden.

Zur Darstellung der vier Strom-Spannungs-Kennlinien starten wir die Analyse *DC*. Auf alle parallelen LEDs wirkt ein auf die Quelle U_q angewendeter DC-Sweep (4,0,1m).

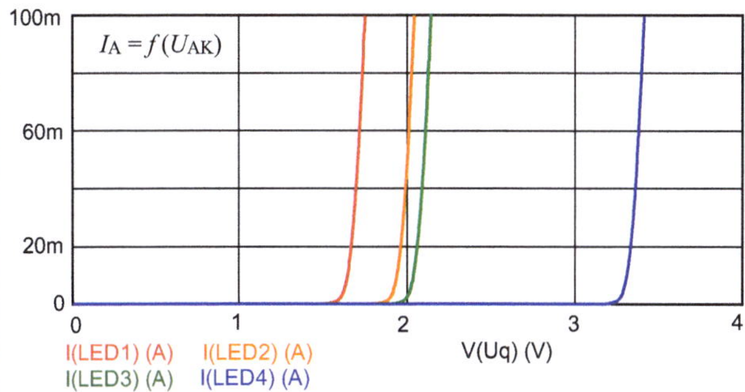

Bild 7.21 Strom-Spannungs-Kennlinien verschiedener LEDs

Die Schleusenspannung (VON) liegt bei den in Bild 7.20 genannten Werten.

Mit zunehmender Betriebsdauer nimmt die Strahlungsleistung einer Lumineszenzdiode ab. Diese als Degradation bezeichnete Alterungserscheinung führt man auf das Entstehen bzw. die Erweiterung von Kristalldefekten sowie auf Verunreinigungen der Kristalloberfläche zurück. Als Lebensdauer [MTBF = Mean Time Between Failure] einer LED wird diejenige Zeit definiert, nach der die Strahlungsleistung auf 50 % des Neuwertes abgesunken ist. Dieser Unterschied in der Helligkeit kann vom menschlichen Auge gerade so wahrgenommen werden. Eine Steigerung der Lebensdauer gelingt durch den Betrieb mit relativ geringen Strömen ($I_F \approx 10$ mA bis 20 mA) bei möglichst konstanter (geringer) Betriebstemperatur.

Für Lumineszenzdioden wurde in den letzten Jahren ein sehr großes Anwendungsgebiet erschlossen. Als kleinere Bauform sind sie punktförmig ausgebildet (Ø 5 mm) und werden als optischer Indikator, zur Hinterleuchtung (LCD, Handy, Schalter, Tasten, Displays), zur Innenbeleuchtung im Automobilbereich (z. B. Instrumentenbeleuchtung) sowie als Signal- und Symbolleuchten eingesetzt.

Lehrbeispiel 7.4

Simulieren Sie die Arbeitsweise einer 7-Segment-Anzeige.

Als Simulationsobjekt kann die in MicroCap verfügbare Anzeige verwendet werden. Sie befindet sich in der Hauptgruppe | *Animation* | als Komponente [*Animated Seven Segment*]. Die einzelnen Balken werden mit einer Gleichspannung aktiviert. Zur Animation wird die Analyse *Dynamic-DC* gestartet.

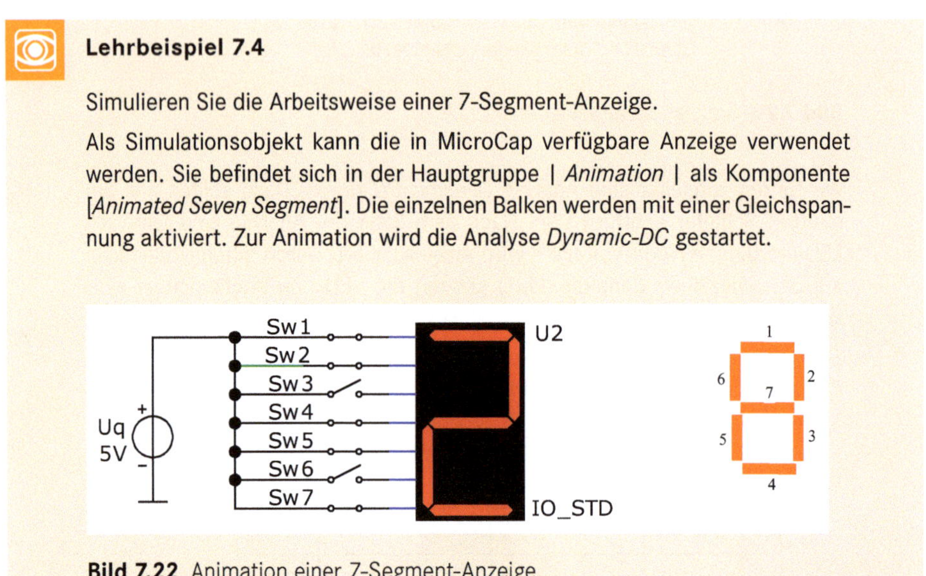

Bild 7.22 Animation einer 7-Segment-Anzeige

Bei größeren Bauformen bildet man Lumineszenzdioden häufig flächenhaft aus. Moderne Ausführungen besitzen eine so große Leistungsfähigkeit, dass sie Glühlampen und andere Beleuchtungsmittel ersetzen können. Durch eine sinnvolle Anordnung und Kombination von Lumineszenzdioden können auch numerische Displays (7-Segment-Anzeigen) und alphanumerische Displays (16-Segment-Anzeigen) realisiert werden.

Bild 7.23
7-Segment- und 16-Segment-Anzeige

Solche Displays werden für die Anzeige von Zahlen und Text angeboten und eingesetzt. Sie arbeiten mit niedrigen Spannungen und können von TTL-Schaltkreisen (z.B. von BCD-Decodern) direkt angesteuert werden. Ihr Nachteil besteht darin, dass sie eine relativ große Leistung aufnehmen.

7.4.2 Optokoppler

Optoelektronische Koppler bestehen aus der Kombination eines lichtemittierenden (LED, IRED) und eines lichtempfindlichen Fotohalbleiters (Fotodiode, Fotothyristor - häufig aber ein Fototransistor) in einem Spezialgehäuse (siehe Bild 7.24). Sie werden zur Signalübertragung eingesetzt und wandeln den Signalträger auf der Sender- und der Empfängerseite. Der Informationsgehalt des eigentlichen Signals wird dabei nicht verändert.

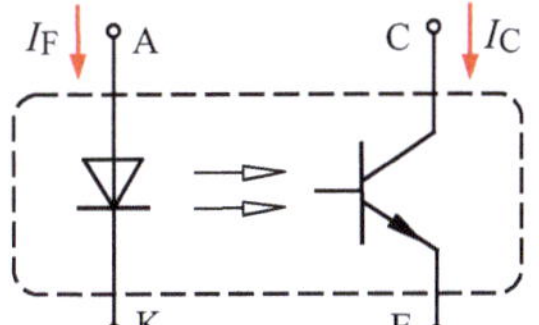

Bild 7.24
Prinzipaufbau eines Optokopplers

Eine wichtige Kenngröße von Optokopplern ist der Stromübertragungsfaktor *CTR* (Current Transfer Ratio). Er wird aus dem Verhältnis von Ausgangsstrom I_a und Eingangsstrom I_e berechnet. Bei einer Realisierung nach Bild 7.24 ergibt er sich aus dem Verhältnis zwischen dem Kollektorstrom I_C des Fototransistors und dem Durchlassstrom I_F der Sendediode.

$$CTR = \frac{I_a}{I_e} \qquad (7.13)$$

Durch den Einsatz von Optokopplern kann eine galvanische Trennung zwischen der Signalquelle und dem Signalempfänger erreicht werden. Dabei entstehen zwei einzelne Stromkreise. Sie sind elektrisch voneinander getrennt, aber lichttechnisch miteinander verkoppelt. Das dabei übertragene Signal kann direkt oder längs einer größeren Übertragungsstrecke vom Sender zum Empfänger geleitet werden. Eine indirekte Signalübertragung erreicht man durch das Zwischenschalten von Lichtwellenleitern (LWL), die das optische Signal von der Sendediode zum Empfängertransistor leiten.

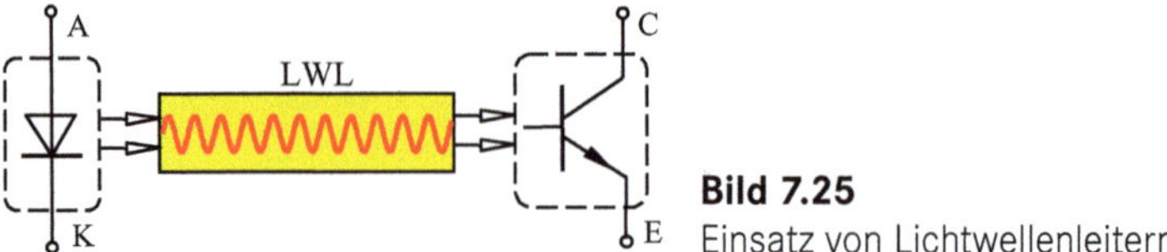

Bild 7.25
Einsatz von Lichtwellenleitern

Damit erhält man ein Übertragungssystem, das vor Störungen infolge der Einwirkung von elektromagnetischen Feldern relativ sicher ist.

Lehrbeispiel 7.5

Testen Sie mit einer geeigneten Simulation die prinzipielle Arbeitsweise eines Optokopplers.

In MicroCap ist ein Optokoppler verfügbar. Er befindet sich unter der Hauptgruppe | *Import* | in der Gruppe {*Opto Pole*} als Komponente [*Opto1*]. Seine Modellparameter werden mit Cpole=2.2n und CTR=1 angegeben. Die Kapazität C_{Pole} beeinflusst die obere Grenzfrequenz f_g. Der Stromübertragungsfaktor *CTR* ist vom Arbeitspunkt des Optokopplers und von der Temperatur abhängig. Er ist ein Maß für die Empfindlichkeit eines Kopplers und liegt als praxisnaher Wert für das Modell [*Opto1*] in der Größenordnung $0{,}5 < CTR < 1{,}2$ (eingestellt mit $CTR = 1$).

Wir legen zunächst den Arbeitspunkt der Diode fest. Die Daten des verwendeten Dioden-Modells sind aber leider nicht bekannt. Wenn man einen Strom im Arbeitspunkt von $I_{Led} \approx 7$ mA annimmt, gilt z. B. für die LED „Red" mit einer Schleusenspannung von $U_S = 1{,}7$ V folgende Überlegung:

Bei einer Quellenspannung $U_D = 5$ V muss ein Vorwiderstand einen Spannungsabfall $U_{RV} = 3{,}3$ V erzeugen. Durch diesen Vorwiderstand R_V fließt der Strom $I_{Led} \approx 7$ mA. Wir erhalten: $R_V \approx 470\ \Omega$.

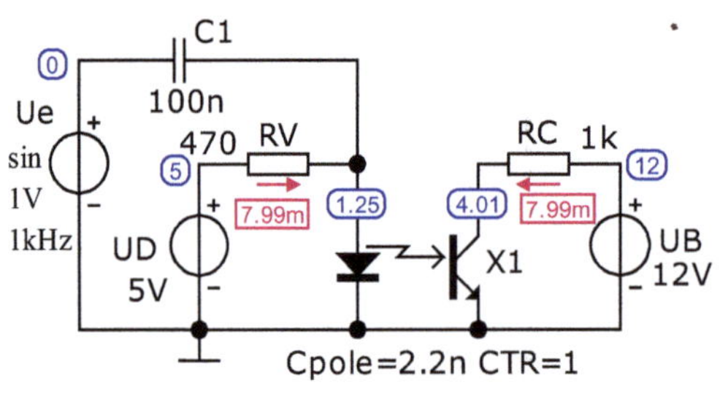

Schätzung für R_V und R_C:

$$R_V = \frac{U_{RV}}{I_{Led}} = \frac{U_D - U_{Led}}{I_{Led}}$$

$$R_V = \frac{3{,}3\ \text{V}}{7\ \text{mA}} \approx 470\ \Omega$$

$$R_C = \frac{U_{RC}}{I_{Led}} = \frac{U_B - U_{CE}}{I_{Led}}$$

$$R_C = \frac{7\ \text{V}}{7\ \text{mA}} \approx 1\ \text{k}\Omega$$

Bild 7.26 Arbeitspunkte des Optokopplers (Analyse *Dynamic-DC*)

Der Arbeitspunkt des Transistors wird mit einer DC-Quelle U_B = 12 V und dem Kollektorwiderstand R_C = 1 kΩ eingestellt. Hier gilt folgende Überlegung: $I_C = I_{Led}$ bei CTR = 1 und $U_{CE,Rest} \approx 2$ V. Dann liegt über dem Transistor eine Spannung von $U_{CE} = 0{,}5 \cdot (U_B - U_{CE,Rest}) = 5$ V (AP mittig eingestellt).

Bild 7.26 zeigt das Ergebnis der Analyse *Dynamic-DC*. Wir erkennen, dass die Annahme der Daten der LED nicht exakt mit dem verwendeten Modell des Optokopplers übereinstimmen. Der Strom durch die LED ist infolge CTR = 1 um ca. 1 mA größer und die Spannung ist entsprechend kleiner. Der Diodenstrom und der Kollektorstrom beeinflussen sich hier wechselseitig. Das bestätigt auch das Ergebnis des Simulationsbeispiels 7.4.

Für die Analyse *Transient* verwenden wir als Signalquelle die Quelle / Sin / mit $\hat{U}_e$ = 1 V bei einer Testfrequenz f = 1 kHz. Diese Analyse wird mit der Einstellung ‚Operation Point' ☑ durchgeführt. Die Kapazität des Kondensators wurde vorerst willkürlich festgelegt. Dieser Kondensator C_1 dient zur Einkopplung der Wechselgröße (Bild 7.28).

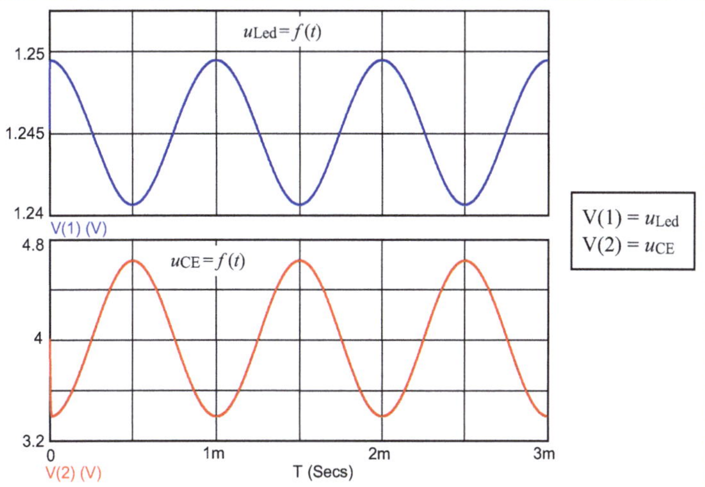

Bild 7.27 Zeitfunktionen des Optokopplers

In Bild 7.28 ist das Ergebnis der Analyse *Dynamic-AC* dargestellt. Hier können die Amplituden der Eingangs- und der Ausgangsspannung besser abgelesen werden. Der Maximalwert am Ausgang (2) beträgt im Leerlauffall $\hat{U}_{CE} \approx 621$ mV, wenn die Diode auf der Sendeseite (1) mit einer Amplitude von $\hat{U}_{Led} \approx 3{,}5$ mV betrieben wird.

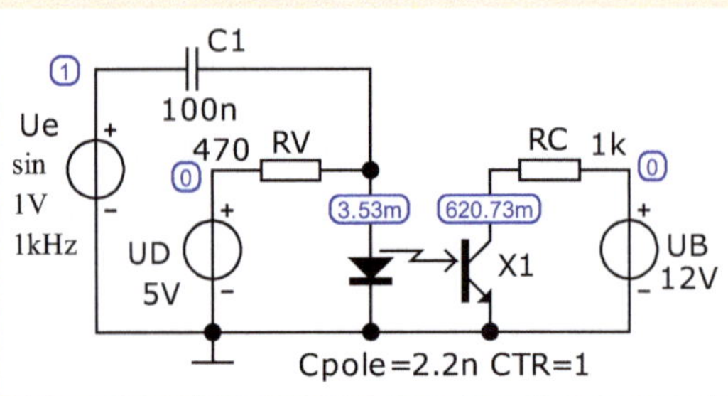

Bild 7.28 Spannungen des Optokopplers im Ergebnis der Analyse *Dynamic-AC*

7.5 Simulationsbeispiele

Simulationsbeispiel 7.1: Fotodiode und Fotoelement

Stellen Sie das elektrische Verhalten der verfügbaren Fotodioden (siehe Tabelle 7.2) mit einer geeigneten Simulation im Vergleich dar. Dazu soll zugleich eine Leistungsbetrachtung durchgeführt werden.

Da beide Dioden (PD_I und PD_R) bei einer geeigneten Bestrahlung eine elektrische Spannung U_p abgeben und einen Fotostrom I_p liefern, unterscheiden sie sich lediglich in ihrer Betriebsart. Das kann man an der Lage des Arbeitspunktes und am Leistungsverlauf erkennen. Im Diodenbetrieb liegt der Arbeitspunkt im 3. Quadranten, da die Diode in Sperrrichtung betrieben wird. Dann nimmt die Diode eine Leistung auf. Im Elementbetrieb liegt der Arbeitspunkt im 4. Quadranten. Die Spannung ist dann positiv und der Strom hat ein negatives Vorzeichen. In diesem Fall gibt die Diode eine Leistung ab.

Zur Simulation der Diode im Diodenbetrieb verwenden wir die Schaltung von Bild 7.29. Dazu wird die Diode PD_I eingesetzt. Für die Parameter werden folgende Werte der Tabelle 7.2 verändert:
RESPONSIVITY=0.5 (RESP) und RSHUNT=100Meg (RSH) bei PD_R.
Damit sollten die Dioden so etwa miteinander vergleichbar sein.

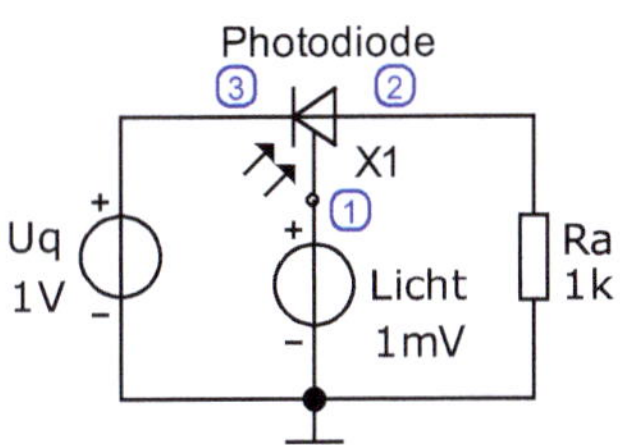

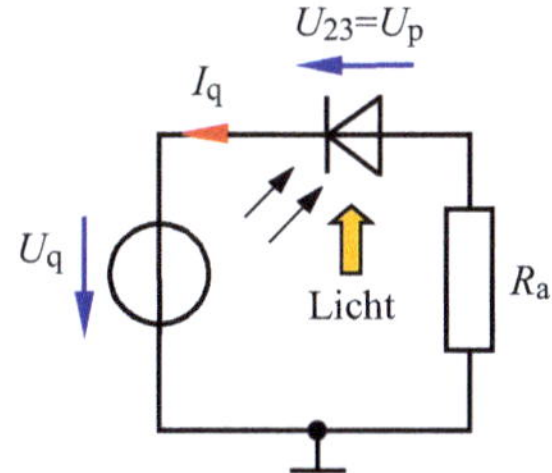

Bild 7.29 Simulationsschaltung und Zählpfeile (rechts)

Auf die Quelle U_q wirkt ein DC-Sweep (4,-3,1m). Die Lichteinwirkung wird mit der Quelle „Licht" über U_{Licht} = 1 mV nachgebildet. Dazu dient der Stromwandlungsfaktor $S \cdot U_{Licht}$ (RESP*Licht).

Wir ermitteln die Strom-Spannungs-Kennlinie $I_p = f(U_p)$ und den Verlauf der Leistung $P_p = f(U_p)$ über folgende Einstellungen in den Expression-Zeilen:

X1: V(2,3) Y1: I(Uq) sowie: X2: V(2,3) Y2: V(2,3)*I(Uq)

Bild 7.30 zeigt die Simulationsergebnisse für den Diodenbetrieb.

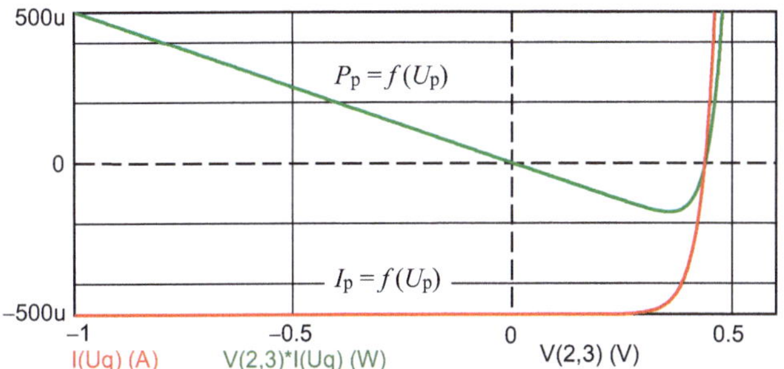

Bild 7.30 Strom-Spannungs-Kennlinie und Leistungsverlauf der Fotodiode PD_I

Bild 7.29 gibt rechts einen Hinweis für die Richtungsfestlegung der Spannung und des Stromes. MicroCap stellt alle Größen im Verbraucher-Zählpfeilsystem dar. Das gilt dann auch für die Quellen. Somit fließt der Strom I_q [I(Uq)] in die Richtung des Spannungszählpfeils von U_q. Die Spannung U_{23} ergibt sich aus der Potentialdifferenz der Pins 2 und 3 [gerechnet von 2 nach 3: V(2,3)].

Das Simulationsergebnis zeigt, dass diese Diode im 3. Quadranten (Sperrrichtung) im Diodenbetrieb arbeitet. Der Sperrstrom beträgt $I_R = I_{pK}$ = 500 µA (eingestellt über $S \cdot U_{Licht}$ = 500 mA · 1 mV). Bei dieser Einstellung wird über den Stromwandlungsfaktor eine definierte Beleuchtungsstärke erzeugt.

Im 4. Quadranten arbeitet die Diode im Elementbetrieb, wenn der Arbeitspunkt zwischen dem Strom $I_{pK} \approx -0{,}5$ mA und der Spannung $U_{pL} \approx 439$ mV liegt. Die unterschiedlichen Vorzeichen signalisieren jetzt eine Quellenwirkung. Nach dem Verbraucher-ZPS wird die Leistung negativ und weist auf eine Quellen-Charakteristik hin. Das negative Maximum dieser Quellenleistung liegt bei U_p = 355 mV mit $P_{p,max} \approx -162$ µW. Ab $U_{AK} \approx 439$ mV geht die Kennlinie in den ersten Quadranten über und wechselt wieder von der Quellen zur Verbraucher-Charakteristik.

In Bild 7.31 ist die Simulationsschaltung für die Diode PD_R im Elementbetrieb dargestellt. Die Zählpfeile der Diode wurden (wie in Bild 7.29) über das Verbraucher-Zählpfeilsystem dargestellt.

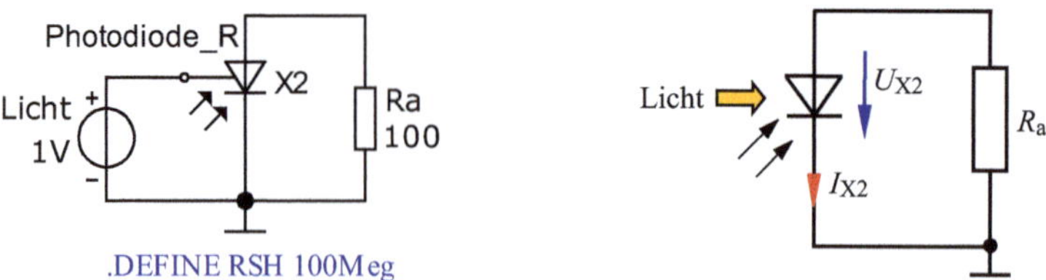

Bild 7.31 Simulationsschaltung der Fotodiode PD_R und Zählpfeile (rechts)

Die Funktionsverläufe in Bild 7.32 signalisieren im Elementbetrieb eine Quellenwirkung der Diode. Wie das Simulationsergebnis zeigt, verläuft die Spannung über der Diode im ersten Quadranten. Der Strom und die Leistung sind negativ (4. Quadrant). Die negative Leistung (dargestellt im Verbraucher-ZPS) weist auf eine Quellen-Charakteristik hin.

Bedingt durch die unterschiedlichen Größenordnungen von U_p (Achse links) im Vergleich zu I_p und P_p (Achse rechts) wurden in Bild 7.32 zwei Diagramme bei $y = 0$ aneinandergefügt.

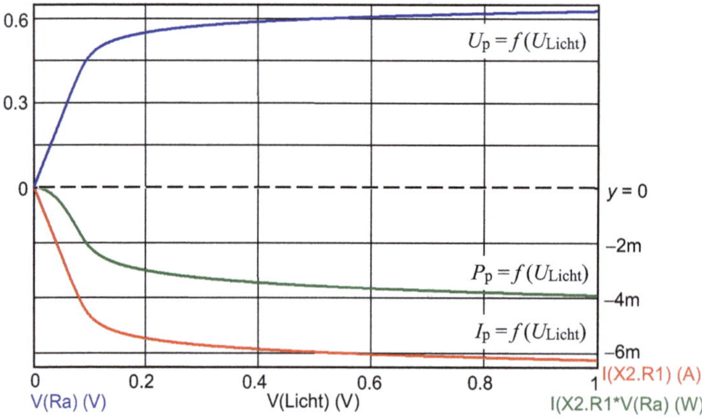

Bild 7.32 Spannung, Strom und Leistung der Fotodiode PD_R

Simulationsbeispiel 7.2: Arbeitspunkt einer Lumineszenzdiode

Erklären Sie, wie man für eine Lumineszenzdiode einen geeigneten Arbeitspunkt einstellt.

Als Testobjekte verwenden wir die LEDs des Lehrbeispiels 7.3 und wählen die Farben Rot und Blau. Sie unterscheiden sich in der Schleusenspannung:
U_{S1} (Red) = 1,7 V und U_{S4} (Blue) = 3,4 V.

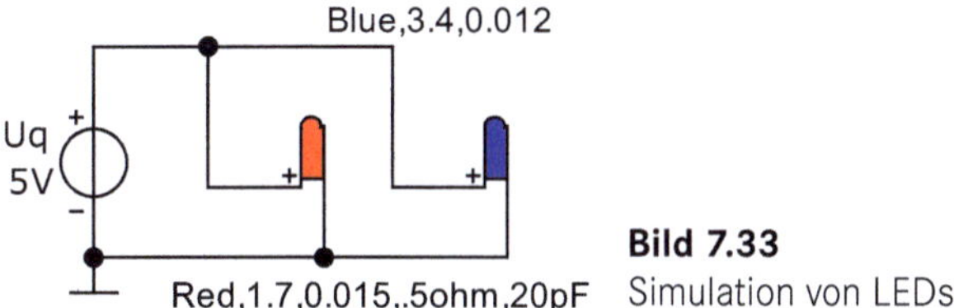

Bild 7.33 Simulation von LEDs

Zunächst stellen wir mit der Analyse *DC* die beiden Kennlinien dar. Der Betriebsstrom wird auf einen Wert von I_{AP} = 15 mA festgelegt.

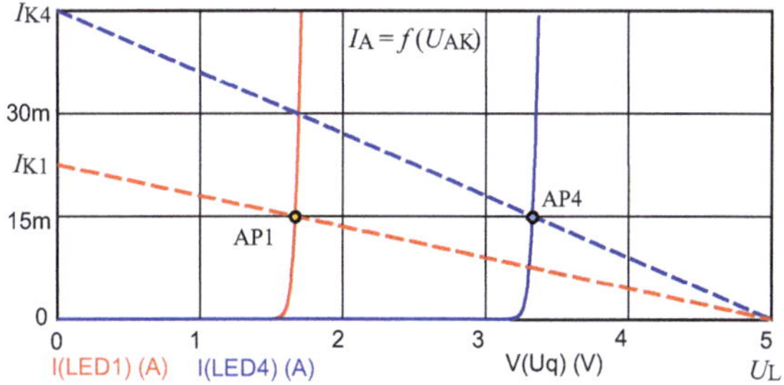

Arbeitspunkte (Cursor):
AP1: 1,67 V / 15 mA
AP4: 3,33 V / 15 mA

Bild 7.34 Arbeitspunkte ausgewählter LEDs

Die Spannungen im Arbeitspunkt werden mit der Cursor-Funktion gemessen (Bild 7.34 – rechts). Daraus können wir die erforderlichen Vorwiderstände und die Kurzschlussströme berechnen:

AP1:

$$R_{V1} = \frac{U_L - U_{AP1}}{I_{AP1}} = \frac{3{,}33\,\text{V}}{15\,\text{mA}} = 222\,\Omega \quad \text{und} \quad I_{K1} = \frac{U_L}{R_{V1}} = \frac{5\,\text{V}}{222\,\Omega} \approx 22{,}5\,\text{mA}$$

AP4:

$$R_{V4} = \frac{U_L - U_{AP4}}{I_{AP4}} = \frac{1{,}67\,\text{V}}{15\,\text{mA}} = 111\,\Omega \quad \text{und} \quad I_{K4} = \frac{U_L}{R_{V4}} = \frac{5\,\text{V}}{111\,\Omega} \approx 45\,\text{mA}$$

Unter Verwendung dieser Ergebnisse können die Arbeitsgeraden mit in das Bild 7.34 eingezeichnet werden. Dazu ist folgende Angabe in einer Y-Expression-Zeile erforderlich: Y=IK-V(Uq)/RV. Das kann man natürlich auch manuell erledigen.

Zusammenfassung: Der Arbeitspunkt einer Lumineszenzdiode sollte so eingestellt werden, dass ein Betriebsstrom von ca. 10 mA bis maximal 20 mA fließt. Das gelingt mit einer Einspeisung über eine Stromquelle, über ein Netzteil mit einstellbarer Strombegrenzung oder über eine Spannungsquelle mit einem Vorwiderstand.

$$R_V \approx \frac{U_L - U_S}{I_{A,max}}$$

Simulationsbeispiel 7.3: Frequenzgänge eines Optokopplers

Simulieren Sie den Amplitudenfrequenzgang und den Phasenfrequenzgang eines Optokopplers. In den Beispieldateien von MicroCap findet man unter *Help → Search Sample Circuits → Opto Pole* eine Variante zur Simulation des verfügbaren Optokopplers. Dort wird z. B. der Pegel in dB direkt aus der Spannung in V berechnet. Das ist gewöhnungsbedürftig. Wir interpretieren das Ergebnis so, dass die darzustellende Spannung auf einen vereinbarten Festwert (z. B. U_{Norm} = 1 V) bezogen wird. Dann gilt nach [6] - Gleich. (10.18):

$$A(\omega) = 20 \cdot \lg \frac{\hat{U}_x(\omega)}{1\,\mathrm{V}}$$

Zur Simulation verwenden wir die Grundschaltung aus dem Lehrbeispiel 7.5. An der voreingestellten Kapazität C_{Pole} des Kopplers und am Wert von CTR = 1 wollen wir nichts ändern. Wir sollten aber die Beschaltung der Signalquelle in der Art ändern, dass eine untere Grenzfrequenz f_{gu} < 10 Hz entsteht. Das kann durch das Zuschalten eines ohmschen Widerstandes in Reihe zu C_1 und einer nachfolgenden Optimierung mit *Stepping* erreicht werden.

Für den Widerstand wählen wir: R_1 = 1 kΩ. Der Wert der Kapazität wird mit List variiert: C1=(100n,1u,10u,100u). Bild 7.35 zeigt die Schaltung.

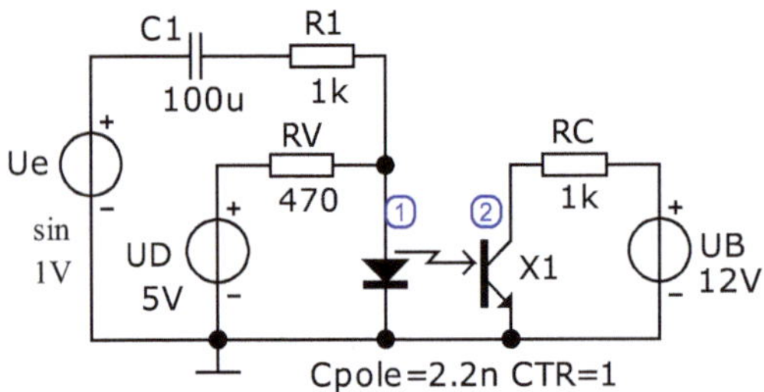

Bild 7.35 Schaltung zur Bestimmung der Frequenzgänge eines Optokopplers

In Bild 7.36 ist das Simulationsergebnis dargestellt. Der Kondensator mit C_1 = 100 µF erfüllt sicher die Forderung zur unteren Grenzfrequenz $f_{gu} < 10$ Hz:

$$f_{gu} = \frac{1}{2\pi \cdot C_1 \cdot (R_1 + R_V \parallel R_{Led})} = \frac{1}{2\pi \cdot 10^{-4} \cdot 1117} \text{Hz} \approx 2\,\text{Hz}$$

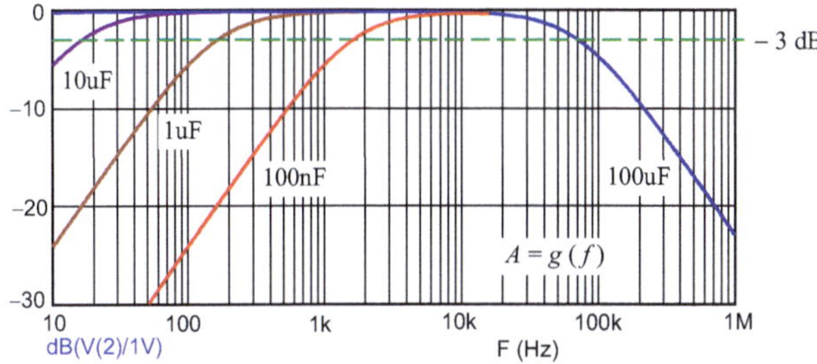

Bild 7.36 Frequenzgänge der Ausgangsspannung eines Optokopplers

Die obere Grenzfrequenz wird von der Kombination R_C und C_{Pole} bestimmt.

Bei $A = A_0$ - 3 dB = 42 dB gilt dann:

$$f_{go} = \frac{1}{2\pi \cdot R_C \cdot C_{Pole}} = \frac{1}{2\pi \cdot 1 \cdot 2{,}2} \cdot 10^6 \text{ Hz} \approx 72{,}34\,\text{kHz}$$

Der Phasenfrequenzgang entspricht der unteren Grafik von Bild 7.37.

Zur Beschreibung des Übertragungsverhaltens des Optokoppler muss man den Betrag des komplexen Frequenzganges gemäß [6] - Gleich. (10.1) und (10.2) verwenden. Nach Gleich. (10.2) gilt:

$$|\underline{F}(j\omega)| = A(\omega) = \frac{\hat{U}_a(\omega)}{\hat{U}_e(\omega)} = \frac{\hat{U}_{CE}(\omega)}{\hat{U}_{Led}(\omega)}$$

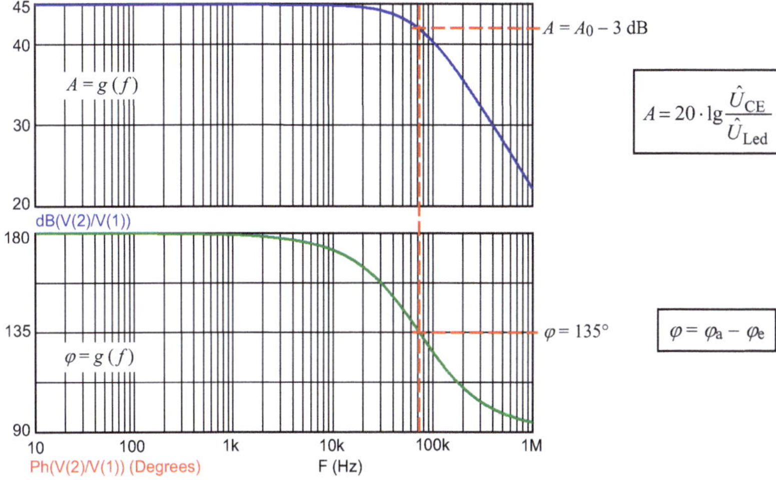

Bild 7.37 Amplituden- und Phasenfrequenzgang eines Optokopplers

In Bild 7.36 sind die Simulationsergebnisse dargestellt. Die obere Grenzfrequenz liegt bei ca. 72 kHz. Dann liegt eine Dämpfung von A = –3 dB vor und der resultierende Phasenwinkel beträgt 135°.

Die verstärkende Wirkung entsteht durch den großen Unterschied in den Amplituden der beiden Spannungen. Das bestätigt auch die Analyse *Dynamic-AC* in Bild 7.38 für (z. B.) f = 100 Hz.

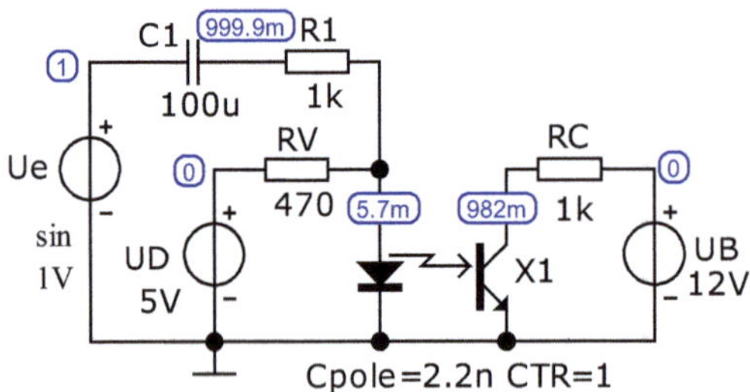

Bild 7.38 Analyse *Dynamic-AC*

Simulationsbeispiel 7.4: Elektrisches Verhalten des Fototransistors im Optokoppler

Untersuchen Sie das elektrische Verhalten des Fototransistors im Optokoppler des Lehrbeispiels 7.5.

Zur Simulation kann die Schaltung von Bild 7.26 verwendet werden. Wir setzen die Analyse *DC* ein und lassen auf die Quelle U_B einen DC-Sweep (10,0,1m) sowie auf die Quelle U_D einen DC-Nested-Sweep (List=5,10,15,20) wirken. Damit können wir den Verlauf des Kollektorstromes als Funktion der Kollektor-Emitter-Spannung darstellen. Die Spannung über der LED (variiert mit U_D) bildet die einwirkende Beleuchtungsstärke als Parameter nach. Wir erhalten die Grafik von Bild 7.39.

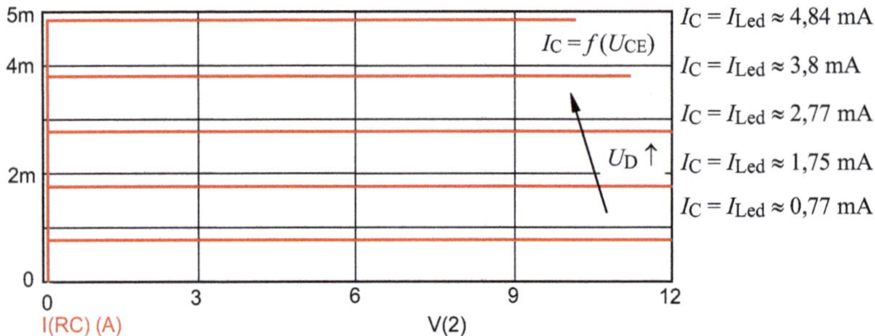

Bild 7.39 Kennlinie zum elektrischen Verhalten eines Fototransistors

Wir erkennen, dass hier nicht das Kennlinienfeld eines einzelnen Transistors abgebildet wird. Dieses Ergebnis sagt lediglich aus, wie sich der Fototransistor im Optokoppler unter der Einwirkung des fest vorgegebenen *CTR* = 1 verhält. Nach einem senkrechten Anstieg des jeweiligen I_C (bei U_{Dx}) stellt sich genau der Wert des Stromes durch die eingangsseitig positionierte Diode $I_{Led} = I_C$ ein. Dieser Strom verändert sich dann nicht mehr. Das wurde ja auch mit *CTR* = 1 so festgelegt.

Simulationsbeispiel 7.5: Beispiel für eine LED-Anzeige

Entwickeln Sie eine einfache Variante für eine Anzeige mit mehreren LEDs.

Wir entscheiden uns für eine Anzeige als Leuchtband, die z. B. als Anzeige für die Drehzahl in einem Kfz genutzt werden kann. Dabei wird davon ausgegangen, dass eine konstante Beschleunigung vorliegt (und umgekehrt). Die Zusammenhänge zwischen „Gas" und angezeigter Drehzahl seien linear.

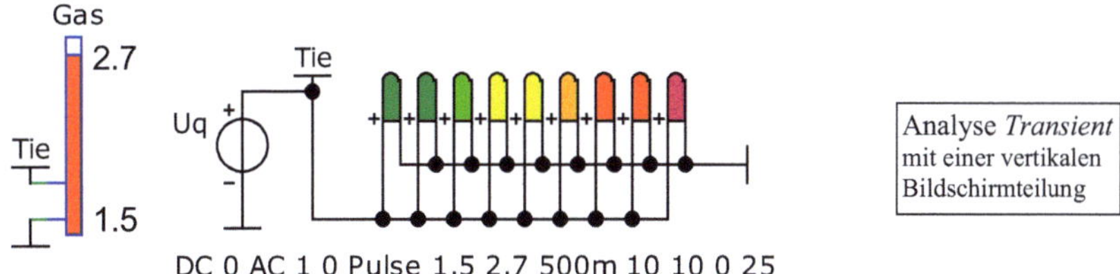

Bild 7.40 Beispiel für eine LED-Anzeige als Leuchtband („Tie" = Verbinder → keine Masse)

Zur Ansteuerung der LED-Leiste verwenden wir einen dreieckförmigen Spannungsverlauf mit der Quelle / Pulse /. Die LEDs können in ihrer *PartName*-Liste umprogrammiert werden. Unter Value gibt es den Menüpunkt > Edit <. Er ermöglicht die Änderung der Schleusenspannung und der Farbgebung. Damit ist eine lineare Steuerung möglich, wenn die Schleusenspannungen linear ansteigen.

8 Operationsverstärker

8.1 Grundprinzip eines Operationsverstärkers

Bei einem Operationsverstärker (operational amplifier) handelt es sich um ein aktives Schaltelement, dass mehrere schaltungstechnische Grundglieder in Form eines integrierten Schaltkreises in sich vereinigt.

Der Operationsverstärker ist ein mehrstufiger integrierter Verstärker mit einem sehr großen Verstärkungsfaktor. Seine spezifischen schaltungstechnischen Eigenschaften werden durch die äußere Beschaltung bestimmt.

Bild 8.1 zeigt die Grundstruktur eines mehrstufigen Verstärkers. Das Innenleben integrierter Operationsverstärker ist nach diesem Prinzipschaltbild strukturiert und besteht aus drei grundlegenden Funktionsblöcken. Die Anordnung stellt eine Ausgangsspannung U_a bereit, die von der Eingangsspannung $U_D = \varphi_P - \varphi_N$ (Differenzspannung) sowie von der äußeren Beschaltung und von äußeren Einflüssen (Temperatur, usw.) abhängig ist.

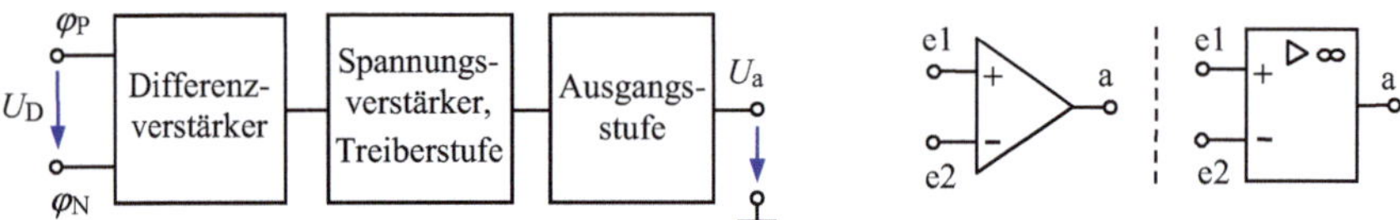

Bild 8.1 Grundstruktur eines Operationsverstärkers (links) und Schaltsymbole (rechts)

Der Differenzverstärker ist symmetrisch aufgebaut und wird von einer Konstantstromquelle mit dem Quellenstrom I_0 gespeist. Solange die beiden Eingänge des Differenzverstärkers ein gleiches Potential ($\varphi_P = \varphi_N$) aufweisen, ist die Ausgangsspannung des Operationsverstärkers null. Bei einer Potentialdifferenz zwischen beiden Eingängen entsteht eine Differenzspannung $U_D = \varphi_P - \varphi_N$ und der Operationsverstärker liefert eine Ausgangsspannung, die sich aus dem Produkt von Differenzspannung U_D und Differenzverstärkung V_D (Formel 8.5) ergibt.

Operationsverstärker werden speziell für ihr Einsatzgebiet beschaltet. Diese Beschaltung dient der Zuführung von Betriebsspannungen, der Korrektur von Abweichungen des realen Verstärkers vom idealen Vorbild und der Gewährleistung anwenderspezifischer Forderungen. Dazu verfügt der Operationsverstärker (auch OV oder OpAmp genannt) über einen nichtinvertierenden Eingang (e1 = +), über einen invertierenden Eingang (e2 = -), über den Ausgang A und (in Bild 8.1 nicht mit eingezeichnet) über zwei Anschlüsse zum Anlegen der Betriebsspannung $\pm U_B$ (z.B. ±15 V). Bei speziellen Typen können zusätzliche Anschlüsse zur Realisierung externer Kompensationsmaßnahmen existieren.

Da die Differenzverstärkung eines OV sehr groß ist, wird ein Teil des Ausgangssignals auf den Eingang rückgekoppelt. Durch diese Signalrückführung kann man die Eigenschaften des OV zielgerichtet beeinflussen. Bild 8.2 zeigt das Prinzip einer solchen Rückkopplung am Signalflussplan eines Regelkreises. Die verwendeten Größen wurden hier bereits an die schaltungstechnische Beschreibung des Operationsverstärkers angepasst.

An der Überlagerungsstelle ⊕ am Eingang gilt: $U_e - k \cdot U_a = U_D$.

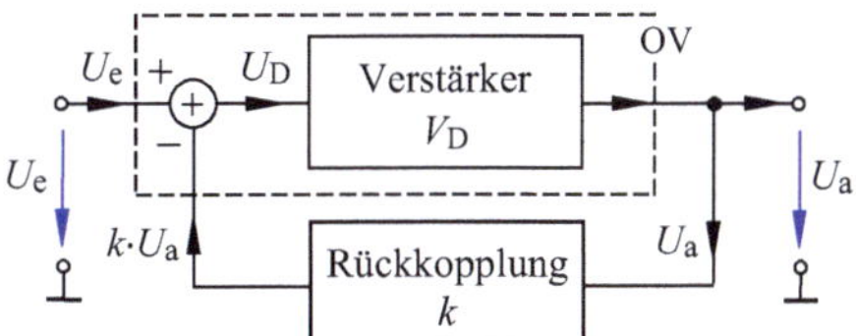

Bild 8.2
Verstärker mit Rückkopplung

Die Verstärkung des Kreises V_U wird über das Verhältnis der Spannungen am Ausgang und am Eingang berechnet.

$$V_U = \frac{U_a}{U_e} \tag{8.1}$$

Aus der Überlagerungsgleichung ⊕ erhält man für die Eingangsspannung: $U_e = k \cdot U_a + U_D$. Für die Ausgangsspannung gilt (siehe Bild 8.2 und Formel 8.5): $U_a = V_D \cdot U_D$. Damit kann die Spannungsverstärkung V_U über die Differenzverstärkung und den Rückkopplungsfaktor k beschrieben werden.

$$V_U = \frac{U_a}{U_e} = \frac{V_D \cdot U_D}{k \cdot U_a + U_D} = \frac{V_D \cdot U_D}{k \cdot V_D \cdot U_D + U_D} = \frac{V_D}{k \cdot V_D + 1}$$

$$V_U = \frac{V_D}{1 + k \cdot V_D} \tag{8.2}$$

Eine wichtige Kenngröße für Stabilitätsbetrachtungen ist die Schleifenverstärkung g. Sie wird über das Produkt von Rückkopplungsfaktor und Differenzverstärkung definiert.

$$g = k \cdot V_D \approx \frac{V_D}{V_U} \tag{8.3}$$

Dabei kann die Schleifenverstärkung g (Loop gain) folgende Werte annehmen:

a) $g \gg 1: \Rightarrow V_U \ll V_D$

Gegenkopplung bzw. gegenphasige Rückkopplung

Die Verstärkung wird durch diese schaltungstechnische Maßnahme verringert.

b) $g < 0: \Rightarrow V_U > V_D$

Mitkopplung bzw. gleichphasige Rückkopplung

Diese Maßnahme führt zu einer Vergrößerung der Verstärkung (instabiles Verhalten).

c) $g = -1: \Rightarrow V_U \rightarrow \infty$

Spezialfall: Selbsterregung

Die Verstärkung strebt gegen sehr große Werte. Der Verstärker führt entsprechend seiner äußeren Beschaltung unkontrollierte Schwingungen aus. Solche unerwünschten Effekte treten in der Regel beim Wechsel von einer Gegenkopplung zu einer Mitkopplung auf.

8.2 Kenngrößen des Operationsverstärkers

Die Eingangsstufe des Operationsverstärkers besteht aus einem Differenzverstärker. Dieser Differenzverstärker hat vorrangig die Aufgabe, eine hohe Gleichtaktunterdrückung zu gewährleisten. Bei einem idealen Operationsverstärker wird nur die Potentialdifferenz (Bild 8.1) zwischen dem nichtinvertierenden Eingang und dem invertierenden Eingang verstärkt.

Die Gleichtaktunterdrückung G beschreibt denjenigen Faktor, mit dem die gleichsinnigen Änderungen der beiden Eingangsspannungen weniger verstärkt werden als die Differenzen der Eingangsspannungen.

Beim praktischen Einsatz von Operationsverstärkern (oder auch vieler anderer Verstärker) ist insbesondere die Gegenkopplung von Interesse. Sie kann als Spannungsgegenkopplung oder als Stromgegenkopplung ausgeführt werden. Da es sich dabei um eine gegenphasige Rückkopplung handelt, wird in der Rückkopplungsschleife eine Phasenverschiebung von 180° erzeugt. Wenn die Rückkopplungsschleife frequenzabhängig arbeitet, erhält man aus Formel 8.2 die komplexe Verstärkung $\underline{V}_U$:

$$\underline{V}_U = \frac{\underline{V}_D}{1 + \underline{k} \cdot \underline{V}_D} \quad (8.4)$$

Bild 8.3 zeigt die aus der Spannungsdifferenz am Eingang resultierende Differenzspannung $U_D = U_P - U_N$. Bei einer Potentialdifferenz zwischen den Eingängen verschiebt sich die symmetrische Potentialverteilung im Differenzverstärker zugunsten des jeweils größeren Eingangspotentials. Am Ausgang liegt dann die Differenz der beiden Eingangsspannungen U_D multipliziert mit der Differenzverstärkung V_D.

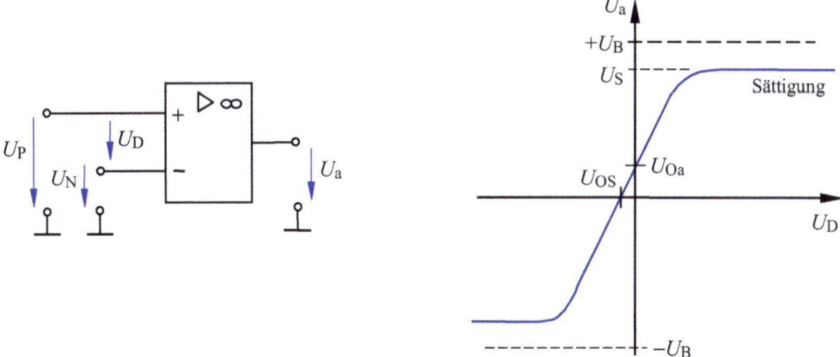

Bild 8.3 Spannungen am Operationsverstärker

Die Aussteuergrenzen eines Operationsverstärkers werden durch die beiden symmetrischen Betriebsspannungen U_B festgelegt (z. B. ±15 V) und liegen bei Sättigungsspannungen von $U_S \approx 0{,}85 \cdot U_B$. Bild 8.3 zeigt rechts die statische Übertragungskennlinie eines OV. Aus der Kennlinie kann das Übertragungsverhalten eines voll ausgesteuerten OV beim Übergang von einer negativen zu einer positiven Differenzspannung abgelesen werden.

Die Ausgangsspannung verändert in diesem Fall ihren Wert von der negativen zur positiven Sättigungsspannung. Der Betrag der Sättigungsspannung liegt ≈ 15 % unterhalb des Betrages der Betriebsspannung. Der zwischen diesen beiden Sättigungszuständen liegende lineare Kennlinienbereich wird als Ausgangsaussteuerbereich (output voltage swing) bezeichnet.

Bedingt durch interne Unsymmetrien des Operationsverstärkers verläuft die Übertragungskennlinie nicht exakt durch den Koordinatenursprung [U_a (U_D = 0 V) ≠ 0 V]. Dieser Effekt wird mit der Eingangs-Offsetspannung U_{OS} (input offset voltage) beschrieben. Bei üblichen Operationsverstärkern liegt die Offsetspannung in der Größenordnung $U_{OS} \approx \pm(1 \ldots 2)$ mV.

Die kompensierte Offsetspannung eines OV ist diejenige (vorzeichenbehaftete) Spannung, die ohne Eingangssignal als Differenzspannung am Eingang wirksam sein muss, um eine Ausgangsspannung von $U_a \equiv 0$ V zu erhalten.

Für die sehr große Verstärkung eines OV sorgt der Spannungsverstärker (Treiberstufe) in Kombination mit dem Differenzverstärker am Eingang (Bild 8.1). Die Differenzverstärkung V_D wird für den unbeschalteten Operationsverstärkers (keine Gegenkopplung - also offene Schleife und Leerlauf am Ausgang) gemäß Formel 8.5 ermittelt.

$$V_D = \frac{U_a}{U_D} = \frac{U_a}{U_P - U_N} \tag{8.5}$$

Wenn der Differenzverstärker der Eingangsstufe mit bipolaren Transistoren ausgeführt wird, fließen Basisströme, die als Eingangsströme I_{P0} und I_{N0} des OV in der Größenordnung von einigen 100 nA nachgewiesen werden können. Diese Ströme fließen auch bei einer mit FETs realisierten Eingangsstufe. Da es sich dann aber um Gateströme handelt, sind sie um den Faktor $10^3 \ldots 10^4$ kleiner und in sehr vielen Anwendungsfällen vernachlässigbar.

Der arithmetische Mittelwert dieser beiden Ströme wird als Eingangsruhestrom I_B (input bias current) bezeichnet. Es gilt:

$$I_B = \frac{I_{P0} + I_{N0}}{2} \tag{8.6}$$

Aus der Differenz dieser beiden Ströme kann der Eingangs-Offsetstrom I_{OS} (input offset current) bestimmt werden. Dann gilt:

$$I_{OS} = I_{P0} - I_{N0} \tag{8.7}$$

Beim Einsatz von Operationsverstärkern sind geeignete Maßnahmen erforderlich, um die genannten Offsetgrößen zu kompensieren (Abschnitt 8.3). Die Differenzspannung eines Operationsverstärkers wird null, wenn man den nicht invertierenden und den invertierenden Eingang auf ein gleiches Potential (Gleichtaktaussteuerung) legt. Unter dieser Bedingung spricht man von der Gleichtakteingangsspannung U_C, die den arithmetischen Mittelwert der an beiden Eingängen liegenden Spannungen beschreibt.

$$U_C = \frac{U_P + U_N}{2} \tag{8.8}$$

Für den unbeschalteten OV (keine Gegenkopplung und Leerlauf am Ausgang) wird daraus die Gleichtaktverstärkung V_C als Verhältnis der Beträge der Ausgangsspannung und der Gleichtakteingangsspannung abgeleitet.

Im Falle der Gleichtaktaussteuerung gilt mit $| U_P | = | U_N |$:

$$V_C = \frac{U_a}{U_C} = \frac{U_a}{U_P} = \frac{U_a}{U_N} \tag{8.9}$$

Eine weitere Kenngröße ist die bereits erwähnte Gleichtaktunterdrückung. Sie wird aus dem Quotienten von Differenzverstärkung und Gleichtaktverstärkung berechnet.

$$G = \frac{V_D}{V_C} \tag{8.10}$$

Die Gleichtaktunterdrückung wird häufig als logarithmisches Maß mit der Bezeichnung *CMRR* (Common Mode Rejection Ratio) in dB angegeben.

$$CMRR = 20 \cdot \lg G \tag{8.11}$$

Zur vollständigen Beschreibung der OV-Eingangsstufe dienen Eingangswiderstände, die für die Gleichtaktaussteuerung und die Differenzaussteuerung definiert werden. In Bild 8.4 sind diese Definitionen über die entsprechenden Spannungen und Ströme dargestellt. Als Randbedingung gilt: $I_{P0} = I_{N0} = 0$ A und $U_{OS} = 0$ V.

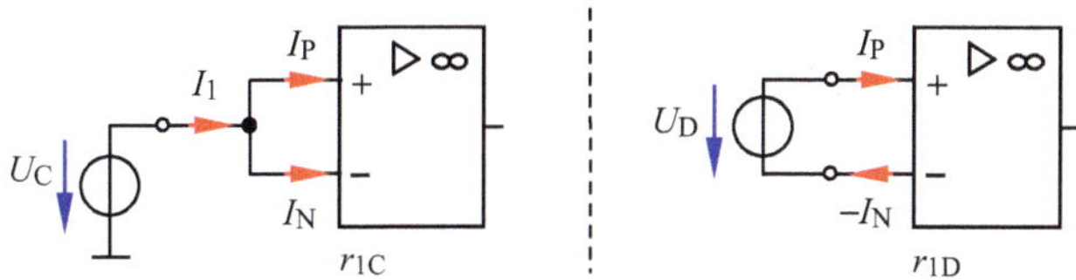

Bild 8.4 Definition der OV-Eingangswiderstände

Der Gleichtakteingangswiderstand (common mode input resistance) ist über den Quotienten der Änderungen von Gleichtakteingangsspannung und Eingangsstrom beschreibbar:

$$r_{1C} = \frac{\Delta U_C}{\Delta I_1} = \frac{\Delta U_C}{\Delta I_P + \Delta I_N} \tag{8.12}$$

Den Differenzeingangswiderstand (differential mode input resistance) definiert man über die Änderung der Differenzeingangsspannung bezogen auf die Änderung des Eingangsstromes.

$$r_{1D} = \frac{\Delta U_D}{\Delta I_1} = \frac{\Delta U_D}{\Delta I_P} = -\frac{\Delta U_D}{\Delta I_N} \tag{8.13}$$

Der Ausgangswiderstand wird über die Änderung der beiden Ausgangsgrößen berechnet:

$$r_a = \frac{\Delta U_a}{\Delta I_a} \tag{8.14}$$

Das elektrische Verhalten des Operationsverstärkers bildet man mit Ersatzschaltungen nach. Bild 8.5 zeigt das Gleichstrom-Ersatzschaltbild eines OV.

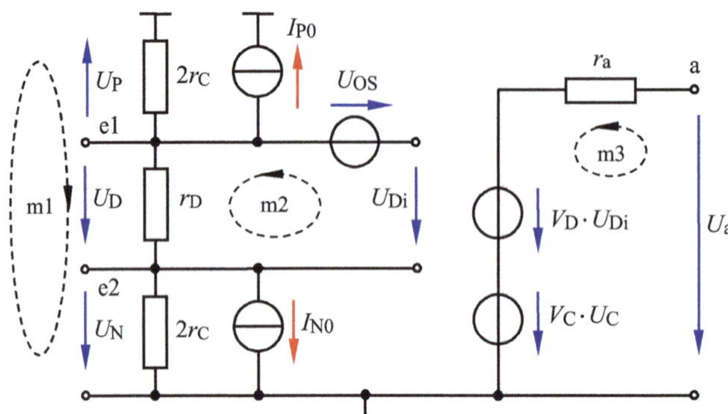

Bild 8.5 Gleichstrom-Ersatzschaltbild eines OV

Im Ersatzschaltbild kann man die Bedeutung der wichtigsten Kenngrößen in anschaulicher Form darstellen. Die Spannungen an beiden Eingängen bilden die Differenzspannung.

In der Eingangsmasche m1 (vgl. $\perp \to$ e1 $\to$ e2 $\to \perp$) gilt: $U_P + U_D + U_N = 0$.

Die Differenzspannung U_D wird durch die vorzeichenbehaftete Eingangs-Offsetspannung in eine interne Differenzspannung U_{Di} verändert. Aus Masche m2 folgt: $U_{Di} = U_{OS} + U_D$.

Im Zusammenhang mit Bild 8.4 kann man jetzt auch den Unterschied zwischen den Eingangswiderständen gut interpretieren. Im Gleichtaktfall wird der Differenzeingangswiderstand r_D durch die Verbindung e1 $\leftrightarrow$ e2 kurzgeschlossen.

Als Eingangsspannung wirkt dann die Gleichtakteingangsspannung U_C als Mittelwert von U_P und U_N. Wenn die beiden Stromquellen gemäß der genannten Randbedingung leerlaufen ($I_{P0} = I_{N0} = 0$ A) und die Offset-Spannungsquelle kurzgeschlossen ist ($U_{OS} = 0$ V), kann zwischen e1 $\equiv$ e2 und $\perp$ der Gleichtakteingangswiderstand $r_C = 2r_C \| 2r_C$ bestimmt werden.

Im Differenzfall wirkt der Differenzeingangswiderstand r_D direkt zwischen den Klemmen e1 und e2. Die interne Differenzspannung U_{Di} wird mit der Differenzverstärkung V_D bewertet und tritt als Ersatzquelle in der Ausgangsmasche m3 mit der Quellenspannung $V_D \cdot U_{Di}$ in Erscheinung. Die dazu in Reihe geschaltete Ersatzquelle $V_C \cdot U_C$ beschreibt den zusätzlichen Einfluss der Gleichtakteingangsspannung auf die Ausgangsspannung.

In der Masche m3 gilt bei einem ausgangsseitigen Leerlauf: $U_a = V_D \cdot U_{Di} + V_C \cdot U_C$. Mit zunehmender Gleichtaktunterdrückung G verliert die Quelle $V_C \cdot U_C$ immer mehr an Bedeutung. Der Ausgangswiderstand kann bei Kurzschluss der Quellen $V_D \cdot U_{Di}$ und $V_C \cdot U_C$ zwischen den Klemmen A und ⊥ als Widerstand r_a gemessen bzw. bestimmt werden.

Lehrbeispiel 8.1

LTspice: LB_8.1

Stellen Sie die statische Übertragungskennlinie des Operationsverstärkers µA741 mit einer geeigneten Simulation dar. Lesen Sie aus dieser Kennlinie die typischen Kennwerte ab und führen Sie eine Kompensation der Eingangs-Offsetspannung durch. Den Operationsverstärker µA741 (und weitere Typen) finden Sie unter der Hauptgruppe | *Analog Library* | in der Gruppe {*Opamp*}.

Zunächst wird der OV mit den Betriebsspannungen $U_{B1} = +15$ V und $U_{B2} = -15$ V versorgt. Diese Quellen fügt MicroCap automatisch in eine neue Registerkarte / Power Supplies / ein, wenn diese Funktion aktiviert ist. Die jeweiligen Anschlüsse werden über gleiche *NodeNames* miteinander verbunden. Bei der Verwendung von Ties sollte das masseähnliche Symbol geändert werden.

An den beiden Eingängen liegt eine Gleichspannungsquelle, die die Differenzspannung $U_D = U_P - U_N$ erzeugt. Für diese Quelle UD wird ein linearer DC-Sweep im Bereich -1 mV $\leq U_D \leq +1$ mV festgelegt (1m,-1m,1u). In der *PartName*-Liste des OV (X1) setzen wir die Default-Werte der Offsetgrößen gleich null: VOFF=0 und IOFF=0. Damit ist keine zusätzliche Offsetgröße wirksam.

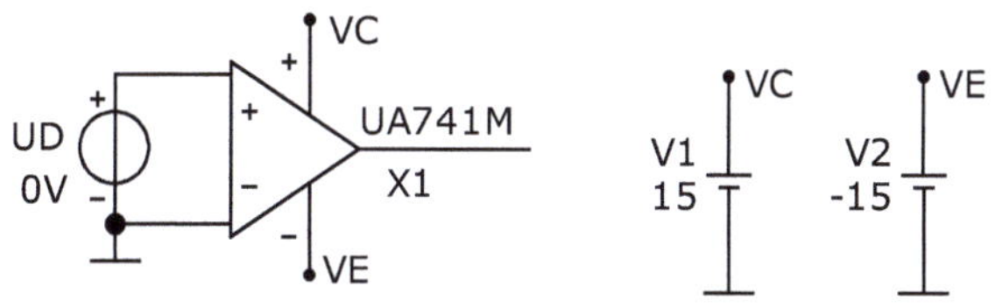

Bild 8.6 Simulation der Übertragungskennlinie

Bild 8.7 zeigt die so simulierte Übertragungskennlinie. Eine jetzt noch entstehende Offsetspannung kommt dann durch die internen Unsymmetrien des OV zustande. Die Sättigungsspannung liegt bei $U_S \approx \pm 13{,}8$ V. Der Ausgangsaussteuerbereich kann mit ca. ±13 V angenommen werden.

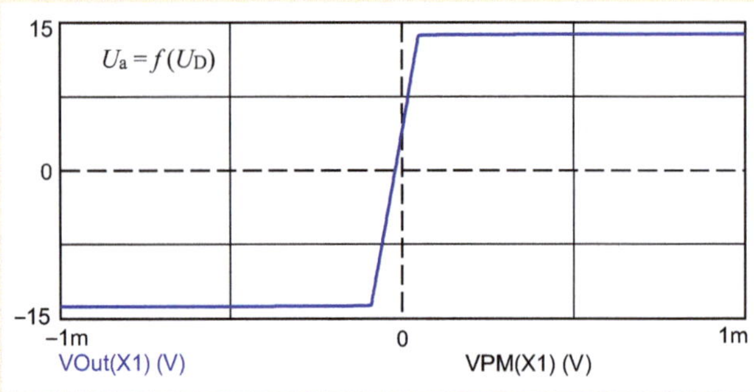

Bild 8.7 Übertragungskennlinie des OV µA741

Bei einer Differenzspannung von null liegt eine Spannung von U_{0a} = +4,2 V am Ausgang. Die dafür verantwortliche Eingangs-Offsetspannung beträgt U_{OS} ≈ -21 µV (Cursor-Wert).

Zur Kompensation dieser Offsetspannung ändern wir in der *PartName*-Liste des OV (X1) den Wert der Offsetgröße auf: VOFF=-21u. Dadurch wird die Übertragungskennlinie um 21 µV nach rechts verschoben und verläuft jetzt exakt durch den Koordinatenursprung (siehe Bild 8.8).

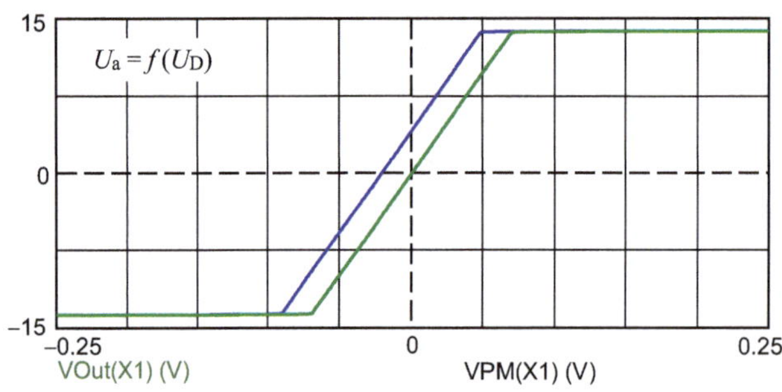

Bild 8.8 Kompensierte Übertragungskennlinie

Zu den wichtigsten Kenngrößen eines Operationsverstärkers im Frequenzbereich zählen die komplexe Verstärkung $\underline{V}_D$, die Transitfrequenz f_T sowie die als Slew-Rate S_R bezeichnete maximale Anstiegsgeschwindigkeit der Ausgangsspannung.

Die komplexe Verstärkung wird bei einer sinusförmigen Einspeisung über das Verhältnis der Ausgangsspannung und der Differenzeingangsspannung berechnet.

$$\underline{V}_D = \frac{\underline{U}_a}{\underline{U}_D} = \frac{\underline{U}_a}{\underline{U}_e} \tag{8.15}$$

Da sich der Operationsverstärker intern wie ein RC-Tiefpass verhält, kann der komplexe Spannungsteiler der Formel 8.15 über eine Grundverstärkung V_{D0} im Gleichspannungsfall beschrieben werden, die in einer Kettenschaltung mit einer RC-Kombination wirksam ist. Bild 8.9 zeigt ein Ersatzschaltbild zur Berechnung der komplexen Verstärkung für einen RC-Tiefpass 1. Ordnung.

Bild 8.9
OV-Modell zur Bestimmung der komplexen Verstärkung

Für den Spannungsteiler gilt dann:

$$\frac{\underline{U}_a}{\underline{U}_e} = V_{D0} \cdot \frac{\frac{1}{j\omega C}}{R + \frac{1}{j\omega C}} = V_{D0} \cdot \frac{1}{1 + j\omega C \cdot R} = V_{D0} \cdot \frac{1}{1 + j2\pi \cdot f \cdot C \cdot R}$$

Daraus wird die obere Grenzfrequenz mit Re {*Nenner*} = Im {*Nenner*} ermittelt.

$$f_{go} = \frac{1}{2\pi \cdot R \cdot C} \tag{8.16}$$

Mit der Formel 8.15 kann man die komplexe Verstärkung auch über das Verhältnis von Betriebsfrequenz und Grenzfrequenz berechnen.

$$\underline{V}_D = \frac{\underline{U}_a}{\underline{U}_e} = \frac{V_{D0}}{1 + j\frac{f}{f_{go}}} \tag{8.17}$$

Falls im nutzbaren Frequenzbereich ein weiterer OV-interner RC-Tiefpass wirksam wird, ergibt sich neben $f_{go} = f_{K1}$ eine weitere Eckfrequenz f_{K2}, bei der eine zusätzliche Dämpfung der Ausgangsspannung einsetzt. Die Wirksamkeit solcher Eckfrequenzen können in einem Bode-Diagramm anschaulich dargestellt werden (vgl. Abschnitt 8.3.2). Bei Existenz einer zweiten Eckfrequenz (Knickfrequenz) ändert sich Formel 8.17 wie folgt:

$$\underline{V}_D = \frac{V_{D0}}{\left(1 + j\frac{f}{f_{K1}}\right) \cdot \left(1 + j\frac{f}{f_{K2}}\right)} \tag{8.18}$$

Die Transitfrequenz ist eine definierte Größe, die man auch als Verstärkungs-Bandbreite-Produkt (unity-gain bandwidth) bezeichnet. Darunter wird diejenige Frequenz verstanden, bei der der Betrag der komplexen Verstärkung auf den Wert eins abgesunken ist. Bild 8.10 zeigt das entsprechende Bode-Diagramm.

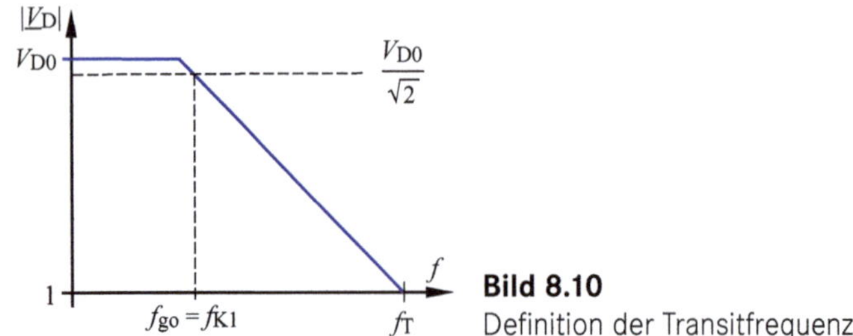

Bild 8.10
Definition der Transitfrequenz

Setzt man die Wirkung eines RC-Tiefpasses gemäß Bild 8.9 voraus (Einpolnäherung), dann erhält man über Formel 8.17 mit $f = f_T$ und $|\underline{V}_D| = 1$:

$$|\underline{V}_D| = \frac{V_{D0}}{\sqrt{1+\left(\frac{f_T}{f_{go}}\right)^2}} = 1$$

Da das Quadrat des Frequenzverhältnisses viel größer als eins ist, kann in einer Näherungsrechnung der Summand 1 unter der Wurzel vernachlässigt werden.

$$V_{D0} \approx \frac{f_T}{f_{go}}$$

$$f_T \approx V_{D0} \cdot f_{go} \tag{8.19}$$

Eine ähnliche Vereinfachung ist bei der Existenz einer zweiten Knickfrequenz möglich.

Mit der Slew-Rate kann der Betrag der maximal möglichen Anstiegsgeschwindigkeit der Ausgangsspannung beschrieben werden.

$$S_R = \left|\frac{\mathrm{d}u_a}{\mathrm{d}t}\right|_{max} \tag{8.20}$$

Das elektrische Verhalten des Operationsverstärkers wird bei sinusförmiger Aussteuerung mit hinreichend kleiner Amplitude (linearer Bereich der Übertragungskennlinie) über das Kleinsignal-Ersatzschaltbild modelliert.

Im Vergleich zu Bild 8.5 sind jetzt die Offset-Quellen unwirksam. Die Widerstände und die Verstärkungen stimmen nur noch bei $f = 0$ mit den Werten des Gleichstrom-Ersatzschaltbildes überein. Mit ansteigender Frequenz wird V_D kleiner.

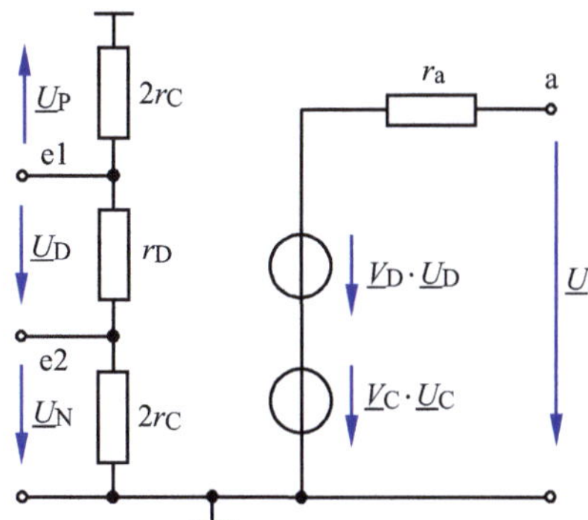

Bild 8.11
Kleinsignal-Ersatzschaltbild eines OV

Lehrbeispiel 8.2

Vom Operationsverstärker LM741 (Weiterentwicklung des µA741) sind folgende Herstellerangaben nach [2] bekannt:

$V_{D0,dB} > 85$ dB (offene Schleifenverstärkung)

$U_{OS} < 6$ mV (Eingangs-Offsetspannung)

$f_T = 1$ MHz (Transitfrequenz)

$S_R = 0{,}5$ V/µs (Slew Rate)

Weiterhin wird eine Offsetspannungsdrift von $\Delta U_{OS}/K = 12$ µV/K angegeben. Man berechne:

a) die Grenzfrequenz bei offener Schleife (Eck-oder Knickfrequenz f_{K1})
b) die Grenzfrequenz bei einer Verstärkung von 40 dB
c) die komplexe Verstärkung im Falle b)
d) die maximal mögliche Betriebsfrequenz für eine sinusförmige Ausgangsspannung von: $u_a = \hat{U}_a \cdot \sin \omega t$ mit: $\hat{U}_a = 1$ V
e) die Eingangs-Offsetspannung bei $\vartheta = 80$ °C.

Außerdem sollen der Amplitudenfrequenzgang und der Phasenfrequenzgang bei offener Schleife mit einer geeigneten Simulation dargestellt werden.

Da die Simulation mit dem Operationsverstärker LM741 ausgeführt wird, können bereits bekannte Daten aus dem Lehrbeispiel 8.1 (Vergleichstyp µA741) übernommen werden. Danach beträgt die Eingangs-Offsetspannung $U_{OS} \approx -21$ µV. Die offene Schleifenverstärkung ist mit $V_{D0} > 85$ dB [2] nicht exakt bekannt. Hier kann aber eine Schätzung mit den Werten von Bild 8.8 weiterhelfen:

$$V_{D0} = \frac{U_{0a}}{U_{OS}} \approx \frac{4{,}2 \text{ V}}{21 \text{ µV}} \approx 2 \cdot 10^5 \quad \Rightarrow \quad V_{D0_{dB}} = 20 \cdot \lg V_{D0} \approx 106 \text{ dB}$$

Zu a) Für die Grenzfrequenz f_{go} bei offener Schleife gilt Formel 8.19:

$$f_{go}(V_{D0}) = f_{K1} = \frac{f_T}{V_{D0}} = 5\ \text{Hz}$$

Zu b) Eine Verstärkung von 40 dB entspricht einem Verstärkungsfaktor von $V(40\,\text{dB}) = 100$.

$$f_{go}(40\ \text{dB}) = \frac{f_T}{V(40\,\text{dB})} = \frac{10^6\ \text{Hz}}{100} = 10\ \text{kHz}$$

Zu c) Die komplexe Verstärkung kann über Formel 8.17 berechnet werden. Mit $f = f_{go}$ gilt:

$$\underline{V}_D = \frac{V(40\,\text{dB})}{1+\text{j}} = \frac{100}{\sqrt{2}} \cdot \text{e}^{-\text{j}\cdot 45°} = 70{,}7 \cdot \text{e}^{-\text{j}\cdot 45°}$$

$$V_{D_{dB}} = (20 \cdot \lg 70{,}7)\ \text{dB} = 37\ \text{dB}$$

Zu d) Zur Lösung der Teilaufgabe d) wird Formel 8.20 verwendet:

$$\frac{\text{d}u_a}{\text{d}t} = \omega \cdot \hat{U}_a \cdot \cos \omega t \quad \Rightarrow \quad S_R = \left|\frac{\text{d}u_a}{\text{d}t}\right|_{max} = \omega \cdot \hat{U}_a = 2\pi \cdot f_{max} \cdot \hat{U}_a$$

$$f_{max} = \frac{S_R}{2\pi \cdot \hat{U}_a} = \frac{0{,}5\ \text{V}}{2\pi \cdot 1\ \text{V} \cdot \mu\text{s}} \approx 79{,}6\ \text{kHz}$$

Diese Frequenz bezeichnet man auch als Großsignalgrenzfrequenz.

Zu e) Die Eingangs-Offsetspannung bei $\vartheta = 80\,°\text{C}$ wird aus der im Lehrbeispiel 8.1 bestimmten Offsetspannung ($\vartheta = 20\,°\text{C}$) unter Berücksichtigung der Offsetspannungsdrift ermittelt:

$$U_{OS,80} = U_{OS,20} + \Delta T \cdot \Delta U_{OS} / K = 21\,\mu\text{V} + 53\,\text{K} \cdot 12\,\mu\text{V} / K \approx 657\,\mu\text{V}$$

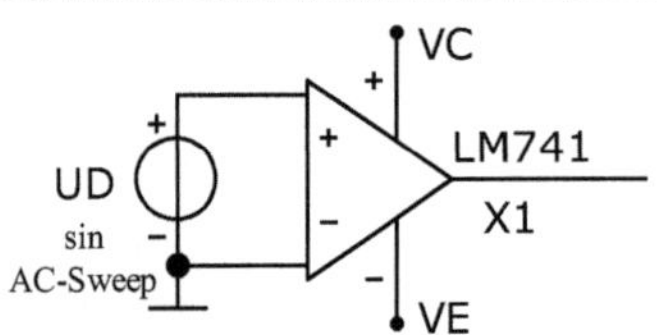

Bild 8.12
Simulation von OV-Frequenzgängen

Zur Durchführung der Simulation wird die Schaltung von Bild 8.12 verwendet. Auf die Quelle UD mit $\hat{U}_D = 1$ V wirkt ein AC-Sweep im Bereich 1 Hz ≤ f ≤ 10 MHz. Die kleine Startfrequenz von 1 Hz dient lediglich zur Bestimmung von V_{D0}. Bild 8.13 zeigt das Ergebnis der Simulation.

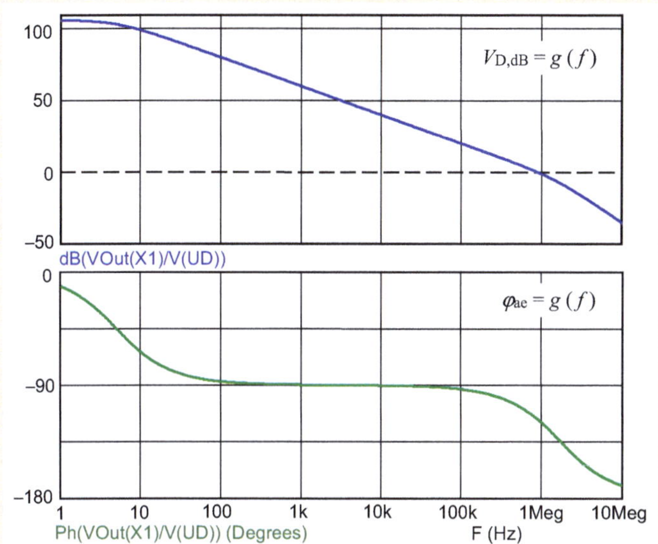

Bild 8.13 Amplitudenfrequenzgang (in dB) und Phasenfrequenzgang von V_D

Die Grenzfrequenz $f_{go} = f_{K1}$ (V_{D0} - 3 dB) liegt bei ca. 5 Hz. Der Schnittpunkt der gestrichelten Linie mit $V_D = 1$ (0 dB) und dem Amplitudenfrequenzgang ergibt eine Transitfrequenz von $f_T \approx 1$ MHz. Man erkennt, dass bei einer Frequenz oberhalb von 1 MHz eine zweite Knickfrequenz zur Wirkung kommt. Wir können folgende Größen ablesen:

$V_{D0} \approx 2 \cdot 10^5$ bzw. $V_{D0,dB} \approx 105$ dB und: $f_{K2} \approx 1{,}75$ MHz.

Der Phasenfrequenzgang der Differenzverstärkung durchläuft einen Bereich von $0° < \varphi_{ae} < -180°$. Beim Erreichen der ersten Knickfrequenz f_{K1} beträgt der Winkel -45°. Zur zweiten Knickfrequenz f_{K2} stellt sich ein Winkel von -135° ein. Im Bereich 100 Hz < f < 100 kHz ändert sich der Winkel nur unwesentlich ($\varphi_{ae} \approx -90°$).

Die Operationsverstärker der Demo-Version von MicroCap sind im Level 3 verfügbar. Das entspricht der größten Annäherung des Modells an das Original. Der dabei angegebene Typ beschreibt die schaltungstechnische Realisierungsvariante: 1=NPN / 2=PNP / 3=JFET.

Die Operationsverstärker µA741 / LM741 / LM709 / NE5532 sind bipolare Typen. Der OV µA741 (LM741) wird häufig als Referenzmuster (Allzweck-OV) verwendet.

Der Hochleistungs-OV NE5532 wird in Datenblättern als rauscharme Variante (Low Noise) angegeben. Er ist intern für den Betrieb bei einer Einheitsverstärkung kompensiert.

Die in MicroCap verfügbaren FET-Varianten (z. B. LF351) besitzen einen JFET-Eingang und weisen demzufolge viel größere Eingangswiderstände (viel kleinere Eingangsströme) auf. Sie sind auch viel schneller als der Typ 741. Der JFET-Operationsverstärker LF353 zeichnet sich durch eine große Bandbreite aus (Wide Bandwidth). Der OV LF441 wird im Datenblatt als Low-Power-Variante angegeben.

Die in der Demo-Version von MicroCap verfügbaren Operationsverstärker gehören nicht zu den modernsten Bauelementen. Das war bereits bei der Evaluationssoftware von PSpice der Fall. Es besteht aber die Möglichkeit, Hersteller-Modelle in MicroCap einzubinden. Hinweise finden Sie dazu im Kapitel 9 in Vester [15].

In Tabelle 8.1 sind die wichtigsten Modellparameter von Operationsverstärkern aufgelistet. Die Betriebsspannung und damit der maximale Aussteuerbereich weichen je nach Typ von $U_B = \pm 15$ V bzw. von $U_S = \pm 13$ V ab. Die dafür zuständigen DC-Quellen werden automatisch gesetzt und in einer neuen Registerkarte / Power Supplies / abgelegt. Zum Abschalten dieser Funktion muss unter *Options → Preferences → Circuit* die Check-Box ‚Automatically Add Opamp Power Supplies' deaktiviert werden.

Tabelle 8.1 Modellparameter von Operationsverstärkern (µA741 nach [9])

MicroCap	Euro	Einheit	Bedeutung	Default	i.OV	µA741
C	C_K	F	Kompensations-Kapazität	$30 \cdot 10^{-12}$	-	(4,7 nF)
A	V_{D0}	-	Differenzverstärkung	$2 \cdot 10^5$	∞	10^5
ROUTAC	$r_{a\sim}$	Ω	Ausgangswiderstand AC	75	0	< 1 kΩ
ROUTDC	r_{a-}	Ω	Ausgangswiderstand DC	125	0	< 1 kΩ
VOFF	U_{OS}	V	Eingangs-Offsetspannung	10^{-3}	0	1 mV
IOFF	I_{OS}	A	Eingangs-Offsetstrom	10^{-9}	0	20 nA
SRP/SRN	S_R	V/s	Slew-Rate	$5 \cdot 10^5$	∞	0,6 V/µs
IBIAS	I_B	A	Eingangsruhestrom	10^{-7}	0	80 nA
VCC/VE	U_B	V	Betriebsspannung	±15	U_B	±15 V
VPS/VNS	U_S	V	max. Aussteuerbereich	±13	U_B	±13 V
CMRR	*CMRR*	-	log. Gleichtaktunterdrückung	10^5	∞	> 70 dB
GBW	f_T	Hz	Transitfrequenz	10^6	∞	1 MHz
PM	φ_R	°	Phasenreserve	60°	-	-
PD	P_V	W	Verlustleistung	$25 \cdot 10^{-3}$	0	25 mW
IOSC	I_{aK}	A	Kurzschluss-Ausgangsstrom	$20 \cdot 10^{-3}$	-	±20 mA
TMEAS.	T	°C	Temperatur-Parameter	-	-	-
Weitere Kenngrößen, die aus den Modellparametern berechnet werden:						
	G	-	Gleichtaktunterdrückung			$3 \cdot 10^4$
	r_D	Ω	Differenzeingangswiderstand			1 MΩ
	r_G	Ω	Gleichtakteingangswiderst.			1 GΩ

Über drei weitere Temperatur-Parameter T_{abs}, $T_{rel,Global}$ und $T_{rel,Local}$ kann die Sperrschichttemperatur T_j für eine Simulation eingestellt werden.

8.3 Reales Verhalten eines Operationsverstärkers

Bei der Dimensionierung von Operationsverstärkerschaltungen geht man häufig von den idealen Eigenschaften eines OV (i.OV) aus. Wie Tabelle 8.1 zeigt, weichen die Daten eines realen Operationsverstärkers je nach Realisierungsvariante mehr oder weniger stark vom idealen Vorbild ab. Diese Abweichungen kann man mit geeigneten schaltungstechnischen Maßnahmen näherungsweise kompensieren.

8.3.1 Kompensationsmaßnahmen

Die bei einem idealen OV angenommenen unendlich großen Eingangswiderstände sind technisch so nicht realisierbar. Die Eingangsstufe des Operationsverstärkers besteht ja aus einem realen Differenzverstärker. Bei einer bipolaren Ausführung fließen Basisströme durch die Widerstände der äußeren Beschaltung des Operationsverstärkers und verursachen Potentialdifferenzen, die zu einer Verschiebung der Ausgangsspannung führen. Durch die Erzeugung eines zusätzlichen externen Spannungsabfalls ist eine teilweise Kompensation der Eingangsruheströme I_{P0} und I_{N0} möglich. Bild 8.14 (links) zeigt diese Maßnahme am Beispiel eines invertierenden Verstärkers (Abschnitt 8.4).

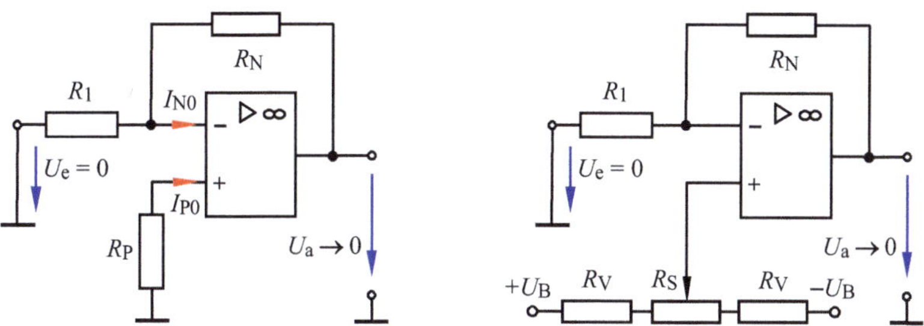

Bild 8.14 Ruhestrom-Kompensation (links) und Eingangs-Offset-Kompensation (rechts)

Eine vollständige Ruhestrom-Kompensation wäre erreicht, wenn bei Nullpotential an beiden Eingängen die Ausgangsspannung gleich null wird. Dann wirkt der Widerstand R_1 parallel zu R_N. Zur Kompensation wird der Widerstand R_P verwendet. Er soll einen Spannungsabfall $I_{P0} \cdot R_P$ erzeugen, der gleich der Spannung über $R_N \| R_1$ ist:

$$I_{P0} \cdot R_P = I_{N0} \cdot R_N \parallel R_1$$

Da die Eingangsruheströme etwa gleich sind, kann der Widerstand R_P näherungsweise aus der Parallelschaltung der Widerstände R_N und R_1 berechnet werden.

$$R_P \approx R_N \parallel R_1 \tag{8.21}$$

Wir wollen uns diese Maßnahme in einer kleinen Simulation ansehen. Dazu setzen wir die Schaltung in Bild 8.14 (links) ein und wenden die Analyse *Dynamic-DC* an. Bei einem geschlossenen Schalter S ist die Kompensation nicht wirksam. Am Eingang liegt eine Potentialdifferenz, die eine Ausgangsspannung von 6 mV bewirkt. Durch das Öffnen des animierten Schalters S wird der Widerstand R_P aktiviert. Jetzt sind die Potentiale an den beiden Eingängen gleich (−1,5 mV). Die Ausgangsspannung geht gegen null.

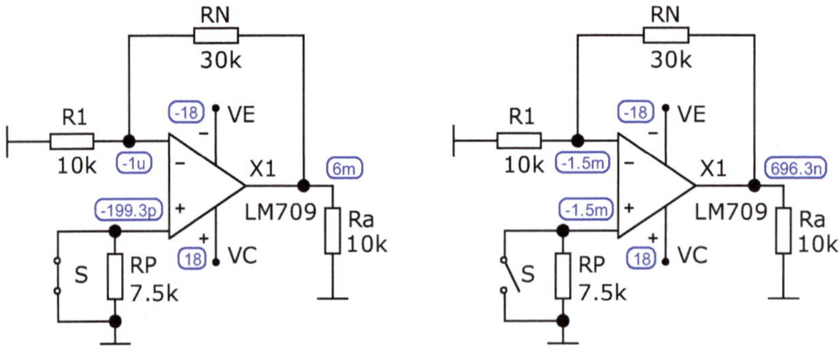

Bild 8.15 Ruhestrom-Kompensation beim invertierenden Verstärker

Offsetgrößen entstehen durch Unsymmetrien im Differenzeingang des OV als eine interne Potentialdifferenz. Die Temperaturabhängigkeit (Temperaturdrift) dieser Größen U_{OS} und I_{OS} ist nicht vernachlässigbar. Durch die Wirkung der Offsetgrößen verschiebt sich die Übertragungskennlinie, wie bereits in Bild 8.3 gezeigt, aus ihrer Zentralsymmetrie.

Die Kompensation der Offsetgrößen wird z.B. durch das Anlegen einer zusätzlichen Gleichspannung an den Eingang des Operationsverstärkers erreicht. Diese Maßnahme ist in der Regel viel zu aufwendig. Wie Bild 8.14 (rechts) zeigt, kann dazu auch die Betriebsspannung des OV verwendet werden. Durch eine Variation der Schleiferstellung des Stellwiderstandes $R_S \ll R_V$ wird bei Nullpotential am Eingang (also bei $U_e = 0$) die Ausgangsspannung auf den Wert $U_a = 0$ abgeglichen. Die Relation $R_S \ll R_V$ soll einen Feinabgleich zwischen den beiden Betriebsspannungen $+U_B$ und $-U_B$ ermöglichen.

8.3.2 Frequenzgangkorrektur

Zur Erreichung einer stabilen Arbeitsweise des Operationsverstärkers sind Maßnahmen zur Korrektur des Frequenzganges erforderlich. Durch die Wirksamkeit interner Kapazitäten weist der Operationsverstärker eine Tiefpass-Charakteristik auf (Lehrbeispiel 8.2). Seine Verstärkung nimmt mit zunehmender Betriebsfrequenz ab. Jede Stufe der inneren Struktur verursacht dabei eine Knickfrequenz f_{Kx}, bei der eine zusätzliche Dämpfung von $x \cdot 20$ dB pro Frequenzdekade in den Frequenzgang eingebracht wird (Bild 8.16 - oben).

Diese parasitären Dämpfungen bewirken eine Änderung des Phasenwinkels φ_V längs der Frequenz (Bild 8.16 - unten) in der Art, dass die Ausgangsspannung $\underline{U}_a$ gegenüber der Eingangsspannung immer mehr nacheilt. Die erste Dämpfung setzt bei einer Frequenz von $f_g = f_{K1}$ ($\varphi_V = -45°$) ein. An der zweiten Knickfrequenz f_{K2} ($\varphi_V = -135°$) wird dann eine weitere Dämpfung wirksam. Hier ist bereits die Amplitudenbedingung mit $| g | = 1$ gemäß Formel 8.3 erfüllt. Mit der zusätzlichen Erfüllung der zweiten Schwingungsbedingung (Phasenbedingung) wird das System instabil. Daraus leitet sich die Forderung nach einer Frequenzgangkorrektur ab (siehe Bild 8.16).

Im nicht korrigierten Fall (jeweils obere Kennlinie) durchläuft der Phasenwinkel zwischen f_{K2} und f_{K3} den Wert mit $\varphi_V = 180°$ (Frequenz f_{180}). Das entspricht einem Wechsel im Vorzeichen der Schleifenverstärkung g. Damit wird aus der Gegenkopplung eine Mitkopplung. Das System zeigt beim Übergang von $g > 1$ nach $g < 1$ eine starke Schwingneigung. Diesen Effekt kann der Hersteller durch interne Korrekturmaßnahmen beseitigen.

Durch das Zuschalten einer zusätzlichen Tiefpass-Charakteristik hat auch der Anwender die Möglichkeit, diese Maßnahme zu unterstützen bzw. auszubauen. Ausgewählte Operationsverstärker besitzen dafür vorgesehene Anschlüsse für die Bauelemente R_K und C_K.

Bild 8.16 zeigt mit den dick gestrichelten Linien die Verläufe der Frequenzgänge nach einer Frequenzgangkorrektur. Die Korrekturmaßnahme bewirkt eine tiefere erste Knickfrequenz $f_{K1}{}^*$ anstelle von f_{K1}. Dazu muss die bei f_{K1} ansetzende Flanke (20 dB/Dek.) des nicht korrigierten Frequenzganges so weit nach links verschoben werden, dass als Ergebnis der Korrektur an der zweiten Knickfrequenz eine Verstärkung von $V_U{}^* = 1$ entsteht.

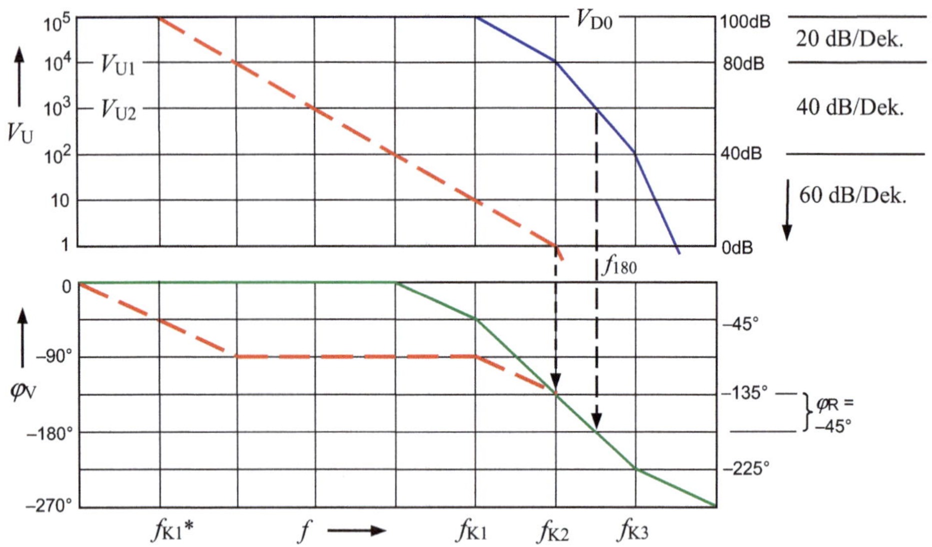

Bild 8.16 Bode-Diagramm eines OV

Durch diese Korrekturmaßnahme wird demzufolge die Verstärkung reduziert. Die kritische Frequenz $f_{krit} = f_{K2}$ (mit $|g| = 1$) tritt dann erst in einem Bereich mit einer viel geringeren Phasenverschiebung in Erscheinung. Somit wird eine Phasenreserve $|\varphi_R| = 180° - |\varphi_{krit}|$ angelegt. MicroCap verwendet dazu den Modellparameter PM (Phase Margin).

Das Ziel der Frequenzgangkorrektur ist erreicht, wenn durch die Korrekturmaßnahme eine Phasenreserve von $|\varphi_R| \geq 45°$ (Bild 8.16 – unten) geschaffen wurde. Die damit verbundene Reduzierung der Übertragungsbandbreite und der Slew Rate muss im Interesse des stabilen Verhaltens des Operationsverstärkers in Kauf genommen werden.

8.4 Grundschaltungen mit OV

8.4.1 Invertierender Verstärker

Beim invertierenden Verstärker, der auch als Umkehrverstärker bezeichnet wird, führt man das Eingangssignal dem invertierenden Eingang des OV zu. Der nichtinvertierende Eingang liegt auf Nullpotential. Über den Widerstand R_N wird das Ausgangssignal auf den Eingang gegengekoppelt. Der Kompensationswiderstand R_P (Formel 8.21) wurde nicht mit eingezeichnet.

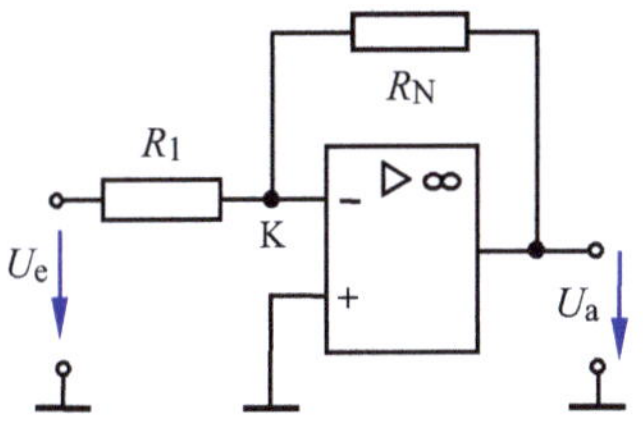

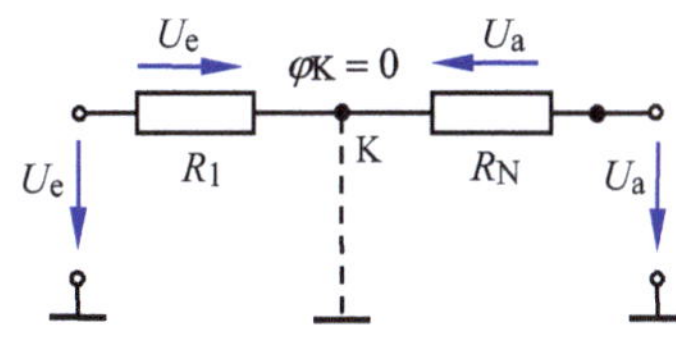

Bild 8.17 Invertierender Verstärker (links) und Berechnung der Verstärkung (rechts)

Der invertierende Verstärker kann als Gleich- oder Wechselspannungsverstärker eingesetzt werden. Seine Differenzverstärkung im Betriebsfall V_U wird in den folgenden Abschnitten aus Gründen einer einfacheren Darstellung lediglich mit V bezeichnet. Die komplexe Verstärkung $\underline{V}$ erhält zusätzlich den Unterstrich. Abweichungen von dieser Festlegung werden gesondert gekennzeichnet.

Die Betriebsverstärkung wird über das Verhältnis von Leerlauf-Ausgangsspannung U_a und Eingangsspannung U_e berechnet. Dabei setzt man das Verhalten eines idealen OV voraus. Bedingt durch den unendlich großen Eingangswiderstand fließt in die Eingänge kein Strom. Der Knoten K am invertierenden Eingang wirkt dann nur als virtueller Knoten, da er keine Stromaufteilung verursacht. Bei einer Differenzeingangsspannung von null (idealer OV) liegt das Bezugspotential (Masse) des nichtinvertierenden Einganges auch am invertierenden Eingang. Damit darf man für das Spannungsverhältnis die Spannungsteilerregel (siehe Bild 8.17 - rechts) anwenden.

Die entgegengesetzte Richtung der Zählpfeile der beiden Spannungen in der Reihenschaltung muss durch ein negatives Vorzeichen gekennzeichnet werden. Somit besitzt auch die Verstärkung ein negatives Vorzeichen.

$$V = \frac{U_a}{U_e} = -\frac{R_N}{R_1} \tag{8.22}$$

Mit dem Richtungsunterschied lässt sich auch das invertierende Verhalten des Verstärkers erklären. Danach erfährt eine Gleichspannung eine Vorzeichenänderung und eine Wechselspannung eine Phasenverschiebung von 180°.

Lehrbeispiel 8.3

Simulieren Sie die Arbeitsweise eines invertierenden Wechselspannungsverstärkers mit $V = -3$. Als Operationsverstärker soll jetzt der Typ LM709 eingesetzt werden.

Wir verwenden die Schaltung in Bild 8.17 mit dem Widerstand R_P nach Formel 8.21. Für den Widerstand am invertierenden Eingang wird ein Wert von $R_1 = 10\ \text{k}\Omega$ gewählt. Dann gilt für den Widerstand im Gegenkopplungszweig: $R_N = |\,V\,| \cdot R_1 = 30\ \text{k}\Omega$. Der Widerstand zur Kompensation muss dann $R_P = R_N \| R_1 = 7{,}5\ \text{k}\Omega$ betragen. Das Eingangssignal wird mit einer Quelle / Sin / erzeugt und auf $\hat{U}_e = 2$ V (1 kHz) eingestellt. In Bild 8.18 ist das Ergebnis der Analyse *Transient* dargestellt.

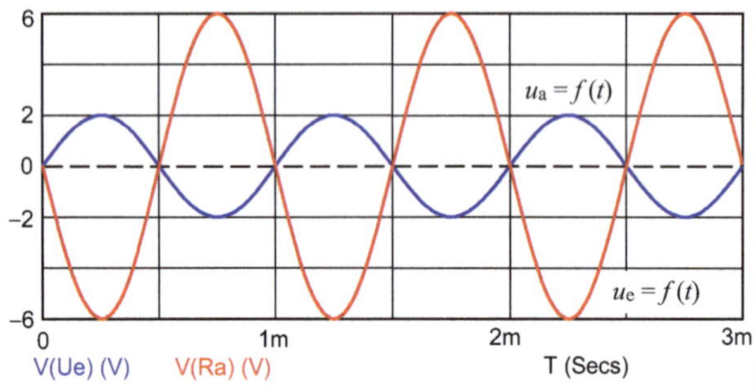

Bild 8.18 Spannungsverläufe beim invertierenden Verstärker

Der Maximalwert der Ausgangsspannung von 6 V bestätigt die eingestellte Verstärkung mit $|\,V\,| = 3$. Die Phasenverschiebung von 180° weist auf eine Arbeitsweise als Umkehrverstärker hin.

8.4.2 Nichtinvertierender Verstärker

Beim nichtinvertierenden Verstärker wird das Eingangssignal auf den nichtinvertierenden Eingang des Operationsverstärkers gelegt. Bedingt durch das reale hochohmige Eingangsverhalten wird der nichtinvertierende Verstärker auch als Elektrometerverstärker bezeichnet.

Der Spannungsteiler R_1 und R_2 koppelt ein Teil der Ausgangsspannung auf den invertierenden Eingang zurück. Die Betriebsverstärkung kann über das Verhältnis von Leerlauf-Ausgangsspannung U_a und der Eingangsspannung U_e berechnet werden. Dabei wird wieder das Verhalten eines idealen Operationsverstärkers vorausgesetzt ($V_D \to \infty$). Bedingt durch diese unendlich große Differenzverstärkung ist die Differenzspannung gleich null und der invertierende Eingang des OV weist das gleiche Potential des nichtinvertierenden Eingangs auf. Damit liegt die Eingangsspannung U_e zugleich über dem Widerstand R_2. Da infolge des unendlich großen Eingangswiderstandes kein Strom in den nichtinvertierenden Eingang fließt, kann zur Bestimmung der Verstärkung die Ersatzschaltung von Bild 8.19 (rechts) verwendet werden.

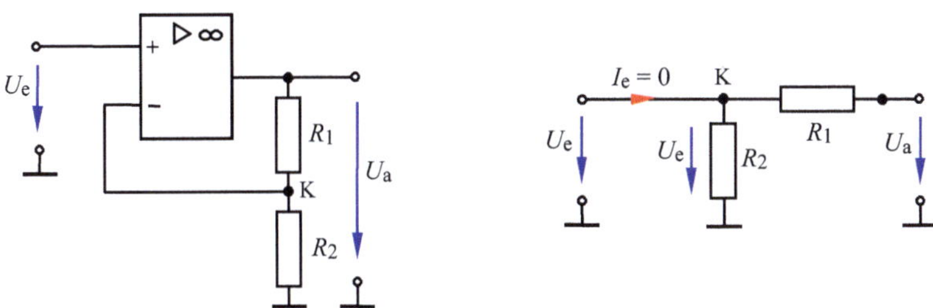

Bild 8.19 Nichtinvertierender Verstärker (links) und Berechnung der Verstärkung (rechts)

Ausgangsspannung und Eingangsspannung haben jetzt (vgl. Zählpfeile in Bild 8.19) die gleiche Richtung. Für die Verstärkung im Betriebsfall gilt die Spannungsteilerregel.

$$V = \frac{U_a}{U_e} = \frac{R_1 + R_2}{R_2} = 1 + \frac{R_1}{R_2} \tag{8.23}$$

Lehrbeispiel 8.4

LTspice: LB_8.4

Vergleichen Sie die Amplituden- und Phasenfrequenzgänge der Operationsverstärker LF351 und LM741 miteinander. Es soll ein Elektrometerverstärker mit $V \approx 100$ realisiert werden.

Beim Operationsverstärker LF351 handelt es sich um eine FET-Variante, die sich durch eine hohe Bandbreite (Wide Bandwidth) auszeichnet. Der Operationsverstärker LM741 ist uns bereits aus den vorherigen Lehrbeispielen bekannt. In Bild 8.20 ist die Simulationsschaltung dargestellt.

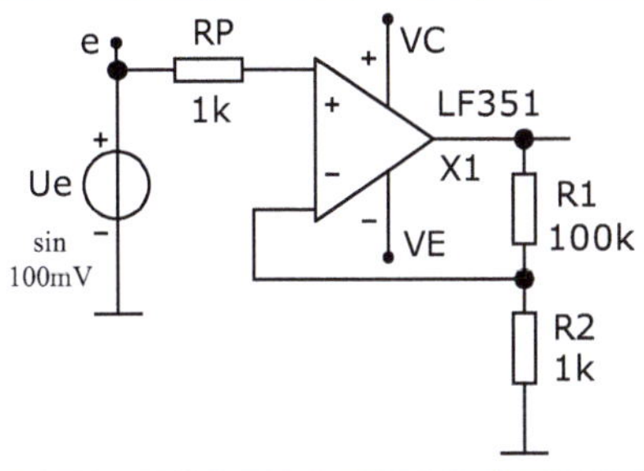

Bild 8.20 Simulation eines Elektrometerverstärkers

Die Schaltung (Bild 8.20) wird für V = 100 wie folgt dimensioniert: R_1 = 100 kΩ und R_2 = 1 kΩ. Nach Formel 8.23 erhalten wir einen etwas größeren Wert mit V = 101.

Da zwei Operationsverstärker miteinander zu vergleichen sind, können wir die gleiche Schaltung noch einmal auf dieser Arbeitsoberfläche (Main) oder auf einer neuen Arbeitsoberfläche (Page 1) ablegen. Bei zwei Schaltungen auf einer Arbeitsoberfläche muss der zweite OV wird durch den Vergleichstyp ersetzt werden. Die Quelle U_e ist dann mit beiden OV-Eingängen zu verbinden. Diese Struktur wirkt aber unübersichtlich, obwohl der zweite OV in seiner *PartName*-Liste geändert wurde (X2).

Bei der Positionierung der zweiten Schaltung auf einer neuen Arbeitsoberfläche (Page 1) wird die Quelle auf Page 1 durch ein Tie „e" ersetzt. Die Verbindung zum Anschluss an die originale Quelle U_e gelingt dann durch ein weiteres Tie „e" (Bild 8.20 - Symbol geändert).

Damit wirkt der AC-Sweep der Quelle U_e auf beide Schaltungen. Bild 8.21 zeigt im oberen Diagramm die Frequenzgänge der Verstärkung (in dB). Die Verstärkung V_{D0} ist bei beiden Operationsverstärkern mit 40 dB gleich groß. Mit zunehmender Frequenz werden dann deutliche Abweichungen erkennbar. Die gleiche Aussage trifft auf den Phasenfrequenzgang (unteres Diagramm in Bild 8.21) zu.

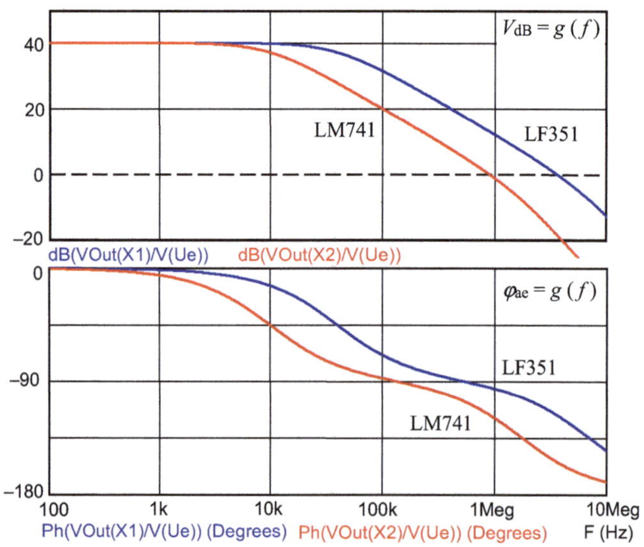

Bild 8.21 Vergleich der Frequenzgänge des LF351 mit dem LM741

Wir wollen die wichtigsten Unterschiede in den Frequenzgängen der beiden Operationsverstärker in einer Übersicht (Tabelle 8.2) zusammenstellen.

Tabelle 8.2 Vergleich der Daten der Frequenzgänge

Kenngröße	LF352	LM741	Bemerkung
V_{D0}	40 dB	40 dB	vergleichbar
$f_g = f_{K1}$	40 kHz	10 kHz	
f_{K2}	7 MHz	1,74 MHz	
f_T	3,6 MHz	891 kHz	
f_{180}	140 MHz	110 MHz	oberhalb 10 MHz
φ_R	60°	60°	voreingestellt (PM=60)

Die Frequenz f_{180} wurde mit einer zusätzlichen Simulation (hier nicht dargestellt) ermittelt, um den in Bild 8.21 verwendeten Frequenzbereich nicht noch weiter zu vergrößern. Beide Phasenfrequenzgänge nähern sich ab einer Frequenz von ca. 100 MHz an den kritischen Winkel von $\varphi = -180°$ an.

8.5 Analoge Rechenschaltungen

Analoge Rechenschaltungen werden zur Bildung von Summen und Differenzen sowie zur Mischung (Überlagerung) von Signalkomponenten, zur Signalformung, zur Regelung und zur Signalumsetzung (z. B. Analog-Digital-Umsetzung oder Digital-Analog-Umsetzung; vgl. Grundprinzip in Abschnitt 8.6) eingesetzt.

Ein überwiegender Teil der gegengekoppelten Schaltungen mit Operationsverstärkern lässt sich auf die beiden Grundschaltungen aus Abschnitt 8.4 zurückführen. Dazu zählen neben den analogen Rechenschaltungen insbesondere auch die aktiven Filter (Abschnitt 8.9). Als OV verwendet man häufig universelle Standardtypen oder Spezialtypen.

8.5.1 Summenverstärker

Als Grundschaltung wird der invertierende Verstärker verwendet. Der Summenverstärker, der infolge seines invertierenden Verhaltens auch als Umkehr-Addierer bezeichnet wird, soll die invertierte Summe der an den Eingängen (e_1 bis e_n) liegenden Spannungen bilden. Diese Spannungen können bei Bedarf über das Verhältnis R_N/R_n zusätzlich bewertet werden.

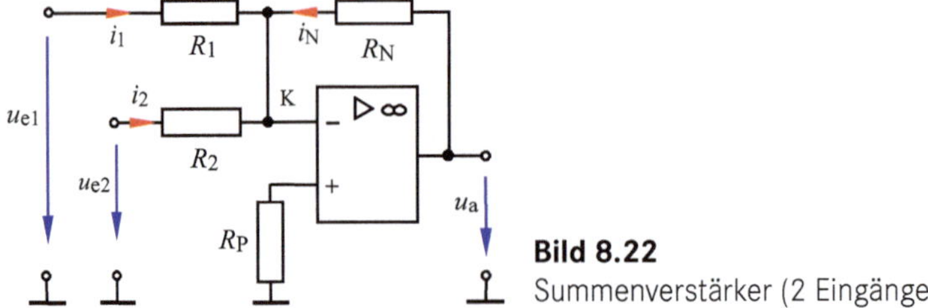

Bild 8.22
Summenverstärker (2 Eingänge)

Der Eingangsknoten K des Summenverstärkers kann als Summenpunkt aufgefasst werden. Es gilt der Knotenpunktsatz: $i_1 + i_2 = -i_N$. Da der virtuelle Knoten K bei einem idealen OV auf Nullpotential liegt, fällt über R_N die Ausgangsspannung ab.

$$u_a = i_N \cdot R_N = -(i_1 + i_2) \cdot R_N$$

Durch die Anwendung des Ohmschen Gesetzes erhält man:

$$u_a = -\left(\frac{R_N}{R_1} \cdot u_{e1} + \frac{R_N}{R_2} \cdot u_{e2} \right)$$

Die beiden Eingangsspannungen erfahren bei der Summation zugleich eine Bewertung durch das jeweilige Widerstandsverhältnis. Dieser Bewertungsfaktor kann für alle Eingangssignale gleich sein ($R_1 = R_2$). Dann gilt:

$$u_a = -\frac{R_N}{R_1} \cdot (u_{e1} + u_{e2}) \tag{8.24}$$

Bei einer Dimensionierung $R_1 = R_2 = R_N$ erhält man die unbewertete Summe der Eingangssignale:

$$u_a = -(u_{e1} + u_{e2})$$

Gestaltet man nun die Widerstandsrelationen so, dass R_1 den doppelten Wert von R_N aufweist, dann entspricht die gebildete Summe dem arithmetischen Mittelwert der beiden Eingangssignale.

$$\overline{u_a} = -\frac{R_N}{2 \cdot R_N} \cdot (u_{e1} + u_{e2}) = -\frac{u_{e1} + u_{e2}}{2}$$

Die Anzahl der Eingänge ist entsprechend der Anzahl der Summanden *n* erweiterbar. Dann gilt für Formel 8.24:

$$u_a = -\left(\frac{R_N}{R_1} \cdot u_{e1} + \frac{R_N}{R_2} \cdot u_{e2} + \ldots + \frac{R_N}{R_n} \cdot u_{en} \right) \tag{8.25}$$

Alle hier vorgestellten Summen gelten auch für Gleichspannungen.

Lehrbeispiel 8.5

Simulieren Sie den zeitlichen Verlauf der Ausgangsspannung eines Summenverstärkers nach Bild 8.22, wenn an den beiden Eingängen sinusförmige Wechselspannungen mit gleichen Amplituden und ungleichen Frequenzen (f_1 = 500 Hz; f_2 = 1 kHz) anliegen (vgl. [6] - Abschnitt 7.4).

Geg.: $u_{e1} = \hat{U} \cdot \sin t$ und $u_{e2} = \hat{U} \cdot \sin 2t$
sowie: $R_1 = R_N = 10\ \text{k}\Omega$ und $R_2 = 2 \cdot R_N$

Die Ausgangsspannung ergibt sich aus Formel 8.25 $u_a = (1 \cdot u_{e1} + 0{,}5 \cdot u_{e2})$.

Als Maximalwert der Eingangsspannung wählen wir eine Spannung von $\hat{U}_e = 1$ V. Der Widerstand R_P wird nach Formel 8.21 berechnet:
$R_P = R_N \| R_1 \| R_2 = 10\ \text{k}\Omega \| 10\ \text{k}\Omega \| 20\ \text{k}\Omega = 4\ \text{k}\Omega$.

Bild 8.23 zeigt das Simulationsergebnis beim Einsatz des OV LM709.

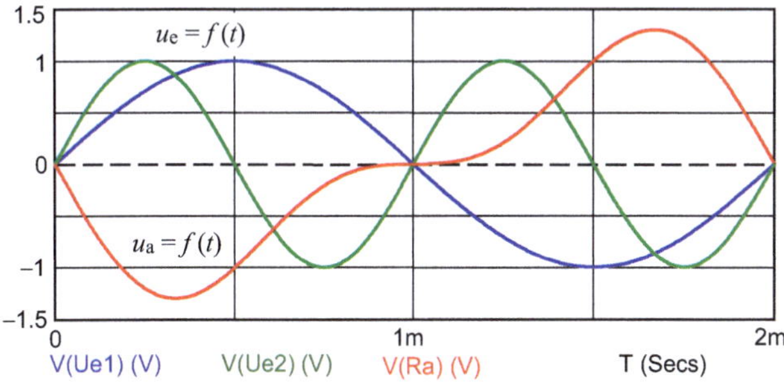

Bild 8.23 Spannungsverläufe beim Summenverstärker

Durch die Überlagerung der beiden sinusförmigen Eingangsspannungen (ungleiche Frequenz) entsteht eine nichtsinusförmige Ausgangsspannung. Die oben beschriebene Summenbildung kann zu einem definierten Zeitpunkt mit Augenblickswerten überprüft werden. Der maximale Augenblickswert der Ausgangsspannung entsteht zum Zeitpunkt $t^* \approx 1{,}6$ ms mit $U_a(t^*) \approx +1{,}3$ V. Zu diesem Zeitpunkt sind die Augenblickswerte der beiden Eingangsspannungen mit $U_e(t^*) = -866$ mV gleich groß:

$$U_a(t^*) = -[-U_1(t^*) - 0{,}5 \cdot U_2(t^*)] = 866\ \text{mV} + 0{,}5 \cdot 866\ \text{mV} = 1299\ \text{mV}$$

■

8.5.2 Differenzverstärker

Der Differenzverstärker wird auch als Analog-Subtrahierer bezeichnet, da er die Differenz der an den beiden Eingängen anliegenden Spannungen $\Delta u_e = u_{e1} - u_{e2}$ bildet. Die beiden Eingangsknoten K1 und K2 der Schaltung in Bild 8.24 liegen, bedingt durch die erdsymmetrische Eingangsstufe und bei $U_D = 0$ V, auf dem gleichen Potential.

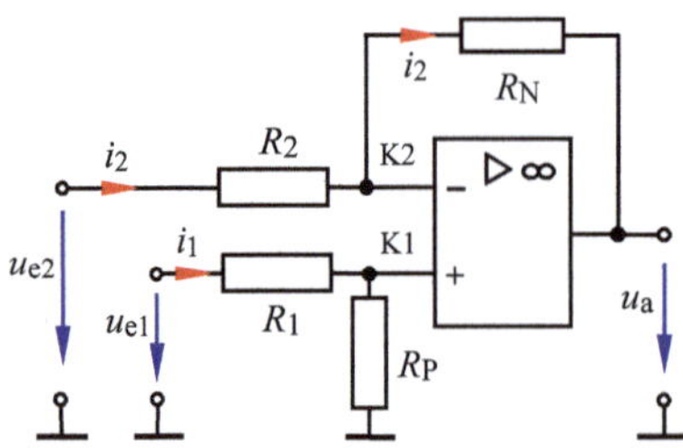

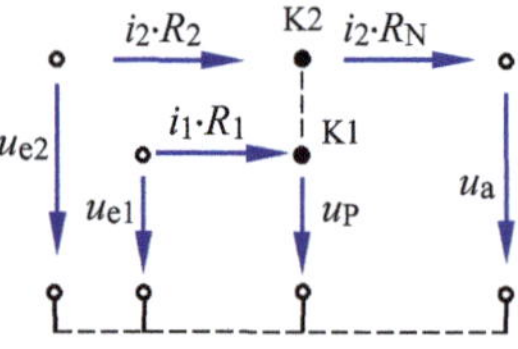

Bild 8.24 Differenzverstärker (Subtrahierer)

Zur Berechnung der Ausgangsspannung wird der Maschensatz angewendet. Für die äußere Masche (m_a im Uhrzeigersinn) gilt:

$$i_2 \cdot R_2 + i_2 \cdot R_N + u_a - u_{e2} = 0$$

Die Eingangsmasche über K2 (m_e) führt dann zu folgendem Ansatz:

$$i_2 \cdot R_2 + u_P - u_{e2} = 0$$

Durch Umstellen von (m_e) nach $i_2 \cdot R_2 = u_{e2} - u_P$ und Einsetzen in (m_a) erhalten wir:

$$u_{e2} - u_P + \frac{u_{e2} - u_P}{R_2} \cdot R_N + u_a - u_{e2} = 0$$

$$u_a = u_P - (u_{e2} - u_P) \cdot \frac{R_N}{R_2}$$

$$u_a = u_P \cdot \left(1 + \frac{R_N}{R_2}\right) - u_{e2} \cdot \frac{R_N}{R_2} \tag{8.26}$$

u_P kann mit der Spannungsteilerregel (Reihenschaltung: $R_1 \rightarrow R_P$) bestimmt werden. Dieser Teiler wird in die Formel 8.26 eingesetzt:
Mit $u_P = u_{e1} \cdot \frac{R_P}{R_1 + R_P}$ gilt dann:

$$u_a = u_{e1} \cdot \frac{R_P}{R_1 + R_P} \cdot \left(1 + \frac{R_N}{R_2}\right) - u_{e2} \cdot \frac{R_N}{R_2} = u_{e1} \cdot \frac{R_P}{R_1 + R_P} \cdot \frac{R_2 + R_N}{R_2} - u_{e2} \cdot \frac{R_N}{R_2}$$

Jetzt wird die gesamte Gleichung mit dem Bruch $\frac{R_2}{R_2 + R_N}$ multipliziert:

$$\frac{u_a \cdot R_2}{R_2 + R_N} = \frac{u_{e1} \cdot R_P}{R_1 + R_P} - \frac{u_{e2} \cdot R_N}{R_2 + R_N}$$

Die Schaltung sollte nun so dimensioniert werden, dass die Widerstände R_P und R_N sowie R_1 und R_2 gleich sind. Unter der Bedingung $R_P = R_N$ und $R_1 = R_2$ gilt dann:

$$\frac{u_a \cdot R_1}{R_1 + R_P} = \frac{u_{e1} \cdot R_P}{R_1 + R_P} - \frac{u_{e2} \cdot R_P}{R_1 + R_P}$$

$$u_a \cdot R_1 = (u_{e1} - u_{e2}) \cdot R_P$$

$$u_a = \frac{R_P}{R_1} \cdot (u_{e1} - u_{e2}) \tag{8.27}$$

Damit ergibt sich die Ausgangsspannung aus dem Betrag der Verstärkung multipliziert mit der Differenzeingangsspannung.

$$u_a = \frac{R_N}{R_1} \cdot (u_{e1} - u_{e2}) = |V| \cdot u_D \tag{8.28}$$

8.5.3 Differenzierer

Differenzierschaltungen reagieren auf eine zeitliche Änderung der Eingangsspannung mit folgender Stromänderung:

$$i_1(t) = C_1 \cdot \frac{\mathrm{d}u_e}{\mathrm{d}t}$$

Bild 8.25 zeigt die Grundschaltung eines solchen Differenzierers. Der Widerstand R_1 sei für die folgenden Überlegungen vorerst noch null. Dann gilt: $u_e' = u_e$.

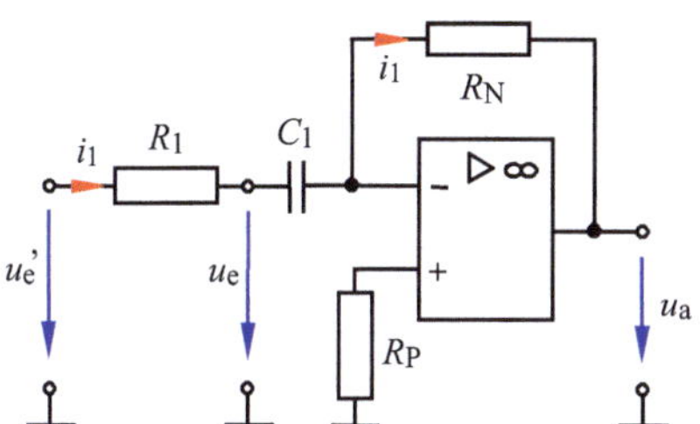

Bild 8.25
Grundschaltung eines Differenzierers

Da die Ausgangsspannung zugleich über dem Widerstand R_N liegt, weist sie infolge ihrer zu i_1 entgegengesetzten Richtung ein negatives Vorzeichen auf.

$$u_a = -R_N \cdot i_1 = -R_N \cdot C_1 \cdot \frac{du_e}{dt} \tag{8.29}$$

Es handelt sich demzufolge um einen invertierenden Differenzierer. Seine Ausgangsspannung ist proportional zur differenziellen Änderung der Eingangsspannung über der Zeit. Als Proportionalitätsfaktor wirkt eine Zeitkonstante $\tau_{N1} = R_N \cdot C_1$. Bei einer sinusförmigen Einspeisung kann die komplexe Verstärkung über die Spannungsteilerregel ermittelt werden.

$$\underline{V} = \frac{\underline{U}_a}{\underline{U}_e} = -j\omega \cdot R_N \cdot C_1 = -j\omega \cdot \tau_{N1}$$

Da der daraus gebildete Betrag durchaus Werte kleiner als eins annehmen kann, wird er nach [6] (Abschnitt 10.4) als Spannungsübertragungsfaktor bezeichnet.

$$\left|\frac{1}{\underline{A}_{11}}\right| = \omega \cdot R_N \cdot C_1 = \omega \cdot \tau_{N1}$$

Formal gesehen steigt der Betrag des Übertragungsfaktors linear mit der Frequenz an (Hochpasswirkung). Da aber der Operationsverstärker selbst eine Tiefpasscharakteristik aufweist, ist dieser Anstieg nur in einem sehr begrenzten Frequenzbereich realisierbar. Danach wirkt die Anordnung infolge einer Überlagerung der Tiefpasscharakteristik mit der Hochpasscharakteristik als Bandpass. Dieser Sachverhalt äußert sich dann in einem Überschwingen der Ausgangsspannung (vgl. Simulationsbeispiel 8.3).

Durch das Einschalten des Widerstandes R_1 in Bild 8.25 kann die komplexe Verstärkung wie folgt verändert werden:

$$\underline{V} = \frac{\underline{U}_a}{\underline{U}_e} = -\frac{R_N}{R_1 + \frac{1}{j\omega C_1}} = -\frac{j\omega \cdot R_N \cdot C_1}{1 + j\omega \cdot R_1 \cdot C_1} = -\frac{j\omega \cdot \tau_{N1}}{1 + j\omega \cdot \tau_{11}}$$

Damit wird die Stabilität der Schaltung verbessert, da die komplexe Verstärkung bei hohen Frequenzen nur noch durch die ohmschen Komponenten R_N und R_1 bestimmt wird. Bei $\omega \to \infty$ gilt:

$$\underline{V}(\infty) = -\frac{R_N}{R_1 + \frac{1}{j\infty C_1}} \quad \rightarrow \quad V(\infty) = -\frac{R_N}{R_1}$$

Die Schaltung arbeitet nur bei Eingangssignalen mit Frequenzen $f_e < f_X$ als Differenzierer. Die dabei zu berücksichtigenden Dimensionierungsbedingungen werden im Simulationsbeispiel 8.3 für ausgewählte Varianten aufgezeigt.

8.5.4 Integrierer

Integrierschaltungen reagieren auf eine zeitliche Änderung des Eingangsstromes $i_1(t)$ mit folgender Spannungsänderung:

$$u_C(t) = \frac{1}{C_N} \int i_1 \cdot dt$$

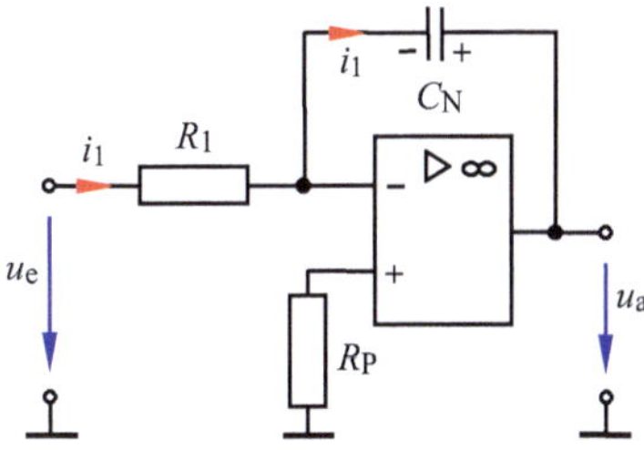

Bild 8.26
Integrierer (Miller-Integrator)

Der Kondensator C_N sei vorerst bei $t = 0$ noch vollständig entladen.

Der Integrierer bildet eine Ausgangsspannung, die proportional zum zeitlichen Integral der Eingangsspannung verläuft. Als Proportionalitätsfaktor ist der Kehrwert einer Zeitkonstanten $\tau_{N1} = R_1 \cdot C_N$ wirksam, die als Maß für die Integrierzeit aufgefasst werden kann. Infolge des invertierenden Verhaltens des OV ist die Ausgangsspannung negativ.

$$u_a = -u_C = -\frac{1}{C_N} \int_t i_1 \cdot dt = -\frac{1}{C_N} \int_t \frac{u_e}{R_1} \cdot dt$$

$$u_a = -\frac{1}{R_1 \cdot C_N} \int_{t_0}^{t_E} u_e \cdot dt \tag{8.30}$$

Wenn der Kondensator C_N bei t_0 zusätzlich eine Ladung $Q_N(t_0)$ als Anfangsbedingung der Integration aufweist, so muss dieser Ladezustand $U_N(t_0) = Q_N(t_0) / C_N$ vorzeichenbehaftet zur Ausgangsspannung addiert werden. Die Integrationsgrenzen definieren die betrachtete Dauer des Eingangssignals.

$$u_a = \pm U_N(t_0) - \frac{1}{R_1 \cdot C_N} \int_{t_0}^{t_E} u_e \cdot dt \tag{8.31}$$

Das positive Vorzeichen gilt, wenn der Kondensator mit der in Bild 8.26 gesetzten Polarität vorgeladen ist. Die Vorladespannung $U_N(t_0)$ ist dann gleich der Ausgangsspannung $U_a(t_0)$.

Die komplexe Verstärkung eines Integrierers kann man wieder über den Spannungsteiler ermitteln. Sie beschreibt die dynamischen Eigenschaften des Integrators bei sinusförmiger Einspeisung. Der Betrag ist gleich dem Spannungsübertragungsfaktor.

$$\underline{V} = \frac{\underline{U}_a}{\underline{U}_e} = -\frac{\frac{1}{j\omega C_N}}{R_1} = -\frac{1}{j\omega \cdot R_1 \cdot C_N}$$

Lehrbeispiel 8.6

Simulieren Sie das elektrische Verhalten des in Bild 8.26 dargestellten Miller-Integrators ohne und mit Anfangsbedingung. Als Operationsverstärker soll jetzt der Typ LF441 verwendet werden.

Zunächst müssen wir die Werte der Bauelemente und das zu integrierende Eingangssignal festlegen. Dabei ist darauf zu achten, dass die Ausgangsspannung während des Integrationsvorgangs nicht ihren Sättigungswert erreichen kann. Ansonsten wird das Integrationsergebnis ab einem bestimmten Zeitpunkt fehlerhaft.

Für die RC-Kombination werden glatte Werte gewählt, um das erreichte Simulationsergebnis ohne Rundungen überprüfen zu können:
R_1 = 2 kΩ und C_N = 50 nF ⇒ τ_{N1} = 100 µs

Für die Eingangsspannung wird ein Rechteckimpuls mit U_{PL} = 0 V und U_{PH} = 1 V festgelegt. Dieser Impuls soll nach einer Zeit $t_d = t_0$ = 100 µs einsetzen und eine Impulsdauer $t_i = t_E$ = 400 µs aufweisen. Damit gilt: $t_i = 4 \cdot \tau_{N1}$. Die Integrierzeit ist deutlich kleiner als die Impulsdauer.

Bild 8.27 zeigt die Simulationsschaltung. Der Vorladezustand des Kondensators $U_N(t_0)$ kann in der *PartName*-Liste des Kondensators mit IC= (Initial Condition - vgl. Abschnitt 1.4.3) gesetzt werden.

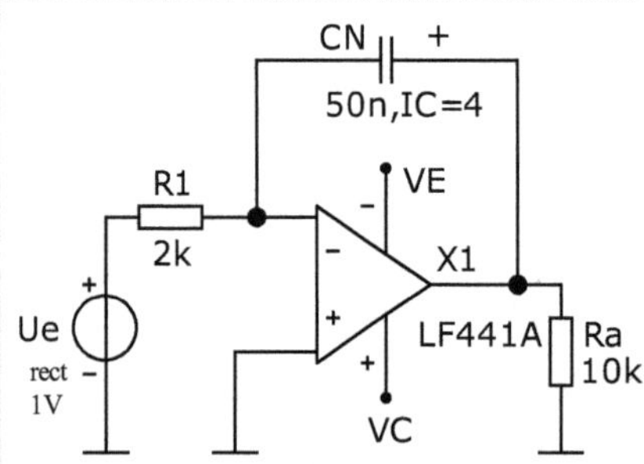

Bild 8.27 Simulation des Miller-Integrators

In Bild 8.28 ist das Simulationsergebnis dargestellt. Wenn der Vorladezustand des Kondensators noch auf den Wert $U_N(t_0)$ = 0 V gesetzt ist (IC=0), durchläuft die Ausgangsspannung während des ersten Impulses der Eingangsspannung linear den Bereich 0 V ≤ u_{a1} ≤ -4 V. Danach bleibt dieses Integrationsergebnis als Ladezustand des Kondensators erhalten, bis sich das Eingangssignal erneut ändert. In diesem Fall folgt ein zweiter Integrationsvorgang, der auf dem Ergebnis der ersten Integration aufbaut (-4 V ≤ u_{a2} ≤ -8 V).

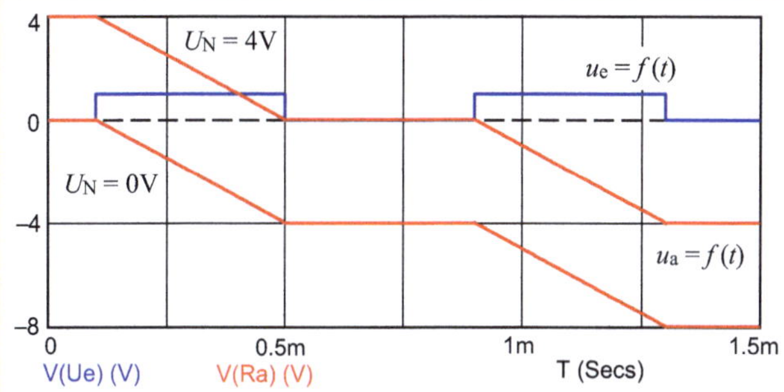

Bild 8.28 Integrationsergebnis ohne und mit Vorladung

Zur Überprüfung des Integrationsergebnisses dient Formel 8.30 für den Zeitraum $t_0 \leq t \leq t_E$:

$$U_{a1}(t_E) = -\frac{1}{\tau_{1N}} \cdot (U_{PH} - U_{PL}) \cdot (t_E - t_0) = -\frac{1}{100\,\mu s} \cdot 1\,V \cdot 400\,\mu s = -4\,V$$

Nun soll eine Vorladung als Randbedingung der Integration eingebracht werden. Als Vorladespannung wird ein Wert von $U_N(t_0)$ = +4 V gewählt. Dieser Wert muss in der *PartName*-Liste von C_N mit IC=4 gesetzt werden. Jetzt sinkt die Ausgangsspannung [ausgehend vom Wert $U_N(t_0)$ = +4 V] linear und erreicht zum Zeitpunkt t_E nach Formel 8.31 einen Wert $U_{a3}(t_E)$ = 0 V. Der dabei durchlaufene Spannungshub von 4 V bleibt im Vergleich zur Integration ohne Vorladung erhalten. Zur Überprüfung dieses Integrationsergebnisses dient Formel 8.31 für den Zeitraum $t_0 \leq t \leq t_E$:

$$U_{a3}(t_E) = U_N - \frac{1}{\tau_{1N}} \cdot (U_{PH} - U_{PL}) \cdot (t_E - t_0) = 4\,V - \frac{1}{100\,\mu s} \cdot 1\,V \cdot 400\,\mu s = 0\,V$$

Ein zweiter Integrationsvorgang baut auf dem ersten Integrationsergebnis auf: (0 V ≤ u_{a4} ≤ -4 V).

8.6 Komparatoren

Komparatoren sind Schaltungen, die einen Amplitudenvergleich zwischen der Eingangsspannung u_e und einer Referenzspannung U_{ref} ermöglichen. Bild 8.29 zeigt eine einfache Realisierungsvariante. Die beiden Dioden verhindern gemeinsam mit den Widerständen eine Eingangsübersteuerung.

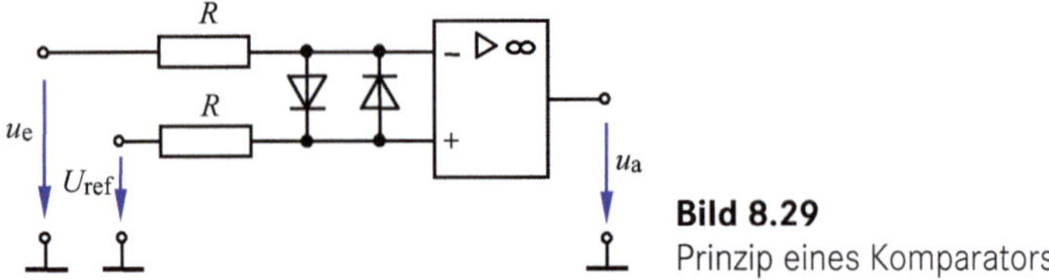

Bild 8.29
Prinzip eines Komparators

Die Ausgangsspannung des Komparators signalisiert mit dem positiven oder dem negativen Wert der Sättigungsspannung folgende Relationen am Eingang:

$$u_e < U_{ref}: \quad \Rightarrow \quad u_a \approx +U_S$$

$$u_e > U_{ref}: \quad \Rightarrow \quad u_a \approx -U_S$$

Komparatoren mit Hystereseeigenschaften arbeiten als Schwellwertschalter (vgl. Schmitt-Trigger). Sie reagieren beim Überschreiten einer Eingangsschwellspannung U_{e1} mit einem Einschaltvorgang und beim Unterschreiten einer weiteren Eingangsschwellspannung U_{e2} mit einem Ausschaltvorgang. Die Differenz der beiden Schwellspannungswerte wird als Schalthysterese bezeichnet: $U_e = U_{e1} - U_{e2}$.

Komparatoren können als invertierender oder als nichtinvertierender Schwellwertschalter aufgebaut werden. Dazu ist der jeweilige Bezugseingang des OV mit der erforderlichen Referenzspannung zu belegen. Bild 8.30 zeigt auf der linken Seite einen Schwellwertschalter mit invertierenden Eigenschaften.

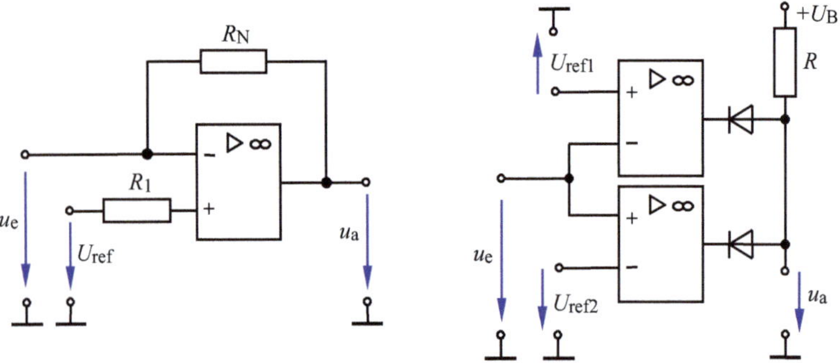

Bild 8.30 Invertierender Schwellwertschalter (links) und Fensterkomparator (rechts)

Schaltet man zwei Komparatoren zusammen, entsteht ein Fensterkomparator.

Die beiden Referenzspannungen begrenzen eine Fensterspannung $U_F = | U_{ref1} - U_{ref2} |$.

Liegt die Eingangsspannung innerhalb dieses Spannungsfensters, schaltet der Komparator in die positive Sättigung. Ansonsten liegt die negative Sättigungsspannung am Ausgang.

$$U_{ref2} < u_e < U_{ref1}: \quad \Rightarrow \quad u_a \approx +U_S$$

$$U_{ref2} > u_e > U_{ref1}: \quad \Rightarrow \quad u_a \approx -U_S$$

Lehrbeispiel 8.7

Simulieren Sie die Arbeitsweise eines invertierenden Schwellwertschalters nach Bild 8.30. Als OV kann wieder der Typ LF441 mit $R_N = R_1 \approx 10\ k\Omega$ verwendet werden.

Da die Simulationsschaltung im Vergleich zu Bild 8.30 keine Besonderheiten aufweist, kann auf ihre Darstellung verzichtet werden. Als Referenzspannung wird ein Wert von $U_{ref} = 1$ V gewählt und mit einer DC-Quelle eingestellt. Die Eingangsspannung u_e speist die Universalquelle / Sin / mit einem Maximalwert von 3 V und einer Frequenz von 100 Hz ein. Damit soll der zu simulierende Umschaltvorgang ausgelöst werden. Bild 8.31 zeigt das Ergebnis mit der Analyse *Transient*.

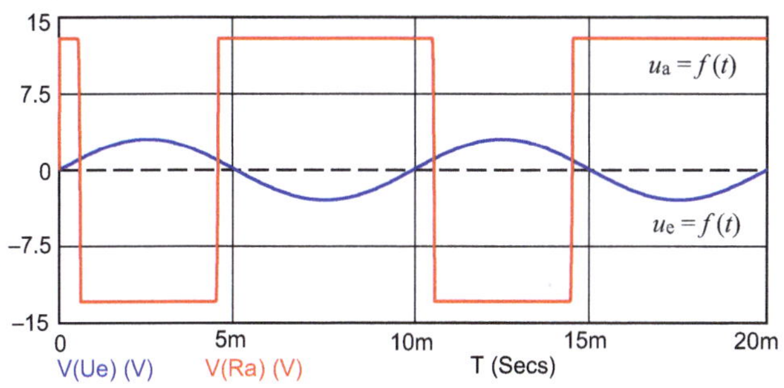

Bild 8.31 Spannungsverläufe beim Schwellwertschalter

Der Komparator schaltet bei jedem Augenblickswert der Eingangsspannung $u_e = +1$ V zwischen den beiden Sättigungsspannungen hin und her. Bei $u_e < 1$ V gilt: $u_a = +U_S$. Durch eine Änderung der X-Variablen [T → V(Ra)] kann das Bild 8.31 in eine Spannungsdarstellung überführt werden.

Bild 8.32 zeigt den Verlauf der Ausgangsspannung bei Variation der Eingangsspannung. Da beide Spannungen aus den Zeitfunktionen abgeleitet wurden, ist der zeitliche Verlauf der Schaltvorgänge nur noch im Vergleich mit Bild 8.31 (Bereich: $0 \le t \le 5$ ms) erkennbar. Die Ausgangsspannung wird bei $U_{ref} = 1$ V von + U_S nach - U_S und dann wieder zurück geschaltet.

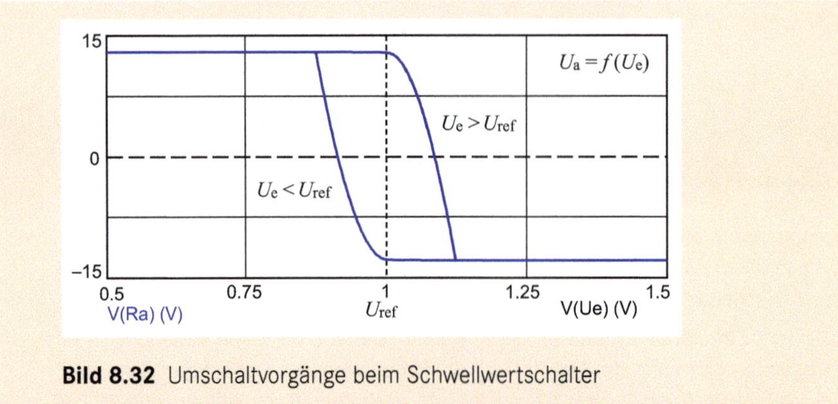

Bild 8.32 Umschaltvorgänge beim Schwellwertschalter

Ein idealer OV ordnet bei offener Schleife jeder negativen Eingangsspannung ($U_e < 0$) eine Ausgangsspannung $U_{a,min} \approx -U_S$ und jeder positiven Eingangsspannung ($U_e > 0$) eine Ausgangsspannung $U_{a,max} \approx +U_S$ zu. An der Grenze zwischen diesen analogen Wertebereichen erfolgt die Umschaltung in den jeweils anderen Zustand. Das Umschaltverhalten kann mit einem Komparator verändert werden. Bild 8.33 (links) zeigt die Verschiebung der Schaltschwelle in Pfeilrichtung bei der Verwendung eines nichtinvertierenden Komparators.

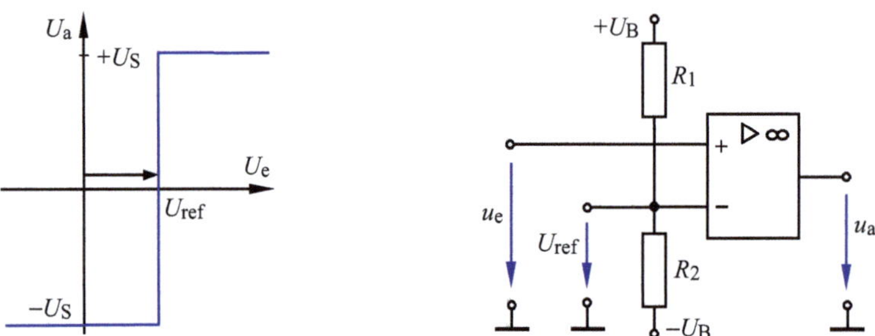

Bild 8.33 Verschiebung der Schaltschwelle (links) und Erzeugung einer Referenzspannung (rechts)

Durch die an den invertierenden Eingang angelegte bzw. in Bild 8.33 (rechts) mit einem Spannungsteiler R_1/R_2 erzeugte Referenzspannung wird die Schaltschwelle in Richtung größerer Eingangsspannungen verschoben. Die Ausgangsspannung ist dann von folgenden Relationen zwischen Eingangs- und Referenzspannung abhängig. Es gilt:

$$u_a = \begin{cases} U_{a,min} \approx -U_S & (u_e < U_{ref}) \\ U_{a,max} \approx +U_S & (u_e > U_{ref}) \end{cases}$$

Ein bevorzugtes Einsatzgebiet von Komparatoren besteht in der Wandlung analoger Signale (zeit- oder wertkontinuierlich) in ihr digitales Abbild (zeit- oder wertdiskret). Solche Wandler (A/D-Wandler oder A/D-Umsetzer) sollen die geforderte Umsetzung möglichst schnell und mit einem minimalen Restfehler vornehmen. Dazu existiert eine Vielzahl von speziellen Wandlerschaltkreisen, die auf der Grundlage unterschiedlicher Verfahren (z.B. Zählverfahren, Approximationsverfahren und Parallelverfahren) arbeiten.

Das Parallelverfahren zeichnet sich durch eine hohe Umsetzgeschwindigkeit (Umsetztakt: einige 100 MHz) aus. Es erfordert aber einen sehr hohen technischen Aufwand und besitzt nur eine begrenzte Genauigkeit. Deshalb findet der praktische Einsatz dieses Verfahrens bei Verarbeitungsbreiten von 8 bit seine Grenzen. Die Umsetzung des kontinuierlichen in das diskrete Signal erfolgt in einem einzigen Verarbeitungsschritt. Dazu werden Komparatoren eingesetzt, die das Eingangssignal gleichzeitig mit allen Spannungsstufen des Wandlers vergleichen. In jedem zeitlichen Verarbeitungstakt wird eine Entscheidung getroffen, zwischen welchen beiden Referenzspannungen der Augenblickswert der Eingangsspannung liegt. Die Referenzspannungen werden von einem Spannungsteiler erzeugt, der aus *n* Widerständen besteht. Da diese Widerstände nur eine endliche Genauigkeit aufweisen, bestimmen sie die Präzision des Parallelverfahrens.

8.7 Konstantstromquellen

Stromquellen werden zur Stromeinspeisung benötigt. Die Stromquelle soll einen sehr großen Innenwiderstand aufweisen, um einen Lastwiderstand $R_a = R_L$ möglichst unabhängig von seiner Größe mit einem konstanten Strom versorgen zu können (vgl. [6] - Abschnitt 3.4).

Bild 8.34 zeigt die Schaltung einer spannungsgesteuerten Stromquelle mit OV.

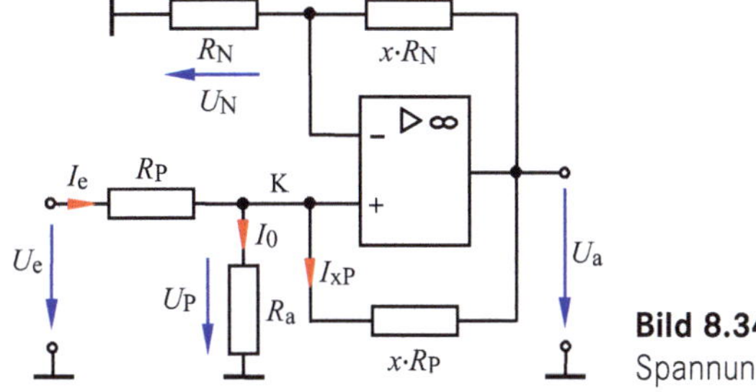

Bild 8.34
Spannungsgesteuerte Stromquelle

Zur Berechnung des Konstantstromes I_0 wird der Knotenpunktsatz für den Knoten K am nichtinvertierenden Anschluss angewendet. Mit $I_P = 0$ gilt: $I_e = I_0 + I_{xP}$.

$$\frac{U_e - U_P}{R_P} = I_0 + \frac{U_P - U_a}{x \cdot R_P}$$

$$\frac{U_e}{R_P} = I_0 + \frac{U_P}{R_P} + \frac{U_P}{x \cdot R_P} - \frac{U_a}{x \cdot R_P}$$

$$\frac{U_e}{R_P} = I_0 + \frac{1}{x \cdot R_P}(x \cdot U_P + U_P - U_a) \qquad (8.32)$$

Für die Kombination R_N und $x \cdot R_N$ im oberen Teil von Bild 8.34 kann wegen $I_N = 0$ die Spannungsteilerregel angesetzt werden. Da bei einem idealen OV die Differenzspannung im Bereich der linearen Verstärkung gleich null ist, erhält man mit $U_P = U_N$ die Formel 8.33.

$$\frac{U_N}{U_a} = \frac{R_N}{R_N + x \cdot R_N} = \frac{1}{1 + x}$$

$$U_N = U_P = \frac{U_a}{1 + x} \qquad (8.33)$$

Aus Formel 8.33 erhält man für den Klammerausdruck in Formel 8.32:

$$x \cdot U_P + U_P - U_a = 0.$$

Damit ergibt sich der Strom I_0 der Stromquelle über das Ohmsche Gesetz:

$$I_0 = \frac{U_P}{R_a} = \frac{U_e}{R_P} \qquad (8.34)$$

Die Größe des von der Stromquelle gelieferten Konstantstromes I_0 kann demzufolge mit der Eingangsspannung U_e (in den Grenzen des Aussteuerbereiches) eingestellt werden.

8.8 Spitzenwertgleichrichter

Im Rahmen der Analyse periodischer und nichtperiodischer Zeitfunktionen ist in der Praxis häufig der Verlauf bzw. die Veränderung des Spitzenwertes von Interesse. Dazu kann ein Spitzenwertgleichrichter nach Bild 8.35 eingesetzt werden.

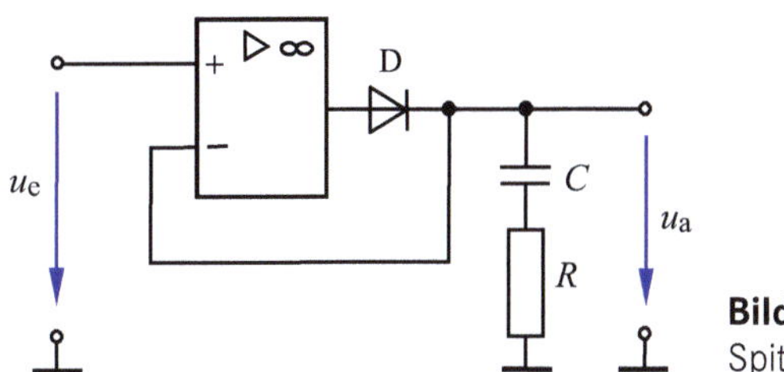

Bild 8.35
Spitzenwertgleichrichter

Beim Anstieg der Eingangsspannung wird der Kondensator geladen. Dieser Ladevorgang ist vorerst abgeschlossen, wenn die Bedingung $U_C = \hat{U}_e$ erfüllt ist. Die Kondensatorspannung liegt dann über dem Ausgang der Schaltung. Der Kondensator speichert diesen Wert, weil die Diode sperrt und der als ideal angenommene OV eine Entladung verhindert. Die Zeitkonstante der RC-Kombination ist an das gewünschte Verhalten der Schaltung anzupassen:

1. Falls der nachfolgende Spitzenwert kleiner als sein Vorgänger ist, kann er nur registriert werden, wenn sich der Kondensator rechtzeitig über dem Lastwiderstand (Eingangswiderstand der nachfolgenden Schaltung) auf einen kleineren Wert entladen hat. Ansonsten bleibt der letzte Spitzenwert als Ladezustand im Kondensator gespeichert.
2. Falls immer nur der größere Wert im Vergleich zum Vorgänger registriert werden soll, muss eine Entladung des Kondensators über dem Lastwiderstand verhindert werden.

Lehrbeispiel 8.8

Simulieren Sie die Arbeitsweise eines Spitzenwertgleichrichters nach Bild 8.35, der den letzten größten Spitzenwert einer in der Amplitude variablen sinusförmigen Wechselspannung registriert und zur Anzeige bringt.
Geg.: $R = 10\ \Omega$; $C = 2\ \mu F$ und $f = 100$ Hz.

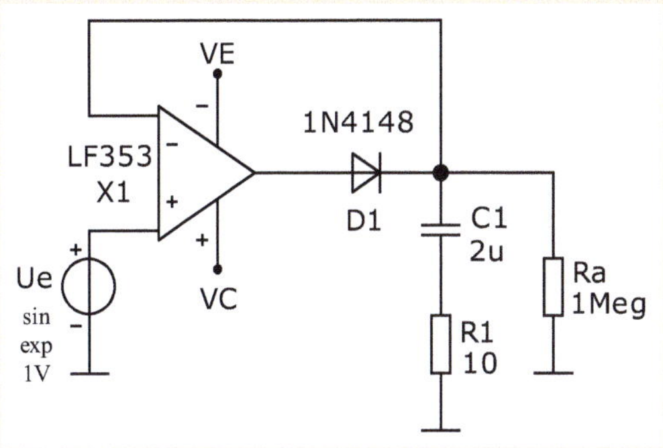

VE, LF353, X1, 1N4148, D1, C1 2u, Ue sin exp 1V, VC, Ra 1Meg, R1 10

Bild 8.36
Simulation eines Spitzenwertgleichrichters

Bild 8.36 zeigt die verwendete Simulationsschaltung mit dem Operationsverstärker LF353. Als Diode wird die universelle Gleichrichter- und Schaltdiode 2N4148 verwendet. Die RC-Kombination hat eine Zeitkonstante von τ = 20 µs. Damit ist der Wert 5τ = 100 µs noch hinreichend klein gegenüber der Periodendauer des Eingangssignals mit T = 10 ms. Das für eine Anzeige benötigte Instrument sei hochohmig und wird mit einem Lastwiderstand R_a = 1 MΩ nachgebildet.

Die Eingangsspannung kann von der Universalquelle / Sin / bereitgestellt werden. In der *PartName*-Liste sind folgende Einstellungen erforderlich:
VO=0 / VA=1 / F0=100 / DF=-50. Die Quelle liefert jetzt eine sinusförmige Wechselspannung ohne Gleichanteil mit einer Frequenz von f = 100 Hz und einem ersten Maximalwert von 1 V. Danach wird die Funktion pro Periode verstärkt, deren Anstieg durch den Faktor 50 bestimmt wird. Dieser Faktor DF steht für einen Dämpfungsfaktor, wenn er mit einem positiven Wert angegeben wird. Bei einem negativen Wert entsteht daraus eine Verstärkung, die laut Aufgabenstellung dafür sorgt, dass die Amplitude der Sinusfunktion in jeder Halbwelle ansteigt.

In Bild 8.37 ist der Verlauf der Eingangsspannung im Zusammenhang mit dem Ergebnis der Spitzenwertgleichrichtung dargestellt. Der Kondensator „hält“ die Ausgangsspannung $u_a(t)$ auf dem letzten Spitzenwert von $u_e(t)$.

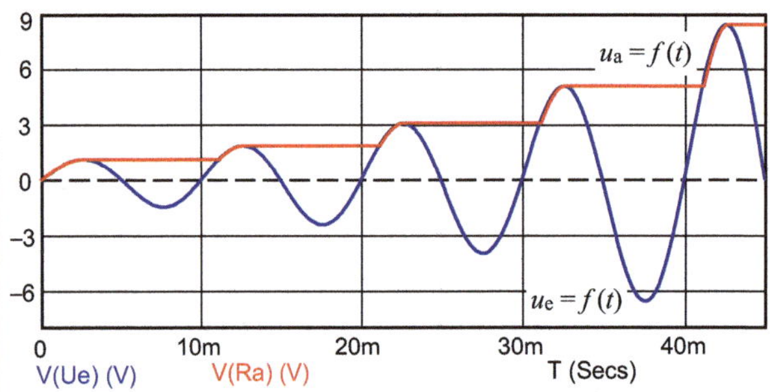

Bild 8.37 Spitzenwertgleichrichtung bei Amplitudenänderung

Bild 8.38 zeigt als Ergänzung zu dieser Aufgabenstellung den Verlauf eines selektierten Spitzenwertes für eine willkürliche Änderung der Eingangsspannung.

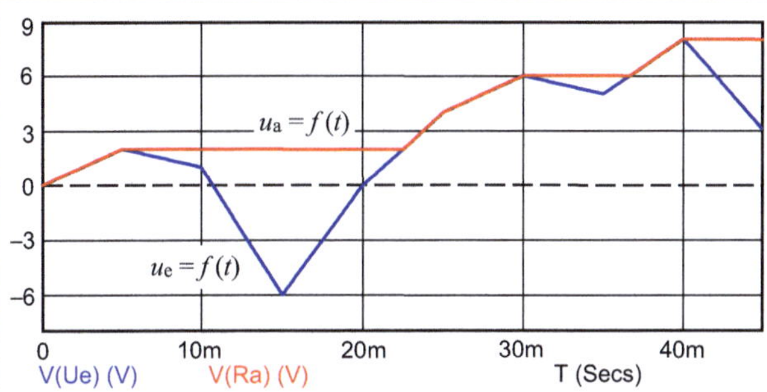

Bild 8.38 Verlauf des Spitzenwertes bei einer beliebigen Spannungsänderung

Diese Eingangsspannung kann mit einer Quelle PWL erzeugt werden. Dazu sind Wertepaare im Format (T1,V1_T2,V2_ ...) in die *PartName*-Liste der Quelle einzugeben. Der Unterstrich steht für ein Leerzeichen. Die Quelle verbindet dann die Spannungswerte Vi zu den Zeitpunkten Ti linear so miteinander, dass eine Zeitfunktion $u_e(t)$ entsteht. Der Verlauf des Spitzenwertes orientiert sich am jeweils letzten maximalen Wert der Eingangsspannung. ■

■ 8.9 Aktive RC-Filter

Filter sind frequenzselektive Übertragungssysteme, die längs der Frequenzachse einen Durchlassbereich und einen Sperrbereich (Tief- bzw. Hochpass) oder zwei Sperrbereiche (Bandpass) aufweisen. Der Spezialfall mit einem Sperrbereich und zwei Durchlassbereichen wird als Bandsperre bezeichnet (vgl. auch [6] - Abschnitt 10.2 und 10.3).

Aktive Filter werden mit einer Verstärkerschaltung (hier: Operationsverstärker) realisiert. Dazu schaltet man in den Rückkopplungszweig und/oder in die beiden Eingangszweige Bauelemente mit einem frequenzabhängigen Widerstand ($\underline{Z}_L$ oder $\underline{Z}_C$). Aus Gründen der einfacheren schaltungstechnischen Realisierbarkeit werden RC-Kombinationen bevorzugt.

Die Leistungsfähigkeit eines Filters kann unter anderem über seine Ordnung n beschrieben werden. Diese Ordnung gibt an, mit welcher Steilheit der Amplitudenfrequenzgang der Verstärkung beim Übergang vom Durchlassbereich in den Sperrbereich verläuft. Bild 8.39 zeigt den idealisierten Amplitudenfrequenzgang der Verstärkung eines Tiefpasses 3. Ordnung.

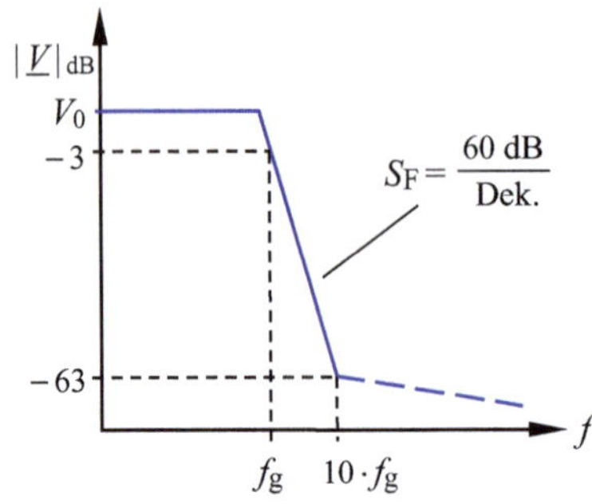

Bild 8.39
Amplitudenfrequenzgang der Verstärkung eines Tiefpasses 3. Ordnung

Nach Formel 8.35 besitzt dieser Tiefpass 3. Ordnung eine Flankensteilheit von 60 dB pro Frequenzdekade (Dek.). Die Filter-Flankensteilheit S_F beschreibt demzufolge den Übergang vom Durchlass- in den Sperrbereich über das ganzzahlige Vielfache n (n = Ordnung) einer Dämpfung von 20 dB längs der Frequenzdekade. Dabei ist die Dekade von der jeweiligen Grenzfrequenz in Richtung des Sperrbereiches zu rechnen.

$$S_F = \frac{n \cdot 20\ \text{dB}}{\text{Dek.}} \tag{8.35}$$

In der Elektroakustik arbeitet man häufig mit Filtern, deren Grenzfrequenzen und Bandbreiten auf der Basis von Terzen bzw. von Oktaven festgelegt werden. Für die Umrechnung der Filter-Flankensteilheit gilt folgende Näherungsrechnung:

$$\frac{n \cdot 20\ \text{dB}}{\text{Dek.}} \approx \frac{n \cdot 6\ \text{dB}}{\text{Okt.}}$$

Die Oktave (Okt.) wird von der jeweiligen Grenzfrequenz zur doppelten bzw. zur halben Grenzfrequenz (also über den Faktor 2 bzw. 0,5) in Richtung des Sperrbereichs gerechnet.

8.9.1 Tief- und Hochpässe

Tief- und Hochpassschaltungen übertragen einen Frequenzbereich unterhalb einer Grenzfrequenz (Tiefpass) oder oberhalb einer Grenzfrequenz (Hochpass) und dämpfen spektrale Komponenten jenseits des Durchlassbereiches gemäß ihrer Ordnung n. Der Übergang in den Sperrbereich verläuft mit einer Flankensteilheit nach Formel 8.35. Eine größere Ordnung erfordert einen höheren schaltungstechnischen Aufwand.

Tief- und Hochpass mit invertierendem OV

Ein Tiefpass 1. Ordnung dämpft spektrale Signalkomponenten mit der Frequenz von $10\,f_g$ um 20 dB. Die Tiefpasswirkung kann durch Einschalten eines Kondensators in die Gegenkopplung eines invertierenden Operationsverstärkers erreicht werden (Bild 8.40 - links). Ein Hochpass 1. Ordnung dämpft eine spekrale Signalkomponente mit der Frequenz von $0{,}1\,f_g$ um 20 dB. Eine Hochpasswirkung entsteht durch das Einschalten eines Kondensators in den Eingangszweig eines invertierenden OV (Bild 8.40 - rechts).

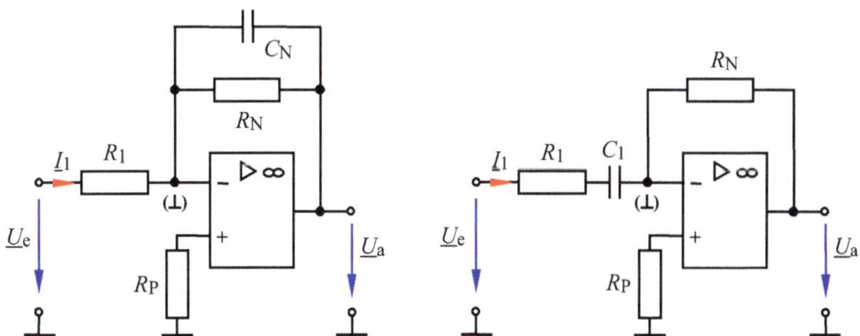

Bild 8.40 Aktiver Tiefpass (links) und aktiver Hochpass (rechts) mit invertierendem OV

Die Grenzfrequenz des Tiefpasses wird über die komplexe Übertragungsfunktion berechnet. Bei einem als ideal angenommenen Operationsverstärker kann die Kombination $\underline{Z}_N$ und R_1 als eine Reihenschaltung aufgefasst werden. Der Knotenpunkt am invertierenden Eingang besitzt Nullpotential (virtuelle Masse). Bei der Berechnung des komplexen Spannungsteilers dient dieser Knoten als Bezugspunkt. Die Spannungszählpfeile von $\underline{U}_a$ und $\underline{U}_e$ zeigen zu diesem Punkt (⊥). Sie weisen aber in der Masche eine entgegengesetzte Richtung auf. Somit muss der Teiler ein negatives Vorzeichen erhalten (invertierendes Verhalten).

$$\frac{\underline{U}_a}{\underline{U}_e} = -\frac{R_N \parallel \dfrac{1}{j\omega C_N}}{R_1} = -\frac{\dfrac{R_N}{1 + j\omega C_N \cdot R_N}}{R_1}$$

Nun wird das aus Abschnitt 8.4.1 bereits bekannte Verhältnis R_N/R_1 ausgeklammert. Damit entstehen ein frequenzunabhängiger sowie ein frequenzabhängiger Ausdruck. Der von der Frequenz unabhängige Term entspricht der Grundverstärkung V_0 des invertierenden OV (Formel 8.22) bei $f = 0$. Das negative Vorzeichen ist Bestandteil von V_0.

$$\frac{\underline{U}_a}{\underline{U}_e} = -\frac{R_N}{R_1} \cdot \frac{1}{1 + j\omega C_N \cdot R_N} = V_0 \cdot \frac{1}{1 + j\omega C_N \cdot R_N}$$

Der Betrag dieser komplexen Übertragungsfunktion wird beim Erreichen der Grenzfrequenz gleich $V_0/\sqrt{2}$ (vgl. [6] – Kap. 10). Daraus kann die Grenzfrequenz bestimmt werden:

$$\left|\frac{\underline{U}_a}{\underline{U}_e}\right| = V_0 \cdot \frac{1}{\sqrt{1+\omega_g^2 C_N^2 R_N^2}} = V_0 \cdot \frac{1}{\sqrt{2}}$$

Somit gilt: $\omega_g^2 C_N^2 R_N^2 = 1$

$$f_g = \frac{1}{2\pi \cdot R_N C_N} \tag{8.36}$$

Die Berechnung der Grenzfrequenz des Hochpasses wird analog zum Tiefpass ausgeführt.

$$\frac{\underline{U}_a}{\underline{U}_e} = -\frac{R_N}{R_1 + \frac{1}{\mathrm{j}\omega C_1}} = -\frac{R_N}{R_1 \cdot \left(1+\frac{1}{\mathrm{j}\omega C_1 R_1}\right)} = -\frac{R_N}{R_1} \cdot \frac{1}{1+\frac{1}{\mathrm{j}\omega C_1 R_1}}$$

Das negative Verhältnis von R_N und R_1 entspricht jetzt der Grundverstärkung V_∞ (Formel 8.22) bei einer Frequenz $f \to \infty$.

$$\frac{\underline{U}_a}{\underline{U}_e} = V_\infty \cdot \frac{1}{1+\frac{1}{\mathrm{j}\omega C_1 R_1}}$$

$$\left|\frac{\underline{U}_a}{\underline{U}_e}\right| = V_\infty \cdot \frac{1}{\sqrt{1+\frac{1}{\omega_g^2 C_1^2 R_1^2}}} = V_\infty \cdot \frac{1}{\sqrt{2}}$$

Damit erhalten wir die Grenzfrequenz nach Vorbild von Formel 8.36.

Tief- und Hochpass mit nichtinvertierendem OV

Tief- und Hochpassschaltungen können auch mit einem Elektrometerverstärker aufgebaut werden. Dazu beschaltet man den nichtinvertierenden Eingang des Elektrometerverstärkers mit einer RC-Kombination nach Vorbild eines frequenzabhängigen Spannungsteilers. Ein Tiefpass wird mit einem ohmschen Widerstand im Längszweig und mit einem Kondensator im Querzweig realisiert. Bild 8.41 zeigt links die Schaltung eines Tiefpasses 1. Ordnung mit Elektrometerverstärker.

Zur Berechnung der komplexen Übertragungsfunktion muss ein doppelter Spannungsteiler angewendet werden. Der erste Teiler beschreibt den Zusammenhang zwischen $\underline{U}_a$ und $\underline{U}_N$. Bei einer Differenzspannung von null (idealer OV) ist $\underline{U}_P$ gleich $\underline{U}_N$. Dann kann man mit dem zweiten Teiler das Verhältnis zwischen $\underline{U}_P$ und $\underline{U}_e$ beschreiben:

$$\frac{\underline{U}_a}{\underline{U}_e} = \frac{\underline{U}_a}{\underline{U}_N} \cdot \frac{\underline{U}_P}{\underline{U}_e} = \frac{R_1 + R_2}{R_2} \cdot \frac{\frac{1}{j\omega C}}{R + \frac{1}{j\omega C}} = \left(1 + \frac{R_1}{R_2}\right) \cdot \frac{1}{1 + j\omega CR} = V_0 \cdot \frac{1}{1 + j\omega CR}$$

Der erste (von der Frequenz unabhängige) Ausdruck entspricht der Grundverstärkung V_0 des Elektrometerverstärkers nach Formel 8.23.

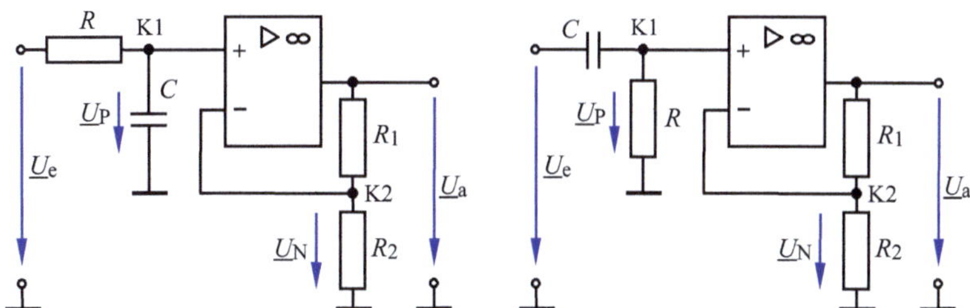

Bild 8.41 Tiefpass (links) und Hochpass (rechts) mit Elektrometerverstärker

Der zweite Ausdruck ist frequenzabhängig und bestimmt somit die Grenzfrequenz der Passschaltung. Der Betrag dieses Ausdruckes ist bei Erreichen der Grenzfrequenz gleich $V_0/\sqrt{2}$.

$$\left|\frac{\underline{U}_a}{\underline{U}_e}\right| = V_0 \cdot \frac{1}{\sqrt{1 + \omega^2 C^2 R^2}} = V_0 \cdot \frac{1}{\sqrt{2}}$$

In Bild 8.41 ist rechts die Schaltung eines Hochpasses mit einem Elektrometerverstärker dargestellt. Im Vergleich zum Tiefpass wurde lediglich die schaltungstechnische Position von R und C im Eingangszweig vertauscht. Die Berechnung der Grenzfrequenz wird analog zur Berechnung des Tiefpasses vorgenommen. Für den komplexen Spannungsteiler gilt:

$$\frac{\underline{U}_a}{\underline{U}_e} = \frac{\underline{U}_a}{\underline{U}_N} \cdot \frac{\underline{U}_P}{\underline{U}_e} = \frac{R_1 + R_2}{R_2} \cdot \frac{R}{R + \frac{1}{j\omega C}} = V_\infty \cdot \frac{1}{1 + \frac{1}{j\omega CR}}$$

$$\left|\frac{\underline{U}_a}{\underline{U}_e}\right| = V_\infty \cdot \frac{1}{\sqrt{1 + \frac{1}{\omega^2 C^2 R^2}}} = V_\infty \cdot \frac{1}{\sqrt{2}}$$

Somit gilt wie beim Tiefpass: $\omega_g^2 C^2 R^2 = 1$.

Damit erhalten wir wieder die Grenzfrequenz nach Vorbild von Formel 8.36:

$$f_g = \frac{1}{2\pi \cdot RC}$$

Aus den bisherigen Ausführungen kann die Schlussfolgerungen abgeleitet werden, dass der Einsatz einer RC-Kombination zu einer Tiefpass- oder zu einer Hochpass-Wirkung führt. Die Position des Kondensators ist dafür zuständig. In allen Fällen gilt die Formel 8.36. Man muss lediglich die aktuellen Indizes für die Bauelemente *R* und *C* verwenden.

Lehrbeispiel 8.9

Ein Tiefpass 1. Ordnung mit invertierendem OV soll bei einer Grenzfrequenz von f_g = 5 kHz arbeiten und eine Grundverstärkung von $|V_0|$ = 3 aufweisen. Bestimmen Sie die Werte der zur Beschaltung des OV erforderlichen Bauelemente und simulieren Sie das Übertragungsverhalten der Schaltung.

Der Kondensator wird mit C_N = 4,7 nF gewählt. Dann kann der Widerstand R_N nach Formel 8.36 berechnet werden.

$$R_N = \frac{1}{2\pi \cdot f_g \cdot C_N} = \frac{1}{2\pi \cdot 5\ \text{kHz} \cdot 4{,}7\ \text{nF}} \approx 6{,}8\ \text{k}\Omega$$

Dieser Wert ist Bestandteil der E-24-Reihe. Für die geforderte Grundverstärkung von $|V_0|$ = 3 gilt die Formel 8.22:

$$R_1 = \frac{R_N}{|V|} \approx \frac{6{,}8\ \text{k}\Omega}{3} \approx 2{,}26\ \text{k}\Omega$$

Es wird ein Widerstandswert R_1 = 2,2 k aus der E-24-Reihe gewählt. In Bild 8.42 ist die Schaltung zur Simulation des Tiefpasses dargestellt. Als Operationsverstärker wird in den folgenden Beispielen der Typ LM741 verwendet. Nach Angaben des Herstellers ist er bereits mit einer internen Frequenzgangkorrektur ausgestattet, die für Anwendungen im NF-Bereich ausreichen sollte. Zur Simulation wird die Analyse *AC* im Bereich 10 Hz ≤ *f* ≤ 10 MHz eingesetzt. Bild 8.43 zeigt den Frequenzgang der Ausgangsspannung bei $\hat{U}_e$ = 1 V.

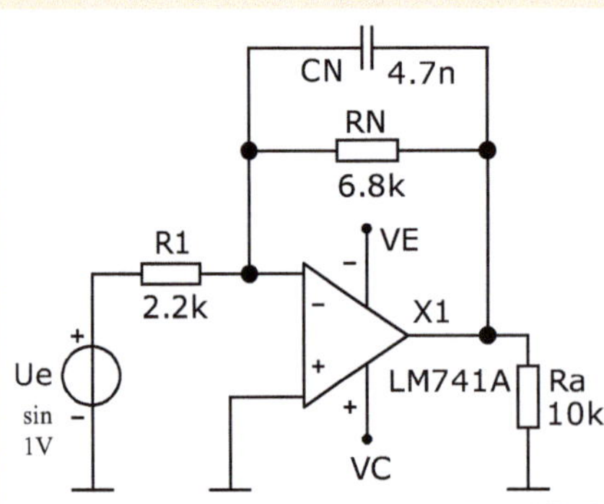

Bild 8.42
Simulation eines Tiefpasses mit invertierendem OV

Die Ausgangsspannung ist infolge der Anpassung des Widerstandes R_1 an die E-Reihe etwas größer ($U_a \approx 3{,}09$ V). Bei einer Frequenz $f_g = 5$ kHz gilt:

$$|V|_{fg} = \frac{V_0}{\sqrt{2}} = \frac{\hat{U}_{a0}}{\hat{U}_{e0} \cdot \sqrt{2}} = \frac{3{,}09\ \text{V}}{1\ \text{V}} \cdot 0{,}707 = 2{,}185$$

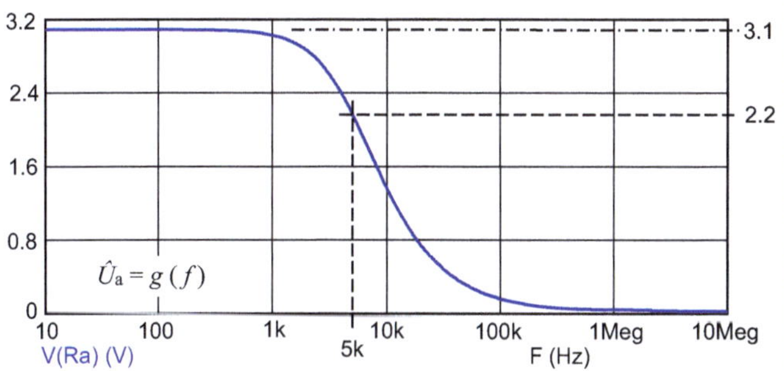

Bild 8.43 Amplitudenfrequenzgang eines Tiefpasses mit invertierendem OV

In der Pegeldarstellung des Frequenzganges der Verstärkung (Bild 8.44 - oben) kann eine Flankensteilheit von 20 dB/Dek. ablesen werden. An der Grenzfrequenz $f_g = 5$ kHz (Bild 8.44 - unten) wird eine Phasenverschiebung von 135° verursacht.

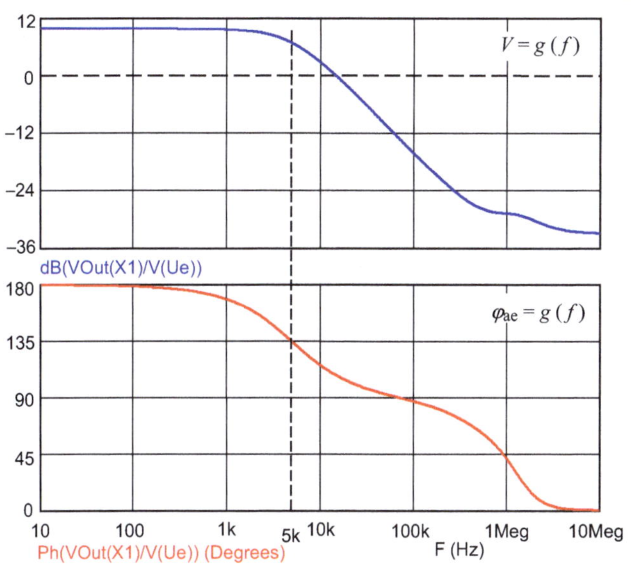

Bild 8.44 Frequenzgang des Pegels der Verstärkung (oben) und Phasenfrequenzgang (unten)

Zur Vergrößerung der Steilheit der Flanke beim Übergang vom Durchlassbereich in den Sperrbereich müssen zusätzliche RC-Kombinationen in die äußere Beschaltung des OV eingebracht werden. Dazu sind z. B. Maßnahmen in Form einer Einfachmitkopplung oder einer Zweifachgegenkopplung erforderlich.

Tief- und Hochpass mit Einfachmitkopplung

Für eine Erhöhung der Flankensteilheit auf $S_F > 35$ dB/Dek. (≈ 2. Ordnung) kann man einen Elektrometerverstärker mit Einfachmitkopplung verwenden. Bild 8.45 zeigt die Schaltung eines Tiefpasses. Für die Umwandlung in einen entsprechenden Hochpass müssen die rechts neben dem Bild angegebenen Änderungen vorgenommen werden.

Das Ausgangssignal des Elektrometerverstärkers koppelt man über den Spannungsteiler ($R_1 + R_2$) auf den invertierenden Eingang (N) sowie über die Kombination (C_3 & R_4) auf den nichtinvertierenden Eingang (P) zurück. Die zweifache Tiefpasswirkung wird durch die Kombinationen (R_4 & C_4) und (R_3 & C_3) erreicht. Das Verhältnis der Widerstände R_1 und R_2 bestimmt die (hier nicht unkritische) Grundverstärkung bei $f = 0$.

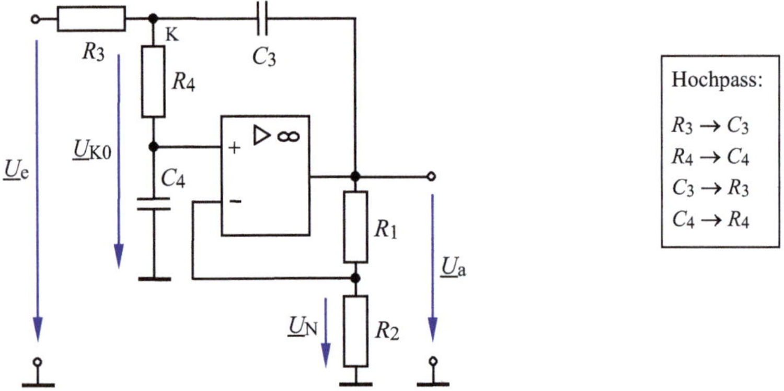

Bild 8.45 Tiefpass mit Einfachmitkopplung (rechts: Änderungen für einen Hochpass)

Zur Herleitung einer Berechnungsvorschrift für die Grenzfrequenz dieses Tiefpasses wird der Knotenpunktsatz auf den Knoten K angewendet. Es gilt:

$$\underline{I}_{R3}(\rightarrow) + \underline{I}_{C3}(\leftarrow) - \underline{I}_{R4}(\downarrow) = 0$$

$$\frac{\underline{U}_{R3}}{R_3} + \frac{\underline{U}_{C3}}{jX_3} - \frac{\underline{U}_{R4}}{R_4} = 0$$

Die Ersatzspannung $\underline{U}_{K0}$ fällt vom Knoten K gegen Masse ⊥ ab (Reihenschaltung R_4 + j X_4) und kann als Zwischengröße für die Berechnung eingesetzt werden:

$$\frac{\underline{U}_e - \underline{U}_{K0}}{R_3} + \frac{\underline{U}_a - \underline{U}_{K0}}{\mathrm{j}X_3} - \frac{\underline{U}_{K0} - \underline{U}_P}{R_4} = 0$$

$$\frac{\underline{U}_e}{R_3} + \frac{\underline{U}_a}{\mathrm{j}X_3} + \frac{\underline{U}_P}{R_4} = \underline{U}_{K0} \cdot \left(\frac{1}{R_3} + \frac{1}{\mathrm{j}X_3} + \frac{1}{R_4} \right) \tag{8.37}$$

$$\frac{\underline{U}_{K0}}{\underline{U}_P} = \frac{R_4 + \mathrm{j}X_4}{\mathrm{j}X_4} = \frac{R_4 + \frac{1}{\mathrm{j}\omega C_4}}{\frac{1}{\mathrm{j}\omega C_4}} = 1 + \mathrm{j}\omega C_4 R_4 \quad \Rightarrow \quad \underline{U}_{K0} = \underline{U}_P \cdot (1 + \mathrm{j}\omega C_4 R_4)$$

Die Spannung $\underline{U}_P = \underline{U}_N$ ergibt sich aus der Grundverstärkung V_0 nach Formel 8.23:

$$\frac{\underline{U}_P}{\underline{U}_a} = \frac{R_2}{R_1 + R_2} \quad \Rightarrow \quad \underline{U}_P = \frac{\underline{U}_a}{V_0}$$

Durch Einsetzen von $\underline{U}_{K0}$ und $\underline{U}_P$ erhält man für die Formel 8.37:

$$\frac{\underline{U}_e}{R_3} + \underline{U}_a \cdot \mathrm{j}\omega C_3 + \frac{\underline{U}_a}{V_0 \cdot R_4} = \frac{\underline{U}_a}{V_0} \cdot (1 + \mathrm{j}\omega C_4 R_4) \cdot \left(\frac{1}{R_3} + \frac{1}{R_4} + \mathrm{j}\omega C_3 \right)$$

Eine Division dieser Gleichung durch $\underline{U}_a$ führt zum Kehrwert der komplexen Verstärkung. Für den Spezialfall $R_3 = R_4 = R$ und $C_3 = C_4 = C$ ergibt sich im Ergebnis einer etwas größeren Umformung und Zusammenfassung die folgende komplexe Verstärkung:

$$\underline{V} = \frac{\underline{U}_a}{\underline{U}_e} = \frac{V_0}{1 - \omega^2 C^2 R^2 + \mathrm{j}\omega CR \cdot (3 - V_0)}$$

Die bereits bekannte Beziehung zur Berechnung der Grenzfrequenz gilt dann nur für diesen Spezialfall. Mit Formel 8.36 und $\omega_g = 2\pi \cdot f_g$ erhält man:

$$\underline{V} = \frac{\underline{U}_a}{\underline{U}_e} = \frac{V_0}{1 - \left(\frac{\omega}{\omega_g} \right)^2 + \mathrm{j}\frac{\omega}{\omega_g} \cdot (3 - V_0)}$$

Durch die Art der verwendeten Mitkopplung tritt bei $V_0 = 3$ der kritische Fall ein. Mit dem Erreichen der Grenzfrequenz wird der Realteil des Nenners infolge $\omega = \omega_g$ gleich null. Der Imaginärteil des Nenners ist bei $V_0 = 3$ wegen $(3 - V_0)$ bereits null und die Verstärkung strebt in diesem Fall gegen unendlich.

Ein günstiger Fall kann bei $V_0 = 3 - \sqrt{2}$ erreicht werden. Nur hier stimmt die Grenzfrequenz nach Vorbild der Formel 8.36 mit der 3-dB-Grenzfrequenz überein. Dabei handelt es sich um eine Charakteristik, bei der eine definierte Polgüte Q des Passes erreicht wird. Für diese Polgüte eines Tiefpasses gilt allgemein:

$$Q_{\mathrm{TP}} = \frac{1}{3 - V_0} \tag{8.38}$$

Mit $V_0 = 3 - \sqrt{2} \approx 1{,}586$ erhält man dann:

$$Q_{\mathrm{opt.}} = \frac{1}{3 - 3 + \sqrt{2}} = \frac{1}{\sqrt{2}} = 0{,}707$$

In allen anderen Fällen weicht die Kennfrequenz des Kreises mit $\omega_g = 1/RC$ von der 3-dB-Grenzfrequenz ab. Oberhalb des Falles ($1{,}586 < V_0 < 3$) kommt es dann im Amplitudenfrequenzgang der komplexen Verstärkung zu Höckerbildungen. Dieser Effekt wird auch als Tschebyscheff-Charakteristik ([2] und [10]) bezeichnet.

Für einen Hochpass mit Einfachmitkopplung gelten bei $C_3 = C_4 = C$ und $R_3 = R_4 = R$ (siehe Bild 8.45 - rechts) vergleichbare Betrachtungen zur Verstärkung.

Lehrbeispiel 8.10

Simulieren Sie die frequenzselektive Wirkung des in Bild 8.45 vorgestellten Tiefpasses mit Einfachmitkopplung. Der Pass soll im Frequenzbereich $10\ \mathrm{Hz} \leq f \leq 100\ \mathrm{kHz}$ arbeiten und eine Grenzfrequenz von $f_g = 1\ \mathrm{kHz}$ besitzen sowie eine Charakteristik nach Formel 8.38 aufweisen. *Geg.*: $\hat{U}_e = 1\ \mathrm{V}$.

Zunächst werden die Werte der Bauelemente für die äußere Beschaltung des Operationsverstärkers (hier: LM741) bestimmt. Bei einer Grundverstärkung von $V_0 \approx 1{,}586$ (siehe Formel 8.38) gilt für den Elektrometerverstärker mit Formel 8.23: $R_1 = (V_0 - 1) \cdot R_2 = (1{,}586 - 1) \cdot R_2 = 0{,}586 \cdot R_2$.

Wir wählen $R_2 = 3{,}6\ \mathrm{k\Omega}$ und erhalten $R_1 = 2{,}1\ \mathrm{k\Omega}$.

Wenn wir nun noch die Kapazitäten mit $C_{\mathrm{gew.}} = C_3 = C_4 = 10\ \mathrm{nF}$ festlegen, können die Widerstände $R = R_3 = R_4$ über Formel 8.36 berechnet werden:

$$R = \frac{1}{2\pi \cdot f_g \cdot C_{\mathrm{gew.}}} = \frac{1}{2\pi \cdot 10^3 \cdot 10^{-8}}\ \Omega \approx 16\ \mathrm{k\Omega}$$

In diesem Beispiel gelingt die Realisierung mit Bauelementen aus der E-Reihe. In der Praxis muss man zur Erreichung spezieller Zielstellungen häufig mehrere Bauelemente mit geringer Toleranz zu einem resultierenden Element miteinander kombinieren. Dabei sollte die Frage im Vordergrund stehen, ob diese Maßnahme wirklich erforderlich ist (Kosten ↑ / Masse ↑ / Volumen ↑).

Wie Bild 8.46 zeigt, arbeitet der Tiefpass mit einer Grundverstärkung von $V_0 \approx +4\ \mathrm{dB}$. Das entspricht einer Verstärkung von $V_0 \approx 1{,}59$ gemäß der geforderten Filtercharakteristik. Bei einem Pegel von 1 dB (also bei einer Dämpfung von 3 dB) wird die Grenzfrequenz mit einem Wert von $f_g = 1\ \mathrm{kHz}$ erreicht. Die Steilheit der Flanke beim Übergang in den Sperrbereich beträgt $S_F \approx 38\ \mathrm{dB/Dek.}$ (siehe Frequenzbereich von 1 kHz bis 10 kHz). Der Phasenwinkel an der Grenzfrequenz beträgt jetzt -90°.

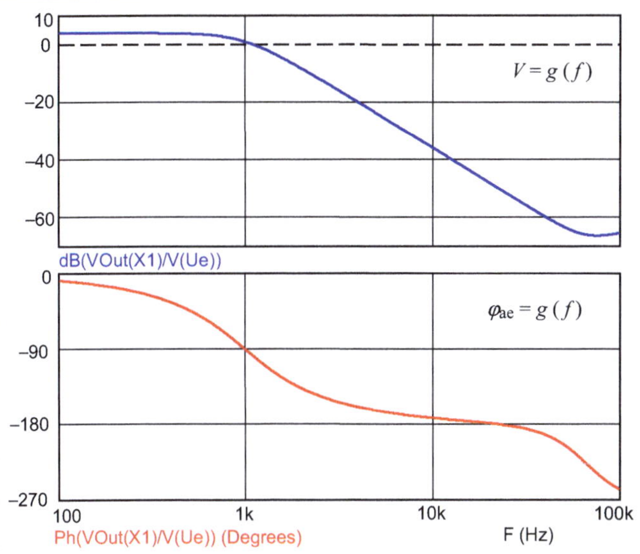

Bild 8.46 Frequenzgang der Verstärkung und Phasenfrequenzgang

In einer abschließenden Simulation soll noch der Einfluss der Verstärkung auf den Verlauf des Amplitudenfrequenzganges und damit auf die Filtercharakteristik aufgezeigt werden.

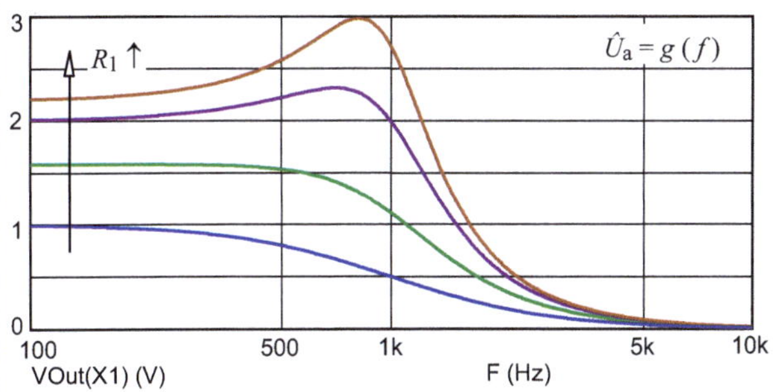

Bild 8.47 Frequenzgänge der Ausgangsspannung bei unterschiedlichen Verstärkungen

Bei einer Eingangsspannung von 1 V entspricht der Wert der Ausgangsspannung der Verstärkung V_0. Diese Verstärkung wird über *Stepping* variiert: R1=(List: 1m,2.1k,3.6k,4.3k). Damit erhalten wir die folgenden Verstärkungen: $V_{01} = 1$ sowie $V_{02} = 1{,}59$ und $V_{03} = 2$ sowie $V_{04} = 2{,}2$. Der AC-Sweep kann bei 10 kHz beendet werden.

Bei einer Verstärkung von V_{01} = 1 liegt das bekannte Tiefpass-Verhalten einer RC-Kombination vor. Eine Verstärkung V_{02} = 1,59 führt nach Formel 8.38 zum gewünschten Verhalten eines Tiefpasses mit f_g = 1 kHz. Oberhalb dieser Charakteristik (V_{03} = 2 oder V_{04} = 2,2) zeigt der Amplitudenfrequenzgang die bereits erwähnten Überhöhungen (Höckerbildungen).

Tiefpass mit Zweifachgegenkopplung

Für einen Tiefpass mit Zweifachgegenkopplung wird ein invertierender Operationsverstärker verwendet, dessen Ausgangssignal über mehrere Zweige auf den invertierenden Eingang rückgekoppelt wird (siehe Bild 8.48).

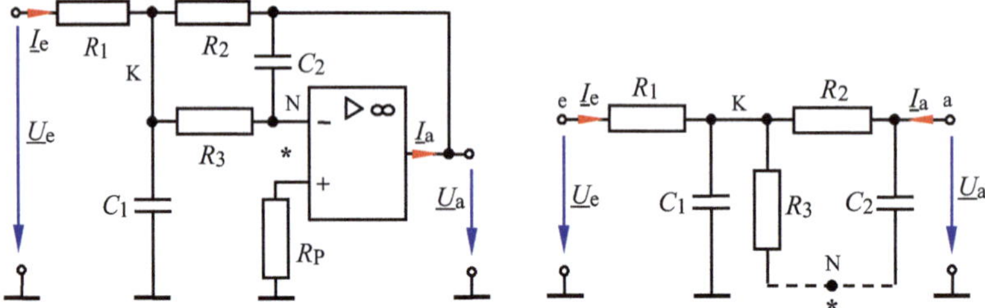

Bild 8.48 Tiefpass mit Zweifachgegenkopplung (links) und Ersatzschaltung (rechts)

Die doppelte Tiefpasswirkung (n = 2) wird durch die RC-Kombinationen (R_2 & C_2) sowie über (R_1 & C_1) erreicht. Zur Herleitung einer Berechnungsvorschrift für die komplexe Übertragungsfunktion des Tiefpasses dient die Ersatzschaltung in Bild 8.48 - rechts. Bei einem idealen OV liegen der invertierende und der nichtinvertierende Eingang auf Nullpotential (virtuelle Masse *).

Die komplexe Übertragungsfunktion kann über die Knotenanalyse ermittelt werden. Der Bezugsknoten liegt mit dem Massepunkt bereits fest. Somit sind vier Gleichungen für die Potentiale der Knoten e, K, N und A erforderlich. Im Simulationsbeispiel 8.7 wird das dazu erforderliche Koeffizientenschema aufgestellt (vgl. auch [6] - Abschnitt 5.4.2 sowie 9.6.3) und in allgemeiner Form gelöst.

Hochpass mit Zweifachgegenkopplung

Für diesen Hochpass wird (wie beim entsprechenden Tiefpass mit Zweifachgegenkopplung) ein invertierender Operationsverstärker verwendet, dessen Ausgangssignal über mehrere Zweige auf den invertierenden Eingang rückgekoppelt wird (Bild 8.49). Die doppelte (n = 2) Hochpasswirkung erreicht man durch die CR-Kombinationen (C_2 & R_2) und (C_1 & R_1).

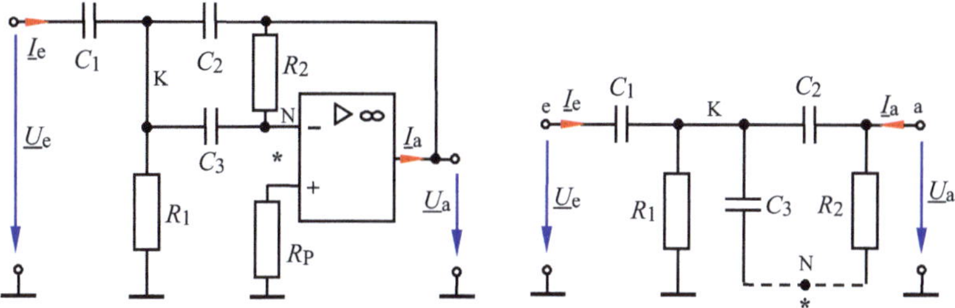

Bild 8.49 Hochpass mit Zweifachgegenkopplung (links) und Ersatzschaltung (rechts)

Zur Herleitung einer Berechnungsvorschrift für die komplexe Übertragungsfunktion des Hochpasses dient die Ersatzschaltung in Bild 8.49 – rechts. Die komplexe Übertragungsfunktion wird wieder über die Knotenanalyse ermittelt. In Tabelle 8.3 ist das entsprechende Koeffizientenschema dargestellt (vgl. [6] – Abschnitt 9.6.3).

Tabelle 8.3 Koeffizientenschema zum Hochpass mit Zweifachgegenkopplung

e	$j\omega C_1$	$-j\omega C_1$	0	0	$\underline{I}_e$
K	$-j\omega C_1$	$G_1 + j\omega C_1 + j\omega C_2 + j\omega C_3$	$-j\omega C_3$	$-j\omega C_2$	0
N = *	0	$-j\omega C_3$	$G_2 + j\omega C_3$	$-G_2$	0
a	0	$-j\omega C_2$	$-G_2$	$G_2 + j\omega C_2$	$\underline{I}_a$

Die Gleichungen (e) und (a) beschreiben die Potentiale am Eingang und am Ausgang. Da hier lediglich das Verhältnis zwischen $\underline{U}_a$ und $\underline{U}_e$ zu bestimmen ist, und die Quellengrößen bekannt sind, werden diese beiden Gleichungen für eine Herleitung der komplexen Übertragungsfunktion nicht benötigt. Mit $\underline{U}_N = 0$ erhält man für (K) und (N) folgende Gleichungen:

$$-\underline{U}_e \cdot j\omega C_1 + \underline{\varphi}_K \cdot \left[\frac{1}{R_1} + j\omega \cdot (C_1 + C_2 + C_3)\right] - 0 \cdot j\omega C_3 - \underline{U}_a \cdot j\omega C_2 = 0$$

$$-\underline{\varphi}_K \cdot j\omega C_3 + 0 \cdot \left(\frac{1}{R_2} + j\omega C_3\right) - \underline{U}_a \cdot \frac{1}{R_2} = 0 \quad \Rightarrow \quad \underline{\varphi}_K = -\underline{U}_a \cdot \frac{1}{j\omega C_3 R_2}$$

Nun muss das Ergebnis der Formel (N) in (K) eingesetzt werden. Damit ergibt sich eine Gleichung, in der neben den Bauelemente-Kenngrößen nur noch die Spannungen $\underline{U}_a$ und $\underline{U}_e$ enthalten sind. Durch die Bildung des Verhältnisses dieser Spannungen $\underline{U}_a / \underline{U}_e$ erhalten wir die gewünschte komplexe Übertragungsfunktion. Diese Übertragungsfunktion bildet dann die Grundlage für die Dimensionierung der Schaltung.

Entsprechende Rechnungen dazu finden Sie im Simulationsbeispiel 8.7 für einen Tiefpass und im Simulationsbeispiel 8.8 für einen Bandpass.

8.9.2 Bandpassschaltungen

Für aktive Bandpässe existiert eine Vielzahl an schaltungstechnischen Varianten. Dazu verwendet man häufig einen invertierenden oder einen nichtinvertierenden OV, der in seiner äußeren Beschaltung RC-Kombinationen aufweist. Die frequenzselektive Wirkung eines Bandpasses kann nach Vorbild der in Abschnitt 8.9.1 vorgestellten Passschaltungen wie folgt erreicht werden:

- Kombination von Tief- und Hochpass 1. Ordnung mit invertierendem OV
- Bandpass 2. Ordnung mit Einfachmitkopplung
- Bandpass 2. Ordnung mit Zweifachgegenkopplung
- Bandpass 2. Ordnung unter Verwendung eines Doppel-T-Gliedes (TT)

Durch eine sinnvolle Kombination dieser Maßnahmen sind auch Bandpässe mit höherer Ordnung ($n \geq 3$) realisierbar.

Zur Absicherung des erforderlichen Grundverständnisses sollen für die Ausführungen dieses Abschnitts noch einmal kurz die wichtigsten Zusammenhänge einer Bandpasscharakteristik dargelegt werden. Auf Herleitungen wird verzichtet und auf die weiterführende Literatur verwiesen (z. B. [6] - Abschnitt 10.3).

Ein Bandpass ist ein frequenzabhängiges Übertragungssystem mit einem Durchlass- und zwei Sperrbereichen. Der Durchlassbereich wird durch die untere Grenzfrequenz f_{gu} vom unteren Sperrbereich und durch die obere Grenzfrequenz f_{go} vom oberen Sperrbereich getrennt. Die Distanz zwischen diesen Frequenzgrenzen wird als (Übertragungs-)Bandbreite B bezeichnet. Die selektiven Eigenschaften beschreibt man mit der Güte Q.

Beim Einsatz von RC-Kombinationen kann man die Grenzfrequenzen an der jeweiligen Flanke in der Regel wie folgt beschreiben:

$$f_{gF} = \frac{1}{2\pi \cdot RC} \tag{8.39}$$

Wenn die beiden Grenzfrequenzen auf dem gleichen Wert liegen, stimmt Formel 8.39 mit der Resonanzfrequenz des Passes überein ($f_{gF} = f_r = f_0$). Ansonsten ergibt sich die resultierende Resonanzfrequenz $f_0 \mid_{Ua = max}$ aus dem geometrischen Mittelwert (Mittenfrequenz f_m) der beiden Grenzfrequenzen.

$$f_m = \sqrt{f_{gu} \cdot f_{go}} \tag{8.40}$$

Für die Bandbreite gilt dann:

$$B = f_{go} - f_{gu} = \frac{f_0}{Q} \tag{8.41}$$

Die beiden Grenzfrequenzen können bei Kenntnis der Resonanzfrequenz und der Güte nach Formel 8.42 bestimmt werden:

$$f_g = f_0 \cdot \left(1 \pm \frac{1}{2Q}\right) \tag{8.42}$$

Für spezielle Berechnungen und Herleitungen definiert man sich entsprechende Hilfsgrößen. Typische Größen dieser Art sind die normierte Frequenz Ω und die Verstimmung v eines Passes. Bei der normierten Frequenz bezieht man die aktuelle Frequenz auf die Frequenz im Resonanzfall bzw. auf $f_0 \mid_{U_a = \max}$.

$$\Omega = \frac{\omega}{\omega_0} = \frac{f}{f_0} \tag{8.43}$$

Die Verstimmung beschreibt die Abweichung der betrachteten Frequenz vom Resonanzfall.

$$v = \Omega - \frac{1}{\Omega} = \frac{f}{f_0} - \frac{f_0}{f} \tag{8.44}$$

Bandpass als Kombination von Tiefpass und Hochpass 1. Ordnung

Der resultierende Bandpass entsteht bei dieser Variante aus den beiden Grundschaltungen von Bild 8.40 (Tiefpass und Hochpass mit invertierendem OV).

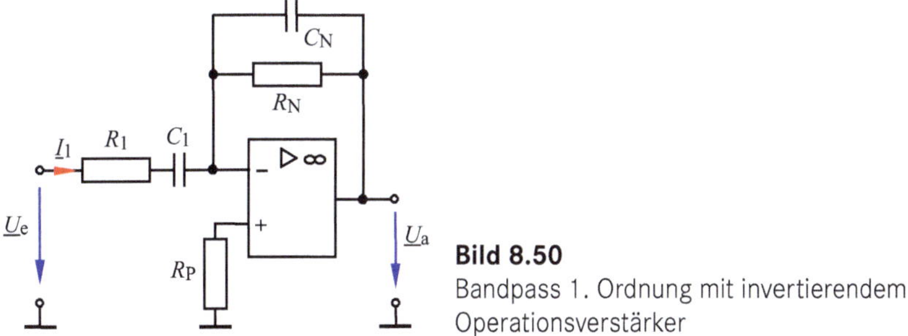

Bild 8.50
Bandpass 1. Ordnung mit invertierendem Operationsverstärker

Die Kombination $\underline{Z}_N = R_N \parallel \mathrm{j}X_N$ realisiert die Tiefpassflanke und die Reihenschaltung mit $\underline{Z}_1 = R_1 + \mathrm{j}X_1$ bewirkt die Hochpassflanke des resultierenden Bandpasses. Für die komplexe Verstärkung gilt:

$$\underline{V} = -\frac{\underline{U}_a}{\underline{U}_e} = -\frac{R_N \parallel \frac{1}{\mathrm{j}\omega C_N}}{R_1 + \frac{1}{\mathrm{j}\omega C_1}} = -\frac{\frac{R_N}{1+\mathrm{j}\omega C_N R_N}}{R_1 + \frac{1}{\mathrm{j}\omega C_1}} = -\frac{R_N}{R_1} \cdot \frac{\frac{1}{1+\mathrm{j}\omega C_N R_N}}{1 + \frac{1}{\mathrm{j}\omega C_1 R_1}}$$

Das negative Verhältnis von R_N und R_1 entspricht der Grundverstärkung. Da es sich jetzt aber um den Resonanzfall $f_r = f_0$ handelt, wird diese Verstärkung mit V_r bezeichnet.

Die Grenzfrequenzen werden durch die jeweilige RC-Kombination bestimmt. Tiefpassflanke: $\omega_{go} = 1 / (R_N \cdot C_N)$ und Hochpassflanke: $\omega_{gu} = 1/(R_1 \cdot C_1)$.

$$\underline{V} = V_r \cdot \frac{\dfrac{1}{1+\mathrm{j}\dfrac{\omega}{\omega_{go}}}}{1-\mathrm{j}\dfrac{\omega_{gu}}{\omega}} = \frac{V_r}{\left(1-\mathrm{j}\dfrac{\omega_{gu}}{\omega}\right)\cdot\left(1+\mathrm{j}\dfrac{\omega}{\omega_{go}}\right)} = \frac{V_r}{1+\dfrac{\omega_{gu}}{\omega_{go}}+\mathrm{j}\left(\dfrac{\omega}{\omega_{go}}-\dfrac{\omega_{gu}}{\omega}\right)}$$

Der hier vorgestellte Bandpass stellt eine einfache schaltungstechnische Variante dar, die in vielen Filteranwendungen mit größeren Bandbreiten ($B > 0{,}1 \cdot f_0$) nahezu alle Forderungen erfüllt. Der Nachteil besteht darin, dass größere Bandbreiten geringere Filter-Flankensteilheiten bewirken. Damit lässt die Selektivität des frequenzabhängigen Übertragungssystems nach. Falls keine speziellen Forderungen gestellt werden, dimensioniert man den Bandpass mit einer Verstärkung $V_r = 1$. Diese Grundverstärkung ist ein theoretischer Wert, der nur bei $f_{gu} \to 0$ und $f_{go} \to \infty$ exakt erreicht werden kann. Bedingt durch die gewählte Kombination bedämpft die Tiefpasscharakteristik den voll übertragenden Hochpass und umgekehrt. Dann gilt: $|\underline{V}|\ (f_m) = V_m < V_r$.

Legt man z.B. beide Grenzfrequenzen auf den gleichen Wert (vgl. auch Lehrbeispiel 8.11), so erhält man die Hälfte der berechneten Grundverstärkung. An jeder der beiden (gleichen) Grenzfrequenzen dämpft die entsprechende RC-Kombination um 3 dB ($U_a = 0{,}707 \cdot U_{a,max}$). Bei zwei gleichen Dämpfungen erhält man:

$$V_{m,dB} = -2 \cdot 3\,\mathrm{dB} = -6\,\mathrm{dB} \quad \text{bzw.} \quad U_a(f_m) = (0{,}707)^2 \cdot U_{a,max} = 0{,}5 \cdot U_{a,max}$$

Lehrbeispiel 8.11

LTspice: LB_8.11

Simulieren Sie die Arbeitsweise des Bandpasses in Bild 8.50 und stellen Sie den Frequenzgang der Ausgangsspannung für unterschiedliche Bandbreiten dar. Lesen Sie daraus die Verstärkung und die Frequenz im Resonanzfall ab. Als Operationsverstärker wird der LM741 verwendet.

Als Frequenzband für die Lage der Durchlassbereiche der zu simulierenden Pässe wird die Größenordnung 1 kHz ... 10 kHz gewählt. Die Eingangsspannung der Quelle / Sin /, die einen AC-Sweep von 100 Hz bis 100 kHz ausführen soll, beträgt 1 V. Als Grundverstärkung wird ein Wert von $|V_r| = 1$ festgelegt. Für einen gewählten Widerstandswert von 5,1 kΩ gilt dann: $R_1 = R_N = 5{,}1\ \mathrm{k\Omega}$. Die obere Grenzfrequenz des Bandpasses wird durch die Grenzfrequenz des Tiefpasses $\underline{Z}_N$ bestimmt. Für $f_g = 10$ kHz erhält man:

$$C_N = \frac{1}{2\pi \cdot f_g \cdot R_N} = \frac{10^{-6}}{2\pi \cdot 10 \cdot 5{,}1}\ \text{F} = 3{,}12\ \text{nF}$$

Wenn man den Kondensator mit 3,2 nF aus der E-Reihe wählt, erhält man eine Grenzfrequenz des Tiefpasses von f_{gF} = 9,75 kHz. Da der Bandpass mit unterschiedlichen Bandbreiten simuliert werden soll, muss dann der Kapazitätswert von C_1 mit *Stepping* variiert werden. Mit dieser Maßnahme wird die Hochpassflanke in die Richtung tieferer Frequenzen verschoben. In Bild 8.51 ist das Ergebnis der Simulation (zunächst ohne *Stepping*) dargestellt. Dann gilt: $C_1 = C_N$ = 3,2 nF.

Die Resonanzfrequenz liegt bei $f_r = f_0$ = 9,7 kHz. Die Ausgangsspannung besitzt den halben Wert der Eingangsspannung, weil die beiden Grenzfrequenzen genau den gleichen Wert besitzen. Da jeder der beiden Pässe an der Grenzfrequenz eine Dämpfung von 0,707 aufweist, wird die Eingangsspannung bei dieser Frequenz mit den Faktor 0,5 (0,707 · 0,707) bewertet.

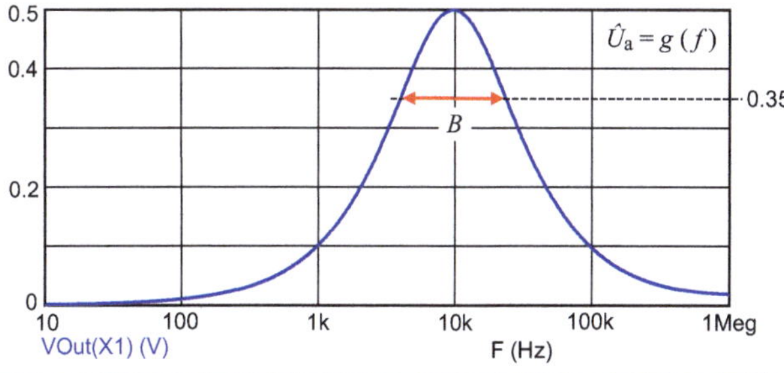

C_{11} = 3,2 nF
$f_{r\,(3{,}2nF)}$ = 9,7 kHz
$V_{r\,(3{,}2nF)}$ = 0,5
$B_{(3{,}2nF)} \approx$ 20 kHz

Bild 8.51 Amplitudenfrequenzgang des Bandpasses mit invertierendem OV

Nun setzen wir *Stepping* für C_1 ein (List=4.7n,10n,22n,47n). Auf $C_{11} = C_N$ = 3,2 nF kann verzichtet werden (siehe Bild 8.52). Die Listenwerte wurden gemäß E-Reihe so gewählt, dass die Grenzfrequenz der Hochpassflanke bis auf ca. 1 kHz abgesenkt wird. Bild 8.52 zeigt die mit den angegebenen Werten simulierten Frequenzgänge.

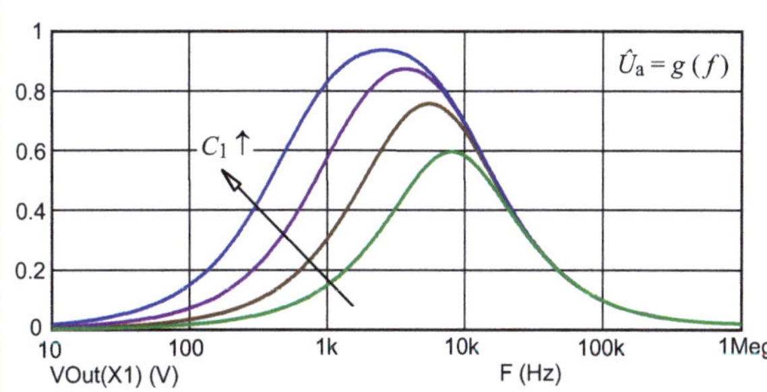

$f_{r\,(4{,}7nF)} \approx$ 8 kHz
$V_{r\,(4{,}7nF)} \approx$ 0,6

$f_{r\,(10nF)} \approx$ 5,5 kHz
$V_{r\,(10nF)} \approx$ 0,76

$f_{r\,(22nF)} \approx$ 3,7 kHz
$V_{r\,(22nF)} \approx$ 0,87

$f_{r\,(47nF)} \approx$ 2,5 kHz
$V_{r\,(47nF)} \approx$ 0,94

Bild 8.52 Amplitudenfrequenzgänge bei Variation der Bandbreite

Die Frequenzlage der Tiefpassflanke des resultierenden Bandpasses bleibt bei der Parametervariation nahezu unverändert. Die Hochpassflanke verschiebt sich dagegen mit ansteigender Kapazität von C_{1x} in Richtung tieferer Frequenzen. Das hat ein Anwachsen der Ausgangsspannung zur Folge, da sich die beiden Grenzfrequenzen immer weiter voneinander entfernen und somit die Bandbreite B ansteigt.

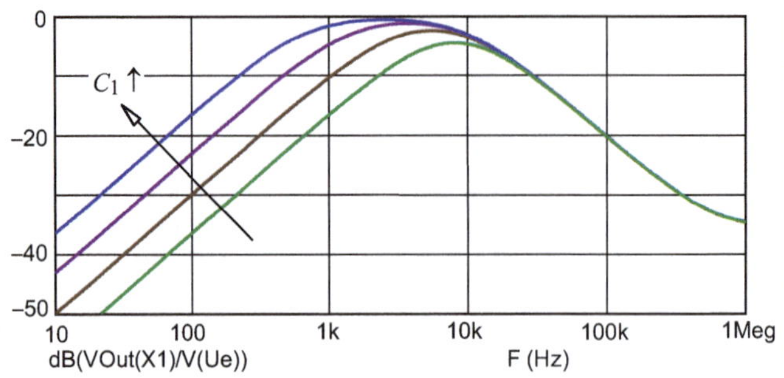

Bild 8.53 Frequenzgänge des Pegels

Die aus den Daten von Bild 8.52 (rechts) resultierenden Güten sind sehr klein ($Q \approx 0{,}5$). Das ist auf die geringe Flankensteilheit ($S_F \approx 19$ dB/Dek.) und die großen Bandbreiten zurückzuführen. In Bild 8.53 wird dieser Sachverhalt noch einmal mit einer Pegeldarstellung verdeutlicht.

Höhere Güten erreicht man beim Einsatz dieses Bandpasses im NF-Bereich mit kleineren Bandbreiten und einer starken Überschneidung der beiden Passflanken. Die daraus resultierende Erhöhung der Grunddämpfung im Resonanzfall muss dann mit einer Anhebung der Grundverstärkung ausgeglichen werden. Wenn man diesen Bandpass (wie in der Praxis häufig üblich) mit weiteren Bandpassvarianten kombiniert (Simulationsbeispiel 8.9), tragen sie zur Erhöhung der Steilheit beider Flanken des Basispasses um 20 dB/Dek. bei.

Bandpass mit Einfachmitkopplung

Ein Bandpass mit $S_F \approx 20$ dB/Dek. kann auch durch den Einsatz eines Elektrometerverstärkers mit Einfachmitkopplung realisiert werden (Bild 8.54).

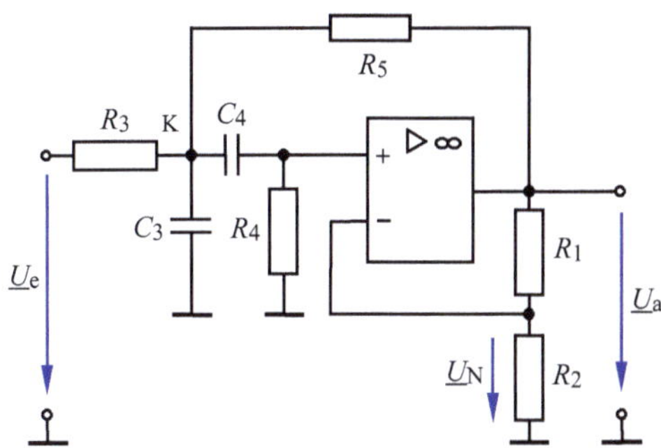

Bild 8.54
Bandpass mit Einfachmitkopplung

Das Ausgangssignal des Elektrometerverstärkers $\underline{U}_a$ koppelt man über den Spannungsteiler ($R_1 + R_2$) auf den invertierenden Eingang (N) sowie über die Kombination (R_5 & C_4) auf den nichtinvertierenden Eingang (P) zurück. Die jeweilige Flankenwirkung wird durch die Kombination (C_4 & R_4: Hochpassflanke) und (R_3 & C_3: Tiefpassflanke) erreicht. Das Verhältnis der Widerstände R_1 und R_2 bestimmt die Grundverstärkung V_0. Für die Dimensionierung dieses Bandpasses gelten bei $R_3 = R_4 = R_5 = R$ und $C_3 = C_4 = C$ folgende Regeln:

$$f_0 = f_r = \frac{\sqrt{2}}{2\pi \cdot R \cdot C} \tag{8.45}$$

Zur Vermeidung von Schwingneigungen ist die Grundverstärkung V_0 des Elektrometerverstärkers auf $1 < V_0 < 4$ einzustellen. Die Verstärkung im Resonanzfall V_r weicht dann von der mit Formel 8.23 beschriebenen Grundverstärkung V_0 eines Elektrometerverstärkers ab:

$$V_r = \frac{V_0}{4 - V_0} \tag{8.46}$$

Die Güte liegt bei $V_0 = (1 \dots 3)$ in der Größenordnung $Q \approx 1$.

$$Q = \frac{\sqrt{2}}{4 - V_0} \tag{8.47}$$

Damit entstehen für diese genannten Fälle Bandbreiten in der Größenordnung der Resonanzfrequenz: $B = f_0 / Q \approx f_0$.

Lehrbeispiel 8.12

Erklären Sie die Dimensionierung eines Bandpasses mit Einfachmitkopplung (OV = LM741) am Beispiel der Simulation seines Amplituden- und Phasenfrequenzganges für $f_0 = f_r = 1$ kHz.

Zunächst werden die Werte der Bauelemente festgelegt bzw. berechnet. Für einen gewählten Kapazitätswert von $C = 22$ nF gilt nach Formel 8.45:

$$R = \frac{\sqrt{2}}{2\pi \cdot f_0 \cdot C} = \frac{\sqrt{2}}{2\pi \cdot 10^3 \cdot 22 \cdot 10^{-9}} \approx 10\ \text{k}\Omega$$

Bei einer Grundverstärkung $V_0 = 2$ ist R_1 gleich R_2 (gewählt: $R_1 = R_2 = 10$ kΩ). Dann gilt für die Verstärkung im Resonanzfall die Formel 8.46:

$$V_r = \frac{V_0}{4 - V_0} = \frac{2}{4 - 2} = 1$$

Die sich dabei einstellende Bandbreite wird über Formel 8.47 berechnet.

$$Q = \frac{\sqrt{2}}{4 - V_0} = \frac{f_0}{B} \quad \Rightarrow \quad B = \frac{f_0}{Q} = \frac{f_0}{\sqrt{2}}(4 - V_0) = \frac{f_0}{\sqrt{2}}(4 - 2) = \sqrt{2} \cdot f_0 \approx 1{,}4\ \text{kHz}$$

Für die Durchführung der Simulation wird die Schaltung von Bild 8.54 eingesetzt. Bild 8.55 zeigt das Simulationsergebnis am Beispiel des Frequenzganges der Ausgangsspannung mit $\hat{U}_e = 1$ V.

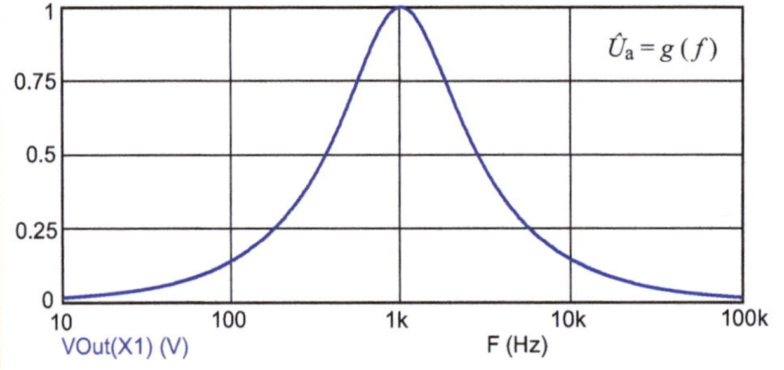

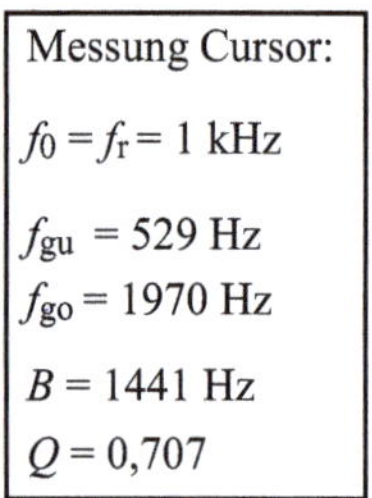

Bild 8.55 Frequenzgang der Ausgangsspannung

Im Resonanzfall erreicht die Verstärkung V_r den Wert eins ($\hat{U}_a = \hat{U}_e = 1$ V). Das bestätigen auch die Frequenzgänge des Pegels der Verstärkung mit $V_r = 0$ dB und des Phasenwinkels mit $\varphi_{ae} = 0°$.

Im oberen Teil von Bild 8.56 ist der Frequenzgang des Pegels dargestellt. Die Steilheit der beiden Flanken beträgt 20 dB/Dek.

Die untere Hälfte dieses Bildes zeigt den Phasenfrequenzgang. An den Grenzfrequenzen stellt sich eine Phasenverschiebung von ±45° ein.

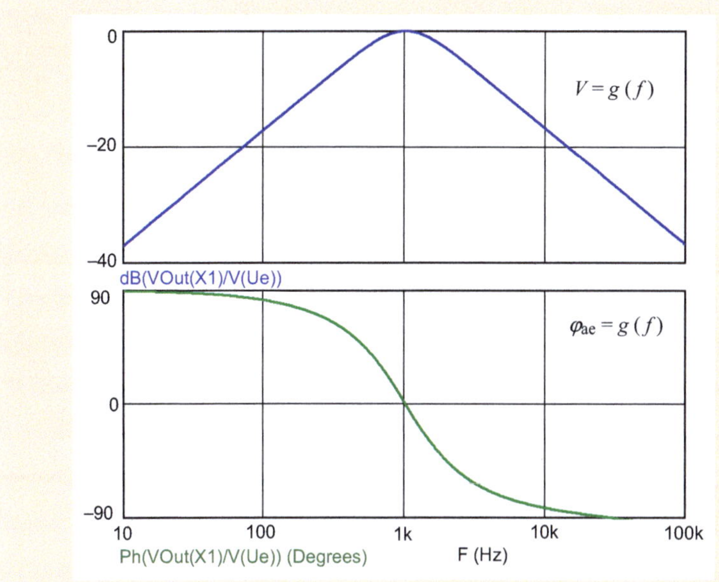

Bild 8.56 Amplitudenfrequenzgang und Phasenfrequenzgang der Verstärkung

Bandpass mit Zweifachgegenkopplung

Für einen Bandpass mit Zweifachgegenkopplung wird ein invertierender OV verwendet, dessen Ausgangssignal über mehrere Zweige auf den invertierenden Eingang rückgekoppelt wird (Bild 8.57). Die Bandpasswirkung mit $n = 2$ wird durch die beiden RC-Kombinationen (R_2 & C_2) und (R_3 & C_3) gemeinsam mit R_1 erreicht.

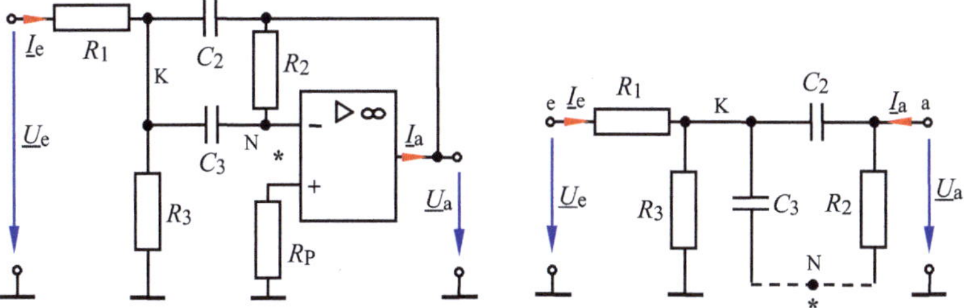

Bild 8.57 Bandpass mit Zweifachgegenkopplung (links) und Ersatzschaltung (rechts)

Zur Herleitung einer Berechnungsvorschrift für die komplexe Übertragungsfunktion des Bandpasses dient die Ersatzschaltung in Bild 8.57 (rechts). Bei einem idealen OV liegen der invertierende und der nichtinvertierende Eingang auf Nullpotential (virtuelle Masse *).

Die komplexe Übertragungsfunktion erhält man (wie beim Tief- bzw. Hochpass mit Zweifachgegenkopplung) durch die Anwendung der Knotenanalyse. Der Bezugsknoten liegt mit dem Massepunkt bereits fest. Somit werden vier Gleichungen zur Berechnung der Potentiale der Knoten e, K, N und A benötigt. Auf spezielle Varianten zur Dimensionierung dieses Bandpasses wird im Simulationsbeispiel 8.8 ausführlich eingegangen.

Bandpass 2. Ordnung mit TT-Glied

Zur Realisierung eines Bandpasses mit einer Flankensteilheit von S_F = 40 dB/Dek. kann auch ein Doppel-T-Glied eingesetzt werden. Wie Bild 8.58 zeigt, verwendet man dazu als Grundschaltung einen invertierenden Verstärker, dessen Grundverstärkung im Resonanzfall mit R_N und R_1 gemäß Formel 8.22 eingestellt wird.

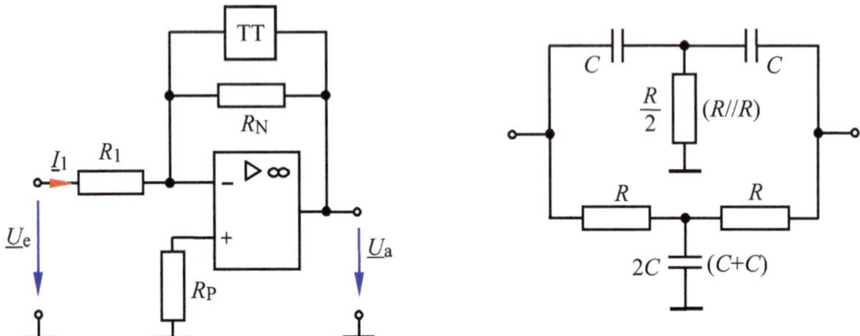

Bild 8.58 Bandpass 2. Ordnung mit TT-Glied (rechts)

Dieser Bandpass hat den Vorteil, dass er (bei n = 2) sehr einfach zu dimensionieren ist und mit unkomplizierten Maßnahmen auf n = 3 erweitert werden kann (Simulationsbeispiel 8.9). Der Nachteil besteht in einem erhöhten Aufwand bei der Einhaltung der errechneten Werte der Bauelemente, wenn man die gesetzten Randbedingungen exakt einhalten muss.

Das Doppel-T-Glied (TT) besteht aus einer Parallelschaltung von zwei RC-Kombinationen (Bild 8.58 - rechts), die eine gegenläufige Frequenzabhängigkeit aufweisen. In der daraus resultierenden (passiven) Konfiguration wirkt dann ein doppelter Hochpass gemeinsam mit einem doppelten Tiefpass.

Die Einfachheit der Dimensionierung dieses Bandpasses basiert auf der Überlegung, dass alle vier RC-Kombinationen (CR-RC im oberen Zweig und RC-CR im unteren Zweig) bei gleicher Grenzfrequenz eine gemeinsame Berechnungsvorschrift besitzen. Der halbe Widerstandswert und der doppelte Kapazitätswert im jeweiligen Querzweig entstehen durch die Parallelschaltung ($R \| R$) bzw. ($C + C$).

Dann gilt für die Resonanzfrequenz die aus Formel 8.36 bereits bekannte Berechnungsvorschrift:

$$f_0 = \frac{1}{2\pi \cdot RC} \tag{8.48}$$

Dieser Bandpass kann relativ einfach auf eine Ordnung mit $n = 3$ erweitert werden. Dazu kombiniert man den Bandpass aus Bild 8.50 mit einem Doppel-T-Glied.

Bandpass 3. Ordnung mit TT-Glied

Ein Bandpass mit einer Filter-Flankensteilheit von 60 dB pro Frequenzdekade ($n = 3$) muss einen aktuellen Spannungswert an der jeweiligen Grenzfrequenz so dämpfen, dass er bis zu den Frequenzen $0{,}1 \cdot f_{gu}$ bzw. $10 \cdot f_{go}$ um den Faktor 10^{-3} verkleinert wird. Das entspricht der Veränderung des Spannungswertes von z. B. $U(f_g) = 1$ V auf die Werte $U(0{,}1 \cdot f_{gu}) = 1$ mV bzw. $U(10 \cdot f_{go}) = 1$ mV. In Bild 8.59 (rechts) soll dieser Sachverhalt am Beispiel der Erweiterung der Ordnung eines Bandpasses von $n = 2$ auf $n = 3$ verdeutlicht werden.

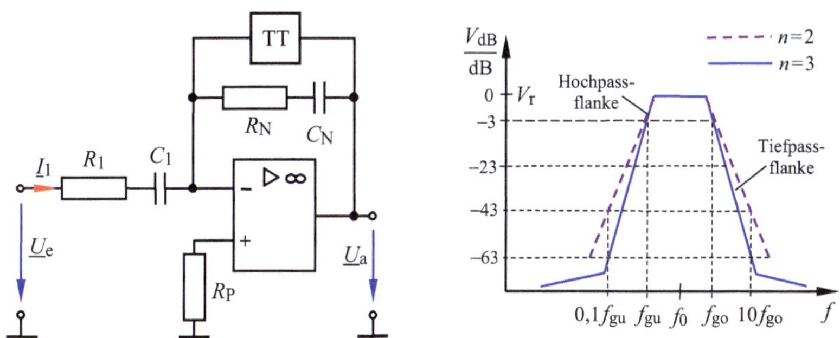

Bild 8.59 Schaltung eines Bandpasses 3. Ordnung (links) und Flankensteilheit (rechts)

Mit dem Doppel-TT-Bandpass von Bild 8.58 erreicht man lediglich eine Flankensteilheit von 40 dB/Dek. (siehe gestrichelte Flanken in Bild 8.59). Durch eine Kombination mit dem in Bild 8.50 dargestellten Bandpass 1. Ordnung kann die Steilheit beider Flanken auf $S_F = 60$ dB/Dek. erhöht werden (siehe fett eingezeichnete Flanken für $n = 3$ in Bild 8.59). Dazu schaltet man einen weiteren Kondensator C_N für die zusätzliche Tiefpasswirkung in den Rückkopplungszweig (jetzt aber in Reihe zu C_N, um eine einheitliche Dimensionierung mit Hilfsvariablen zu ermöglichen) und den Kondensator C_1 für die Hochpasswirkung in den Eingangszweig.

Die Schaltung wird in der Regel für einen Spezialfall dimensioniert. Die Resonanzfrequenz des Systems mit den beiden Grenzfrequenzen $f_{gu} = f_{go} = f_{gF}$ des Kombinationsbandpasses (Formel 8.39) und der Mittenfrequenz f_m (Formel 8.40) sollen übereinstimmen. Dann gilt $f_{gF} = f_r = f_m = f_0$ und die beiden Bauelementewerte R sowie C können mit der Formel 8.48 bestimmt werden. Bei zwei unbekannten Werten in einer Gleichung muss man einen Wert festlegen, um dann den anderen Wert über die Gleichung berechnen zu können.

Im vorliegenden Fall wählt man die Kapazität aus der E-Reihe und rechnet damit den Wert des Widerstandes, der ja über die E-Reihe viel besser zu realisieren ist, aus. Somit sind die Stützwerte R und C für die weitere Dimensionierung bekannt.

Die Forderung nach einer definierten Güte kann man über Formel 8.41 einbringen, wenn man eine Hilfsvariable b einführt:

$$Q = \frac{f_0}{B} = \frac{1}{2b} \tag{8.49}$$

Diese Hilfsvariable b zeigt zur Güte und damit zur Grundverstärkung im Resonanzfall ein indirekt proportionales Verhalten. Mit der Einführung einer weiteren Hilfsvariablen a kann man den Betrag der Grundverstärkung auch über das Verhältnis dieser beiden Hilfsvariablen berechnen.

$$|V_{\mathrm{r}}| = \frac{a}{b} \tag{8.50}$$

Durch die Festlegung der Grundverstärkung ist dann eine Hilfsvariable über die andere Hilfsvariable beschreibbar. Da b mit Kenntnis der geforderten oder gewählten Güte indirekt bekannt ist, gilt mit Formel 8.49:

$$b = \frac{B}{2f_0} = \frac{1}{2Q} \tag{8.51}$$

Dann erhält man über Formel 8.50 eine Berechnungsvorschrift für a:

$$a = |V_{\mathrm{r}}| \cdot b = \frac{|V_{\mathrm{r}}|}{2Q} \tag{8.52}$$

Für den Zusammenhang zwischen den Stützwerten R sowie C und den Aufbauelementen des Bandpasses gelten dann die folgenden Berechnungsvorschriften:

$$R_1 = \frac{R}{a} \quad \text{und} \quad R_{\mathrm{N}} = \frac{R}{b}$$

$$C_1 = a \cdot C \quad \text{und} \quad C_{\mathrm{N}} = b \cdot C$$

Schlussfolgerungen:

1. Durch die Einführung der Hilfsvariablen a und b kann die Anzahl der Einflussgrößen zur Dimensionierung dieses Bandpasses reduziert werden.
2. Der Kombi-Bandpass wird im Gegenkopplungszweig über $R_{\mathrm{N}} + \mathrm{j}\,X_{\mathrm{N}}$ realisiert. Daraus ist mit den Hilfsvariablen die komplexe Verstärkung für $\omega = \omega_0$ bestimmbar:

$$\underline{V}_{(\mathrm{RS})} = \frac{R_{\mathrm{N}} + \frac{1}{\mathrm{j}\omega C_{\mathrm{N}}}}{R_1 + \frac{1}{\mathrm{j}\omega C_1}} = \frac{1 + \mathrm{j}\omega C_{\mathrm{N}} R_{\mathrm{N}}}{\mathrm{j}\omega C_{\mathrm{N}} R_1 + \frac{C_{\mathrm{N}}}{C_1}} = \frac{1 + \mathrm{j}\omega \cdot bC \cdot \frac{R}{b}}{\mathrm{j}\omega \cdot \frac{b}{a} \cdot CR + \frac{b}{a}} = \frac{1 + \mathrm{j}\omega \cdot CR}{\frac{b}{a} \cdot (1 + \mathrm{j}\omega \cdot CR)} = \frac{a}{b}$$

3. Die gleiche Lösung erhält man für den Kombi-Bandpass, wenn der Gegenkopplungszweig über die Parallelschaltung $R_N \| \mathrm{j}\,X_N$ realisiert wird:

$$\underline{V}_{(PS)} = \frac{R_N \,\|\, \dfrac{1}{\mathrm{j}\omega C_N}}{R_1 + \dfrac{1}{\mathrm{j}\omega C_1}} = \frac{\dfrac{R_N}{1+\mathrm{j}\omega C_N R_N}}{R_1 + \dfrac{1}{\mathrm{j}\omega C_1}} = \frac{R_N}{R_1 + \dfrac{1}{\mathrm{j}\omega C_1} + \mathrm{j}\omega C_N R_N R_1 + \dfrac{C_N R_N}{C_1}}$$

8.10 Simulationsbeispiele

Simulationsbeispiel 8.1: Summenverstärker mit bewerteten Eingängen

Entwerfen, dimensionieren und simulieren Sie einen Summenverstärker mit vier Eingängen, der das am jeweiligen Eingang *j* anliegende Signal mit einer Verstärkung von 2^j als Summand in das Ausgangssignal übernimmt. Geben Sie eine allgemeine Berechnungsvorschrift für die Ausgangsspannung an. Als Vereinfachung gilt, dass die Eingangsspannung an allen *j*-Eingängen gleich groß ist. Bild 8.60 zeigt die für die Simulation entworfene und dimensionierte Schaltung nach Vorbild von Bild 8.22.

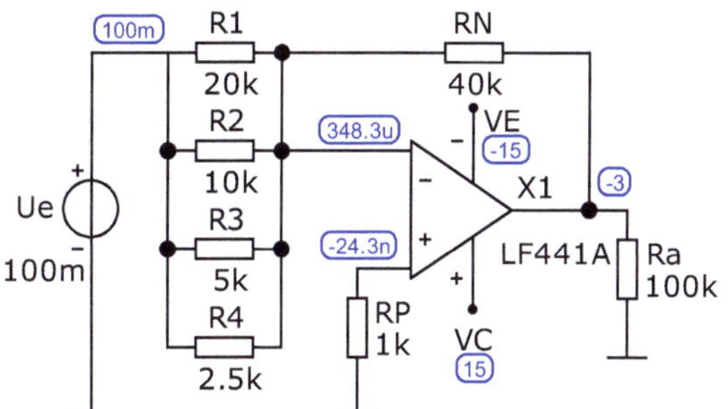

Bild 8.60
Summenverstärker mit vier Eingängen

Der Widerstand R_N wird mit 40 kΩ gewählt. Dann ergeben sich die anderen Widerstände wie folgt:

$$R_1 = \frac{R_N}{2^1} = \frac{40\ \text{k}\Omega}{2} = 20\ \text{k}\Omega$$

$$R_2 = \frac{R_N}{2^2} = \frac{40\ \text{k}\Omega}{4} = 10\ \text{k}\Omega$$

$$R_3 = \frac{R_N}{2^3} = \frac{40\ \text{k}\Omega}{8} = 5\ \text{k}\Omega$$

$$R_4 = \frac{R_N}{2^4} = \frac{40\ \text{k}\Omega}{16} = 2{,}5\ \text{k}\Omega$$

Die Ausgangsspannung kann mit der Formel 8.25 berechnet werden.

$$U_a = -(U_{e1}\frac{R_N}{R_1} + U_{e2}\frac{R_N}{R_2} + U_{e3}\frac{R_N}{R_3} + U_{e4}\frac{R_N}{R_4})$$

mit: $U_{e1} = U_{e2} = U_{e3} = U_{e4} = U_e = 0{,}1\,\text{V}$

$$U_a = -U_e \cdot (\frac{R_N}{R_1} + \frac{R_N}{R_2} + \frac{R_N}{R_3} + \frac{R_N}{R_4}) = -0{,}1\ \text{V} \cdot (2+4+8+16) = -3\ \text{V}$$

Damit wird das in Bild 8.60 dargestellte Simulationsergebnis mit der Analyse *Dynamic-DC* bestätigt.

Simulationsbeispiel 8.2: Differenzverstärker (Subtrahierer)

LTspice: SB_8.2

Demonstrieren Sie die Arbeitsweise des in Bild 8.24 vorgestellten Subtrahierers. Diese Schaltung soll die Differenz eines positiven Rechteckimpulses und einer Exponentialfunktion bilden.

Die Exponentialfunktion wird mit der Anstiegsflanke des Rechteckimpulses gestartet (t_{0a}) und verläuft nach Vorbild der Ladespannung einer nicht vorgeladenen RC-Kombination mit der Zeitkonstanten τ_a (vgl. [6] - Abschnitt 16.2). Die Abfallflanke des Rechteckimpulses startet dann den Entladevorgang bei t_{0e} mit einer gleichen Zeitkonstanten ($\tau_e = \tau_a$).

Die beiden Universalquellen mit jeweils V1=0 und V2=1 sind wie folgt einzustellen:

U_{e1} mit / Pulse /: TD=200u (t_d) / TR=TF=1n ($t_r = t_f$) / PW=500u (t_i) / PER=1m (T)

U_{e2} mit / Exp /: TD1=200u (t_{0a}) / TC1=200u (τ_a) / TD2=700u (t_{0e}) / TC2=200u (τ_e)

Der Subtrahierer (Bild 8.61) berechnet die Funktion $u_a = u_{e1} - u_{e2}$.

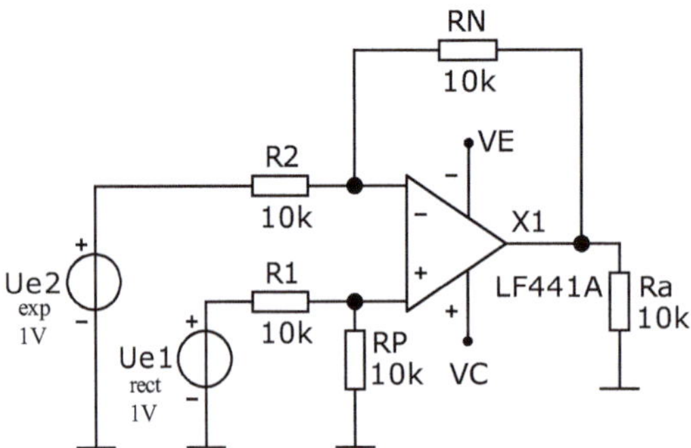

Bild 8.61
Simulation eines Subtrahierers

Das so gebildete Differenzsignal trägt die Information der Stromverläufe beim Laden und Entladen einer RC-Kombination (siehe Bild 8.62).

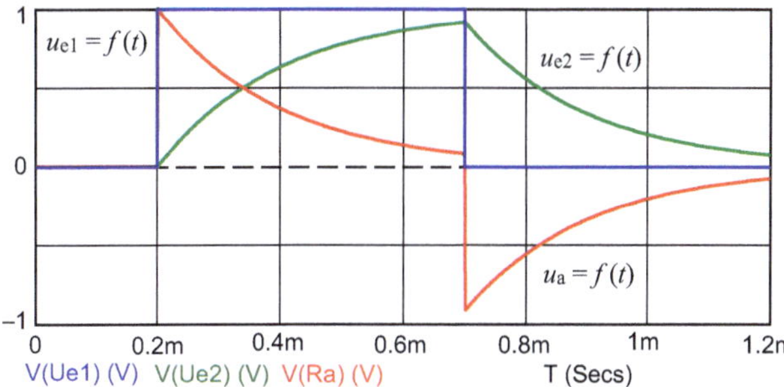

Bild 8.62 Spannungsverläufe im Simulationsbeispiel 8.2

Simulationsbeispiel 8.3: Differenzierer (OV = LF441)

Der Differenzierer von Bild 8.25 soll so bemessen werden, dass die Ausgangsspannung ohne ein merkliches Überschwingen nach dem in Formel 8.29 formulierten Zusammenhang verläuft. Der dazu eingesetzte Widerstand R_1 dient zur Erhöhung der Stabilität des Differenzierers. Weisen Sie mit einer Simulation die differenzierende Wirkung der Schaltung nach. Untersuchen Sie den Einfluss von R_1.

Das Eingangssignal wird von der Quelle / Pulse / mit (V1=0 und V2=1) als Trapezimpuls (Testsignal) geliefert. Es sind folgende Einstellungen erforderlich: t_r = 1 ms, t_i = 1 ms, t_f = 0,5 ms und T = 3 ms.

Bei einem Widerstand R_{1a} = 0 Ω ($u_e = u_e$' in Bild 8.25) kann infolge des kräftigen Überschwingens kein sinnvolles Differenziationsergebnis gemäß Formel 8.29 erzielt werden. Die Schaltung zeigt ein instabiles Verhalten. Außerdem hat sie den Nachteil, dass sie nur eine geringe Eingangsimpedanz mit ($\underline{Z}_{1a} = \mathrm{j}X_{C1}$) aufweist und höherfrequente Signalkomponenten extrem verstärkt (offene Schleife).

Ein relativ kleiner ohmscher Eingangswiderstand R_{1b} = 125 Ω verbessert bereits die Situation. Er bewirkt eine Reduzierung dieses Überschwingens, vergrößert die Eingangsimpedanz ($\underline{Z}_{1b} = R_{1b} + \mathrm{j}X_{C1}$) und reduziert die Verstärkung. Wie Bild 8.63 (links) zeigt, schwingt die Schaltung aber noch deutlich an den Flanken der Ausgangsspannung u_a.

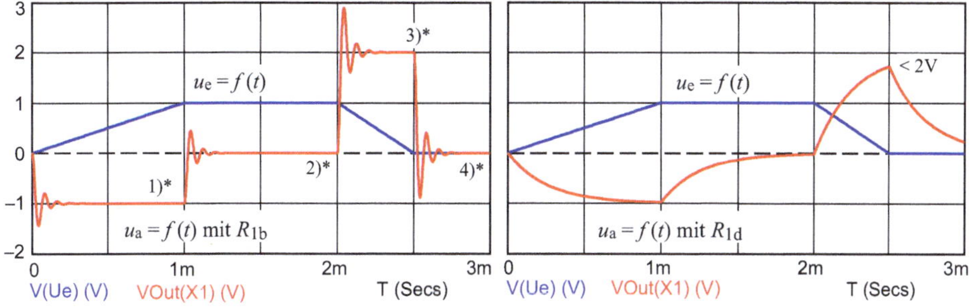

Bild 8.63 Spannungsverläufe des Differenzierers bei ungünstiger Dimensionierung

Nach einem Überschwingen erreicht die Ausgangsspannung einen quasistabilen Zustand (*). Nur in diesen Zeitbereichen 1)* bis 4)* stimmt dann das Ergebnis der Differenziation mit der Aussage von Formel 8.29 überein:

$$U_{\mathrm{a,1)^*}} = -R_{\mathrm{N}} \cdot C_1 \cdot \frac{\Delta U_{\mathrm{e}}}{\Delta t} = -\tau_{\mathrm{N1}} \cdot \frac{\Delta U_{\mathrm{e}}}{t_{\mathrm{r}}} = -1\ \mathrm{ms} \cdot \frac{1\ \mathrm{V} - 0\ \mathrm{V}}{1\ \mathrm{ms}} = -1\ \mathrm{V}$$

$$U_{\mathrm{a,2)^*}} = -\tau_{\mathrm{N1}} \cdot \frac{\Delta U_{\mathrm{e}}}{t_{\mathrm{i}}} = -1\ \mathrm{ms} \cdot \frac{0\ \mathrm{V}}{1\ \mathrm{ms}} = 0\ \mathrm{V}$$

$$U_{\mathrm{a,3)^*}} = -\tau_{\mathrm{N1}} \cdot \frac{\Delta U_{\mathrm{e}}}{t_{\mathrm{f}}} = -1\ \mathrm{ms} \cdot \frac{(-1\ \mathrm{V})}{0{,}5\ \mathrm{ms}} = +2\ \mathrm{V}$$

$$U_{\mathrm{a,4)^*}} = -\tau_{\mathrm{N1}} \cdot \frac{\Delta U_{\mathrm{e}}}{T - t_{\mathrm{r}} - t_{\mathrm{i}} - t_{\mathrm{f}}} = -1\ \mathrm{ms} \cdot \frac{0\ \mathrm{V}}{0{,}5\ \mathrm{ms}} = 0\ \mathrm{V}$$

Der Widerstand R_1 trägt demzufolge zur Erhöhung der Stabilität des Differenzierers bei. Sein Wert bestimmt aber auch die Zeitkonstante, mit der die Flanken der Ausgangsspannung verlaufen. Ein zu großer Widerstandswert $R_{1d} = 5\ \mathrm{k\Omega}$ würde zur Verfälschung des Ergebnisses führen, wenn die nächste Änderung von u_{a} entsteht (Bild 8.63 - rechts), bevor der Zustand $U_{\mathrm{a,n)^*}}$ erreicht ist.

Wenn der Widerstand R_1 einen Mindestwert $R_{1,\mathrm{min}} = R_{1c} = 500\ \Omega$ erreicht, wird das Überschwingen unterdrückt. Der Verlauf der Ausgangsspannung (Bild 8.64) zeigt dann allerdings verzogene Flanken. Dafür ist die Kombination (R_1 & C_1) verantwortlich.

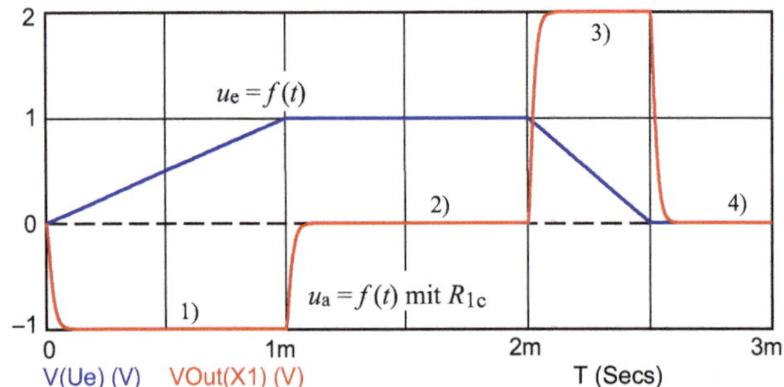

$U_{\mathrm{a1}} = -1\ \mathrm{V}$
(0,1 ms < $t_1 \leq 1$ ms)
$U_{\mathrm{a2}} = 0\ \mathrm{V}$
(1,1 ms < $t_2 \leq 2$ ms)
$U_{\mathrm{a3}} = +2\ \mathrm{V}$
(2,1 ms < $t_3 \leq 2{,}5$ ms)
$U_{\mathrm{a4}} = 0\ \mathrm{V}$
(2,6 ms < $t_4 \leq 3$ ms)

Bild 8.64 Ein- und Ausgangsspannung des Differenzierers

Für die komplexe Übertragungsfunktion des Differenzierers in Bild 8.25 gilt:

$$\frac{\underline{U}_{\mathrm{a}}}{\underline{U}_{\mathrm{e}}} = -\frac{R_{\mathrm{N}}}{R_1 + \dfrac{1}{\mathrm{j}\omega C_1}} = -\frac{R_{\mathrm{N}}}{R_1} \cdot \frac{1}{1 + \dfrac{1}{\mathrm{j}\omega C_1 R_1}} = -\frac{R_{\mathrm{N}}}{R_1} \cdot \frac{\mathrm{j}\omega C_1 R_1}{1 + \mathrm{j}\omega C_1 R_1}$$

Der Grenzfall f_X wird durch die Grenzfrequenz der Kombination (R_1 & C_1) bestimmt. Diese Kombination ist hier als Hochpass wirksam. Für den Simulationsfall $R_{1c} = R_{1,min} = 500\ \Omega$ gilt:

$$f_X = \frac{1}{2\pi \cdot R_{1,min} \cdot C_1} = \frac{10^9}{2\pi \cdot 500 \cdot 50}\ \text{Hz} = \frac{1000}{50\pi}\ \text{kHz} \approx 6{,}37\ \text{kHz}$$

Die Frequenz f_e des Eingangssignals muss demzufolge kleiner als $f_X \approx 6{,}4$ kHz sein, damit die Schaltung nach Vorbild der Formel 8.29 noch als Differenzierer arbeitet. Die Situation kann verbessert werden, wenn man eine zusätzliche Bandbegrenzung mit $\underline{Z}_N = R_N \parallel \mathrm{j}X_N$ einsetzt.

Simulationsbeispiel 8.4: Fensterkomparator (OV = LF353)

Simulieren Sie die Arbeitsweise des in Abschnitt 8.6 vorgestellten Fensterkomparators. Die Schaltung wird nach Vorbild von Bild 8.30 (rechts) aufgebaut. Als Eingangssignal sollen folgende Testsignale verwendet werden:

a) Sägezahn-Impulsfolge

b) Auf-und Entladen einer RC-Kombination.

Zu a) Als Signalquelle wird die Spannungsquelle / Pulse / verwendet. Die Daten werden für eine Sägezahn-Impulsfolge mit $U_P = \pm 8$ V eingestellt:
$t_d = 0{,}5$ ms, $t_r = 3$ ms, $t_f = 1$ ms, $t_i = 0$ und $T = 5$ ms.

Das Ausgangssignal sagt dann mit seinem Vorzeichen aus, ob die Eingangsspannung zum aktuellen Zeitpunkt im eingestellten Fenster ▭ oder außerhalb dieses Fensters ⬚ liegt. In Bild 8.65 gilt:

⬚ $(U_{ref1} = +2\ \text{V}) > U_e(t = t_x) < (U_{ref2} = -5\ \text{V}) \Rightarrow U_{out} = -U_S$

▭ $(U_{ref1} = +2\ \text{V}) < U_e(t = t_x) > (U_{ref2} = -5\ \text{V}) \Rightarrow U_{out} = +U_S$

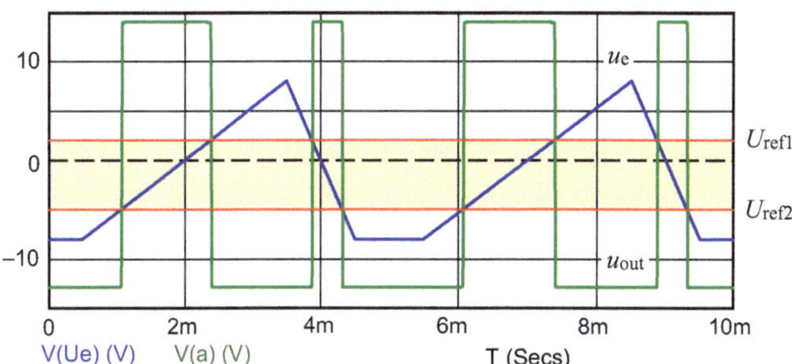

Bild 8.65
Spannungsverläufe des Fensterkomparators

Zu b) Als Signalquelle wird jetzt die Spannungsquelle / Exp / verwendet. Für die e-Funktion gilt: U_P = 10 V, t_{d1} = 0,5 ms, t_{C1} = 0,5 ms, t_{d2} = 4 ms und t_{C2} = 3 ms. Danach wird die RC-Kombination mit einer kleineren Zeitkonstanten τ_1 aufgeladen und mit einer größeren Zeitkonstanten τ_2 entladen.

Der Fensterkomparator kann jetzt für eine beliebige Analyse des Lade- bzw. des Entladezustandes des Kondensators eingesetzt werden. Der jeweilige Analysebereich wird über die Referenzspannungen festgelegt. Wir entscheiden uns für U_{ref1} = 5 V und U_{ref2} = 9,5 V.

Dann liefert der Fensterkomparator eine Information über den Zeitraum, in dem sich die Spannung des Kondensators im Bereich zwischen $0{,}5 \cdot U_{C\infty} \leq u_C \leq 0{,}95 \cdot U_{C\infty}$ befindet. Das ist der Zeitraum zwischen der Halbwertszeit t_{H1} und $3 \cdot \tau_1$ sowie zwischen $0{,}05 \cdot \tau_2$ und der Halbwertszeit t_{H2} [6]. In Bild 8.66 ist dieses Ergebnis dargestellt. Der negative Anteil von U_S wurde aus Platzgründen ausgeblendet.

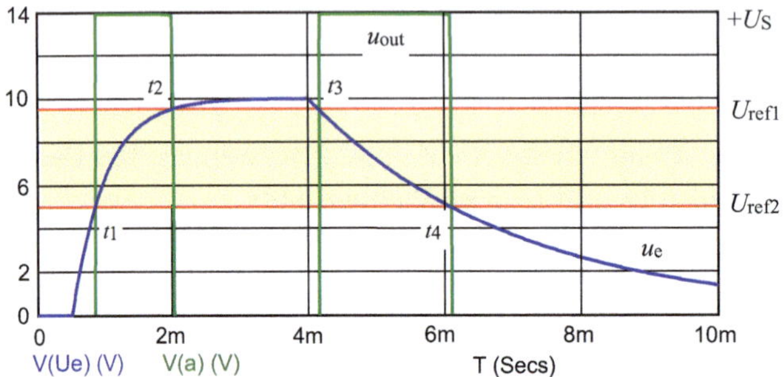

Messung mit dem Cursor:

t_1 (5 V ↑) ≈ 850 µs

t_2 (9,5 V ↑) ≈ 2 ms

t_3 (9,5 V ↓) ≈ 4,15 ms

t_4 (5 V ↓) ≈ 6,1 ms

(vgl. [6] – Tab. 16.1):

95%·$U_{C\infty}$ (↑) nach 3 τ

95%·$U_{C\infty}$ (↓) nach 0,05 τ

Bild 8.66 Antwort des Fensterkomparators auf eine e-Funktion

Aus den Messwerten von Bild 8.66 werden die Zeitkonstanten τ_1 und τ_2 berechnet:

$$\tau_1 = \frac{t_{H1}}{\ln 2} = \frac{t_1 - t_{d1}}{\ln 2} = \frac{(850-500)\,\mu s}{0{,}693} = 505\,\mu s \approx t_{C1} = 500\,\mu s$$

$$\tau_2 = \frac{t_{H2}}{\ln 2} = \frac{t_4 - t_{d2}}{\ln 2} = \frac{(6{,}1-4)\,ms}{0{,}693} = 3{,}03\,ms \approx t_{C2} = 3\,ms$$

Simulationsbeispiel 8.5: Spannungsgesteuerte Stromquelle (OV = LF441)

Dimensionieren Sie die in Bild 8.34 dargestellte Stromquelle so, dass bei einem maximalen Betrag der Eingangsspannung von $|U_{e,max}|$ = 1 V ein Strom von $|I_0|$ = 1 mA durch den Lastwiderstand fließt. Wie groß darf der Lastwiderstand R_a maximal sein, damit die Grenzen des Aussteuerbereiches nicht überschritten werden? Es gilt: $\pm U_S \approx \pm 14$ V. Weisen Sie die Richtigkeit Ihrer Ergebnisse und das lineare Verhalten der Stromquelle mit einer geeigneten Simulation nach.

Die spannungsgesteuerte Stromquelle von Bild 8.34 arbeitet mit einem nichtinvertierenden OV. Die Schaltung wird für Ströme bis $I_0 \approx 5$ mA eingesetzt. Der Lastwiderstand liegt auf Bezugspotential ⊥. Für potentialfreie Lasten können Operationsverstärker-Schaltungen angewendet werden, in denen man den Lastwiderstand im Rückkopplungszweig positioniert.

Im Rahmen der Dimensionierung der Schaltung von Bild 8.34 wird zunächst der Wert des Widerstandes R_P mit Formel 8.34 ermittelt. Aus Symmetriegründen legt man R_N mit $R_N = R_P$ fest. Dann fließen durch die Spannungsteiler $x \cdot R_N / R_N$ und $x \cdot R_P / R_P$ gleiche Ströme. Die Teilungsverhältnisse sind bereits infolge des einheitlichen Widerstandsfaktors x (gewählt: $x_{gew.} = 3$) gleich groß.

$$R_P = \frac{|U_{e,max}|}{|I_0|} = \frac{1\ \text{V}}{1\ \text{mA}} = 1\ \text{k}\Omega = R_N$$

Der Einfluss des Lastwiderstandes soll im Wertebereich von $1\ \text{k}\Omega \leq R_a \leq 5\ \text{k}\Omega$ untersucht werden. Wir betrachten zunächst einen Festwert mit $R_{a1} = 1\ \text{k}\Omega$. Damit werden die Grenzen des Aussteuerbereiches sicher eingehalten (siehe Bild 8.68).

Auf die Eingangsspannung wirkt ein linearer DC-Sweep in den Grenzen $(-1\ \text{V} \leq U_e \leq +1\ \text{V})$. Dann ändert sich die Ausgangsspannung linear von $U_{a,min} \approx -4$ V bis $U_{a,max} \approx +4$ V. Der Strom durch den Lastwiderstand (Bild 8.67) steigt dabei linear an: $(-1\ \text{mA} \leq I_0 \leq +1\ \text{mA})$.

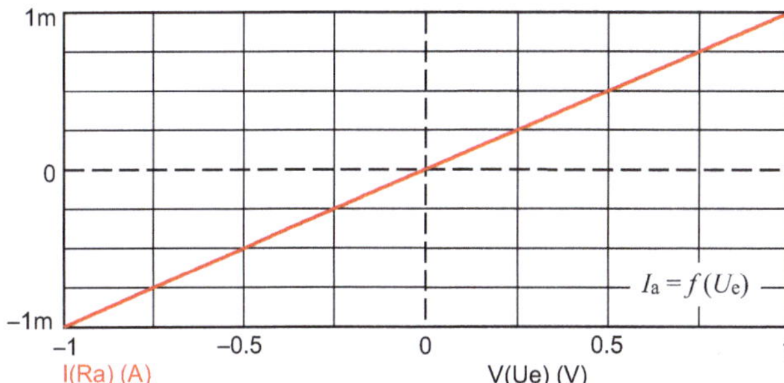

Bild 8.67
Kennlinie einer spannungsgesteuerten Stromquelle

Eine Stromquelle hat die Aufgabe, einen Lastwiderstand mit einem möglichst konstanten Strom zu versorgen (Stromeinspeisung). Dabei ist der Wert des Lastwiderstandes in der Regel variabel. Demzufolge ist die Frage zu klären, in welchem Wertebereich sich der Lastwiderstand R_a ändern darf. Dabei sollen die Grenzen des Aussteuerbereichs nicht überschritten werden! Für die Bestimmung dieser Grenzen (bei einer linearen Verstärkung) wird Formel 8.34 in Formel 8.33 eingesetzt:

$$U_e = \frac{U_a}{1+x} \cdot \frac{R_P}{R_a}$$

Die Aussteuergrenzen werden durch die Sättigungsspannung $|U_S|$ bestimmt. Eine Überschreitung des zulässigen Wertes der Eingangsspannung wird bei einem festgelegten Laststrom $|I_0| = |U_{e,max}| / R_P$ und bei einem konstanten Widerstandsfaktor x gemäß Formel 8.33 durch eine Vergrößerung des Lastwiderstandes ab $R_a \geq R_{a,zul}$ verursacht. Für $|U_{e,max}| = 1$ V und $x = 3$ sowie $R_P = 1$ kΩ gilt:

$$|U_{e,max,zul}| = \frac{|U_{a,max}|}{1+x} \cdot \frac{R_P}{R_a} = \frac{|U_S|}{1+x} \cdot \frac{R_P}{R_{a,zul}} \quad \Rightarrow \quad R_{a,zul} = \frac{|U_S|}{|U_{e,max,zul}|} \cdot \frac{R_P}{1+x} = 3{,}5\ \text{k}\Omega$$

Daraus folgt, dass mit einem zunehmenden Wert des Lastwiderstandes ab $R_a \geq 3{,}5$ kΩ die Aussteuergrenzen bei kleineren Eingangsspannungen erreicht werden. Zur Simulation dieses Sachverhaltes wird der Lastwiderstand mit *Stepping* (List=1k,3k,5k) variiert. In Bild 8.68 ist das Ergebnis dargestellt. Bei einem Lastwiderstand $R_{a2} = 3$ kΩ können noch die Werte der Aufgabenstellung mit $|U_{e,max}| = 1$ V sicher eingehalten werden. Größere Lastwiderstände (ab $R_{a3} > R_{a,zul}$) reduzieren dann den Bereich der Aussteuerbarkeit auf Werte mit $|U_{e,max}| < 1$ V.

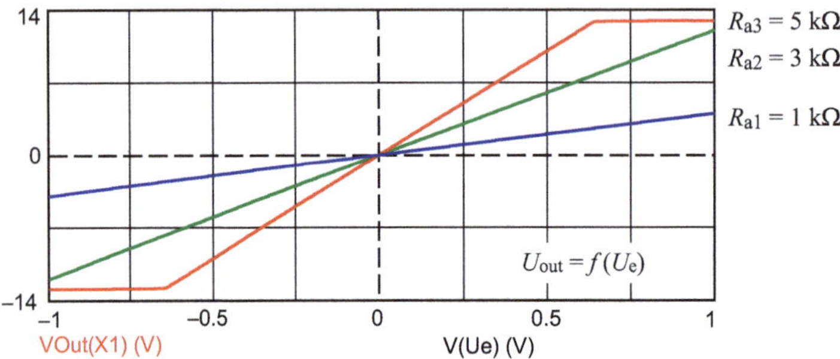

Bild 8.68 Grenzen des Aussteuerbereiches einer spannungsgesteuerten Stromquelle

Simulationsbeispiel 8.6: Tiefpass mit Elektrometerverstärker

Berechnen Sie für die in Bild 8.69 angegebene Passschaltung allgemein die Grenzfrequenz f_g. Die Kombination (R_4||j X_4) bildet einen realen Kondensator nach. Unter welcher Randbedingung erfüllt die Schaltung die von ihr geforderte Tiefpassfunktion mit f_{gF} gemäß Formel 8.36 bzw. Formel 8.39?

Simulieren Sie die Schaltung nach Vorbild des Lehrbeispiels 8.9 für eine Grenzfrequenz $f_{gF} = 5$ kHz mit einer Grundverstärkung von $V_0 = 3$. Wie groß muss die Güte des Kondensators mindestens sein, damit die Ausgangsspannung den Wert von $U_a \geq 99\,\%\ U_{a,max}$ erreicht.

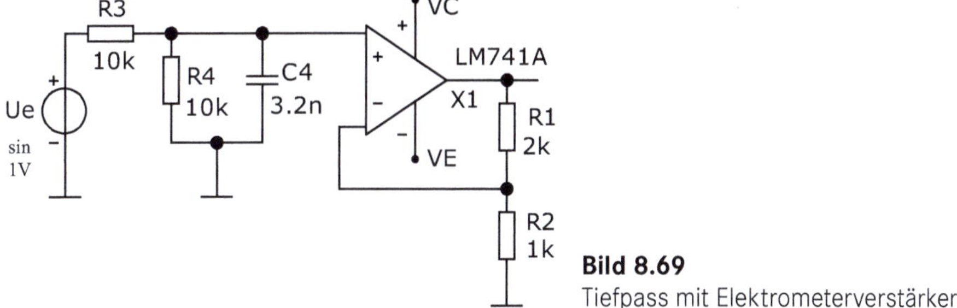

Bild 8.69
Tiefpass mit Elektrometerverstärker

Für die allgemeine Herleitung einer Berechnungsvorschrift für die Grenzfrequenz werden die Bauelemente-Kenngrößen als bekannt vorausgesetzt. Mit der Spannungsteilerregel erhält man bei $U_2 = U_4$:

$$\frac{\underline{U}_a}{\underline{U}_e} = \frac{\underline{U}_a}{\underline{U}_2} \cdot \frac{\underline{U}_4}{\underline{U}_e} = \frac{\underline{U}_a}{\underline{U}_N} \cdot \frac{\underline{U}_P}{\underline{U}_e} = \frac{R_1 + R_2}{R_2} \cdot \frac{R_4 \parallel \frac{1}{j\omega C_4}}{R_3 + R_4 \parallel \frac{1}{j\omega C_4}} = \left(1 + \frac{R_1}{R_2}\right) \cdot \frac{\frac{R_4}{1 + j\omega C_4 \cdot R_4}}{R_3 + \frac{R_4}{1 + j\omega C_4 \cdot R_4}}$$

$$\frac{\underline{U}_a}{\underline{U}_e} = V_0 \cdot \frac{\frac{R_4}{1 + j\omega C_4 \cdot R_4}}{R_3 + \frac{R_4}{1 + j\omega C_4 \cdot R_4}} = V_0 \cdot \frac{R_4}{R_3 + R_4 + j\omega C_4 \cdot R_3 \cdot R_4}$$

Die Grundverstärkung V_0 gilt für den Gleichspannungsfall. In diesem Fall ($f = 0$) ist am Eingang ein ohmscher Spannungsteiler ($R_3 \rightarrow R_4$) wirksam, der nur einen Teil der Eingangsspannung auf den nichtinvertierenden Eingang überträgt. Dieser Teiler wirkt der Grundverstärkung entgegen. Er kann als frequenzunabhängiger Dämpfungsfaktor A_{34} aus dem Bruch ausgeklammert werden.

$$\frac{\underline{U}_a}{\underline{U}_e} = V_0 \cdot \frac{R_4}{R_3 + R_4} \cdot \frac{1}{1 + j\omega C_4 \cdot \frac{R_3 \cdot R_4}{R_3 + R_4}} = V_0 \cdot A_{34} \cdot \frac{1}{1 + j\omega C_4 \cdot R_3 \parallel R_4}$$

Zur Bestimmung der Grenzfrequenz f_g wird von dieser komplexen Übertragungsfunktion der Betrag gebildet. Beim Erreichen der Grenzfrequenz gilt dann:

$$\frac{|\underline{U}_a|}{|\underline{U}_e|}(f_g) = V_0 \cdot A_{34} \cdot \frac{1}{\sqrt{1 + \omega_g^2 C_4^2 (R_3 \parallel R_4)^2}} = V_0 \cdot A_{34} \cdot \frac{1}{\sqrt{2}}$$

$$\sqrt{1 + \omega_g^2 C_4^2 (R_3 \parallel R_4)^2} = \sqrt{2}$$

$$\omega_g^2 C_4^2 (R_3 \parallel R_4)^2 = 1$$

$$f_g = \frac{1}{2\pi \cdot C_4 \cdot R_3 \parallel R_4} \tag{8.53}$$

Die Grenzfrequenz ist demzufolge vom Verlustwiderstand und damit von der Güte des realen Kondensators $\underline{Z}_4$ abhängig. Bei einem Verlustwiderstand $R_4 \gg R_3$ kann die Grenzfrequenz nach Vorbild der Formel 8.36 mit $C = C_4$ und $R = R_3$ bestimmt werden. Je kleiner der Verlustwiderstand wird, desto geringer ist der Betrag der Ausgangsspannung und desto stärker weicht die aktuelle Grenzfrequenz f_g in Richtung größerer Werte von der nach Formel 8.36 berechneten Position f_{gF} ab.

Für die geforderte Simulation wird ein Widerstand $R = R_3 = 10\ \text{k}\Omega$ gewählt. Dann kann der Wert der Kapazität $C = C_4$ näherungsweise über f_{gF} bei $R_4 \to \infty$ berechnet werden.

$$C_4 = \frac{1}{2\pi \cdot f_{gF} \cdot R_3} = \frac{1}{2\pi \cdot 5 \cdot 10^3 \cdot 10 \cdot 10^3}\text{F} = \frac{10}{\pi}\ \text{nF} \approx 3{,}2\ \text{nF}$$

Die Grundverstärkung von $V_0 = 3$ wird über $R_1 = 2\ \text{k}\Omega$ und $R_2 = 1\ \text{k}\Omega$ realisiert. Da der Widerstand R_4 laut Aufgabenstellung einen endlichen Wert besitzt, soll er vorerst mit $R_4 = R_3 = 10\ \text{k}\Omega$ angenommen werden. Damit ist die Ausgangsspannung wesentlich kleiner als der geforderte Wert $U_e \cdot V_0$ und die Grenzfrequenz f_g ist größer als $f_{gF} = 5\ \text{kHz}$. Für eine Eingangsspannung $\hat{U}_e = 1\ \text{V}$ gilt:

$$\hat{U}_a(f=0) = \hat{U}_e \cdot V_0 \cdot \frac{R_4}{R_3 + R_4} = \hat{U}_e \cdot \frac{R_1 + R_2}{R_2} \cdot \frac{R_4}{R_3 + R_4} = 1\ \text{V} \cdot 3 \cdot \frac{1}{2} = 1{,}5\ \text{V}$$

$$f_g = \frac{1}{2\pi \cdot C_4 \cdot R_3 \parallel R_4} = \frac{1}{2\pi \cdot 3{,}2 \cdot 10^{-9} \cdot 5 \cdot 10^3}\text{Hz} = \frac{10^6}{2\pi \cdot 3{,}2 \cdot 5}\text{Hz} = \frac{100}{\pi \cdot 3{,}2}\text{kHz} \approx 9{,}95\ \text{kHz}$$

Im hier gewählten Fall liegt nur noch die Hälfte der maximal möglichen Spannung am Ausgang des Tiefpasses. Mit dem verwendeten Kondensator, der eine extrem schlechte Güte von $Q_{C4}(f_g) \approx 2$ aufweist, erhält man nahezu die doppelte Grenzfrequenz im Vergleich zum Einsatz eines idealen Kondensators ($R_4 \to \infty$). In Bild 8.70 sind die Simulationsergebnisse dargestellt. Der Widerstand R_4 wird jetzt mit *Stepping* (List=5k,10k,100k,1Meg) variiert.

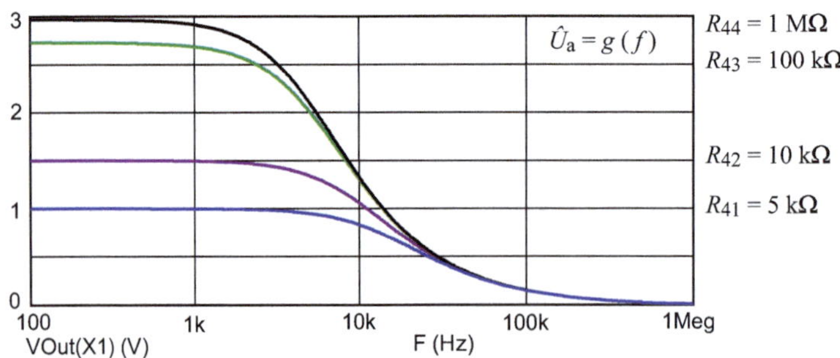

Bild 8.70 Amplitudenfrequenzgänge des Tiefpasses mit Elektrometerverstärker

Bei R_{41} = 5 kΩ wird die Eingangsspannung mit 1 zu 3 geteilt. Für eine Grundverstärkung von V_0 = 3 erhält man eine Ausgangsspannung von 1 V. Die Grenzfrequenz beträgt in diesem Fall f_{g1} ≈ 14,9 kHz.

Bei R_{42} = R_3 = 10 kΩ stimmen die berechneten Werte exakt mit dem Simulationsergebnis überein. Bei R_{44} = 1 MΩ liegt die Eingangsspannung nahezu vollständig am nichtinvertierenden Eingang. Für eine Grundverstärkung von V_0 = 3 erhält man eine Ausgangsspannung von 2,97 V ($\hat{U}_a$ = 0,99 · $\hat{U}_{a,max}$). Die Grenzfrequenz hat den geforderten Wert f_{g4} ≈ 5 kHz. Daraus ergibt sich die folgende Güte des Kondensators an der Grenzfrequenz (vgl. [6] - Abschnitt 8.2.2):

$$Q_{C4}(f_g) = \omega_g \cdot C_4 \cdot R_{44} = 2\pi \cdot 5 \cdot 10^3 \cdot 3{,}2 \cdot 10^{-9} \cdot 10^6 = 10\pi \cdot 3{,}2 \approx 100$$

Aus diesem Simulationsbeispiel kann man folgende „Faustregel“ für einen groben Zusammenhang zwischen dem Verlustwiderstand R_4 in Relation zu R_3, der Ausgangsspannung im Vergleich zu $U_{a,max}$ und der Grenzfrequenz f_g nach Formel 8.36 im Vergleich zu f_{gK} nach Formel 8.39 ableiten:

$$R_4 = x \cdot R_3: \quad \Rightarrow \quad U_a \approx \frac{x}{x+1} \cdot U_{a,max} \quad \Rightarrow \quad f_g \approx \frac{x+1}{x} \cdot f_{gF}$$

Simulationsbeispiel 8.7: Tiefpass mit Zweifachgegenkopplung

Simulieren Sie die Arbeitsweise des in Bild 8.48 vorgestellten Tiefpasses 2. Ordnung. Berechnen Sie dazu allgemein die Grenzfrequenz und dimensionieren Sie die Schaltung für eine Grenzfrequenz von f_g = 5 kHz bei einer Grundverstärkung von | V_0 | = 5.

Im Rahmen einer Vorbetrachtung soll zunächst das Übertragungsverhalten eines passiven Tiefpasses 2. Ordnung beschrieben und diskutiert werden. Ein solcher Übertragungsvierpol ist mit einem Reihenschwingkreis realisierbar, wenn die Ausgangsspannung über dem Kondensator abgegriffen wird. Diese Schaltung (siehe Bild 8.71) war bereits Gegenstand der Lehrbeispiele 1.7 und 1.8. Der Kondensator wird als verlustfrei angenommen.

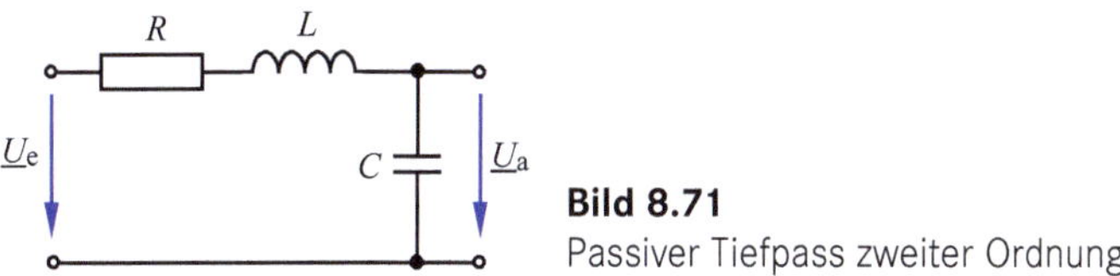

Bild 8.71
Passiver Tiefpass zweiter Ordnung

Der Kondensator im Querzweig bewirkt eine Tiefpasskomponente erster Ordnung und die Induktivität im Längszweig besitzt eine weitere Tiefpasswirkung. Die komplexe Übertragungsfunktion kann mit der Spannungsteilerregel berechnet werden.

Entsprechende Vereinfachungen ergeben sich durch die normierte Frequenz Ω gemäß Formel 8.43 sowie nach [6] - Abschnitt 10.2 und 10.3 über ω_0 und d_C:

$$\frac{\underline{U}_a}{\underline{U}_e} = \frac{\dfrac{1}{j\,\omega C}}{R + j\,\omega L + \dfrac{1}{j\,\omega C}} = \frac{1}{1 - \omega^2 LC + j\,\omega CR}$$

$$\frac{\underline{U}_a}{\underline{U}_e} = \frac{1}{1 - \dfrac{\omega^2}{\omega_0^2} + j\,\dfrac{\omega}{\omega_0} \cdot d_{Cr}} = \frac{1}{1 - \Omega^2 + j\,\Omega \cdot d_{Cr}} \tag{8.54}$$

Für den Verlustfaktor einer RC-Reihenschaltung d_{Cr} gilt: $d_{Cr} = \omega_0 CR$. Bei aktiven Filtern bezeichnet man diesen Faktor als Dämpfungsfaktor a. Er beschreibt dann gemäß [6] - Gleich. (10.8) das Verhältnis zwischen dem Kennwiderstand des Kreises Z_0 und dem Verlustwiderstand R.

Die komplexe Übertragungsfunktion eines aktiven Tiefpasses 2. Ordnung muss eine analoge Grundstruktur zur Formel 8.54 aufweisen. In der Schaltung sind zwei Quellen ($\underline{U}_e$ mit $\underline{I}_e$ und $\underline{U}_a$ mit $\underline{I}_a$) wirksam. Da der Ausgangsstrom des Operationsverstärkers im vorliegenden Fall nicht direkt durch ein definiertes Bauelement fließt, kann er die Ausgangsspannung nicht als Spannungsabfall erzeugen. Die Spannungsteilerregel wird demzufolge zu einer unvollständigen Lösung führen. Aus diesem Grund wird ein geeignetes Verfahren zur Netzwerkberechnung eingesetzt. Hier bietet sich die Knotenanalyse (Knotenpotentialverfahren - vgl. [6] - Abschnitt 5.4.2 und 9.6.3) an, da die Anzahl der Gleichungen durch bereits bekannte Potentialverhältnisse günstig reduziert werden kann.

Bild 8.72
Ersatzschaltbild des Tiefpasses mit Zweifachgegenkopplung

Tabelle 8.4 zeigt das vollständige Koeffizientenschema für den Tiefpass in Bild 8.48. In Bild 8.72 ist die entsprechende Ersatzschaltung zum Vergleich dargestellt.

Tabelle 8.4 Koeffizientenschema zum Tiefpass mit Zweifachgegenkopplung (Bezugsknoten: ⊥)

e	G_1	$-G_1$	0	0	$\underline{I}_e$
K	$-G_1$	$G_1 + G_2 + G_3 + j\omega C_1$	$-G_3$	$-G_2$	0
N	0	$-G_3$	$G_3 + j\omega C_2$	$-j\omega C_2$	0
a	0	$-G_2$	$-j\omega C_2$	$G_2 + j\omega C_2$	$\underline{I}_a$

Die Gleichungen (e) und (a) beschreiben die Potentiale am Eingang und am Ausgang. Da lediglich das Verhältnis zwischen $\underline{U}_a$ und $\underline{U}_e$ zu bestimmen ist, und die Quellengrößen bekannt sind, werden diese beiden Gleichungen für die folgende Herleitung nicht benötigt. Mit $\underline{U}_N = 0$ erhält man dann über (K) und (N) folgende Lösungsansätze:

$$-\underline{U}_e \cdot \frac{1}{R_1} + \underline{\varphi}_K \cdot \left(\frac{1}{R_1} + \frac{1}{R_2} + \frac{1}{R_3} + j\omega C_1 \right) - 0 \cdot \frac{1}{R_3} - \underline{U}_a \cdot \frac{1}{R_2} = 0$$

$$-\underline{\varphi}_K \cdot \frac{1}{R_3} + 0 \cdot \left(\frac{1}{R_3} + j\omega C_2 \right) - \underline{U}_a \cdot j\omega C_2 = 0 \quad \Rightarrow \quad \underline{\varphi}_K = -\underline{U}_a \cdot j\omega C_2 R_3$$

Nun wird Gleich. (N) in (K) eingesetzt:

$$-\underline{U}_a \cdot j\omega C_2 R_3 \cdot \left(\frac{1}{R_1} + \frac{1}{R_2} + \frac{1}{R_3} + j\omega C_1 \right) - \underline{U}_a \cdot \frac{1}{R_2} = \underline{U}_e \cdot \frac{1}{R_1}$$

Diese Gleichung muss nach dem Spannungsverhältnis umgestellt und vereinfacht werden. Die Grundverstärkung $V_0 = -R_2/R_1$ klammert man dabei als Faktor aus diesem Bruch aus. Mit der Vereinfachung $R_1 = R_3 = R$ erhält man Formel 8.55.

$$-\frac{\underline{U}_a}{\underline{U}_e} = \frac{1}{j\omega C_2 R_3 + j\omega C_2 \dfrac{R_1 R_3}{R_2} + j\omega C_2 R_1 - \omega^2 C_1 C_2 \cdot R_1 R_3 + \dfrac{R_1}{R_2}}$$

$$\frac{\underline{U}_a}{\underline{U}_e} = -\frac{R_2}{R_1} \cdot \frac{1}{j\omega C_2 R_2 \cdot \dfrac{R_3}{R_1} + j\omega C_2 \cdot R_3 + j\omega C_2 R_2 - \omega^2 C_1 C_2 \cdot R_2 R_3 + 1}$$

$$\frac{\underline{U}_a}{\underline{U}_e} = V_0 \cdot \frac{1}{1 - \omega^2 C_1 C_2 \cdot R_2 R + j\omega C_2 \cdot (2R_2 + R)} \tag{8.55}$$

Über einen Vergleich der Realteile und der Imaginärteile der Nenner in Formel 8.54 und Formel 8.55 erhält man für $\omega_g = \omega_0$ und $\alpha = d_{Cr}$ (Dämpfungsfaktor) folgende Dimensionierungsvorschriften:

$$V_0 = -\frac{R_2}{R_1} = -\frac{R_2}{R} \tag{8.56}$$

$$f_g = \frac{1}{2\pi \cdot \sqrt{C_1 C_2 \cdot R_2 R}} = \frac{1}{2\pi \cdot R \cdot \sqrt{C_1 C_2 \cdot |V_0|}} \tag{8.57}$$

$$\alpha = 2\pi \cdot f_g \cdot C_2 \cdot (2R_2 + R) = 2\pi \cdot f_g \cdot C_2 \cdot R \cdot (2V_0 + 1) \tag{8.58}$$

Mit diesen Gleichungen können die Bauelemente für die Schaltung des Tiefpasses gemäß Aufgabenstellung bemessen werden. Wenn man den Dämpfungsfaktor nach Formel 8.58 mit $\alpha = 1$ und den Widerstand $R_1 = R_3 = R$ mit $R = 2{,}8\ \mathrm{k\Omega}$ wählt, erhält man den folgenden Wert für die Kapazität C_2:

$$C_2 = \frac{1}{2\pi \cdot f_g \cdot R \cdot (2V_0 + 1)} = \frac{1}{2\pi \cdot 5 \cdot 2{,}8 \cdot 11}\ \mu\mathrm{F} \approx 1\,\mathrm{nF}$$

Dann kann über Formel 8.57 der Wert der Kapazität C_1 berechnet werden:

$$C_1 = \frac{1}{4\pi^2 \cdot f_g^2 \cdot R^2 \cdot C_2 \cdot |V_0|} = \frac{1000}{4\pi^2 \cdot 5^2 \cdot 2{,}8^2 \cdot 5}\ \mu\mathrm{F} \approx 25\ \mathrm{nF}$$

Für den Widerstand R_2 ergibt sich mit Formel 8.56 folgender Wert:
$R_2 = |\ V_0\ | \cdot R = 14\ \mathrm{k\Omega}$.

In Bild 8.73 ist die so dimensionierte Schaltung dargestellt. Die Kapazitätswerte C_1 und C_2 wurden dabei über den Dämpfungsfaktor berechnet. Dieser Parameter (Name: a) wird mit .DEFINE festgelegt. Er bleibt wirkungslos, solange er mit dem Dimensionierungswert *a* auf $\alpha = 1$ gesetzt ist. Durch die Aktivierung von *Stepping* werden dann beide Kapazitätswerte C_1 und C_2 gleichzeitig variiert.

Die Quelle / Sin / führt einen AC-Sweep im Bereich 100 Hz $\leq f \leq$ 100 kHz durch.

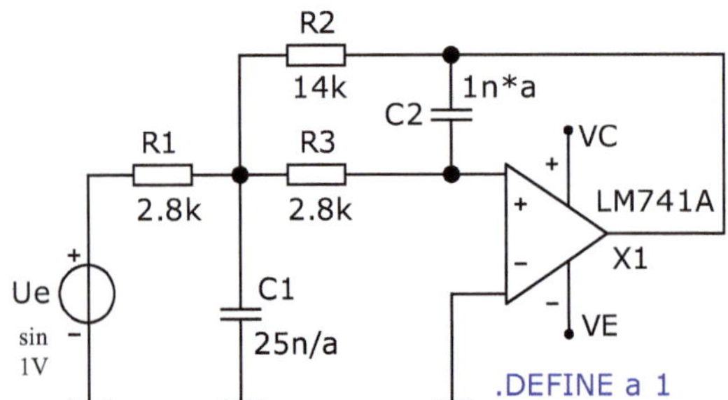

Bild 8.73
Simulation eines Tiefpasses mit Zweifachgegenkopplung

Bild 8.74 zeigt das Simulationsergebnis für $\alpha = 1$.

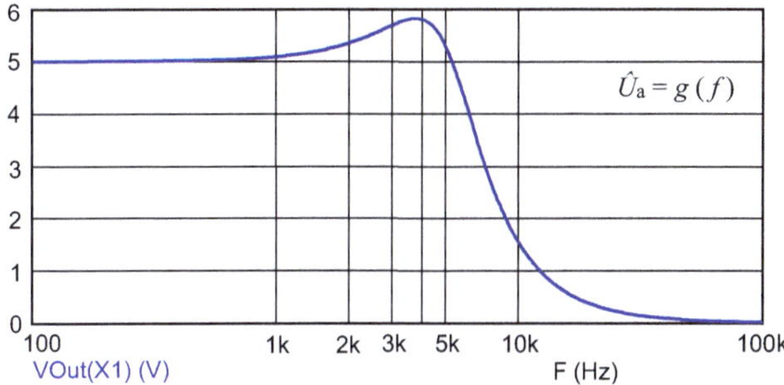

Bild 8.74 Amplitudenfrequenzgang eines Tiefpasses mit Zweifachgegenkopplung

Der Amplitudenfrequenzgang der Ausgangsspannung verläuft im sicheren Durchlassbereich mit der eingestellten Grundverstärkung $|V_0| = 5$. In der näheren Umgebung der Grenzfrequenz bildet sich ein bereits aus dem Lehrbeispiel 8.10 bekannter Höcker aus (Tschebyscheff-Charakteristik: vgl. auch [2] und 10]). Demzufolge liegt die 3-dB-Frequenz bei einem Wert etwas oberhalb der eingestellten Grenzfrequenz. Zur Verdeutlichung dieses Sachverhalts soll eine weitere Simulation durchgeführt werden. Dazu wird der bereits als Parameter definierte Faktor a mit *Stepping* variiert. Dieser Dämpfungsfaktor beeinflusst dann gemäß Formel 8.58 und 8.57 den Wert der beiden Kapazitäten wie folgt:

$$C_2 = \frac{\alpha}{2\pi \cdot f_g \cdot R \cdot (2V_0 + 1)} = \frac{\alpha}{2\pi \cdot 5 \cdot 2{,}8 \cdot 11}\ \mu\text{F} \approx \alpha \cdot 1\ \text{nF}$$

$$C_1 = \frac{2\pi \cdot f_g \cdot R \cdot (2V_0 + 1)}{(2\pi \cdot f_g \cdot R)^2 \cdot V_0 \cdot \alpha} = \frac{(2V_0 + 1)}{2\pi \cdot f_g \cdot R \cdot V_0 \cdot \alpha} = \frac{11}{2\pi \cdot 5 \cdot 2{,}8 \cdot 5}\ \mu\text{F} \cdot \frac{1}{\alpha} \approx \frac{25\ \text{nF}}{\alpha}$$

Durch die Anwendung von *Stepping* (List=0.6,1,1.414) erhält man drei Amplitudenfrequenzgänge mit folgenden Dämpfungsfaktoren als Maß für die jeweilige Polgüte nach Formel 8.38: $\alpha_1 = 0{,}6$ sowie $\alpha_2 = 1$ und $\alpha_3 = \sqrt{2}$

In Bild 8.75 ist das Simulationsergebnis dargestellt. Es zeigt die drei Amplitudenfrequenzgänge der Ausgangsspannung mit α als Parameter. Bei $\alpha_1 = 0{,}6$ ergibt sich der bekannte Verlauf des Frequenzganges einer passiven RC-Kombination.

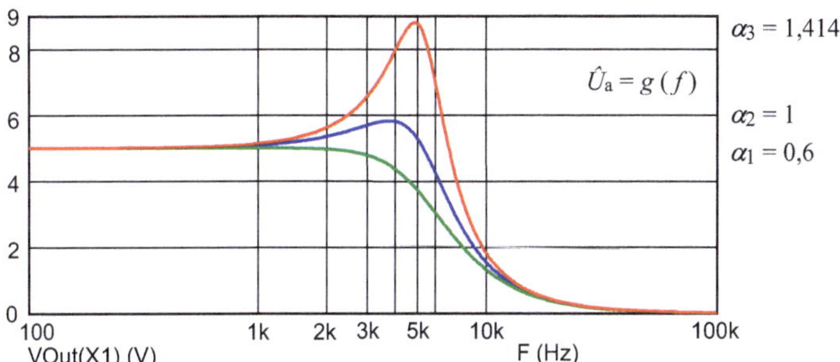

Bild 8.75 Frequenzgänge eines Tiefpasses mit unterschiedlichen Dämpfungsfaktoren

Bei $\alpha_2 = 1$ bildet sich der in Bild 8.74 dargestellte Höcker aus, der bei $\alpha_3 = \sqrt{2}$ erkennbar an Intensität zunimmt. Mit abnehmendem Dämpfungsfaktor verschieben sich die 3-dB-Frequenzen in Richtung höherer Frequenzwerte. Die Steilheit der Flanke beim Übergang in den Sperrbereich (und damit die Selektivität des Tiefpasses) bleibt aber mit $S_F \approx 40$ dB/Dek. prinzipiell erhalten. Bei einem Dämpfungsfaktor $\alpha_3 = \sqrt{2}$ stimmt die berechnete Grenzfrequenz mit der 3-dB-Frequenz überein.

Simulationsbeispiel 8.8: Bandpass mit Zweifachgegenkopplung

Leiten Sie für einen Bandpass 2. Ordnung mit Zweifachgegenkopplung nach Bild 8.57 eine Berechnungsvorschrift für die Resonanzfrequenz her. Weisen Sie mit einer geeigneten Simulation nach, dass eine mit dieser Vorschrift dimensionierte Schaltung eine Resonanzfrequenz von $f_0 = 3$ kHz aufweist. Die Bandbreite soll dabei in folgendem Bereich einstellbar sein: 250 Hz $\leq B \leq$ 500 Hz.

Im Rahmen einer Vorbetrachtung wird zunächst das Übertragungsverhalten eines passiven Bandpasses beschrieben und diskutiert. Ein solch frequenzselektiver Vierpol ist mit einem Reihenschwingkreis realisierbar, wenn die Ausgangsspannung über dem ohmschen Widerstand R abgegriffen wird.

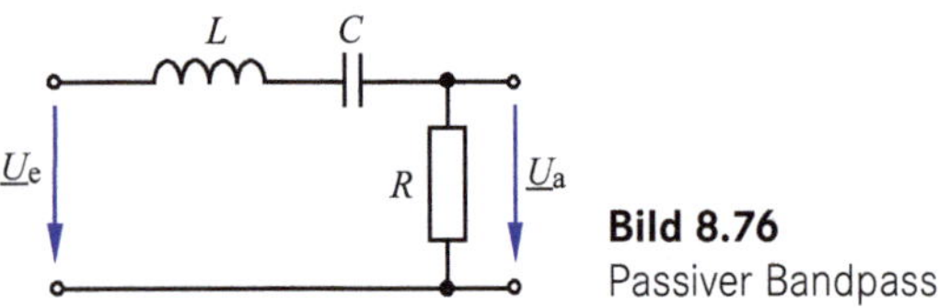

Bild 8.76
Passiver Bandpass

Die komplexe Übertragungsfunktion kann über die Spannungsteilerregel berechnet werden. Vereinfachungen ergeben sich mit den Formel 8.41 bis Formel 8.44 sowie aus [6] - Abschnitt 10.3:

$$\frac{\underline{U}_a}{\underline{U}_e} = \frac{R}{R + \mathrm{j}\,\omega L + \frac{1}{\mathrm{j}\,\omega C}} = \frac{1}{1 + \mathrm{j}\left(\frac{\omega L}{R} - \frac{1}{\omega C R}\right)}$$

Im Ergebnis einiger Umformungen (siehe [6]) erhält man:

$$\frac{\underline{U}_a}{\underline{U}_e} = \frac{1}{1 + \mathrm{j}\,\frac{1}{R}\cdot\sqrt{\frac{L}{C}}\cdot\left(\frac{\omega}{\omega_0} - \frac{\omega_0}{\omega}\right)}$$

$$\frac{\underline{U}_a}{\underline{U}_e} = \frac{1}{1 + \mathrm{j}\,Q\cdot v} \qquad (8.59)$$

Die komplexe Übertragungsfunktion eines aktiven Bandpasses 2. Ordnung muss eine analoge Grundstruktur im Vergleich zur Formel 8.59 aufweisen. Zur Herleitung einer Berechnungsvorschrift wird wieder mit der Knotenanalyse gearbeitet (vgl. [6] - Abschnitt 5.4.2 und 9.6.3).

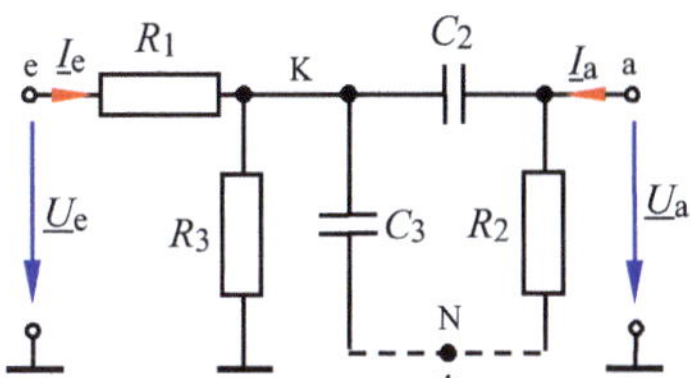

Bild 8.77
Ersatzschaltbild des Bandpasses mit Zweifachgegenkopplung

Tabelle 8.5 zeigt das vollständige Koeffizientenschema für den Bandpass in Bild 8.57. In Bild 8.77 ist die entsprechende Ersatzschaltung noch einmal zum Vergleich dargestellt.

Tabelle 8.5 Koeffizientenschema (Knotenanalyse) zum Bandpass mit Zweifachgegenkopplung

e	G_1	$-G_1$	0	0	$\underline{I}_e$
K	$-G_1$	$G_1 + G_3 + j\omega \cdot (C_2 + C_3)$	$-j\omega C_3$	$-j\omega C_2$	0
N	0	$-j\omega C_3$	$G_2 + j\omega C_3$	$-G_2$	0
a	0	$-j\omega C_2$	$-G_2$	$G_2 + j\omega C_2$	$\underline{I}_a$

Die Gleichungen (e) und (a) beschreiben die Potentiale am Eingang und am Ausgang. Da lediglich das Verhältnis zwischen $\underline{U}_a$ und $\underline{U}_e$ zu bestimmen ist, und die Quellengrößen bekannt sind, werden diese beiden Gleichungen für die folgende Herleitung nicht benötigt. Mit $\underline{U}_N = 0$ erhält man über (K) und (N) folgende Lösungsansätze:

$$-\underline{U}_e \cdot \frac{1}{R_1} + \underline{\varphi}_K \cdot \left(\frac{1}{R_1} + \frac{1}{R_3} + j\omega C_2 + j\omega C_3 \right) - 0 \cdot j\omega C_3 - \underline{U}_a \cdot j\omega C_2 = 0$$

$$-\underline{\varphi}_K \cdot j\omega C_3 + 0 \cdot \left(\frac{1}{R_2} + j\omega C_3 \right) - \underline{U}_a \cdot \frac{1}{R_2} = 0 \quad \Rightarrow \quad \underline{\varphi}_K = -\underline{U}_a \cdot \frac{1}{j\omega C_3 R_2}$$

Nun wird Gleich. (N) in Gleich. (K) eingesetzt:

$$-\underline{U}_a \cdot \frac{1}{j\omega C_3 R_2} \cdot \left(\frac{1}{R_1} + \frac{1}{R_3} + j\omega C_2 + j\omega C_3 \right) - \underline{U}_a \cdot j\omega C_2 = \underline{U}_e \cdot \frac{1}{R_1}$$

Diese Gleichung muss nach dem komplexen Spannungsverhältnis umgestellt und vereinfacht werden. Das Verhältnis $-R_2/R_1$ klammert man dabei als Faktor aus diesem Bruch aus.

$$-\frac{\underline{U}_a}{\underline{U}_e}=\frac{1}{R_1\cdot\left[\frac{1}{\mathrm{j}\omega C_3R_2}\cdot\left(\frac{1}{R_1}+\frac{1}{R_3}+\mathrm{j}\omega C_2+\mathrm{j}\omega C_3\right)+\mathrm{j}\omega C_2\right]}\cdot\left(\frac{R_2}{R_2}\right)$$

$$\frac{\underline{U}_a}{\underline{U}_e}=-\frac{R_2}{R_1}\cdot\frac{1}{R_2\cdot\left[\frac{1}{\mathrm{j}\omega C_3R_2}\cdot\left(\frac{1}{R_1}+\frac{1}{R_3}+\mathrm{j}\omega C_2+\mathrm{j}\omega C_3\right)+\mathrm{j}\omega C_2\right]}$$

$$\frac{\underline{U}_a}{\underline{U}_e}=-\frac{R_2}{R_1}\cdot\frac{1}{\frac{1}{\mathrm{j}\omega C_3}\cdot\left(\frac{1}{R_1}+\frac{1}{R_3}+\mathrm{j}\omega C_2+\mathrm{j}\omega C_3\right)+\mathrm{j}\omega C_2R_2}$$

Mit der Vereinfachung $C_2 = C_3 = C$ gilt dann:

$$\frac{\underline{U}_a}{\underline{U}_e}=-\frac{R_2}{R_1}\cdot\frac{1}{\frac{1}{\mathrm{j}\omega C}\cdot\left(\frac{1}{R_1}+\frac{1}{R_3}\right)+2+\mathrm{j}\omega CR_2}=-\frac{R_2}{2R_1}\cdot\frac{1}{\frac{1}{\mathrm{j}\omega 2C}\cdot\left(\frac{1}{R_1}+\frac{1}{R_3}\right)+1+\mathrm{j}\omega C\frac{R_2}{2}}$$

Der Faktor $-R_2/2R_1$ entspricht der Grundverstärkung im Resonanzfall.

$$\frac{\underline{U}_a}{\underline{U}_e}=V_r\cdot\frac{1}{1+\mathrm{j}\frac{1}{2}\cdot\left[\omega CR_2-\frac{1}{\omega C}\cdot\left(\frac{1}{R_1}+\frac{1}{R_3}\right)\right]}\tag{8.60}$$

Im Resonanzfall muss der Imaginärteil der komplexen Übertragungsfunktion gleich null sein. Dann wäre in Formel 8.59 infolge $\omega = \omega_0$ die Verstimmung auch null.

Dann ergibt sich für Formel 8.60 im Imaginärteil des Nenners:

$$\omega_0CR_2-\frac{1}{\omega_0C}\cdot\frac{1}{R_1\,||\,R_3}=0$$

$$\omega_0^2=\frac{1}{C^2R_2}\cdot\frac{1}{R_1\,||\,R_3}\tag{8.61}$$

Für die Grundverstärkung im Resonanzfall und für die Resonanzfrequenz eines Bandpasses mit Zweifachgegenkopplung erhält man dann folgende Dimensionierungsvorschriften:

$$V_r=-\frac{R_2}{2R_1}\tag{8.62}$$

$$f_0 = \frac{1}{2\pi \cdot C \cdot \sqrt{R_2 \cdot (R_1 \parallel R_3)}} \tag{8.63}$$

Durch Einsetzen von Formel 8.61 kann man Formel 8.60 in eine allgemeine Form umwandeln:

$$\frac{\underline{U}_a}{\underline{U}_e} = V_r \cdot \frac{1}{1 + j\frac{\omega C R_2}{2} \cdot \left(1 - \frac{1}{\omega^2 C^2 R_2} \cdot \frac{1}{R_1 \parallel R_3}\right)} = V_r \cdot \frac{1}{1 + j\frac{\omega C R_2}{2} \cdot \left(1 - \frac{\omega_0^2}{\omega^2}\right)}$$

Über einen Koeffizientenvergleich zwischen Formel 8.63 und Formel 8.59 erhält man dann eine Aussage zur Güte und eine Berechnungsvorschrift für die Bandbreite. Im Resonanzfall $\omega = \omega_0$ ist der Imaginärteil des Nenners gleich null. Da der Klammerausdruck bei ω_0 null wird, muss der andere Faktor im Imaginärteil gleich der Güte sein. Dann gilt: $Q = 0{,}5\omega_0 C \cdot R_2$.

$$Q = \pi \cdot f_0 \cdot C \cdot R_2 \tag{8.64}$$

Die Bandbreite ergibt sich aus der Güte und der Resonanzfrequenz:

$$B = \frac{f_0}{Q} = \frac{1}{\pi \cdot C \cdot R_2} \tag{8.65}$$

Mit Kenntnis aller wichtigen Berechnungsvorschriften kann man nun die Simulation vorbereiten. Für die Dimensionierung des Bandpasses werden folgende Größen gewählt: $|V_r| = 15$ und $C = 2{,}2$ nF. Dann ergibt sich der Wert von R_2 mit $B = 500$ Hz nach Formel 8.65 und die Güte nach Formel 8.64 :

$$R_2 = \frac{1}{\pi \cdot C \cdot B} = \frac{10^6}{\pi \cdot 2{,}2 \cdot 500}\ \text{k}\Omega \approx 290\ \text{k}\Omega \quad \Rightarrow \quad Q = \pi \cdot f_0 \cdot C \cdot R_2 = \pi \cdot 3 \cdot 2{,}2 \cdot 0{,}29 \approx 6$$

Wenn man einen Widerstand $R_2 = 300$ kΩ aus der E-24-Reihe wählt, ergibt sich eine Bandbreite von $B \approx 482$ Hz und eine Güte von 5,94. Das entspricht der in der Aufgabenstellung genannten Forderung. Der Widerstand R_1 wird über die Grundverstärkung (Formel 8.62) berechnet: $R_1 = R_2 / 30 = 10$ kΩ.

Für die Resonanzfrequenz muss jetzt noch der Widerstand R_3 mit Formel 8.63 bestimmt werden.

$$f_0 = \frac{1}{2\pi \cdot C \cdot \sqrt{R_2 \cdot (R_1 \parallel R_3)}} \quad \Rightarrow \quad R_1 \parallel R_3 = \frac{1}{4\pi^2 \cdot C^2 \cdot f_0^2 \cdot R_2} = \frac{10^6}{4\pi^2 \cdot 2{,}2^2 \cdot 3^2 \cdot 0{,}3}\ \Omega \approx 1938\ \Omega$$

$$R_1 R_3 = 1938\ \Omega \cdot (R_1 + R_3)$$

Mit $R_1 = 10$ kΩ gilt:

$$R_3 = 10\,\text{k}\Omega \cdot \frac{1938}{8062} = 2{,}4\ \text{k}\Omega$$

Bild 8.78 zeigt die so dimensionierte Schaltung (Gewählt: R_3 = 2,5 kΩ).

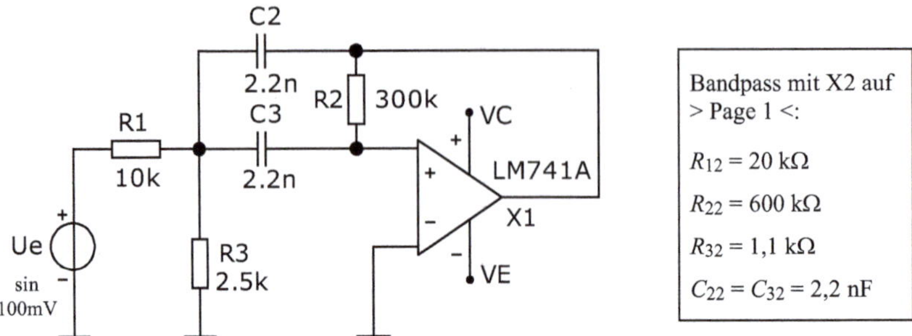

Bild 8.78 Simulation eines Bandpasses mit Zweifachgegenkopplung

Die Resonanzfrequenz beträgt f_0 = 3 kHz. Bei einer Eingangsspannung von $\hat{U}_e$ = 100 mV erhält man im Resonanzfall eine Ausgangsspannung von $\hat{U}_a(f_0)$ = 1,5 V. Das entspricht der geforderten Grundverstärkung von V_r = 15. Mit der Cursorfunktion kann man außerdem folgende Kenngrößen ablesen bzw. bestimmen: $f_{gu} \approx 2770$ Hz; $f_{go} \approx 3270$ Hz; $B \approx 500$ Hz ($Q \approx 6$).

Diese Werte stimmen mit den Forderungen der Aufgabenstellung überein.

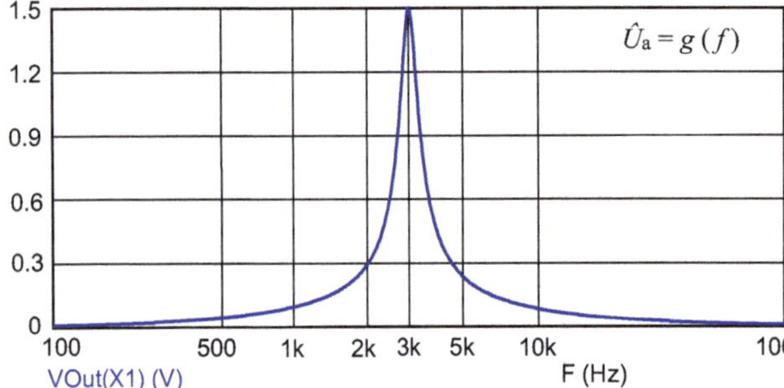

Bild 8.79 Amplitudenfrequenzgang eines Bandpasses mit Zweifachgegenkopplung

Der zweite Teil der Aufgabenstellung verlangt eine Veränderung der Bandbreite. Diese Variation führt nur dann zu einem vergleichbaren Ergebnis, wenn die Werte für die Resonanzfrequenz und die Grundverstärkung beibehalten werden. Das Arbeiten mit einem Parameter (vgl. Dämpfungsfaktor α im Simulationsbeispiel 8.7) wird hier erschwert, da sich alle Bauelemente-Kenngrößen und damit alle Filter-Kenngrößen wechselseitig beeinflussen.

Einen experimentierfreudigen Ausweg bietet hier die Kombination von zwei Bandpässen, die eine spezifische Dimensionierung aufweisen. Die Schaltung mit X1 entspricht den Angaben von Bild 8.78. Sie wird auf der Main-Seite der Arbeitsoberfläche platziert. Die Quelle ist mit einem Tie „e“ verbunden. Der Bandpass mit X2 (OV wie X1) befindet sich befindet sich auf der > Page 1 <. Seine Bauelemente werden so dimensioniert, dass er mit der halben Bandbreite (also mit der doppelten Güte) im Vergleich zum Bandpass X1 arbeitet. Als Quelle wirkt ein weiteres Tie „e" zur Verbindung der Quelle auf der Seite > Main <. Damit wirkt der AC-Sweep auf beide Schaltungen. In Bild 8.80 sind die beiden Frequenzgänge (jetzt in dB) in einem gemeinsamen Diagramm dargestellt.

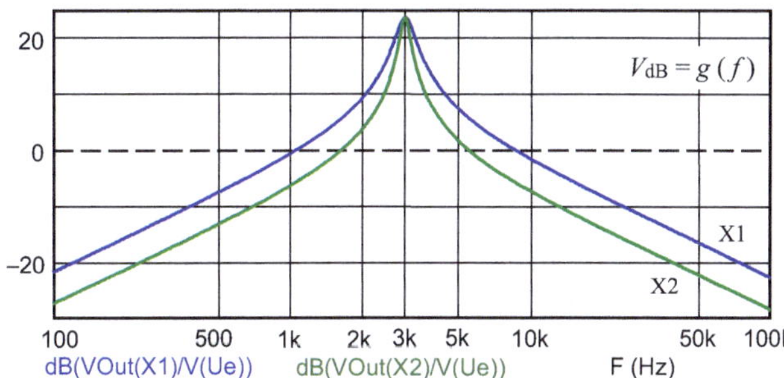

Bild 8.80
Vergleich von Frequenzgängen eines Bandpasses mit verschiedenen Bandbreiten

Bei einer Halbierung der Bandbreite können bei gleicher Resonanzfrequenz und gleicher Grundverstärkung auch die gleichen Kapazitätswerte verwendet werden, wenn man R_2 für die neue Bandbreite berechnet und alle anderen Veränderungen über die Widerstandswerte R_1 und R_3 ausgleicht. Im Sinne der möglichst exakten Einhaltung der Forderungen der Aufgabenstellung wird jetzt auf die Auswahl von Bauelementen aus der E-Reihe verzichtet. Für $B_2 = 0{,}5 \cdot B_1 \approx 250$ Hz gilt:

$R_{22} = 2 \cdot R_2 = 600\ \text{k}\Omega$ mit: $R_2 = 300\ \text{k}\Omega$ (nach Formel 8.65)

$R_{12} = 2 \cdot R_1 = 20\ \text{k}\Omega$ mit: $R_1 = 10\ \text{k}\Omega$ (nach Formel 8.62)

Der Widerstand R_{32} muss dann mit Formel 8.63 über R_{22} und R_{12} völlig neu berechnet werden.

$$R_{12} \,||\, R_{32} = \frac{1}{4\pi^2 \cdot C^2 \cdot f_0^2 \cdot R_{22}} = \frac{10^6}{4\pi^2 \cdot 2{,}2^2 \cdot 3^2 \cdot 0{,}6}\ \Omega \approx 969\ \Omega$$

Mit $R_{12} = 20\ \text{k}\Omega$ gilt:

$$R_3 = 20\,\text{k}\Omega \cdot \frac{969}{19031} \approx 1{,}1\ \text{k}\Omega$$

Durch einen Vergleich der Frequenzgänge in Bild 8.80 erhält man folgende Kenngrößen der beiden Bandpässe mit den Bezeichnungen X1 und X2:

BP X1: $B_1 \approx 500$ Hz $\quad Q_1 \approx 6 \quad S_{F1} \approx 33$ dB/Dek.

BP X2: $B_2 \approx 250$ Hz $\quad Q_2 \approx 12 \quad S_{F2} \approx 39$ dB/Dek.

Eine Halbierung der Bandbreite führt zu einer Verdopplung der Güte. Die Steilheit der Filterflanken nimmt dabei um ca. 6 dB pro Frequenzdekade zu.

Simulationsbeispiel 8.9: Frequenzgruppenfilter (Komplexbeispiel)

Dimensionieren Sie einen Bandpass 3. Ordnung gemäß Bild 8.59 so, dass er als Frequenzgruppenfilter zur Analyse von Sprachsignalen eingesetzt werden kann. Die Schaltung ist stufenweise zu entwickeln und zu simulieren. Als Beispiel soll die Frequenzgruppe Nr. 9 betrachtet werden, die man infolge ihrer Mittenfrequenz von f_m = 1 kHz auch zur Lösung von Mess- und Kalibrierungsaufgaben einsetzt. Die Frequenzgruppe 9 wird mit folgenden Grenzfrequenzen angegeben: f_{gu} = 920 Hz und f_{go} = 1080 Hz. Daraus resultiert eine Bandbreite von $B = f_{go} - f_{gu}$ = 160 Hz und eine Güte von $Q = f_m / B$ = 6,25.

Zu a) Dimensionierung: Zunächst werden die Stützwerte für die Aufbauelemente der Außenbeschaltung des Operationsverstärkers festgelegt bzw. berechnet. Mit Kenntnis der Mittenfrequenz kann über Formel 8.48 für $f_m = f_0$ der Widerstand R berechnet werden, wenn man den Kapazitätswert wählt: $C_{gew.}$ = 10 nF

$$R = \frac{1}{2\pi \cdot f_m \cdot C_{gew.}} = \frac{1}{2\pi \cdot 1\ \text{kHz} \cdot 10\ \text{nF}} \approx 15{,}92\ \text{k}\Omega \quad \Rightarrow \quad R_{gew.} = 16\,\text{k}\Omega$$

Nun wird für den Kombinationsbandpass in Bild 8.59 (also vorerst ohne TT-Glied) die komplexe Übertragungsfunktion berechnet und daraus die Verstärkung im Resonanzfall bestimmt. Es gelten die aus Formel 8.49 bis Formel 8.52 resultierenden Vereinfachungen über die Hilfsvariablen a und b.

$$\frac{\underline{U}_a}{\underline{U}_e} = \frac{R_N + \dfrac{1}{j\,\omega C}}{R_1 + \dfrac{1}{j\,\omega C}} = \frac{\dfrac{R}{b} + \dfrac{1}{j\,\omega b C}}{\dfrac{R}{a} + \dfrac{1}{j\,\omega a C}} = \frac{\dfrac{1}{b} \cdot \left(R + \dfrac{1}{j\,\omega C} \right)}{\dfrac{1}{a} \cdot \left(R + \dfrac{1}{j\,\omega C} \right)} = \frac{a}{b} = \frac{R_N}{R_1} = |V_r|$$

Die Hilfsvariable b kann man über die Bandbreite bestimmen. Aus Formel 8.51 folgt für $f_m = f_0$:

$$Q = \frac{f_m}{B} = \frac{1}{2b} \qquad \Rightarrow \qquad b = \frac{B}{2f_m} = \frac{f_{go} - f_{gu}}{2f_m} = \frac{160\ \text{Hz}}{2000\ \text{Hz}} = 8 \cdot 10^{-2}$$

Mit Kenntnis der Grundverstärkung liegt dann der Wert der Hilfsvariablen a nach Formel 8.52 fest. Für eine gewählte Grundverstärkung von $|\ V_r\ |$ = 2 gilt:

$$a = |V_r| \cdot b = \frac{|V_r| \cdot B}{2f_m} = \frac{2 \cdot 160\ \text{Hz}}{2000\ \text{Hz}} = 16 \cdot 10^{-2}$$

Nun können für den Kombinationsbandpass die Werte der Aufbauelemente R_1, R_N, C_1 und C_N über die Hilfsvariablen a und b berechnet werden.

$$R_1 = \frac{R}{a} = \frac{16\ \text{k}\Omega}{16 \cdot 10^{-2}} = 100\ \text{k}\Omega$$

$$R_N = \frac{R}{b} = \frac{16\ \text{k}\Omega}{8 \cdot 10^{-2}} = 200\ \text{k}\Omega$$

$$C_1 = a \cdot C = 16 \cdot 10^{-2} \cdot 10 \text{ nF} = 1{,}6 \text{ nF}$$

$$C_N = b \cdot C = 8 \cdot 10^{-2} \cdot 10 \text{ nF} = 800 \text{ pF}$$

Diese Aufbauelemente müssen jetzt durch eine Kombination von mehreren Bauelementen relativ zum berechneten Wert realisiert werden. Ansonsten kommt es zu Abweichungen zwischen den geforderten und den schaltungstechnisch realen bzw. den simulierten Filterdaten.

Zu b) Beschreibung und Simulation des Doppel-T-Gliedes:

Im Rahmen einer ersten Simulation soll der Amplitudenfrequenzgang des Doppel-T-Gliedes aus dem Bild 8.58 bestimmt werden. Dazu wird die komplexe Übertragungsfunktion $\underline{U}_a / \underline{U}_N$ bzw. hier $\underline{U}_a / \underline{U}_e$ der passiven Doppel-T-Konfiguration mit den Festlegungen von Bild 8.81 berechnet.

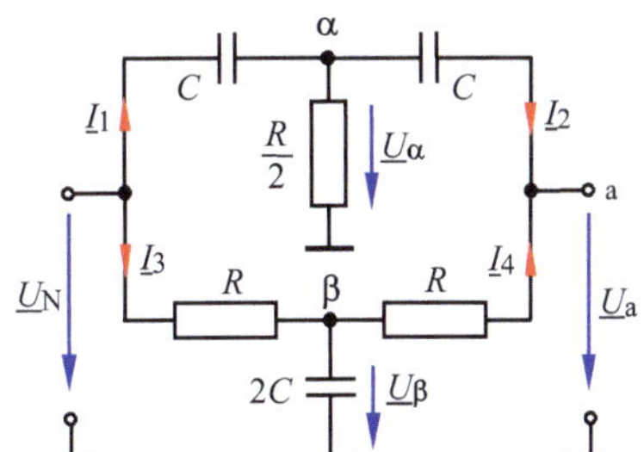

Für die Ströme $\underline{I}_\alpha$ und $\underline{I}_\beta$ gilt:

$$\underline{I}_\alpha(\downarrow) = \frac{\underline{U}_\alpha}{0{,}5R}$$

$$\underline{I}_\beta(\downarrow) = \underline{U}_\beta \cdot \mathrm{j}\omega 2C$$

Bild 8.81 Analyse des Doppel-T-Gliedes

Zur Bestimmung dieser Funktion wendet man für die Punkte α und β den Knotenpunktsatz an. Durch Einsetzen der Spannungen (Ohmsches Gesetz) und einigen Umformungenen erhalten wir:

$$\frac{\underline{U}_a}{\underline{U}_e} = \frac{1-\Omega^2}{1-\Omega^2+\mathrm{j}\,4\Omega}$$

Die ausführliche Herleitung dieser Formel findet man in [12] (SB_5.11). Daraus kann man den Betrag und den Winkel der komplexen Übertragungsfunktion bestimmen:

$$\left|\frac{\underline{U}_a}{\underline{U}_e}\right| = \frac{1-\Omega^2}{\sqrt{(1-\Omega^2)^2+16\Omega^2}} = \frac{1-\Omega^2}{\sqrt{1+14\Omega^2+\Omega^4}}$$

$$\varphi_{ae} = -\arctan\frac{4\Omega}{1-\Omega^2} = \arctan\frac{4\Omega}{\Omega^2-1}$$

Der so simulierte Frequenzgang des Betrages der komplexen Übertragungsfunktion ist in Bild 8.82 dargestellt. Die Frequenzachse ist logarithmisch geteilt und erstreckt sich über vier Frequenzdekaden, die symmetrisch zum Resonanzpunkt angeordnet sind. In der normierten Frequenzdarstellung (siehe untere Skalierung der *x*-Achse in Bild 8.82) gilt: $\Omega = \omega / \omega_m = f / f_m$.

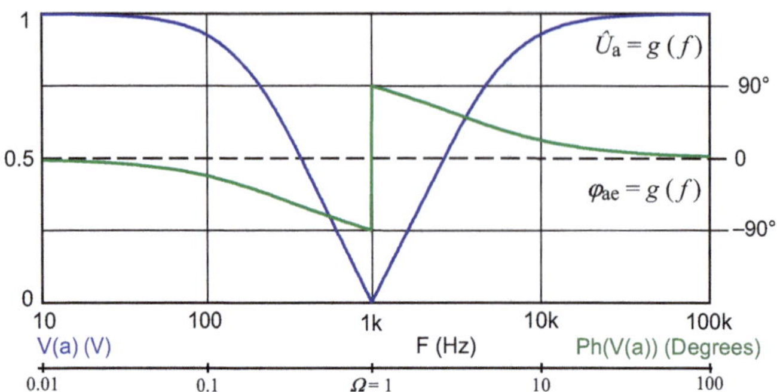

Bild 8.82 Frequenzgänge eines Doppel-T-Gliedes

Der Amplitudenfrequenzgang des so simulierten passiven Doppel-T-Gliedes zeigt den typischen Verlauf einer Bandsperre für f_m = 1 kHz. Im Resonanzfall wird die Ausgangsspannung gleich null. Positioniert man diesen passiven Übertragungsvierpol im Gegenkopplungszweig eines Operationsverstärkers nach Vorbild von Bild 8.58, so bewirkt er das Verhalten eines Bandpasses.

Der Winkel der komplexen Übertragungsfunktion durchläuft Werte von 0° über $\varphi_{ae}(f_m) = \pm 90°$ und zurück bis 0°. Im Resonanzfall wird ein Pol wirksam (siehe Formel für φ_{ae} bei $\Omega = 1$).

Zu c) Beschreibung und Simulation des Kombinationsbandpasses:

In einem weiteren Schritt wird die komplexe Übertragungsfunktion des Kombinationsbandpasses (Tiefpass mit R_N und C_N sowie Hochpass mit R_1 und C_1) über die Spannungsteilerregel bestimmt. Da dieser Bandpass nur nach Vorbild von Bild 8.50 simuliert werden kann, wird hier auch die Berechnung für eine Parallelschaltung von R_N und jX_N durchgeführt. Die Reihenschaltung von R_N und jX_N zeigt dann in der Originalschaltung in Kombination mit dem Doppel-T-Glied ein analoges Verhalten.

$$\frac{\underline{U}_a}{\underline{U}_e} = -\frac{R_N \,||\, \dfrac{1}{j\omega C_N}}{R_1 + \dfrac{1}{j\omega C_1}} = -\frac{\dfrac{R_N}{1 + j\omega C_N R_N}}{R_1 + \dfrac{1}{j\omega C_1}} = -\frac{\dfrac{R/b}{1 + j\omega b C R/b}}{\dfrac{R}{a} + \dfrac{1}{j\omega a C}} = -\frac{\dfrac{1}{b}}{\dfrac{1}{a}} \cdot \frac{\dfrac{R}{1 + j\omega C R}}{R + \dfrac{1}{j\omega C}} \cdot \frac{[1 + j\omega C R]}{[1 + j\omega C R]}$$

$$\frac{\underline{U}_a}{\underline{U}_e} = -\frac{a}{b} \cdot \frac{R}{R + \dfrac{1}{j\omega C} + j\omega C R^2 + R} \cdot \frac{[j\omega C]}{[j\omega C]} = -\frac{a}{b} \cdot \frac{j\omega C R}{1 + j\omega C \cdot 2R - \omega^2 C^2 R^2}$$

$$\frac{\underline{U}_a}{\underline{U}_e} = -\frac{a}{b} \cdot \frac{j\,\Omega}{1 + j\,2\Omega - \Omega^2}$$

$$\left.\frac{\underline{U}_a}{\underline{U}_e}\right|_{f=f_m} = -\frac{a}{b}\cdot\frac{j\,1}{1+j\,2-1} = -\frac{a}{b}\cdot\frac{1}{2} = -\frac{a}{2b} = -\frac{R_N}{2R_1}$$

Der Betrag der Grundverstärkung im Resonanzfall ergibt sich für die Parallelschaltung von R_N und jX_N aus dem halben Wert von R_N/R_1. Das in Bild 8.83 dargestellte Simulationsergebnis bestätigt diesen Sachverhalt mit $\hat{U}_a(f_m) = \hat{U}_e = 1$ V.

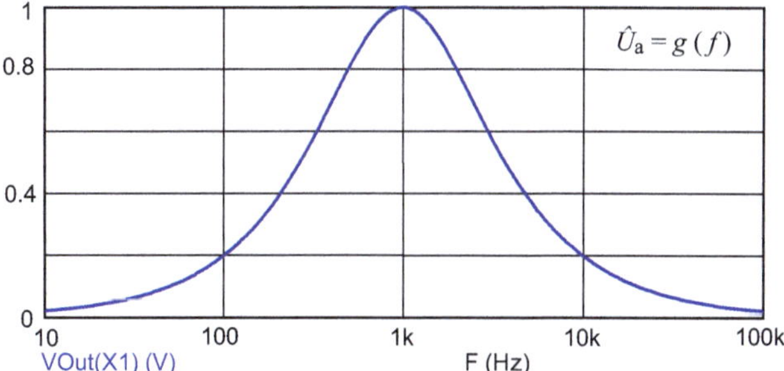

Bild 8.83 Amplitudenfrequenzgang des Kombinationsbandpasses

Die Mittenfrequenz liegt beim berechneten Wert von 1 kHz. Der Wert der Bandbreite ist wesentlich größer als der Dimensionierungswert, da der Kombinationsbandpass (1. Ordnung) allein ja nur eine viel geringere Güte und eine Filter-Flankensteilheit von lediglich $S_F \approx 20$ dB/Dek. erreichen kann.

Zu d) Simulation und Bewertung der Gesamtschaltung:

Zum Abschluss sollen die Ergebnisse von a) bis c) in den resultierenden Bandpass umgesetzt werden. Bild 8.84 zeigt die vollständige Simulationsschaltung.

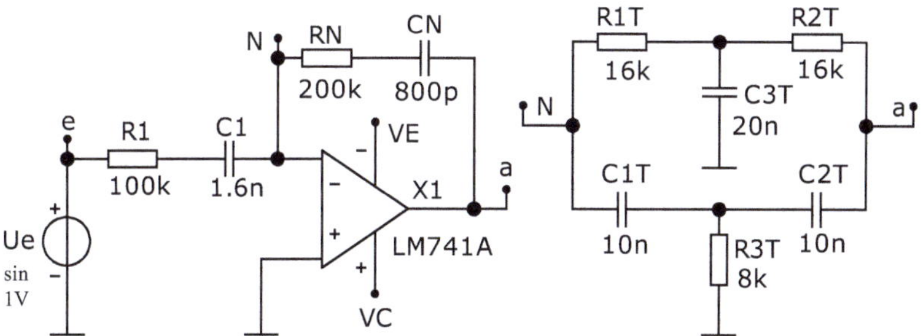

Bild 8.84 Schaltung zur Simulation eines Frequenzgruppenfilters

Die Grundkonfiguration besteht aus einem Operationsverstärker (Typ: LM741), der als Kombinationsbandpass beschaltet ist. Das Doppel-T-Glied wird mit den beiden Ties „N" und „a" als zusätzliche frequenzselektive Komponente in die Gegenkopplung eingefügt. Die Bauelemente wurden nach den im Punkt a) abgeleiteten Vorschriften zur Dimensionierung bemessen.

Die Quelle /Sin/ führt einen dekadischen AC-Sweep im Frequenzbereich 10 Hz ≤ f ≤ 100 kHz durch. In den folgenden Bildern sind die resultierenden Simulationsergebnisse zusammengestellt. Bild 8.85 zeigt oben den Amplitudenfrequenzgang der Ausgangsspannung und unten den Amplitudenfrequenzgang des Pegels der Verstärkung.

Mit der Cursor-Funktion können folgende Filter-Kenngrößen abgelesen werden:

f_m = 994 Hz; f_{gu} = 917 Hz; f_{go} = 1075 Hz sowie B = 158 Hz; Q = 6,3 und S_F ≈ 34 dB/Dek.

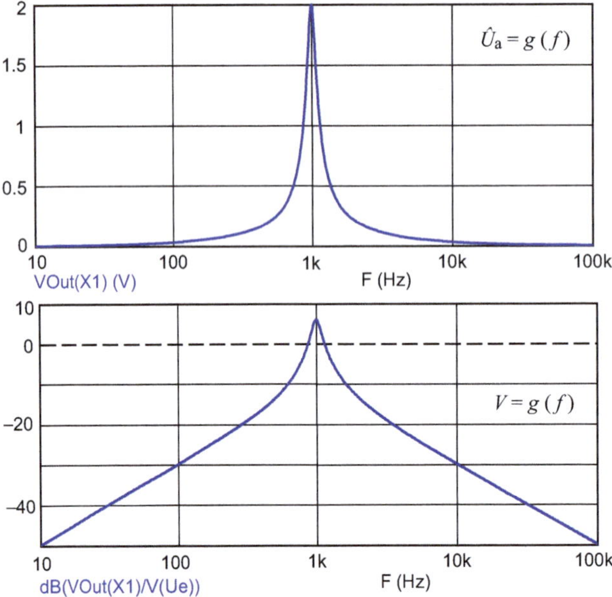

Bild 8.85 Amplitudenfrequenzgänge des Frequenzgruppenfilters

Zusammenfassung:

Zur Analyse von Sprachsignalen werden Filter benötigt, die eine hinreichend hohe Filter-Flankensteilheit (S_F ≈ 35 … 40 dB/Okt.) aufweisen. Nach Formel 8.35 leitet sich daraus die Forderung nach einem Bandpass 6. Ordnung ab. Das entspricht einer Filter-Flankensteilheit von 36 dB pro Oktave. Diese Steilheit kann über eine Kettenschaltung zweier Filter 3. Ordnung realisiert werden. Bei einer Kettenschaltung von Vierpolen multiplizieren sich die Übertragungsfunktionen und die Pegel werden addiert bzw. die Dämpfungen werden voneinander subtrahiert {[6] - Abschnitt 10.6 - Gleich. (10.21)}.

In der Praxis würde man die Mittenfrequenzen der beiden Einzelfilter leicht zueinander verstimmen, um die geforderte Bandbreite erreichen zu können.

9 Anhang

■ 9.1 Waveform Sources (Voltage Source/ Current Source)

Es handelt sich in beiden Fällen um Universalquellen (Symbol siehe Tabelle 1.1).

Sie befinden sich im Menü Components unter:

- Hauptgruppe: | *Analog Primitives* |
- Gruppe (Untergruppe): {*Waveform Sources*}
- Komponente: [*Voltage Source*] oder [*Current Source*].

Im Fenster *Attribute* wird zunächst der Name unter PART eingetragen (z. B.: Uq). Die Angaben unter VALUE sind von der Spezifik der gewünschten Zeitfunktion abhängig.

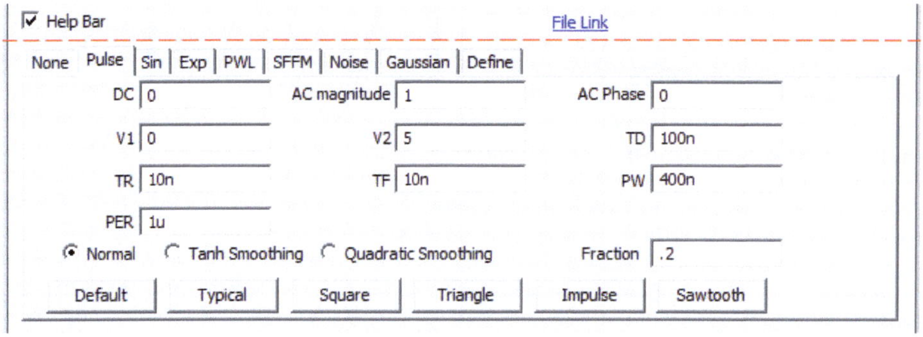

Bild 9.1 Auszug aus dem Fenster *Attribute* zur Einstellung der Quelle [*Voltage Source*]

Diese Zeitfunktion wird über eine Registerkarte (im Bild 9.1 ist / Pulse / aktiv) gewählt:

/ None /: keine Zeitfunktion (Gleichspannung)

/ Pulse /: rechteckförmige Zeitfunktion (Rechteck/Trapez/Dreieck/Sägezahn)

/ Sin /: sinusförmige Zeitfunktion

/ Exp /: exponentiell verlaufende Zeitfunktion

/ PWL /: punktweise programmierbare Zeitfunktion

/ SFFM /: frequenzmodulierte Zeitfunktion

/ Noise /: Rauschsignal

/ Gaussian /: Gauss-Funktion

/ Define /: definierbare Zeitfunktion

Für alle Zeitfunktionen gilt: DC=0 AC Magnitude=1 AC Phase=0

Die VALUEs DC, AC Magnitude und AC Phase gelten nur für Arbeitspunktberechnungen (AC und Transient) und für Festlegungen zur Kleinsignalaussteuerung.

a) **Quelle / Sin /:** Abkürzung: sin

- Einstellungen:

  VO = Offsetspannung

  VA = Amplitude

  F0 = Frequenz

  TD = Verzögerungszeit

  DF = Dämpfung

  PH = Nullphasenwinkel

- Beispiele für: $\hat{U}$ = 2 V [VA=2] und f = 1 kHz [F0=1k]

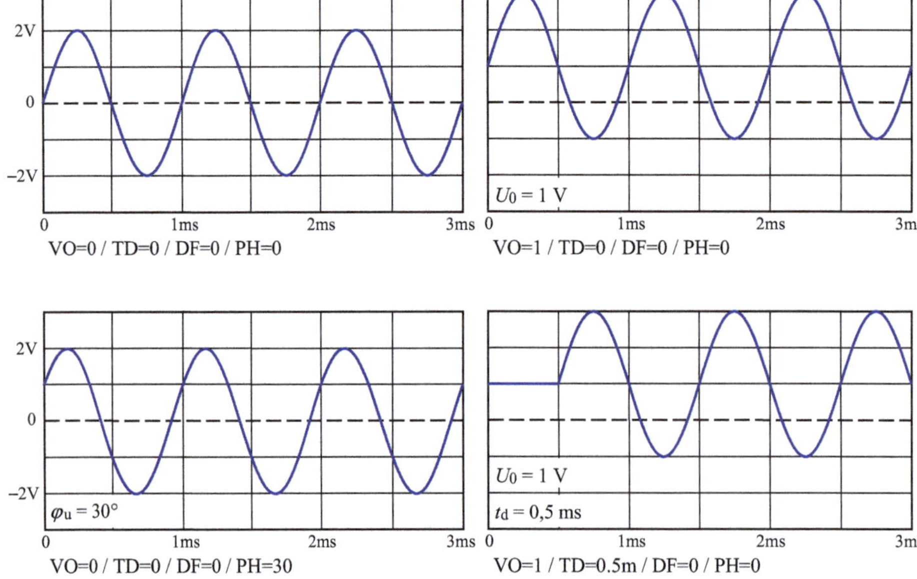

Bild 9.2 Beispiele zur Einstellung der Quelle [*Voltage Source*] / Sin /

b) **Quelle / Pulse /:** Abkürzung: rect

- Einstellungen:

  V1 = Fußspannung

  V2 = Pulsspannung

  TD = Verzögerungszeit

  TR = Anstiegszeit

  TF = Abfallzeit

  PW = Pulsweite

  PER = Periodendauer

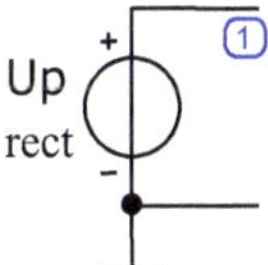

DC 0 AC 1 0 Pulse 2 9 50m 20m 30m 200m 500m

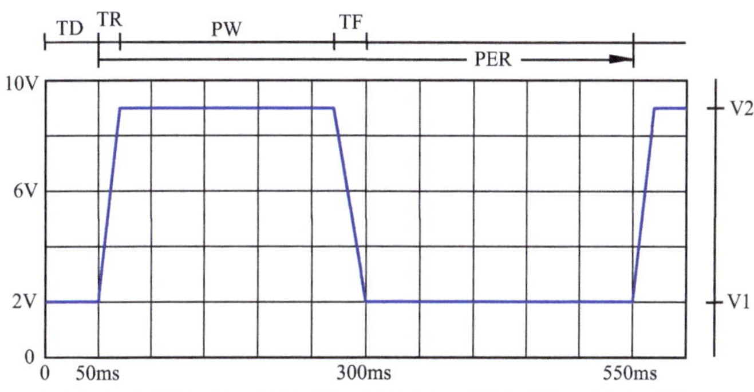

Bild 9.3 Unsymmetrische Trapezimpulsfolge der Quelle [*Voltage Source*] / Pulse /

- Kenngrößen längs der Zeitachse:

  t_d: Delay-Time

  t_r: Rise-Time

  t_f: Fall-Time

  t_w: Width-Time

  t_i: Impulsdauer $(t_i = t_r + t_w + t_f)$

  T: Periodendauer $T = 1 / f$

  T_V: Tastverhältnis $T_V = t_i / T$

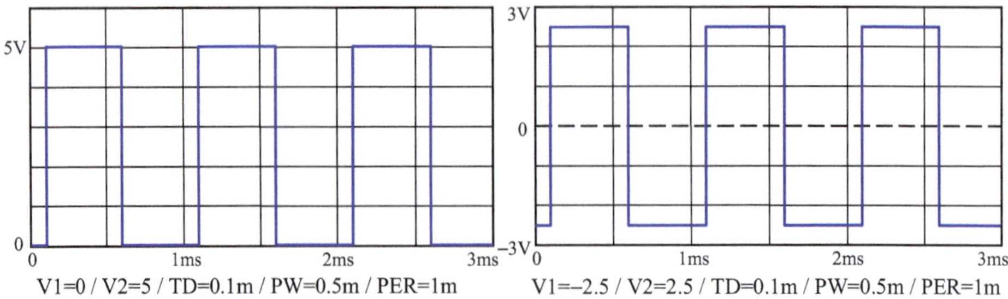

Bild 9.4 Beispiele zur Einstellung der Quelle [*Voltage Source*] / Pulse /

Durch eine Variation der Pulsweite und/oder der Periodendauer kann das Tastverhältnis verändert werden.

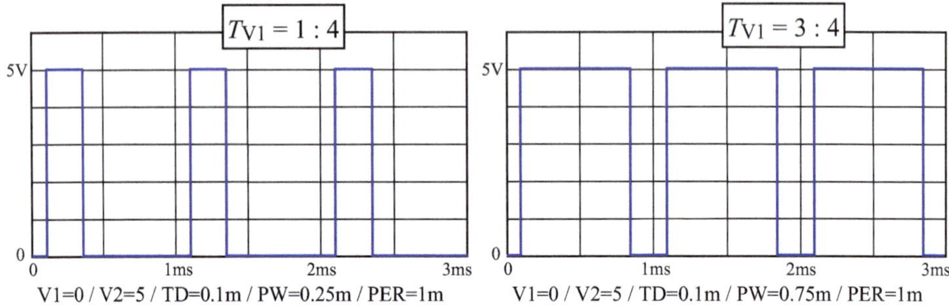

Bild 9.5 Weitere Beispiele zur Einstellung der Quelle Voltage Source / Pulse/

Zur Erzeugung eines Dreieckimpulses oder eines Sägezahnimpulses muss die Pulsweite auf null gestellt werden (PW=0). Die Anstiegs- und/oder Abfallzeit darf beliebig klein gewählt werden. Der Wert null ist aber nicht zulässig (Sägezahn: TF=10n).

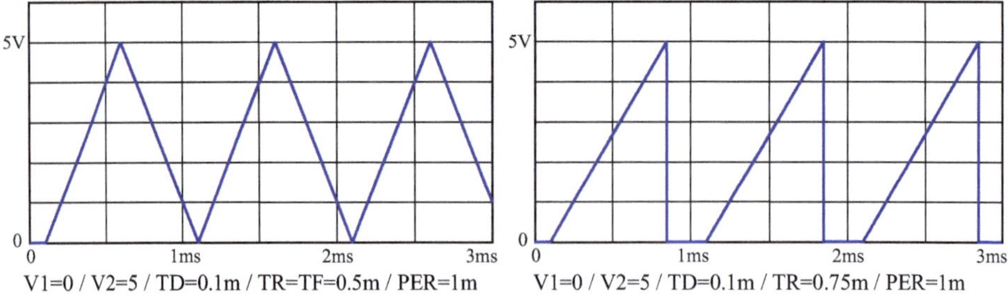

Bild 9.6 Weitere Beispiele zur Einstellung der Quelle [*Voltage Source*] / Pulse /
(links: Dreieckimpulsfolge und rechts: Sägezahnimpulsfolge)

c) **Quelle / Pulse /: (voreingestellt für Schaltvorgänge)** $t \to \infty \mathrel{\hat{=}} T = 20\,\text{ks}$

- Einstellungen:

  V1 = Fußspannung

  V2 = Pulsspannung

  TD = Verzögerungszeit

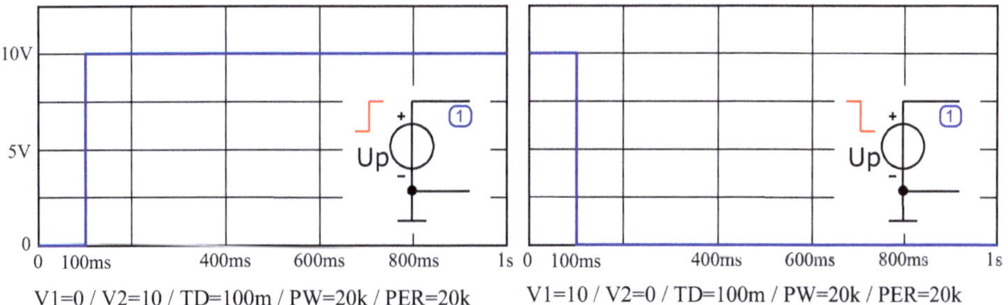

Bild 9.7 Erzeugung von Schaltflanken mit der Quelle [*Voltage Source*] / Pulse /

Diese Quellen gibt es nicht in der Liste *Components* von MicroCap. Es wird empfohlen, diese eingestellten Quellen zur weiteren Verwendung als Projekt abzuspeichern.

d) **Quelle / Exp /:** Abkürzung: exp

- Einstellungen:

  V1 = Fußspannung

  V2 = Peakspannung

  TD1 = Start Anstieg

  TC1 = Tau Anstieg

  TD2 = Start Abfall

  TC2 = Tau Abfall

- Beispiele: (für V1=0 und V2=1)

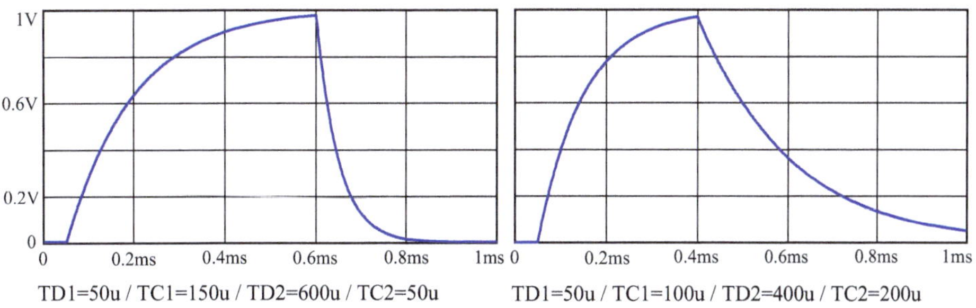

Bild 9.8 Beispiele zum Spannungsverlauf der Quelle [*Voltage Source*] / Exp /

e) **Quelle / PWL /:** Abkürzung: PWL

- Einstellungen:

  Eingabe einer Liste (tx,Vx)_(tx+1,Vx+1)_ usw.

- Beispiele: (Amplitude normiert)

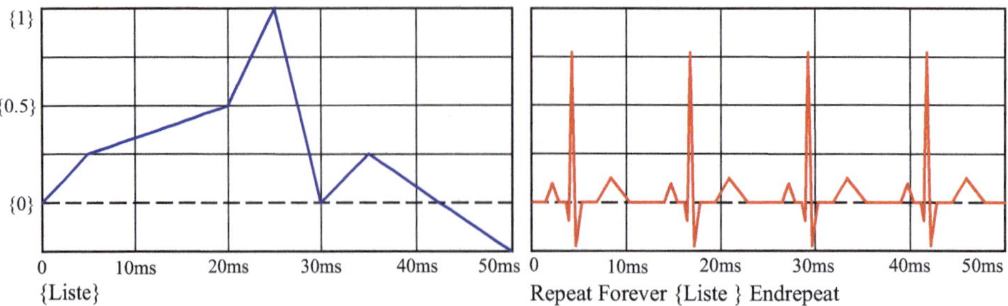

Bild 9.9 Beispiele für den Spannungsverlauf der Quelle [*Voltage Source*] / PWL /

Bild 9.9 – rechts: Dieses Bild zeigt den Ausschnitt eines EKG. Bei vier Schlägen in 50 ms (hier: normale körperliche Belastung) beträgt der Puls 80 Schläge pro min. Die zur Simulation verwendete Liste geht von gewählten Amplitudenwerten (exakte Werte nicht bekannt) aus:

```
Repeat Forever (0,0) (1.52m,0) (2.21m,9.55m) (2.9m,0) (3.62m,0)
(3.94m,-9.55m) (4.24m,77.25m) (4.67m,-22.7m) (5.3m,0) (6.87m,0)
(8.35m,12.27m) (10.33m,0) (12.51m,0) Endrepeat
```

f) **Quelle / Gaussian /:** Abkürzung: Gauss

- Einstellungen:

  Amplitude

  Time to Peak

  Width at 50%

  Period

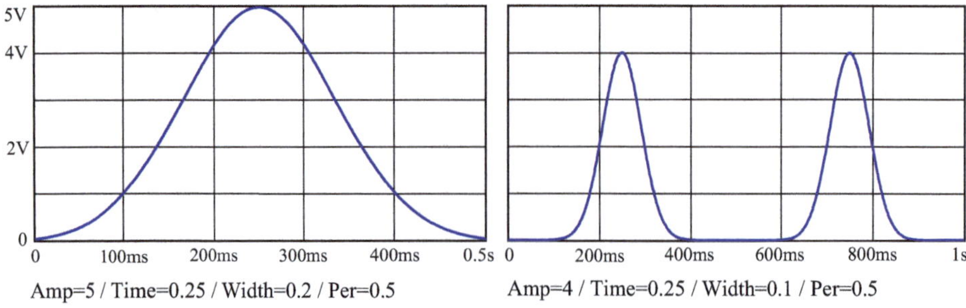

Bild 9.10 Beispiele für den Spannungsverlauf der Quelle [*Voltage Source*] / Gaussian /

g) **Quelle / Sin /:** Abkürzung: 3Phase

- Einstellungen:

  VA = Amplitude

  F0 = Frequenz

  PH = Nullphasenwinkel

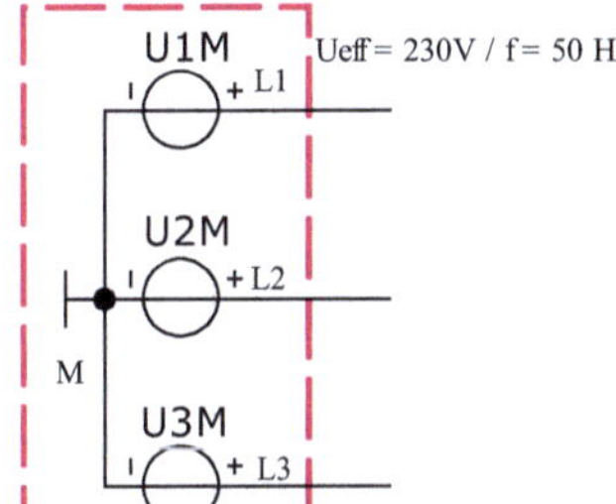

Einstellung der Quellen mit:
VO=0 / TD=0 / DF=0 und:
U1M: VA=325.27 / F0=50 / PH=0
U2M: VA=325.27 / F0=50 / PH=240
U3M: VA=325.27 / F0=50 / PH=120

- Beispiele für: $\hat{U}_S$ = 325,27 V [VA=325.27]; f = 50 Hz [F0=50] und φ_S [PH=0,240,120]

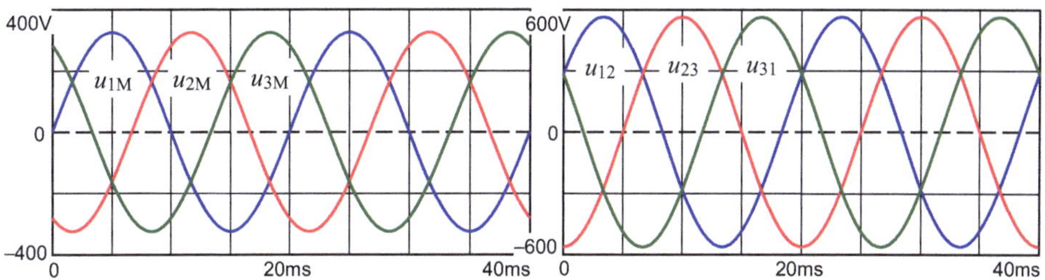

Bild 9.11 Beispiele für die Spannungsverläufe der Quelle [*Voltage Source*] / Sin / als 3Phase

9.2 Switch (Switch/V-Switch/I-Switch)

Es handelt sich in allen drei Fällen um steuerbare Schalter.

Sie befinden sich im Menü Components unter:

- Hauptgruppe: | *Analog Primitives* |
- Gruppe (Untergruppe): {*Special Purpose*}
- Komponente: [*Switch*] oder [*V-Switch*] oder [*I-Switch*].

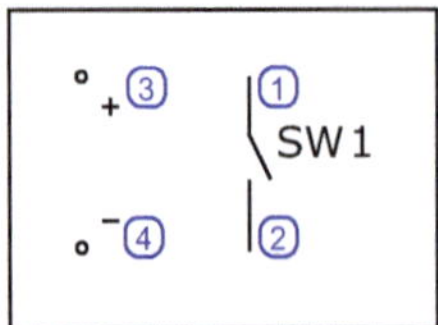

An den Anschlüssen Node 1 und 2 befindet sich der eigentliche Schalter. Die Anschlüsse **+** (Node 3) und - (Node 4) sind die Steueranschlüsse.

Schalter haben die Aufgabe, einen elektrischen Stromkreis zu schließen oder zu öffnen. Die spezielle Aufgabe eines Umschalters besteht darin, Zweige eines elektrischen Netzwerkes in verschiedenen Varianten miteinander zu kombinieren. Dabei ist es vorerst egal, in welcher Form die Steuerung des Schalters (manuell, zeitlich gesteuert oder elektrisch gesteuert) organisiert wird. Wir wollen uns zunächst mit dem Vorgang eines Schaltvorganges auseinandersetzen:

Aus: Bei einem geöffneten Schalter (Aus oder Index „y“) ist der Strom I_y gleich null. Dann ist die Spannung über dem Schalter gleich der maximal möglichen Spannung. Im Bild 9. 12 (links) gilt dann: $U_a = U_q$ und $I_y = 0$. Die Spannung über R ist gleich null: $U_R = 0$.

Ein: Bei einem geschlossenen Schalter (Ein oder Index „x“) ist der Strom I_x gleich dem maximal möglichen Strom. Dann ist die Spannung über dem Schalter gleich null. Im Bild 9.12 (rechts) gilt dann: $U_a = 0$ und $I_x = U_q / R$. Die Spannung über R ist dann: $U_R = I_x \cdot R$.

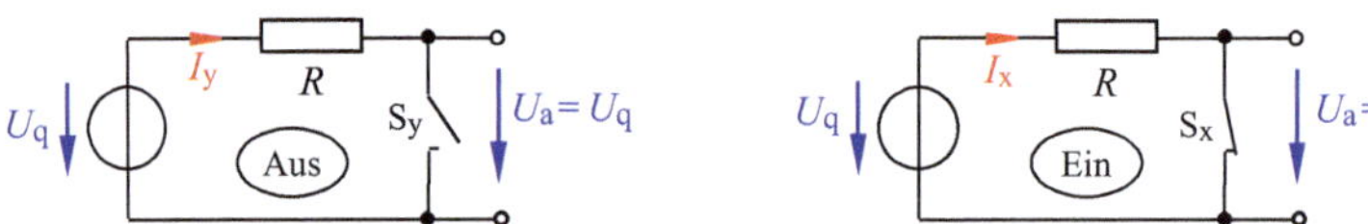

Bild 9.12 Eigenschaften eines Schalters im „Aus“-Zustand (links) und im „Ein“-Zustand (rechts)

a) **Zeitgesteuerter Schalter / Switch /:**

- VALUE:

  T,XA,XB,RON,ROFF

  T = zeitgesteuert

  XA = t (y→x) „Ein“

  XB = t (x→y) „Aus“

  RON = Widerstand (Ein-Zustand)

  ROFF = Widerstand (Aus-Zustand)

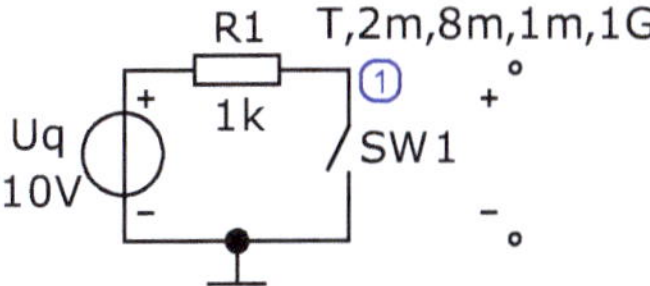

Bild 9.13 Zeitgesteuerter Schalter

- Beispiel für: t_A = 2 ms, t_B = 8 ms, R_{on} = 1 mΩ und R_{off} = 1 GΩ [T,2m,8m,1m,1G]

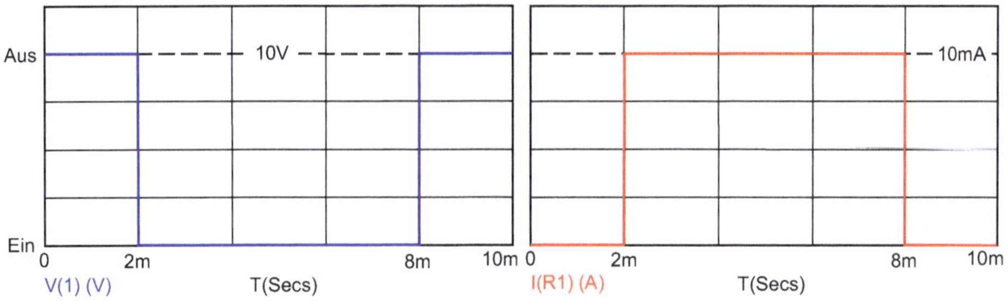

Bild 9.14 Eigenschaften eines zeitgesteuerten Schalters bei XA < XB

Mit diesen Parametern befindet sich der Schalter bei $t = 0$ im „Aus“-Zustand. Dann liegt die maximal mögliche Spannung über dem Schalter und der Strom ist null. Bei t_A = 2 ms erfolgt der Wechsel in den „Ein“-Zustand. Jetzt wird die Spannung über dem Schalter gleich null und es fließt der maximal mögliche Strom. Bei t_B = 8 ms wechselt der Zustand wieder von „Ein“ nach „Aus“.

- Beispiel für: t_A = 8 ms, t_B = 2 ms, R_{on} = 1 mΩ und R_{off} = 1 GΩ [T,8m,2m,1m,1G]

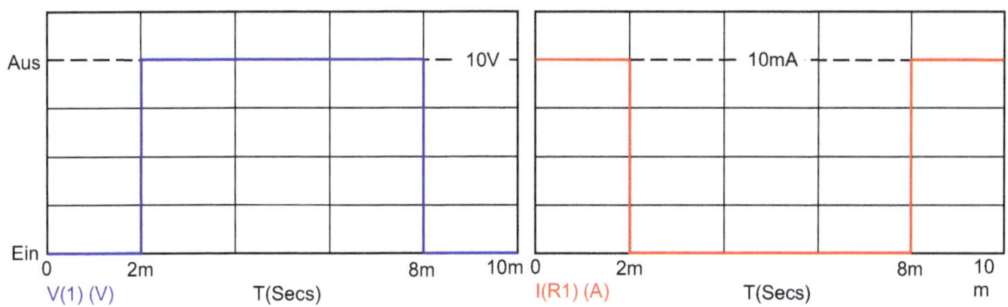

Bild 9.15 Eigenschaften eines zeitgesteuerten Schalters bei XA > XB

Bei dieser Parameterkonstellation befindet sich der Schalter bei $t = 0$ im „Ein“-Zustand. Dann ist die Spannung über dem Schalter gleich null und es fließt der maximal mögliche Strom. Bei $t_A = 2$ ms erfolgt der Wechsel in den „Aus“-Zustand. Jetzt nimmt die Spannung über dem Schalter den maximal möglichen Wert an und der Strom wird null. Bei $t_B = 8$ ms wechselt der Zustand wieder von „Aus“ nach „Ein“.

b) **Spannungsgesteuerter Schalter / V-Switch /:**

- VALUE:

  V,XA,XB,RON,ROFF

  V = *U*-gesteuert

  XA = *t* (y→x) „Ein“

  XB = *t* (x→y) „Aus“

  RON = Widerstand (Ein-Zustand)

  ROFF = Widerstand (Aus-Zustand)

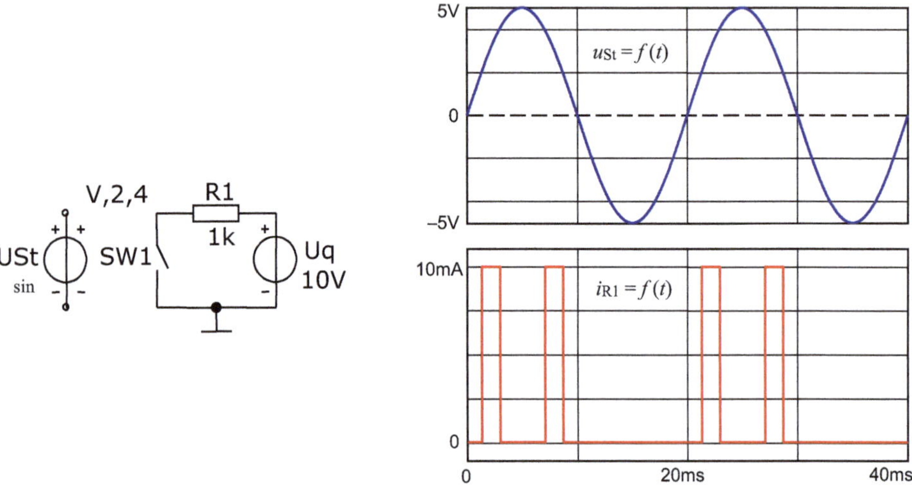

Bild 9.16 Beispiel für den spannungsgesteuerten Schalter

c) **Stromgesteuerter Schalter / I-Switch /:** (*Beachte*: induktiver Strom)

- VALUE:

  I,XA,XB,RON,ROFF

  I = *I*-gesteuert

  XA = *t* (y→x) „Ein“

  XB = *t* (x→y) „Aus“

RON = Widerstand (Ein-Zustand)

ROFF = Widerstand (Aus-Zustand)

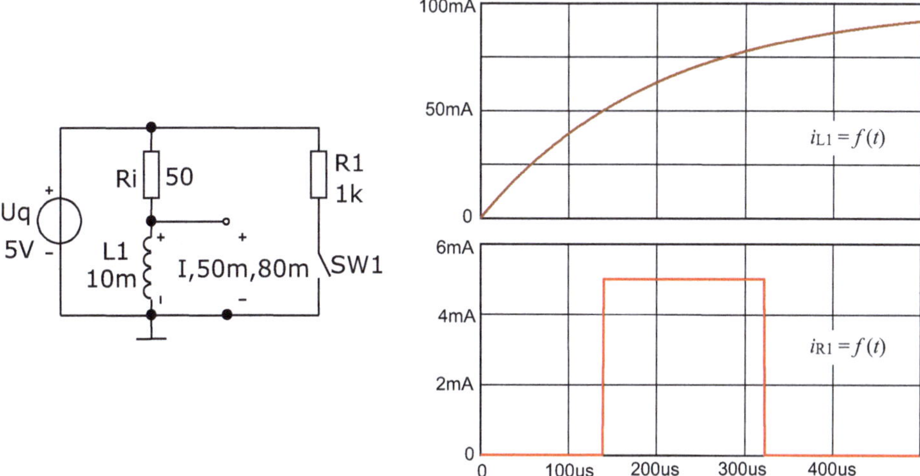

Bild 9.17 Beispiel für den stromgesteuerten Schalter

9.3 Passive Bauelemente (linear)

Es handelt sich um die bekannten Grundbauelemente (hier nur eine Auswahl) mit möglichen Variationen der Kennlinien-Charakteristik. Sie befinden sich im Menü Components unter:

- Hauptgruppe: | *Analog Primitives* |
- Gruppe (Untergruppe): {*Passive Components*}
- Komponente: [*Resistor*] oder [*Capacitor*] oder [*Inductor*] oder [*Transformer*].

Die internen Richtungspfeile sind vom Node 1 zum Node 2 gerichtet. Beim Transformator gilt die gleiche Regel für die Sekundärseite (vom Node 3 in Richtung Node 4).

a) **Widerstand [*Resistor*]:**

- Einstellungen:

  RESISTANCE = *Value,TC1=*

- Beispiel: Darstellung der Strom-Spannungs-Kennlinie

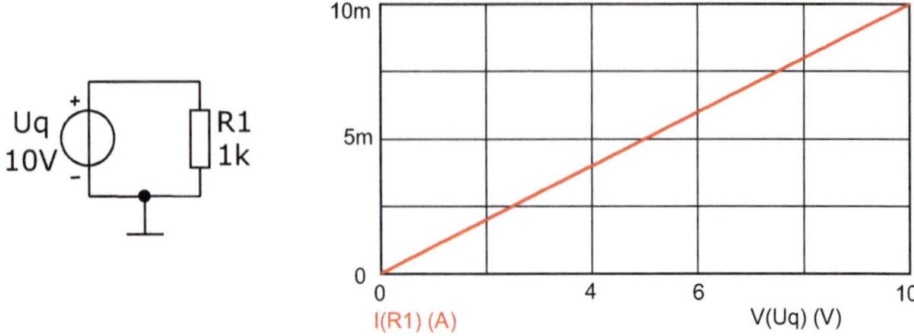

Bild 9.18 Strom-Spannungs-Kennlinie eines ohmschen Widerstandes

- Beispiel: Variation des Widerstands-Modells über *Value*

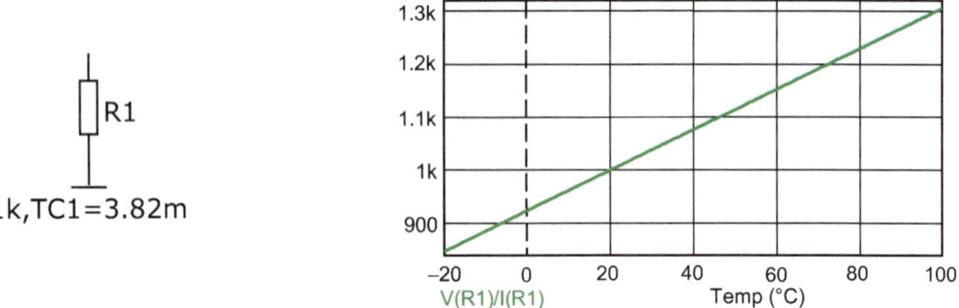

Bild 9.19 Widerstands-Temperatur-Kennlinie eines ohmschen Widerstandes (hier: *TK* von Kupfer)

Die Ergänzung wird unter RESISTANCE direkt nach dem Widerstandswert eingegeben. Die Angaben werden durch Komma getrennt. Eine vollständige Schaltung ist bei dieser einfachen Temperaturanalyse nicht erforderlich.

Für einen Temperaturkoeffizienten von $TK = 3{,}82 \cdot 10^{-3}\ \mathrm{K}^{-1}$ steht dann im Eingabefeld eines Widerstandes mit $R = 1\ \mathrm{k\Omega}$: Value=1k,TC1=3.82m

b) **Potentiometer / Pot /:**

Dieses Bauelement befindet sich im Menü Components unter:

- Hauptgruppe: | *Analog Primitives* |
- Gruppe (Untergruppe): {*Macros*}
- Komponente: [*Potentiometers*] und / Pot /.

Die interne Zählrichtung ist im unbeschalteten Zustand vom Node 1 (A) zum Node 3 (C) gerichtet. Der Mittelabgriff (Schleifer) liegt auf Node 2 (B). Wenn Node 1 auf Ground (⊥) liegt, bewegt sich der Schleifer bei Erhöhung von RS.R1 im Bereich: $0 \leq R_{S1} \leq R_S$.

Im beschalteten Zustand (siehe Bild 9.20) kann man sich die Anschlussbezeichnungen in der *PartName*-Liste von / Pot / über die Aktivierung der Check Box „Pin Names" ☑ anzeigen lassen.

- Beispiel: Verlauf der Ausgangsspannung eines Spannungsteilers

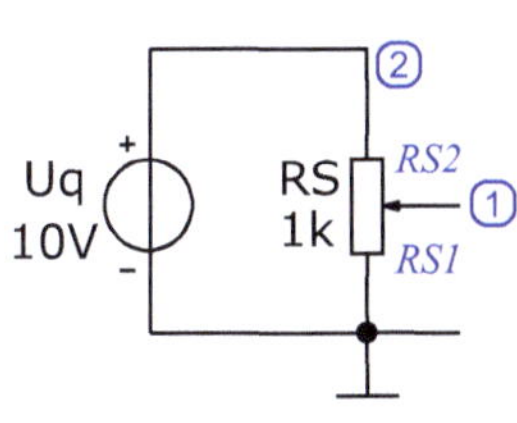

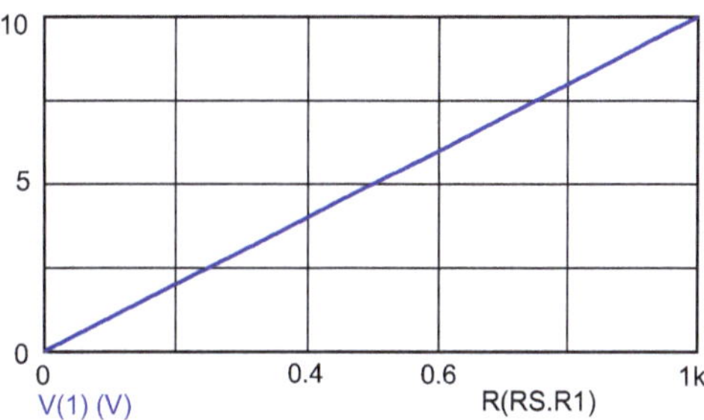

Bild 9.20 Verlauf der Ausgangsspannung eines unbelasteten Spannungsteilers

c) **Kondensator [*Capacitor*]:**

- Einstellungen:

  CAPACITOR = *Value,IC*=

- Beispiel: Einstellung der Vorladung (Vorladespannung: *Initial Condition*)

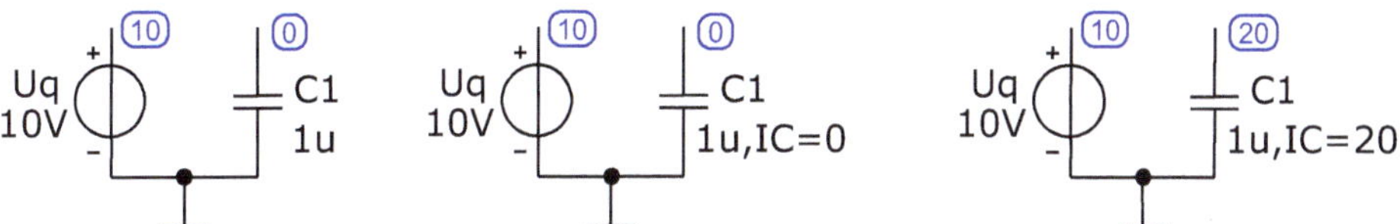

Bild 9.21 Initial Condition (hier: Vorladespannung); links: ohne, Mitte: U_{C0} = 0 V, rechts: U_{C0} = 20 V

Initial Condition (IC=) beschreibt beim Kondensator die Vorladung $Q_0 = C \cdot U_0$, die der Kondensator bei t = 0 bereits gespeichert hat. Die Angabe kann bei IC=0 auch weggelassen werden. Dann gilt trotzdem: U_{C0} = 0. Bei der Analyse *Transient* muss die Checkbox „Operating Point" ausgeschaltet werden. Nur dann sind die gesetzten Werte für IC aktiv.

Mit vergleichbaren Maßnahmen wird auch der Vormagnetisierungsstrom einer Induktivität [vgl. Punkt d)] eingestellt. Er trägt leider auch die Bezeichnung *Initial Condition* (IC=). Hier ist dann aber der magnetische Fluss $\Psi_0 = L \cdot I_0$ gemeint.

- Beispiel: Darstellung der Ladungs-Spannungs-Kennlinie $Q = C \cdot U$

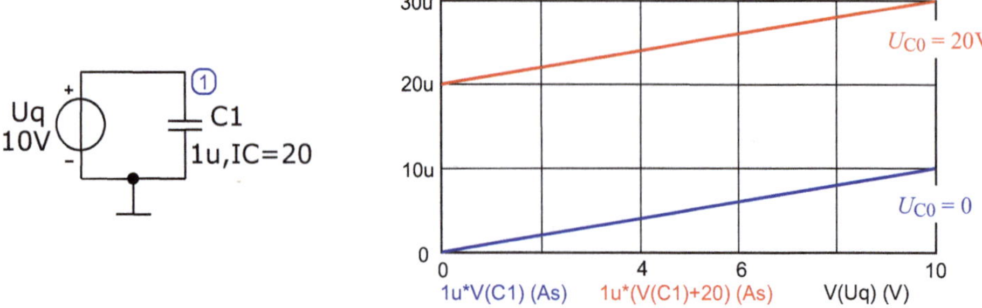

Bild 9.22 Ladungs-Spannungs-Kennlinie (ohne und mit Vorladespannung)

d) **Spule [*Induktor*]:**

- Einstellungen:

  INDUCTOR = *Value,IC=*

- Beispiel: Darstellung der Fluss-Erregerstrom-Kennlinie $\psi = L \cdot I$

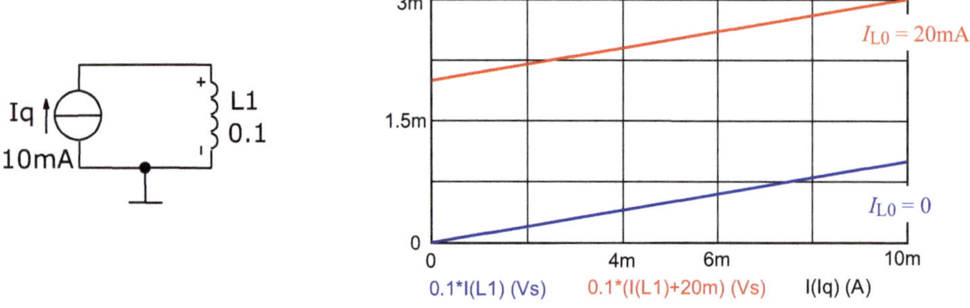

Bild 9.23 Fluss-Erregerstrom-Kennlinie (ohne und mit Vormagnetisierung)

e) **Transformator [*Transformer*]:**

- Einstellungen:

  TRANSFORMER = *ValueL1,ValueL2,K*

- Beispiel: Zeitfunktionen für $\hat{U}_{L2} < \hat{U}_{L1}$

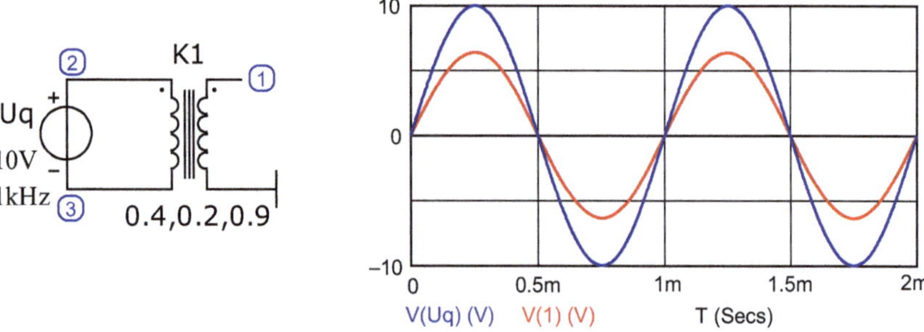

Bild 9.24 Spannungsverläufe beim Transformator (sekundärseitiger Leerlauf)

10 Formelzeichenverzeichnis

A	Querschnitt, Fläche
$\underline{A}$	Kettenparameter
a	Materialkonstante (NTC), Dämpfungsfaktor
B	Bandbreite, Stromverstärkung (ES), magnetische Flussdichte
B_F; B_R	Stromverstärkungen
B_r	Remanenzflussdichte
b	Energiekonstante (NTC)
C	Kapazität, Bezugsspannung (VDR)
$CMRR$	log. Gleichtaktunterdrückung
CTR	Stromübertragungsfaktor
c	differenzielle Kapazität
D_p; D_n	Diffusionskoeffizienten
D_v	Lichtstromdichte
D^*	Detektivität
E	elektrische Feldstärke
E_v	Beleuchtungsstärke
$\underline{F}(\underline{p})$	komplexe Übertragungsfunktion
f	Frequenz
f_0	Resonanzfrequenz
f_{gu}; f_{go}	Grenzfrequenzen
f_K	Knickfrequenz
f_m	Mittenfrequenz
f_T	Transitfrequenz
G	elektrischer Leitwert, Glättungsfaktor, Gleichtaktunterdrückung

G_{th}	Wärmeleitwert
g	differenzieller Leitwert
$\underline{g}$	komplexe Schleifenverstärkung
H	magnetische Feldstärke
H_c	Koerzitivfeldstärke
H_v	Belichtung
$\underline{h}$	Hybridparameter
I	elektrische Stromstärke
I_A	Anodenstrom
I_B	Basisstrom, Eingangsruhestrom
I_C	Kollektorstrom
I_{CE0}	Kollektor-Emitter-Reststrom
I_D	Diffusionsstrom, Drainstrom
I_{DSS}	Drain-Sättigungsstrom
I_E	Emitterstrom
I_F	Driftstrom, Feldstrom, Flussstrom
I_G	Steuerstrom, Gatestrom
I_H	Haltestrom
I_K	Kurzschlussstrom, Knickstrom
I_L	Leiterstrom, Leckstrom
I_q	Quellenstrom, Querstrom
I_R	Sperrstrom
I_S	Steuerstrom, Sättigungsstrom, Verbraucher-Strangstrom
I_T	Thermostrom, Transportstrom
I_v	Lichtstärke
J_D	Diffusionsstromdichte
J_F	Driftstromdichte
K_H	Hall-Konstante
k	Klirrfaktor, Kopplungsfaktor, Rückkopplungsfaktor
k_B	Boltzmann-Konstante
k_W	Welligkeitsfaktor
L	Induktivität

L_v	Leuchtdichte
l	Länge, Kanallänge
M	Gegeninduktivität
M_v	spezifische Lichtausstrahlung
N	Windungszahl
NEP	rauschäquivalente Strahlungsleistung
N_A; N_D	Zustandsdichten
n	Emissionskoeffizient
n_0	Elektronendichte
P	elektrische Leistung
P_E	Grenzleistung der Eigenerwärmung
P_V; P_{tot}	Verlustleistung
p_0	Löcherdichte
Q	elektrische Ladung, Güte
Q_v	Lichtmenge
$\{Q_B\}$	normierte Majoritätsträgerladung
R	elektrischer Widerstand
R_-	Gleichstromwiderstand
R_0	Bezugswiderstand
R_a; R_L	Lastwiderstand
R_B	Widerstand einer Feldplatte
R_H	Hilfswiderstand
R_i	Innenwiderstand
R_m	magnetischer Widerstand
R_p	Fotowiderstand
R_V	Vorwiderstand
r	differenzieller Widerstand
S	Stabilisierungsfaktor, Steilheit, Empfindlichkeit
SNR	Signal-Rausch-Leistungsverhältnis
SS	Schleiferstellung (Potentiometer)
S_F	Filter-Flankensteilheit
S_R	Slew-Rate

S_{rel}	relative spektrale Empfindlichkeit
T	Kelvin-Temperatur, Periodendauer
TK	Temperaturkoeffizient
T_V	Tastverhältnis
t_d	Verzögerungszeit (delay time)
t_f	Abfallzeit (fall time)
t_H	Halbwertszeit
t_i	Impulsbreite
t_r	Anstiegszeit (rise time)
U	elektrische Spannung
U_{AF}	Early-Spannung
U_{aD}	Differenzausgangsspannung
U_B	Betriebsspannung
U_{BE}	Basis-Emitter-Spannung
U_{BR}	Durchbruchspannung
U_{CB}	Kollektor-Basis-Spannung
U_{CE}	Kollektor-Emitter-Spannung
U_D	Differenz(eingangs)spannung, Diffusionsspannung
U_{DS}	Drain-Source-Spannung
U_{DSp}	Kniespannung, Abschnürspannung
U_F	Durchlassspannung, Flussspannung
U_G; U_C	Gleichtaktspannung
U_{GS}	Gate-Source-Spannung
U_H	Hall-Spannung
U_k	Kippspannung
U_L	Leiterspannung, Leerlaufspannung
U_O	Offsetspannung
U_P	Dachspannung, Abschnürspannung
U_q	Quellenspannung
U_R	Sperrspannung
U_{ref}	Referenzspannung
U_S	Schleusenspannung, Strangspannung

U_{T}	Temperaturspannung
U_{T0}	Schwellspannung
U_{Z}	Z-Spannung
$ü$	Übersetzungsverhältnis
$\underline{V}$	komplexe Verstärkung
V_{0}; V_{∞}	Grundverstärkungen
V_{D}	Differenzverstärkung
V_{G}; V_{C}	Gleichtaktverstärkung
V_{r}	Grundverstärkung im Resonanzfall
v	Geschwindigkeit, Verstimmung
v_{p}; v_{n}	Driftgeschwindigkeiten
W_{A}	Energieniveau Akzeptoren
W_{D}	Energieniveau Donatoren
W_{el}	elektrische Energie
W_{L}	Energieniveau Leitungsband
W_{m}	magnetische Energie
W_{V}	Energieniveau Valenzband
w	Kanalbreite
X	Blindwiderstand $\mathrm{Im}\{\underline{Z}\}$
x_{T}	Temperatur-Exponent
$\underline{Y}$	komplexer Leitwert, Y-Parameter
Z	Scheinwiderstand $\lvert\underline{Z}\rvert$
$\underline{Z}$	komplexer Widerstand, Z-Parameter

Griechische Buchstaben:

α	Temperaturkoeffizient, Winkel
β	Stromverstärkung, Steilheit, Nichtlinearitätskoeffizient (VDR)
δ	Verlustwinkel, Breitenkoeffizient
ε	Permittivität
ε_0	elektrische Feldkonstante $\varepsilon_0 = 8{,}854 \cdot 10^{-12} \dfrac{\mathrm{A \cdot s}}{\mathrm{V \cdot m}}$
ε_r	Permittivitätszahl
η	statische Rückkopplung, Wirkungsgrad
Φ	magnetischer Fluss
Φ_v	Lichtstrom
φ	elektrisches Potential, Phasenwinkel
ϑ	Temperatur, Modulationsparameter
κ	Sperrschicht-Feldfaktor, spezifische elektrische Leitfähigkeit
λ	Wellenlänge, magnetischer Leitwert, Modulationswert
μ	Permeabilität, Beweglichkeit
μ_0	magnetische Feldkonstante $\mu_0 = 0{,}4\pi \cdot 10^{-6} \dfrac{\mathrm{V \cdot s}}{\mathrm{A \cdot m}}$
μ_r	Permeabilitätszahl
Θ	Durchflutung, Stromflusswinkel
ρ	spezifischer elektrischer Widerstand, Raumladungsdichte
τ	Zeitkonstante
Ω	normierte Frequenz, Raumwinkel
ω	Kreisfrequenz
ω_0	Resonanzkreisfrequenz

11 Literaturverzeichnis

Grundlagen ET, Bauelemente und Schaltungstechnik

[1] *Bartsch, H.-J.*: Taschenbuch mathematischer Formeln. – 22. Auflage.

[2] *Böhmer, E.*: Elemente der angewandten Elektronik. – 13. Auflage. – Braunschweig-Wiesbaden: Vieweg Verlag, 2001

[3] *Flosdorff, R.; Hilgarth, G.*: Elektrische Energieverteilung. – 9. Auflage.

[4] *Führer, A.; Heidemann, K.; Nerreter, W.*: Grundgebiete der Elektrotechnik. Band 1: Stationäre Vorgänge. Band 2: Zeitabhängige Vorgänge. – 9. Auflage. – München-Wien: Carl Hanser Verlag, 2011

[5] *Moeller, F.; Frohne, H.; Löcherer, K.-H.; Müller, H.*: Grundlagen der Elektrotechnik. – 22. Auflage. – Stuttgart: Vieweg+Teubner Verlag, 2011

[6] *Ose, R.*: Elektrotechnik für Ingenieur:innen. Grundlagen (Lehrbuch). – 7. Auflage. – München: Carl Hanser Verlag, 2022

[7] *Ose, R.*: Elektrotechnik für Ingenieure. Grundlagen (Übungsbuch). – 1. Auflage. – München: Carl Hanser Verlag, 2020

[8] *Reisch, M.*: Halbleiter-Bauelemente. – 2. Auflage. – Berlin-Heidelberg: Springer-Verlag, 2005

[9] *Tietze, U.; Schenk, Ch.*: Halbleiter-Schaltungstechnik. – 12. Auflage. – Berlin-Heidelberg-New York: Springer Verlag, 2002 (sowie: HS – Beispiele)

[10] *Viehmann, M.*: Operationsverstärker. Grundlagen, Schaltungen, Anwendungen. – 2. Auflage. – München: Carl Hanser Verlag, 2020

Simulation elektronischer Schaltungen

[11] *Heinemann, R.*: PSPICE. Einführung in die Elektroniksimulation. – 4. Auflage.

[12] *Ose, R.*: Elektrotechnik für Ingenieure. Bauelemente und Grundschaltungen mit PSpice. – 1. Auflage. – München: Carl Hanser Verlag, 2007

[13] *Spectrum Software*: Micro-Cap 12. Electronic Circuit Analysis Program. User's Guide. – 12. Auflage. – Sunnyvale, 2018

[14] *Spectrum Software*: Micro-Cap 12 Electronic Circuit Analysis Program. Reference Manual. – 11. Auflage. – Sunnyvale, 2018

[15] *Vester, J.*: Simulation elektronischer Schaltungen mit MICRO-CAP. – 1. Auflage.

Index

A

B

C

D

M

N

O

P

Q

R

S

T